凤凰出版传媒集团
PHOENIX PUBLISHING & MEDIA GROUP

设计理论研究系列

主　　编　李砚祖　张　黎
项目总监　方立松
项目执行　韩　冰

设计理论研究系列
李砚祖 张黎 主编

Elizabeth Resnick

The Social Design Reader

［美］伊丽莎白·雷斯尼克 编
吴雪松 李洪海 刘宇佳 译

社会设计

江苏凤凰美术出版社

The Social Design Reader
© Editorial content, Elizabeth Resnick, 2019
© Individual chapters, their authors, 2019
This translation of *The Social Design Reader* is published by arrangement with Bloomsbury Publishing Plc.
Simplified Chinese edition copyright © 2025 by Jiangsu Phoenix Fine Arts Publishing Ltd.
All rights reserved.
版权所有　侵权必究

著作权合同登记号：图字 10 - 2019 - 552

图书在版编目(CIP)数据

社会设计 /（美）伊丽莎白·雷斯尼克编；吴雪松，李洪海，刘宇佳译. — 南京：江苏凤凰美术出版社，2025.2. —（设计理论研究系列 / 李砚祖，张黎主编）.
ISBN 978 - 7 - 5741 - 2453 - 0

Ⅰ. J06

中国国家版本馆 CIP 数据核字第 20253YX724 号

责 任 编 辑　韩　冰　罗洁萱
责任设计编辑　赵　秘
责 任 校 对　唐　凡
责 任 监 印　唐　虎
封 面 设 计　周伟伟

丛 书 名　设计理论研究系列
丛书主编　李砚祖　张　黎
书　　名　社会设计
编　　者　[美]伊丽莎白·雷斯尼克
译　　者　吴雪松　李洪海　刘宇佳
出版发行　江苏凤凰美术出版社（南京市湖南路1号　邮编：210009）
制　　版　江苏凤凰制版有限公司
印　　刷　苏州市越洋印刷有限公司
开　　本　652毫米×960毫米　1/16
印　　张　39.75
版　　次　2025年2月第1版
印　　次　2025年2月第1次印刷
标准书号　ISBN 978 - 7 - 5741 - 2453 - 0
定　　价　128.00元

营销部电话　025 - 68155675　　营销部地址　南京市湖南路1号
江苏凤凰美术出版社图书凡印装错误可向承印厂调换

本书是为了纪念我的同事、导师和朋友

阿尔伯特J.戈万（Albert J. Gowan，1934—2017）

波士顿麻省艺术与设计学院名誉教授，
《维克多·帕帕奈克：设计先知之路》的作者

目录

前言　001

第一部分　明确立场：设计的新社会议程　001

1. 前言　003
2. 社会设计存在吗？　009
3. 社会设计：从乌托邦到美好社会　020
4. 移民文化与社会设计的起源　038

第二部分　创造未来：界定有社会责任感的设计师（1964—1999）　047

5. 前言　049
6. 当务之急宣言　060
7. 我们必须做的事情　062
8. 教育图解——设计的神话与神话的设计　071
9. 设计作为一项具有社会意义的活动　079
10. 设计师式认知　091
11. 未来不再是过去　109
12. 商业还是文化：工业化与设计　126
13. 设计思维中的抗解问题　146
14. 好公民意识：设计作为一种社会和政治力量　167
15. 女性主义观点（为社会设计）　177
16. 存在社会这种东西　206
17. 设计与自反性　215
18. 黑色设计　220

第三部分　设计巨变：从物到系统的范式转变（2000—2020）　225

19. 前言　227
20. 当务之急宣言 2000　244
21. 设计的"社会模式"：实践与研究问题　247
22. 设计的非物质化　255
23. 为什么"不那么糟糕"是不好的（《从摇篮到摇篮》）　264
24. 当服装产生连接　281
25. 设计在可持续消费中的角色　296
26. 转型性服务与转型设计　315
27. 设计思维再思考（上）　336
28. 设计思维再思考（下）　356
29. 设计与设计思维：当代参与式设计挑战　374
30. 从设计文化到设计行动主义　392
31. 去殖民化设计创新：设计人类学、批判性人类学和本土知识　414
32. 社会设计与新殖民主义　433
33. 未来派的小发明，保守的理想：论不合时宜的思辨设计　448
34. 特权与压迫：走向女性主义思辨设计　453
35. 可持续创新是一个悖论吗？　466
36. 社会创新与设计：赋能、复制与协同　478
37. 方法国际化，设计本土化　495
38. 新兴的过渡设计方法　512

注释和参考文献　537

前言

《社会设计》汇集了过去55年间关于社会设计的重要文章[1],这些文章均由社会设计概念的主要倡导者、研究者和参与者们所撰写。由此,社会设计逐渐发展成为一个新的研究领域及设计实践方向。

在过去35年间,关于设计主题的书籍层出不穷,内容主要围绕设计的本质、历史、技术、专业实践活动背后不断发展变化的文化以及重要的设计实践者等方面。各艺术与设计图书馆(通常设在学院和大学中)收藏了许多20世纪至今的重要国际性设计杂志和学术期刊。随着互联网的兴起,以及人们对建立设计文化和活动历史的研究需求的增加,曾出现过声势浩大的收集设计杂志与学术期刊中具有重要历史意义的文章和书籍的活动。这些文章或书籍大多数对公众来说并不易得,因为许多出版物要么已经绝版,要么被收藏在私人图书馆或收藏馆中,获取成本也非常高昂。

重要的是,这本选集是一本来自不同作者的作品合集。对于这本汇编选集,我的目标是将这群理论家、学者、作家和设计师们的真实心声呈现出来,同时记录该研究领域的开端与发展。总体而言,这些文献基于一个共同概念——"社会设计",这是一种带有良知的设计。严格来说,社会设计概念可以帮助读者理解设计如何促进社会变革,或设计为何能够成为社会变革的催化剂。编辑一本关于这一主题的合集是一项相当艰巨的任务,特别是对于一个没有经验的新手来说。

汇编此类合集面临诸多限制,如严格的字数上限、学术预算经费的精细管理、关键文本的获取,以及随后而来的重新出版许可申请中的资金与资源调配挑战。此外,语言偏好也是不可忽视的因素——最终决定以英语作为该合集的语言,这在一定程度上限制了从经济、文化、政治等多维度广泛挑选文章的可能性[2],这些因素共同塑造了目前书稿的样子。

此类合集的核心优势在于,它能够跨越当前主流学术理论和专业论题的边界,汇聚多元化的视角,提炼出新的论题和内容。这些作品在首次出版时,或以英式英语或以美式英语呈现,如今得以再次结集出版[3]。这本合集的独特之处在于汇聚了来自不同领域的声音与多样化的写作风格,这正是读者所期待并乐于接受的宝贵财富。

读本大纲

本书主要分为三个部分:

第一部分,明确立场:设计的新社会议程。这一部分的内容主要集中在"社会设计"这一概念的定义和历史背景上,为后续的讨论和研究提供基础,从而支持这一领域的进一步发展和对话。

第二部分,创造未来:界定有社会责任感的设计师(1964—1999)。这些论文不仅标志着"社会设计"作为一个概念的提出,也代表了一个新的研究领域和迅速崛起且专业化的学科方向的出现。

第三部分,设计巨变:从物到系统的范式转变(2000—2020)。这些论文的发表,标志着设计作为一门专业学科的正式确立。21世纪的前20年,人类社会不断遭遇处理复杂社会问题的挑战,这愈加凸显了运用战略眼光与批判性思维,结合定量和定性研究方法的重要性。

本书旨在构建全面的语境框架,为上述三个部分提供支撑和说明,帮助读者洞悉每篇论文在社会设计的理论、方法与实践的广阔背景中如何相互交织、互为支撑,从而深刻理解本书探讨内容的本质与价值。

主要特点

《社会设计》汇聚了过往已公开发行的重要论文、精练短文及摘要精华,聚焦设计的社会属性,为读者提供了一个全方位、多维度的概览,清晰描绘出设计领域向更为人性化方向发展的清晰脉络和关键进展。

本书精心汇编了来自权威学术杂志和出版物的众多文章,通常对学生和职场人士而言较难获取或需要付费订阅。

《社会设计》旨在帮助读者深入理解不断变化的设计实践本质,激发对社会设计思维的共鸣,鼓励每一位读者在面对社会挑战时,能够积极扮演富有同情心和创新精神的领导者角色,以设计为工具,共同推动社会变革。

《社会设计》是首本关于该主题的专集,这本专集的主编在组织大学和当地社区进行社会设计交流方面拥有丰富的经验,无论是在专业实践交流还是教学引导方面[4]。本书的核心目的,在于启发读者将设计视为社会变革的媒介。

第一部分　明确立场：
　　　　设计的新社会议程

社会设计……随着设计类型和实践的不断增加,其在过去10年间呈现出指数级增长,设计已经不再像20世纪那样,以工作室为基础,仅仅局限于特定个人的创意,也不再受限于纯粹以利润为导向的设计管理团队的狭隘框架,面对确定的设计任务与粗略的消费者原型进行勾勒。隐匿在画板后面的专制设计大师的模式,如同20世纪50年代臭名昭著的歧视女性的广告业一样,显得格外过时。随着用户群体、协同设计和参与式方法在实践中日益发挥重要作用,以及对人、人与人之间关系、信仰和实践的重新关注,我们正在见证设计领域的深刻"社会"转变。

——艾莉森·J.克拉克(Alison J. Clarke),"移民文化与社会设计的起源"(Émigré Culture and the Origins of Social Design, 2015)

1. 前言

伊丽莎白·雷斯尼克
ELIZABETH RESNICK

社会设计是一种以促进社会内部积极的社会变革为主要动机的设计实践。虽然，作为一门学科和专业实践活动，社会设计近年来经历了飞速发展，但其在教学、研究和面向社区的实践方面仍处于初期阶段。最初受到维克多·帕帕奈克（Victor Papanek）等学者著作的启发，社会设计中的"社会"意味着鼓励设计师和创意专业人士承担起更积极主动的角色，实现切实有效的变革以改善他人生活为目标，而不是推销他们既不需要也不想要的产品和服务，而后者一直在20世纪的商业设计实践中占主导地位。

在过去的20年中，"社会设计"一词在学术界、企业和政府组织中的发展势头持续上升。但是这个术语究竟意味着什么呢？当"社会"和"设计"两个词连在一起，似乎营造了一种非常模糊的状态，因为这两个概念本身都非常复杂。也难怪目前学界对于社会设计这一术语的含义还未达成共识！如果我们将"社会"和"设计"分开来看，就会发现它们本身都可以作为名词[1]。当作名词时，"社会"被定义为"非正式的，尤其是由特定俱乐部或团体的成员所组织的社交聚会"，而"设计"则被定义为"存在于某一行动、事实或物背后的目的或计划"[2]。"社会"也可以充当形容词，作为"命名名词属性的词"；而"设计"也可以作为动词，

"用于描述动作、状态或事件，并构成句子谓语的主要部分，例如'听到''成为''发生'"[3]。例如，"凡是以将现存情形改变成向往情形为目标而构想行动方案的人都在搞设计。"[4]

术语是"用于描述事物或表达概念的词或短语，尤其是在特定语言或研究领域中"[5]。在"社会设计"这一**术语**中，"社会"在此可以充当形容词，用以标定设计的特定属性；也可以充当名词，用以指明设计所处的"高度棘手的境况"（highly problematic condition），在著名学术研究者和教育家埃佐·曼奇尼（Ezio Manzini）看来，"这意味着请由设计进行紧急干预，这已经超越了传统的市场驱动或公共服务框架"[6]。然而，当我们使用"社会设计"这个术语时，我们心中想到的是什么？所有的设计在本质上不都是社会的吗？"设计是人类的本能，它通过构建我们物质世界，使我们的生活更加便利。"[7]我也同意这一说法。设计赋予物质与非物质的产品和服务以形状和形式，用以解决各种问题，为人类的福祉作出贡献。**维基百科**这样定义"社会设计"这一术语："社会设计是一种关注设计师社会角色与责任的设计。期望通过设计实现社会变革。在设计领域中，社会设计有时被定义为一种设计过程，旨在改善人类福祉和生活水平"[8]。

关于这一术语本身的使用：

> "社会设计"一词也越来越多地用于描述对社会体系的设计。该定义暗示了一种人为现实的感知，因此只能由人类改变，并且一直在被人类改变。在这种视角下，社会设计不可避免，不论人们是否意识到它的存在。社会现实是我们所有个体行为的总和。关于"社会设计"概念的讨论正在兴起，目前也存在多种不同的定义方式。[9]

2010年，Winterhouse Institute举办了首届"为社会影响而进行设计教育研讨会"（Winterhouse Symposium on Design Education for Social Impact），以形成一个协作网络，为学生们提供探索和解决社会设

计问题的工具和培训:

> 社会设计教育工作的分散性可部分归因于其定义上的模糊性,"社会变革""社会创新""社会设计"等短语频繁出现在学术和新闻话语中,但其释义却不够准确。同时,"设计"一词的含义也已经超越了单纯的物的创造与视觉传达排列的范畴,而扩展到了对系统设计、服务设计和设计思维等概念方法的阐释。"社会设计"的概念仍然处于发展初期,需要进一步明确其含义和范围,同时也要注意将其与社会企业、社会创业和社会创新等相关概念进行区分。[10]

2012年,"社会影响力设计峰会"(Social Impact Design Summit)在纽约洛克菲勒基金会总部召开,旨在聚集各界专家和领导人,共同讨论该领域当前面临的重要挑战和机遇。该会议的白皮书《设计与社会影响:设计教育的跨部门议程》(Design and Social Impact: A Cross-Sectoral Agenda for Design Education)出版后得到了广泛传播。目前影响这一领域发展的主要障碍之一是,正如"参会者指出,缺乏对该词义的清晰理解。更清晰的定义将有助于明确目标,并提升人们对该领域价值的认同"[11]。

他们认为社会性责任是所有设计的重要属性,具体而言,即是否有利于社会、环境和经济的可持续发展,国际组织也把这三个方面视为生活品质的三大重要支柱。该领域也被称为公益设计(public-interes design)、社会设计(social design)、社会影响设计(social impact design)、社会响应设计(socially responsive design)、转型设计(transformation design)以及人道主义设计(humanitarian design)。在上述白皮书中,"社会影响设计"和"社会责任设计"两个术语被交替使用[12]。作为34位峰会出席者之一,劳拉·库尔甘(Laura Kurgan)指出:

> "社会责任"这一术语往往无法准确定义其所试图解决的问题。通常情况下,"社会责任设计"意味着 a)解决贫困问题,或者

b) 在设计中优先考虑人和使用的问题，而不是设计本身，或 c) 可持续设计，这一概念同样难以定义。承担社会责任——或通过设计解决城市问题，意味着需要涉及政治、全球化、健康、教育、刑事司法以及经济等诸多领域。[13]

2014年，英国艺术人文研究委员会（Arts and Humanities Research Council，AHRC）委托布莱顿大学发布了一份报告。报告展示了一项为期九个月的社会设计研究，详细总结了该领域所面临的机遇与挑战。该报告提供了对"社会设计"这一术语较为明确的描述：

"社会设计"一词突出了在参与式方法执行的概念和活动，以研究、生成和实现新的方式，关注集体和社会目标，而非商业目标。因此，社会设计可以被理解为涵盖广泛动机、方法、受众和影响的一个整体。例如，社会设计可以融入政府政策或公共服务中，对这些政策和服务进行极具批判性的、不同寻常的改造。社会设计可能由那些自认为是设计师或接受过设计院校教育培训的人所执行，也可能是涉及非专业设计师的设计活动。[14]

社会设计存在吗？

为持续探索"社会设计"一词的含义，设计学者卡梅伦·汤金维斯（Cameron Tonkinwise）在其2015年的反思性论文《社会设计存在吗》中，提出了一些我们都应该考虑的重要问题，并贡献了十种关于"社会设计"中"社会"的释义。他最后（令人欣慰地）总结道，社会设计确实存在，而且具有独立的身份。

社会设计：从乌托邦到美好社会

"我认为，我们正处于一个全球性的转折点，现如今设计必须为社会福祉（social good）服务，而我正在构想'美好社会'（good society）的可能样貌，也在思考设计和设计师如何能够帮助实现这一愿景。"[15]著名设计历史学家维克多·马格林（Victor Margolin）在他2015年的论文《社会设计：从乌托邦到美好社会》中表达了他对"美好社会"的构想。他回顾了从19世纪末寻求改善工作条件的设计运动，到20世纪中期设计师对消费主义社会的批评，设计始终致力于解决社会问题。马格林探讨了社会设计的历史根源，并将其与影响深远的乌托邦理想主义者联系起来，如设计师威廉·莫里斯（William Morris）、瓦尔特·格罗皮乌斯（Walter Gropius）和理查德·巴克明斯特·富勒（Richard Buckminster Fuller）。马格林的结论是，研究这些设计师的远见、伦理观和价值观，可能对展望社会设计的前景大有裨益——"乌托邦思想是一种特殊的积极思维，它超越了现实世界的束缚，为人们提供了畅想理想境界的机会，使这种理想之地成为一个激励人们努力追求的目标。"虽然马格林承认乌托邦理想确实可以激发抱负和愿景，但他认为"美好生活"项目[16]应当超越这些理想，通过现实行动去解决实际生活中的问题。

在评价维克多·帕帕奈克1971年出版的《为真实的世界设计》一书的重要性时，马格林承认帕帕奈克是"最早呼吁在市场之外开展设计实践的设计师之一。"然而，马格林认为帕帕奈克没能"认识到的是，他所指出的那些糟糕问题根源在于社会和政治系统的功能失调，系统本身便亟须重新设计"。马格林指出，"当'现实世界'内部产生变革的机制有缺陷时，我们需要解决这些机制本身，并开发一种替代性的'行动框架'"。为此，马格林提议设计师应该致力于为我们的世界构建一套新的"行动框架"，"我们需要重新审视并调整从地方到全球各个层面的生活组织方式"。最后，他向全球的设计教育者和设计师们发问："你们是否意识到了自己作为集体能动者所拥有的变革和推动力量？是否对我们人类该如何生存和生活进行过彻底的重新思考，并将其转化为能够激发实际行动的项目提案？明明你们比任何人都更擅长去做这件事。"

移民文化与社会设计的起源

　　设计历史学家和社会人类学家艾莉森·J. 克拉克在其颇具影响力的论文《移民文化与社会设计的起源》中，通过聚焦奥地利与中欧的移民设计师，探讨了社会设计的起源。那些移民设计师在美国建立了具有广泛影响力的网络，旨在推动一种更为渐进的人道主义文化，并提出了新的策略。他们的努力是为了促进一种具有社会包容性的设计文化，这一文化至今仍然影响着当代设计实践。克拉克在她的研究中探讨了20世纪70年代政治活动的意义，还（像前文中的马格林一样）引用了美籍奥地利移民维克多·帕帕奈克的重要贡献，称其为"社会设计领域中最著名且最具开创性的倡导者"。帕帕奈克1971年出版的开创性畅销书《为真实的世界设计：人类生态与社会变革》恰好契合了"20世纪60年代和70年代的革命精神，这种精神催生出了'反抗设计'（counter design）和'反设计'（antidesign）运动，与设计行业中的等级制度、环境忽视和技术决定论相对抗"。

2. 社会设计存在吗?

卡梅伦·汤金维斯
CAMERON TONKINWISE

在英国艺术人文研究委员会(AHRC)资助的"社会设计实践与研究项目"(http://mappingsocialdesign.org/)的一次研讨会上,埃佐·曼奇尼坚定地表明,"社会设计"并不存在,也不应该存在。曼奇尼认为社会设计本质上还是那些(现代主义)设计院校或设计专业已经熟知的传统形式的(物质性)设计,充其量被应用于所谓的"社会"语境中。

如果我们真的认为我们今天的社会面临的是一些亟须新的应对措施的复杂问题,那么仅仅将现有的设计实践(迄今为止主要是为商业客户服务)挪用到"社会"语境就可以了吗?还是说在今天我们需要另一种设计?"社会设计"中的"社会"到底指什么?是指设计的语境或背景,还是另一种截然不同的设计形式?

我想为"社会设计"这一概念做辩护,即使它可能尚未成型(be a "thing"),但也应该存在(be a thing)。我认为社会设计与我们所熟悉的设计截然不同,但也紧密相关。为此,我将从以下十个不同方面,来论述"社会设计"一词中"社会"的多种含义。

1. 社会设计＝设计作为一种社会活动

谈起设计，常常会讲到天才式（男性）个人艺术家的现代主义神话，独自一人在工作室中捣鼓着与社会脱节的东西。因此"社会"作为一个形容词，是一个重要的纠偏词，坚持了设计的协作属性。除基本上总是涉及团队，设计活动也离不开资助它的甲方、代表性用户、研究人员、材料零部件供应商、制造商和程序员、市场销售人员，有时还涉及监管机构和法律顾问。

设计的社会协作属性不仅体现在实操方面。由于设计涉及对偏好未来（preferred future）的决策，因此，只有落实在社会中，存在于人们共同致力去实现理想未来的过程中，设计的有效性才有可能实现。设计，尤其是设计思维，常常因其能够洞察突破性创意而受到人们的青睐。但是，如果无法将创意落地，并得到各种社会网络的支持，设计将毫无价值。这才是设计的真实工作。

鉴于此，你可能期待设计师是能力非凡的劝说者或政治家，认为对建导力（facilitation）和谈判力（negotiation）的培养是设计教育的核心。在某种程度上，这就是设计过程中"批评"（crit）的作用——对创意进行全面的压力测试，而这一过程往往会让其他行业的从业人员感到不适。不过，设计师也确实可以让自己的设计为自己辩护。实物性的东西，像原型，本身便具有很强的说服性。那么问题来了，什么能充当社会设计的说服性原型呢？

因此，在复杂且充满挑战的社会背景中，我们需要数量更多或者质量更高乃至形式更新的设计，来促成"设计作为一种社会活动"。

2. 社会设计＝处理社会物质的设计

设计兴起于手工艺，并且通常以熟练造物实践为特征，设计的标志便是看似永恒的物质形式。然而,一件经过设计的产品的真正目的就是要有用,一个成功的设计可以使新的行事方式成为可能,并且成为我们生活习惯的一部分。与博物馆的展品为了展出而引人注目不同,设计应该成为我们建成环境(built environments)动态结构的一部分,以支持我们的日常活动。

但恰恰相反,让人意外的是,设计的产物不仅仅作为被动工具服务于人们的日常活动,更旨在让用户对日常需求和欲望"有所感知"。设计不仅涉及形式(forms)开发,而且关乎机制(mechanisms)发展,既能活化产品,也能激活任务。设计的本质在于其可供性(affordances),即让用户能够在专注于实现目标时自然而然地使用产品或系统,而不是将其作为实现手段需要额外的学习或探索。这种社会物质力量在数字设备中表现得最为明显:通过文字展示便能"说出"自己的功能和操作方式;在模拟设备中,这种能力同样存在,用户无须使用手册,通过设备本身的设计就能明白如何正确操作。

设计师一直都在应对这种社会—物质性(socio-materiality),对于"社会设计师"来说,可能新的挑战或机遇在于反过来考虑到设计会如何影响社会和人们的行为。我们的行为和价值观,以及通常所谓的社会性,其实都依赖于构成物质环境的具体产品。借用布鲁诺·拉图尔(Bruno Latour)的话来说,"设计让社会更持久"(Latour,1990)。这并不意味着唯物决定论,而是说,设计具有推动某种生活或工作方式的潜能,进而使我们的生活和工作更有效、高效且愉悦。

总结而言,正如阿兰·乔奇诺夫(Allan Chochinov)喜欢说的那句话(http://www.manifestoproject.it/allanchochinov/),"设计师从事的不是人工制品业,而是后果性事业"。所有的设计都是关于生活方式和工作实践的设计。

当面对复杂的社会挑战时,这一点会更加明显。在此,社会设计师对于"社会"的关注集中在物质性上,即物促进、维持或阻碍某种类型的社会生活的方式。为了负责任地进行社会设计,设计师需要以更具批判性的方式明确自己在创造社会可供性方面的作用。

3. 社会设计＝所有的创新都是社会技术的创新

设计师常常被描述为孤独的创造者，设计也通常被视为孤立的人造物。然而，所有产品都需要特定的环境和系统才能正常运行。尤其像电器，需要插电才能使用，不仅要靠近电源（电源则需要接入整个能源基础设施），而且在设计上也要适配电源。再比如信息与通信技术领域，相关产品的功能实现取决于是否成功联网。不过，其实任何设计产品都有这种对于特定位置和连接性的要求，即便是静态产品。类似于物种需要生存在它能够适应的特定的生态环境中，为了使功能得以实现，产品也必须处于适当的社会环境中。办公椅并不适配于餐桌；野营时电水壶没法使用；没有纸和可以放纸的平面，笔也没有用武之地……成功的设计总是对环境极为敏感的。

这对设计创新提出了挑战。仅仅创造颠覆性设计是不够的，还得考虑设计如何与现有基础设施相连，以及/或者如何建立它自己的新环境。赛格威（Segway）曾有望成为一项突破性的交通技术，但实际上，它并不适用于人行道和街道，最终，它所适合的生态系统似乎只有商场、机场和工业园的私人道路。相比之下，平板电脑（iPad）似乎已经成功地将沙发变成了工作区，至少是在以浏览和阅读为主、以写作为辅的工作模式下。

设计师的思考始终围绕着这些社会技术系统，恰如埃罗·沙里宁（Eero Saarinen）的格言：设计必须考虑下一个更为宏大的环境，如房间中的椅子、建筑中的房间、街道中的建筑等。与之相对应的极端是现代主义设计极力追求的"整体设计"（total design），即试图控制尽力把握特定环境中每一个独立物的设计：比如房间中的家具、餐具和灯具。

因此，社会设计标志着一种语境设计（contextual design），以创建支持特定类型的社会活动的系统和场所为目标。当然，社会性实践也要基于场所和语境进行。就像只有议会才可以颁布法律；体育活动需要特定装备和专门场地；好的餐厅很少仅仅是为了填饱肚子而存在，亦作为社交场合，无论是营造热闹的氛围，还是提供私密的谈话空间。再比如，在线学习的挑战不只在于技术层面，更在于如何基于技术创造出能够有效支持学习活动的社会环境和教学实践。

当代社会设计师面临的挑战是，如何在网络与现实世界不断交叠且相互竞争的实践语境中，找到合适的时机和空间，来开展和推动社会创新。

4. 社会设计＝具有显著社交媒体特征的系统设计

近来"social"一词经常作为"社交软件"的代名词，例如，"社交化业务"（Social Business）通常指的是一种基于在线服务交付的点对点交互数字平台，或企业营销和公共关系中社交媒体层面的价值主张。

数字社交能否取代或增强以面对面交流为特征的真实社交存在不断的争论。更可能的情况是，数字平台提供了不同的社交形式，带来了人与人之间新的互动方式，使我们能够在线上结识日常生活中难以遇到的人，并发现线下生活中难以获得的互动价值。当然，在线交往已经发展出了其特有的术语——如好友、亲、点赞、拉黑和转发等，展现了不同的沟通与合作方式的涌现。

社交平台的交互设计，或称"社交设计"，仍然是一个新的领域。随着数字社会系统的迅速发展和频繁试错，社交设计的模式还在不断演变，尚未有迹可循，更遑论其设计原则了。

一个复杂因素是，数字平台不仅是一个供社会交流的中立媒体，它还越来越多地展现出一种行为代理性，能够主动参与进而影响用户的交流与互动。社交平台的系统设计构建了人们展示自己的方式，例如个人资料页背后的数据库和表单设计。越来越明显的是，一些数字平台的商业模式依赖算法能够管理用户数据,不仅用于推荐内容,还会筛选用户所看到的内容。同时,在某些情况下,用户的行为与互动方式可能是被平台的设计或算法所引导的,而不是自发产生的。因此,数字领域的设计也同样拥有着类似于社会物质的力量,能够促成、编排或阻止某些类型的社会互动。

因此,虽然(基于媒体的)社交设计为(以变革为导向的)社会设计提供了丰富的机会,但二者之间的关系比目前普遍存在的"为某一目标或情境的需求创建应用程序(APP)"的思维模式显然要复杂得多,这一点更令人担忧。例如,移动和可穿戴设备设计中的"随时随地"定位功能,与上述 3 中讨论的基于环境位置设计的趋势恰恰背道而驰。

5. 社会设计=作为/与/由设计师开展的社科项目

随着设计作为一门学科被建立起来,以及其研究成果的不断增加,再凭借战略性的设计思维,设计所涉及的领域不断延伸,设计师也开始加入跨学科团队中,应对与设计无直接关联的复杂社会挑战。

设计师的跨学科合作主要有三种方式。第一种,设计师只是团队的一员,为团队提供独特的设计视角。可能是设计师对社会物质性的偏好使其视角具有参考价值,但项目仍然由原本的非设计专业领域主导。第二种,设计师在团队中的作用更为突出,不过,是作为流程推动者,而不是内容专家。也就是说,设计师加入团队只是负责引导(facilitation)项目的执行或参与头脑风暴。这样的项目仍然属于非设计项目,设计技能并非作为项目的核心内容,只是作为一种工具或手段来协调团队对特定情况的响应方式,这种能力是其他领域的专家所不具备的。第三种,无论团队中是否有设计师,项目都以设计的方式进行,就像人们认识到,管理也可以"作为一种设计"(Boland & Collopy, 2004)。

以上情形中，都存在一个重要的动机假设：某领域现有的专业知识和技能不足以应对当前社会所面临的挑战。社会设计往往仅代表一种乐观且具有创造性的替代选项（alternative），其价值恰恰在于它缺乏所谓的专业知识，因此能够"业余"地提出一些看似幼稚的问题，从非传统的角度来处理问题。

值得注意的是，设计也标志着对现有专业的一种挑战。设计注重理解活动及其语境中的社会物质和技术结构，将物质产品置于前台，从而提供了新的理解社会活动与互动的方法，弥补了社会研究学科的不足。正如拉图尔（Latour, 1992）所指出的那样，迄今为止，人类学、哲学和社会学对社会性过分聚焦，而忽视了我们在维护文明秩序方面对一系列物质事物的依赖。比如，提醒我们起床和工作的闹钟，协调车辆有序通行的交通灯，以及通知社区决策和事件消息的电话。

这表明，社会设计不仅可以成为其他社会专业的有益搭档，甚至如果被认真对待，还可能发展为一门独立的新兴（跨）学科，甚至有可能会取代某些传统的社会学科。

6. 社会设计=（为）服务设计

设计是一门伴随工业化而生的新型行业。随着现代化项目的推进，因应大批量生产相同产品需求，逐渐发展成为一门在消费阶层需求和制造业需求之间建立联系的新艺术与科学。

在过去的 50 年里，设计思想家们一直在谈论后工业化设计。如果设计不再是只输出更多的物质性内容，那会是什么呢？服务设计就是其中的答案之一。正如 2 中所说的，即使设计的直接对象是物，设计的目标也总是社会性的。服务设计更直接地将重点转移到了人身上，尽管在实践中，服务设计的实现仍然要依靠现有的物质设计学科——通过室内设计、视觉设计、网页设计等为服务提供者和接收者创作活动脚本。

然而，重要的是要理解近年来服务设计出现的动机。在服务设计的概念成形之前，服务便已经在被"设计"了，但更多是由管理者所"谋划"的，更强调后勤效率。设计概念引入服务管理是为了优先考虑一线的服务体验，尤其是实现定制化服务。这也意味着服务设计的对象变成了善变的人类。这一点也使得服务设计不同于那些更偏向于物的设计实践活动。粗略来讲，用蒸汽弯曲木材制作一把椅子是很难，但与揣摩一项涉及人际互动、既要允许个性化定制又不能混乱无序的服务相比，算不了什么。

7. 社会设计=（为）政府设计

政府可以被理解为一个在协作设计（对应上述1）我们的社会结构（对应上述2）的社会技术系统/场所（对应上述3）。然而，由于政府通常表现为一个独立部门（与其相对的是商业化的私营部门和非政府民间社会自愿/非正式的第三部门），因此，把政府设计似乎可以对应为上述5中的一个例子。例如，在政策设计领域，借助设计师的创造力和设计思维，通过快速开展与人民共情的社会调研，政府能够深入了解社会问题的根源和需求，进而提出创新的政策解决方案。如今，设计师也常常会出席一些政府项目会议，比如政策制定会议，因为政府越来越倾向于利用数字平台所具备的社交性（对应上述4）。

与政府相关的社会设计的另一个重要驱动力是对政府作为服务提供者的再认识（对应上述6）。将设计理念应用于政府服务通常被视为一种创造性的机会，能够提高政府的服务效率和运作效能。然而，将原本为创造商业价值而开发的服务设计应用于明确非市场性质的政府机构，必然会带来许多新的挑战。这些挑战表明，政府背景下的服务设计是一个相对独立的专业领域，其社会性中掺杂着更为复杂的政治性。

8. 社会设计＝为/在非商业语境下的设计

尽管起源于工商业，但设计始终专注于如何促成更广泛的社会变革。设计的产品不仅仅是在解决特定的任务或需求，而且可以帮助人们更好地适应现代化，加速实现理想的生活和工作方式。然而，只有当大多数个体消费者能够负担得起这些产品时，设计才能产生如此广泛的影响。

维克多·帕帕奈克提出过一个著名的观点：设计师有义务利用自己的技能帮助那些通常无法成为设计委托人的普通大众（Papanek，1971）。这一呼吁也形成了公众对"社会设计"的最普遍理解，即通过设计去改善那些没有经济实力购买优质产品的人的生活。

对于帕帕奈克而言，这些项目与商业设计的设计流程类似，只是目光转向了那些消费阶层以外的人群，关注他们所面临的挑战。然而，由此产生的产品往往与市场导向的产品有所不同。这不仅是因为预算限制，更因为设计师必须考虑产品在特定社会环境中是否"合适"。帕帕奈克在写下这些观点时，正值"替代技术"（Alternative Technology）运动的兴起——旨在开发现有产品的简化版本，以便更好地适应发展中国家"中等"的社会技术语境。当时该运动假定这是唯一的发展路径。

相比之下，如果社会设计真正致力于服务那些规模不够大、无法吸引商业投资的群体，那么其所产生的产品（和服务）应当截然不同，而不仅仅是现有商业产品的简化版本。社会设计的成果最终将挑战现代主义设计中关于社会价值的基本信条：普遍主义。社会设计的产品表明，不同群体需要不同类型的产品。如果这些不只是所谓的定制品，那么在非商业背景下进行的设计必须拥有其独特的设计流程。

9. 社会设计＝为未被满足的需求而设计

如果非要给社会设计中的"社会性"下一个定义的话，曼奇尼在2015年谈到了"需求未被满足"（unmet need）的社会现状，即某些社群为其福祉和发展所需要的资源和服务在现在乃至以后都不会有商业市场或政府服务机构为其提供和满足。曼奇尼的"变革理论"（Theory of Change）提到，一些社群中的先锋者会主动利用替代性的经济体系和组织、社会资本、志愿劳动，以及其他可能的未被充分利用的本地资源，创新出能够满足自身和社群需求的发展方式。设计师的任务并不是通过回应社会需求来进行创新，如8中所讲，而是去找到那些已经存在的社会创新，为其提供设计专业知识（如6或7中所讲），帮助这些创新变得更加优化、可持续和用户友好。通过与那些致力于满足"未被满足的需求"的先锋者合作（对应上述1），设计师不仅可以为社群提供帮助，还将有机会了解他们如何满足社群需求，进而将这些模式和方法应用到其他社会技术语境中。

随着紧缩政策的推行，政府削减福利供给，越来越多的社群需求变得"未被满足"。根据新自由主义的观点，自由市场会在有需要时发挥作用，比如当政府服务被撤回时。然而，曼奇尼等社会设计师的工作清晰地表明，自由市场的方向和目标注定了其无法满足所有需求，社群和社会设计师的介入可以填补商业无法满足的重要空白。在服务那些未被满足的需求时，社会设计师可能会给人一种正在验证小政府政治立场的印象，即政府不必过度干预社会问题，因为社会会自发地找到解决方案。社会设计实践可能会展示出，即使政府规模较小，社会中仍会出现其他机制或个体来满足需求。就像前面7中所说的，设计是否只是市场化的代理人？社会设计过程如何才能与传统商业设计过程有所区别，以确保社会设计不再是新自由主义的辩护者（甚至是代理人）？

10. 社会设计=设计赋能的社会变革

着眼于"未被满足的需求"(对应上述9),对于社会设计而言不仅仅是补救性的(对应上述8),还可以抵御使其沦为政府(对应上述7)与非政府部门的市场化服务设计(对应上述6)的危机,因此,社会设计必须承担起可能触发重大社会变革的责任。其结果一定是实质性的社会技术创新(对应上述3),更是政治行为(对应上述1),但同时利用了设计在社会物质方面(对应上述2)特定的跨学科研究(对应上述5)主导的专业知识,尤其是在社交媒体(对应上述4)环境中。这一挑战的规模,尤其是在处理设计与商业传承之间的关系时,需要社会设计以独立的身份来应对。

© 2015 Cameron Tonkinwise。经作者许可重新发布。

3. 社会设计：从乌托邦到美好社会

维克多·马格林
VICTOR MARGOLIN

引言

在《设计问题》(*Design Issue*)2002年的8月刊中，我和我的妻子西尔维娅(Sylvia)共同发表了一篇题为"设计的'社会模式'：实践与研究问题"(A "Social Model" of Design: Issues of Practice and Research)的文章。在文中，我们基于社会工作干预模型探讨了产品设计的问题，我们将焦点限定在"低收入群体或因年龄、健康或残疾等问题而具有特殊需求的群体"[1]。在发展我们的模式时，我们审视了社会工作者所称的生态视角中的各种领域：生物、心理、文化、社会、自然和物理/空间[2]。在这些领域中，我们认为物理/空间是设计师可以进行最重要干预的领域。而该领域涉及"所有人造事物，如物体、建筑、街道、交通系统等"。我们认识到，"不适合或劣质的物理环境和产品会影响个人或群体在社区中的安全、社会机会、压力水平、归属感、自尊，甚至身体健康"[3]。

虽然我仍相信社会工作干预模型的有效性，但自文章发布后，近年来，我有了新的认知和思考，对社会设计更广泛的领域也有了更好的理解。随着大规模的生态和社会问题持续恶化，比如气候变化、财富分配不均等，人们对于危机的认识也发生了改变。人们开始意识到，危机时刻为思考最广泛的变革提供了绝佳的机会。这种变革可以作为一种替代性方案，不再局限于对已经存在的系统性问题进行简单修补或局部改善，而是着眼于根本性的变革。这也就是本文的写作出发点。通过参考各种建立在公平、正义和平等基础上的美好世界构想，本文提出了一种开展方法，可以让多人共同参与构想未来可能的世界，尤其是设计师、设计教育工作者及学生。首先我们要承认的一点是，设计师所做的以及他们能做的，对于塑造世界的现状和可能性而言至关重要。在此，我将从最广泛意义上去理解设计，涵盖非物质领域，如制度和社会系统[4]。这种广义的定义与当今许多人对设计可能性的思考方式完全一致。它帮助我们认识到，在我们生活中经过设计的产品的范围之广——无论是物质的还是非物质的，包括物品、图案、系统、服务，甚至政治和法律结构。非物质事物的设计和塑造是为了实现特定的目标，从而引导和规范人们的行为，并定义他们的行动范围和可能性。当一切运转正常时，设计就是一项能够促进积极行动的生产性活动。但当某个环节失灵且设计未能触及其功能失调的根本原因时，设计反而可能阻碍有意义的变革。

近年来，设计界和设计教育界对通过设计促进社会福祉和社会变革的兴趣日益浓厚。辛纳蒙·詹泽（Cinnamon Janzer）和劳伦·温斯坦（Lauren Weinstein）在他们最近的一篇文章中，提出了"以情境为中心的设计"的概念，作为扩展社会设计实践理念的一种方式。文中提道："在设计社会情境时，恰如社会设计的目标所指，必须应用一套与设计'物'不同的设计程序和研究方法。"[5]本文在该观点的基础上，进一步探讨了更广泛的社会设计案例及其可能性。2014年，在英国政府和多家机构的赞助下，英国艺术人文研究委员会（AHRC）发布了一项调查报告，将社会设计方法分为三类：社会创新设计（design for social innovation）、社会响应设计（socially responsive design），以及设计行动主义（design activism）。同时还讨论了研究、资助和专业机会等问题[6]。

社会福祉设计(design for social good)实际上并不是一种新的观念,但将其定义为一种独特的实践形式却是一种新的提法。维克多·帕帕奈克是最早呼吁在市场之外开展设计实践的设计师之一。在1971年首次以英语出版的《为真实的世界设计》(*Design For The Real World*)一书中,他讨论了设计机会问题,认为设计师应该为发展中国家以及那些真正有需求的群体服务,基本上也就是社会工作干预模型中所涉及的人群。帕帕奈克的书产生了极大的影响,并促使许多设计师和设计专业的学生去思考如何满足那些在传统商业模式中可能被忽视或未被充分满足的人群的需求。然而,帕帕奈克没能认识到的是,他所指出的那些糟糕问题根源在于社会和政治系统的功能失调,系统本身便亟须重新设计。

在过去的10年中,许多展览都引起了人们对设计可能解决的社会需求的关注。也许近年来最引人注目的是2004年温哥华美术馆举办的以"巨变"(Massive Change)为主题的展览,由平面设计师布鲁斯·毛(Bruce Mau)和詹妮弗·莱奥纳多(Jennifer Leonard),以及无国界研究所(Institute without Boundaries)共同策划,格雷格·范·奥斯汀(Greg Van Alstyne)担任展览指导。"巨变"展览之所以备受赞誉,是因为它尝试从更宏观的角度来理解设计,探讨了设计与全球性大系统之间的关系。但同时,它倡导以市场经济作为变革框架,尤其是通过企业机构,而在进步人士看来,企业的存在恰恰是社会问题产生的根源之一。因此,这种局限性阻碍了展览论点被转化为彻底挑战现状的方案的可能性[7]。

在展览中,另一种关切社会需求的表现方式是强调为发展中国家而设计,例如2007年在纽约库珀·休伊特国家设计博物馆(Cooper-Hewitt National Design Museum)举办的"为其余90%的人而设计"(Design for the Other 90%)展览[8]。维克多·帕帕奈克作为社会设计实践的重要推行者,其《为真实的世界设计》一书中便记载了一系列他所领导的社会设计实践活动,同时他还积极与国际工业设计协会

(International Council of Societies of Industrial Design，ICSID)合作，开展各种社会福利设计实践。帕帕奈克的言行鼓舞了设计界中的诸多后辈，比如雷因德·范·泰恩(Reinder van Tijen)——后来创办了"民间科技"(Demotech)设计公司，始终致力于为发展中国家提供低技术的自助建造设计，其在1976年为布基纳法索设计的绳式抽水泵(Rope Pump for Burkina Faso)就是一个典型案例[9]。在随后的讨论中，我将围绕"行动框架"展开。所谓的行动框架，就是一组关于世界现实或可能性的假设，正是这些假设驱动了我们的人类活动。换言之，我们的行动框架塑造了我们的价值体系，并指导着我们在日常生活中的决策和行动，同时，它也构成了我们为解释自己行为、寻求道德依据的世界观基础。

所以说，现有的政治经济体系和制度、规则和法律，以及风俗和习惯都是行动框架的一部分，也正是这种行动框架使以上这些要素得以存在，并使替代方案变得难以实现，甚至完全不可能。摆在我们面前的问题是，创造了我们生活世界的行动框架是否足以应对21世纪的挑战。我认为答案是否定的。因此，我们需要重新审视并调整从地方到全球各个层面的生活组织方式。我认为，设计的最终目的是创造一个"美好社会"即一个公平公正的社会，能够确保所有公民获得体面生存所需的物质和服务。我将美好社会视为对未来社会的构想或者说是其原型，事实上，这样的社会轮廓已经在全球范围内被无数活动所勾勒和塑造。设想这样一个原型的目的是帮助理解目前正在发生的许多积极变革力量，并想象它们如何促成大规模共享的社会生活形式。

在这篇文章中，我旨在证明，对于设计师来说，渴望以全新的方式思考世界并不奇怪，也没那么激进，因此我建议重新考虑这一想法。通过简述全球世界观的历史，本文展示了在这些观点基础上构建美好社会项目的潜力和局限；继而解释了为什么我认为现有的行动框架不足以应对今天的挑战；然后提出了新的行动框架必须应对的具体挑战,以及一些已经在进行的举措;最后探讨了美好社会项目对设计师和设计教育的影响,尤其是在课程开发和协作研究方面的重要性,以推动原型设计进程。

设计师展望未来:乌托邦思想

乌托邦思想是一种特殊的积极思维,它超越了现实世界的束缚,为人们提供了畅想理想境界的机会,使这种理想之地成为一个激励人们努力追求的目标。有一些乌托邦愿景描述得非常详细,我们甚至可以想象到家居陈设的样子;还有一些则比较抽象,通过表达价值观而非呈现世界可能的图景来凝聚对更美好世界的渴望。设计中的"乌托邦思想"轨迹至少可以追溯到希腊时期。正如弗兰克·曼纽尔(Frank Manuel)和弗里切·曼纽尔(Fritzie Manuel)在他们关于西方世界乌托邦史的巨著中所指出的那样:

> "希腊哲学中的乌托邦具体体现在从古典时期到希腊化时期城市规划的建筑设计中,其中只有一些粗略的记录留存下来……"[10]

虽然我可以追溯到文艺复兴时期的理想城(città ideale)来探讨乌托邦倾向,但我选择以19世纪末威廉·莫里斯的乌托邦思想作为讨论的起点。莫里斯是一位伟大的设计师兼思想家,他对未来世界的独特愿景在今天看来仍有现实意义。

莫里斯多年来一直深度参与英国的社会主义政治。他先是英国社会民主邦联(Social Democratic Federation)的成员,后来又自行创立了社会主义同盟(Socialist League)。1887年,在为社会主义同盟伦敦哈默史密斯分部做的题为"未来社会"的演讲中,他指出,"对未来的梦想"使"许多人成为社会主义者,而那些从科学和政治经济学中推导出来的清醒理性和适者生存的选择则根本不会让他们动心"[11]。对"一战"后欧洲大陆的许多乌托邦建筑师和设计师而言，莫里斯颇具影响力，他的理想社会对标的是早期手工艺时代，彼时手工艺要比技术重要得多，对环境带来的破坏也远不像工业革命和残酷的工业系统那样严重。亨利·凡·德·威尔德（Henry van de Velde）的住宅"布鲁门韦夫"（Bloemenwerf）的设计很可能就受到了莫里斯"红屋"（the Red House）的影响，维也纳、慕尼黑等地的各类工作坊显然也受到了莫里斯公司（Morris & Co）实践的影响。莫里斯在小说《乌有乡消息》（*News from Nowhere*）中所表达的对过去的怀旧之情，在布鲁诺·陶特（Bruno Taut）的著作《高山建筑》（*Alpine Architecture*）以及瓦尔特·格罗皮乌斯于1919年发表的《包豪斯宣言》中也都有所体现。同年，格罗皮乌斯成为包豪斯的校长，包豪斯是当时魏玛的一所设计实验学校，如今仍然在不断影响着设计教育[12]。

格罗皮乌斯在学校的创立宣言中选择了大教堂的形象，并称之为"社会主义大教堂"[13]。像莫里斯一样，他设想恢复中世纪时期那种协作工坊形式，欧洲的大教堂就是通过这种方式建造而成的。除了代表格罗皮乌斯所坚信"艺术的统一性"，我们有理由相信，大教堂——由艺术家利奥内尔·费宁格（Lyonel Feininger）创作的木刻大教堂——的形象也隐喻着一个基于协作实践的美好社会。我们同时可以看到，格罗皮乌斯把包豪斯本身想象成了一个乌托邦社区，其课程组织和社会关系与德国其他应用艺术学校有着根本性的区别。尽管莫里斯对工业文化的厌恶可能是格罗皮乌斯选择大教堂作为包豪斯目标隐喻的先例，但在随后几年中，格罗皮乌斯逐渐超越了莫里斯对乌托邦过去的幻想，像陶特一样，开始倡导艺术和工业的联合。这也促成了一些重要的设计，比如马塞尔·布劳耶（Marcel Breuer）的瓦西里椅（Wassily chair）和模块化嵌套桌，以及玛丽安·布兰德（Marianne Brandt）的康登台灯（Kandem Desk Lamp）。尽管这些产品现在已成为精英品位的象征，但它们在产生之初源于一种将现代性视为通过大规模工业批量生产来推动社会进步的愿景。1917年至1920年的俄国革命，其性质完全不同，但同样具有乌托邦启发性。与莫里斯和他那个时代其他具有远见的思想家不得不将理想主义的幻想注入与他们格格不入的社会中不同,那些在革命后创建了新的建筑、家具、平面设计、纺织品和时装类型的俄罗斯艺术家、设计师和建筑师,坚信自己正在构建一个前所未有的新社会,而这个社会也接受了他们的理念。于是,他们以全新的艺术形式自如地表述新社会的改革价值。

第一次世界大战之后,正当欧洲的艺术家、设计师和建筑师在设想如何重建饱受战争摧残的欧洲大陆时,俄国革命的发生为柏林工人艺术委员会以及荷兰建筑师如马特·史坦(Mart Stam)和德国的建筑师如厄恩斯特·迈(Ernst May)、汉斯·迈耶(Hannes Meyer)带来了重要启发。他们纷纷动身前往俄罗斯,参与新城市的建设。工人艺术委员会的一些成员——比如布鲁诺·陶特——在俄国革命的影响下也开始抛弃他们对过去的怀旧愿景,转而着手建造像柏林的贝立兹公寓(Britz Apartments)那样的社会主义住宅。

然而,这种乌托邦冲动在20世纪30年代末却被边缘化了。"二战"后初期,欧洲国家正集中精力进行战后重建,而美国人则忙于消费战后工业所提供的新房子、汽车和家用电器。彼时,人们对于乌托邦的热情处于休眠状态。直至20世纪60年代,这种冲动再次高涨,并呈现出多种形式。其中有一种是致力于为人权和环境正义而奋斗,还有一种则表现为对新生活方式的拥趸以及对庆祝活动的热衷。例如,各种各样的公社和音乐节,以及各种由"反设计"(counter-design)团体所发起的设计和建筑实验,其中比较著名的团体包括英国的建筑电讯派(Archigram)、美国的"蚂蚁农场"(Ant Farm)、法国的"乌托邦"(Utopie)团体,以及意大利的"超级工作室"(Superstudio)、"阿基佐姆"(Archizoom)和"全球工具"(Global Tools)等。这些团体都将设计视为推动社会变革的驱动力,从大规模的城市创新到重新思考人与技术之间的关系。在那10年里,肯·加兰(Ken Garland)和一群英国设计师发表了《当务之急宣言》(First Things First Manifesto),重击了彼时英国的消费主义文化,呼吁更加人道主义和社会导向的平面设计实践[14]。

自 20 世纪 20 年代，特别是 60 年代以来，理查德·巴克明斯特·富勒成为重新思考设计潜力以创造更美好世界的主要力量。富勒是美国一位杰出的工程师和发明家。他与莫里斯正好相反，他相信技术是理性和民主的应用表现，实际上他创造了许多技术发明，其中最为广泛采用的是"测地线穹顶"(Geodesic Dome)。他另一件比较著名的作品是戴马克松地图(Dymaxion World Map)，1943 年发明，1946 年获得专利，1954 年又再次发行。富勒吸引了许多追随者参与他的"世界资源清单"(World Resources Inventory)项目，并发起了"世界设计科学十年"(World Design Science Decade)计划。他留给设计师的遗产就是要学会从大系统的视角进行思考，而不被可能阻碍这些大思想转化为实际项目的政治和社会障碍所束缚[15]。

地球太空船的发展

正如第一次世界大战结束后孕育了一批乌托邦幻想家，他们在设计中追求一个不受政治约束的理想世界，第二次世界大战的结束也催生了一些乌托邦种子的萌发，人们开始思考如何让不同民族的人们共同生活在一个公平、和平的世界中。在这些战后全球主义先行者中，英国经济学家芭芭拉·沃德(Barbara Ward)一马当先，从全球视角出发，开始考虑 20 世纪 50 年代至 60 年代所谓的欠发达国家问题。她在 1962 年出版的《富国与贫国》(*The Rich Nations and the Poor Nations*)一书是应对全球问题挑战的早期尝试，在书中她将欠发达国家问题与较富裕国家的经济实力联系起来，探讨了富国经济政策和实践的变化对欠发达地区政策制定的影响，进而思考如何利用前者去促进后者的发展[16]。

沃德于 1966 年出版的《地球太空船》(*Spaceship Earth*)是首批探讨新型全球性问题（如污染、城市化和资源消耗）对所谓"行星经济"

(planetary economy)影响的著作之一。沃德使用"地球太空船"这一概念比富勒还早,后者的《地球太空船操作手册》(*Operating Manual for Spaceship Earth*)在1969年才出版。尽管沃德在列举这些全球性问题时非常切合实际,却并没有提出一些易解之法。尽管如此,这本书的价值还是不容小觑,因为它提供了一种陈述全球问题的基本示例,后来者可以在此基础上进一步研究并思考如何应对这些全球性问题[17]。后来,在意大利著名工业家奥莱利欧·佩西(Aurelio Peccei)的倡导下,这些全球性问题(problematique)第一次被摆在了公众面前。佩西召集了来自不同学科领域的国际专家共同讨论全球面临的共性问题,最终得出的共识是:世界正走向一场危机。作为回应,他们创建了"人类困境"(Predicament of Mankind)项目。1970年,在马萨诸塞州剑桥的一次会议上,"二战"技术系统方法分析先驱、麻省理工学院教授杰伊·福瑞斯特(Jay Forrester)提出了一个模型,能够分析限制增长的全球因素,包括人口、农业生产、自然资源、工业生产和污染。该模型后经完善,于1972年发表为报告《增长的极限》(*Limits to Growth*),书中内容挑战了发达国家先前对无限资源的幻想,并指出,为了地球的生存,我们必须采取一系列权衡举措。

随着越来越多的全球性问题被摆上台面,加之罗马俱乐部(The Club of Rome)的资源有限论调,一种新的思维方式开始流行于一些政治家和学者中间,他们意识到,人类迫切需要采用新的思维方式来管理地球。如此担忧促使联合国在1983年成立了世界环境与发展委员会(World Commission on Environment and Development,WCED),一方面,旨在对环境资源问题进行彻底的调查,另一方面则在可持续(sustainability)的定义中增添了一个新的因素——社会福祉。1987年,委员会发布了报告《我们共同的未来》(*Our Common Future*),我们今天反复引用的"**可持续发展**"的定义便来自该报告的引言部分:

"人类具有的实现可持续发展的能力——既满足当代人的需

求,又不损害后代人满足自身需求能力的发展。"[18]

尽管该报告对导致当前严峻形势的各种因素进行了有益的分析,比如人口、工业、能源、食物安全和城市问题,但其在提供应对方案或政策建议时,完全没有考虑要去挑战那些主导全球经济的巨大产业,也没直面这一事实:为了确保后代可以获取他们需要的资源,我们现在可能需要限制经济增长。

在历年联合国的环境问题会议中,1992年在里约热内卢举行的联合国环境与发展大会(UNCED)是历史上第一次把环境保护议题提升到了"全球性峰会"的层次,因此里约会议又被称为"地球峰会"。会上出台了一份引人注目的报告——《21世纪议程》(*Agenda* 21),提出了一系列旨在促进环境改善的计划和决议,不过并未要求各国强制执行[19]。里约会议的另一成果是《里约环境与发展宣言》,又称《地球宪章》(*Earth Charter*),规定了国际环境与发展的27项基本原则,不过缺乏具体的政策安排,因此未能促成什么实际的社会行动。另外,虽然宪章提出了一个包含16项行为准则的行动计划,却并没有直面实现这些倡导的重大且必要的环境和社会变革所面临的任何障碍。而这些所谓的准则,实际上只是任何一个善良且理性的人所具备的常识罢了[20]。不过,它的原则是尊重地球上的多样生命,满怀同情和爱去关心全球"共同生命体",建设公正、可持续、和平的民主社会,保护地球环境系统的完整性。就其本身而言,《地球宪章》与20世纪初的前卫宣言一样具有理想主义色彩,因此其最大的影响是作为理想陈述而非行动蓝图。到1992年里约首脑峰会时,全球政治已经僵化到形成了对立阵营,以至于后来的关于气候变化和环境问题的首脑会议——尽管当时环境状况已经大大恶化——再也未能达成所有代表普遍认同的任何结论。此外,世界银行和国际货币基金组织强加给发展中国家的新自由主义政策,扼杀了许多有价值的倡议,同时促使国际大公司进入那些本该优先发展自身经济和社会状况的发展中国家,而使这些国家的发展受到了外部利益的制约。联合国仍然在继续召开关于千年发展目标的会议，却再也无法获得足够的支持来实现这些目标，也没有表现出任何能够遏制跨国公司私有化在全球蔓延的能力。

新的行动框架

当今世界面临的重重危机清楚地表明，过去六百年来塑造世界发展的行动框架已然力不从心。旧有行动框架存在期间确实取得了许多积极的成果：中产阶级诞生，一大批人跻身其中；创业公司大量涌现，为社会带来了新的商品和服务，极大丰富了数百万人的生活；疾病能够被治愈，全球整体健康状况有了极大改善。在这个行动框架内，主要行动者是国家，近年来让步给了国际和跨国实体——像联合国和全球化公司；资本主义一直是占据主导地位的经济体系，尽管曾受到苏联及其前东欧集团国家以及中国的计划经济体系的短暂挑战，但这些国家现在已经采纳了资本主义经济和生产方式的各种变体形式。今天，世界形势已然改变，必须采用一种新的行动框架来应对当前的挑战。这个新的行动框架不仅要能更好地支持成千上万个中小规模的倡议，挑战旧框架的价值观，还应该有助于建立一套新的全球和国家机构，来对抗资本主义造就的人与人以及国与国间严重的贫富分化。我们需要重新找回那种乌托邦式的激情，它在如莫里斯、格罗皮乌斯和富勒等卓越设计师和远见者的思想和情感中是如此强烈。同时要重新关注"地球太空船"视角，去重新审视其明确指出的一系列需要解决的全球性问题。

构建一个新的行动框架不仅涉及价值观的改变，还需要策略的调整。在这里，我将提及八个方面，需要我们在全球范围内采取新的行动策略。

第一，人口增长。地球上日益增长的人口需要更多资源，并且需要不同的分配方式。

第二,更多需要照顾和获得经济支持的老人。

第三,气候变化。

第四,对自然资源消耗的不断增加。

第五,全球失控的金融体系。

第六,全球贫富之间存在着不可逾越的差距。

第七,新的机器人和专家系统技术的诞生会导致工作岗位减少。

第八,分裂世界人民的原教旨主义宗教信仰。

即使在当前危机之际,数百万人仍在积极寻求替代方案,以摆脱不可持续的生活方式和体制。这些先行者发起了各种各样的项目,涵盖了从粮食生产到银行业、贸易交易技能、土地所有权的模式改变,以及新的能源生产方式和交通方式等各个领域。其中一些项目是大型可持续系统的缩影,还有一些则是在难以改变的系统内孤立可持续实践的苦苦支撑。这些项目涉及多个学科和机构,引发了关于我们如何在地球上组织生活的根本性讨论。

其中许多活动都有设计师的身影。社会创新及可持续设计网络(Design for Social Innovation and Sustainability,DESIS)是由埃佐·曼奇尼发起的一个强大组织,多年来致力于通过公民行动促进社会可持续。DESIS的工作涉及全世界范围的多个领域,包括老龄化、交通、食品生产和分配,以及城乡居民之间的关系强化等。总体而言,DESIS的工作依托于实验室模式,目前已经和30多所设计院校合作建立了社会创新与可持续设计相关实验室,还有新的实验室在不断计划和筹备当中[21]。这一实验室网络与国际设计艺术院校联盟(CUMULUS)同样关系密切,各实验室代表会定期出席CUMULUS会议。2014年9月,CUMULUS在南非开普敦召开了一次重要会议,主题为"与其他90%的人一起设计:通过设计改变世界"(Design with the Other 90%:Changing the World by Design)。此次会议同时是开普敦作为国际工业设计协会联合会（International Council of Design Associations，ICSID）指定的 2014 年世界设计之都（World Capital of Design）的系列活动之一。

除 DESIS、CUMULUS 以及其他"无国界设计师"（Designers Without Borders）、"人类建筑师"（Architects for Humanity）和奥本大学的"乡村工作室"（Rural Studio）等许多组织的设计活动之外，许多经济学家和社会理论家也一直在撰写文章积极探讨社会组织的新选择。美国政治学家加尔·阿尔佩罗维茨（Gar Alperovitz）提出了"多元政治体制"（Pluralist Commonwealth）的概念，指一个由多种不同部分组成的新型财富生产系统，其中某些组成部分可能是现有的，已经存在于当今社会。他将政治体制（Commonwealth）描述为这样的一种模型："一方面预测那些会随着时间发展起来的新的所有制机构，包括地方的工人所有制企业和其他有益于社区的企业；另一方面，也涉及各种国家层面的财富持有和基于资产的战略。最终，这些新的所有制形式将取代当前由精英和大型企业主导的大部分大规模资本的所有权（从而实现更加公平和广泛的资源分配）。"[22] 阿尔佩罗维茨只是众多从事"新经济"（New Economy）研究的学者之一，他们的想法从激进到改革主义不等，但都一致认同资本主义盛行的模式已然失败[23]。

追求"新经济"运动中涌现的一些新观念，可能会促使我们对货币体系及其在商品和服务分配中的地位进行彻底反思。例如，即使只是稍微思考一下，我们也能意识到，有多少财富被浪费在华尔街的投机部门，或用于清理不可持续的金融和环境实践所造成的混乱。因此，许多"新经济"领域的作家将货币系统描述为一种设计，并明确指出，它是战略思想和有意识构建的产物，因此在有足够理由的情况下，货币系统也是可以改变的。

除经济领域，其他领域的社会创新理念与案例也不胜枚举，如食物生产、医疗保健或交通运输。在这些领域中，中小型项目的成果很容易就能引发人们对如何改变涉及这些问题的大规模系统的深入思考。政府和市政当局最近也倾向于聘请设计师来制定解决社会问题的政策、计划和产品，哥本哈根的心智实验室（MindLab）就是一个例子。该实验室由丹麦多个部委联合资助，致力于解决一系列社会问题和挑战。在2011年9月初，心智实验室多次赞助了以"公众如何进行设计？（How Public Design?）"为主题的会议，将目前该新兴行业的参与者们聚集在一起，共享经验和想法。2013年会议的重点是设计如何解决政府今天面临的各种问题。一些参与者认为（复杂多变的社会和经济环境所带来的）挑战在于，如何通过创建新的机构来重塑政府的运作方式，正如其中一位与会者所言，这些新机构应该"更具实验性和混合性"[24]。

将政府作为设计对象的理念，意味着设计师相信自己有能力促成更宏大的改变，这本身是一种相当大的进步。尽管心智实验室的多次会议在推动创新和变革方面取得了一些进展，但在我看来，这些努力还不足以解决全球范围内的根本性问题，不足以为彻底重新思考人类如何在全球社会中进行自我组织奠定基础，也无法确保财富的公平分配，保障每个人的教育权利以及拥有私人食物和住房的权利，以实现全民福祉。因此，我呼吁关注行动框架的更新。一个行动框架有助于概念化当前正在进行的许多积极变革举措的共性，为原型化新的大规模系统创造了机会，这些系统有潜力成功应对我在前文所概述的一些危机。虽然经济学是构建这一新行动框架的核心学科，但环境科学、能源生产、住宅设计等许多其他领域也在进行变革。这些变革代表了新的社会组织模式，在这个行动框架内同样具有重要意义。例如，许多共享经济项目，在乘车、设施、工具和食物生产方面减少所有权需求，如自行车和汽车租赁系统；更公平的利润分配模式，如合作社；减少银行的过度手续费用的项目，如信用社和小额贷款，以及通过互联网分销商品的新形式，让更多人能够直接向客户出售产品，如爱彼迎（Airbnb），使世界各地的个人通过向旅行者出租房间来赚取额外收入。其中一些举措可能会招致批评，特别是那些依赖在线平台的，因为它们将资本主义经济与古代以物易物的模式结合在一起,但它们至少代表了一种脱离企业主导的一对多生产和分配模式的新方向。在废弃物管理方面,各地社区和城市已经采纳了"零废弃"(Zero Waste)倡议。一些变革项目尚处于早期阶段,而另一些则已经成熟并得到了广泛推广与采纳。有一些老牌企业也会采用社会变革设计项目,并由此创建了渐进式的积极变革新模式,但这些并未挑战资本主义的经济前提。以美国食品杂货连锁店全食超市(Whole Foods)为例,该公司正与美国室内农业公司哥谭绿地(Gotham Greens)合作,在纽约布鲁克林建造一家新店,并在屋顶上设立温室农场,生产的蔬菜将在店内销售。这只是在纽约如火如荼进行的众多"城市农业"项目中的一个。

革新策略

如今,我们经常听到"设计"一词被用来描述概念和计划背后的思维过程,不仅是产品制造和视觉传达,还包括更抽象的实体,如商业服务、企业组织、社会活动、政府政策,甚至法律制度。简言之,对许多人而言,设计已经意味着一种设想活动的过程(而不仅仅是一个产品),这一过程最终会有所产出,以满足某一群体的需求。虽然这种宽泛的定义可能会使一些人感到困惑,但同时它也为设计学科的自我扩展和发展提供了机会。传统上,设计被局限于为市场商品和品牌公共传播服务,但现在人们开始意识到设计可以应用于更广泛的领域。借此机会,我们也可以尝试开发更多新的思考设计的方式,将其作为组织杰弗里·维克斯爵士(Sir Geoffrey Vickers)所谓的"人类社会系统"(human social systems)的方法[25]。汇聚了各种理念和实践资源的全球网络化的设计院校,可以作为社会创新的伟大实验场,以验证以项目为导向的研究中心是否能够为 21 世纪创造一个新的社会愿景——一个充分利用各种设计活动形式的"美好社会",无论这些形式是现有的还是新兴的。另一个可以作为实验场的是与积极公民密切合作的各种区域性、国家性和国际性的设计师组织。

对于为什么全球网络化的设计院校和设计师组织是推动对新的全球行动框架进行持续性思考和讨论的最佳发起者，我认为主要有以下四个原因：

第一，设计是一种提议性（propositional）活动，由设计所引发的思考可以超越其由内容决定的学科规则的限制。

第二，设计师善于分析情势，并从中提炼出能够带来改进的项目。

第三，设计善于整合其他学科知识，比如管理多学科甚至是跨学科设计团队。

第四，设计正在发生根本性改变，随着设计范围的不断拓展，今天已经出现了许多新的设计活动形式。

"美好社会"项目也可以作为一个框架，为一些新的设计形式提供实践空间。学生和实践设计师可以共同参与，将他们对美好社会的理解相结合，这将有助于方法论和价值观的交汇。2013年5月，我和弗吉尼亚·塔西纳里（Virginia Tassinari）在米兰理工大学举办了一个主题为"为美好社会而设计"（Design for the Good Society）的工作坊。主要参与者是服务设计专业的学生，他们渴望从事那些他们认为对社会有贡献和价值的项目。尽管工作坊为学生们提供的理论基础有限（只有几次讲座），但学生们非常富有创造力，能够将他们对社会可能性的各种思考转化为实际的设计项目[26]。学生们被分为10组，创建了涵盖交通、教育、老年人护理、食物分配和住宿等不同领域的项目。

在这些项目中，特别值得注意的是，学生们深入思考了当前社会中哪些未被充分利用的人力资源可以帮助提供我们迫切需要的服务。例如，在一个城市教育交流项目中，学生想到，移民可以去教授自己的原籍文化或某种民族技能，如乐器演奏。另一个关注老年护理的项目则致力于寻找社区中愿意与老年人共度时光的人。由于学生们来自世界各地,因此移民困境是一个绕不过去的项目主题。其中一个项目特别探讨了如何帮助移民应对在新国家定居时所面临的各种烦琐的官僚手续和程序。

在当前形势下,无论是设计实践还是设计教育都需要大胆的新举措。一方面,许多传统的设计技能培训已经消失,或者至少在高收入的工业化社会中不再常见,因为这些活动要么已经外包给了那些拥有类似工作技能但成本较低的国家,要么已经实现自动化,不再需要人工技能。即使相比于自动化服务,人类的手艺曾经是高质量的保证[27]。

另一方面,许多处于进行时的举措正逐渐成为主流资本主义市场模式的替代选项。在杰里米·里夫金(Jeremy Rifkin)最近出版的《零边际成本社会》(The Zero Marginal Cost Society)中,他详细阐述了一些这样的举措。书中,作者提到了"知识共享"(Creative Commons)的出现,并将其描述为第三次工业革命的典范。对于里夫金来说,诸如 3D 打印、开源软件、免费上网等现象正在促进消费民主化,同时,在免费或低成本商品或服务的冲击之下,市场的规模和影响力也会减弱[28]。虽然里夫金在描述趋势时是十分精准的,但他回避了新形式的社会组织如何应对收入不平等、金融投机以及财富和政治影响力等的问题。尽管资本主义市场模式的某些方面受到了削弱,但其固有特征依然未被动摇。

结论:从乌托邦和地球太空船到美好社会

如前所述,乌托邦项目在设计历史上并不稀奇。我认为,这些愿景项目的价值在于为那些无处可诉的抱负提供了一个表达的空间。尽管乌托邦理想能够激发人们的抱负和愿景,但我更主张通过实践(比如"美好社会"项目)去超越这些理想。虽然"美好社会"项目也是受乌托邦思想的激励和启发而产生的,但它针对的是现实世界的情境,并且能够通过实际行动得以实现。同样,与"地球太空船"的形象不同,后者只是一个由少数专家驾驶的封闭实体,而"美好社会"则是开放的,由成千上万的人共同塑造。最后,我想向全球的设计教育者和设计师们提出一个问题:你们是否意识到自己作为集体能动者(collective agent)所拥有的变革和推动力量?是否对我们人类该如何生存和生活进行过彻底的重新思考,并将其转化为能够激发实际行动的项目提案?明明你们比任何人都更擅长去做这件事。

ⓒ 2015 Victor Margolin。原文来自《为美好社会而设计——乌得勒支宣言,2005—2015》(*Design for the Good Society—Utrecht Manifest*,2005—2015. Rotterdam,the Netherlands:NAI010,2015),由布鲁因斯玛(M. Bruinsma)和范泽尔(I. van Zijl)主编。在主编和作者的许可下重新发布。

4. 移民文化与社会设计的起源

艾莉森·J. 克拉克
ALISON J. CLARKE

近年来,"设计"的概念变得如此普遍和广泛,以至于一些批评家开始质疑这个术语的有用性。当代设计实践已经分化出众多子学科(如设计人类学、设计思维、设计研究和设计文化等)。设计曾经是一种转型性实践,但如今的过度泛滥可能使其失去原有的价值和影响力:使其既无处不在,又无处所在。那么,当前设计是否已经变得模糊不清,以至于失去了其批判能力呢?从乐观的角度看,当今设计的多元主义倾向和社会包容性转变,是否只是其最初人道主义愿景的自然发展?随着设计越来越深入地融入新自由主义和自由市场扩张主义的背景,对其发挥异议能力的批判性视角的需求无疑正在加剧。

随着设计类型和实践的不断增加,尤其是社会设计在过去的 10 年间呈现出指数级增长,设计已经不再像 20 世纪那样,以工作室为基础,仅仅局限于特定个人的创意,也不再受限于纯粹以利润为导向的设计管理团队的狭隘框架,面对确定的设计任务与粗略的消费者原型进行勾勒。隐匿在画板后面的专制设计大师模式,如同 20 世纪 50 年代臭名昭著的歧视女性的广告业一样,显得格外过时。随着用户群体、协同设计和参与式方法在实践中日益发挥作用,以及对人、人与人之间关系、信仰和实践的重新关注,我们正见证设计领域的深刻"社会"转变。

可以说，设计本质上就是社会的。最好的设计实践极富同理心，主要任务就是想象并促进"他者"（用户）的需求。一些设计评论家甚至认为，设计符合人类学对"礼物"（gift）的经典定义，即作为一种理想的互惠社会关系的非义务表达，它是对理性、非社会性、形式化的商品（commodity）的完美平衡。

（设计）物，无论多么平凡，都像是一份集体的礼物：它是为我们所有人准备的，其形式和功能体现了对我们具体需求和欲望的认可……对于我们那些最私密的人类需求和愿望，设计师不仅了解，而且理解、承认和肯定，并且通过设计去努力实现它们（Dilnot, 2003:58）。

对"礼物"和"商品"这两种概念的理论定义，最初源于 19 世纪的政治经济学模型。然而自从设计理论家克莱夫·迪尔诺特（Clive Dilnot）对设计角色进行评述以来，形势发生了戏剧性的转变。在新自由主义经济中，即使是赤裸裸的销售行为也被披上了社会性的外衣，这种转变是否应该以谨慎的怀疑态度对待呢？例如，最近美国的一所大学成立了一个积极营销中心（Positive Marketing Centre），"致力于维护市场作为满足组织利益相关者、个体市民和整体社会之间相互依存需求的力量"[1]。设计的这种"社会"转向，以及社会设计作为一个特定专业领域的蓬勃发展，实际上又会如何影响现实世界中的变革呢？

设计师作为设想和"塑造"（making）未来的操盘手，这样的常识性观念既老套又贴切。设计的历史，尤其是设计作为改变生活的社会议程的历史，通常便建立在上述前提之上。然而，在讨论社会设计时，人们往往忽略了这些社会相关设计概念或规范的史学渊源，这种缺失显而易见。

美籍奥地利人维克多·帕帕奈克是社会设计领域中最著名且最具开创性的倡导者，20 世纪 70 年代他凭借其畅销书《为真实的世界设计：人类生态与社会变革》（*Design for the Real World: Human Ecology* and Social Change），将社会责任设计牢固地纳入主流设计议程，该书的英文版于 1971 年问世。帕帕奈克的民粹主义辩论为设计激进主义提供了宣言，倡导协同设计、受人类学启发的非专业设计模式，以及摧毁和蔑视商品资本主义逻辑和商业主义的"社会"物的设计。《为真实的世界设计》持续出版了 40 年。它在 20 世纪 70 年代首次出版时，引发了欧洲各地设计机构的反叛和不满，设计界同人纷纷对行业进行问责，质疑其实际上在阻碍基层变革的同时，却不断促进企业盈利。帕帕奈克在《为真实的世界设计》开篇即宣称，"设计是小众圈子享有的奢侈品，这些小众圈子为每个国家技术、金钱和文化'精英'的小圈子"。

到 20 世纪 60 年代初，设计已经被认定为维系物质不平等和社会精英主义的主要机制之一，与资本主义勾结，使其与备受诟病的广告业不相上下。1964 年，英国平面设计师肯·加兰和他的 22 位同事发表了《当务之急宣言》(First Things First Manifesto)，号召广告和传播行业的同行，将技能和想象力投入比"猫粮、健胃散、洗涤剂、染发剂、彩条牙膏、须后水、须前水、瘦身饮食、增肥饮食、除臭剂、苏打水、香烟、卷筒裤、拉链裤、套头衫和懒人鞋更有意义的事业中"[2]。1968 年 5 月，第 14 届米兰设计三年展开幕，主题为"更多的人"(The Greater Number)，以笨拙的姿态展现了政治正确性，却遭到学生们的抗议，他们认为这不仅是政治冷漠（apolitical）的表现，更是在毫无廉耻之心地疯狂吹捧物质主义至上。随着国际学生运动的兴起，以及越南战争和尼日利亚内战的爆发，"为真实需求而设计"的观念愈加具有说服力，与三年展上的奢华设计形成了鲜明对比。帕帕奈克借助当时动荡的局势，尖锐地批评了推崇无节制消费的设计文化，抨击了其中无休止的展览、社交会议和国际大会。他毫不留情地将矛头指向设计界，向同行设计师发出带刺的嘲讽："对许多人而言，小口抿着马提尼酒，眼看尼日利亚的孩子们在色彩绚丽的画面中死去，可能是一种享受，直到他们自己的城市燃起战火为止。"

《为真实的世界设计》诞生于一个更广泛的批判背景中，晚期工业发展的社会和环境影响引发了人们对设计角色的质疑:将设计视为更广泛的议题网络的一部分,涵盖了新殖民主义、劳工权利、女性主义、发展和以用户为中心的技术等领域。同类著作还包括蕾切尔·卡森(Rachel Carson)的环境经典《寂静的春天》(*Silent Spring*,1962)、特蕾莎·海特(Teresa Hyter)的《作为帝国主义的援助》(*Aid as Imperialism*,1971),以及 E. F. 舒马赫(E. F. Schumacher)极具影响力的《小的是美好的》(*Small is Beautiful*:*A Study of Economics as If People Mattered*,1973)。这些著作揭示了设计在解决社会不平等问题和挑战"自上而下"的解决方案中的新洞见。更为重要的是,设计行动主义的高涨不仅局限在艺术院校中——与工会组织、生态团体、教育改革、非政府组织、社会景观运动、人体工程学、替代与适当技术、社区行动主义、残疾人权利、替代交通激进组织、健康设计、职业治疗和人道主义救济等也直接相关。

新马克思主义社会学家和哲学家沃尔夫冈·豪格(Wolfgang Haug)在其《商品美学批判》(*Kritik der Warenästhetik*)一书中严厉批判了设计,斥责其为"资本主义的仆人"。该书与《为真实的世界设计》同年出版。不过,到了 20 世纪 70 年代中期,受到帕帕奈克那段广为引用的论战的启发,设计院校的学生也开始参与一些公开的社会项目,包括非洲玉米碾米机、残疾儿童学龄前玩具、医疗器械,以及适用于发展中国家的技术等。到 1976 年,"为需求而设计"的议程已经渗透了设计界的最高层,尽管其最初的目标是瓦解这些精英阶层。彼时,伦敦皇家艺术学院还主办了一场关于设计社会贡献的国际会议,会议同时邀请了制造业和政府政策制定方面的领军人物参与。

20 世纪 60 年代和 70 年代的革命精神催生出了"反抗设计"(counter design)和"反设计"(antidesign)运动,与设计行业中的等级制度、环境忽视和技术决定论相对抗。最近的"嬉皮士现代主义"(Hippie Modernism)——这一名称援引自前一代设计中的社会主义现代主义的另类乌托邦主义——是一个松散的网络化运动,汇集了各种不同的设计反文化,旨在以不同的方式重新配置当代物质生活[3]。1972年,意大利激进建筑设计团队"超级工作室"(Superstudio)在纽约现代艺术博物馆(MoMA)的展览《意大利:新室内景观》(*Italy*:*The New Domestic Landscape*)中提出了"无物生活"(life without objects)的著名愿景。无独有偶,英国的建筑团队"建筑电讯派"(Archigram)创造了一种新未来主义的、支持技术的愿景,打破了传统建筑观念,视建筑视为一种干预性和思辨性项目,代表作如"插件城市"(Plug-In City,1964)。

反抗文化甚至影响了以设计现代消费品造型著称的工业设计师。传奇意大利设计大师埃托·索特萨斯(Ettore Sottsass),其代表作奥利维蒂红色情人节打字机(Olivetti Valentine)是波普设计的顶级代表,却转头加入了孟菲斯(Memphis)和阿基米亚(Alchymia)的叛逆者行列,预示着后现代主义对国际主义设计审美标准的彻底挑战。按照索特萨斯自己的说法,"有必要去探访荒芜之地、山脉,以重新与宇宙建立身体上的联系,因为它是唯一真实的环境,正因为它不可测量、不可预测、不可控制、不可知晓……"[4]

反设计文化的各种变体汲取了相似的资源,通常具有类似的意图。然而,社会设计的一个重要烙印源于移民事件。帕帕奈克本人所借鉴的进步自由主义政治观点,便来自他1938年作为难民逃离纳粹吞并奥地利时的流亡移民经历。和同时代的许多人一样,他于1939年抵达纽约后转向了新兴的设计行业,因为他希望参与一种超越国际主义风格的理性主义乌托邦范畴的新型人道主义活动,更加关注人类的实际生活和需求。历史上,流亡移民(émigrés)在设计发展中扮演了重要角色。不仅是许多流亡移民者成为成就卓著的设计大师,他们的移民经历也在塑造替代性(alternative)生活愿景方面发挥了重要作用,这得益于他们独特的经历所促成的跨学科网络,以及其作为"局内人和局外人"的双重身份。

有许多文章都曾描述过奥地利和德国的"文化大逃亡"(Cultural Exodus)现象,以及中欧移民在推广具有明显进步性的建筑和设计方法方面的关键作用,这为现代主义的形成奠定了基础。20世纪的移民设计师和建筑师,从瓦尔特·格罗皮乌斯到理查德·诺伊特拉(Richard Neutra),发展了一种特定的批判性方法。这种方法不太依赖于具体的参考对象,而更根植于现代意识,同时结合了流亡的经历,为这些移民个体网络赋予了独特的愿景能力。

  在某种程度上,社会设计运动建立在更广泛的移民思想遗产之上。策展人兼设计评论家(也是移民)伯纳德·鲁道夫斯基(Bernard Rudofsky)在纽约现代艺术博物馆举办过一系列大型战后展览,其主张的人性化设计议程早于帕帕奈克的社会设计议程。在其开创性倡议中,如他所策划的"服装是现代的吗?"(Are Clothes Modern?, 1944)和"没有建筑师的建筑"(Architecture without Architects, 1964)展览中,鲁道夫斯基概括了一种设计方法:悬置对形式美学的评判,转而强调跨文化和多元文化,关注民间、本土和世界性的元素。作为建筑和物质文化方向的人道主义理论家,鲁道夫斯基发展了一种易于理解的批判形式:基于他对人类环境、服装和建筑等生活方面进行的细致入微且常常具有挑衅性的观察。帕帕奈克继承了这一移民"传统",借鉴了鲁道夫斯基的修辞风格,而不是设计改革运动中的保守话语和说教主义,形成了一种"挑衅或煽动式"(agent provocateur)的传播模式。

  同一时期,法兰克福学派移民成员带来的文化批判理论,以及他们围绕消费和消费文化对象展开的新马克思主义话语,对学术界产生了深远影响。西奥多·W. 阿多诺(Theodor W. Adorno)和马克斯·霍克海默(Max Horkheimer)从纳粹德国逃亡到了好莱坞电影业的中心之地洛杉矶。在他们的著作《文化工业:作为大众欺骗的启蒙》(*The Culture Industry: Enlightenment as Mass Deception*, 1944)中,二人提出了对大众文化不利影响的精彩批判。与帕帕奈克和鲁道夫斯基一样,法兰克福学派的移民成员深刻认识到了现代文化内在的矛盾性:在宣扬民主性的同时,似乎也助长了文化的被动性和同质化。一些历史学家认为,现代文化所彰显的这种矛盾关系的历史特性,也是自由资产阶级欧洲流亡移民经历中的一个决定性特征：这一经历在之后的发展中塑造了渐进自由主义观念，而这种观念又影响了 20 世纪后期的社会设计议程[5]。

帕帕奈克将深奥的欧洲批判理论和文化政治有效地转译为流行设计话语。作为社会设计的主要倡导者，他在广泛的自由主义和社会主义视角下，扩展了自己作为反消费主义知识分子的角色。帕帕奈克的理论著作曾受到杂志编辑马歇尔·麦克卢汉（Marshall McLuhan）的关注和认可，并与其他重要学者的作品一起被推崇为前沿思想，例如来自维也纳的移民政治经济学家卡尔·波利尼亚（Karl Polyani）[6]。除帕帕奈克外，移民网络还包括建筑理论家克里斯托弗·亚历山大（Christopher Alexander）、教育理论家伊万·伊里奇（Ivan Illich）、政治经济学家和哲学家安德烈·戈兹（André Gorz），他们都曾发起过关于美学和伦理的反叛辩论。许多当代设计话语及其人道主义倾向实际上都是基于这样一种移民经历而形成的。正是这样的经历使他们拒绝了欧洲中心主义，转而支持一种在美国机构中蓬勃发展的开放的、国际化的世界主义（cosmopolitanism），例如纽约的社会研究新学院（New School for Social Research）和北卡罗来纳州的黑山学院（Black Mountain College）。尽管超级工作室等团体的反设计倡议主导了 20 世纪 60 年代和 70 年代的展览、设计和建筑史，但其在正式设计范畴之外的影响可能被夸大了。虽然从格罗皮乌斯到密斯·凡·德·罗（Mies Van der Rohe）等包豪斯设计大师的影响有充分的文献记载，但对移民经历在塑造社会责任设计方面的遗产却鲜有深入探讨。

在全球化背景下，设计披上"社会性"的外衣，越来越深入地影响多个决策领域。因此，迫切需要对设计学科进行严格的批判性重估，以防其变得形式化、敷衍、流于表面，仅作为一种象征性的社会包容性实践，而不能真正促进社会包容。设计的核心在于通过同理心去想象他者的能力，并且这一能力一直以来得益于"局外人"带来的独特见解——设计的人道主义议程在某种程度上便源自流离、移民和排斥的独特历史。

设计的关注点应超越产品本身,转向协同设计、开放课程和跨学科文化,以延续帕帕奈克及其他移民设计师和理论家们所倡导的渐进政治和实践人道主义的轨迹。随着当前全球化设计实践不断扩展其职权范围,深入政策制定乃至更广泛的领域,设计在社会性方面的重大转变必须经过批判性引导和培育。在推动这一转变的过程中,亦需要去重新审视那些早期倡导者们设想的渐进、包容的人道主义理念。换言之,设计必须保有表达异议的能力。

© 2015 Alison J. Clarke。原文来自《为美好社会而设计——乌得勒支宣言,2005—2015》(*Design for the Good Society—Utrecht Manifest*,*2005—2015*. Rotterdam,the Netherlands:NAI010,2015),由布鲁因斯玛(M. Bruinsma)和范泽尔(I. van Zijl)主编。在主编和作者的许可下重新发布。

第二部分　创造未来：界定有社会责任感的设计师（1964—1999）

设计在社会和政治中一直扮演着重要角色,直接或间接,有意或无意。在不同时期,设计对主流的社会、文化和经济体系表现出不同的立场和态度,或热情支持,或激进批评,或提出替代性主张。如今,鉴于新自由主义思想和实践的普遍性及其带来的诸多灾难,越来越多的设计师开始反对主流倾向,致力于推动复兴和可持续的文化和社会变革,也就是说,迈向一个新的文明。

　　——埃佐·曼奇尼,"设计作为日常生活政治"(Design as Everyday Life Politics, 2016)

5. 前言

伊丽莎白·雷斯尼克
ELIZABETH RESNICK

第二部分记录了**"社会设计"**作为一个概念、一个新兴的研究领域，以及一个正在发展的专业学科的形成过程。社会设计是一种以促进社会内部的积极社会变革为主要动机的设计实践。最初受到威廉·莫里斯、巴克敏斯特·富勒(R. Buckminster Fuller)和维克多·帕帕奈克等人著作的启发，在社会设计的议程中，"社会"意味着鼓励设计师和创意专业人员担任更积极的角色，以实现切实有效的变革、为人们带来美好生活为设计目标，而不是推销他们既不需要也不想要的产品和服务，而后者一直是20世纪商业设计实践的首要动机。然而，20世纪中叶的现代主义时代的基本信条之一就是设计的社会价值——为大众设计。因此，第二部分所包含的章节便对这种讽刺现象进行讨论，同时呼吁扩展设计的定义，以推动通过设计改善生活质量，促进社会进步的美好目标。

当务之急宣言

设计记者瑞克·波诺(Rick Pounor)回顾了肯·加兰于1964年发表的《当务之急宣言》的诞生过程——它是如何被出版、传播，以及在一个"设计正作为一项自信且专业化的活动而蓬勃发展",却只为支持富裕的西方消费主义文化的时代,这项宣言又是如何"触动神经"的:

1963年11月29日,在伦敦当代艺术学院(Institute of Contemporary Arts)举行的工业艺术家协会(Society of Industrial Artists)的会议上,加兰写下了那份具有历史意义的声明。在最后,他请求主席允许他朗读这份声明。"当我开始执行这项任务时,我发现自己并不是在读,而是在宣扬,"他后来回忆道,"我们同时都意识到,这已经成为那种完全不时髦的东西——宣言。"现场掌声经久不息,许多人当场表示也愿意在上面签名。宣言立即便得到了意想不到的广泛支持。其中一个签名者把它交给了卡洛琳·韦奇伍德·本(Caroline Wedgwood Benn),也就是工党议员安东尼·韦奇伍德·本(Anthony Wedgwood Benn)的妻子。1974年1月24日,韦奇伍德·本在《卫报》(The Guardian)周刊专栏中全文转载了这份宣言。他写道:"他们如此激烈谴责的才能浪费的责任,是我们每个人都必须承担的。这方面的证据就在我们周围,我们不得不与这些丑陋的东西生活在一起。如果我们有意识地作为一个群体共同努力,将目前用于制造奢侈品的技能转而用于更有意义的事情,这种现象是可以轻易扭转的。"那天晚上,加兰被邀请到英国广播公司(BBC)的一档新闻节目做客,宣读了《当务之急宣言》的部分内容,然后围绕宣言内容展开了讨论。随后,该宣言在《设计》(Design)、《工业艺术家协会杂志》(Society of Industrial Artists Journal,SIA Journal,它甚至为宣言开辟了一个专栏)、皇家艺术学院的校刊《ARK》和《现代宣传》(Modern Publicity)1964/65年年鉴中再版,还被翻译成了法语和德语。这种宣传力度意味着不仅是在英国,国外也有许多人都听过并阅读过《当务之急宣言》。

显然,这份宣言触动了人们的神经,其出现之际恰逢设计正作为一项自信且专业化的活动而蓬勃发展。富裕的消费社会的快速发展为从事广告、促销和包装等领域的优秀视觉传达设计师而言提供了更多的机会。广告业本身在纽约也经历了一场所谓的创意革命,20世纪60年代初,就有好几位美国的新创意平面设计师在为一些伦敦公司提供设计服务。这一高薪职业对于无数设计师而言,是那么的迷人又令人激动。但从20世纪50年代后期开始,一些持怀疑态度的设计师开始公开质疑:这种不断涌现的空洞浮华与社会更广泛的需求和问题有何关系……对于加兰和其他关心《当务之急宣言》的签名者而言,设计正处在危险之中,因为它可能忘记了自身的责任——为所有人争取更美好的生活[1]。

我们必须做的事情

4年后,在纽约大学举办的"愿景67——为生存而设计"(Vision 67: *Design for Survival*)会议上,加兰贡献了一篇批判性论文《我们必须做的事情》。他想借此机会反对大众媒体公然无视内容的倾向,指出:"'媒介就是信息'这一误导性口号意味着:我们这些从事传媒工作的人现在可能会以一种居高临下的高傲态度看待那些呈现给我们的初始内容,因为我们知道,无论这些内容多么微不足道,我们都能将其转化为有意义的东西。"加兰还提出了对设计生存和社会健康至关重要的四项"生存行动",其中第四项是"我们应该意识到,我们真正的客户,真正需要与之努力建立联系、寻求认可的是公众。他们也许不是给我们付钱的人,也不是颁发文凭的人。但如果他们是我们工作成果的最终接受者,他们就是真正重要的人"。

教育图解——设计的神话与神话的设计

维克多·帕帕奈克是人为中心、可持续设计和社会责任设计的早期倡导者。他虽然饱受争议,却具有深远的影响力,认识到了设计在满足发展中国家穷人、残疾人、老年人以及服务不够完备的社区等的需求方面的潜力。帕帕奈克通过著作、演讲、实践和教学,呼吁人们改变观念,严厉批评不可持续的发展方式,倡导设计师应当生产更多合乎伦理道德并不危害我们日益脆弱的环境的产品,承担起他们的社会和道德责任。

在1975年,帕帕奈克发表了这篇谴责性论文《教育图解——设计的神话与神话的设计》,问世于其《为真实的世界设计》(*Design for the Real World*)一书出版4年后。在文中,帕帕奈克概括并否定了西方设计教育所创造并延续的十个设计神话,每一个都旨在强化专业设计师、设计教育机构与广大公众之间的精英主义。在列举这些神话的同时,帕帕奈克还提出了十条补救措施,最后他强调,"设计是一种基本的人类能力,能够促进个体的自主性与自我实现。然而,设计师和设计教育工作者却通过神话化我们的身份和能力,将这种能力限定为只有少数经过严格筛选的人才能拥有的所谓的'设计'能力"。

设计作为一项具有社会意义的活动

设计在社会中的意义和责任是克莱夫·迪尔诺特于1982年发表的颇具影响力的论文《设计作为一项具有社会意义的活动》的主题。他认为,必须承认设计作为一种独特的活动形式,强调其超越产品和服务的商品化的价值。他的论文"试图揭示并解决使用'设计'这一术语时可能产生的混淆,从哲学、社会、政治等方面勾勒设计活动的意义……并概述这一做法在理解设计的社会意义等方面的问题的独特益处"。对于迪尔诺特来说，设计可以被视为一种独特的思维和沟通模式，涉及"设计"如何与当今社会相联系，又为何与当代社会密不可分。他的基本前提是，设计拥有更为广泛的社会意义方面的潜力（如今看来，甚至比当时探讨的还要广泛），并且任何关于设计的探讨都应当包含其对整个人类社会的相关性。

设计师式认知

20 世纪 70 年代晚期，随着设计教育新方法的发展，**设计师式认知**的概念出现了，英国皇家艺术学院（Royal College of Art, RCA）关于"通识教育中的设计"的研究报告中指出："（设计领域中存在着其特有的）需要了解的事物及其方法"，这正是教育中所强调的设计领域的核心。设计学者奈杰尔·克罗斯（Nigel Cross）撰写的《设计师式认知》是 1982 年发表在《设计研究》（*Design Studies*）期刊上的系列论文中的一篇，旨在将设计定位为一门连贯的研究学科，并为其构建理论基础。

在论文中，克罗斯对教育中被忽视的第三领域——设计——提出了自己的看法。他承认科学和人文科学是教育中的两个主导领域。但他的基本观点是，设计过程中存在着与科学不同的认知方式。科学关联的是一个寻找解决方案的线性分析过程，而**设计师式认知方式**是一个综合和迭代的过程。在这一过程中，设计师式认知不仅体现在设计过程中，还体现在设计的产品中。克罗斯认为："通识教育中的设计，最主要的目的不是为职业生涯做准备，也不是为工业界的'实践和创造'培训有用的生产技能，而是必须从教育的**内在**价值出发来界定它⋯⋯在通识教育中支持和捍卫设计教育的论点，必须建立在确定设计的内在价值的基础上，才能使设计有理由成为每个人教育的一部分。"

未来不再是过去

在维克多·帕帕奈克于1971年出版的备受争议的著作《为真实的世界设计：人类生态和社会变革》中，他呼吁建立一种基于社会责任的修正的设计文化。他毫不留情地警告设计师们要对抗席卷我们社会的日益猖獗的消费主义。他指出："有些职业的确比工业设计更加有害无益，但是这样的职业不多。也许只有一种职业比工业设计更虚伪，那就是广告设计，它劝说那些根本就不需要其商品的人去购买，花掉他们还没有得到的钱。同时，广告的存在也是为了给那些原本并不在意其商品的人留下印象，因而，广告可能是现存的最虚伪的行业了。工业设计紧随其后，与广告人天花乱坠的叫卖同流合污。历史上，从来就没有坐在那儿认真地设计什么电动毛刷、镶着人造钻石的鞋尖、专攻洗浴用的貂裘地毯之类的什物，然后再精心策划把这些玩意儿卖到千家万户的人。"[2]① 当然，在他50年前写下这些文字时，提到的道德和可持续设计的概念实际上需要设计师在其工作中进行根本性的调整，以涵盖他们任性的、由消费者驱动的工作所带来的更广泛影响。

在1988年发表的论文《未来不再是过去》中，帕帕奈克再次批评设计师，认为他们未能适应数字时代的新设计需求。他认为，设计师试图通过将设计过程系统化，使其变得更加科学，以更好地满足数字技术对设计的要求，结果却制造出不合适的产品。他指出：

> 许多设计师都在试图使设计过程变得更加系统化、科学化、可预测化，并且与计算机兼容。他们试图通过制定规则、类型化、分类和流程化的设计系统来合理化设计，以期为设计提供一个声望更高、带有科学意味的理论背景，或者至少是一种类似科学的理论

---

① 译文引自【美】维克多·帕帕奈克，《为真实的世界设计》，周博译，北京：中信出版社，2012年，第35页。——译者注

结构。这种方法强调理性、逻辑和智能,然而往往容易陷入还原论的论调,结果走向对冷漠、毫无生机的设计风格的追求,抑或是过分强调高科技功能主义,以牺牲设计的清晰性为代价,从而忽视了人们的心理需求。

商业还是文化:工业化与设计

知名设计学者约翰·赫斯科特(John Heskett)对经济、政治和历史领域都研究颇深。在其论文《商业还是文化:工业化与设计》中,他描述了英国早期工业化所引发的经济和社会动荡,这些剧变既带来了新的挑战,也提供了新的机遇。赫斯科特指出,设计在工业革命中发挥了独特作用,随着生产的商业化,生产方式发生了根本性变革,这也引发了关于艺术、文化、工业和生活质量之间紧张关系的广泛讨论:"……工业化在全球范围内引起了巨大变革,不仅改变了我们的生活和工作模式,也改变了我们对自我和世界的认知。"

设计思维中的抗解问题

在1992年发表的开创性论文《设计思维中的抗解问题》中,设计理论学者理查德·布坎南(Richard Buchanan)阐述了设计思维在当代社会中的重要性,并将其与**抗解问题**(wicked problems)直接关联。他指出,设计问题之所以具有"抗解性",是因为"在设计领域中,除了设计师所构想的主题,设计没有属于自己的特殊主题"。通过引入"置入"的原则,"设计师能够对眼前的问题和议题进行定位和重新定位,作为一种工具,让设计师凭借直觉或依据意图去塑造具体的设计情境,帮助识别所有参与者的观点和关注的问题,以及作为工作假设,应用于设计探索和开发创新"。

为此,布坎南明确了"四个领域,来了解设计对当代生活的影响有多广泛,世界各地的职业设计师以及那些未必自称为设计师的从业者们所进行的不懈探索,都可以被归结为这四个广泛的领域":符号(符号和视觉传达)、事物(有形物)、行动(活动和有组织的服务)和思想(生活、工作、娱乐和学习的复杂系统或环境)。他认为,这些领域不仅仅是传统实践领域的一部分,更是设计思维的核心。这四个领域在所有设计专业中都存在一种共通的实践:"……**符号**、**事物**、**行动**和**思想**……在当代设计思维中相互渗透和融合,对创新有着相当的影响力。"布坎南提出的这种扩展设计实践的观点,所基于的信念是:设计是"一种新的技术文化博雅学科(liberal art)",有能力"以适合于当前问题和目的的方式,将艺术和科学中的有用知识联系起来并加以整合"。

好公民意识:设计作为一种社会和政治力量

设计学者凯瑟琳·麦考伊(Katherine McCoy)在论文《好公民意识:设计作为一种社会和政治力量》中,向所有设计师发出了激动人心的行动号召——重新认为设计作为一种社会、文化和政治力量,真正成为向世界传递信息的有责任担当的倡导者。"我们不能再被动了,设计师必须成为好公民,参与到我们政府和社会的塑造中来。"麦考伊论点的重要之处在于,她提出"设计不是一个中立的、无价值的过程",因为它继承了根植于内容的特定政治和社会理想。设计师必须考虑他们所从事的工作的道德意义:"设计的完整性取决于其目的或主题。如果输入是垃圾,输出也将是垃圾。设计的品质取决于其所传达内容的质量。"

女性主义观点

1993年,设计历史学家奈杰尔·怀特利(Nigel Whiteley)出版了颇具影响力的著作《为社会设计》(*Design for Society*),探讨了设计的价值与意义。在书中,怀特利表达了对设计行业现状的担忧,指出社会忽视了可持续、人口增长和全球快速发展等重大问题。全书分为五个章节:"消费者导向的设计""绿色设计""责任性设计与伦理消费""女性主义观点"和"前进的方向?"。怀特利在其中提出了针对可持续设计和生态友好的"绿色"设计的重要见解,并倡导重新思考消费主义实践的必要性。他指出了设计行业缺乏道德责任的问题,强调说:"设计师不能再逃避对自己行为的责任了,不能在我们迫切需要行动、讨论消费及其与全球资源和能源之间关系的问题时,继续对旧有的消费品进行简单的重新包装。"

在第四章"女性主义观点"中,怀特利详细描述了女性在"性别化"角色中的困境——既作为使用者,也作为消费者——包括当代女性主义者对强化性别刻板印象的消费主义设计的批评,正是这样的设计催生出了各种对女性用户来说设计不善的产品。在西方父权社会中,女性的地位被认为低于男性,绝大多数消费品要么是由男人为女人设计和制造的,要么是男人为自身设计和制造的。怀特利精准预测到,设计行业中关于性别构成的任何更广泛变化,都必须依赖于整个社会大背景中的有望进步。

存在社会这种东西

安德鲁·霍华德(Andrew Howard)的《存在社会这种东西》一文,旨在质疑前英国首相玛格丽特·撒切尔(Margaret Thatcher)在一次公开采访中提出的惊人论断——"不存在社会这种东西":

>我认为,我们经历过这样一段时期,太多人被误导,认为如果他们遇到了问题,政府就有责任去解决。"我遇到困难时会得到补助""我无家可归,政府必须安置我"……他们把自己的问题转嫁给社会。然而,事实上,存在单身的男男女女,也存在家庭,就是不存在社会这种东西。政府本身并没有能力独自完成任何事情,除非

得到人民的参与和支持,人们首先应该学会依靠自己。我们不仅有责任照顾好自己,还要照顾好我们的邻居。[3]

霍德华借此机会重新引入了 1964 年英国设计师肯·加兰及其 21 位同事撰写的《当务之急宣言》,这份宣言"简洁而大胆,旨在呼吁(平面设计师同行们)勇敢地拒绝'消费者的高亢尖叫'和广告业无所不能的诱惑,而选择对社会有益的平面设计工作"。霍德华认为,平面设计"在塑造具有赋权和启迪性质的视觉文化方面可以发挥重要的作用,使思想和信息更易于理解和记忆",这是对平面设计的政治和文化能动性的鼓舞人心的肯定。霍德华认为,"我们不能把我们的工作与所处的社会环境及其所服务的目的分割开来"。这篇文章不仅重新唤起了人们对 30 年前的这份宣言的兴趣,也预示着其作为"千禧年的当务之急宣言"的重生。

设计与自反性

扬·范·托恩(Jan van Toorn)是 20 世纪 60 年代初以来最重要、最具影响力的战后荷兰平面设计师之一,他撰写了大量关于设计师的社会和文化责任,以及他所谓的"实践的对立形式"的文章。在 1994 年的论文《设计与自反性》中,范·托恩沉思道,"所有的专业实践都面临着一种根深蒂固且无法完全避免的矛盾状态,像'精神分裂'一样。传达设计也是如此,一方面被赋予了为公众利益而服务的使命,另一方面又必须满足客户和媒体的商业需求"。范·托恩认为设计实践"被困在一种脱离实际的虚构世界中,只能作为文化产业及其传播垄断的附和"。他主张,设计师必须通过批判性实践来反对这种垄断。如果设计师能够在项目的初始规划阶段有更多的参与,而不仅仅停留在产品的生产阶段,那么就会有更多的机会影响项目的方向,以更好地服务社会的整体利益。

黑色设计

在这篇发表在英国期刊《蓝图》(*Blueprint*)上题为《黑色设计》的短文中,安东尼·邓恩(Anthony Dunne)提出了一个设想:"产品设计师可以变得更像作家,从电子产品的误用和滥用中挖掘叙事潜能,创造出另类的(alternative)使用方式和需求观念",进而提出新产品,挑战关于电子产品如何定义我们生活的先入之见和流行观念。他批判性地指出,如果产品设计师仅仅关注市场成功而忽视其工作的社会价值,那么猖獗的消费主义意识形态就只会愈演愈烈。邓恩认为,设计师面临的"挑战在于要能够模糊现实与虚构之间的界限,使概念性的东西变得更加真实,同时也要认识到现实只是众多有限的可能性之一"。

"批判性设计"(critical design)这一术语便来源于邓恩,第一次出现是在他1999年出版的《赫兹故事》(*Hertzian Tales*)一书中,随后在2001年出版的《黑色设计:电子物体的隐秘生活》(*Design Noir: The Secret Life of Electronic Objects*)中得到了进一步发展。"概念性设计"(conceptual design)的观念使得非商业形式的设计——如批判性设计——更容易得到发展。这一设计实践形式是由邓恩和菲奥娜·雷比(Fiona Raby)在20世纪90年代早期担任伦敦皇家艺术学院研究员期间发展而来。"批判性设计采用思辨性(speculative)的设计提案(proposals),去挑战狭隘的假设、先入之见以及既定现实,反思产品在日常生活中所扮演的角色。它更多的是一种态度、一种立场,而非仅仅是一种方法。"[4]

6. 当务之急宣言

肯·加兰

KEN GARLAND

　　下列签名者有平面设计师、摄影师,还有学生。在我们的成长过程中,一直被灌输着这样一种观念:广告行业是获取财富的捷径,也是最令人向往的职业选择,广告技术和装备是展现我们才能的最佳工具。我们不断接收着各类致力于这一信条的出版物的洗脑,为那些倾尽心血和想象力去推销各种商品的设计师的工作喝彩,无论是猫粮、健胃散、洗涤剂、染发剂、彩条牙膏、须后水、须前水、瘦身饮食、增肥饮食、除臭剂、苏打水、香烟、卷筒裤、拉链裤、套头衫,还是懒人鞋等。

　　到目前为止,广告业中的绝大部分努力都浪费在这些琐碎的目标上,对我们国家的繁荣几乎毫无贡献。

　　与越来越多的公众一样,我们也已经到了极限,消费者的高亢尖叫不过是纯粹的噪声。我们认为还有其他更值得我们运用技能和经验的事物,比如街道和建筑物的标识、书籍和期刊、目录、指南手册、工业摄影、教辅工具、电影、电视专题片、科学和工业出版物,以及其他所有能够促进贸易、教育、文化发展或帮助我们更广泛地认识世界的媒体。

　　我们并不是主张废除高压的消费广告,这也不现实。我们也不想剥夺生活中的乐趣。然而,我们提议改变设计活动的优先顺序,采取更有用、持久的设计传达形式,我们希望社会能对那些噱头商人、有名的推销员和暗藏企图的说客感到厌倦,让我们的技能优先用于有价值的目的。因此,我们打算分享我们的经验和观点,并将其提供给我们的同事、学生和其他可能感兴趣的人。

48　　签名者:爱德华·赖特(Edward Wright)、杰弗里·怀特(Geoffrey White)、威廉·斯莱克(William Slack)、卡罗琳·罗伦斯(Caroline Rawlence)、伊恩·迈凯轮(Ian McLaren)、山姆·兰伯特(Sam Lambert)、艾弗·卡姆利什(Ivor Kamlish)、杰拉尔德·琼斯(Gerald Jones)、伯纳德·希格顿(Bernard Higton)、布莱恩·格里姆布里(Brian Grimbly)、约翰·加纳(John Garner)、肯·加兰、安东尼·佛罗绍格(Anthony Froshaug)、罗宾·费耶(Robin Fior)、德曼诺·菲蒂(Germano Facetti)、伊凡·多德(Ivan Dodd)、哈丽特·克劳德(Harriet Crowder)、安东尼·克里夫特(Anthony Clift)、格瑞·希拉蒙(Gerry Cinamon)、罗伯特·查普曼(Robert Chapman)、瑞·卡朋德(Ray Carpenter)、肯·布里格斯(Ken Briggs)。

　　ⓒ 经肯·加兰许可重新发布。

7. 我们必须做的事情

肯·加兰

KEN GARLAND

在提出任何关于未来行动的一般性建议之前,我认为有必要先尝试对我看到的现状进行界定和描述。

作为一名1967年在英国工作的平面设计师,我不得不在资本主义体制的限制下进行工作,这种情况不仅存在于我的国家,在西欧其他地区、北美和南美、澳大利亚以及亚洲的一些地区也同样如此。我的客户给我的任务,通常有以下几种目的:(a)直接与赚取利润的商业目的有关;(b)旨在提高企业声望或信誉,间接与商业目的有关;(c)即使作为公共服务的一部分,这些公共服务也是由建立在盈利业务基础上的经济所资助的。

所以,对于短期工作,我始终会牢记这样一个事实:经济利益是工业创新的动力,是对商业成就的奖励,也是对受挫的专业良心的慰藉;而经济利益的缺失,无论如何都是失败的标志。

当然,我也可以像其他很多设计师一样,把追求利润的动机放在次要位置,将注意力集中在手头的工作上,将其视为一项有用的信息任务,或是尝试新图案形式的手段,或者仅仅是一件能给人们带来乐趣的事情。当然,一项任务可能具备上述一种或全部特质。但是,无论赞助者多么开明,任务书多么开放,都无法摆脱这样一个事实:在我们的社会中，企业必须先看到可观的利润，才有可能赞助或支持某项事业；而且任何对企业利润不利的赞助结果都不太可能得到长期支持。

就我个人而言，我既不希望置身于构成资本主义社会焦点的商业世界之外，也不打算无视驱使资本主义发展的逐利动机。在我看来，商人为其追求利润而感到歉意的行为是荒谬的。总的来说，我更喜欢明确的销售任务，比如设计画册，而不是那些充满文化内涵、声望很高的宣传作品。就算客户认为我的作品毫无意义，我也不会与他争辩，因为我理解，尽管作品看起来可能很漂亮，但对他的销售业绩并没有帮助。这对他来说是至关重要的因素，对我来说也是如此。

但我**确实**对那些声称自己在日常工作中不受资本主义社会主导力量所影响的艺术家、科学家、屠夫、面包师或烛台制造商有意见。尤其是我那些在视觉传达领域工作的同行，他们居然认为自己可以忽视资本主义社会对他们工作的影响。19世纪的一位著名作家曾写道：

> ……阶级是社会的物质主导力量，同时也是智识主导力量……因此，统治阶级作为一个整体决定一个时代的范围和方向，必然会全面统治，因此，除此之外，他们还作为思想家，作为思想的生产者，控制着他们这个时代的思想的生产和传播……[1]

因此，在商业体系中开展的传达艺术和科学工作，与那些虽然并非直接为商业体系服务但仍由其资助并受其制约的工作，二者之间并没有真正的区别。也许在后者的情况下，艺术和职业自由存在着边缘区域；但这两者都完全依赖于以利润为基础的经济的健康和韧性，在这种经济中，正如埃斯蒂斯·凯福弗（Estes Kefauver）所证明的那样，真正的权力越来越集中在少数人手中[2]。

既然我并不看好所谓的自由企业制度，那么讨论它未来的发展潜力也没有意义。不过，仍然有一些可以实现的有限目标，比如提高社会服务效率、改善住房标准、提升公共交通系统等，这些都可以说是生存行动（survival operations）。

你或许会问我:"既然你对当前资本主义社会的现状和未来前景如此不满,为什么还要讨论它的'生存'问题呢?为什么不让它自生自灭呢?"对此,我不能接受完全放弃体制的观点。同样,我也不认同那些认为整个体制已经腐败到必须彻底推翻、重建新体制的革命者的观点。如果一个国家,一方面处于严重的社会腐败,另一方面又陷入革命的混乱状态,那将有太多无辜的人民受到伤害。我们这个微妙平衡的社会如果突然失控,我们的通信、运输和分配网络也会随之崩溃,光是这一点,就可能导致数十万甚至数百万人因疾病和饥饿而死。

所以,在西方世界的大多数人确信(他们迟早会确信)自己是一个由精英控制、不断强化其自身权力的体系的受害者,并想方设法摆脱它(他们终究会摆脱)之前,我们可以尝试哪些短期和中期的生存行动呢?

首先,我们这些从事信息行业的人,应该摒弃那种荒谬的、自我吹嘘式的理念,即认为我们所服务的媒体除了传播信息,还承载着其他重要价值。这个行业似乎总是热衷于把信息传播变成一种艺术形式,把传播工具当作艺术品来对待,这种冲动已经成了我们的一种职业病。想象一下这样的场面:你急切地抓起相机,轻轻调试着那些灵敏的控制按钮,透过镜头仔细地对焦,而与此同时,另一位同样技艺高超的摄影师将他的镜头对准了你!又一个关于时髦摄影师的专题,拍摄者同样也是时髦摄影师,但问题是:这些照片的受众又是谁呢?再比如,你冲进设计展馆,眼珠子都几乎要从眼眶里跳出来了,目光死死地盯着自己的展品:去年你设计的烤豆广告,如今已是今年的设计大奖得主。这个广告不再只是用来传达烤豆美味的信息,现在人们认识到了它真正的意义:设计界的一颗明珠,新文化符号竞赛中的领跑者。可对那些烤豆而言,无论它们多么美味,这一切又有什么关系呢?

当然,对于我们这些从事信息处理行业的人来说,能够确信的是,我们在媒体处理中所运用的各种巧妙方法,往往可能比我们被委托要传达的信息本身更为重要。经常有人争论说,一部电影、戏剧、电视节目或广告等的初始内容本身并没有什么价值,但经过媒介的处理,这些内容的价值就会得到提升,变得更具吸引力,甚至展现出新的意义或价值。

但是,无论这一观察结果是否属实,都不应该成为我们行动计划的依据。"媒介就是信息"这一误导性口号意味着:我们这些从事传媒工作的人现在可能会以一种居高临下的高傲态度看待那些呈现给我们的初始内容,因为我们知道,无论这些内容多么微不足道,我们都能将其转化为有意义的东西;事实上,我们甚至可能欢迎这些微不足道的内容,因为这是对我们才能的一种适当挑战。

这简直是无稽之谈,因为尊重内容是我们这个行业的绝对要求,不管是关于烤豆,还是关于人类的未来,或者其他任何事情。

其次——这是由第一点引申出的——我们必须采取行动去"治疗"信息媒体当前所患的"大象病"①。1955年,刘易斯·芒福德(Lewis Mumford)写道:

> 我们为什么要毫无根据地假定(正如我们经常做的那样),大规模或多样化生产机制的存在就意味着我们必须充分利用它?……为了实现控制,我认为,我们可能需要重新考虑甚至放弃周期性出版的方式……因为这是一种不必要的刺激,可能会导致过早或多余的出版……我们不能惯于被动地接受过度出版的负担性技术,而是需要创造一种社会纪律来应对这一问题。[3]

这让我想起了我在一家商业杂志担任美术编辑时的一次经历。主编把几张照片塞到我的手里,说:"用这些照片设计一个六页的专题报道。"当我问及文本内容时,他告诉我,只需让他知道我想要多少字,他们就可以写多少。当我指出,即使是可以想象到的最大文字量也不足以填满六页时,他说:"嗯,动动脑筋,挑一些细节放大,然后搞一个又大又花哨的标题,诸如此类的那种方式。""那种方式"现在对我来说是如此熟悉的一种操作,以至于我必须不断提醒自己,这不是信息处

---

① 即信息过载、冗余和缺乏有用信息的状态。——译者注

理方法的一部分,而是我们滥用信息处理方法所导致的不幸结果。

当然,造成广播和印刷媒体信息过剩的主要原因是竞争激烈的广告刺激。英国一位著名的报业大亨在被问及是否曾经干涉过他所控制的报纸和期刊的编辑政策时,他表示,在他看来,编辑内容只是意味着把广告隔开,新闻工作是留给记者的。我们不应该被这种虚伪的公正性主张所蒙蔽即认为新闻和评论仅仅是一种纯粹可量化的产品,就像果酱和卫生纸一样,本身就是一种片面的概念。广告预订量增加就需要增加编辑版面的数量,以保持广告的独立性,无论是否有新闻来填补,反之亦然。

那么,"治疗"方法是什么呢？在我们摆脱那些促使新闻和评论的生产成为一种大规模、快速且不加思考的过程(就像将塑料挤出成型一样)之前,我们不可能有完全"治疗"它的方法,但出版、广播和电视的编辑人员还是可以采取一些**措施**。不管他们的政治态度如何,他们肯定不会乐于以这种方式从事这种无聊的工作。如果他们能够鼓动工会和专业协会团结起来,他们就能强大到拒绝参与将新闻业堕落为广告服务的现象。

再次,如果我们忽视**基础**信息网络中的紧急警告信号,将会面临生存危机。这些警告信号彰显了现实情况的紧迫性,要求我们立即采取行动。1966年10月22日,威尔士的一个山坡上发生煤炭倾斜事故,造成144人死亡,其中116名为儿童。官方对灾难起因进行了详细的调查和分析,最终在报告中强调了及时传达关键信息的重要性,指出"需要立即重新评估并改善通信渠道,以确保关键信息能够自动顺畅地传递给那些负责行动的人,从而消除任何可能导致灾难发生的故障和遗漏。"[4]

我们能完全避免类似阿伯凡(Aberfan)悲剧因信息传达不及时而导致的灾难再次发生吗？我对此并不乐观。在阿伯凡事件中,相关负责人很勤奋,也很聪明,但他们缺乏一个有效的系统来收集、分类、评估和处理该地区以及整体的煤渣情况的信息。实际上,英国政府花费了大量资金向公众宣传是用煤还是天然气作为家庭燃料,或者用电力取代这两者，但如果将其中一部分资金用于建设上述的信息系统，也许这场灾难就不会发生了。

我们必须将更多精力投入这样的生存行动中，并将其置于更高的优先级。这些行动很可能需要我们与不同职业背景的同事密切合作，如工业心理学家、现场工作人员、电信工程师、专业图书管理员、工业和平面设计师、技术作家、政治家及各类公务员等。我们这些从事信息传达行业的人在参与这些工作时，需要了解如何有效应对和协调他们的需求。

这不仅需要我们调动并汇集以往所不熟悉的技能，更需要我们改变态度。举个小例子：和许多平面设计师一样，我对商业车辆上的字母和符号排版非常熟悉，这通常是企业形象设计的一部分，目的是让车辆在行驶中能够对路人产生最大影响。但如果让我评估与车辆涂装设计相关的道路安全因素，并确保这些因素得到充分考虑，我几乎不知道该从何下手，因为这种考虑背后所涉及的概念与我以往的工作截然不同。

但也不能说以前从来没有人要求我考虑这个问题。我们应该具备在自己领域内**预见**社会需求苗头的能力，正如一些有远见的建筑师在他们的专业领域中所做的那样。那么，当这些需求出现时，我们就不会束手无策。所以，我相信，细节因素往往至关重要，因为它们会逐渐累积成一个严重的整体性问题。继续以道路安全为例，它往往牵涉到一系列的设计问题，如车辆仪表盘的有效设计（而不仅仅是炫酷的外观）、商店和街道照明对交通标志的冲突影响、车辆操作和维修手册的呈现方式，以及车窗和后视镜设计中的可见性要求如何衡量等问题。

这些不正是一项重要的生存行动的组成部分吗？然而，与我们在设计洗涤剂包装或除臭剂广告上所花费的时间相比，视觉传达设计领域的从业者在这项任务上又投入了多少精力呢？

最后，我们所有人都必须意识到加入封闭小圈子和排外精英团体的危险。作为视觉传播领域的从业者，我们在社会中肩负着特殊的职能,不仅要开发新的传播技术,还要使受到威胁或日益单向化的沟通渠道保持开放。在谈到西方社会的趋势时(我们有充分的理由相信在美苏两国也发生着同样的事情),C. 赖特·米尔斯(C. Wright Mills)指出:

> (1)表达意见的人要比倾听意见的人少得多……(2)流行的传播的组织形式使个体立刻回击或使其奏效很难,也不可能;(3)意见的付诸实施由组织与掌握这类行动渠道的官方控制;(4)大众没有任何权威,相反,权威机构渗入到大众中去,并尽量减少任何可能因讨论过程而形成的自治。[5]①

我们没有理由纵容这些专制趋势,我们的技能同样可以为那些大众传媒及其他控制精英以外的志愿机构和地方协会提供帮助。特别是,我们可以找到一些方法,让那些以前未被表达的深刻意见和观点得以清晰传达。以美国类似先驱组织为基础的消费者协会,在英国取得了巨大的成功,这彰显出了在生产者与消费者之间建立有效反馈机制的迫切需要。

一旦我们与那些没有特权地位的普通民众脱节,忽视他们的感受和希望,我们便是在削弱自身的社会价值和影响力。讽刺的是,虽然有一些富有创造力的艺术家深刻认识和感受到了威权压力对我们社会生活的威胁,他们却常常选择用抽象或难以理解的形式来表达。在先锋电影《红色沙漠》(*The Red Desert*)中,安东尼奥尼(Antonioni)试图描述人类在一个机器更适应的世界中被孤立和疏远的困境;但电影中充斥着艺术圈内部的符号、时尚的幻觉和奇技淫巧,以至于只有成熟的中产阶级观众才能理解(如果有的话)。相比之下,在 30 多年前的《摩登时代》(*Modern Times*)中,查理·卓别林(Charlie Chaplin)就以一种清晰、朴实且普遍易懂的方式处理了同样重要的主题。有时,即使是最优秀

---

① 译文引自【美】C. 赖特·米尔斯,《权力精英》,许荣、王崑译,南京:南京大学出版社,2004 年,第 386 页。——译者注

的电影制作人,也可能创作出与观众的日常生活经验脱节的作品。举例来说,费里尼(Fellini)的《大路》(La Strada)展现了生动的简单性,而在他的《8½》中却变成了怪异、自我放纵的胡言乱语。在我所从事的平面设计领域,我们也常常陷入类似的封闭循环,作品寻求的认可对象往往是我们的设计师同行,而不是那些设计最终的受众。但这个陷阱多半是我们自己造成的,如果有一天我们能摆脱,心里一定会感到很欣慰。这并不是说我们的工作因此就能免受严厉批评,恰恰相反,专业人士和专业批评家可能会纵容作品中的某些问题,而普通人在评价时则毫不留情。我遇到过的最严格但也是最有帮助的设计评论家就是住在我附近的孩子们,他们不受品位和潮流的影响,对无关紧要的细节不屑一顾,对任何显示设计师考虑到**他们(玩具的最终使用者)**意愿的迹象都感到高兴。

我提出的第四项生存行动是,我们应该意识到,我们真正的客户,真正需要**与之努力建立联系、寻求认可**的是公众。他们也许不是给我们付钱的人,也不是颁发文凭的人,但如果他们是我们工作成果的最终接受者,他们就是真正重要的人。

如果你对我的提议没有共鸣,你可以根据自己的想法来扩展它。不过,最后我必须强调的是,这些所谓的生存行动主要是针对短期和中期的设计工作,可能在一定程度上有助于防止我们的社会解体,但是长期来看,如果我们的社会继续保持目前的不幸状态并变得僵化,那总有一天会分崩离析。长期而言,必须进行广泛的、可能是痛苦的变革。对于巴克敏斯特·富勒所说的"所有的政治都已经过时,无法解决根本问题,只适用于次要的家务事"[6],我并不同意。

我们不能指望也不应尝试在对政府问题的回避中实现社会的根本变革。政治变革是经济压力的必然结果,我们这些支持建立平等社会的人不应该蔑视政治手段,因为政治手段也是实现平等社会的重要工具之一。

对于下面这句历史格言,我想我们此次"愿景 67"(Vision 67)大会的参与者们都能达成共识:"哲学家们只是用不同的方式解释世界,而问题在于改变世界。"[7]

© 1967 Ken Garland。之前发表于其著作《你眼中的词界》(*A Word in Your Eye*,Reading:University of Reading,1996)。经作者许可重新发布。

8. 教育图解——设计的神话与神话的设计

维克多·帕帕奈克
VICTOR PAPANEK

> 人们希望仅生产"有用之物",却忘记了生产太多"有用"之物,导致产生过多"无用"之人。
>
> ——卡尔·马克思

设计理念和设计师的自我形象经历了一系列冲击。20多年前,设计师普遍将自己视为艺术家,能够通过他们对形式、功能、色彩、质地、和谐和比例的把握,弥合技术与市场之间的裂痕。对于工业设计师或建筑师来说,关注点扩展到了成本、便利性和"品位"。但不到10年,设计师的关涉就已经拓展到一整套成体系的方法,在生产、分配、市场测试和销售方面表现出更大的兴趣。这为团队设计打通了门径,尽管团队大都由技术专家、营销专家和时髦的"说客"组成。

最近有一小撮设计师试图建立一个新的设计联盟,号召工具的使用者与制造者(消费者和工人)以及社会人类学家、生态学家等一起参与设计过程。

设计界的精英主义圈子最近甚至兴起了诸如"怀旧潮"(Nostalgia wave)、"媚俗新风格"(Kitsch Nouveau)、"新粗野主义"(New Brutalism)等噱头,这些被精心操纵的潮流只是为了迎合享乐主义的民族中心主义。

在西方世界，"设计事物"（designing things）和"制造事物"（making things）作为不同概念的历史大约只有 250 年。自那时起，设计的观念逐渐与上层文化所认为的"美"的欣赏联系在一起，而且为美的概念建立了道德和伦理基础。

路易斯·沙利文（Louis Sullivan）的"形式追随功能"，弗兰克·劳埃德·赖特（Frank Lloyd Wright）的"形式与功能密不可分"和"材料真实性"原则，以及包豪斯的"适用性原则"和"多样性的统一"等口号，基本上都源于伦理和道德要求。但有时候道德义务反而可能排挤实际需求，例如，弗兰克·劳埃德·赖特设计的椅子，也许非常符合现代主义的审美标准，但坐起来可能并不舒服。同样，"包豪斯灯球"（Bauhaus Kugellicht）非常讲求造型上的简约和功能性，但实际使用中可能并不实用。

正是设计所经历的这些变化，才使我们未来的设计教育工作变得更容易。目前，如何以更自主和负责任的方式来管理和保护我们的环境，已成为我们新的道德使命。

如今，设计整体的形式概念都受到质疑和挑战。越来越多的人感觉设计不再为他们服务：现代规划和建筑使人感觉疏离（确实如此），工业设计呈现阶级分化趋势（确实如此），平面设计显得琐碎而无聊（确实如此）。设计与人和真实世界的距离越来越远，那些"金字塔尖上的人"似乎与"底层的我们"脱节了（这一切都太真实了）。

设计教育和设计机构主要以两种方式来应对这一局面：

1. 重新命名：不断寻找新的词汇或标签，来掩盖本质上没有变化的活动。"商业艺术"变成了"广告设计"，然后又变成了"平面设计"，最近又变为"视觉设计""传达设计"，甚至荒谬到"环境图形传达"等，**真是可笑**。

"工业设计"被重新贴上了"产品设计""产品开发"或"产品造

型"的标签,甚至越来越疯狂,为了拉拢新的选民,还用上了"替代设计""适当技术""社会设计""中间技术"或"倡导性设计"等术语,**真是恶心**。

可以说,重新贴标签是行不通的,你可以把火葬场叫作"最后的驿站",或者说一个蠢货只是"受教育不足",但这除了揭示语言的操纵性,没有任何实质性的改变。

2. 传统商业"照常经营",却不断声称他们也在关注所谓的"第三世界"设计、游乐场规划、残疾人辅助工具以及其他面向少数群体的小众设计领域。这种对"第三世界"和他者"需求"的关注,可以呼应到弗洛伊德(Freud)的**"物化"**(Verdinglichung)概念,在此我称之为"人格物化"(Objectification),即将人们对真实需求的认识转化为对消费品的需求。这种现象使得处于边缘化或受压迫的群体或国家的生存依赖于精英的知识垄断和专家的生产垄断。

因此,"基本需求"被重新定义为只有国际化的专业人士才能解决的需求(对于当地的设计精英而言,在**当地**生产国际化产品为他们带来了经济上的利益和权力,同时能够促进当地经济的发展,因此他们会支持并维护这种生产模式,认为这是"抵抗外国统治的合法斗争")。

最终,当设计**只**关注真实的甚至虚构的小众群体时,设计的主流便会完全受制于权力机构及其评价的影响和掌控。

在平面设计和平面设计教育中,整体的努力似乎集中在以下六点:

1. 劝人们用自己没有的钱去购买实际上并不需要的东西,只为取悦那些并不在乎的人。

2. 说服人们相信某种产品、服务或体验具有阶级优势。

3. 以一种浪费或生态上不可持续的方式包装产品、服务或体验(比如任何殡仪馆里的棺材)。

4. 为那些受过艺术教育、了解艺术规范、能够欣赏高雅艺术的群体提供视觉愉悦或视觉宣泄。

5. 用一只手撤销另一只手所做的事（例如，反污染海报、反香烟广告）。

6. 对上述五个实践领域进行系统性研究，包括其历史、现状和未来的发展方向。

在设计教育中，我们接受了公众所推崇的设计"神话"，同时捏造了一些新的。

以下是十种这样的"神话"观念及其补救措施。

1. **设计是一种职业**。随着设计变得过于专业化，我们可能会失去对人们真正需求的敏感性和灵活性，只有当设计再次成为一种参与性的过程时，才能确保最终的设计能够真正满足人们的需求和期望。这一特定的设计神话通常是由专业设计协会所倡导和传播的，但设计协会现在更像是老年俱乐部，只关注如何合法避税和类似的自助计划。

2. **设计师是有品位的**。从记录上看，设计师似乎确实有品位（不管这意味着什么），但这种品位往往只体现在对少数自己认可的其他同行的作品的欣赏上。学生们会接触到"功能形式主义""激进软件""浪漫原始主义"或"社会主义（—帝国主义）现实主义"等设计潮流。

这种所谓的品位只会加深设计师与普通人之间的隔阂，因为"品位"往往意味着操纵性，且未必符合普遍的审美标准或价值观。

3. **设计是一种商品**。商品存在的目的是被消费，我们越是将设计视成商品，它就越会被消费、衡量和分割，最终失去其内在价值。

各种风格、时尚、潮流和奇特设计的涌现和迭代越来越快，像其他商品一样完全被市场所操控。

4. **设计是为了生产**。今天的生产模式已然失衡，我们必须反思：究竟是应该选择大规模生产（Mass Production）还是大众生产（Production by the Masses）？

工业化国家的人口仅占全球的三分之一，却对整个地球的经济构成威胁。这主要表现在：非创造性工作使人沦为技术的奴隶，以及让人相信"发展"能够解决所有问题。就环境而言，生产活动（正如我们已经知道的）通过将人口集中在城市，导致不可再生资源（资本）被视为可再生资源（收入），进而对环境造成了破坏。

5. **设计是为人们服务的。** 实际上，设计主要是为设计师自己服务的。所有的设计师都知道说服营销人员接受他们的设计有多么困难，营销人员也知道让人们购买商品有多难。今天，数百万人使用昂贵的钢笔，还必须时不时地用砂纸轻轻打磨，只是为了让它保持"好看"，而这只不过是为了让设计师能在米兰获奖、在英国的杂志上露脸，或者在纽约现代艺术博物馆获奖。

如果设计真的是为人们服务的，它应该让人们有能力参与设计和生产过程，帮助保护稀缺资源，并最大限度地减少对环境的破坏。

6. **设计能解决问题。** 确实如此，但往往只能解决设计自身引发的问题。一位平面设计师通过设计广告也许能够"解决"铁路旅行推广的问题，吸引人们选择比汽车更环保且健康的铁路作为出行方式。但同时，也引发了其他的连锁问题，比如忽视了步行或骑行等其他出行方式，**从而限制了人们的选择。**

7. **设计师拥有特殊技能，且这些技能通常是通过 6 年的高度专业化教育培养出来的。** 实际上我们所拥有的只是讲述事物（tell things）的能力（通过海报、电影、绘画技巧、渲染图、印刷页面、口头表达或原型模型等），将各种元素组织在一起，还不一定能创造出一个有意义的整体。

但这些都是人类与生俱来的潜能。另外，许多职业院校能在短短的一年时间之内教完这些所谓的"行业技巧"。

8. **设计是创造性的**。实际上，许多设计院校——比如"创意101"(Creativity 101)这样的项目——往往更侧重于培养分析性和判断性思维，而很少留出空间给创造性和能动性发挥（像"'猫'字怎么写"或"负1的平方根是多少"这样的问题就是分析性问题，"谁是对的"则是判断性问题；而创造性涉及综合的能力，而不是简单的复制和模仿）。这样的设计教育往往培养出的是有能力、有竞争力的消费者，而不是拥有创造力的独立个体。

9. **设计是满足需求的**。确实可以，但往往需要以巨大的社会成本为代价，而且这些需求常常是被人为创造出来的。比如，喷笔是一种昂贵、专业且有等级划分的工具。要真正掌握它（或被它掌握）需要几个月的时间，用户必须成为专家。而普通的貂毛画笔则价格便宜，使用方便，任何人都能上手，为用户提供了无限的创造空间。

10. **设计与时间有关**。很多产品都被刻意赋予了时效性，即商品的废止制。过时就会贬值，进而引发疏离（一方面是消费者对产品的疏离，另一方面还可能导致人们之间的社会疏离），最终引发人们的存在**焦虑**。

当设计追求耐久时，所谓的"耐久"通常指五年到十年，而实际上，一个好的工具（比如自行车、电动推车、社区冰柜或斧头）应该能够使用一辈子。设计是一种基本的人类能力，能够促进个体的自主性与自我实现。然而设计师和设计教育工作者却通过神话化我们的身份和能力，将这种能力限定为只有少数经过严格筛选的人才能够拥有的所谓"设计"能力。因此，我们必须努力去除这种神话化和专业化，使我们的工作和教育更加开放。

以下是让设计回归生活主流的十个方法。

1. 我希望未来有设计师能够选择不同的工作方式、工作对象或者工作内容，试问自己：已经有那么多的设计师选择投身工业界，为什么不为工会服务呢？我们为什么**一进入社会就选择**为香烟公司或汽车制造商工作，为什么不为癌症诊所、自治团体、行人或自行车骑行者服务呢？

2. 如前所述，设计师必须始终关注不可再生资源和可再生资源之间的重要区别。

3. 设计必须使人们有能力直接参与物的设计开发和生产阶段。跨学科团队必须包含制造者和使用者。

4. 设计师应形成新的关系联盟，一方面与制造者和使用者，另一方面与使用者和再使用者。

5. 好的设计技术必须能够做到自给自足、节约资本（这里的"资本"是指不可再生资源），并尽量精简，同时要考虑到设计行为的生态、社会和政治后果。

6. 设计必须致力于抵制产品成瘾。这意味着不仅要对设计去神话化，还要消除人们对产品的过度崇拜。

7. 作为设计教育者，我们可以通过学校让学生直接、持续地接触真实世界中真实的人的真实需求，而不是人为地制造需求。

8. 设计仍然会关注工具，但这里所说的工具不同于今天的大多数产品：今天的产品和工具主要是为了满足特定的需求，减少甚至消除人类的劳动和参与，在某种程度上，这也削弱了人类自身的能力。

9. 正如我在他处所言：人人都是设计师。任何一个健康的人在生活中所做的事情，都可以被看作一种设计过程，我们应该意识到这一点，并通过我们自己的工作，让越来越多的人能够设计他们自己的体验、服务、工具和产品。**对于欠发达国家而言，这可以解决大众的就业问题，而对于发达国家而言，则有助于维持竞争力并持续发展。**

10. 不必惧怕技术本身。字母表、数字、活字印刷、打字机、复印机、录音机和照相机等都是"开放式"工具，使设计从观念变成了参与，从参与变成了一种快乐、自主的个人实现方式。

最后，引用一句中国谚语作为总结，以说明为什么设计和设计教育必须与有意义的工作和生活参与直接挂钩：

吾听吾忘，

吾见吾记，

吾做吾悟。

ⓒ首次发表于期刊《图标》(Icongraphic，Croydon，England：1975)第 9 期。经作者许可重新发布。

9. 设计作为一项具有社会意义的活动

克莱夫·迪尔诺特
CLIVE DILNOT

在理解设计与社会的关系时,至关重要的是,我们要明确,当我们使用"设计"这个词时,我们究竟在谈论什么。通常情况下,这一术语并不指代具体的活动(设计行为),而是指这种活动的结果(设计产品)或引发该行为的问题,有时甚至两者兼而有之。

本文旨在揭示并解决使用"设计"这一术语时可能产生的混淆,从哲学、社会、政治等方面勾勒设计活动的意义(无论是作为一种"理想"活动,还是在现实中的实践),并概述这一做法在理解设计的社会意义、进行设计评估、技术控制,以及教育和社会未来等相关问题上的独特益处。

本文还试图展示设计在认识论上的重要性:设计所提供的理性模型(如果得到充分发展的话)能够挑战传统的单一维度理性。因此,本文认为,设计的社会和政治影响远比人们通常认为的更为广泛和深远。

序言

重读作为本次演讲背景的那篇论文[1],我最深刻的感觉是,我们能轻易地做出批判性陈述,但在此基础上做出积极性陈述却非常困难。批判性陈述,即指出当前设计理解模型的弱点和局限性,比如,我们还未能给出令人满意的关于设计现象或设计活动的定义,或者未能在适当的层面上有力地主张设计的广泛社会意义。相比之下,积极性陈述则意味着要明确指出:**这**就是设计所关注的现象,**这**就是设计活动的本质,因此,**这**就是设计在认识论、社会和实践中的重要意义。

这里有两点需要说明。第一点,显然,这不是我一个人的疑问,而是设计研究中的一般性问题。当我们试图理解设计和社会的关系时,这个问题显得尤为突出。正如近来的有力观点所表明的那样,设计实践不应该过多涉足对一般性设计原则的探讨,而设计理论从其本质上来说,别无选择。如果说设计实践通常依赖于丰富的隐性知识,那么设计理论的任务就是使这些隐性知识变得**明确和具体**。

现在进入第二点。如果我们要论证设计的社会意义或建立设计与社会的关系模型,我们必须基于我们对设计的理解——对"设计"是什么以及设计能够做什么的明确、共享,尽管并不完善的理解。只有这样,我们才能真正建立起所谓的"设计与社会"的关系模型(当然,首先要替换掉这种完全误导性的说法……设计显然是**在社会中进行的**)。值得注意的是,虽然我们在此提出要试图推导设计的模型,但这并不是首要任务。在此之前,更重要的是从设计的"外部"视角去定义设计运作及其"生存"的语境,以揭示设计与社会的复杂关系中,仍未被明确表达或思考的问题——无论是在设计实践、设计政策,还是在社会思维中。

当然,这一点本身就对方法有影响。正是因为我们在建立这些关系模型时,被迫把设计活动定义为在其真实语境中进行的活动,即社会环境,而不是试图将其抽象化或从这些关系中分离出来,因此我们最后会发现,用这样的方法建立的设计模型,出奇地适用于设计方法的相关问题。设计与社会关系的问题不仅对社会本身或"设计与社会"的问题至关重要,而且对设计本身也很有意义。如果我们仔细想想,这并不奇怪。

设计与社会

今天,我们对于设计意义的理解都或含蓄或明确地包含着以下对立观点:设计仅仅是关于商品塑造的活动,或是使我们能够有意识地组织满足人类物质需求的活动——创造出符合并有利于特定社会关系或生活方式的"事物或可用产品"。自然也会涉及关于设计是什么的观点。我们对于设计的看法,与对设计在社会中作用的理解之间存在着内在的关联:我们对设计的理解暗含着我们对何种设计具有社会性的看法,反之亦含着我们对设计的理解。因此,关于"设计的本质"的争论具有重要的社会意义。同样,对设计与社会互动形式的揭示,也会对"纯"设计理论和设计方法产生影响。狭隘地仅关注设计本身的辩论,似乎很难成为我们评估设计社会重要性的依据。正因如此,诸如"设计是不是我们塑造未来社会技术系统的手段"这样的问题,成为深化我们对设计普遍理解的重要路径。现在看来,后者的关键似乎在于,我们要去重新深入理解所谓的"设计与社会"之间的关系,无论是从结构上还是从历史上。

设计领域中没有比这句话更奇特的陈述了。一方面,只要稍加思考就会发现,设计是发生在人类社会内部而非外部的活动;但另一方面,这句话也可怕地揭示了我们的真实处境。它准确地反映了设计与社会之间的异化(alienation)状态:一边是设计师,他们在思考社会问题时深感不安,这种不安也被"融入"到了他们所设计的产品和结构中(批量化住宅就是一个明显的例子);另一边是社会整体,也对设计师及其可能带来的有益工作"深表怀疑",表现为一种深深的不确定性,更确切地说,是面对设计师所创造的物(尤其是其形式意义)感到困惑。

这种异化的最典型表现就在于我们对日常物及其在特定情况下的形式的反应。在我们与前者的关系中,也正如我在第一篇论文中所述,虽然我们有能力创造商品词汇,但这种能力并未与对商品的理解水平相匹配。正如道格拉斯(Douglas)和伊舍伍德(Isherwood)所明确指出的那样[2],"**商品的世界**"(Worlds of Goods)对我们来说仍然是一个未被完全揭示和理解的领域,尤其是在商品所承担的传达功能和语言功能方面。由于通过商品进行交流取决于我们对形式的解读能力,而设计正是"赋予"事物形式的一种活动(参见 Abel 的观点:设计"为人类个性化和身份形成的文化过程提供了具体形式")[3],所以,虽然我们"知道如何"解读设计的形式[形式作为技术需求和交流需求(即社会需求)之间的中介],但这种形式的解读却可能限制了我们对设计更广泛意义的理解,尤其是"设计与社会"之间复杂关系的理解,这一点并不奇怪。

这里面所忽视的是对形式作为整体要素的理解,事实上,形式是满足人类特定需求的方式——以一种既符合物质供应水平和"需求清单",又符合特定生活方式的方式使需求得到满足。形式既能体现并实现技术功能(用途),又能促进"生活方式"。满足需求的形式(比如,生产非常基本的商品或服务的需求)在开启某些可能性的同时,也关闭了其他可能性。因此,形式不仅仅是被动地反映或代表"生活方式"(尽管它们确实也能够做到),更重要的是,形式促进或限制了某种生活(生产、再生产)方式的**形成**。因此,"生活方式"不仅仅是由形式所表征的,相反,是由组织形式和物质形式所构建的,而这些物质形式本身就像"惯习"(habitus)一样,结构化了人们的日常活动。

因此,设计并不是社会边缘性的。设计的核心功能便是创造形式——通过调节多种复杂的输入,将其整合成一种能够满足特定需求的形式。设计活动的目的本质上是社会性的,而不仅仅是技术性的:"建筑师通过共情特定的民族或社群和地点,从而**赋予**这种特定的身份以**形式**……"

但倘若这种对设计的理解消失了呢……"虽然许多人都能感觉到,甚至能触及,却很难清晰、准确地表达出来……'设计'这一术语既是名词,又是动词,同时也可以表示一种表现形式、一项活动、一种实践、一种产品等等"[4]……也就是说,设计作为一种**先验的**社会活动,不可能在不产生社会影响的情况下进行。如果设计脱离了社会语境,它就会失去原有的意义。在"设计与社会"的问题中,设计一旦将自己从社会结构中割裂出来,试图将自己构建为一门独立的学科,并建立起一套与社会仅有边缘关系的价值观和原则体系,它就会变得难以被社会理解。此时,设计仅仅成为一项专业活动,切断了原本与社会紧密相连的沟通纽带。

这些价值观以及这种分离当然会反作用于设计实践本身,毕竟,实践是以对设计的概念理解为基础的。如果我们仅仅用客观化(objectify)或自然化(naturalize)的方式来描述这种实践,那么这种设计知识也只能用非社会性(asocial)的术语来表达。

同时,如果设计在实践和理论上都无法被"解读"为属于社会范畴的东西,那么社会就会背弃它。设计对其社会形成或语言表征功能的有效否认,将进一步把自己与传统上关注和重视这些功能的学术界隔离开来。在这种情况下,无论是学术界还是设计本身,都将无法再意识到设计的实际社会内容(即使没有明确设定的社会形成功能,或者说设计师并未充分理解或考虑设计的社会影响,这些功能仍然在设计过程中无意识地实现了)。

更糟的是,此时设计已经无法再意识到自身的本质了,因为一旦将社会形成功能与传达—表征功能分离出来,就等于设计在主动进行自我削弱,变成一种技术活动的变种,设计活动本身变得不再重要,唯一重要的就是它作为工具解决问题或构建产品的功能。

从社会角度看,此时设计本身的意义几乎丧失:其意义只能通过解决的问题或生产的产品来体现。**但这也意味着设计本身的消失**,因为设计并不能完全等同于"产品"或"问题"。正如我在第一篇论文中所讨论的,设计必须通过**活动**来界定。正是设计活动赋予了所设计的产品以意义,并为问题找到了解决方案。相应地,无论是解决方案(产品)还是问题,甚至设计活动本身,其"价值"都是通过社会来确认的。对社会性的否定会削弱设计的价值感知，同时贬低了设计活动本身的价值。当设计活动本身的独特价值被低估时，设计可能会尝试将自身的实践同化为其他领域（如艺术、科学、技术）中的类似模式，而这种同化实际上无论是从过程还是结果上都否定了（我们在此所探讨的）设计的本质。

设计再思考

为了更准确地描述设计这项活动的积极特征，我们需要反转传统的程序理解。正如我在第一篇论文中提到，传统的设计理解实际上是在试图简化设计，使之被迫适应现有的（科学、技术、艺术）活动模型。这种方法总是将设计的复杂性视为一系列明显矛盾的冲动和对立：设计的重点是形式问题还是功能问题，还是解决技术或审美方面的欲望和需求？我们应该将其视为一种独立的活动，还是仅仅将其视为一种工具性活动，其重要性仅体现在它能够实现某种目的。或许我们应该问的问题是：设计的根本基础是产品（结果）还是问题（起源）？这并不是为了构建一种辩证的互动模型，以将设计活动中的每个阶段都视为探讨设计本质的必要部分，而是向理性主义发起挑战。设计本质中原有的对立辩证关系被压制，取而代之的是一种简化的、单一维度的设计模型；在具体模型格式下，对立中的一方会被另一方所吸收或压制。结果，设计活动被迫变成了符合理性的模式。

对设计本质的简化一直延续到最近，甚至还影响了对设计活动本身的理解。将设计活动视为单一维度，并将其描述为更有声望的智识领域的弱化版（如将设计视为弱艺术或弱科学）的模式，从未从设计认知活动的角度去探讨过，也未考虑其有效性。事实上，设计本身就是一种独立认知形式，不仅与所谓的"有声望的智识领域"模型有显著区别，甚至在某些方面可能优于它们。然而，这种想法从未得到认真探讨，考虑到上述"虚假理性主义"的过程，构建一个真正理性的设计活动模型几乎变得**不可能**。因为,这样的模型的建立需要满足以下先决条件:全面理解设计的各个阶段,并将它们在相互作用中形成的整体性纳入考量。但这一前提从未实现过。

现在的挑战是颠覆这些立场。首先,要从社会层面理解设计;其次,要充分考虑设计的复杂性和丰富性(同时关注设计中隐形知识和隐形维度的重要性,尝试将这些层面纳入这个复杂模型);最后,要将设计视为一种独立的认知**实践**,具备自身的认知和实践操作领域,无论是在思维上还是实践上,都不可简化为隐喻模型。

如果我们将社会视为一个"既定"条件——牢记我们在前文所讨论的所有内容,那么我们可以尝试将设计活动中的各种"对立"建模为设计整体内部的相互关系,即将设计本质理解为包含且在理论上超越矩阵中任何单一极端的综合体,而不是简单的某个单一维度。那么我们如何看待这个矩阵呢?粗略地讲,我们可以将这一框架建立在"设计是什么"的讨论中经常出现的那些要素之上,尽管这些要素看起来往往对立或矛盾,但在这种讨论中,它们或多或少都会被提及。**大致上**,可以归纳为四组对立。第一组是**产品**与**活动**之间的张力,即设计作为产品(物、建筑、系统)与设计作为活动本身之间的对立。第二组涉及"形式"的问题:一方面,"设计是什么"或"设计可以用来做什么"体现在形式上,即物的物质形式;但另一方面,我们也能意识到,形式虽然很重要,但它无法单独定义设计的全部,因为设计"不仅仅"是塑造事物形式的活动。第三组是形式问题中往往涉及的对于形式(美学)与功能之间关系的辩论,关于形式问题的两组讨论甚至是不可分割的。第四组对立关系出现在设计过程中:设计作为一种转型性活动(transformative activity),一种超越问题的既定条件的活动(在这个意义上,设计既打破问题的语境,又与其即时感知的需求形式所分离——设计不仅仅是定义需求,更是制定解决方案),与设计作为一种反映既定条件的活动之间的张力(在这个意义上,设计处理的是真实的问题,而不是仅仅依赖于计划、推测或想象)。

如果我们假设这些对立关系(至少其中的一部分)代表了辩证的两极,[当然,如果有足够的空间,还可以讨论其他对立关系,比如设计活动中"能力之知"(knowing how)和"命题之知"(knowing that)之间的对立],那么设计活动就是一个将这些对立关系整合在一起的过程:在垂直方向上,所有对立关系被综合成一个整体;在水平方向上(随着时间的推移),这一整体则随着设计活动本身的变化而不断调整和重新整合。设计活动本身的不断演变,如从产品批判到问题定义,再到潜在解决方案的认知模型等,类似于历史理解和历史实践的循环(正如后者是历史本身的发展方式一样,前者是实践本身的方式发展)。因此,设计可以被理解为一种体现这一运动的活动,涉及两个层面上的转变:从一种"既定状态"转变为另一种"既定状态"的同时,也从问题逐步过渡到产品的创制,以跨越现实性(actuality)。整个过程体现了认知与实践的双重整合。综上,设计便体现了知与行的统一(unite),以及"现实性"和"人类自我完善与实现兴趣"的统一:在此理论意义上,设计成为人类文化的模型[5]。

或许,开始解释这个问题最简单的方法是将设计视为人类文化**实践中**的一种模型。在转型性活动中,设计不仅仅在理论上探讨行动(action)和意识(consciousness),以及"作品"(work)和"话语"(speech)等概念,而且会在实际设计过程中以具体形式来实现这些方面。"作品"指的是设计中有目的的工具性活动,而"话语"则涵盖了设计涉及的所有传达性活动,包括对事物和自我的意义赋予、分类和符号系统,以及沟通方式和手段等。罗伊·巴斯卡(Roy Bhaskar)定义了"人类活动或实践的本体论结构……即通过高效(有意)能动行为对预设的材料(自然和社会)原因的转化"[6]。设计反映(表征或直接体现)这一转型性现实的方式是:在垂直方向上,通过设计过程将复杂的人类认知和实践能力联合起来;在水平方向上(随着时间的推移以及与垂直方向的整合互动),处理从批判到定义和解决问题的各个在转型的背景下,这种阶段(不过可能顺序有所不同)。

在转型的背景下,这种(认知与实践)能力与设计各个阶段之间的统一,尤其是在理论与实践之间的动态转换,具有特殊的社会本体论意义。正如哲学家吉莉恩·罗斯(Gillian Rose)所指出的那样,"认识到我们的转型性或生产性活动作为一种承认现实性的方式,具有超越理论理性与实践理性二元对立的特殊意义……转型性活动通过行动来承认现实性,不会将行动(act)与非行动(non-act)对立起来"[7]。在我看来,正因如此,我们人类才能将自己悬置于罗斯所谓的"无条件的行为者(actor)"和"有条件的代理人(agent)"之间的中间状态。也就是说,转型性活动——尤其是设计活动——通过其自身的过程来允许并承认现实性的存在,从而理解并超越了通常对立的既有世界(被设定的世界)。因为设计必然能够看到这种关系(尽管通常是隐性的),因此,设计过程中所体现的思维模式(无论设计师是否有意识)都毋庸置疑具有社会意义。

设计作为一种"认知建模",即"一种基于行动的'知识形式',用于思考、推理和操作",不仅涉及具体操作层次思维,还包括更高层次的抽象思维,如"形式操作思维和假设演绎推理"——最终,设计会通过形式的媒介和成形的活动将这些抽象思维带回到具体的现实之中。

"成形"(forming)的概念应该被视为"认知构建"概念的延伸,由阿彻(Archer)的"成像"(imaging)概念发展而来——即"在心灵之眼中勾画出某物或某系统的形象……旋转并转化它……对其结构、实用性和价值做出明智判断"的能力。但显然,设计的复杂性远超这种技术性定义:我们谈论的是(设计)塑造(shape)和统一(unite)的能力,是将多种复杂因素整合在一起的能力。

我们不妨思考一下"形式"(form)这一概念在设计领域中的顽强存在,即便是在那些最坚决试图摒弃美学观念的设计师中也是如此。明显,即使在"形式"被极度简化的时期,它仍然是设计中不可或缺的要素。并且,这一要素始终被认为与美学有某种关联——尽管近期的理论研究对此关注较少。不过,若我们以阿多诺(Adorno)关于"审美体验"(aesthetic experience)为例,或许可以理解"形式"概念为何能够持久存在。在苏珊·巴克·莫尔斯（Susan Buck Morss）看来，阿多诺认为"审美体验"存在于主体与客体、观念与自然、理性与感官体验之间，这些要素相互关联，而没有任何一方占据上风——简言之，这为"辩证的""唯物主义的"认知提供了一个结构模型[8]。

这与传统的"良好形式"观念相去甚远。然而，显然后者是一种极度还原论的结果，无法涵盖"形式"这一概念的广泛内涵——谈及"形式"，我们便能立刻意识到，曾经仅被视为美学的内容实际上蕴含着更丰富的意义。

前文所讨论的内容也属于"形式"这一概念的内涵——形式作为支持生活方式的实现方式，或作为"人类个性化过程"的一部分。从概念而言，"形式"这一概念涵盖了主体与客体（包括人类、社会和技术—经济因素）之间的辩证关系（然而，这种辩证关系在当前一些缺乏社会性的"形式"或"美学"观念中却处于缺失状态）。不过，我们在这里所讨论的是一种认知体验模型，它以综合（synthesis）为核心原则，其特定的认知能力在于将现象之间的相互关联或体验中的"对立"时刻联系起来。如此一来，它既属于知识（通过理解事物之间的联系及其相互阐释来理解现实），也属于实践（通过综合），而后者的物质体现就是建模过程，也即成形。此过程涉及认知模型的两个意义：**意义**模型的建构与认知模型本身的扩展，以及其中所有的相互作用。在这个意义上，建模/成形描绘了双重的相互联系模式：既包括"物"之间的关系，也包括思维之间的关系（当然，在综合表征的过程中，即设计中的形式化过程，也涉及这两个世界之间的互动）。

即便只是简要阐述，我们也能发现这种方式赋予了设计活动更广泛的意义。设计活动在认知—认识论层面上的影响显而易见。设计作为一种复杂且多维的活动，通过成形（建模、设计）不仅成为一种对世界进行认知的方式，同时是一种在世界中进行行动的方式。这种认知与行动的结合，在实践中统一了目的性—工具性与交流性—象征性，从而形成了独特的设计实践模式。由此，设计活动平衡了主体（设计者、用户)与客体(设计对象、技术)之间复杂的互动关系,而不偏重其中任何一方。在话语层面上,设计将通常在异化(alienated)世界中分离的两个话语世界(技术—科学的世界和传达—理解的世界)统一了起来。例如,就技术系统而言,设计提出了一种将技术与社会需求相结合的认识—实践方式来解决控制问题,即将技术作为其中的一个设计**时刻**,并将社会需求**内在地**纳入其中(任何认知实践方式都做不到这一点)。在政治层面上,设计也具有重要意义。借助设计,人们能以符合社会文化和技术经济目标的方式组织社会技术世界,以一种既满足自我期望又能与现实需求内在辩证结合的方式塑造未来社会。在社会层面上,设计可以被视为一种实践性的转型工具。借助设计实践,我们能够在同时满足期望性与现实性原则的情况下改变社会(使社会发生转型)。

在结束演讲之前,让我们回到最初讨论的命题,其前提在于理解设计与社会的关系,以弥合设计的现实状态(design as is)与以下几方面之间的显著裂痕:其在公众中的地位;设计在感知、直觉或潜在可能性层面上的表现形式;以及晚期资本主义中新形态下社会结构加速变化所带来的新需求和挑战。在这一论点中,尽管没有深入探讨,但隐含的观点是,当前的设计理解模式(尽管存在许多缺陷)的形成并非偶然,而是源于现有的社会结构,并可能会催生出新的设计形式……只是,这样说似乎会淡化前文所讨论内容的某些意义。

我所假设的这种"新"设计观念(基于以上初步构想发展而来)的意义在于设计与社会力量的互动——实际上就是这些社会力量的成形(forming)过程。在以往,设计未能很好地发挥作用:没有有效地行使选择权,未挑战'既定'事物,也忽视了社会因素。而在本文的新提议中,设计将承担一种"新"的操作性(operative)角色,并将在社会转型中扮演更积极的角色。如果成形具有社会性,那么可以说,设计的成形过程本质上就是在组织和构建未来。此外,当设计被推广到设计以外的领域——社会、政治、教育和生活——在这个意义上,设计就成为我们更多人开始决定和塑造自己生活的手段。例如,设计通过将技术过程的单一维度整合进一个更全面、多维(更高覆盖集)的设计模型中,帮助我们重新掌控技术过程(如果你仔细想想,就会发现,这正是卢卡斯航空航天公司(Lucas Aerospace)的工会代表在其替代性企业计划(Alternative Corporate Plan)中所做的事情)。

那么,设计不仅仅是设计。当然,不只是一种严肃的概念(英文中表述为Design),也不只代表我们普遍理解的具体实践(英文中表述为design,作为动词)。矛盾的是,设计不仅成为拯救人类唯一可能的方法(我是认真的,我想不到其他方法能够让我们超越主流文化中的二元对立——理性与情感、技术与意义、技术系统的力量与伦理系统的无力,等等),而且正是在这个历史时刻,设计"找到了自己的位置"。此时,贯穿当前设计实践形式的矛盾(我们现在可以将其解读为整体性和包容性设计矩阵的"偏离")将不复存在。设计从此真正具备了社会性,而社会性也成为与设计和社会互动的塑造相关的问题。到那时,"设计与社会"这个词组将变得十分多余。

© Clive Dilnot 1982。之前发表于国际设计政策会议的论文集《设计与社会》(Proceedings of the International Conference on Design Policy, Design Council, London, 1982),第Ⅰ卷,第101—105页。经作者许可重新发布。

10. 设计师式认知

奈杰尔·克罗斯

NIGEL CROSS

摘要

本文是发表在《设计研究》(*Design Studies*)上的系列论文中的第三篇,旨在将设计定位为一门连贯的研究学科,并为其构建理论基础。该系列的第一篇文章来自布鲁斯·阿彻(Bruce Archer),发表于《设计研究》第一期;第二篇来自杰拉尔德·纳德勒(Gerald Nadler),发表于第一卷第五期。在本文中,笔者将继承阿彻提出的设计作为教育"第三领域"的观点。通过与其他两个领域——科学和人文科学——进行对比,进一步界定第三领域,并继续探讨设计必须满足的可接受的标准,这意味着对设计进行重新定位,从传统设计教育的工具性目标转向其内在价值。而后者源于"设计师式认知方式"。设计研究和设计教育对这些基本"认知方式"的共同关注,将有助于推动设计作为一门学科的发展。

关键词:教育、"第三领域"、设计标准在英国皇家艺术学院（Royal College of Art, RCA）关于"通识教育中的设计"的研究项目中，一个重要成果是重申了在教育中常常被忽视的"第三领域"的重要性[1]。科学教育和艺术（或者说人文科学）教育是两个已经确立的领域。在我们的社会、文化和教育体系中，这"两种文化"长期以来一直占据主导地位。特别是在英国的教育体系中，儿童在13岁左右就会被要求，必须从这两种文化中作出选择进行专门学习。

"第三文化"并不那么容易被认可，只是因为它一直被忽视，且尚未被充分命名或阐明。在英国皇家艺术学院，阿彻[2]及其同事拟将其称为"大写的设计"（Design），并将其表述为"物质文化的综合体验，体现在规划、发明、制造和实践艺术中，融合了经验、技能和理解的整体"。

从英国皇家艺术学院的研究报告中可以总结出关于"大写的设计"的本质，具体如下：

- 设计聚焦于"新事物的构思与实现"。
- 包含对"物质文化"的欣赏，以及在"规划、发明、制造和实践艺术"中的应用。
- 其核心是"建模"（modelling）的"语言"。培养学生在这种"语言"方面的能力，类似于科学中计算能力和人文科学中的读写能力。
- 设计具有自己特有的"需要了解的事物及其方法"。

即使从科学、人文科学和设计这"三种文化"的视角去审视人类的知识和能力，仍然是一种相对简化的模式。然而，将设计与科学和人文科学进行对比，虽然略显粗略，但也有助于我们更加明确地去理解设计在知识体系和能力领域中的定位。在这些"文化"的教育中，都包括如下三个特点：

- 传授关于研究现象的知识。
- 培训适当的调查方法。
- 入门导学有关所属"文化"的信仰体系和价值观。

通过将科学、人文科学和设计在各个方面进行对比,我们可以更清楚地理解设计及其独特性。

各文化的研究现象:

- 科学:自然界。
- 人文科学:人类经验。
- 设计:人工世界。

各文化的独特方法:

- 科学:受控实验、归类、分析。
- 人文科学:类比、隐喻、批评、评价。
- 设计:建模、模式形成、综合。

各文化的原则和价值:

- 科学:客观性、理性、中立和对"真理"的关注。
- 人文科学:主观性、想象力、承诺和对"正义"的关注。
- 设计:实用性、独创性、同理心和对"适当性"的关注。

在大多数情况下,对比科学和人文科学(如客观性**对比**主观性、实验**对比**类比)要比确定设计中相关的可比概念更为容易。这或许反映的是我们在"第三文化"中的语言和概念的不足,而不能简单地否认它自身的存在。但我们确实面临一个问题,那就是如何更清晰地表达"设计师式"(designerly)的含义,而不是仅仅依赖于已有的"科学的"或"艺术的"概念。

也许将技术而非设计视为"第三文化"会更妥当一些。毕竟,设计的"物质文化"本质上是属于技术专家的文化,是属于设计者、实践者和制造者的文化。在执行实践性任务的过程中,技术综合了来自科学和人文科学的知识和技能。它不仅仅是"应用科学",更是"将科学及**其他组织化知识**应用到实际任务中……"[3]

在传统的认知中,"第三文化"通常与技术相关。恰如怀特海德(A. N. Whitehead)[4]所言:"有三种有望实现智力和个性最佳平衡的进路:

人文之路、科学之路和技术之路。但如果只遵循其中的一种，无论是哪一种，都可能严重削弱智力和个性。"

通识教育中的设计

我认为，像英国皇家艺术学院这样探讨通识教育中设计发展的项目，对设计进行根本性重新概念化，并非偶然。我们固有的设计教育理念一直与专业教育有关：设计教育长期以来一直致力于为学生的专业和技术角色做准备。但现在，我们需要探索如何让设计像科学和人文科学一样，成为面向所有人的教育的一部分[5]。

传统上，设计教师通常是具有实践经验的设计师，通过学徒制传授知识、技能和价值观。设计专业的学生在小型项目中"扮演"设计师的角色[6]，然后更有经验的设计师对其进行指导。这些设计教师首先是设计师，其次才是教师。这种模式在专业教育中或许是合理的[7]，但在通识教育中，所有教师的首要身份就是（或应该是）教师，其次才是某一领域的专家（如果有的话）。

要理解这种区别，我们必须首先明确专业教育与通识教育之间的差异。主要区别在于，专业教育通常追求工具性或**外在**目的，而通识教育则必须追求**内在**目的。例如，建筑教育旨在培养具有设计和建造才能的专业人才，这一工具性目的是完全合理的，但这并不能成为通识教育的目的。安妮塔·克罗斯（Anita Cross）[8]曾指出："由于通识教育**原则上**是非技术性、非职业性的，因此，设计只有被建构为一个既能促进个人自我实现，又有助于为其社会角色做准备的研究（study）领域，才能在通识教育中获得与其他学科同等的地位。"

无论政府官员或实业家如何看待，通识教育的目的并不是为培养社会工作角色做准备。从某种意义上讲，通识教育并没有明确的"目的"。正如彼得斯（Peters）[9]所言：

问教育的目的是什么,就像问道德的目的是什么一样荒谬……唯一可以给出的答案就是教育本身的固有价值,如智力培养或性格训练。因为,所谓"教育",就意味着其过程和活动本身包含或有助于实现某种有价值的事物……人们往往认为,教育一定是为了某种外化的价值目的,然而事实是,"有价值"正是"教育"这一概念本身的内在含义之一。

教育的标准

根据彼得斯的说法,"教育"的概念只是提供了判断各种活动和过程是否可以被归类为具有"教育性"的**标准**。因此,讲座表面上**可能**具有教育性,但如果不符合标准,也许它就并不具备;学生进行的设计项目亦是如此。

彼得斯提出了教育的三个主要标准,其中第一个标准是必须传播有价值的知识。这一标准看似简单明了,但实际上涉及如何界定"有价值"的问题。彼得斯举了一个极端的例子来说明这一点:"虽然在训练某人时,我们可能也在对其进行教育,但这并不总是如此。例如,当我们训练某人施行酷刑时。"显然,决定什么是"有价值的"是一个带有主观性的、有争议的问题。我们可能都同意,"酷刑的艺术"很难说是有价值的,那"拳击的艺术"呢? 不过,"计划、发明、制造和实践的艺术"(再次借用阿彻对设计的定义)大概更容易被认为是"有价值的"。

彼得斯提出的第二个标准源自他对学生受教育过程的关注。他强调,教育方式与传播内容同等重要[9]:

虽然"教育"没有规定必须遵循的具体过程,但其概念确实暗示了,除了必须传授有价值的内容,过程还需要符合某些标准。首先,它意味着,受教育的个体应该关心所涉及的有价值的事物,并渴望达到相关的标准。我们不会称一个懂科学但对真理毫不关心,或者仅仅把科学作为一种谋生手段的人为"受过教育"。此外,它也意味着需要以有意义的方式引导受教育者了解活动内容或知识形式,确保他们清楚自己在做什么。例如,一个人可能通过训练习惯性地避开狗,或通过催眠暗示被诱导去做某件事。但如果他在学习的过程中没有意识到自己在学什么,我们就不能将这样的过程称为"教育"。

因此,"教育"的第二个标准强调,学生需要具备自我意识,并了解自己在学习什么以及为什么学习。这既不是强制性地将某种模式灌输给学生,也不是假设学生可以在没有引导的情况下放任其自行朝着有益的目标发展。教育必须经过精心设计,以增强和发展学生内在的认知过程和能力。

彼得斯提出的第三个标准来自对以下问题的思考:"我们常说,有些人虽然训练有素,却并未真正受过教育。这种批评背后的原因是什么呢?……是因为他对自己所做的事情理解非常有限,看不到它与其他事物的联系,也无法理解它在整体生活模式中的意义。对他来说,这是一种认知上没有方向感的状态。"

彼得斯由此得出结论:"教育"与"认知视角"密切相关,"这就解释了为什么有些活动相对于其他活动,显然在教育中更为重要。骑自行车、游泳或高尔夫等活动所涉及的知识非常有限,这种知识主要是'能力之知'(knowing how),而不是'命题之知'(knowing that)[10],关涉技巧而非理解。此外,这些活动所涉及的知识对其他领域的启发也非常有限"。

因此,这对于设计教育来说是一个颇具挑战性的标准,因为设计通常被视为一种技能,类似于骑自行车、游泳或打高尔夫。事实上,我们曾在其他地方借用赖尔(Ryle)对"能力之知"和"命题之知"的区别,以强调前者在设计中的重要性。然而,我现在想说我认同彼得斯的观点:

一个"受过教育的人",关键不在于他做了什么,而在于他"领悟"或"掌握"了什么。即便他在某项需要训练的活动中表现出色，也必须将其置于更广泛的背景来看待这一成就，将其与其他事物联系起来。很难想象在没有任何指导的情况下，通过训练能培养出一个真正"受过教育"的人。因为受教育意味着同时掌握"命题之知"和"能力之知"。

所以，要满足"教育"的第三个标准，仅仅进行技能训练是不够的。一个人可以被"训练"成设计师、医生或哲学家，但这本身并不意味着他已"受过教育"。

我对彼得斯提出的"教育"的三个标准进行了深入思考，因为对于支持或建议在通识教育中融入设计教育的人来说，达到这些标准至关重要。这需要从根本上改变我们以往对"设计教育"的唯一理解，即将其仅仅视为一种职业培训。通识教育中的设计，最主要目的**不是**为职业生涯做准备，也不是为工业界的"实践和创造"（doing and making）培训有用的生产技能，而是必须从教育的**内在**价值出发来界定。

彼得斯对"教育"的解释强调的便是其内在价值（merits）。受教育本身就是有价值的，而不是因为它可能带来的任何外在激励因素或优势，比如找工作。因此，为了证明设计可以作为通识教育的一部分，必须确保设计课程中的学习内容和学习方式能够满足这些标准。我们必须能够识别设计领域的内在价值，从而使设计理所当然地成为每个人教育的一部分，并有助于其成为一个"受过教育"的人。

设计师式认知

英国皇家艺术学院关于"通识教育中的设计"的研究报告中指出，设计领域中存在着其特有的"需要了解的事物及其方法"。作者暗示，这是一种设计师式认知方式，有别于更普遍认可的科学和学术认知方式。然而，该报告却并没有详细解释这种设计师式认知方式是什么样的。不过,他们确实指出,"将设计视为科学和人文科学偶尔遗漏的内容的拼凑是不够的",但对于设计应包含哪些内容,他们并未做出明确的说明。如果设计想像科学和人文科学那样建立起相应的知识和教育体系的话,就必须具备自身的内在一致性。然而,设计领域的知识分子、领导者们未能发挥应有的作用,未能在设计**自身的框架内**推进该领域的发展。他们往往受到**科学**(*Wissenschaft*)的诱惑所吸引,背离了**技术**(*Technik*)的精髓;转而投入科学和学术探究的文化,而不是去发展设计师特有的探究文化。

那么,对于这些定义不清的"设计师式认识方式",我们能从中获得什么见解?事实上,在过去20年左右的时间里,设计研究领域出现了一个规模较小且发展缓慢的探究方向,我们可以从中得出一些初步结论。

设计过程

许多观察性研究探讨了设计师的工作方式。这些研究倾向于支持这样的观点,即存在一种独特的"设计师式"活动形式,与典型的科学和学术研究有所不同。特别是劳森(Lawson)针对设计行为的研究,对比了设计师和科学家解决问题的策略[11]。在实验环节,他设置了一些问题,要求参与者按照某些规则排列三维彩色方块(其中一些规则在开始时并未阐明),并将相同的问题交给建筑学和科学专业的研究生来解决。据劳森介绍,两组学生解决问题的策略存在显著差异。科学专业的学生普遍会系统地尝试方块各种可能的组合方式,以探索基本规则;而建筑专业的学生则倾向于先提出一系列解决方案,然后进行排除,直到找到一个可接受的方案。劳森对此评论道:

> 这两种策略的本质区别在于,科学家聚焦于发现规则,而建筑师则执着于获得预期结果。科学家们采用了以问题为中心的策略,而建筑师们则采取了以方案为中心的策略。虽然建筑师的方

法可能在未发现完整的解决方案前就达到了最佳结果,但事实上,大多数建筑师仍发现了一些关于方块组合的规律。换句话说,他们主要是通过尝试解决方案来深入理解问题的本质,而科学家则专门研究问题本身。[12]

这些实验表明,科学家通过分析(analysis)来解决问题,而设计师则通过综合(synthesis)来解决问题。劳森在对更低年级的学生进行重复实验后发现,一年级学生和六年级学生在解决问题的思路上,并没有表现出类似"建筑师"和"非建筑师"的区别。这表明,建筑师是在教育过程中(也可能是教育的结果)学会了采用以解决方案为中心的策略。以这种策略作为一种更有效地应对问题的方法,可能是他们经由别人教授学到的,也可能是他们在教育过程中自己逐渐领悟到的。

因此,设计活动的一个核心特征就是迅速生成令人满意的解决方案,而不是对问题进行长时间的分析。用西蒙(Simon)[13]的术语来说,就是"满意即可"(satisficing),无须追求最优解。最终的结果很可能是多个令人满意的解决方案之一,而不是试图找到一个假想的最优解决方案。这种策略在其他设计行为研究中也有所体现,例如在建筑师[14]、城市设计师[15]和工程师[16]的工作中。

为什么会有这样一种明显的"设计师式"方式呢?这可能不仅仅是设计师及其教育的内在缺陷的体现,更是设计任务及其所处理问题的本质决定的。设计师总是被要求在有限的时间范围内提出切实可行的解决方案,而科学家和学者则可以在了解更多情况之前暂停他们的判断和决定,对他们来说,"需要进一步研究"总可以作为一个合理的解释。

如今,人们已经普遍认识到,设计问题往往是不明确、结构不合理,或者说是"抗解的"(wicked)[17]。不同于科学家、数学家等学者自我设定的"谜题",设计问题即使经过分析,信息仍往往不完整,问题解决者不可能获取关于问题的所有必要信息。因此,设计问题难以被详尽分析,也无法保证能找到"正确"的解决方案。在这种情况下,以解决方案为中心的策略显然比以问题为中心的策略更为可取:"问题"分析可以永远持续下去,但设计师的任务是给出"解决方案"[18]。因此,设计师倾向于寻找或强推出"第一冲动"(primary generator)[19],这样既能界定问题的范围,又能暗示可能的解决方案的特性。

为了应对定义不清的问题,设计师必须学会基于自己在头脑中和实践中形成的解决方案,自信地去定义、再定义并调整给定的问题。那些追求外部结构化、明确定义问题,以寻求确定性的人,永远无法体会到作为设计师的乐趣。琼斯(Jones)曾评论说,"为了找到一个解决方案而改变问题,是设计中最具挑战性和最困难的部分"[20]。他还指出,"设计不应与艺术、科学或数学相混淆"。

在设计理论中,常有人警告我们不要把设计与科学混为一谈,应该认识到设计的特殊性。

>科学方法是一种解决问题的行为模式,用于揭示已存在事物的本质,而设计方法则是一种用于创造尚不存在的价值事物的行为模式。科学是分析性的,设计是建构性的。——格雷戈里(Gregory)[21]

>自然科学关注的是事物是(be)怎样的……而设计关注的是事物应该(ought to be)怎样。——西蒙[13]

>把设计理论建立在不恰当的逻辑和科学模式上,是一个严重的错误。逻辑关注的是抽象的形式,科学研究的是现存的形式,而设计则旨在创造新的形式。——马奇(March)[22]

这些告诫强调了设计的建构性、规范性和创造性。设计过程是一个模式综合过程,而非单纯的模式识别过程。解决方案并非简单地隐藏在数据堆中等待被发现——就像知觉理解经典谜题中的狗一样,而是需要设计师自己去主动努力建构。

根据对城市设计师的观察研究,莱文(Levin)[15]指出:

设计师(无论有意识还是无意识的)知道,仅仅依靠已有的信息无法得出独特的解决方案,必须加入一些新的内容。然而,设计领域的知识本身不足以解决设计问题。设计师还需要通过猜测和独创性思维,去寻找和引入额外的内容。那么,这些额外的内容究竟是什么呢?在许多情况下,它表现为一种"排序原则"。这一点在许多关于城市规划及相关领域的著作中,对几何模式的关注中得到了充分的体现。

当然,不仅仅是在城市规划中,在所有的设计领域,都能发现人们对几何模式的关注。为了使解决方案得以实现,似乎**不得不引入某种模式**(或者其他排序原则)。

亚历山大(Alexander)在其"结构性图解"(constructive diagrams)[23]和"模式语言"(pattern language)[24]概念中,将模式构建视为设计活动的核心。设计师逐渐学会以这种类似草图的形式进行思考,在这一思维过程中,用户需求的抽象模式被转化为实际物的具象模式。这就像是在学习一种人造"语言",一种将"思维"转化为"文字"的编码方式:

> 那些接受过设计师培训的人将会使用这样的编码方式……它使设计师能够将个人、组织和社会的需求转化为实际产品。设计师所学习的这种编码方式,旨在表达并体现人类需求与人工环境之间的实际联系。实际上,设计师就像学习"说"一种语言一样,通过一种编码或一套编码系统,在不同领域之间(比如语言中的声音与意义、设计中的人造物与需求)进行有效的交流和联结。——希利尔(Hillier)和利曼(Leaman)[25]

设计师式认知方式便体现在这些"编码"中。虽然不同的设计专业有各自不同的编码规范细节,但可能存在一种'深层结构'贯穿其中。只有通过进一步将编码外化,我们才能揭示这一点。

设计师对自身问题解决过程的了解在很大程度上仍然属于隐性知

识——也就是说，他们的理解方式类似于技术熟练者对执行技能的直觉性认知。他们发现很难将自己的知识外化，因此设计教育不得不严重依赖学徒制的学习方式。对于实践中的设计师来说，不能很好地表述自己的技能是可以理解的，但设计教育者则有责任尽可能清晰地表达他们所要教授的内容，否则就无法合理选择教学内容和教学方法。

设计产品

到目前为止，我一直关注的都是设计**过程**中所体现的设计师式认知方式，但还有一个同样重要的知识领域体现在设计**产品**本身。

我们的物质文化之物中蕴含着丰富的知识财富。如果你想知道一个物应该如何设计——比如它的形状和尺寸，或者应该使用什么材料——你可以观察现有的物品，然后参照过去的设计进行复制（即学习）。这正是手工业社会生成其物质文化的设计过程：工匠们只是简单地从以前的例子中复制设计。琼斯（Jones）[20]和亚历山大（Alexander）[23]都曾强调过手工艺设计中的"无意识"过程如何能够产生极其精巧、漂亮且合适的物。一个看似简单的过程，实际上可以生成非常复杂的产品。

物本身就是一种关于如何满足特定要求和执行特定任务的知识形式。这种知识形式人人皆可理解；即使一个人不了解机械学、冶金学，甚至木材的分子结构，也能明白一把斧头提供（或"解释"）了一种非常有效的劈木方法。当然，关于物及其运作的明确知识**已经**存在，有时我们可以通过改进设计来提高物的效果或实用性。但总体而言，"发明先于理论"[26]，"做和制造"的世界通常领先于理解的世界——技术推动了科学的发展，而不是像人们通常认为的那样**反之亦然**。

因此，设计师式认知方式的一个重要分支就是驻留在物中的知识。设计师们沉浸在这种物质文化中，并将其作为思维的主要来源。设计师在这种文化中既具备"阅读"的能力，也具备"书写"的能力：他们能够理解物所传达的信息，也能创造出承载新信息的新物。道格拉斯（Douglas）和伊舍伍德（Isherwood）已经认识到这种人与"商品世界"之间双向交流的重要性[27]。这一观点与设计作为有别于科学和人文学科的"第三领域"人类知识的论点密切相关，即：

> 长期以来，人们对人类推理能力的理解过于狭隘，只认可简单的归纳和演绎推理，认为只有此才称得上"思维"。然而，实际上还存在一种先验的（prior）且更为普遍的推理方式：当人们面对一个场景时，大脑会迅速扫描和评估，将所见所闻与已有知识进行匹配、分类和比较。这并不是指调用某种神秘的直觉或心理联想能力。正如我们所使用的所有词语所暗示的那样，隐喻理解是一种在相似和不相似的元素之间进行大致测量、缩放和比较的过程。

"隐喻理解"（metaphoric appreciation）是一个很贴切的概念，设计师特别擅长"阅读"商品的世界，通过设计编码将具体的物转化为抽象的需求。正如道格拉斯和伊舍伍德所说，"忘掉商品在吃、穿、住方面的好处，忘掉商品的实用性，而尝试将商品视为有益于思考（good for thinking）的媒介，把商品当作人类相关能力的一种非语言媒介。"

设计教育的内在价值

在通识教育中支持和捍卫设计教育的论点，必须建立在确定设计的内在价值的基础上，才能证明设计有理由成为每个人教育的一部分。在上面，我已试图阐明了"设计师式认知方式"这一领域，因为它与设计过程和产品都息息相关，希望这能引导我们理解设计的内在价值。从本质上讲，设计师式认知方式依赖于对物质文化中的非语言编码的操控，这些编码在具象物和抽象需求之间进行双向的"信息"转译，它们促进了设计师建构性、以解决方案为中心的思维，就像其他编码（例如语言和数字）促进了分析性、以问题为中心的思维一样。这些编码可能是在处理规划、设计和发明新事物的过程中，对于解决定义不明问题的最有效的手段。

即使只是像这样对设计师式认知方式进行粗略分析，我们也能开始认识到它在教育中所具有的内在价值。首先，我们可以说，设计能够培养学生解决某类问题的能力。这类问题的特点是定义不明或结构不良，与科学和人文学科教育领域中那些结构明确的问题完全不同。我们甚至可以声称，设计问题比其他学科的问题更"真实"，因为它们更像是人们在日常生活中经常遇到的问题、议题或决策。

因此，设计作为一种入门学科，能够培养学生在解决现实世界问题时的认知技能和能力，这使其在教育中具有充分的价值[28]。然而，我们必须谨慎，不应仅从工具性的角度——即将设计视为一种解决问题的技能训练——来为设计辩护，而应满足更严格的教育标准。就解决问题而言，通识教育中的设计必须能够被证明有助于培养一个真正"受过教育"的人，使其能够理解定义不清问题的本质，知道如何解决它们，以及它们与其他类型问题的不同之处。麦克佩克（McPeck）从"批判性思维"的教育价值角度论证了这一观点[29]。哈里森（Harrison）则基于"制作和思考"之间的根本联系，特别是在实际设计工作背景下，给出了一个相关的理由[30]。

这就使我们有理由探讨在通识教育中引入设计的第二个合理性依据，即设计所特有的思维方式。这种典型的"建构性"思维有别于被更普遍认可的归纳和演绎推理。[马奇[22]曾将其与美国符号学家皮尔斯（C. S. Peirce）提出的逆证推理（abductive reasoning）联系起来进行论证。]

从教育的角度来看，建构性思维的发展是个体认知发展中的一个重要方面，但往往被忽视。这种忽视可以追溯到科学和人文学科文化的主导地位，以及认知发展"阶段"理论的主导地位。这些理论——尤其是皮亚杰（Piaget）的理论——倾向于认为具体的、建构性的、综合性推理发生在儿童发展的早期阶段，随着时间推移，这些推理会逐渐转变为更高级的抽象和分析性推理(即占主导地位的推理类型,尤其是科学推理)。还有一些理论[如布鲁纳(Bruner)的理论]认为认知发展是不同认知模式之间持续互动的过程,并且所有这些模式都可以发展到更高的水平。也就是说,不同性质的认知类型,如皮亚杰所提出的"具体"(concrete)与"形式"(formal)类型、布鲁纳所提出的"图像"(iconic)与"符号"(symbolic)类型,并不只是不同"发展阶段"的特征,而是人类先天认知能力的不同种类,**所有**这些能力都可以从低级向高级发展。

"具体"或"图像"的认知模式与设计密切相关,而"形式"和"符号"的认知模式则更多地与科学相关。如果我们采用认知发展的"持续"理论而非"阶段"理论,那么很明显,我们就有理由认为,设计教育特别为"具体"和"图像"的认知发展提供了机会。

由此,我们可以进入设计教育作为通识教育的第三个理由,其基础在于我们需要认识到,有相当一部分的人类认知能力在我们现有的教育体系中被系统性地忽略了。由于认知发展理论家们自身完全浸润在计算和读写占主导的科学—学术文化中,他们自然容易忽视作为第三种文化的设计。这种文化在很大程度上并不依赖于语言、数字和文学模式的思考和交流,而依赖于非语言模式[31]。这一点在设计师使用的模型和"编码"中尤为明显,因为这些模型和"编码"在很大程度上依赖于图形图像——图画、图表和草图,这些既是内在思维的辅助工具,也是向他人传达想法和指令的手段。

除了这些图形模型,设计中还大量运用"心灵之眼"中的心理意象[32]。与设计相关的非语言思维和交流领域,包括"平面图形能力"(graphicacy)、"造物语言"(object languages)、"行为语言"(action languages)以及"认知映射"(cognitive mapping)等广泛的元素[33]。这些认知模式大多与大脑的右半球相关,而不是左半球[34]。因此,从这个角度来看,设计在教育中"被忽视的领域"不仅占人类经验和能力的三分之一,而是接近一半!

弗伦奇(French)[35]承认,非语言思维也许是在通识教育中开展设计教育的主要理由:"学校应当将设计教育的主要正当性建立在加强和统一儿童的非语言教育,以及提升其思维敏锐度上,而不是仅仅为了职业或休闲准备,或训练有知识的消费者,尽管这些方面可能也有其价值。"

设计作为一种学科

在本文中,我采纳了皇家艺术学院关于"通识教育中的设计"报告中提出的论点,即"设计师式认知方式"是设计教育的核心。首先,本文强调,我们必须基于设计内在的教育价值来解释这一核心知识,而非仅仅出于传统职业设计教育的工具性属性;其次,通过借鉴设计研究领域的观点,探讨了设计师的工作和思维方式以及他们所解决的问题类型;最后,试图从内在教育价值的角度论证设计作为通识教育一部分的理由。

我认为,设计师式认知方式主要体现在五个方面:

- 设计师能够处理"定义不清"的问题。
- 设计师解决问题的模式是"以解决方案为中心"。
- 设计师的思维模式是"建构性"的。
- 设计师使用"编码",将抽象需求转化为具象物。
- 设计师使用这些编码,通过"造物语言"进行"阅读"和"写作"。

基于这些认知方式特征,我提出了在通识教育中开展设计教育的三大理由:

- 设计在解决真实世界中定义不清的问题中发展了先验的能力。
- 设计有潜力持续发展"具体"或"图像"的认知模式。
- 设计为发展非语言思维和交流的各种能力提供了机会。

对我来说,从这些论点中还浮现出另一种观点。在我看来,过去 20 年的设计研究运动和过去 10 年的设计教育运动开始出现交集,因为它们都在关心同一个问题,即设计学科的发展。设计作为一门学科的研究路径,聚焦于理解所有设计专业所共有的一般特征,即"设计的普遍性"。这使我们能够在某种程度上总结出有关设计知识的共性。而设计作为一门学科的教育路径,也同样关注"设计的普遍性",并引导我们思考在学习设计的过程中,哪些内容具有内在的、可概括的价值。因此,无论是研究路径还是教育路径,都始终致力于发展设计的普遍性主题。

然而,在我们对设计作为一门学科有深入理解之前,还有很长的路要走——我们才刚刚开始对这个领域进行初步探索。弗伦奇在提出将设计纳入通识教育的主要正当性之后,还提到了一些由此产生的重要影响和意义:

> 如果设计教育要发挥其应有的作用,就必须满足一定的要求。设计教育必须能够"扩展思维",而且理想的情况下,这个过程应该是循序渐进的,学生能够逐步掌握思维的纪律和技巧。一些思维方法可以被拆解为具体的步骤和内容,以便教学和规范;其有效性应该随着学生逐步掌握并应用这些技巧而显现,从而使师生双方对学生的进步和成就充满信心。目前,我们对设计教育的理解似乎还不够充分,也缺乏足够的学术著作以及适合的教学材料。我认为,我们应该努力弥补这种状况。

设计作为一门学科的教育路径促使我们深入思考其普遍性质,明确如何在学生中培养相关能力,并通过结构化的方式促进学习。就像我们在科学和人文科学领域的同事们一样,基于前面的讨论,我们也可以得出一个合理的结论,即设计作为学科也需要进一步的研究和探讨:首先,需要进一步展开关于设计师式认知方式的研究;其次,需要探讨与设计相关的先验认知能力的范围、限制和性质;最后,需要探究通过教育来提高和发展这些能力的方法。

我们需要制订一个"研究计划",类似于拉卡托斯(Lakatos)[36]描述的科学研究计划,其核心应是一个"试金石理论"(touch-stone theory)或一个基本观念——比如本文提出的"存在一种设计师式认知方式"的观点。围绕这个核心,去建立一个由相关理论、观念和知识组成的"辩护"网络——本文所做的工作即是在试图勾勒出其中的一些内容。通过这种方式,设计研究和设计教育可以发展出一种共同的方法,从而推动设计成为一门独立的学科。

© 1982 Elsevier Ltd。之前发表于期刊《设计研究》(*Design Studies*),第 3 卷,第 4 期,第 221—227 页。

11. 未来不再是过去

维克多·帕帕奈克
VICTOR PAPANEK

许多设计师都在尝试使设计过程变得更加系统化、科学化、可预测化，并且与计算机兼容。他们试图通过制定规则、类型化、分类和流程化的设计系统来合理化设计，以期为设计提供一个声望更高、带有科学意味的理论背景，或者至少是一种类似科学的理论结构。这种方法强调理性、逻辑和智能，然而，往往容易陷入还原论的论调，结果走向对冷漠、毫无生机的设计风格的追求，抑或是过分强调高科技功能主义，以牺牲设计的清晰性为代价，从而忽视了人们的心理需求。

还有一些设计师则遵循感觉、知觉、启示和直觉。这便是常说的"凭经验"("seat-of-the-pants")设计。他们的作品不是简单化，而是以一种丰富的浪漫主义来代替对人类需求的回应，令人窒息。

本文并不试图综合这些不同的观点，而是旨在说明，这两类设计师都忽视了其他领域中正在蓬勃发展的新洞见。同时，本文将证明，目前学界存在着大量数据和资源可以用来研究人们在审美和生理、心理方面与环境之间的关系。这些内容大多为业界人士——包括设计师、建筑师和规划师——所不了解，因为这些数据来自不同领域，如人体工程学、生态学、考古学、精神病学、文化史学、人类学、生物学、伦理学和人文地理学。

本文的第一部分"塔中的微生物"探讨了人类对日益复杂的技术环境的反应，介绍了一些最新的发现和结论。第二部分"走向社区的生物技术"则以一种万花筒式的方式呈现了关于社区规划的观察。

塔中的微生物

目前，来自公共卫生和公共安全领域的诸多证据开始相互重叠，涉及人类心智、情感和思维功能，以及人在不同环境中的个体体验。这些新发展拓展了我们对人们与日常环境之间复杂而微妙的互动方式的理解。无论是办公室、马路、公园，还是火车站、机场等（人造或自然）环境，它们并非只是固定的背景板，而是对人们生活、工作、出行、休闲放松的体验产生深远影响的因素，不容忽视。

阳光的类型（如希腊七月的晨曦与斯德哥尔摩秋日的夕阳相比），空气中的化学成分（如芬兰群岛的桦树香风、巴厘岛的弗兰吉帕尼和丛林藤蔓令人陶醉的香气或购物中心的商品气息相比），以及颜色、空间、形状、材料、景观、声音和气味等因素，都会影响每个人的身体健康、心理状态、认知能力、自我意识和人性本质，进而影响我们对人类重大问题和未竟事业的理解。

例如，耶鲁大学的心理学和精神病学实验表明，某些气味能够引起类似冥想时的血压变化，如苹果的香气能够使血压迅速下降。生物气象学家和微生物学家发现，含有一定量微小带电粒子（带负电的分子团）的无味空气可以降低大脑中与焦虑相关的激素——血清素的含量。此外，环境对脑体系统的影响也已有记录显示：当阳光较刺眼时，部分光线会完全绕过皮层，直接作用于下丘脑、脊髓和松果体，从而抑制褪黑素的产生。褪黑素会影响情绪、生育能力及其多种身体功能。经过数十年的研究，人们意识到，某种橙红色能够激活与攻击性和性欲相关的多个心理和生理系统。然而，近期在色彩疗法和光生物学领域的研究似乎表明，"暗粉色"（类似于嚼过的泡泡糖的颜色）对抑制攻击性行为几乎有立竿见影的效果。一个狂暴的青少年,如果被置于一个两米乘三米的暗粉色房间内,几分钟内便会平静下来;大约十五分钟后,可能就会躺下准备入睡了[1]。

既然空气、气味、光线和颜色始终影响着人类的反应,为什么我们直到现在才开始设法获取关于这些反应的重要数据呢?原因之一是,自战争以来,西方世界的大多数人都搬入了室内,远离明媚的阳光,与瀑布、森林、河流和山峰等富含微小带电粒子的自然空气隔绝。在科技发达的国家,大多数人日常生活的大部分时间都是在人工照明的建筑物内度过的,守着固定的窗户,呼吸着循环的空气。尤其是在加拿大和美国,每周一次的购物习惯和投机性的土地利用模式催生了众多规模宏大的封闭购物中心。这些场所不仅用于购物,还成为慢跑、步行、老年人闲聊和青少年聚会的理想场地,所有活动都发生在气候控制的环境中。麻省理工学院大脑和认知科学教授理查德·沃特曼(Richard Wurtman)博士表示:"我们都在不知不觉中成了人工照明对人类健康影响的长期实验对象。"因此,我们必须有意识地承担起责任,创造出不损害我们脑体系统性能的人造环境。

无须深究,人类与环境关系的一些事实已然浮出水面。生物生态学家约翰·H. 福克(John H. Falk)博士是一位研究人与草地生态关系的专家,他花了大约 20 年的时间研究包括非洲、印度、欧洲和美洲在内的各个年龄段人群的景观偏好。被试者的环境背景涵盖了从热带草原到山地、从沙漠到雨林等各种人类栖息地。

福克向被试者展示了不同风景的照片,不出所料,人们最喜欢的还是自己熟悉的环境——这种反应可以被解释为一种纯粹的文化现象。然而,出乎意料的是,即使是那些一生中从未踏足过草原环境的人,也表现出了一种对草地景观深深的天生偏好。据此,福克博士推测,这可能是因为人类最早的进化便发生在世界上最广阔的草原——东非大草原上,因此这可能源于我们对物种起源和早期发展环境的一种遗传性倾向。这种对栖息地的偏好也可以通过解剖学来理解:直立行走、用手操作工具、对生拇指、双目视物的进化过程都发生在柔软的草地上，这也解释了为什么我们更喜欢草地质感的地毯，尽管我们已经掌握了制造各种材质地板的技术。比如，波斯和巴基斯坦的丝绸手工地毯，再现了真正的"花园"景观。

这种与生俱来的草地偏好，也可能作为我们在环境刺激方面的内在指导，以实现一种复杂的感官体验，包括触觉、嗅觉、听觉、视觉以及皮肤或脚底的感觉，从而达到一种最佳状态。"任何刺激水平的过度降低或提高都可能对我们的（身体）功能造成损害。"

近期的研究进一步验证了福克博士的观点。哺乳动物大脑的形状、大小、结构和功能的发育与个体早期的感官体验密切相关（从美国和英国贫民窟以及难民营的黑人儿童表现来看，其中的负面影响显而易见）。此外，环境的美观程度也被证明对人类行为和工作表现有着深刻的影响[2]。

加州大学伯克利分校的神经解剖实验进一步验证了这一观点。在避免还原论推论的情况下，研究发现：将幼鼠放在一个丰富的环境（比如有更多玩伴和玩具）中，其大脑皮层在几天内会增厚；而在贫瘠的环境中，幼鼠的大脑皮层则会萎缩。即使是年龄相当于人类 75 岁至 90 岁的老年老鼠，在丰富环境中其脑体积也会变大。在半自然的室外环境中养育的老鼠，脑体积更大，综合智力也更高。研究者指出，"环境中的灯光、噪声和气味，似乎都对其行为产生了积极的影响。"[3]

不过，福克博士和其他研究者认为，除了草地，人类可能还对其他自然景观有着别样的先天倾向。例如，人们对景观中水的偏好便似乎是与生俱来的。密歇根大学的心理学家斯蒂芬·卡普兰（Stephen Kaplan）博士和雷切尔·卡普兰（Rachel Kaplan）博士提出，人类可能对蜿蜒曲折的小路有一种天然的偏好，这种小路给人一种"神秘感"，"让人觉得，如果深入探索就能有新的发现"[4]。这种对蜿蜒小路和神秘感的喜爱，以及对"深入探索"的渴望，千百年来被成功运用在日本园林中，最近也出现在英国的景观建筑设计中。同样地，欣赏一幅画作或观看一场拳击比赛，我们也能获得一种**触觉式**的满足感，原理与上述情况类似。

卡普兰夫妇在其著作中写道："神秘……在心理学中带有一种出人意料的意味。也许正因如此，人们更倾向于用更为熟悉的概念去解释它，比如'惊喜'。然而，神秘和惊喜之间的关键区别在于，惊喜意味着新事物以突然的方式出现，而神秘则暗示某事物——不一定是新的——以隐含的方式呈现。神秘并不意指事物的突然出现，更多是暗含一种强烈的连续性。道路蜿蜒、树影婆娑、灯光乍现，这些景象中的新事物都是接续依次出现的。鉴于这种连贯性，人们往往会在脑海中预想几种可能，并将其与自身之前的经历联系起来，以理解事情的发展和事物的出现。"[5]

英国赫尔大学的地理学家杰伊·阿普尔顿（Jay Appleton）曾用**前景**（prospect）和**避难所**（refuge）这两个概念来描述人类对景观的另外两种需求，这两者都是人类生存和生活的必要条件。**前景**代表的是广阔的而一望无际的视野，一个可以远眺数英里外视觉信息的观望点。**避难所**则是指一个可以藏身的地方，使人们能够在安全的环境中休养生息并获取信息。英语中的"snug"、美语中的"cosy"、德语中的"gemütlich"或丹麦语中的"hyggelig"等词汇都与这种感觉有关。

环境的易读性（legibility）对人们来说也同样重要，即能够在环境中轻松探索而不致迷路。卡普兰认为，那些带有独特自然地标的开放性景观就能很好地满足这一需求。

总体而言，环境通过多种方式与我们对话，而这些方式可以按重要性进行排序。在各种环境因素中，首先最重要的是那些与我们天生的内在偏好相关的因素——源自人类的集体潜意识。比如草原、水流、蜿蜒曲径、前景和避难所等。此外，我们还依赖于环境的易读性，正如景观建筑师威廉·M. C. 林（William M. C. Lam）所指出的那样，我们总是通过观察和解读环境中的线索来获取关于生存、生计、方向、防御和刺激等方面的信息。

其次是文化条件因素，与特定文化相关，但会随着时间的推移而逐渐变化。爱德华·霍尔（Edward Hall）博士在他的早期著作《无声的语言》(The Silent Language)和《隐藏的维度》(The Hidden Dimension)中提出了空间关系学的概念。他认为，人们一生都生活在一个无形的空间关系气泡中，而这个气泡的形状和大小是由文化决定的。最直观的例子是，人们在交谈时总会保持一定身体距离。北欧人通常保持大约三英尺的距离，而南欧人则将这个距离缩短了三分之一，一些北非人面对彼此的距离只有十英寸。另一个例子是，在乍得或喀麦隆，人们在交谈时习惯有香烟烟雾笼罩着彼此，他们认为这代表了一种友好的交流氛围；而在欧洲，这种行为可能会被视为轻率或不礼貌，在美国则会被视为反社会行为[6]。

环境中的本土条件因素，与文化因素不同通常取决于气候和生活方式，这些因素也可能随着时间的推移而发生改变。小的时候，我在奥地利用滑雪板上学；多年后，在奥斯陆，我仍然享受滑雪上下班。荷兰和丹麦的平坦地势更适合骑自行车，而渥太华的广阔运河和冰冷气温则为滑冰上下班提供了理想的环境。

个人因素，是指环境中具有个人特殊意义的标志事件。例如，有人可能会说："我的曾曾祖父在1790年种下了那棵橡树，当时他还是个孩子。"或者："这是我第一次亲吻那个女孩的地方。"又或者："我的叔叔曾在那家报社工作。"

另一个重要的因素是环境的美观问题。大约30年前，人本主义心理学的创始人之一亚伯拉罕·马斯洛（Abraham Maslow）进行了关于环境美观对人体机能影响的早期实验。他设置了三个房间：一个"美"，一个"普通"，一个"丑"。"丑"的房间设计得很像清洁工的储藏室，光秃秃的天花板上孤零零地吊着一个灯泡，地上放着一张旧床垫，灰色斑驳的墙壁，破烂的窗帘，随意散落的垃圾、扫帚、拖把，还有漫天飞舞的灰尘。"美"的房间则有大窗户，地板上铺着编织精美的纳瓦霍地毯，墙壁灰白，装饰有画作和雕塑，间接照明，还有书柜、柔软的扶手椅和木桌。

按照实验者的说法,"普通"的房间"看起来像是一间干净、整洁、'有人正在使用的'办公室,平平无奇,不会引起任何特别的关注"。

实验要求志愿者在不同房间中观看同一组照片,并判断照片中人物的活力和幸福感。实验由三名检查员进行监督(但他们并不清楚实验的真实目的)。实验真正的目的是研究环境对人们的影响。结果表明,志愿者们在"美"的房间中观看照片时,会认为照片中的人表现出了活力和幸福;而在"丑"的房间中观看同样的照片,却认为照片中的人表现出的是疲劳和病态。(不了解测试意图的)检查员的行为也有所不同:在"丑"的房间里,他们粗暴地督促测试进程,充满敌意,抱怨活动的单调,感到疲惫、烦躁甚至头疼,总之表现出了一种"令人厌恶的行为变化"。奇怪的是,尽管他们的工作表现和工作满意度频繁受到工作环境的影响,但他们自己却毫无察觉。**他们完全没有意识到自己的情绪与房间的外观有如此密切的关系**,虽然他们发觉自己更不愿意在"丑"的房间里工作。志愿者和检查员对"普通"房间的反应更接近于"丑"的房间,而不是"美"的房间[7]。

在我们对疾病有充分认识或正确诊断之前,往往就已经开始解决问题。大约从 1830 年起,研究城市疾病的医生们逐渐意识到,随着越来越多的人聚居在城市,当地的泉水和井水不再干净。首先,他们注意到,新城中的人比农村居民更容易生病;其次,他们观察到在某些城市区域,人们生病的频率尤其高;最后,医生们确定,病菌扩散到了水井中,人们饮用井水后患上了霍乱。最终,这些历史经验促使我们建立了现代的水库保护和水过滤系统。这些 19 世纪的公共卫生官员开创了一种至今仍在沿用的研究方法,即探寻两种意外变化之间的相关性——人们身心健康的变化可能是由环境中的某种特定变化所导致的。

此项研究的重要性在于,它让人们意识到,环境的改变——无论是无心之举还是出于善意地刻意为之——可能会以某种不可预料的方式严重损害人体的内部机能。清洁水源的重要性不言而喻,这个花了近 100 年才发现的事实应当被我们牢记。**在全面理解问题的实际原因**

前,许多公共卫生改革已经在实施中了[8]。

人们希望能阻止酸雨对森林的致命影响,修复南极上空的臭氧层空洞,却忽视了政府在争论工业和汽车对环境损害的具体百分比上所花费的大量时间和精力。

最近,公共卫生研究人员发现,一种相对较新的用水方式——高楼的中央空调系统——可能会引发感染,导致"病态建筑综合征"。这种综合征的症状包括头痛、喉咙痛、哮喘和呼吸急促等,既可通过空气传播,也可通过水传播,甚至在飞机上的长途飞行中也有可能感染。

当代办公和居住建筑通常是密闭结构,窗户被固定,无法打开通风。因此,通常通过集成的供暖、通风和空调系统反复利用循环空气来维持室内温度,从而减少采暖和制冷费用(以及能源消耗)。然而,空气在密闭空间中不易流通,很快就会充满细菌、真菌,以及建材中散发的有害气体。如今,地毯和室内装饰用的纺织品中,塑料成分越来越普遍。这些材料及其黏合剂会释放出医学流行病学家所说的"各种挥发性有机化合物",导致眼睛刺激和上呼吸道感染。此外,荧光灯也可能会以某种尚未明确的方式刺激呼吸道[9]。

密闭建筑的问题因"冷却塔漂水"而变得更加复杂。这种现象指的是空气中的微小水滴可能会在不被察觉的情况下渗透人的肺部深处。有时,一栋高层建筑的新鲜空气进气口可能靠近另一栋密封建筑的冷却塔,由于气流运动,冷却塔水中滋生的细菌会迅速漂移到隔壁的高层建筑中,这种细菌传播方式远远快于呼吸室外空气。例如,军团菌病(Legionnaires' Disease)就是一个著名的例子。根据1986年在斯德哥尔摩召开的第三届"国际室内空气质量和气候会议"(International Conference on Indoor Air Quality and Climate)的报告,大多数密封建筑至少有一段时间处于致病期,应该被视为不合格建筑。

虽然场地、经历和健康之间的许多联系还没有被完全确认,但一些设计师、建筑师和规划师已经开始像19世纪中叶的净水斗士一样,在处理问题时考虑居民个人的场地性经历。他们会为保护建筑和社区不被拆除而努力,因为他们知道,拆除老建筑可能导致老年人抑郁成疾甚至死亡,**尽管具体机制尚不清楚**。

这里探讨的问题不仅关乎设计的美感,还涉及场地特征、生活质量、品位和氛围。这里关注的是人的尺度,而非大都市的尺度。正如克里斯托弗·亚历山大所言:"大量证据表明,高楼实际上会对人们的思想和感情产生负面影响。"[10]

迈向社区生物技术

社区围绕

安德烈·纪德(André Gide)是世界知名的作家,虽然他大半生都是共产党员,但几年前访问列宁格勒时,他的切身感受可能会让很多俄罗斯朋友感到不快。他坦言:"我在列宁格勒最爱的是圣彼得堡。"[11]他之所以偏爱列宁格勒中的圣彼得堡,是因为这座城市他所喜欢的部分并非由现代规划师和设计师所建造。

那些数百年前设计的城市、村镇和社区,都是基于某种根本的生活目标,而这一点显然是现代设计师难以领会的。以前的时代拥有一个明显的优势,即有明确的道德目标,这为所有的规划和设计带来了方向。古典时代追求和谐,中世纪追求神秘的满足,文艺复兴时期则追求优雅的比例,而近代注重人文主义的启蒙。每个时代的人都很清楚自己想要什么。

那么,当代规划师的目标是什么呢?过去的建设者知道自己在做什么,他们依据自己对社会文化需求的理解进行规划和设计。相比之下,现代设计师却被公众的品位所困扰,不确定该迎合怎样的喜好。为了破解这个难题,设计师们依赖大量的调查和问卷。然而,当他们的作品最终完成时,居民却发现,还是那些几百年前建造的城市更有吸引力。

直到不久前,设计师在规划住宅区时,建筑的目的都并没有发生改变。老城充满魅力,而新城则显然索然无味。这是因为古希腊的城邦、中世纪的城市、阿姆斯特丹的市中心以及伦敦、巴黎或维也纳等历史城市的规划者,始终本能地坚持一个不变的目标:满足人们在城市中心生活的需求,而不是随着时代的变迁而追求**不同**的目标。

正如亚里士多德的观点:人们组建社区并非仅仅为了追求正义、和平、防御或交通便利,而是为了追求美好的生活,即**至善**(Summum Bonum)。这种美好生活的实现,意味着四种基本社会欲望的满足,早期的设计师们总是竭尽所能为这些欲望赋予物质和结构形态。这四种欲望分别是:**欢会神契**(conviviality)、**宗教信仰**(religiosity)、**智识发展**(intellectual growth)和**政治参与**(politics)。因此,尽管城市的核心风格各异,总是由相同的基本结构组成。酒馆、运动场和剧院满足欢会神契的需求;教堂或寺庙促进宗教信仰;博物馆、动物园、图书馆和学校帮助智识发展;而市政厅则体现了城市的政治特质。这些欲望的实现依赖于经济基础,因此,这些建筑自然而然地、有机地围绕市场而建,推动并服务于社区的第五种活动:贸易和商业。

如果一个新区域想要成功发展、去中心化,并保持对多种不同可能性的开放态度,依然存在一些比较简单的干预措施。在城市规划过程中,应特别关注那些基础的交会点,如人行道上的咖啡馆、供应美食的餐厅、小型音乐厅或剧院、受欢迎的教堂以及精心设计的会议中心。

一句话概括古老社区设计的成功和现代社区设计的失败:古代规划师们正视了人们聚居于社区的亚里士多德式目标,并全力投入于社区的核心建设,如旅馆、教堂和市政厅,其余的居住区则自然随之形成。相比之下,现代设计师总是忙于建设社区的外围部分,然而缺乏核心,其他建筑只能是一盘散沙。今天,我们几乎不再谈论社区建设的核心化概念,因为我们已经相信——错误地相信——每个时代的建筑设计都有不同的目标;然而,当我们自以为已经紧握核心时,它又像沙子一样,从我们的指缝中悄然滑落。

关于交通

在现代文明生活中,交通堵塞无处不在。唯一的问题是,究竟是什么导致了堵车?街道太窄?但街道拓宽后,堵车反而更严重了。交通干线太少?然而增加了交通干线,堵塞也愈加频繁。城市密度过大?城市向外扩张到郊区,**密度降低了**,但交通堵塞却成比例增加。规划不合理?即便是国际专家设计的规划,实施后堵点依然层出不穷。是不是考虑得不够周全?其实恰恰相反,问题正在于**考虑得过多了**。现代规划者过于关注交通问题,他们除追求汽车的最快通行速度及其相关问题外,几乎不再考虑其他任何事情,仿佛城市的唯一功能就是为司机提供在加油站和快餐店之间飞驰的赛道。目前,洛杉矶就是一个因过度关注交通问题而忽视常识的极端案例。结果如何?这座原本可以成为典范的优雅之都,如今却陷入无尽的交通困局,**城市**扩张更是将这种痛苦蔓延至郊区和乡村。

大多数规划者在急于消除一切交通障碍时,忽略了一个关键问题:他们正在摧毁交通中最宝贵的障碍—社区本身。社区的功能不同于郊区的加油站或快餐店,它是目的地而非通道;是终点而非途径;是停留之地,而不是流动之地;是下车点,而不是驾驶途经。这就是为什么大多数优秀的城市都位于交通受限的节点处:山脚或山顶,河流转弯处,湖泊或海岸边,或者就一些最壮观的城市而言,如威尼斯、斯德哥尔摩、阿姆斯特丹、曼谷、旧金山或曼哈顿——它们坐落在运河和潟湖之间,或位于狭长岛屿的尽头,这些地理条件限制了交通的自由流动。

如果设计师想要提升现代生活的质量,必须遵循两条准则:首先,他们需要颠覆传统的价值观,减少对交通规划的过度关注,转而专注于贸易和社区规划。其次,设计者需要与新的专家合作。鉴于当前诸多失败的城市规划,如巴西利亚、堪培拉、渥太华以及战后英国的新城等,都是由顶尖城市规划师负责的,因此,在过去的智慧中可能才可以找到真正的"新"专家。设计师应以谦逊的态度向历史学习,研究的重点不应是洛杉矶或米兰那样的新兴城市的发展,而是像波士顿或锡耶纳那样的古老城市。

选址和审美

为防止社区变成高速公路,一个行之有效的方法是在道路网络中增加广场。这些广场不仅可以缓解交通,还能通过公园、雕像、雕塑、音乐亭、座椅、喷泉和古树等美化社区环境。

然而,这正是社区的矛盾所在。一旦一个城镇同时具备了商业可行性和审美吸引力,它就会像磁铁一样吸引人们离开其他社区。我们必须对这种中心化发展的趋势加以抵制,因为即使是最美的社区,一旦卷入这种过度吸引商业和交通的累积过程,最终无可避免都会走向衰落。

传统智慧认为,选址明智与否主要取决于以下四个决定性因素之间的相互作用:与市场的距离、原材料来源、交通条件和劳动力资源。但这里忽略了美学因素,即与吸引人的娱乐中心的距离。

这第五个选址决定性因素,即审美修饰因素,其重要性丝毫不亚于其他四个因素,甚至可能超过它们的总和。每当有新工厂在乡村建成,城市的吸引力就会再次显现,进一步验证了上述观点。新工厂并没能让人们安心留在乡村,反而增强了城市对他们的吸引力。首先是经理,宁愿每天忍受一个小时的通勤,也不愿面对乏味的乡村生活。有条件的工人也会跟随他们的脚步。事实上,一些人宁愿失业,也要享受城市里充满活力的建筑、剧院、画廊、旅馆和夜生活。

这种选址的审美因素一直被忽视,是因为现代选址理论起源于19世纪时期,当时几乎每个城市和乡村都拥有独一无二、毫不逊色的魅力。即便是100多年前科罗拉多州最偏远的西部村庄,也有歌剧院、博物馆和体面的旅馆。奥匈帝国有那么多迷人的小城——其中大部分都建有自己的歌剧院、宫殿、剧院、法院和大学——每座城市都拥有足够的核心力量去抗衡其他城市,从而维持了整片土地的美感平衡。

位置

就像鸟类凭借天生的本能选择理想的筑巢地点一样,一些人群也具备类似的选址智慧,无须设计顾问的帮助就能找到的居住地。在巴西、哥伦比亚和委内瑞拉生活和工作的人们,可能会震惊于以下悖论:富人拥有的高层豪华公寓位于山谷底部,那里污染严重、噪声不断,还有交通拥堵问题;而穷人聚集的贫民窟却分布在山麓高处,在那里可以俯瞰全城,甚至还能眺望远山。墨西哥瓜达拉哈拉北部的西班牙裔贫民窟(barrio),其地理环境也比城市的核心区更为宜人。在巴布亚新几内亚的博罗卡,贫民窟的居民居住在莫尔兹比港外风景如画的避风港中。这些贫民窟中存在的高度社会幸福感常常令游客感到惊讶。他们医疗水平不高,贫困问题也很严重,但居民们却依靠自己的力量解决了许多社会和城市问题。老人不孤单,孩子也不缺监护。从设计的角度来看,除了高度的社会幸福感,这些贫民窟的居民由于所处的绝佳地理位置,堪称第五类幸运者,其他四类分别是(或曾经是)贵族、旅店老板、军人和神职人员。这些幸运者具备良好的"位置感知"能力,因此,他们选择的安身之处往往也是宜居之所。而生活在这样的地方,日子自然也会更美好。

某些神奇的数字

当设计师开始为一个甚至尚未存在的全新区域进行预期设计时,他们往往会本能地寻找一些可以作为设计假设基础的参考标准。对于设计师来说,最具挑战性的事情莫过于在没有任何约束和限制的情况下,着手处理**白板**项目。令人欣慰的是,当前已经有许多关于社区人体工程学的指导原则。如果建筑师、设计师和规划师在工作中完全忽视了这些参考标准,只能说明他们还没有意识到一个以人体尺度为基本内容的知识体系正在兴起。这些神奇的数字揭示了人类在生理、心理以及物种能力方面的秘密。

我们的生物遗传特性支配着我们对尺寸、重量、距离、速度和时间的预期。古老的测量单位，如英里、磅、码、英尺和英石等，反映了人们能够轻松举起或携带的重量，并且展示了他们如何使用自己的身体作为模板进行测量。人们通过生活中累积的**遗觉象**（eidetic image），可以评判和衡量和谐关系与比例，这为我们提供了另一种测量系统。那些人为创造的度量系统，比如米制，就像数字手表显示的时间一样缺乏直观的意义。勒·柯布西耶（Le Corbusier）曾出版过两本关于数字的书，虽然内容较为粗略，他试图将米制系统与人类的感知相匹配，但最终没能成功。

知觉和**格式塔**（gestalt）机制为这些"神奇数字"提供了更多的依据：从我们出生起，所见的自然界万物都反映了斐波纳奇数列（黄金分割数列），这种自然法则深刻影响了我们的审美观念。

通过眼球转动和距离感知，我们能够确定房屋与街道的理想距离，或房屋高度等。经验空间——基于我们熟悉的个人空间经历——有助于我们判断卧室、厨房或餐厅的理想大小。当然，不同文化的实际尺度也有所差异。比如，传统的日本农舍房间通常比英国的大，而且日本的房间往往是多功能的；美国的卫生间功能单一且明显比斯堪的纳维亚国家的大，但其中很多空间都被闲置浪费了。

地形和气候也同样影响着距离的测量，进而影响驾车、步行和骑行的范围。比如，村庄之间的距离反映了一个人在一天内背着货物能走多远（显然，在瑞士、巴布亚新几内亚或哥伦比亚等多山国家，城镇间的距离则相对较短）。同样，马匹或车辆一天能行驶的距离也决定了城镇之间的间距。

至于社区的规模，也存在一些天然的"神奇数字"，源自人类关于族群规模的集体无意识，而族群规模又与部落的生活方式、气候甚至部落社会中的伦理禁忌等因素密切相关，所有这些都限制了一个地区的人口规模[12]。

那么，具有哪些神奇的数字呢？理想情况下，一栋个人住宅的高度应该是街道宽度的一半,约为 32 英尺,而住宅距离道路约 60 英尺。从审美角度来看,32 英尺的楼高搭配 60 英尺的临街距离,就会让人觉得很宽敞。根据生理光学原理,我们在观察他人时,50 英尺是识别面部表情的极限距离;而性别、轮廓、步态和基本外观的最远识别距离约为 450 英尺。超过 1 000 英尺外,我们基本上就无法再进行任何有效识别了[13]。

如果无法在现实世界中得到应用,这些数字会显得十分迂腐,甚至毫无用处。以不同时期、风格和文化背景的广场设计为例,几乎所有地方的广场主轴长度相似。雅典卫城的广场主轴线长 480 英尺,罗马的圣彼得广场是 435 英尺,旺多姆广场为 430 英尺,阿马林堡广场是 450 英尺,而威尼斯的圣马可广场则为 422 英尺长。虽然北京皇城的大广场长达 9 000 英尺,但每个连接部分的长度仅为 470 英尺。这些广场的尺度设计蕴含着内在共通的审美规律,如果稍微放宽标准,再加上街区和购物广场等公共区域,就会发现,绝大多数广场的主轴长度都在 420 英尺到 580 英尺,极少例外。

这一点也与通勤距离密切相关。例如,上班族在午餐时间会愿意走多远去广场休息,居民愿意步行多久前往公园。在美国,这大概是三个街区的距离,三分钟的步行路程。这样的尺度设计不仅表明了办公区和住宅区在功能上的相似性,也进一步阐释了一些关于理想规模的问题。如果人们希望在步行三分钟内到达中心区域,那么整个社区的宽度实际上就是大约六分钟的步行距离;或者从线性距离来看,大概是五六个街区的距离,介于 1 500 英尺到 1 625 英尺。欧洲人和亚洲人可能会愿意走得更远一些,这就形成了道萨迪亚斯(Doxiadis)所谓的"动态区域"(kinetic field),其半径为 10 分钟步行距离或 2 500 英尺(大约是典型广场长度的两倍)[14]。

神奇数字与社区规模[15]

耶鲁大学的乔治·默多克(George Murdoch)教授研究了 250 多个

不同类型的社会,也发现了一些神奇数字。无论是土著部落、亚马孙印第安人群体、秘鲁人,还是图皮—瓜拉尼人的狩猎队,人数通常在400人到600人。易洛魁印第安人的长屋可容纳500人,美索不达米亚和安纳托利亚出土的村落居民数量也大约在400人至600人。18、19世纪美国的一些宗教团体通常由500名左右成员组成,20年前的嬉皮公社也是如此。此外,在一些拥有大约4万个学校系统的国家中,每所小学的平均学生人数也接近500人。

即使在灵长类动物中,这些数字也保持相对稳定。例如,埃塞俄比亚的盖拉达狒狒部落大约有500只狒狒,日本的雪猴也是如此;当印度的叶猴群体数量超过500时,部落就会分裂。

由此看来,一个族群的平均规模通常在450至600。而在一些需要紧密合作的商业组织中,当群体人数超过750人时,会出现一些轻度压力;而"麻烦的临界点"大约为1 200人。

行为科学家认为,250人可以构成一个小型社区,1 500人则构成一个大型社区,而450人至1 000人的群体则被称为社会性社区。

从这些数字中,我们可以更进一步得出结论:如果社区的目标是追求和谐邻里关系、丰富的社交互动和紧密的文化联系,那么理想的社区规模应该在400人至1 000人(500人最佳),普通街区居民数则应在5 000人至10 000人(相当于10个至20个面对面的社区),而城市的理想规模大约为5万人(即10个至20个普通街区)。在某些特殊情况下,城市规模可能会缩小至2万人,或扩大到12万人,但超出这个范围,社会秩序可能会变得混乱。

历史上有许多实例可以为这一结论提供佐证欧洲主要的大教堂城市,如卡特尔、阿维尼翁、科隆、坎特伯雷、锡耶纳、帕多瓦、兰斯和索尔兹伯里,在其最鼎盛时期,每座城市的居民数大约都在1万人。文艺复兴时期,博洛尼亚、巴黎、牛津和剑桥的主要大学的师生人数为2万人至3.5万人不等。莱昂纳多和波提切利的佛罗伦萨建造了大教堂、剧院、宫殿和公共花园,城市人口达到了4万人。米开朗琪罗时期的罗马也有约5万人口。15世纪的德国,不仅出现了如丢勒、克拉纳赫和贺尔拜因等杰出的建筑和艺术之才,同时拥有150座大城市,在第一次人口普查中,每座城市的居民数量大约为35 000人。

许多来自不同学科的知识正在变得越来越丰富,远超预期,设计师可以根据需要加以利用。无论涌现多少新概念,设计师、建筑师和规划师都以能够综合运用多学科知识而闻名,他们堪称是最擅长整合各类知识的"杂家"。

ⓒ 1988MIT。之前发表于期刊《设计问题》(*Design Issues*),1988年秋季刊,第5卷,第1期,第4—17页。

12. 商业还是文化：工业化与设计

约翰·赫斯科特
JOHN HESKETT

引言

在一个充满变革的时代，人们往往难以理解正在发生的事情的本质及其后果。对大多数人来说，变革意味着一种破坏，挑战了日常生活的节奏、信念和实践。变革只有被呈现为"改良"或"改善"，才更容易被人们接受，或通过熟悉的形式和隐喻，循序渐进地巧妙渗透到我们的生活中——比如用"铁马"形容火车头，或是麦金塔（Macintosh）电脑上的垃圾桶图标。

在过去的两个世纪中，工业化在全球范围内引起了巨大变革，不仅改变了我们的生活和工作模式，也改变了我们对自我和世界的认知。在工业化初期，随着古老的信仰和习俗被取代或边缘化，这场运动激发了人们深刻的、本能的反抗。时至今日，类似的反抗依然存在：从伊斯兰原教旨主义的全球扩张，到澳大利亚土著部落残余对矿产开采破坏传统仪式场的抗议。

工业革命的回声仍在回荡，如今的技术变革又叠加了一层新的复杂性。我们所处的时代代表着向更多可能性的又一次跃进。在这种情况下，矛盾的是，回望过去成了了解未来可能走向的唯一途径。虽然这不能帮我们精准预测未来，因为存在太多未知与不确定的变数，但它能让我们意识到其中涉及的一些关键问题和困境，并明确那些可能会对人类价值观产生深远影响或后果的问题。

作为与我们当下所面临的潜在变革规模的比较，本文将分析近代历史中的一些重要变革实例。首先，回顾英国早期工业化阶段，探讨工业化潜力如何激发了人们的积极反应，以及人们对其带来新机遇和可能性的看法。其次，讨论19世纪英国对工业化的反应，这种反应为许多国家的相关讨论奠定了基础。最后，分析美国工业化第二阶段的不同侧重点。

表面上看，人们对工业化的态度主要有两种。第一种是欢迎，将工业化与进步挂钩，并视其为社会改良或个人发展的机会。第二种则相反，持反感态度的人认为工业化破坏了历史价值观和社会关系，于是试图去恢复或重建这些传统。然而，只要稍作探究，就会发现这一表象之下隐藏着人类现实和矛盾处境的复杂性。例如，尽管工业化在一定程度上提高了物质生活水平，却也导致知识、权力和财富越来越集中在少数人手中，这些人往往只关注自己的野心和利益，而不承认也不考虑他人的需求或利益。这是其中一个悖论。另外一个悖论则是，尽管反对工业化的情绪充满了怀旧色彩，但同时也促使人们对人类和社会需求以及我们与自然环境的关系进行了深刻反思。

尽管这些变化带来的可能性及其多样性难以简明概述，但我们可以从宏观角度考察人们对这些变革的主要反应，以及这些反应对设计领域的影响，特别是对设计在工业化世界中功能的理解所产生的影响。

一

英国是工业革命的发源地，其工业化进程在1770年到1780年的十年间开始蓬勃发展。到了19世纪中期，英国的贸易霸主地位和经济实力在一定程度上引发了全世界的恐惧、憎恨和效仿,这种情形类似于20世纪初期和中期全世界对美国以及今天对日本的看法。

英国通过工业化革命占得了世界领先地位,但这一成就的代价也在1851年显露出来。英国政府的一次人口普查显示,自文明存在以来,居住在城镇的人口首次超过了乡村。这一看似平常的统计数据背后,却是一个复杂且痛苦的动荡过程。那些几个世纪以来几乎未曾改变,或变化微小的生活模式,在短短一代人的时间里经历了彻底且不可逆转的变革。

在工业革命之前,大多数英国人的生活都局限在他们出生地附近的小范围内。活动范围受限于一天内步行往返的距离,大约是13至15英里。虽然这种生活方式可能使他们对更广阔的世界了解不足,但他们对所在地区的细节却了如指掌。在这个半径范围内,他们所需的物品都是当地手工制作的,或者由人力、动物或自然能源驱动的简单机械和工具制造,使用的材料也都来自本地。乔治·斯图特(Georgs Sturt)的名著《轮匠店》(The Wheelwright's Shop)便生动展现了彼时的手工艺实践及其价值观。另一位英国木轮制造商——萨福克郡的朱巴尔·默顿(Jubal Merton)——也阐述了手工艺实践与周围环境的关系,他在书中描述了如何选择木材制作轮辐和辐肋,以将这些弯曲部分组装成轮缘:

"……轮匠总是选择路边的树来做轮缘。他从不碰低洼草地上的白蜡树,因为那种木材一点都不合适。当然,生长在河边的白蜡树很理想,但轮匠还是不会用它们。他会走到树篱下,那里的木材坚硬耐用。他经常会留意小巷里的那些白蜡树,看到好的就买下来,砍掉,然后让木材在沟里躺几年,直到树皮自然脱落。然后就可以用了。他还得找能用来做轮辐的木材。如果观察白蜡树,你会发现许多树枝自然长成了适合做轮辐的形状。每当我父亲看到一根适合做轮辐的树枝时,他会持续关注,等到树枝长到合适的尺寸后,再砍下来进行刨削加工。这样,他就得到了所需的轮辐。"[1]

发现形状合适可以作为木材的树枝,耐心等它长成所需的尺寸和成熟度——这个细节展现了一种与自然环境和谐相处的态度,这也是值得我们学习和重建的。

工匠们所使用的形式和技术,都是世代相传的传统。学习过程中,他们遵循公认的惯例,通过经验积累而非死板的教条来掌握精髓。

"……有时,父亲会让我去切割运货车的轮辐……有几次,我切出一个轮辐之后都觉得'真不错!'但父亲却沿着轮辐慢慢摸了一遍,说:'怎么了,孩子,还没做好一半呢!'他是个一流的轮匠,在整个萨福克郡都很有名,我的祖父和曾祖父也是如此,他们都在这家店工作。他们制造的货车遍布周围的农场。即使不再使用,也不会(因时间的流逝而)磨损得厉害。"[2]

虽然变化发生得很慢,但制作和塑造是日常生活的一部分。当然,只有那些有钱、有闲,且具备手工艺技能的人才能掌握这些技艺。然而,即使有这样的限制,传统的产品和工艺也仍然能无限适应个体及其需求,凭借工匠们熟练的工艺流程,最终制作出的物品能够经久耐用。连同制作过程中的智慧,这些工艺品也往往得以传承,继续被后代使用。

传统之所以受到尊重,是因为它承载了那些在艰难生存挑战中积累的经验。手工艺文化很容易被过分浪漫化,而忽略了这一现实:大多数人的生活都是短暂而贫困的,往往要屈从于变幻莫测的自然环境和残酷压迫的社会结构。饥荒、瘟疫、自然灾害和人类社会的不公正都是持续的威胁。在我们繁荣的现代社会中,我们似乎已经忘记了这样一个事实:对于历史上的大多数人来说,生存就是不断与不稳定环境进行斗争的过程。手工艺体现了在艰难斗争中经过检验和证明的实践,因此不会被轻易遗弃。

随着工业化时代的来临,一切都开始发生改变。某种程度上,用"革命"一词来形容这一进程并不完全贴切。在许多生产领域,变化和适应是渐进的,旧有技能在新的背景和环境中得到了应用。然而,慢慢地,机械化生产成为主流。人们越来越多依赖人工动力、煤炭以及后来出现的电力,将生产集中到工厂中,制造标准化产品,并在越来越广泛的范围内销售,使得成本降低,能够服务更多人群。

这一巨大变化无疑带来了好处。健康水平提高,寿命延长,人们展现才华和追求个人成就的机会增多。新材料、新工艺和新产品为许多人带来了梦寐以求的繁荣,也开拓了新的想象空间。但也有负面影响:企业越来越专注于那些被认为对其生存和生产更为重要的价值,而忽视了其他方面的责任,如对工人、社会和环境的关注。参与制造的工人的职能越来越专业化,但对整个生产过程的了解和参与却越来越少,他们往往不知道这些产品是如何设计的,又是为谁准备的。

随着制造者和使用者之间的鸿沟越来越大,生产者与消费者、人与日常生活之物之间的关系也发生了改变。在工业化过程中,工人失去了对工艺流程的整体认知,用户也逐渐失去了对产品制造过程的直接了解和联系。因此,无论是工人还是用户,都在经历去技能化(deskilled)的过程。人们逐渐适应了那些将自己视为整体市场对待,而非关注个体或社会独特性的产品和生产方式。

亚当·斯密(Adam Smith)是苏格兰的重要学者,他的思想框架深刻影响了现代经济学,为工业化进程提供了理论依据。他的哲学包括三个要点:人的基本经济驱动力是自我利益;个人自我利益的总和代表社会利益;政府不干预经济过程,才能使所有人获得最大利益。自由市场是一个根据购买者明确的自身利益来评判产品的舞台。亚当·斯密的这些基本思想至今仍有许多人信奉。

在其代表作《国富论》(*The Wealth of Nations*)中,亚当·斯密以别针生产的开创性案例,阐述了新兴制造体系的生产力优势。一个未经行业和机械训练的工人,"即便全力以赴,一天可能只能造出一枚别针,二十枚更是不可能"[3]。相比之下，一个分工明确、任务专业化的小工厂，工人们借助简单的机械设备，每人每天可以生产四千八百枚别针。斯密的结论是："分工……在每一种手工艺中，都能大幅提升劳动生产力"[4]。

亚当·斯密理论在他同时代的英国企业家那里得到了印证。伯明翰附近索霍区的马修·博尔顿（Matthew Boulton），于 1761 年建造了一座水力驱动工厂，最初为当时所谓的"玩具"贸易时尚市场生产带扣和纽扣，后来扩展到各种家用金属制品，包括谢菲尔德盘式餐具和时钟。

博尔顿深知，机械化生产使企业能够实现比竞争对手更大的生产规模和更低的制造成本。他在写给沃里克（Warwick）伯爵的信中提道："正是因为我们的产品物美价廉，才能销往欧洲的各个角落，虽然许多地方的原料同样优质且便宜，劳动力成本还比我们低几个百分点，但凭借我们工人高度的劳动积极性，再加上我们大量使用机械设备和通用工具，我们的工人可以完成他们两倍到十倍的工作量，甚至我们的妇女和儿童也能超越他们的男性劳动力……"[5]

然而，博尔顿的经验也说明了一个长久以来的道理，即廉价不是竞争力的唯一标准。为了迎合不同市场的需求，商家往往需要适应多样的环境，而不是试图强行统一消费者的品位。"时尚在这方面起到了重要的作用，而这个时代的时尚是，用希腊艺术家最优雅的装饰品来体现自己的品位。我宁愿顺应这些风格，以谦逊之心去模仿它们，对旧有的装饰品进行新的组合，而不是冒昧地创造新的装饰品……"[6] 博尔顿通过国外朋友和旅行者获取市场需求的反馈，这为他提供了宝贵的信息。他以贵族朋友的收藏品作为模型，并从当时的顶尖艺术家那里借来图纸和版画作为参考。为了确保设计质量，"他在索霍区创建了自己的绘画学校，聘请当时领先的雕刻师作为教师，如约翰（John）和弗朗西斯·埃金顿（Francis Eginton）、彼得·鲁（Peter Rouw）和皮金（W. Pidgeon）等人。他从一开始就具有基本的设计意识"[7]。博尔顿始终相信，在一个庞大的市场中,通过薄利多销的方式进行商品交易,是大型制造工厂维持正常运营的唯一途径。

在他职业生涯的晚期,博尔顿还参与了两项对加速工业革命至关重要的发展运动。他与发明家詹姆斯·瓦特(James Watt)合作,推动了蒸汽机的批量生产,为全球新的工业生产方式提供了动力。其次,凭借他在金属贸易方面的经验,他成功开发出一种大规模生产精美标准硬币的方法,这对新兴的货币经济至关重要,而货币经济是工业化的必然结果。

同时代人约书亚·韦奇伍德(Josiah Wedgwood)同样在18世纪末期改变了陶瓷生产。韦奇伍德和博尔顿一样,相信市场会不断扩大,通过向大量人群提供优质产品可以获得稳定的利润。他也非常重视产品的造型和装饰。他在记录自己改进实验的笔记中,提到了他的家乡斯塔福德郡的产品:"白石瓷器是最主要的产品。但它已经生产了很久,价格降得很低,陶工们在它上面已经无法投入更多成本,也无法在任何方面使其质量达到可能的最佳水平。至于造型的优雅,这方面几乎没有人关注。"[8]

用现代的话来说,韦奇伍德希望打破低质低价的恶性循环,创造具有附加值的产品。为了实现产品的优雅造型,他聘请了顶尖的雕塑师和设计师来制作原型,再由工人进行批量生产。1769年,韦奇伍德的陶瓷工厂聘用了当时该行业中技艺精湛的工匠之一威廉·哈克伍德(William Hackwood),其他人也接受了绘图技能的培训,不过,由于优秀设计师的匮乏,韦奇伍德曾感叹道:"如果能有六个哈克伍德就好了。"从1776年起,他开始网罗艺术大师,包括约翰·弗拉克斯曼(John Flaxman),以及后来的约瑟夫·赖特(Joseph Wright)和乔治·斯塔布斯(George Stubbs)等著名艺术家[9]。

博尔顿、韦奇伍德及其他18世纪末的先锋企业家们面临着一个两难的局面。他们深知机械化生产方法的潜力以及设计在开创新市场方面的作用。然而,这一转型需要新的技能,而传统的工匠往往难以适应机械化的生产方法。产品设计的改进需要专业的劳动分工，以适应大规模生产的要求。由于当时缺乏成熟的培训体系，合格的专业人员远远不足。因此，企业家们求助于有名望的艺术家来填补缺口，他们是为数不多接受过系统视觉技术培训的专业人员，由他们提供图纸、草图和模型，再经由工厂雇佣的绘图员和模型师进一步调整并加之应用。

尽管这可能略显夸张，但我们还是可以从中看到现代设计咨询公司的雏形。问题的关键在于，当变革时期需要某种合适的能力却又供应短缺时，人们就会利用其他技能并对其进行调整以满足当前需求。对现代设计师来说，工业化早期阶段的经验教训是，如果他们不能适应并预见当前变革过程中所需要的能力，就像那些传统工匠一样，他们可能会发现自己面临被淘汰的风险。

二

艺术在工业中的应用起初只是一种权宜之计，但这条道路并不平坦。就像 D. H. 劳伦斯（D. H. Lawrence）小说中那对陷入困境的夫妻一样，欲望和厌恶早已密不可分，甚至这种结合的拥趸也心存保留。1848 年，一位作家在《艺术联盟》(Art-Union) 杂志上表示："……我们不希望艺术家成为制造商的仆人，我们希望艺术家能成为制造商的朋友与盟友，携手参与教育公众，提升社会的审美趣味，从而进一步提高道德水准，发展大英帝国的智识实力和智识资源。"[10]帝国的感伤情怀已然过时，但通过工业传播艺术以提升道德水平和生活品质的理念，仍然有许多表现形式，并在不断延续和发展。

1851 年 5 月，万国博览会（The Great Exhibition of All the Nations）在伦敦海德公园的水晶宫开幕，这座由约瑟夫·帕克斯顿（Joseph Paxton）设计的宏伟建筑展现了英国新时代的乐观主义精神。一半的空间用于展示英国产品，另一半留给世界其他地区——这一比例代表了英国人眼中"合理"甚至"慷慨"的影响力分配。展览会持续到 10 月，共计141天,参观总人数达6 039 195人次,平均每天接待约43 000名参观者[11]。这在人口流动性低的时代是难以想象的,正是由于19世纪40年代铁路网的快速扩展,才使得这种规模的人群流动成为可能。铁路的兴起将人们的旅行半径扩大了十倍,甚至一天之内可以到达150英里以外。英国万国博览会的日游被视为英国大规模旅行发展的一个里程碑。

博览会上展示的产品经常被认为是那个时代的典型代表,然而许多见多识广的观察家,如理查德·雷德格雷夫(Richard Redgrave),却严肃地提出了质疑:"……这样的展览……很难代表正常的制造状态……这些商品就像乡村集市摊位上的镀金蛋糕一样,不再是为实际使用而设计,而是为了吸引顾客。"[12]事实上,对铺天盖地的装饰的反应,为英国设计实践、理论和教育的改革带来了新的动力。

亨利·科尔(Henry Cole)是试图利用机械化生产方法改进设计的领军人物之一。他既是一名公务员,也是1851年展览的主要组织推动者。1846年,科尔化名菲利克斯·萨默利(Felix Summerley),参加了艺术协会(Society of Arts)举办的设计比赛,凭借一套茶具设计获得了银奖。1847年,他又创办了一家公司,名为"萨默利艺术制造"(Summerley's Art Manufactures),生产陶瓷和餐具等家居用品。正如柯尔介绍,该公司的目标是:

> "重拾将最佳艺术与日常生活物品相结合的优良传统。在这样做的过程中,艺术制造商的目标是在每件物品中实现卓越的实用性,而不是为了装饰而牺牲实用性;选择简洁的形式;通过与用途相关的适当细节来装饰物品,并尽可能直接从自然中汲取这些细节。"[13]

雷德格雷夫同样强调将实用性作为产品设计的基本考量。与科尔一样,他也积极参与政府提高设计标准的努力,作为这一事业的坚定倡导者,他认为有必要重新审视艺术与工业之间的关系。

如果有一条规则比其他任何规则更能引导我们塑造这个时代独特的风格,那就是将建筑、家具及一切物品和用具的目的与效用(utility)作为第一考虑因素;然后选择恰当的材料,以确保能够最充分地实现这种效用;第三,装饰应该符合所选材料的特性,主导形式应由建筑或产品本身的结构所决定,而非简单模仿过去风格中的元素和装饰细节[14]。

科尔和雷德格雷夫在当时都颇具影响力,他们在艺术和设计教育以及主要博物馆的管理部门担任要职。两人相信工业能够为大众生产更优质的产品,这一信念也产生了广泛的实际影响,克里斯托弗·德雷斯尔(Christopher Dresser)的作品就是其中的例证。他为知名制造商设计的金属器皿、陶瓷和家具,在概念、实用性和美观方面都达到了一贯的高标准。他通过自己的实际行动展示了设计师与制造商密切合作的巨大潜力。

然而,尽管诸如此类的努力已经付诸实践,改革的势头最终还是逐渐减弱了。导致这一结果的原因是多方面的,但两个直接原因尤为明显。首先,对艺术的过度强调引发了对高尚理念的强烈宣扬,这些理念往往过于理想化,工业界即使有意愿去关注,也很难真正接受和采纳。南肯辛顿博物馆(即今日的维多利亚和阿尔伯特博物馆)便是由万国博览会的收益创办,旨在促进艺术和工业的联系。虽然它已成为全球装饰艺术的宝库和古董贸易研究的重要学术中心,但总体上,它与实际工业的需求依然相距甚远。直到最近,博物馆的管理层才开始重新努力恢复其最初的使命。

改革者失败的另一个原因是,工业家不愿意承认他们的论点。当时的经济哲学盛行功利主义,所崇尚的压倒性价值观便是利润至上。讽刺作家在描绘功利主义者时几乎没有夸张:"夜莺除了烤来吃还有什么用?玫瑰的芳香有什么利润?除非能提炼出每滴十先令的玫瑰精油。"[15]

这种计算方式并不局限于商业领域,也逐渐扩展到了生活的各个方面——政治、社会和文化——所有这些都可以看作是商业态度和商业程序的映射。工业作为道德进步工具的理论确实得到了一些工业家[如罗伯特·欧文（Robert Owen）和提图斯·萨尔特（Titus Salt）]的提倡，但总的来说，这一理论在追求商业成功方面的作用有限。对大多数实业家来说，投资机械化是为了增加个人资产或公司股息。特别是在家居用品生产领域，他们竞相追求更大的利润，并通过不断创新来保持商品的新颖性。这种做法导致了各种时代和文化的装饰风格被随意混合，并与廉价粗糙的制作工艺结合在一起，而这正是科尔和雷德格雷夫所强烈批评的。这种根深蒂固的短视、只关注短期利润的狭隘视野，通常被认为是美国工业特有的现代病，也可以看作是对过去150年来各种政府机构为根本改善英国设计而进行的众多徒劳尝试的根本解释之一。这两个国家共同的经济哲学可能是问题的根源，而不仅仅是工业生产的"本质"或两个社会的"文化"。这种经济哲学将商业关切与社会其他方面的关注割裂开来，并拒绝接受其他价值观和方法。

与此形成强烈对比同时也是一种深刻讽刺的是，19世纪反对工业艺术的人比科尔及其追随者更成功地获得了公众关注和支持，而他们在起步时便拥有极大的优势。他们的世界观极其理想化，坚信完全的道德高尚是可能的，不受与工业界接轨等实际问题的影响。他们不仅被对艺术的关注所打动，还对工业化对英国社会价值和土地物质结构的影响感到愤怒。

由此形成了一种强有力的哲学观。以艺术为旗帜的改革运动，结合了对工作乐趣的重视、手工制作的参与感，以及对物和环境对人的影响的强调，旨在从根本上改变生活和工作的组织方向。艺术的道德力量是其核心原则，但仅限于现代工业的范围之外。该运动提出要改变整个社会的经济和社会基础，但其最大的成功在于缓解了英国中产阶级对工业的恐惧——他们认为工业是一种庸俗的入侵，是对社会秩序的威胁。

在形成这一批判时，约翰·拉斯金（John Ruskin）的影响至关重要。拉斯金的演讲和散文带有旧约的色彩，与他那个时代的宗教氛围相呼应,他在其中控诉了那些将个人利益行动与社会后果分开的经济理论和实践。他最令人难忘的著作之一《留给这个后来者》(Unto This Last)开篇即写道:

"在不同时期占据大众头脑的妄想中,也许最奇怪——当然也是最不值得信赖的——就是现代的政治经济学,其基于这样一种思想,即可以在不考虑社会情感的影响下确定一种有利的社会行动准则。"[16]

圣雄甘地(Mahatma Gandhi)承认《留给这个后来者》是改变他一生的作品。随后,甘地提倡手工艺,特别是纺织业,既作为个人修养的方式,也作为一种非暴力的抗争手段。他通过抵制英国大规模生产的纺织品,试图颠覆英国王室在印度的统治,因为这些进口品破坏了印度传统经济的基础。直到今天,甘地创立的国大党旗帜和党徽上仍有纺车的标志。

拉斯金认为,道德价值必须作为社会有机体及其行动的基础和理由,而不是让道德服从于目的:

"政治经济(国家或公民经济)简单来说,就是关注如何在最合适的时间和地点生产、保存和分配有用或令人愉悦的物品。无论是适时收割干草的农民,还是在坚固的木头上牢牢打入螺栓的造船工;用调和合适的灰浆砌砖的建筑工人;把客厅家具收拾得井井有条,防止厨房里的一切浪费的家庭主妇;还是正确训练自己的声音,不过度用嗓的歌唱家;这些人都是真正意义上的政治经济学家,因为他们不断为所属国家增添财富和福祉。但是,商品经济——'报酬'(merces/pay)经济——意味着个人可以通过法律或道德来主张对他人的劳动权益,或通过权力关系掌握对他人劳动的控制权。这种主张明确意味着一方的贫困或债务,以及另一方的财富或权利。因此,它并不一定涉及对国家实际财富或福祉的增加。"[17]

美德在于行善。拉斯金对这种既分离因果又否认责任的制度的批判具有很强的吸引力。然而,尽管他的社会批判很有力,却未能凝聚成一个具体的政治行动纲领。此外,他对改变周围世界的力量抱有憎恶,导致他忽视了许多积极的方面。相反,他依赖于对过去的浪漫憧憬和艺术的力量来改变生活。

威廉·莫里斯继承了拉斯金的一些核心信仰,更进一步成为一名政治活跃的社会主义者。然而,他与卡尔·马克思(Karl Marx)几乎没有共同之处。他没有把目光投向《共产党宣言》及其确定性,而是转向了英国本土的社会主义传统,这一传统融合了约翰·班扬(John Bunyan)的乌托邦激进主义,并在威廉·布莱克(William Blake)的诗歌《耶路撒冷》(Jerusalem)中得到了表达。这首诗成为英国劳工运动的战歌:

> 我灵魂的战斗永不停歇,
> 手中的利剑也永不沉眠,
> 直到我们建立了耶路撒冷,
> 在英格兰翠绿宜人的土地上。

关于工作对生产者、产品性质以及使用者的影响,贯穿在莫里斯的自己的生活和工作之中。

> "……艺术的主要源泉在于人们在日常必要的工作中获得的愉悦,这种愉悦表达和体现在工作本身。除此之外,别无他物能使生活的普通环境变得美好。环境的美好反映了人们在工作中的愉悦,即便他们在其他方面可能正在受苦。正是由于在日常工作中缺乏这种乐趣,我们的城镇和居所才会显得肮脏和丑陋,亵渎了大地之美。生活中的一切附属品也因此变得粗鄙、琐碎、丑陋——一句话,庸俗。"[18]

在另一篇文章中,他写道:

> "每个人都应该有值得做的工作,而且工作本身应当是愉快的,工作条件应当既不会使人过度疲惫,也不会使人过度焦虑,这

既是正确的,也是必要的。"[19]

关于市面上普遍可见的大量庸俗而廉价的商品,以及其对所有生产、销售和使用这些商品的人的影响,他写道:

"对于我们任何一个身强力壮的人来说,在工作日走过伦敦的两三条主要街道,仔细记下商店橱窗里一切对一个严肃的人的日常生活来说可能尴尬或多余的东西,都将是极具启发性的一天。"

他继续说:

"但我请你想想,有多少人在忙于这些可悲的琐事。从不得不制造机器的工程师到无助的店员,他们年复一年地坐在恶劣的环境中进行着这些商品的批发交易;还有那些害怕拥有良知的零售商,他们在屈辱中出售这些商品却无力反抗;最后是那些闲散大众,他们明明不需要这些商品,但还是购买了它们,最终只感到厌倦和烦恼。我说的只是无用的东西,但市场上还有许多不仅无用,还具有很强破坏性和毒害性的商品,却能卖出高价,比如掺假的食物和饮料。竞争性商业雇用了大量的奴隶来生产这些可耻的商品。"[20]

莫里斯的批评有时相当深刻。然而,他提出的解决方案却不够令人信服,本质上是对中世纪时期假定美德的浪漫化再现。在他的乌托邦式未来愿景——《乌有乡消息》(News from Nowhere)——中,他描绘了一个以联合作坊为基础的社会经济组织。故事中的一个角色这样描述:"人们聚在一起……做一些必要或方便的手工活;这样的工作总让人很愉悦"[21]。他对那个时代最糟糕特征的反应,体现在其诗歌《人间天堂》(The Earthly Paradise)的开篇设想中:

忘却那笼罩浓烟的六县,
忘却蒸汽与活塞的鸣冲,
忘掉可怖城镇的无尽蔓延;

不如去想象山丘上的骡马,

梦中的伦敦,小巧、洁白而清新,

清澈的泰晤士河两岸,是绿意盎然的花园。[22]

另一个具有讽刺意味的转折是,在英国关于艺术和工业的辩论达到顶峰之际,英国却失去在全球贸易中的主导地位,被德国和美国等快速增长的经济体所取代。在此后长时间的衰落过程中,工艺美术运动(The Arts & Crafts Movement)的文人信仰除了作为个体的心灵安慰外,几乎未能发挥实质性的作用。

然而,拉斯金、莫里斯及工艺美术运动的追随者在德国的影响尤为显著。在德国,工艺美术运动分化为两种趋势。一方面,成为德国主流思想的一部分,认为工业化是一种积极的变革力量。摒弃对手工劳动的固执,拥抱机械化,认为机械不过是另一种实现高质量生产的工具。在诸如德意志制造联盟(German Werkbund)等领先企业的组织中,工业质量被重新定义为当代德国文化的表现。对工作愉悦的关注演变为一种管理认识,认为关心员工不仅有助于弥合工作场所的分歧、对抗工会影响,同时也是实现高质量产品的重要途径。这种态度很大程度上解释了德国产品在国际贸易中的持续成功。第二种趋势则继续强调乡村怀旧情感,最终在20世纪20年代被纳粹党利用,演变为一种政治目的的怨恨情绪。

工艺美术运动的思想在美国也广泛流行[23],尽管发展过程存在差异,但这些趋势都反映了人们对正在发生的根本性变革的深切不安和疑虑,因为这些变革从根本上动摇了中产阶级所信奉的传统信念和价值观。然而,在美国——和英国一样——工艺美术运动未能对变革的主导方向产生任何持久的影响。原因相似:它未能在工业界引起广泛的共鸣,因为工业界普遍只认同自身的价值体系。然而,除了这种相似性,两国的背景早已不可同日而语,因为美国的工业技术和组织开启了一个全新的阶段。

三

19世纪末,美国的工业化步伐迅猛,但其发展轨迹明显有别于英国。直到20世纪,英国的大多数工业仍以中小规模为主,家族所有制或合伙制较为普遍。而在美国,经济权力逐渐集中到大型企业手中,其规模在人类历史上前所未见,同时所有权与管理权开始分离。这种企业主导的模式从根本上改变了美国的社会和文化生活的方方面面,并在20世纪对全球都产生了重大影响。

美国的转变不仅规模庞大,时间也相对较短。据阿尔弗雷德·钱德勒(Alfred Chandler)所述,1790年,"393万美国人中只有20.2万人住在2500人以上的城镇或乡村,而288.1万劳动力中有206.9万人在从事农业劳动"。制造业当时还是一种小规模的工匠手工活动,由一位师傅经营店铺,带领一两位助手或学徒,他们也通常与师傅家人同住。正如萨姆·巴斯·沃克(Sam Bass Walker)描述美国独立战争前夕的费城时所说:"城镇经济的核心就是一人商店。大多数费城人都是独自劳动的,有的会雇用一两个助手。"[24] 正是在这种环境下,美国人(Yankee)机智创造的传统得以发展壮大。

1900年,尽管越来越多的农业开始转向商业化种植,美国的农村人口仍然超过城镇人口。随着铁路系统在整个大陆的扩张,经济迅速发展,并发生了质的飞跃。到了20世纪初,电气技术的进步进一步加速了这一进程[25]。1914年时,美国30%的工业实现了电气化。到1920年,这一比例攀升至70%[26]。

技术变革的意义重大,商业组织的变革同样不容小觑。大型企业在社会的各个层面推行着与小型企业截然不同的程序和价值观。

"到1904年,……大约300家工业公司控制了全国2/5以上的制造业,影响了全国约4/5的工业经营……到了1929年,排名前

200 的大公司掌握了全国公司总资产的 48%（不包括银行和保险公司），以及净资本资产的 58%，包括土地、建筑和机械等。"[27]

因此，到 1930 年，大型企业已经牢牢确立了其在美国经济中的主导地位，大规模生产重新定义了"制造业"，在这些大型组织的经营中，专业管理成为主导，其他领域的专业知识则相对影响较小。然而，这一影响并不仅限于经济组织层面。如同 19 世纪英国的功利主义者一样，新工业体系及其方法和价值计算被视为社会进步的自然演变，是整个社会的典范。20 世纪美国的不同之处在于大众传媒的力量和规模。大众传媒是大规模生产的自然产物，两者之间形成了利益和所有权的共生关系。报纸、期刊、广播、电影和电视等大众传媒在塑造和改变人们感知和经验的性质方面的作用不可低估，但其发展方向并不在于提升认知，而是为了迎合商业需求。艾伦·特拉亨伯格（Alan Trachtenberg）写道，"广告在艺术作品中是独一无二的，因为其基本前提是虚假和欺骗，目的是掩盖劳动与产品之间的联系，诱使消费者购买该品牌。广告暗示着产品的虚构特性，即产品能够展现超越其实际的特质。"[28]

这与那种认为艺术具有道德力量并能通过工业进步改善生活的信念相去甚远。许多设计师都曾希望艺术家作为设计师能够对现代商业组织产生重大影响，但这一观念在商业界中并没有得到普遍接受。相反，到了 20 世纪 20 年代末，随着大企业通过新的管理方法建立起对经济的控制权时，作为造型师的工业设计师出现在了人们的视野中。

有趣的是，最早的一批设计师/造型师大多来自那些强调景观和图像表现的领域，如广告和戏剧。在这一新角色下，设计师的职责主要是通过不断变化的表面视觉效果，营造创新的印象并刺激销售，而底层的技术几乎没有改变。

阿尔弗雷德·P. 斯隆（Alfred P. Sloan）不仅将通用汽车公司打造成了全球最强大的企业之一，也是现代管理实践的主要推动者，同时他对造型设计的概念和实践发展也起到了重要作用。他在自传中写道：

"在每一款车型的生产中,造型改变的幅度是一个尤为微妙的问题。新车型的变化应该新颖且吸引人,以创造人们对新价值的需求,换句话说,新车型的设计变化应当在某种程度上引发人们对旧车型的不满。尽管如此,现有的和旧的车型仍然必须能够满足庞大的二手车市场的需求。设计必须具备市场竞争力。满足这些复杂的造型要求,既需要高度的技巧,也需要艺术性。"[29]

虽然艺术性得到了认可,但其角色完全从属于市场需求和销售刺激。正如1848年《艺术联盟》的文章中提到的,艺术家确实已经"成为制造商的仆人"了。在一段时间内,通用汽车公司及其众多模仿者的市场主导地位和多年来的成功也印证了这一点。如今,随着这种主导地位在外国竞争和其自身应对当代变革时缺乏灵活性的双重压力下逐渐崩溃,回顾过往,人们才逐渐看清斯隆所开创的制度中的缺陷。

尽管大规模生产模式无疑带来了物质利益,但它从未被完全接受。一直以来,都有反对这种工作和生活模式的声音。亨利·戴维·梭罗(Henry David Thoreau)、沃尔特·惠特曼(Walt Whitman)、弗兰克·劳埃德·赖特和刘易斯·芒福德,以及那些以他们的观念为信仰并付诸实践的阿米什人(Amish)和震颤教派(Shaker communities),不过是其中的一部分,他们的贡献在国际上仍然具有持久的影响力。

一个当代的例子是温德尔·贝瑞(Wendell Berry),他从感性的视角出发,表达了对全面机械化以及与之相关的价值观的反对态度:

"工业经济要求工作的极端专业化——即工作与其结果的分离,因为这种模式以利益划分为基础,否认了生产者与消费者、销售者与购买者、所有者与工人、工人及其工作与生产出来的产品、原材料与产品、自然与人工、思想与言语及行为之间的基本亲缘关系。当这些亲缘关系被切断后,专业艺术家和科学家往往自认为是'观察者'或'客观观察者'——也就是说,作为不担责、不参与的局外人。但工业化的艺术和科学本质上是虚假的,这种分割本身就是一个谎言,因为其结果并没有真正实现分割。"[30]

贝瑞所提出的替代方案强调人的价值而非单纯的经济需求。他的愿景本质上在于恢复家庭农场的所有权和财产民主,在他看来,这种民主已经被牺牲于"似是而非的效率概念或所谓的自由市场经济学"。就像小型手工艺品店一样,这种店铺"赋予了工作一种品质和尊严,而如果人类的工作缺乏这种品质和尊严,对工人和国家来说都是危险的"[31]。拉斯金和莫里斯或许会从这样的陈述中感受到一种同胞精神。

贝瑞还为大西洋两岸几代人对异化和抽象化的抗议注入了新的力量,并更进一步将其应用于当今的生态问题:

"没有人可以在全球层面上创造出良好的生态意义。但只要情感、尺度、知识、工具和技能合适,每个人都有可能在地方层面上做出明智的生态选择。

适当的工作规模能够赋予情感以力量。如果一个人的工作超出了他对工作场所、对与之共事的事物和生物的热爱范围,破坏将不可避免会发生。充足的本地文化——作为其中的一部分——可以使工作保持在热爱的范围内。"[32]

在大规模生产占主导地位且自认为是不可避免的趋势的几十年里,出现了许多不同的声音,这些声音在不可阻挡的进步面前显得陈旧且无关紧要。然而,从生产到使用的整个过程中,强调广泛应用的大型组织和大众概念,似乎越来越不像过去那样不可避免,或者说全能或有益。灵活技术的发展使得 E. F. 舒马赫主张的"小而美好的"成为可能且具有经济效益。以用户为导向的小规模生产,为工作的性质、工作在社会中的作用和价值提供了新的可能性。最重要的是,这引发了关于人类价值观的问题,以及设计师如何创造性地实现这些价值观的思考。

拉斯金、莫里斯、贝瑞以及他们所代表的整个传统,在一些方面确实有其正确之处,他们强调的创造性工作的必要性和对自然界的尊重思想是正确的。但同时,他们明确将自己的哲学与源于前工业化时期的特定生产和组织形式联系起来,我认为这是错误的。他们未能理解或充分认识到,自工业化以来,人们就从掌握机器及其流程中获得了深深的愉悦和满足,有时这种满足感体现在创造出优雅的机械化形式,可媲美历史上的艺术品;有时则体现在创建工业公司,不仅在商业层面上取得成功,还能作为社会/文化表达,反映公司内部所有参与者的价值观和文化。例如,可以说,许多杰出的日本公司的成功可以归因于它们在工业背景中所应用的特定价值观。

在试图评估我们周围变化的本质和潜力时,我们需要避免对已经逝去的过去产生怀念,尤其是那些在某些方面可能从未存在过的过去。我们永远无法让时光倒流。但是,我们可以明确我们的理念和价值观,并在变革的过程中寻找机会,赋予它们新的方向、形式和表达方式。正如1982年佳能公司设计总监筱原浩(Hiroshi Shinohara)在谈及未来时所言:"首先要用心去思考,努力了解人们想要和需要什么样的生活,然后再用头脑去思考,去提供这种生活。"对工业化的批判中所展现出的人类关切,不仅因其特定的历史和社会语境而存在,还能对设计在改善生活中的作用和责任以及我们塑造未来的愿景,提供很多启发。

ⓒ首次发表于《美国设计中心杂志》(*American Center for Design Journal*),第6卷,第1期,1991年,芝加哥,第14—33页。后重新发表于《约翰·赫斯科特读本:设计、历史、经济学》(*A John Heskett Reader：Design, History, Economics*),克莱夫·迪尔诺特编辑,布鲁姆斯伯里出版公司(Bloomsbury),2016年,第24—41页。

13. 设计思维中的抗解问题

理查德·布坎南
RICHARD BUCHANAN

引言

尽管人们常常试图从美术、自然科学，甚至是最近的社会科学中寻找设计思维的根源，但设计本质上是难以被简化的，始终展现超出预期的灵活性。任何关于设计的单一定义，或者像工业设计或平面设计这样的专业化实践分支，都不足以涵盖在这一领域中集结的各种思想和方法。事实上，会议、期刊和著作中的各种研究都表明，设计的含义及其与其他学科的关联在不断拓展，其实践和理解也总能被揭示出令人意想不到的层面。这与20世纪设计思维的趋势相符——设计已经经历了从一项**贸易活动**到**细分职业**，再到一个技术研究领域的发展，如今应该被承认为一种新的**技术文化"博雅学科"**(liberal art)。

一般来说，设计很难被归类为**"博雅学科"**。尤其是很多人会习惯性地将其与艺术和科学(arts and science)相提并论，而后者又在高等教育中被体制化了。但是，20世纪的文化中的**博雅学科**正在经历一场革命性的转型，其中，设计经历的转变最为明显。

要理解这场正在发生的变革，必须首先认识到，我们今天所说的

"博雅学科"并未超脱历史范畴。它起源于文艺复兴时期,经过漫长的发展,在 19 世纪达到顶峰,成为一种全科式教育(encyclopedic education)的愿景,涵盖**美术**、**纯文学**、历史、各种自然科学、数学、哲学以及新兴的社会科学。而后,这一知识体系中的各个科目逐渐独立,各自发展出了适合的研究方法或方法论。在博雅学科的巅峰时期,这些科目提供了对人类经验和现有知识的综合理解。然而,到了 19 世纪末,随着知识的不断扩展,这些学科开始形成愈加精深、细分的方法,同时也衍生出了各自新的科目。因此,博雅学科的知识体系被进一步分化和细化,逐渐形成了各种门类的专业知识泾渭分明的拼贴版图。

今天,这些科目保留了它们作为博雅学科的传统地位,同时也作为专门领域蓬勃发展,使人们对各种事实和价值的认识得以愈加丰富和详细。虽然学科细分有助于知识的进步,但也造成了知识的碎片化。随着专业化程度越来越高,各学科的研究范围不断内缩,新的专业种类层出不穷,导致各种专业知识失去了"彼此之间的联系,也与普遍问题和日常生活的联系逐渐疏远,因为不同学科在进行精确的方法论分析时,只会选择特定方面的内容"[1]。因此,寻找新的综合性学科来补充艺术与科学的不足,已经成为 20 世纪智识和实践生活的核心主题之一。如果缺乏对综合性学科的理解、传达和实践,就无法在图书馆或实验室之外获取明智广博的知识,也就无法真正丰富人类生活。

正是在这样的语境下,20 世纪出现的设计思维才显得尤为重要。为设计寻求科学基础的意义,并不在于将设计本身归结为某一门科学的可能性——这一点受到了新实证主义思潮的影响,至今仍有一些设计理论家在倡导[2]。相反,其意义在于以适合于当前问题和目标的方式,将艺术和科学中的有用知识联系起来并加以整合。设计师们正致力于探索知识的具体整合方式,将理论与实践结合起来,以实现新的生产目标。这也是我们将设计思维视角引向新兴技术文化博雅学科的原因[3]。

设计与有意操作

设计作为博雅学科的研究风气,可以追溯到20世纪初的文化转向。约翰·杜威(John Dewey)在《确定性的寻求》(*The Quest for Certainty*)一书中对这场文化转向的主要特征给出了精微的解读,即形成了一个新的宇宙中心。

"旧的中心是心灵,它是用一套本身完善的力量去进行认知的,而且它也只是作用于一种本身同样完善的事先存在的外在材料上的。新的中心是自然进程中所发生的变化不定的交互作用,而这个自然进程并不是固定的和完善的而是可以通过有意操作(intentional operations)的中介导致各种不同的新的结果的。"①[4]

杜威在这里谈到的是新旧博雅学科之间差异的根源,同时也解释了围绕某一主题的专业化技能与融合各种新学科进行的综合性思考之间的不同。

然而,杜威认为,新方向的意义和影响仍未被充分理解:

"现在我们却把许多既不彼此一致又与我们现实生活的情调不相符的概念混杂地结合在一起。虽然认识活动的实践,已经与工艺活动的程序打成一片了——包括有处理和安排自然力量的行动在内——但大多数的思想家却仍然把知识视为对最后实体的直接掌握。再者,在说科学是掌握实在的同时,'艺术'却并未被视为

---

① 译文引自【美】约翰·杜威,《确定性的寻求:关于知行关系的研究》,傅统先译,上海:上海人民出版社,2005年,第224页。

低级的东西而同样地受到尊重和颂扬。"①[5]

基于这些观察,杜威进一步探讨了科学、艺术和实践之间的新关系。他在《经验与自然》(*Experience and Nature*)一书中提出,知识的实现不再依赖于观念与自然固定秩序的直接一致,而是通过一种面向变化秩序的新艺术来实现。

"但是如果现代把艺术和创造放在第一位的趋势是有道理的,那么我们就应该承认这个主张的含义而予以贯彻。于是我们就会看到,科学就是艺术,艺术就是实践,而唯一值得划分的区别不是实践和理论之间的区别,而是在两种实践的方式之间的区别:一种实践方式是不理智的,不是内在地和直接地可以享受的;而另一种实践方式则是富于为我们所享有的意义的。"②[6]

虽然新实证主义者一度推崇杜威,但显然杜威对 20 世纪科学发展的理解与他们截然不同[7],杜威并未将科学置于首位、艺术置于次位,而是认为科学即艺术。

"为了使我们把科学归于艺术的根据更加完备一些,我们要考虑到这个事实:任何事例是否具有科学地位,这要看是否有从实验中产生的事实。现在科学乃是按照一个计划或设计审慎周详地进行操作的结果,而这种计划或设计具有一种作业假设的特性。"③[8]

杜威在这里所说的"艺术"的含义,对于我们理解设计与技术在当代文化中的新角色至关重要。

"在这样一个时期以后,科学便进入了一个既稳步而又不断加

---

① 译文引自【美】约翰·杜威,《经验与自然》,傅统先译,南京:江苏教育出版社,2005 年,第 227—228 页。
② 同上,第228页。
③ 译文引自【美】约翰·杜威,"凭借自然与凭借艺术",《人的问题》,傅统先、邱椿译,上海:上海人民出版社,1965 年第 1 版,第 240 页。

速发展的时期,在这个时期内它自己审慎周详地来发明这样的仪器。为了标志出科学这种艺术的这个具有区别性的因素,我将使用'技术'(technology)一词……技术的缘故,在生产艺术与科学之间已经建立了一种循环的关系。"①[9]

杜威所定义的技术,与当今技术哲学中通常理解的技术概念并不相同。对杜威来说,技术不是如何制造和使用人造物或人造物本身的知识,而是一种实验性思维的艺术。事实上,有意操作本身在科学、生产艺术(the arts of production)[10]或社会与政治行动中都有所体现。然而,我们往往错误地认为,硬件作为一种特殊类型的产品,是一种技术表现,是实验性思维的可能产物,而忽略了隐藏在技术背后的艺术,正是艺术为创造其他类型的产品提供了基础。

从这个角度来看,我们可以更容易理解为什么设计和设计思维在当代文化的意义会越来越复杂,与当代文化的关系也越来越紧密。在当代生活的各个领域,设计都已成为塑造人类经验的重要因素,计划、项目或工作假设等都是设计的表现,亦构成了有意操作的"意图"本身。设计甚至延伸到了传统科学活动的核心地带,被用于开发围绕科学好奇心展开的研究主题。但是,觉察到这种艺术的存在,仅仅是打开了进一步探究的大门,我们还需要去解释这种艺术是什么,它是如何运作的,以及为什么在特定情况下它会成功或失败。我们当前面临的挑战是如何更深入地理解设计思维,从而使处理各种问题领域以及差异化主题的人们能够运用设计思维达成更广泛的合作,实现互惠互利。这样一来,设计的实践探索,特别是在生产艺术方面,才会变得更为明智,也更有意义。

然而,一个长期存在的问题是,设计师与科学界人士之间的讨论往往压缩了对设计更广泛本质的反思空间,比如设计与艺术和科学、工业

---

① 译文引自【美】约翰·杜威,"凭借自然与凭借艺术",《人的问题》,傅统先、邱椿译,上海:上海人民出版社,1965 年第 1 版,第 242—243 页。

和制造业、营销和分销以及最终接受设计思维成果的普通公众之间的关系。尽管这些讨论意在促成生产性的整合,却往往会导致混乱和沟通的崩溃,以至于无法将创新思想有效转化为具体实施。反过来,这也破坏了对设计本身更清晰理解的努力,有时甚至迫使设计师回到传统工艺美术的框架下为自己的作品辩护。如果没有适当的反思来帮助厘清所有参与者之间的沟通基础,我们就很难在日益复杂的技术文化中理解设计思维的基础和价值。

置入原则

我所说的"博雅学科"实际上是一种思维学科,在某种程度上,它可能为所有人(无论男女)在日常生活中所共享,但只有少数人能够深入掌握并加以实践。他们凭借独特的洞察力推动这一学科的发展,有时还将其应用于新的创新领域。这也许正是赫伯特·西蒙(Herbert Simon)在其20世纪设计理论领域内的重要著作《人工科学》(The Sciences of the Artificial)中想要表达的观点:"在相当大的程度上,要研究人类便要研究设计科学。它不仅是技术教育的专业要素,也是每个知书识字人的核心学科。"①[11]人们可能不赞同西蒙关于设计作为一门科学的实证主义和经验主义观点的某些方面[12](就像人们可能不完全认同杜威关于有意操作在现代文化中的重要性背后的实用主义原则一样[13]),但几乎没有理由不同意这样一个观点:所有人,无论男女,都可能从对当代世界设计学科的早期理解中受益。这种理解将传统的艺术和科学研究引向了对日常经验问题的新的关注和参与,这在开发各种新产品时尤为明显,因为这些产品融合了多个专业研究领域的知识。

---

① 译文引自【美】司马贺,《人工科学:复杂性面面观》,武夷山译,上海:上海科技教育出版社,2004年,第129页。

我们可以从以下四个领域来了解设计对当代生活的影响有多广泛,世界各地的职业设计师以及那些未必自称为设计师的从业者们所进行的不懈探索,都可以被归结于这四个广泛的领域中。第一个领域是**符号和视觉传达**的设计。不仅包括传统的平面设计工作,如排版和广告、书籍和杂志制作、科学插图等,还涉及摄影、电影、电视和计算机显示等媒介。传达设计领域正在迅速发展,通过文字和图像的新综合形式,对信息、观点和论据等传达和沟通的问题进行广泛探索,改变了过去的"书本文化"(bookish culture)[14]。

第二个领域是**有形物**的设计。包括对日常产品——如服装、家用物品、工具、仪器、机械和车辆——的形式和视觉外观的传统关注,但也已经扩展了对产品和人之间的物理、心理、社会和文化关系的更全面和多样化的解释。这一领域也正在迅速发展逐渐成了一种新的建构问题的探索方式,要求对形式和视觉外观进行更深刻的综合性考量,融合艺术、工程、自然科学和人文科学的各个方面[15]。

第三个领域是**活动和有组织的服务**的设计,包括传统的物流管理问题,即按照有效的顺序和时间安排组织物质资源、工具和人力,以达到特定目标。不过,这一领域已经扩展到对逻辑决策和战略规划的关注,并在更本质的维度上旨在探索设计思维如何帮助设计师在具体情境中创造有机的心流体验,使之更加智能、有意义且令人满意。这个领域的中心主题是关系和结果。设计师们正在探索日常体验中越来越广泛的联系,以及不同类型的联系如何影响行动的结构[16]。

第四个领域是**生活、工作、娱乐和学习的复杂系统或环境**的设计。包括对系统工程、建筑和城市规划的传统关注,或复杂系统的各部分的功能分析,以及后续层次结构的整体整合。但这一领域也有所扩展,更加注重体现整体平衡和功能统一性的核心思想、理念或价值。这种扩展反映了对设计在人类维持、发展和融入更广泛的生态和文化环境中的作用的关注,以及探究设计如何在理想和可能的情况下塑造这些环境,或在必要时适应它们[17]。

回顾这些领域中所涉及的设计思维,每个领域似乎都对应并限定着具体的设计专业——平面设计师专注于传达,工业设计师和工程师负责有形物,设计管理者处理活动和服务,而建筑师和城市规划师则专注于系统和环境。然而,这样划分并不全面,因为这些领域并不是简单地反映设计结果的对象类别。其实,如果理解和使用得当,这些领域是所有设计师所共享的**创新空间**,也是重新思考问题和解决方案以发现和发展设计思维的场所。

诚然,这四个方面都指向了人类体验的某些类型的客观性,而设计师在每个领域的工作都为当代文化中的人类体验建立了一个框架。但这些领域之间也是相互关联的,彼此之间没有优先级。例如,符号、事物、行动和思想的顺序可以视为从混乱个体到有序整体的升阶过程。符号和图像是经验的碎片,反映了我们对有形物的认识。反之,有形物则是行动的工具。符号、事物和行动可以通过统一的理念或思想在复杂环境中组织串联起来。但这并不意味着部分和整体之间只能是升阶关系,它们之间的关系可以有多种类型和定义方式[18]。根据设计师如何探索和组织经验,从混乱环境到符号和图像的统一,被视为降阶过程也很合理。事实上,**符号、事物、行为**和思想不仅相互关联,而且在当代设计思维中相互渗透和融合,对创新有着相当的影响力。这些领域揭示了设计的历史与今天的脉络,同时指引了设计未来的发展方向。

工业设计师主要关注有形物,这很容易理解。但设计文献中的研究表明,如果从符号、行动和思想的角度重新思考关于有形物的设计,工业设计师会发现新的探索途径。例如,有观点认为产品具有传达性,因此引发了对产品语义和修辞方面的反思。有些人则将有形物置于具体的体验和行动中,去考察它们如何在使用情境中发挥作用,以及如何促进或抑制活动的进展(当然,与产品的内部功能及其视觉形式表达相比,这已然是一个重大的转变)。最后还有一些人将有形物视为更大系统、循环和环境的一部分加以考量,由此一来便开辟了更广泛的问题探讨和解决路径,以应对新的议题和实际问题,以及重新激活旧有主题的辩论。这些问题包括保护和回收、替代技术、高仿真的模拟环境、"智能"产品、虚拟现实、人工生命,及其他设计相关的伦理、政治和法律等诸多维度的内容。

  在每个设计专业中,都有类似的明显趋势:最初的关注点集中在某一特定方面,但通过重新审视问题和改变观察角度,将原有选择重新定位(reposition)到新的框架中,往往会带来新的创意和解决方案。这种重新定位的例子比比皆是。例如,建筑学传统上一直关注作为大系统或大环境的建筑,但近20年来,一批建筑师积极探寻如何在符号、象征和视觉传达的背景下对建筑进行重新定位,于是便催生了后现代的实验和趋势,如矛盾修辞的代表——"解构主义建筑",往往就是尝试重新定位所带来的创新成果。它们体现了一种打破旧有范畴的愿望,类似于人们如今熟悉且已经接受的"建构主义艺术"和"行动绘画"。至于创新实验是否取得了富有成效的成果,其检验的标准是由个人和社会共同决定的[19]。有些实验如同初霜的枯叶,迅速凋零,最终被大众无情淡忘。目前来看,解构主义建筑的结果仍喜忧参半,但这种实验性探索还在继续,直到某个人或团体重新定位建筑领域的问题,并将广泛的注意力转移到新的议题上[20]。

  当前,一种明显不同于上述重新定位的方法正出现在平面设计和视觉传达设计中。19世纪末20世纪初,平面设计作为美术表现力的一种延伸,更多是图像制作设计师的个人表达,为商业或科学服务。后来在"传播理论"和符号学的影响下,平面设计师的角色逐步转变为信息诠释者。例如,平面设计师将企业或公众"信息"中的情感色彩融入图形设计中,或者用术语来讲,平面设计师对企业信息进行"编码"。因此,平面设计的产品也被视为有待观众"解码"的"事物"或"实体"(物化的文本)[21]。然而,最近平面设计思维中出现了一种新方法,开始质疑传统的传播理论和符号学的语言或语法方法,特别是其中将视觉传达视为论证工具的观点。接下来,其实践者可能会尝试在体验和传播的动态互动中重新定位平面设计,强调平面设计师、受众和传播内容三者之间的修辞关系。在这种情况下,设计师将不再仅仅是装饰信息的独立个体,而是作为沟通者,通过新的综合方式去统筹文字和图像,从而试图发现可信论点[22]。反过来,注意力转移到了受众身上,他们不再只是被动接受预设信息,而是成为达成结论的积极参与者。

设计领域中的这种宏观趋势转向方法,对个体设计师及其客户面临的具体问题同样有效。例如,一家大型零售连锁店的经理常常困惑于顾客难以在商店的标识导引下找到商品。传统的平面设计对此的解决方法是放大标识,但并没有实际帮助——实际上,符号越大,越容易被人们忽视。最后,一位设计顾问建议从顾客体验流程的角度来研究这个问题。通过观察购物者在店内的走动路线,设计顾问发现人们往往通过寻找最熟悉和最具代表性的某一类产品来辨别商场中的复杂分区。于是,设计师从改变陈列策略入手,将最容易识别的产品放在显眼位置。虽然这只是一个很小的例子,但它很好地体现了设计问题的双重重新定位:首先,从**符号到行为**,即设计顾问洞察到人们总是通过寻找熟悉的产品来规划自己的行动;然后,从**行为到符号**,即通过重新设计陈设策略,产品本身成为商场内部空间组织的标志或线索。

有很多涉及概念重新定位的设计案例,然而却很少有人意识到,这种系统性的创新模式正是21世纪设计思维背后的一个重要特征。这种模式并不依赖于一套固定的**类别**(categories),而是通过丰富多样且不断变化的**置入**(placements)方式来体现的,可以借助符号、事物、行为和思想等元素进行识别和描述。(译者补充:换言之,这种模式具有灵活性,能够随着不同情境和需求的变化而调整。)

要理解设计思维不仅仅是一系列创造性的偶然事件的说法,我们首先需要明确类别与置入之间的区别。类别在理论或哲学框架内具有固定的含义,并作为分析现有事物的基础。而置入本身包含了边界的概念,用于帮助塑造和约束意义,但并不是严格固化和确定的。置入的边界为思维提供了背景或方向,但在具体情境中应用时,会激发对该情境的新认识,从而产生新的有待检验的可能性。因此,在应对具体环境中的问题时,置入是新思想和可能性的源泉[23]。

作为一种有序或系统化探索可能性的方法,置入学说为理解许多设计师所谓的直觉或偶然性设计作品的属性提供了有效的途径。独立设计师往往拥有一套个人化的置入方法,经过经验的积累和检验不断调试[24]。设计师的创造性在于这样一种天生或后天培养的巧妙能力:能够回归到已有的置入情境,并将其应用到新的情境中,尤其擅长发现那些情境中最终会影响设计结果的关键细节。那么,被认为是设计师风格的东西,有时就不仅仅是对某些类型的视觉形式、材料或技术的个人偏好了,更是一种通过概念置入来看待各种可能性的个性化方式。然而,当设计师的概念置入演变成思维类别时,结果往往是对早期创作的僵化模仿,陷入使用过时想法或解决方案的陷阱,而非积极探索新的情境去发现独特的可能性。在这种情况下,设计师可能会将已有的构想强加于情境,而不再是基于情境的特殊性和新颖性来形成新的想法[25]。

对于实践中的设计师而言,置入是主要的,而类别则是次要的。对于设计历史、理论和批评的研究者来说,情况则恰恰相反,除非其旨在开辟新的探索方向。在这种时候,设计问题的重新定位,比如改变问题的主题、调整所采用的方法或修改探讨原则等,都是通过置入手段来实现的。然后,历史、理论或批评会被"重新设计",以适应研究者个人的需求,甚至是研究团队的需求[26]。当设计研究学科在设计历史、理论和批评中增加反思和哲学的维度时,可能会产生积极的影响。例如,历史学家可能会重新审视设计史的置入问题,即使这种定位的重新调整在整个20世纪已经反复进行,但他们仍然致力于发掘其他创新的可能性。我们对设计史现状的不满,也恰好表明了如果这门学科要保持活力并具有当代意义,就需要进行新的重新定位[27]。

如果要使置入学说成为设计研究和设计思维中的公认工具,它还

156　　　　　　　　　　　　　　　　　　　　　　　　　　　社会设计

需要进一步的发展。不过,置入学说可以作为一种处理概念空间和无量纲图像(non-dimensional images)的精确方法,进一步对客观环境中的各种实质性的可能性进行测试[28]。如今,设计师已经能够本能且自发地运用置入原则,相应地,对置入原则的透彻理解和运用,也是我们将设计视为博雅学科的重要原因之一。

其实所有人都应该掌握作为博雅学科的设计,这样才能在以符号、事物、行为和思想为基础的复杂框架中找到适宜的生活之道。一方面,这样的艺术可以使个人更直接地参与到这一框架中去,为其发展作出贡献;另一方面,专业设计师则堪称进行这一探索的高手。他们能够发现符号、事物、行为和思想之间的新关系,这也表明设计不仅是一门技术性专业,而且是一门新兴的博雅学科。

设计理论的抗解问题

最近举行的设计会议证明,人们为更清楚地理解设计是一门综合学科所做出的努力正在逐渐汇聚,尽管这些努力尚未形成系统性框架。参会者越来越多来自不同专业学科领域,不过,他们汇聚一堂并非出于对设计有共同的定义、方法论、哲学观念,或是对适用于"设计"一词的对象有所共识,而是因为他们共同对**"人造物的构思与规划"**这一主题抱有兴趣。关于设计的不同定义和设计方法论的不同规范,都是这一广泛主题的各种变体,每一个都是对其含义和意义发展可能性的具体探索。在这样的会议上,沟通与交流既是可能的也是必要的,因为研究和讨论的结果尽管在知识理论和实践运用中差别巨大,但总与设计相关,都是对设计领域的拓展和补充。当然,交流是否有意义则要依赖于参会者个人的洞察力,要擅长从他人的观点中发掘出有价值的部分,并将其融入自己的研究领域之中。

然而,科学界人士肯定会对专业设计师所处理的问题类型和他们所采用的推理模式感到困惑。虽然科学家们某种程度上认可设计思维作为一门新的博雅学科,但他们主要仍是物理、化学、生物学、数学或社会科学等领域的专家,精通各自专业的研究方法和细分领域[29]。这也正是科学家和设计师之间沟通存在障碍的核心问题之一,因为设计师要解决的问题很少完全局限于上述任何单一学科领域。

科学家和设计师之间的沟通矛盾在 1974 年纽约举行的一次设计理论的特别会议上集中爆发过一次[30]。这次会议有很多有趣的方面,其中最引人注目的是会议讨论的内容。浏览会议最开始的几篇论文可以发现[31],将"抗解问题"(wicked problems)方法应用于设计领域,成了会议讨论的核心焦点之一。尽管与会者来自不同背景和学科领域,且他们的设计应用看似不具可比性,但通过"抗解问题"方法,他们发现了彼此之间的联系和共通之处[32]。同时,会议还揭示了一个显著的问题:大多数与会者之间很难相互理解。这种现象反映了"抗解问题"在设计思维中的复杂性,尤其是在跨学科交流中。这来自作为一个局外人对会议动态的观察,但它却是设计思维中"抗解问题"的一个很好的例子。

抗解问题方法论由霍斯特·里特尔(Horst Rittel)在 20 世纪 60 年代提出,正值设计方法论同样备受关注之时[33]。作为乌尔姆设计学院(HfG)的前教师,同时又是一位数学家、设计师,里特尔一直在寻找一种能够替代线性、循序渐进设计过程模型的方法,尽管后者正是许多设计师和设计理论家当时孜孜不倦探索的目标[34]。线性模型有很多变体,但其支持者认为,设计过程可以分为两个截然不同的阶段:一是**问题的定义阶段**,二是**问题的解决阶段**。**问题定义**是一个**分析**的过程,设计师自己即可确定问题的所有元素,并规定成功的设计方案必须具备的所有要求。**问题解决**是一个**综合**的过程,各种要求被结合起来,并相互平衡,形成一个最终的设计方案并投入生产。

从抽象角度看,这种模型的吸引力可能在于其方法中所暗含的精确性,能够独立于设计师的个人视野。事实上,许多科学家和商业人士,包括一些设计师,都在不断发掘线性模型的优势,认为它代表了对设计过程进行"逻辑"理解的唯一希望。然而,一些批评者很快指出了线性模型的两个明显问题:一,设计思维和设计决策的实际顺序并非简单的线性过程;二,设计师所面对的问题,在实际操作中往往无法依靠任何已知的线性分析和综合来解决[35]。

里特尔认为,设计师所要解决的大多数问题都属于**抗解**问题[36]。里特尔在第一次发表的报告中指出,**抗解问题**是指"一类难以程式化的社会系统问题,在其中,信息繁杂混乱,客户和决策者存在难以调和的利益冲突,且(解决问题的)结果在整个系统中(的影响)难以预测。"[37]这种说法形象地描绘了设计师在新形势下会遭遇到的问题。最重要的是,它指出了设计实践背后的一个基本问题:设计思维中**"确定性"**(determinacy)和**"不确定性"**(indeterminacy)之间的关系。设计思维的线性模型基于具有明确条件的**确定的**问题,设计师的任务是精确定义这些条件,随之得出一个准确的解决方案。与此相反,**抗解问题**方法论认为,除了最微不足道的设计问题外,所有的设计问题都存在基本的**不确定性**——正如里特尔所言,只有先摒除这些问题中的"抗解性"(wickedness),才能形成确定性的,或者说可以被分析的设计问题。

要理解这意味着什么,关键在于认识到**"不确定"**(indeterrinacy)与**"未确定"**(undetermnined)是完全不同的两个概念。**不确定**意味着设计问题没有明确的条件或限制。例如里特尔于1972年提出的**抗解问题**的十个属性[38]。

    1. **抗解问题**没有明确的架构定义,但每一个针对抗解问题的定义都对应着某种解决方案。

    2. **抗解问题**没有固定的规则。

    3. **抗解问题**的解决方案不能以真假来判断,只能以好坏作区分。

4. 在解决**抗解问题**的过程中，没有详尽的可接受的操作清单。

5. 对于每一个**抗解问题**，总有不止一种可能的解释，解释取决于设计师的**世界观**[39]。

6. 每一个**抗解问题**都是另一个"更高级别"抗解问题的征兆[40]。

7. 对**抗解问题**的任何表述和解决方案都没有确切的检验标准。

8. 解决**抗解问题**的机会只有一次，没有试错的余地[41]。

9. 每一个**抗解问题**都是独一无二的。

10. **抗解问题**的解决者没有权利犯错——他们必须对自己的行为负全责。

这份列表确实令人印象深刻，我们很想进一步阐述每个属性的含义，并从设计思维各个领域中找到具体的例子予以说明。但这样做就会留下一个没有答案的基本问题：**为什么设计问题具有不确定性，就因此认为它们属于抗解问题？**无论是里特尔本人还是那些研究**抗解问题**的学者都没有试图回答这个问题。因此，**抗解问题**的方法仍然停留在对设计社会现实的描述上，而不能算作根基扎实的设计理论。

然而，该问题的症结在于忽视了一个重要因素：设计主题的特殊性。设计问题之所以具有"不确定性"以及"抗解性"，是因为在设计领域中，除了设计师所设想的主题，设计没有属于自己的特殊主题。设计的主题具有潜在的**普遍性**，因为设计思维可以应用于人类经验的任何领域。但在应用的过程中，设计师必须跳脱出具体环境中的问题和议题，去发现、去创造**特殊性**主题。科学学科与此形成了鲜明的对比，科学学科专注于理解的是现有主题中固有的原理、规律、规则或结构。这些主题的本质到底是"未确定"（undetermined）还是"待确定"

(underdetermined),还需要进一步的研究以使其完全确定。但是与设计相比,它们并非以"不确定"(indeterminate)作为根本属性[1][42]。

设计师在两个层面上设想他们的主题:一般和特殊。在**一般层面**上,设计师基于产品的特性和人造世界的特点,形成概念或假设,其结果往往取决于设计师的个人视角,比如对"人造"与"自然"关系的看法。从这个意义上说,设计师对设计本质及其适用范围持有一种广义的观点。事实上,大多数设计师在反思自身学科时,通常会乐于(甚至坚持)在一般层面上解读设计的主题。当这些解读得到充分发展和呈现时,它们会成为一种设计哲学或者是设计的原生哲学,存在于各种相异的甚至可能是对立的观点之中[43],各自为设计师理解和探索设计思维的实质、方法和原则提供基本框架。但这些哲学并不会也不能构成任何自然科学、社会科学或人文科学意义上的设计科学。原因很简单:设计本质上主要关注的是特殊性,**然而不存在任何一门专门研究特殊性的具体科学。**

在实际的实践中,设计师在面对特定情境时,应该从所谓的"**准主题**"(quasi-subject matter)开始,即那些还没有被明确界定或决定,只是一种模糊状态的问题或议题。从具体情境的特殊可能性中构思出一种能够导向**某种**特定产品或成果的设计方案。**准主题**并不是那种等待被确定的未确定(undetermined)问题,而是有待具体化和实质化的不确定(indeterminate)问题。例如,客户的需求概述并不能决定或反映出具体设计应用中主题对象的定义,只能呈现主要问题,以及在解决问题过程中需要考虑的一系列问题。在有些情况下,设计师的任务看似比较简单,设计任务书会对产品的具体特征进行非常详细的描述,这是因为客户、企业高管或经理已经尝试将问题和议题转化为对产品

---

[1] "未确定"是指,由于缺乏足够或明确的信息或数据,因此无法对问题作出准确判断,以得出一个确切的结论或答案;"待确定"是指,问题在现有条件下有多个可能的解释或解决方案,但尚未明确哪个是最佳或唯一的解决方案;而"不确定"则指,问题在本质上是模糊的或动态的,因此问题本身无法被精确确定或预测,因此可能永远无法得到一个完全确定的答案。——译者注

特定特征的工作假设。尽管有人试图通过详细规定产品的特定特征来消除问题的"抗解性",但实际上,这些特征的构想仍然只是一种可能性,并不是确定不变的。通过讨论和争论,特定特征可能会发生改变,因为设计过程中涉及了许多不同的利益相关者和意见,而且可能还需要根据实际情况进行调整和改进[44]。

这也正是"置入"作为设计思维工具的特殊意义所在。"置入"原则使设计师能够对眼前的问题和议题进行定位和重新定位,作为一种工具,让设计师凭借直觉或依据意图去塑造具体的设计情境,帮助识别所有参与者的观点和关注的问题,以及作为工作假设,应用于设计探索和开发创新。从这个意义上说,设计师对于"置入"方法的选取,与科学家对于研究主题的确定,具有异曲同工之妙。这些都属于与设计思维相关的**准主题**,借于此,设计师得以探索形成适合特定情况的工作假设。

这也解释了设计何以作为一门综合学科。通过"置入"原则,设计师能够发现或创造一个工作假设。这种假设帮助他们在艺术和科学领域间建立一种**关联原则**,并整合来自不同领域的知识。在具体情境下,设计师通过这些知识来指导设计思维,而不是简单地将设计归类为艺术或科学中的任何一门学科。实际上,最终形成的工作假设是设计实践的关键,设计师依赖这一假设,将所有可用知识关联起来,最终为产品赋形。

但是,设计师的工作假设或关联原则是否表明产品本身是确定性主题(determinate subject matter)呢?该问题的答案涉及一个至关重要却常常被模糊处理的问题:设计思维与生产制作活动两者之间有何区别?一旦产品被构思、计划并投入生产,它就确确实实成为各类学科——历史学、经济学、心理学、社会学或人类学——的研究对象。甚至可能成为一门有关生产/产品的新人文学科的研究内容,即"人工科学",旨在理解人类制造的产品的性质、形式和用途[45]。但在所有这些研究中,设计思维的活动往往容易被忽视,或者被简化为产品的最终生产过程。对于设计师来说,核心问题是构思和计划那些尚不存在的事物,而这种构思和计划是在**抗解问题**的不确定性背景下进行的,在最终结果尚未确定之前,这种不确定性始终存在。

当赫伯特·西蒙称设计是一门人工科学时,他所指向的正是这种创造性或发明性活动,即"为达到目标而设计人工物",或者更广泛地说,是一门"关于设计过程的学说"[46]。在这个意义上,西蒙的"人工科学"也许接近杜威所说的技术作为实验性思维的系统学科。然而,西蒙并未区分设计产品和制造产品之间的差异。从结果来看,西蒙所提出的设计的"搜索"(search)程序和决策协议在很大程度上是分析性的,这是他哲学中确定性思想的体现,即认为人工物遵循自然法则的确定性[47]。

尽管西蒙在对人工物与自然物的区分上具有洞察力,但他并没有抓住设计师探索人工物在人类经验中的本质的根本意义[48]。这是一种与不确定性有关的综合活动,而不是让未确定的自然法则通过人工物变得更为确定的过程。简而言之,西蒙似乎把两种关于人工物的科学混为一谈了:一是设计思维的创造性科学,除了设计师自己的构想,没有任何其他主题;另一种则是研究现存人工物的科学,西蒙恰好认为这些产品的本质体现了人类对自然造物和自然法则的操控[49]。

设计是一门相当灵活的学科,能随着完全不同的哲学观念与实践情况而变化。但设计的这种灵活性常导致人们对设计本质的误解。设计的历史不仅仅是物的历史,更是设计师观点不断演变的历史,以及这些观点通过具体的物得以表达的历史,包括其构思、计划和生产过程。**进而言之,设计史的历史是设计史家对设计主题认识的观念史。**

我们曾经花了很长时间才理清设计主题特殊的不确定性及其对设计思维本质的影响。因此,每门与设计有关的科学,都倾向于将设计视为自身知识、方法和原则的应用,认为设计是其研究课题的实例之一,是其主题科学原理的**实际演示**。因此,设计常常有此奇遇:要么被误解为"应用型"的自然科学或社会科学,要么是应用型的"美术"。难怪设计师在与这些领域的专家进行交流时常感到困难重重。

设计与技术

要确立设计作为技术文化博雅学科，仍有许多问题悬而未决。然而，当我们深入讨论个体设计师的工作，并反思其本质时[50]，就会发现设计正在逐渐恢复"技术"一词的更丰富含义，而这种含义随着工业革命的兴起几乎已经完全丧失。大多数人还是倾向于通过实际的**产品**来认识技术，而不是接受其作为一门**系统思维的学科**形式。他们认为技术就是物和机器，并相信机器会超出人类的控制，威胁甚至奴役人类，而不是解放人类。但在西方文化的早期，技术曾是贯穿于博雅学科中每项人类活动的核心[51]，每门博雅学科都有其独特的**技术**或系统规则。掌握了某种技术或思维规则，就掌握了该博雅学科，便意味着实现了更多的人性，在世界中找到了实现自由的一席之地。

设计同样具有**技术性**（technologia），体现在每一个新产品的计划中。计划也是一种论证（argumentation）的过程，反映了设计师的意图，以及他们以新的方式整合知识的努力，以适应特定的环境和需求。从这个意义上说，设计正逐渐发展成一种新的学科，专注于实践中的推理和论证，由设计师个体主导，涵盖了20世纪出现的一些主题和领域：例如**作为沟通、建构、战略规划或系统整合的设计**[52]。设计能够体现设计师的意图及其论证的力量在于，它能超越单一口头或符号化观点的局限性——文字与事物的分离、理论与实践的断裂，已成为当代文化中分裂和混乱的根源。针对设计思维的论证关键，便在于如何处理具体的符号、事物、行为和思想之间的相互作用与联系。每一个设计师的草图、蓝图、流程图、图形、三维模型，或其他产品方案都是这一论证的实例。

然而，不同设计专业之间存在着各自差异化的论证模式，这些论证模式之间常常不够协调，显得杂乱无章。例如，工业设计、工程设计和市场营销都推崇设计思维，但其论证却体现出截然不同的逻辑模式。

工业设计往往强调产品概念和计划的**可能性**,工程设计则倾向于考虑材料、机制、结构和系统的**必要性**[53],而市场营销则侧重于关注潜在用户不断变化的态度和偏好的**偶然性**。由于处理设计问题上的模式差异,这三个在设计思维中最为重要的领域在设计企业中往往视彼此为竞争对手而非合作伙伴[54]。

将设计视为博雅学科,能够为这样的局面提供新的认识,帮助我们理解论证如何贯穿于各个设计专业所采用的多种技术方法中,并成为这些方法的核心。不同模式的差异能够互补,共同对什么样的情境和形式能够传达出"有用的"人类经验进行表达。作为技术文化博雅学科,设计提供了一种重新审视产品外观的新方式:即产品外观必须承载对人类经验中人造物本质的深层次和综合性的论证。这一观点是三种理性思维的综合——设计师和制造商关于产品的巧思妙想,产品内在的功能逻辑,人类在日常生活中使用产品的欲望和能力——以体现个人和社会价值。设计的有效性便取决于设计师整合这三种理性思维的能力。但是,整合并不意味着将其视为独立要素简单叠加,就像是数学中的加法那样;抑或是作为独立课题先分别研究,再合并于产品开发的最后阶段。

作为博雅学科的设计思维也在试图插手"**不可能**"的问题。例如,工业设计、工程设计和市场营销之间僵化界限。它还表明,不可能仅凭借某一门科学(无论是自然科学、社会科学还是人文科学)来解决设计思维中固有的**抗解问题**。最后,它还提醒我们,所谓的"不可能"可能只是因为缺乏想象力,而想象力的缺乏实际上可以通过更好的设计思维来弥补。这种思维并非着眼于硬件技术的"快速修复",而是通过重新整合符号、物品、行为和环境,来回应不同环境中的人类需求和价值。

受过传统艺术和科学训练的人可能仍难以接受设计作为新式艺术的现实[55]。但是这种新博雅学科的大师们都是实干家,他们的思维方式正逐渐成为所有人日常生活的惯性。设计思维作为一种普遍的思维方式,正在改变我们的文化,不仅通过创造具体产品来实打实地影响我们的日常生活,更在更深层次上改变了我们思考问题、创造解决方案的方式。

ⓒ 1992 Richard Buchanan。之前发表于期刊《设计问题》(*Design Issues*),第8卷,第2期,1992年春季刊,第5—21页。

本文根据作者于1990年10月在法国贡比涅技术大学举办的第一届法国大学设计研究研讨会上宣讲的论文《设计研究研讨:动机、影响与相互作用》(*Collogue Fecherehes ser le Design：Incitations Implications, Interactions*)修改而成。

14. 好公民意识：设计作为一种社会和政治力量

凯瑟琳·麦考伊

KATHERINE MCCOY

这10年，我们目睹了美国陷入价值观危机。我们这个日益强调多元文化的社会，正在经历着共同价值观的崩溃——国家价值观、组织价值观、个人价值观，甚至是家庭价值观——正是这些代表共识的激励性价值观，为社群创造了共同的目标感。

问题是：一个异质的社会，如何能够在鼓励文化多样性和个人自由的同时，形成共同的价值观？设计师和设计教育既是这一问题的组成部分，也可能是其解决之道。我们不能再被动了。设计师必须成为好公民，参与到我们政府和社会的塑造中来。作为设计师，我们可以利用我们特有的才能和技能，激发他人的参与意识，鼓励他们共同投身于社会建设。

在美国过度庆祝共产主义的灭亡之前，我们必须意识到，美国的资本主义民主也已今非昔比。我们的停滞不前很大程度上源于价值观的崩溃。曾经的创业精神和乐观的职业道德，已经退化为个人的私利、自满、企业的贪婪，以及不同族群和经济阶层之间的对立和怨恨。美国传统的共同宗旨正在逐渐消失——通过社会体系所提供的机会，个人实现自我进步和发展的同时，参与到社会的创新和建设中。而如今，消费主义和物质主义似乎成了唯一的纽带。除此之外，极右翼或许在某些方面能凝聚更强的共鸣,但这种影响并非积极进步的,因为他们想把原教旨主义的规定性价值观强加给我们。

在里根-布什时代,我们被告知一切都很好,我们可以不必在意价格标签,自由消费。在这段时期,平面设计师和其他人一样,消极享乐于物质繁荣。现在,我们开始意识到,情况并非如此美好。地球正在遭受污染,资源日渐枯竭,美国已经从债权国变成了债务国。我们的自我陶醉和缺乏行动主义导致了社会的空白,而一些少数派正积极利用这一空白推动他们关注的单一议题。

在美国,公民自由同时受到右翼原教旨主义和左翼政治正确的双重威胁。近年来,我们目睹了国家艺术基金会对艺术自由的肢解,以及对公立学校教学的激进审查——从达尔文到海明威,再到安全性行为的讨论。保守党在国会继续推动着对互联网言论的限制。而作为专门从事视觉传播的平面设计师,如果我们不捍卫我们的表达自由,我们的传播内容可能会面临严重的压制。

但更令人不安的是我们这个领域内的自我审查。如果表达自由受到压制,又有多少平面设计师会感到失落?事实上,我们中的大多数人从未利用自己的专业能力探讨过公共议题或争议内容。即使言论自由被剥夺,一些平面设计师也可能不会意识到。我们培养的专业人士普遍认为,政治或社会问题要么与我们的工作无关,要么不适合讨论。

回想1968年,那是我工作的第一年,尤尼马克设计公司(Unimark International)是当时这个问题的典型代表。尤尼马克是一个较为理想主义的国际设计工作室,由马西莫・维涅利(Massimo Vignelli)和杰伊・多布林(Jay Doblin)担任副总裁,赫伯特・拜尔(Herbert Bayer)担任董事会成员,倡导理性、客观、专业的设计理念。平面设计师被视为客户信息的中立传达者。清晰和客观是我们的目标。在那一年,我的平面设计同事们,除了个别例外,对我们周围的社会和政治动荡几乎漠不关心。越战在持续升级,每晚的新闻都在报道伤亡人数;新左翼在芝加哥民主党全国代表大会前引发骚乱,马丁・路德・金和罗伯特・肯尼迪遭遇暗杀；底特律因骚乱而被烟雾缭绕，距离我们办公室仅一步之遥。然而，对于这些话题，我们几乎只字不提。公司鼓励我们穿上白色的实验室外套，似乎是为了确保外部环境的混乱不会污染我们在这无菌环境中的纯净超然。

这些白色的实验室外套成了那些无政治立场设计师的绝妙隐喻——他们推崇通用价值的神话，认为中立设计（free design）就像化学实验一样，科学上纯粹且客观，所有过程在无菌的实验室环境中进行，结果可精确预测。然而，劳伦斯（Lawrence）和奥本海默（Oppenheimer）以及其他千千万万的例子告诉我们，即使是化学家和物理学家，也不得不考虑其工作的社会或政治语境。

那段时间，我对社会理想主义愈发感兴趣：民权运动、反越和平运动、新左翼的反物质主义和社会实验，以及激进的女权主义。然而，要将这些新思想与我从事的设计及我热爱的视觉传达结合起来，却异常困难。或许，问题不在于设计本身的价值，而在于设计行业的价值。我唯一与这些思想产生关联的经历，可能就是设计并（给我惊恐的家人）寄出了一张反越南战争的女权主义圣诞卡，以及印有几何化的"瑞士风"女权主义符号的 T 恤。而与此同时，我们还在继续为企业和广告行业提供高度"专业"的设计方案。

"专业"一词的使用恰恰暴露了问题所在。我们经常会听到"像专业人士一样行事"或"我是专业人士，我能处理好"，所谓专业，就是无论身处何种境地，都要抛开个人感受，勇往直前。性工作者——作为所谓最古老职业的从业者——必须在这一最为私密的人类活动中，保持一种极端的冷静与客观，将个人反应压制到最低，为顾客提供稳定且无偏的服务。

这种冷静的专业理想将我们与道德和政治价值观隔离开来。想一想那些用来形容纪律严明且客观的专业人员——无论是科学家、医生还是律师——的词汇：公正、冷静、无私。在这个渴望同情、关怀、承诺和参与的动荡世界中，这些词反而带上了冷漠和疏离的负面意味。无私的态度或许适合那些中立的仲裁者,但对需要发声和行动的倡导者而言,却显得格格不入。事实上,大多数情况下,设计教育通常训练学生将自己视为在客户/传达者和受众/接收者之间的被动仲裁者,而不是信息内容或受众的积极倡导者。因此,真正的挑战在于:如何在不背离个人信念的前提下,仍然保持专业的客观性和一致性。

平面设计的专业化概念在很大程度上是由20世纪的现代主义所塑造的,总体来看,它推动了进步,因为它继承了包豪斯(Bauhaus)和瑞士设计的血脉。然而,现代主义伦理中的几个关键方面却常常促使设计师与他们的文化环境相疏离,包括现代主义的理想、形式、方法和神话,特别是通用形式、抽象化、自我参照主义、价值中立设计、理性与客观性等范式。

客观理性主义——特别是包豪斯所倡导的客观理性主义——曾是19世纪大规模生产、视觉传达和建筑领域中充斥的多愁善感与无端折中主义的一剂解药。与功能主义结合,客观分析成了解决问题的基础方法,旨在通过功能性的设计方案来提升日常生活的品质。近年来,这种态度扩展到了系统设计,对设计思维的提升做出了很多贡献。

与这种客观清晰的设计师理想相伴的,还有中立的通用形式理想。或许是出于对欧洲国家间频繁政治动荡,尤其是第一次世界大战的反应,早期的现代设计师希望借助国际主义的设计形式与态度,跨越国家、民族和阶级的障碍。此外,通用设计——一种适用于所有人的设计——也适合于20世纪初社会改革者所设想的产业工人的无产阶级大众社会。

但岁月流逝,国情不同,这些现代主义设计范式的应用带来了截然不同的结果。遗憾的是,客观性神话的广泛传播在很大程度上使设计师忽视了对人道主义关切的考虑。对那些标榜冷静和客观专业人士来说,强烈的个人信念往往被认为是不合时宜的。功能主义被狭隘地定义为可衡量的功利主义。很多时候,这往往意味着将客户对功能的定义——通常以利润为核心——置于其他关切之上,包括安全、环境、社会、文化、政治和生态影响。通用主义给我们带来了以西文 Helvetica 字体和网格系统为基础的同质化的企业风格，而忽略了地域性、独特性、个人化或文化特定风格的力量和潜力。所谓"价值中立设计"的理想其实是一种危险的误区，因为所有设计方案都带有或明或暗的偏见。更诚实的设计会公开承认它们的偏见，而不是用所谓的普遍"真理"和纯粹的保证来误导观众。

抽象化是现代主义对艺术和设计视觉语言的革命性贡献，进一步拉开了设计师和观众的参与距离。脱离了具体图像，自我参照的抽象化往往缺乏符号性，与周围世界的经验脱节，冷静而缺乏情感。在应用上，抽象化的表现往往是可预测的——礼貌、无害，也不太有意义，这为企业材料提供了一种安全的语汇。而图像，则蕴含着丰富的象征性编码意义，常常是模棱两可的，能够触发观众的各种情感。图像难以控制，有时甚至可能引发争议或危险——常常会导致观众无意中进行个人解读，但同样也富有诗意和力量，且具有潜在的雄辩效果。

现代主义议程推动了美国设计师、设计教育者和学生对政治的漠视。这种态度在一定程度上源于美国的实用主义传统，即在面对政治议题时倾向于回避过多的辩论和纷争。美国设计师的一贯做法是，采用欧洲理论，但剔除其政治内容。在现代主义的各个流派中，有很多是关注社会的，也有很多具有政治革命性质，但美国设计要么选择了那些政治内容最少的流派，要么剥离了流派中原有的政治理想主义理论。

最近，法国文学理论备受关注。但其中的马克思主义原始要素在美国却基本被忽视，这或许也没什么问题，因为美国的政治环境与欧洲有很大的不同，欧洲的政治辩证法未必适合我们。然而，我们不能假定政治理论对我们的工作不重要——所有设计师都需要一个适当的框架来评价和评估他们的工作在社会/伦理/政治环境中的影响。也许这个评估框架对每个人来说都是不同的，取决于个人价值观，这也反映了美国个人主义的强大传统。

设计师必须摆脱那种顺从、中立的行业仆人心态，尤其是在里根-

撒切尔-布什时代,这种心态尤为突出,并进一步主导了设计管理和战略设计。是的,我们确实是响应客户需求的问题解决者,但我们也必须考虑我们所面临的问题。是应该帮助销售烟酒,还是为一个只看西部牛仔故事的人设计一座总统纪念图书馆?社会真的能从塑料家居用品或快餐的战略计划中受益吗?答案可能比简单的"是"或"否"更复杂。但有一点是明确的:设计不是一个中立的、无价值的过程。设计的完整性取决于其目的或主题。如果输入是垃圾,输出也将是垃圾。设计的品质取决于其所传达内容的质量。

一个危险的假设是,内容无害的企业作品就没有政治偏见。绝大多数学生的设计项目都在处理企业的需求,会优先考虑社会的企业经济部门。我们将我们的时间、预算、技能和创意都投入到了商业领域中。相较于其他潜在关切,包括社会、教育、文化、精神和政治需求,我们明显倾向于支持经济利益。这本身就是在教育和实践中的一种政治表态。

战后的美国艺术同样也极大地忽视了社会问题。抽象表现主义和极简主义的自我参照已经基本脱离了外部条件。波普艺术对物质主义的拥抱多于批判。最近的后现代主义的反讽戏仿充满了虚伪,并没有提供任何解决方案来应对它们所解构的那些令人不安的范式。但近年来,艺术家们也开始重新关注并参与他们所处的社会和政治环境。最近出版的一本书《艺术的魅力重生》(The Reenchantment of Art)即倡导一种新的后现代主义——一条超越现代主义和解构主义的重建之路。作者苏西·加布利克(Suzi Gablik)希望通过一种以观众为中心、强调相互关系的新艺术,终结艺术家和美学与社会价值之间的疏离。

这种变化已有所显现。以问题为导向的艺术已经像野火一样在美术专业的研究生中迅速蔓延开来。在克兰布鲁克和其他一些设计项目中,美术专业的学生都在积极参与业界的平面设计讨论,渴望学习设计方法以更有效地触达他们的受众。时尚广告也开始偶尔涉足一些社会议题——也许人文内容有利于销售,例如埃斯普利特

(Esprit)、贝纳通(Benetton)、莫斯奇诺(Moschino)等品牌开始在他们的宣传中融入社会倡导，这也反映了他们的受众对这种信息的需求和接受度。然而，这是否意味着许多平面设计师已经准备好处理这些内容呢？事实上，平面设计是一个有力的工具，能够有效传达、宣传和推广社会、环境及政治信息，而不仅仅是商业信息。

如何让具有同情心和人道主义精神的设计真正影响实践？偶尔的公益项目作为摆脱日常业务的一种方式并不是这里的答案。客户或内容的选择才是真正的关键。理想的情况是，设计师能够从事一份有资金支持、同时也能服务于社会需求的工作。但不幸的是，在我们目前的经济体系中，服务于社会需求的好事业往往是最没有资源的。是否有可能围绕非商业客户形成一种实践，或者将社会需求引入商业项目中？具有同情心和人道主义精神的设计师必须为自己制定明确的伦理实践策略，成为杰斐逊式(Jeffersonian)参与性民主中一位见多识广、积极参与的公民，具备灵活和适应的能力，愿意将视觉传达工具应用于各种广泛的需求。

通过教育能让平面设计专业的学生理解设计作为一种社会和政治力量的可能性吗？政治意识是可以培养的吗？教育者能教授价值观吗？从简单的意义上来说，答案可能都是否定的。然而，教育领域中有一个成熟的领域——价值观澄清(values clarification)，能够为平面设计教育者提供诸多新的可能性。在设计教育中，我们常常会无视甚至抹去那些可能已经在设计实践中积累了长达十八年经验的人们的价值观，而不是培养他们如何带着这些价值观进行设计实践。

在教学中，这些问题必须从一开始就向设计学生提出，而不是等到学生的态度已经固化在所谓"中立性"之后再来讨论。问题的核心在于我们从第一次入门练习开始就被分配的项目内容。大多数的平面设计入门课程都是基于包豪斯和传统巴塞尔学派(Basel school)传承下来的抽象形式主义练习。分离问题就是从这里开始的。这些项目要么处理完全抽象的形式——比如点、线和面；要么将图像从具体语境中抽离出来。虽然图形转译的相关项目在训练敏锐的形式感方面非常有效，但遗憾的是，使用的是一种抽象化的分析过程，往往将图像从其编码的象征意义中剥离出来。（我不得不承认，在过去几年的作业中，我也曾犯过这样的毛病）。将设计形式与内容或语境分离，其实是在向学生传递一种被动的理念：图形形式是独立的，与主观价值甚至思想无关。因此，平面设计教育的第一个原则就是：所有的平面项目都必须有明确内容。

每项作业的内容类型才是关键所在。许多本科生的项目几乎只专注于市场上销售的商品和服务，除了追求商业成功，没有任何使命感，这实在令人遗憾。毫无疑问，所有学生都需要积累商业类项目的经验，但我们是否可以让项目的内容更加多元，涵盖商业以外的问题呢？对于学生设计师来说，文化、社会和政治主题是极佳的设计表达挑战。

在设计课程中，我们也可以要求学生开发涉及公共和个人的社会、政治和经济问题及时事的项目作业。要强调学生在内容开发方面的责任感，这有助于对抗被动的设计角色，避免不假思索地接受客户的指令。在实践中，我们知道许多设计师会频繁修改和完善客户的文案，许多平面设计师也因此成为优秀的作家和编辑，所以我们的工作与写作紧密相连。从更大的意义上来说，让学生自主开发内容和文案，有助于培养两种重要的设计态度。首先，这培养了学生独立开发个人内容和主题的能力，不依赖于客户的指令，而是通过表达个人关注来获取回报。其次，挑战性的开发主题也激发了设计学生识别自身关注点的能力。在选择课题或主题立场之前，学生必须经历一个价值观澄清的过程。同学们选择的主题范围广泛，让每个学生都有机会接触到更多的可能性。

以问题为导向的作业批评过程可以成为非常有效的价值澄清专题讨论。尤其是在小组点评中，鼓励所有学生参与，而不是传统权威主义式的以教师为主导、只有教师发言的评论模式。在评判一项传达设计作业的成功与否时，每个参与批评的人必须先关注其主题内容，并试图理解学生设计者所要陈述的意图。这就把批评的讨论范围扩展到了图形方法、形式和技巧这些常规的必要话题之外。宽容和客观是对每个评论参与者的要求,因为他们必须先接受并理解学生设计师的意图,然后再进行评价。

例如,在最近克兰布鲁克的平面设计评审会上,两位信奉基督教原教旨主义的学生展示了他们的宗教导向作品。这对于其他学生来说,既是一个挑战,也是关于宽容的一课,他们必须抛开个人的宗教(或非宗教)信仰,在一个公平的竞争环境中给这两位学生及其作品一个公正的评价。令人欣慰的是,大家都能够将精神和灵魂视为合法的讨论主题,这种开放的态度让人耳目一新。其实我们当今文化所面临的许多重要议题——包括地方和全球性环境问题、动物权利、无家可归的问题、女权主义和生殖选择——都应被如此对待。

这里的重点在于内容。作为设计教育者,我们针对项目进行设计,几乎可以类比于科学家设计实验室的实验。公式和变量共同推动结果的方向。项目作业和项目评估作为强有力的教学手段,不仅能传授明确的设计目标,还承载着关于设计和设计师角色的深刻隐性信息。

设计史也为理解形式和内容与社会政治背景的关系提供了丰富的资源。我们都知道,艺术和设计史上的作品经常在脱离其原生环境的情况下受到推崇(和模仿)。通过探索其文化/社会/政治历史,学生可以看到作品以及语境之间的相互依存关系,并将其类比到自己当下的时代。

我是否是在主张培养一代专注于政治活动的设计师,一种重生的60年代的心态?我想,我希望的是培养一批积极的公民——见识广博、关心社会的参与者,而他们恰好是平面设计师。我们不能在不经意的训练中使我们的学生忽视自己的信念,沦为被动的经济工具。相反,我们必须帮助他们阐明自己的个人价值观,并为他们提供工具,让他们能够判断何时应采取行动。我认为这是可以做到的。我们仍然需要客观性,但这种客观应包括识别何时可以表达个人观点、何时应将其搁置的能力。很多时候,我们的毕业生和他们的作品就像迷人的人体模型,成了客户信息的无声代言人。相反,我们应该鼓励设计师发出自己的声音,让他们能够更充分地参与到周围的世界中,并为之作出贡献。

© 1993 Katherine McCoy。本文最早于1993年9月4日在苏格兰格拉斯哥举行的"设计复兴国际会议"(Design Renaissance International Conference)上进行口头发表。论文首次发表于《公民设计师:论设计的责任》(*Citizen Designer*:*Perspectives on Design Responsibility*,New York:Allworth Press,2003),由史蒂芬·海勒(Steven Heller)和薇若妮卡·魏纳(Véronique Vienne)主编。经作者许可重新发布。

15. 女性主义观点（为社会设计）

奈杰尔·怀特利

NIGEL WHITELEY

对父权制社会的批评

随着当代女性主义继 20 世纪 60 年代末的激进政治和社会质疑后逐渐积攒势头，消费主义设计似乎不可避免地首当其冲成了女性主义批评的焦点。因为，如果说设计是社会的一种表现形式，而社会又是以父权制为基础的，那么设计就必然会反映男性的支配地位[1]。在 20 世纪 60 年代末和 70 年代初，出现了一系列普遍性的批评，如凯特·米利特（Kate Millett）的《性政治》（*Sexual Politics*，1969）、伊娃·费吉斯（Eva Figes）的《父权态度》（*Patriarchal Attitudes*，1970）和杰梅茵·格里尔（Germaine Greer）的《女太监》（*The Female Eunuch*，1970）。这些著作集中关注于女性特质的社会和政治构建，而随后的女性主义批评则更加强调消费主义设计的运作语境和意识形态。朱迪思·威廉森（Judith Williamson）在《解码广告》（*Decoding Advertisements*，1978）中指出，广告中对性别刻板印象的使用相对更容易成为攻击的对象，因为它是如此明目张胆；而家庭环境中各种形式的"女性工作"则是一个相对复杂的主题。例如安·奥克利（Ann Oakley）的《家庭主妇》(Housewife,1974)和埃伦·马洛斯(Ellen Malos)的《家务政治学》(The Politics of Housework,1980)等书,都揭示了围绕家务和女性角色的父权制假设。

进入80年代,女性主义的重要著作继续涌现,包括美国历史学家露丝·施瓦茨·考恩(Ruth Schwartz Cowan)的《给母亲更多的工作:家用技术的讽刺——从灶台到微波炉》(More Work for Mother: The Ironies of Household Technology from the Open Hearth to the Microwave,1983)和英国作家卡罗琳·戴维森(Caroline Davidson)的《女人事做不完:1650—1950年不列颠群岛家务劳动史》(A Woman's Work is Never Done: A History of Housework in the British Isles 1650—1950,1982)。这两部著作都将家务劳动与洗衣机、熨斗和微波炉等家庭技术产品发展之间的关系作为重点。此外,多洛雷斯·海登(Dolores Hayden)的《大家庭革命:美国住宅、街区和城市的女性主义设计史》(The Grand Domestic Revolution: A History of Feminist Designs for American Houses, Neighbourhoods and Cities,1981)以及莱昂诺尔·戴维多夫(Leonore Davidoff)和凯瑟琳·霍尔(Catherine Hall)的"公共和私人生活的架构"(The Architecture of Public and Private Life,1982)一文,也为女性主义辩论提供了重要资料。而玛丽恩·罗伯茨(Marion Roberts)的《生活在男人造的世界》(Living in a Man-Made World,1991)则为早期作品增添了宝贵的英国视角。

在这些研究如火如荼开展的同时,女性主义设计史也积极致力于纠正父权制历史观带来的偏见。伊莎贝尔·安斯科姆(Isabelle Anscombe)的《女人的触觉:从1860年到今天的女性设计》(A Woman's Touch: Women in Design from 1860 to the Present Day,1984)曾招致许多女性主义设计史学者的批评,因为它没有质疑设计实践和历史中潜在的男性价值观和假设。同样,利兹·麦奎斯顿(Liz McQuiston)的《设计中的女人——当代观点》(Women in Design——A Contemporary View,1988)也面临类似的批评,因为该书仅介绍了一些女性设计师,而没有质疑女性与设计及设计职业之间关系的基础。在各种以女性参与设计为主题的会议和讨论小组的影响下,由朱迪·阿特菲尔德(Judy Attfield)和帕特·柯卡姆(Pat Kirkham)主编的《从内部看:女性主义、女人与设计》(A View from the Interior: Feminism, Women and Design,1989)在近期出版,书中汇集了一系列文章,试图探讨与女性主义设计和历史相关的问题。

20世纪80年代,专门的女性主义建筑和设计团体也逐渐发展起来。1978年,伦敦成立了"女性主义设计集体"(The Feminist Design Collective),旨在通过讨论和实践来推动女性主义建筑方法的发展。1980年,该团体更名为"矩阵体"(Matrix collective),继续为女性社群提供咨询、信息和设计服务。该团体于1984年出版了《创造空间:女人与男人造的环境》(Making Space: Women and the Man-Made Environment)。在大伦敦议会(Greater London Council)的资助下,该集体长期致力于为女性提供免费的咨询建议,同时,大伦敦议会下属的妇女委员会(Women's Committee)也协助处理了一系列直接影响女性在建筑环境中的问题。"女性设计服务"(Women's Design Service,简称WDS)是一个关于女性与建筑环境的信息和资源中心,其出版的网络杂志《WEB》,副标题即为"女性与建成环境",涉及住房、休闲、儿童游戏空间和托儿所设施等议题。"女性环境网络"(Women's Environmental Network,简称WEN)是一个关注压力和运动的团体,成立于1988年,旨在"向普通妇女提供有关特定环境问题的清晰信息,如消费品、怀孕和辐射、日常食品和购物、交通系统和发展计划"。

尽管女性主义对设计的批判十分重要,在过去的10年里也出版了大量关于女性主义各个方面的著作,但令人沮丧的是,专门讨论女性主义设计的文章却凤毛麟角。一些对女性主义与设计理解作出重要贡献的论文,比如菲尔·哥德尔(Phil Goodall)的《设计与性别》(Design and Gender,1983),都被埋没在一些小众且晦涩的期刊中,如《Block》。"女性主义艺术新闻"(Feminist Arts News,简称FAN)曾在1985年专门为设计出了一期特刊，但同样，发行量也很小。有人或许会认为，女性主义在设计领域的资料相对较少反而是件好事，因为女性主义不应仅仅局限于某些特定的、独立的领域（如"设计"）；如果试图这样做，就无异于陷入了一种男性主导的学术传统，即通过专业化和分割来处理问题。这种传统倾向于将知识分解成不同的领域，而女性主义作为一种思想体系，应该是包罗万象的、整体性的，所以我们本来就不能在设计这一个具体领域中孤立讨论女性主义。

然而，这种看法并不充分，反驳意见显得更有说服力：设计应该被直接讨论，正如FAN设计特刊的编辑们所指出的那样：

"……在我们的生活中，设计无处不在。我们坐在设计的产品上，生活在设计的空间里，通过设计的物品吃饭、工作、阅读、观看、穿戴。作为专业知识的一个分支，设计工作涉及环境、物和图像。这也是我们大多数人都在参与的日常活动。设计不仅具有经济价值，还产生着社会影响。商品的形成过程对物质文化至关重要，因此我们需要将设计作为一个独立的领域来理解。尤其是对女人而言，因为我们在很大程度上并未参与到这个物质世界的创造（尽管我们对此有所默许），我们的角色更多是回应和消费，而不是主动创造和生产。"[2]

此外，设计还会告诉我们关于我们所生活的社会的情况。用设计史学家谢丽尔·巴克利（Cheryl Buckley）的话来说就是，设计值得被研究，因为设计"是一个表征的过程，代表了政治、经济和文化的权力和价值……作为文化产品的设计，其编码的含义会被生产者、广告商和消费者根据他们自己的文化规范进行解码"[3]。在巴克利看来，关于女性主义与设计的工作并非没有开展，只是"似乎很少被发表"[4]。

走进任何一家书店，你都会发现关于设计的书籍几乎无一例外地聚焦于"明星"设计师（通常是男性）、历史上的设计运动（无时无刻不彰显着其传统父权制方法中的男性偏见），或是由男性主导的专业组织和活动。即使是传统上与女人相关的时装设计,也是如此,尽管女性设计师在这方面的实践显然比在工业产品设计中更为活跃。在一些女性主义时尚书籍出版之前,如伊丽莎白·威尔逊(Elizabeth Wilson)的《梦想的装饰:时尚与现代性》(Adorned in Dreams: Fashion and Modernity,1985),时尚书籍通常宣扬和推崇女性服装的本质是**"女性化"**(Femininity),即注重装饰上的琐碎审美,而非简单体现**"女性"**(femaleness)的生理特征和生物性别。

巴克利对设计史学家的建议同样适用于那些撰写当代设计的人:"历史学家需要关注的主要议题之一……就是父权制及其价值体系"[5]。这种情况导致某些设计活动或类型被归类为较低级或不受重视的。首先,在女性设计的语境中,"女性化""精致"和"装饰"等术语的意识形态本质和含义需要被理解和挑战。其次,设计史学家必须认识到性别劳动分工的父权偏见,即基于生物性别的刻板印象,将女性与某些被视为'女性化'的技能相联系。巴克利还强调,设计史学家必须承认女性及其设计在设计史上发挥着"关键的结构性作用,因为她们的设计和作品为男性主导的设计历史提供了对比,填补了男性设计带来的空白"。最后,历史学家应该意识到赋予交换价值高于使用价值的价值体系本身存在的问题,因为在一个非常简单的层面上,正如伊丽莎白·伯德(Elizabeth Bird)所指出的,"女人生产的物品往往在使用中被消耗掉了,而不是作为交换价值的储备被保留下来——壶会被打破,纺织品会被磨损"[6]。如果我们从女性主义的角度来审视消费主义设计,其功能表现上的不足以及某些隐含的价值和意义都将会变得更加明显。

性别刻板印象

女性主义者对市场主导的设计的两个主要批评是:一是以性别歧视的方式形成对女人的刻板印象,二是忽视女人作为最终用户。这两种批评是相互关联的,因为两者都是父权社会的产物。在这样的社会中,女人被赋予的地位通常低于男人。

如前所述,性别的刻板观念在广告中总是最明显的。女人常被描绘成母亲、清洁工、厨师或美丽的附属品,扮演着服务和/或奴仆的角色。她们代表着通常意义上的照顾者或尽职尽责的仆人,维持家庭秩序,以便其他人(男人和孩子)能够继续生活;她们是维持生计的人,是基本需求的提供者;或者作为强调男人的地位、权力或吸引力的性对象。广告中的女人表现得好像最新的洗衣粉、地板清洁剂或除臭剂是她们在生活中所面临问题的终极解决方案。广告不仅为这些产品赋予了**意义**,强调其必需性,还暗示了其成功程度:"广告为产品创造了理想的用途和理想的用户。"[7]如果某个产品并不能直接带来愉悦感,广告则会通过女性的性感和青睐来隐含地传达,比如男性的汽车或须后水的广告。一个产品的意义是由其社会、文化和政治背景所决定的,而广告商对此心知肚明:广告是一种通过联想或唤起情感来创造或增强产品意义的尝试。这种方式使产品因其"附加值"而更受欢迎。

把设计看作是一种单纯的解决问题的活动,始终是一种局限的观点。人们购买产品并不仅仅是为了其基本功能或使用价值,特别是在消费主义社会中。购买产品的动机还包括确认地位、提升声望,以及在一般意义上满足个人的渴望(即使只是暂时的)。也许有人会说,许多产品——比如洗衣粉——本质上并没有被赋予特定的形象。确实如此,但是,在消费主义社会中,产品的功能和形象,或其使用价值和交换价值,往往是相互交织、难以分离的。除非你想方设法地让自己远离媒体和广告,否则当你购买一个产品时,你就是在消费产品及其意义的整体组合。广告商和营销人员总是希望**他们**能够将产品的意义固定下来,以便在市场上产生最大效益,就像可口可乐作为一种生活方式的象征一样。当然,这一切对观众来说可能是显而易见的,但有必要说明的是,对产品意义的分析不能只考虑其特定的形式和装饰。虽然在形式主义评论家的设想里,我们能够带着一种与抽象形式相协调的无私审美观走进艺术画廊,但大多数当代文化评论家都会对此表示否定,既然艺术欣赏都不可能脱离语境,就更别提市场中的购买行为了。我们在对任何消费产品进行分析时,都会受到塑造我们感知和理解的外部社会和文化因素的影响。

洗衣粉可能并没有内在的刻板印象——甚至其包装和图案也可能是不分性别的,但许多产品就像印着标语的T恤一样,明目张胆地塑造性别刻板印象。任何一家拥有系列产品线的商店,几乎无一例外都会提供"女性化"版本的产品。印有精致花朵或可爱动物图案的杯子,以及带有浪漫自然风情的砂锅和汤锅,其目标用户都是传统意义上的"女性"。与烹饪或厨房——"女人的领地"——相关的产品,通常都会被这样直白地处理。当涉及科技产品时,情况就更复杂了。如果产品位于厨房,比如烤面包机,它很可能会被赋予同样的"女性化"造型,特别是在厨房配件越来越讲求样式搭配的今天。

个人技术产品会利用外观和颜色来体现女性特征或性别"差异"。以女用电动剃刀为例,这类产品的开发相对较新,而男用剃刀几乎总是呈现出明显的"男性化"特征:常见的亚光黑色或银色,时常有跑车般的红色高光线,整体厚重,有一种"粗犷"的质感,据称是为了增强操控感。除了使用位置和体毛粗细差异外,脱毛本质上是一种常见的活动,电动剃刀可以成为一款男女皆宜的产品虽然男用剃刀通常功率更大,但也不会刮伤女性的皮肤。而且在设计上,身体部位的人体工学差异几乎可以忽略(有些女用剃刀与男用剃刀在人体工程学上完全相同)。然而,大多数女用剃刀往往会通过颜色(用白色代表纯洁或卫生,彩色代表时尚)和造型(少了些单调,多了些弧度,更"优雅")来展现明显的性别差异。由此,男用剃刀象征着技术与力量(即男性气质),而女用剃刀则传达卫生、美丽和时尚(即女性气质)。毋庸置疑,男用剃刀成为规范,而女用剃刀则在偏离这一规范的同时,强化了女人的"独特性"。除了单纯的产品造型,女用剃刀的概念还引发了关于脱毛的女性主义问题。社会灌输女性需去除可见体毛,因为这直接关系到身体的生理过程。只有去除后,她们才能更符合女孩时期的理想"女性"形象——拥有光滑、柔软的皮肤。对许多女性主义者来说,这种耗时且毫无意义的反动行为加重了女人的劳动负担。虽然制造商可能会辩解说,他们只是在回应消费者的需求,但他们忽略了一个事实,即这些"需求"是被社会构建的。女用剃刀的兴起,不仅是市场和经济上的胜利,更反映了消费主义设计的反女性主义倾向:维护性别的刻板印象,加剧了社会对女性的压力。

关于女用剃刀设计的讨论表明,把女性气质简单地归为花朵和毛茸茸的动物形象是不够的。如今的营销理论更注重消费者的社会心理分类,而非单纯依赖工作类型和收入情况。"主流人群"可能是指那些热衷于浪漫小说、对"名牌"表现出高度忠诚且会被花朵等符合主流印象的"女性化"形象所吸引的人。与此同时,还有一些人则会表现出不同的"女性化"品位。例如,"上进者"可能追求时尚和社会声望,因此,就剃刀而言,她们可能会购买类似博朗(Braun)那种形式简约、设计纯粹的产品,这种设计虽然不那么明显"女性化",但仍然蕴含着强烈的性别特征;而"革新者"则是最有可能拒绝以市场为主导的设计及其刻板印象的群体,然而即使是"革新者",也仍然是消费者,并且和"绿色消费者"一样,很难完全拒绝消费主义的体系。

服装中的性别刻板印象是女性主义设计批判中研究最充分、记录最翔实的领域。服装可能是赋予性别建构和女性气质以形式的最明显手段。符合女性气质的服装往往是"漂亮""精致""装饰性"或"性感"的,它们是为了满足(男性)观众的需求而设计的,而非考虑(女性)穿着者的舒适。例如,劳拉·阿什利(Laura Ashley)服装一直倡导女性气质,尽管对女性气质的看法在整个20世纪80年代略有变化,从乡村的简朴形象到"浪漫低调的女性气质"图案与"最精致的蕾丝和花朵的混合",再到"爱德华时代风格"的正式舞会礼服,这些服装都"展现了礼节、优雅,它们迷人,性感,且体面……适合于最时尚的鸡尾酒派对、最高级的餐厅,或是私密的二人晚餐约会。"

服装不仅在视觉上展现女性气质,同时在身体层面上强化女性特征:许多服装的设计不仅追求外观女性化,还旨在凸显女性特有的身体动作和语言特征。精致的服装往往限制活动,若女性在活动中不够谨慎,或者不够端庄,就可能会感到不适,甚至有暴露的风险。鞋子往往不符合人体工程学,也不舒适,甚至可能影响人体自然的平衡和步态。时装中的鞋子通常不够结实,即使只是久站,也容易磨损变形。一般来说,女性时装通常束缚和限制运动,而男性时装则有利于运动和活动。女性往往被描绘为文静且沉稳,而男性则是喧闹而活跃的。时尚常常象征着一系列与女性气质相关的荒诞表现。不过,一些女性主义作家认为,拒绝时尚、推崇仅仅为了实用而设计的功能性服装(即便这种功能由女性而非男性决定,也意味着对女性需求和社会角色的重新定义),这实际上是一种清教徒式地对创造性表达的压制。从现实观察来看,男性如今也不再羞于承认自己参与时尚;另外更重要的是,"女性"时尚的崛起不再仅限于符合传统女性模式的服装——比如那些舒适但不太优雅的鞋子和不限制身体活动的衣服。

毫不意外,性别刻板印象也渗透到了童装领域。事实上,在这个领域,尽管儿童的身体差异远小于成人,但性别定型是最明显的。最近,一个有趣的例子来自一家面向"上进者"的开明公司。他们的产品目录封面展示了一种"新男人"形象——一个关心和爱护自己孩子的父亲。虽然封面图可能打破了与童装目录相关的陈旧观念,但其内页却显示出这种变化只是表面上的。女孩们穿着精致装饰的衣服,被动而腼腆,与穿着日常服装或运动装,奔跑、跳跃、扮演探险家——甚至在一个案例中还扮演了机械师,额头上满是油污——的男孩形象形成了鲜明对比。

玩具,是成人世界及其刻板观念的一个粗暴而直白的缩影。女孩的玩具通常旨在培养耐心(刺绣套件)、美容技能("小马宝莉")和护理知识(护士服),她们就安安静静地坐在那玩就好了,很少需要身体活动;而男孩的玩具则以战争和动作为主题,鼓励身体活动和制造噪声。男孩玩具所涉及的活动暗示了一个可扩展的空间,而女孩的玩具则被限制在一个封闭空间里:"机动人"(及其现代版本)乘坐直升机和太空船飞行;"芭比"(和她的朋友们)则把自己一尘不染的家收拾得井井有条,等待着肯的归来。她的扩展空间不过是闪耀的舞会场地,不是在肯身边,就是在梦中与他相遇。

生产这些市场主导的定型化设计的公司无疑会辩解说,它们提供的是公众所需要的东西,这种需求为以消费者和市场为主导的设计提供了意义和验证。这可能是真的,而且可以说,许多此类公司的盈利能力也确实证明了这一点。如果公众要求非定型化的设计,这些公司也会很乐意提供这种设计。然而,鉴于社会的父权制本质,公众也不太可能提出这样的要求,因此,可以说,以市场为主导的设计在维持社会和文化上的保守现状方面发挥了重要作用。

女性作为使用者

女性主义者对以市场为主导的设计的第二个批评是,许多产品对于女性用户来说是设计不良的。某些产品设计得极其糟糕,甚至可能导致用户长期健康问题。女性主义建筑设计师罗西·马丁(Rosy Martin)指出,护士们"饱受背痛之苦——这是她们离开这个行业的主要原因,那么,关于高效患者升降机的研究又在哪里呢?"[8] 在"劳动流程的组织与控制"会议上的一篇论文中,作者玛格丽特·布鲁斯(Margaret Bruce)毫不意外地抱怨道:

"电熨斗使用起来并不舒适,而且很重,长时间使用会很容易感到疲劳;搭架子和补车的工具往往也很重,设计上迎合的是'大男子主义'思维;食物搅拌机很笨重,清洁起来很不方便,而且常常把工作台弄得乱七八糟;冰箱门和密封条往往在电器实际使用寿命结束之前就已经损坏了。"[9]

正如布鲁斯继续论证的那样,原因是,绝大多数产品要么是**由男性**

(生产者)为女性(消费者)设计的,要么是男性为自身设计的。如果长期且频繁使用,可能会对女性的心理和生理造成伤害。"女人不愿意使用钻头等电动工具,很可能是因为它们过于笨重、不便操作。"菲尔·哥德尔指出:

> "(我们)倾向于认为,如果我们不能正确地使用它们,是我们自身的能力不足,而非产品设计未能贴合我们的身体需求……许多常见机械并不是基于科学的人体工学差异研究而设计的,而是源自工业背景或经验之谈,更多反映了男性的使用习惯。男性倾向于让我们维持这种无能的认知,而非分享他们的使用技巧,以此凸显他们的能力。"[10]

正是由于这种经历,许多女孩在童年和学校阶段便对机械、设备和技术产生了消极情绪,而这种情绪随后又被消费主义和父权社会的广告与设计所加剧。辛西亚·科伯恩(Cynthia Cockburn)在一篇探讨技术流程和机械生产的文章中,对男性设计师的偏见是有意识的还是"有计划的"提出了质疑:

> 这不一定是阴谋,也许只是既有权力结构下的一种自然结果。问题复杂之处在于,女性的体力和体型各异,她们的偏好也千差万别。有些人可能相对更加自信、能力、出众。解决之道在于,可以通过重新设计或调整机械,以适应体型较小或力量较弱的使用者,以确保"普通"女性也能轻松驾驭。[11]

科伯恩对于机械和工业技术的普遍看法,与布鲁斯对家用技术所抱有的不满不谋而合。男性在设计过程中对女性用户的不敏感,主要表现在两个方面:第一,无视女性的身体特征;第二,错误地预设女性对先进技术的感知和接纳与男性一样"自在"——有些女性确实如此,但大多数女性会在消极的社会化过程中变得越来越不自信。

科伯恩认为,这样做的结果是,"男性对肌肉、力量、工具和机械的掌握,无形中强化了女人的从属地位,成了构建女性身份过程的一部分"[12]。比如，几乎总是男人在控制电视遥控器（通过技术获得权力），率先学会操作录像机（通过技术获得控制力），这些并非无关紧要的事实。男性对技术的熟悉度，在一定程度上解释了他们在录像机使用上的相对专业性，但有趣的是，女性却能够掌握（master）缝纫机（通常让男性感到高深莫测）——这么来看，"mistress"这个词多么可笑①。这表明，机器操作的专业性不是绝对的，而是带有性别色彩的（缝纫机="烦琐"=女性专属或"女人的活儿"）。此外，这个例子也暗示着，男人还有时间去学习录像机的操作，而女人却只能忙于做饭、洗衣服或哄孩子睡觉。录像机的例子还引发了关于产品设计如何影响女性生活空间与自由度的深刻思考：录像机的普及，更是将娱乐与休闲活动进一步推向家庭内部，无形中"囚禁"了更多女人。

女性作为提供者

因此，一个产品的含义和意义总是与其所处的社会背景紧密相连，这在设计领域尤为显著，尤其是那些标榜"省力"的家用电器设计。自从以减少家庭主妇工作量为卖点的设备和产品出现，主妇们投入家务和家庭琐事上的时间非但没有减少，反而有所增加，这已成为一个广为人知的观点[13]。若将这一现象置于历史长河中考察，其成因便不难理解。两次世界大战期间，"无佣家庭"在中产阶级圈子中蔚然成风；然而，战后的消费主义时代却让人始料未及，虽然"省力"是家电营销中几乎一边倒的宣传语，然而事实上，家庭主妇的周工作时间从 1950 年的 70 小时攀升至 20 年后的 77 小时[14]。安·奥克利在她的研究中得出的结论是："随着家用电器的日益普及，以及女人外出机会的增加，家务劳动所花费的时间却并未呈现下降趋势。"[15]也没有任何证据表明这一趋

---

① "mistress"作为"master"的女性对应词，即"有支配能力或权力的女性"，但自从 17 世纪开始，这个词的含义就变成了"和已婚男性保持长期性关系的女性"。

势在过去 20 年中发生了逆转。

这种增加在一定程度上与社会对女性的期望有关:"女人的工作"的**质量**要求提高了。露丝·施瓦茨·考恩生动地描绘了家务劳动的这一转变:从例行公事到

> "……完全不同的东西——情感的'旅行'。洗衣服不仅仅是洗衣服,而且是一种爱的表达,真正爱家人的主妇会保护他们免疫灰头土脸的尴尬。给家人备餐不只是备餐,更是主妇展现艺术倾向的和鼓励家庭忠诚与亲情的方式。给宝宝换尿布不只是换尿布,而且是建立宝宝安全感和对母亲爱的时刻。打扫浴室的水池不仅仅是打扫卫生,更是在锻炼母性本能,为家庭主妇提供了一种保护家人免受疾病侵害的方法。"[16]

在消费主义的营销和广告的推动下,家务劳动对家庭主妇来说,被赋予了深刻的社会心理意义。

特别是随着社会流动性增强和消费主义价值观的转变,人们对饮食的期望也发生了改变。从 20 世纪 60 年代开始,出国度假变得更加普遍;各国风味的特色美食餐馆如雨后春笋般涌现,比如素食馆的兴起,极大地丰富了人们的餐桌选择;杂志及其彩色增刊更是不遗余力地推介那些令人垂涎欲滴但耗时烦琐的美食建议,以摆脱"一荤两素"的单调乏味。因此,家庭主妇不仅要接触新的烹饪术语和技巧,还需要一系列新的设备来研磨、切碎、搅拌和粉碎。搅拌机成了厨房里的"必备"电器,因为它能快速完成复杂功能,但同时也带来了烦琐而困难的清洁需求。正如古道尔所洞察的那样:"使用搅拌机为 200 人制作煎蛋饼确实省时省力。但对一个四口之家而言,恐怕准备和使用机器的时间就已耗费不少。"[17]

微波炉是另一种实际上可能反而增加工作量的产品,虽然它原本旨在提升生活便利性、减少烹饪时间。微波炉的卖点是"灵活性",即允许家庭成员在不同时间享用不同餐食。如果劳动分散在整个家庭中,

家庭主妇的工作量或许能有所减轻；但若仍需她统筹安排全家的餐饮，那么微波炉的使用反而会让她的时间被更加细碎地分割。微波炉的灵活性优势是对消费者（家庭）而言的，但代价却是牺牲生产者（主妇）的时间。女性主义对此类省力设备的批判通常并非意味着要完全放弃使用这些设备。按朱迪·阿特菲尔德的话说，"讨论生产家用电器的男性技术并没有真正把女性从家庭中解放出来是一回事，但因此就扔掉我们的自动洗衣机，则是另一回事"[18]。技术无疑改善了生活质量，但其影响和意义却绝非中性，尤其是在消费主义盛行、父权制社会性别角色根深蒂固的背景下。

风格与性别

女性主义者对消费主义设计的两个主要批评——性别刻板定型以及对女性用户而言的设计不良——往往是相互交织的。许多消费主义商品——特别是技术产品——的视觉外观往往加剧了性别差异，通过复杂的外观，使女性用户觉得这些设备使用起来更加困难。这样的感觉使得许多女性在面对这些设备时感到疏远，从而不愿意尝试或使用它们，最终限制了她们作为潜在用户的参与。就像我的同事所言：

> "许多产品我都觉得很陌生，**看上去**我就不会用。汽车、音响和录像设备看起来就是为男性顾客设计的：闪亮、黑色、硬朗、机械感、技术性。女人也使用机器，但它们的外观通常不那么咄咄逼人，例如吸尘器、炊具、缝纫机，以及一些男女通用的打字机。男人使用的机器被视为'技术'，而女人的机器则不然。"[19]

然而，存在一种危险，尽管男性消费主义技术显得神秘且先进，但女性消费主义技术可能只是以另一种同样的方式进行包装。有时候，男性设计的产品符合人体工程学，说明它们是按照人体工程学来设计的；而女性消费主义设计看起来不太符合人体工程学，是因为它更注重

"女性化",而且做工较差。我的同事解释道:

> "男人的工具——比如DIY工具箱——往往更受重视,设计得很结实;而女人的工具则不然。吸尘器、扫帚和簸箕都是塑料制成的、脆弱、颜色鲜艳,强调所谓的'品位',尽管事实上女人使用这些工具的频率比男人使用电钻或割草机的频率高得多。这些产品并不是按照同样的标准制造的。"

在过去的几年里,人们对明显的男性化风格,甚至符合人体工程学的外观,表现出了一定程度的反感,转而更倾向于各种所谓的"感性"(sensorial)[20]或"软"(soft)[21]设计,强调感官品质的重要性。但是,对于那些可能被认为是更加女性化的技术态度的到来,我们必须谨慎对待。罗西·马丁指出:

> "从强调'硬'技术形式——硬邦邦的黑盒子——转向考虑感性、舒适和主观性是值得欢迎的,因为这意味着对人们心理和感官需求的更深刻理解。但另一方面,这也凸显了将这种欲望和愉悦作为商品营销策略的风险,这种在产品设计中添加'女性'元素的**做法,并不等同于女性主义**。"[22]

换句话说,"软"风格可能只是另一种肤浅的消费主义审美,忽视了所有基本的女性主义问题——它可能只是设计师为了迎合消费者而设计的女性化。"软"风格可能确实采用了一种更具包容性的人体工程学方法,考虑到了心理和社会心理因素。然而,马丁所提到的感知需求或欲望的商品化,也就是市场主导的设计核心,可能仍然没有受到足够的质疑和挑战。

玛格丽特·布鲁斯举了一个关于功能、形式和性别的有趣例子。她考察了工业设计专业的男学生和女学生针对相同设计要求所设计的一系列熨斗原型,发现"女学生的原型会考虑到那些繁琐的细节——熨烫袖子、褶皱、褶裥,使熨斗的圆顶可以到达其他熨斗到不了的地方"[23]。她的结论是,"男设计师更关注'风格',而女设计师更关注'用户需求',即熨烫袖子等细节问题以及设计一个紧凑型熨斗"[24]。这种特定差异的进一步分析及其验证过程并不重要,重要的是布鲁斯所推出的一般性观点:学生们在设计中采取了不同的方法和视角,这种差异可以追溯到他们在父权社会中"成功"接受的不同性别角色的社会化过程。

用"隐性知识"进行设计

女性工业设计师的匮乏,往往导致女性的"隐性知识"没有得到充分利用。设计方法论的研究人员承认,"隐性知识"是设计师技能和定性决策过程的重要组成部分,主要包括"命题之知"(knowing what)和"能力之知"(knowing how)的区别:前者是指明确的做事规范,后者则是隐性和内化的知识。"隐性知识"是那些"我们知道但说不出来"的知识,本质上是非语言的,源自经验,通常为在完成某项任务时,堪堪令人满意与表现出色之间的微妙差异。任何人都可以通过遵照烹饪或网球等活动的规则或说明学会该如何做,但要做到出色,就必须将规则内化,根据经验进行判断,并"微调"认知和行为,形成对活动的**感觉**。当然,设计的成功标准因人而异。但男性设计师往往更倾向于认可和赞赏其他男性所创作的设计,甚至为那些形式上惊艳但功能上不尽如人意的设计颁奖。回到前面的例子,一款电熨斗可能在古典美学标准下看起来很精致,但在处理袖子等"烦琐"细节时,表现得不够理想。男性的"隐性知识"在处理抽象形式的视觉细节方面可能表现得最为出色,而女性的"隐性知识",出于其社会化和经验的原因,则可能更多与物的用途和/或"意义"有关。当然,这并不是说女性设计师在抽象形式领域无法与男性设计师相媲美,因为个体往往会反抗社会化过程,有时甚至会设法完全避免受到社会化的影响。在另一种极端情况中,女性的社会化可能会使她们进入原本由男性主导的领域,成为"荣誉"成员,按男性的规则行事。这实际上也是向女性工业设计师开放的一个选项。

在男人的世界里进行设计

毫不夸张地说，工业设计就是男人的世界。在英国，工业设计专业的毕业生中，只有约 2% 是女性。而且女性更倾向于进入时尚和纺织等传统的"女性（化）"领域，其次是图形和插图领域（性别相对平衡）。在室内装饰、家具和陶瓷课程中，男学生的比例也显著高于女学生。如果看设计行业的整体情况，这个比例就更糟糕了，在工业设计师中，女性不足 1%。设计创新小组（The Design Innovation Group）在 1982 年至 1984 年期间对英国制造公司进行了调研，这些公司的员工规模从 25 人到 2000 人不等。研究表明，在典型领域（如办公家具），72% 的公司会雇用内部工业设计师，但只有一家公司雇用过一位女性设计师。放眼国际，欧洲公司情况类似，日本的工业设计师中女性占 20%。在麦奎斯顿（McQuiston）的《设计中的女性》（Women in Design）一书提到的 43 名国际女性设计师中，只有少数自称是工业设计师，而且，在她们的陈述或展示的设计中，没有任何提及或透露出女性主义或女性关切的内容（与设计创新小组的调查结果相呼应的是，几乎一半的女性设计师从事图形或动画工作；而且书中也没有收录时尚设计领域的女性设计师，尽管这一领域通常被认为是最具女性主义精神的设计领域之一）。

20 世纪 90 年代后期，由于人口结构的变化和工作竞争减弱，女性在中年时重返职场的机会增多，因此，工业设计领域的女性比例有望得到改善。设计院校也可能会调整教学和宣传策略，减少对技术性和男性化的强调。然而，尽管前景有所改善，女性在这一领域的数量仍然可能非常有限，女导师也同样稀少。许多不成文的游戏规则很可能仍然由男性主导，所以，正如玛格丽特·布鲁斯和珍妮·刘易斯（Jenny Lewis）所感叹的那样：

"女性在这种男性主导的环境中很难融入'男人的圈子'，也无法参与男性之间的私下交谈,也就不能获得男性网络内部的信息,因此,她们在职业发展中缺乏与男性同事相当的支持渠道,等等。这一点绝非小事,因为它决定了谁能在事业上有所成就,而谁又不能。"[25]

设计创新小组的调查还显示,工业企业家们毫不掩饰地表达着他们对工业设计的看法,认为工业设计是"小伙子的工作":与产品设计相关的词汇——如"技术性""脏"和"工业化"——都暗示着这个职业不适合女性。这项工作需要与生产工程师合作,而"他们不会接受女人的命令,也不会听女人的话"[26]。父权制度的态度改变不可避免地会比物质条件的改变慢得多。

最后,调查报告还提到了工业设计领域中女性的工作状态。市场型工业设计咨询公司在专业和组织结构上尤其以男性为主导,充分依赖男性之间的网络和默契,这更加剧了女性的劣势。在这个行业,工作时间长且不可预测,年轻设计师往往需要全身心投入,付出大量的精力来满足客户和项目的要求。在这种情况下,试图兼顾事业和家庭的女性设计师,将处于非常不利的地位。此外,由于这个行业内几乎没有职业生涯休息期的概念,因此女性常常会发现自己一直被困在低职位上,难以晋升。

设计的文化

然而,以市场为主导的工业设计理念本质上是反女性主义的。布鲁斯和刘易斯指出:"这种文化彰显的是一种'企业家精神',在这种精神下,每个人都在个体主义的基础上竞争,争取更多的金钱和认可,无论是媒体报道还是实际奖励。"[27]许多年轻设计师的态度和行为恰恰反映了这种文化中赤裸的利己主义和毫无顾忌的野心。女性主义者则拒绝接受这种态度背后的价值体系。

布鲁斯指出,由于女性在工业设计行业中处于"隐形"状态,她们的"隐性知识"并没有被充分利用,因此"满足女性需求和关注的设计和市场未得到充分发展"[28]。不过,更多女性参与设计就意味着女性主义设计的发展吗？或者说,女性主义和市场主导的设计是不相容的吗？消费主义设计能否为女性主义服务,并提供女性认为能够创造平等与关爱的社会的商品和服务？在一次由《创意评论》(Creative Review)杂志组织的"面对面"对话中,便体现出了这种价值观的基本冲突。对话的双方是当时英国最大的设计咨询公司的董事兼总经理罗德尼·菲奇(Rodney Fitch)和"矩阵体"成员乔斯·博伊斯(Jos Boys),讨论的重点是20世纪80年代中期的零售设计热潮及其受益者。博伊斯认为根本问题是：

"……人与其所使用和居住的环境之间的关系……很多时候,人们对待环境仅停留在表面。将设计视为一系列短暂的经历,将城市描述为混乱无序、复杂、不可预测的,充满各种突发事件和不受控制的情况。人在这样的城市环境中,可能会有两种截然不同的反应,或兴奋或疏远,这取决于他们的资源。是否有车、是否有钱,都会影响人与环境的关系。"[29]

博伊斯的出发点是人,关注他们是否有消费欲望。而菲奇的回应则声称,零售环境是对"顾客需求和设计环境智能化"的响应[30],假定以顾客或消费者为出发点。这种差异很明显,在对话过程中屡次呈现。当博伊斯抱怨设计的描述把"所有人都变成了消费者"时,菲奇反驳道：

"把人变成消费者的问题,只有在你认为人们不应该拥有东西的时候才是问题。我认为人们应该拥有更好的东西、更丰富的东西,越多越好。当你认为人们不应该拥有那么多的时候,你对拥有什么对人们有益的看法就会显得非常傲慢。"[31]

菲奇的简单消费主义民粹主义是以经济独立的消费者为基础的,

忽视了任何关于公共领域以及那些无法通过物质消费获得的商品或服务的问题。菲奇认为，人们在消费行为中"通过宣称自己的个性来表达自己的喜好"（不过也有人对此表示怀疑，认为他的说法可能恰恰相反）[32]。在消费主义的价值体系中，"好设计"的定义十分直白："无论是环境还是产品，设计得好的东西不仅好看、好用，还得能卖出去。如果卖不出去，那就不算好设计。"[33]菲奇代表了一种典型的以市场为导向的设计师思维，始终围绕消费主义的**必要条件**：赚钱。

毫不意外，博伊斯的回应直指菲奇价值体系的根本基础："但我认为设计师不应该总是把市场的优先级作为标准。有些事情，**除了设计师**，大家都很清楚，比如与女性和安全相关的照明问题。"[34]我们也不能指责博伊斯对反消费主义的看法过于天真，因为他在对话中承认，人们总是要去购物的，但"商场除了给人们提供消费机会，还可以提供其他服务和设施，比如方便宝妈换尿布的母婴室。不过，在商场环境中，如何在满足社会需求的同时确保商店的空间能够盈利，是一个需要认真权衡的问题"[35]。最后，博伊斯继续指出，消费主义总是将利润最大化置于社会需求甚至便利性之上。

> "就拿百货公司来说吧。在一个男性主导的社会中，男装区通常设在一楼，因为男人有消费能力，他们只想快速溜进并溜出商店。而推着婴儿车的母亲却需要拖着疲惫的身体上好几层楼，才能找到自己想要的东西，或者前往玩具区。"[36]

菲奇对这种批评并未表示同情，他在最后的声明中强调："我们应该纠正这种观念，那就是认为女性消费者总是被压制、受压迫、无权无势、永远不被倾听。"他的下一句话或许比他自己意识到的更真实："我不知道你生活在什么样的世界，但这不是我生活的世界。"[37]显然，一个（当时）非常成功的男性企业家的世界，与那些经常在市政厅住房区与无薪单亲母亲打交道的女性主义者的世界截然不同！

为儿童设计

然而,我们绝不能低估消费主义(以及更广泛意义上的资本主义)应对不断变化的形势而自我调整适应的能力。有时候,有些产品是女性乐于使用的,就可以纳入消费主义体系。只要女性能够承担得起,她们的需求与市场之间便能形成一种互利关系。在过去的十年里,这种现象愈加明显,许多与婴儿相关的设计便是如此。首先,必须承认,将婴儿设施的设计仅视为女性的专属领域,这本身就是一种刻板印象。这类设计应当是男女通用的,且有迹象表明,这种趋势正在形成。如果是一种通用设计,就必须同时考虑女性和男性用户,强调以人体工程学为基础。一位"普通"女性在使用产品时,必须能毫不费力地操作,不会遇到过度困难的情况。

例如,最近推出的一些折叠婴儿车被设计成可单手组装,方便母亲在单手抱娃的同时,也能轻松将推车从折叠状态展开。折叠式婴儿车提供了一个有趣的例子,反映了对女性"隐性知识"的重视。在以往的设计评奖中(通常由男性评审),获奖的往往是那些色彩时尚、饰有"速度感"图案、**看上去**很好(对男性而言,因为这让他们联想到了汽车造型)而不是用起来很好的婴儿车。在我参加的一次设计颁奖典礼上,一款获奖的折叠婴儿车受到了观众中某位母亲的严厉批评,她毫不留情地指出:这款婴儿车极难组装,容易卡住手指,而且不稳,没有购物袋或包裹功能,也没有附带防雨罩。据了解,这款婴儿车正是由一位缺乏实际日常使用经验的男性设计师设计的。而且,这位男性设计师将婴儿车的座位定向朝前,削弱了父母与孩子之间的亲密接触,同时也将婴儿暴露于所有的废气、噪声和危险之中。近年来的婴儿车设计更为考虑女性的"隐性知识":座椅朝向可翻转,配有一体式的购物托盘或购物袋,而且把手的高度也可以调节。在轻量性或强度方面也有改进,这对女性来说尤为重要。但是,防雨保护的问题依旧存在,设计需要在有效遮风挡雨的同时，确保易于组装且方便存放。

此外，设计师在考虑婴儿车的各种附属功能时，也应重视女性的"隐性知识"。现在有一些婴儿车的座椅是可拆卸的，拆下后就变成了轻便的婴儿床，甚至可以调节至平放状态。设计师还在考虑设计一种能够快速安全地连接到汽车座椅的婴儿车座椅。不用说，上面提到的设计都不便宜，零售价在100英镑左右。消费主义的设计解决方案总会默认用户具备经济能力购买产品！最近，市场上还出现了更多让母亲们生活变得更轻松的消费主义产品。比如，一种可以插入汽车点烟器的装置，可以给宝宝的奶瓶加温，以及带便携式盖子的碗和杯子，让食物和饮料方便随身携带，这些实用产品让生活变得更加轻松。

支持消费主义的学者认为，市场是满足公众需求的最佳机制，因为市场同时也创造了足够的经济收益，推动更多的创新和产品开发。例如，新安怡（Avent）推出的改进型奶瓶，专为婴儿父母开发，旨在提供更好的使用体验。它采用硅酮橡胶（Silopren）材料，柔软耐用，无橡胶气味和味道，结实，且能承受高温和低温的消毒过程。奶嘴内置裙边，倒置时裙边可夹住奶瓶，防止漏奶。当宝宝吮吸时，负压会使阀门打开，空气从裙边后面的小孔进入。这款奶瓶使用激光技术在奶嘴上打出了一些微孔，相比于传统的奶瓶奶嘴，结构更类似于乳头。奶瓶采用宽口径设计，这种宽扁的形状比传统口径仅有硬币大小、高而窄的奶瓶更便于混合婴儿食物。此外，新安怡还生产了一种只用一只手就能吸出母乳的吸奶器。这两种产品的研发都需要耗费大量的时间、精力和金钱，只有高利润且以消费者为导向的公司才有能力承担。

产品开发和创新通常需要巨额的研发预算，一些国家主导的行业常因研发滞后和标准低而受到批评。东欧国家以往的制造业表现便是这一批评观点的一个佐证。但我们也可以对此进行反驳：真正有改进性的产品研发——如上述婴儿喂养产品——只占消费主义产品的极小部分，大多数产品研发都是不必要的、浪费资源。当然也不是说其他形式的非消费主义结构就生产不出对社会有用的产品。这个问题归根结底是一个关于资源所有权、社会优先级以及社会道德观的政治问题。

例如,女性主义者可能会说,如果医院妇产科像一些社会服务部门外借轮椅一样实行设备借出制度,婴儿车等改进型产品的高昂价格问题就可以迎刃而解了。考虑到婴儿车的使用时间相对较短,在儿童服装等必需品支出增加的情况下,这对许多父母来说是有经济意义的。然而,这种情况之所以没有发生,是多种因素共同造成的:经济因素(公共部门资金不足)、政治因素(优先考虑某些阶层的私人富裕)、社会因素(对个体拥有物品的推崇)和商业因素(消费主义公司担心此类计划会削弱其盈利能力,从而阻碍研发)。

另类(alternative)标准

女性在设计产品时,有时会提出与现有标准截然不同的观点。研究表明,女性在汽车设计中更注重功能、人体工程学和安全性,这与那些迎合男性自尊的诱人广告中将汽车视为社会地位象征的做法完全不同[38]。女人们会说,她们想要的是实用、耐用、环保、低速、易于清洁和维护的汽车,甚至希望在发动机部件上贴上标签,以便自己动手修理,座椅高度要可以调节,安全带有衬垫。女性所推崇的许多关注健康和安全的设计——包括后座安全带、儿童锁和无铅汽油——已经逐渐普及,因为制造商们也想通过响应市场获得竞争优势。然而,还有一些女性诉求似乎不在制造商的规划范围内,比如无需抬起就能直接将婴儿车或手推车推入车内的坡道、哺乳时的隐私保护,以及内置的儿童娱乐设施。至于她们所呼吁的建立一个公共交通系统,结合高科技计算机与低能耗、可再生且无污染的燃料,在社区中使用小型灵活的"豆荚式"车辆,在住宅区和保健中心等地穿行,以满足个人的便利需求,这一愿景更显得遥不可及[39]。

这种社区交通系统的设计标准与博伊斯的论点密切相关,即人们与其所使用空间之间的关系是女性设计中的基本问题。这一方法将重点从产品和物转向了关系和意义。还有一些女性主义者抨击了消费主义通过识别、鼓励或制造欲望来推动产品销售的野心。菲尔·哥德尔和埃里卡·马特洛(Erica Matlow)认为：

"一些善意的女性主义者可能仍在依赖未经审查的关于女性欲望和设计本质的假设，这样的策略将女性气质和女性欲望商品化，进一步使女性成为市场的目标，而非实现真正的解放。"[40]

女性主义者们坚决反对这样一种观点，即设计在本质上，甚至在正常情况下，应该关注生产"**物品**，而不是社会和经济关系，或人们的思想、欲望、快乐和痛苦"[41]。罗西·马丁对此表示完全认同，他指出，"女性主义设计应当向女性提问：我们真的需要这些产品吗？是否有更好的选择，比如服务或对现有社会或物质管理的重组？"[42]这也解释了为什么如此多的女性主义设计思想更倾向于关注社会空间问题，而不是单纯的产品或商品设计。

社会空间视角

与零售相关的社会空间设计的一个例子是，一些前瞻性的购物中心和百货公司(如宜家)通常会设有托儿区和有人看管的游戏区。这些托儿区对女性来说特别重要，正如大伦敦议会的妇女委员会在对购物模式的研究中所明确指出的那样，女性承担着家庭日常和每周购物的主要负担。有10%的女性在购物时需要带着年幼的孩子，这使得"她们的购物行程被放慢或缩短"[43]。现在有一些商场开始提供相关设施，但也有商场认为提供社会服务可能会影响盈利。当被问及为何没有为儿童及其家长提供特定服务设施时，玛莎百货(Marks & Spencer，简称M&S)的回应十分出人意料："提供哺乳或换尿布的区域不一定符合我们所有顾客的利益。引入这一设施，将会大大压缩我们的销售空间。"[44]尽管大多数女性会完全支持对家长或保姆及孩子有利的托儿服务设施[45]，但女性主义者仍然对这一做法持怀疑态度，认为这可能只是为了让母亲从孩子身边解放出来，减少干扰、更放松，从而成为一个"更好"（更容易接受、乐于合作）的消费者。

另一方面，提供托儿服务意味着孤立的家长有机会与其他家长建立联系，单亲家庭和保姆也能得到休息和支持。针对市中心一所托儿所的分析表明，托儿所在帮助少数群体的父母和儿童融入当地社区方面可以发挥重要作用。在一个公共领域受到私有化和利润最大化的消费主义文化威胁的社会中，购物中心里的托儿区有助于提供一个社会交往的空间——特别是在女性之间。苏·卡瓦纳（Sue Cavanagh）将新兴的购物中心与旧时的城镇中心进行了对比：

> "城镇中心不仅为社区提供诊所、牙医、图书馆等设施，还注重非消费性功能，创造更多非正式社交聚会的机会，通常比新兴的购物中心更容易通过公共交通，或从住宅区步行前往，因为后者往往更偏向富裕的有车族。"[46]

郊区的购物中心进一步加剧了低收入女性的不利地位，尤其是大多数工人阶级和/或黑人女性，因为她们通常没有私人交通工具。一份由女性设计服务机构发布的报告详细列出了16类托儿区的设计准则，从空间和路标到地板材料和游乐设施。不过，这些设计准则不能脱离更广泛的社会和经济背景，包括性别角色和期望、资金供给来源，以及消费主义标准所设定的优先事项（如购物设施的选址）。设计师如果仅根据消费主义所认为的需求去产出"解决方案"，而不考虑其在社会和性别方面的影响，所制造出的只能是那种忽视、无视、操纵女性，甚至加剧对女性的刻板印象，最终只吸引男性，"迎合男性兴趣的玩具"。对此的强调毫不为过，这充分体现了设计中亟待解决的"女性问题"。

托儿区的设置被描述为"女性问题"，也反映了我们社会和文化对儿童保育的态度。正如卡瓦纳所言："我们期待有一天，男性能够同样参与家务和照顾工作;而且,社会能够提供良好的公共设施来服务于儿童及其照顾者,这将会是提升托儿工作社会可见性和价值的重要一步"。[47]高速公路服务区和一些较为进步的商场有时会提供"母婴室",以前叫"母亲室"。然而,一些女性可能会觉得"母亲室"过于私密,缺乏与其他母亲进行交流的机会,而感到遗憾。显然,女性的需求和价值观各不相同,因此,我们不能将"女性设计"视为一种单一且统一的概念,正如不能如此对待"男性设计"如此对待一样——这一点得到了女性主义学者们的认同[48]。

与住房相关的住宅区设计是另一个女性极为关注的社会空间设计领域。古道尔感到满意的是:

"……(女性)能够积极参加租户运动、防湿运动,夺回供女性使用的公共空间,以免受性骚扰和暴力侵扰。(但女性)……在向规划当局要求必要的物质和空间条件,以打破个人和公共生活中的性别分工方面却显得不够积极。住房类型通常以数量限制的家庭形式为前提,例如三口之家、单身人士、老年人,而不太容易适应更大、更松散的群体结构。就空间容纳能力、形式,以及与工作场所的关系而言,当前的住房状况几乎使得重新组织有薪工作和个人生活成为不可能的事。"[49]

海登、罗伯茨、戴维多夫和霍尔等历史学家都论证过欧美的性别政治与家庭环境的物质形态之间的内在关系。事实是,房屋越来越多地围绕核心家庭的模式进行设计:父亲外出工作,母亲留在家中。尽管如今只有不到一半的孩子来自这样的家庭。"矩阵体"提出了"家庭生活的私有化"的概念,这意味着每个家庭都变得更加独立。这虽然可能符合"家是城堡"的理想,但也使女性彼此隔离[50]。公用的盥洗设施或游戏区,曾在20世纪20年代和30年代的一些公共住房设计中很流行,但如今却越来越少。女性主义者认为,现有的布局规划反映了男性在思考时的优先级,大多数一楼空间用于娱乐或彰显身份地位,而做饭和洗衣的工作区域则被压缩到越来越小的厨房中，并且这些厨房通常设计成只适合单人使用，这就导致家务劳动难以被多人分担。厨房通常位于房子的后部，那里也不太可能有什么有趣的景色。相比之下，20世纪50年代的一些房子会将厨房放在房子的前部，这样主妇就可以俯瞰街道和孩子们的游戏区，从而减少她们的孤立感。

正如"矩阵体"所提出的指责，现代社会"口口声声说母爱很重要，却并没有真正珍惜自己的母亲"[51]。当家中有婴儿或年幼的孩子时，就会显露出房屋设计中对儿童考虑不周或不适当的问题。一位母亲总结了因空间组织和布局不当而导致的问题：

"我们家的前厅特别窄，所以我知道折叠婴儿车根本过不去，我只好买了一辆最传统的婴儿手推车……当我想出门时，我必须：1) 把摇摇椅搬到前厅；2) 上楼……给金姆穿好户外衣物，然后把他带到楼下，绑在椅子上；3) 上楼，拆卸婴儿车，把推车轮拿到前厅；4) 上楼把婴儿床和毯子搬下来（在狭窄的楼梯上搬这些重物非常困难）；5) 把推车轮拿到陡峭的前门台阶上，架好；6) 把婴儿床拿到人行道上固定在推车轮上，通过敞开的前门向金姆喊话，以安抚他的情绪；7) 冲进去接金姆……把他抱下前门台阶放在婴儿车里，**最后我们才得以出门**。"[52]

这并不是说所有的房子都必须按照以儿童为中心的标准模式建造，但如果有更多的房子能够这样设计，无疑会带来积极的影响。例如，前门设置坡道，而不是陡峭的台阶（或者可以两者组合），前厅也应该足够宽敞、暖和，可以放婴儿车和以后会用到的儿童脚踏车，这将是重大的设计创新。同样，也许在设计过程中缺乏女性的"隐性知识"是造成这些问题的原因之一，毕竟，执业女建筑师的数量少得令人羞愧。

同时，女性对住宅区、城市和城镇的空间设计同样非常关注。墙壁、车库及其他结构的设计不周，可能会形成暗角，让潜在的入侵者藏身其中。建筑内部及周围，特别是靠近门口、停车场和小巷的地方，照明如果不充足的话,可能会让女性没有安全感。而地下通道则是抢劫犯的天堂。此外,空间之间的连接方式,尤其是楼梯的设计,往往忽视了推婴儿车的母亲或残障人士的需求。有许多这样设计不善的例子,这些问题本可以避免,或通过重新设计得到改进。

征兆还是原因?

然而,女性主义者有时对"设计修复"的方法表示怀疑。WDS关于"住宅区女性安全"的报告中提出,建议对设计在解决所讨论问题中的作用持重大保留态度:

> "仅靠设计上进行改变的解决办法往往是不够的,只是在浪费钱。设计指南有时会将安全问题简化为恰当程度的设计问题,从而使问题变得微不足道。"[53]

换句话说,过于关注问题的症状治疗可能掩盖了问题背后的社会和文化原因。如果改变只是针对结果而不是原因的,那么设计的"解决方案"就是在接受现状。通过环境的重新设计,确实可以减少男性的骚扰和威胁,限制这种情况发生的机会,但最好的解决办法是改变男性的行为。当女性因为男性的行为而不得不调整自己的活动和生活方式("晚上不要单独外出""不要搭便车")时,她们有理由提出反对。通常所谓的设计问题,实则是社会和文化问题。

如果讨论局限在传统的设计话语中,就会失去重点。正如罗西·马丁所写:

> "女性……需要获取知识,以了解影响和控制她们的物质和社会环境的决策。这样,设计师才能更好地为她们服务,而不是延续权力的不平衡。这需要政治上的改变……设计在最广泛的意义上代表了权力和控制,同时也涉及新的可能性的定义。因此,作为女性,我们需要从知识的角度对设计进行批评,作为使用

者和实践者,自己开创新的可能性。"[54]

马丁还承认,主要问题之一在于产品设计师:

"……(大规模)生产方式的问题,没有任何女性主义的制造商可以合作。虽然存在一些女性合作社,但如果能够发展……技术网络的理念,就有可能形成女性主义工业设计实践。还可以以女性主义的方式构建设计任务书和设计活动,然后努力说服制造商相信这种设计的经济意义。"[55]

在可预见的未来,女性主义设计师和批评家可能只能对市场主导的设计带来微小的变化。制造商在很大程度上仍将继续响应短期的、由父权制决定的需求,人们会发现自己的需求总能被迅速商品化。一些变化的出现,往往只是因为它们契合制造商的经济利益追求。任何更广泛的设计变化,都必须依赖于社会文化和政治的积极变革。消费主义设计在构建产品的意义和背景时,其实是深度依赖并在其条件下成功运用了性别刻板印象,从根本上持续维持其目前的保守特性。因此,消费主义设计和女性主义的问题再次表明,"市场"和"社会"这两个词绝非同义。

© 1993 Nigel Whiteley。选自《为社会设计》(*Design for Society*, London:Reaktion Books LTD)第 134—157 页,"第四章:女权主义视角",经出版商许可重新发布。

16. 存在社会这种东西

安德鲁·霍华德
ANDREW HOWARD

1964年,英国设计师肯·加兰(Ken Garland)和21位同事联名发表了"当务之急宣言"(First Things First),旨在呼吁平面设计师们勇敢地拒绝"消费者的高亢尖叫"和广告业无所不能的诱惑,而选择对社会有益的平面设计工作。这份宣言简洁而大胆,后被《现代宣传》(*Modern Publicity*)杂志转载,并刊登了对加兰的访谈。加兰在访谈中试图向当时英国广告及营销专家、Mather & Crowther(即后来的奥美广告公司)的创意执行官道格拉斯·海因斯(Douglas Haines)发起挑战,质疑其对平面设计和市场问题的看法,因为海因斯认为市场并不存在什么问题,当下广告行业的工作完全是积极且必要的。

时至今日,宣言中提出的观点和理念依然显得非常激进而引人注目,就像三十年前一样。而且更重要的是,其所讨论的问题现在一样没有得到解决。但是,这份宣言还触及了当前辩论中似乎缺失的一个维度:对平面设计的社会性功能和目的的关注。20世纪90年代中期,业界讨论呈现出两种思潮之间的对立。一方面是麦金托什式(Macintosh-devoted)的"新浪潮"设计,部分受到后结构主义分析理论的影响,着重探索表现和意义的形式问题,如克兰布鲁克艺术学院(Cranbrook Academy of Art)的作品。其倡导者声称,这些作品代表了一种新的美学；而批评者则认为这只是一场视觉烟火，一场奢华的美学盛宴，营养成分极低。他们认为，尽管这些作品有明确的意图（在有意图的情况下），但仍显得漫无目的、难以理解。

另一方面是最近出现的一种主张寻求新的明确性——包括意图和美学方面——的趋势。里克·波因纳（Rick Poynor）指出[①]，"设计专业的学生、教师和年轻的从业者"中，出现了对形式实验"过度"表现的越来越多的反对声音，倾向于支持更为明确、信息导向的设计项目。在荷兰，设计师丁格曼·库尔曼（Dingeman Kuilman）和尼尔斯·穆尔曼（Neils Meulman）则呼吁采用一种不复杂、非技术、无智识的方法，仅实现"基础性"[②]。

对于一些设计师（包括我自己和我的许多同事）来说，寻求形式化的设计解决方案只是长期受到社会和政治影响的项目中的一部分，而不是一种替代方案。对我们（只要与我们在历史背景和所受影响方面有共鸣，就都属于"我们"）而言，将许多被描绘为"新潮"的事物解读为玩味的自我放纵，并不意味着拒绝"加入派对"，也不代表对新技术和实验性缺乏兴趣。相反，这源于对设计问题的持续关注，这种关注不仅限于寻找设计拼图的部件，形式化的视觉语汇只是其中的一部分，更进一步是理解这些部件如何拼合在一起。

也许可以理解，最近的争论集中在当代设计应该是什么样子，以及"应采取何种方法来建立相互理解的冲突的想法上，即当代设计在形式上应如何发挥作用。计算机技术的影响改变了设计活动的性质，使设计师能够更自主地处理（无论能否胜任）制作过程中的不同环节，而这些环节传统上是由具有不同技能和专长的人共同承担的。这一变化对美学也产生了深远影响。计算机使我们能够以相对容易的方式快速构建复杂构图，其采样、复制和整合各种视觉元素的能力，使设计师有机

---

① *Eye*，第3卷，第9期。
② *Emigré*，第25期。

会看到无穷的视觉变化,从而实现更复杂的视觉构想。因此,视觉和形式上的可能性已经占据了中心舞台。

对内容的讨论,除了形式上的探索外,往往集中在个别作品的内部主题上。但平面设计中还有另一层重要内容:作为一种社会生产形式的社会内容。其关键在于关注到功能如何影响形式,以及目的如何塑造内容。这表明,我们作品的特征不仅仅取决于我们的意图,因为制作过程和作品所面向的社会环境都会直接且深远地影响作品的审美和理解。这些问题同时涉及平面设计的释义。

将平面设计视为一种社会生产形式,而非个人创造性行为,意味着承认设计受制于同样塑造人类社会活动的其他形式的经济和意识形态力量的影响。这还意味着,为了理解我们活动的本质并思考其可能性,我们必须将设计置于历史背景中,将其与经济和政治力量联系起来。但奇怪的是,这是有问题的,正如安妮·伯迪克(Anne Burdick)所指出的那样[①],"分析我们的工作内容与政治、理论、经济、道德等方面的关系,常常被认为超出了我们的职责范围"。但是,如果目前的争论是关于创造一系列对普通人有意义的作品,参与激发视觉文化的发展,那我们就必然要去理解我们的文化是如何运作、如何形成,以及如何塑造我们对自身的看法的。这意味着要创造一种文化,让人们能够积极参与,并帮助塑造文化议程。这不可避免地会涉及对是什么阻碍了我们建立这样一种文化的分析。

我们社会的经济组织依赖于不断扩大生产和建立市场,以吸收这种生产的承诺。我们有能力制造足够数量和种类的商品,以满足我们所有的基本需求。然而,正如欧文·凯利(Owen Kelly)所指出的,"商品的销售不再仅仅基于满足人类已知的需求,而是通过'研究'和营销

---

① *Eye*,第 3 卷,第 9 期。

不断开发出新的需求,再生产出满足这些需求的商品"[1]。商品只是达到目的的手段:生产剩余价值。因此,"任何商品都不可能实现足够的生产,因为不存在足够的剩余价值"。

无论人们对发达的资本主义和消费社会的看法如何,我们都不能忽视这些体制对个体心智领域的侵占。市场的建设并不是一种纯粹的经济活动:我们,作为"公民",被视为预期的市场对象,因此市场建设在很大程度上是一项意识形态工作。如凯利所解释的,在这个过程中,我们的需求被细分成越来越小的单元,"以便与(并且可以通过)盈利的生产过程的产出相匹配……因此,举例来说……避免散发出令人反感的气味的愿望,在重新定义中成为一种积极的正常追求,即实现'个人卫生',并被描绘成一场持续且不可避免的斗争,只有那些故意不合群的人才会拒绝参与其中"。我们被引导去追求这种"个人卫生",我们的身体又被划分为不同的营销区域——腋下、口腔、阴道和脚。凯利接着写道:"消费者被教导在不同的身体区域选择不同的产品(比如选择滚珠还是固体形态的产品,选择芬芳的还是自然的香味),每种选择中都存在独立创新的可能性。"

这种需求和欲望的碎片化不仅体现在工业化生产领域,在国家的运作中也是如此,从健康、医疗到教育和休闲,我们都被引导去消费专业化的服务。从这个意义上讲,我们个人生活的方方面面都受到了市场社会压力的影响,在这种情况下,公民原本可能自愿做出的决策,最后都会沦为被动消费的购买选择。从 20 世纪五六十年代开始,就有一些作家探讨过这些侵扰所导致的个人和文化生活危机。

我们期望通过政治途径来掌控影响我们生活方式的决定,但这种可能性受到了严重限制。斯图尔特·霍尔(Stuart Hall)就曾谈道:"人们的政治立场与以正式的政治方式表达这一立场的机构和组织之间的

---

[1]《社区、艺术与国家:冲击城堡》(Community, Art, and the State: Storming the Citadels),1984 年。

鸿沟越来越大。"最近的趋势表明,激进的伪宗教运动逐渐增多,民族主义和新法西斯主义思想愈发盛行,年轻人开始选择与主流社会观念和价值观完全对立的生活方式。没有人会否认,这一切的核心都是对有意义信仰的追求,即一种将自己视为有能力的个体,能够按照自己定义的需求和愿望行动的愿景。

至关重要的是,我们必须认识到,我们的文化状况与物质生产的组织方式之间存在着直接的对应关系。如今所谓的资本主义经济组织形式,早已不再是一种简单的经济结构,更成了维系这一经济结构所需的意识形态的工具。作为设计师,我们的工作聚焦于思想和信息的表达与交流,以及日常文化视觉语汇的构建,因此我们必须明确自己在这个体系中的定位。我们必须自问,我们的能力何以帮助组织意识?我们也必须意识到,我们所构思与构建的解决方案、语汇和对话,究竟在多大程度上并以何种方式是受到外部规定的。"当务之急宣言"至少是解决这些问题的一种尝试。

然而,宣言的结论似乎并不足以满足所需。宣言写就之际,英国设计行业正处于高度市场化的核心阶段,因此这份宣言可能是抵制"噱头商人、有名的推销员和暗藏企图的说客"的最后一搏。起初,它采取的是一种强硬而激进的立场,但从第四段开始,当提到"我们并不是主张废除高压的消费广告,这也不现实",而没有明确说明这是不是可取的时,它的气势便被熄灭了。宣言在声明反对高压消费广告的技术和设备后,出现了一丝退缩的迹象,尽管这可以被辩护为"现实主义"。

肯·加兰在采访中也做出了类似的让步,他的论证也因此没有什么说服力。前期,他同意海因斯的观点:"我们并不反对整个广告行业。宣传和销售技巧对西方社会至关重要。"但问题不就在于此吗?这未能使海因斯所主张的高压广告和市场的意识形态是健康且自然的论点受到挑战,让人觉得加兰主张的似乎只是同一块蛋糕的不同切割方式。但实际上,宣言的逻辑是在暗示,这个以创造消费需求而非满足实际需求为主要目的的行业,可能导致对社会和文化需求的忽视,甚至扭曲。

此外，缺乏对有意义工作的替代性（alternative）认知，也可能会逐渐侵蚀工作热情和创造力，尤其是对年轻设计师而言。我们需要的是一块完全不同的蛋糕，但讨论这些问题就意味着跳入未知的世界。现代广告业是高度市场化的产物，而平面设计一直是其战略的核心。广告的历史构成了设计史的重要组成部分。质疑这个行业及其所倡导的消费主义意识形态，就是在质疑我们的整个经济结构。

宣言对目的和社会功能的关注，不应被视为"政治正确"的道德说教。它不应该被解释为对"信息"（message）的决定论关注，尽管这并不排除对直接（或间接）政治表达的承诺。"新浪潮"的追随者们可能对"信息即内容"的方法没什么兴趣，这或许是合理的，特别是考虑到像奥利维耶罗·托斯卡尼（Oliviero Toscani）及其赞助商贝纳通（Benetton）这样所谓的"文化先驱"所创造的令人难以置信的荒唐作品时。

"我想让人们思考，"托斯卡尼在接受《独立报》（*The Independent*）采访①时表示，"我希望他们记住一个（品牌的）名字。"因此，在托斯卡尼那里，社会批评不仅是为了揭露问题，还是为了在品牌竞争中占据一席之地。他愤怒地指责广告业腐化了社会，"它（广告业）让人们相信，他们因所消费的东西而受到尊重，他们的价值仅仅体现在他们所拥有的东西上"。他指出，大多数广告都是基于情感，而与产品无关。人们不禁要问，海湾战争期间的墓地十字架、满载难民的船只、电椅、第三世界贫民窟的儿童、修女和神父接吻，这些形象与昂贵的彩色针织衫有什么关系？但即使是这些，也比不上托斯卡尼为吉尼斯啤酒（Guinness）提出的涉及家暴的"有趣"宣传构想。托斯卡尼的"激进"想法之所以令人沮丧，是因为尽管他准确地批判了广告业对我们的愿望和自我形象的影响，但这似乎对他充分理解广告业与其背后的经济意识形态之间的关系毫无帮助。

不管他的意图如何，托斯卡尼的海报只不过是一种伪装成社会

---

① 1992 年 12 月 16 日

良知的顶级营销手段。向人们投递信号，认为自己需要告诉他们什么才是社会重要问题，这种行为显得极为傲慢。真正激进的作品从来都不是为了提出正确的政治观点，而是关注作者与观众之间可能产生的对话的本质。

另一方面，荷兰设计师丁格曼·库尔曼和尼尔斯·穆尔曼所倡导的方法强调的"基础性"，其具体程度如何，或者说他们所强调的意义和重要性是什么，我们完全不清楚。或许这只是他们与技术和智识精英之间的私人争论，关注的仅仅是如何更有效地推销麻辣香肠或装饰地砖？抑或，他们所追求的摆脱混乱状态的目标实际上具有更广泛、更深刻的意义呢？把政治信息附加在作品上，仿佛形式是空的容器，这种思路过于简化。同时，如果"基础性"只关注设计的内在逻辑，那么这种主张便毫无意义。那么，是否意味着以形式探索作为内容才是前进的方向呢？

据说，罗兰·巴特（Roland Barthes）等作家在"新浪潮"的作品和思想发展中产生了开创性影响，至少是对克兰布鲁克艺术学院而言。曾就读于克兰布鲁克的杰弗里·基迪（Jeffery Keedy）表示："吸引我的是罗兰·巴特的诗意，而不是马克思主义的分析。毕竟，我们是在消费社会中工作的设计师，虽然社会批评是个有趣的想法，但我并不想将其付诸实践。"[1]巴特的作品确实充满诗意，与许多马克思主义理论相比，更容易让人产生共鸣。但是，如果将批评与形式分离，似乎是一种文学掠夺的反常案例。同时期其他法国作家的作品〔如情境主义者鲁尔·瓦纳格姆（Raoul Vaneigem）〕也同样富有诗意，关注到了现代资本主义下个人和文化生活的衰落。他的《日常生活的革命》（*The Revolution of Everyday Life*）一书探讨了现代社会对我们积极、独立思考与创造性潜力的压制。这本书是对我们的处境的复杂描述，专注于探讨我们的欲望、梦想、价值观和抱负的衰落，并对社会进行了猛烈地批判。如果

---

[1] *Eye*，第1卷，第3期。

这本书不在克兰布鲁克的阅读名单上，应该加上去。

20世纪最主要的艺术运动——未来主义、构成主义、达达主义和超现实主义——背后都有一套社会理论作为指导。在设计领域，探索语言的形式结构——符号、象征及其构建方式和承载意义——应该成为设计师的主要研究内容。语言是我们表达自我意识以及我们与世界关系的重要手段，试图去描述我们的处境并思考未来的努力指引着我们找到合适的语汇。当语言无法再满足使用者的表达需求时，就会发生变化，因此，语言的探索不仅仅是为了学术研究，更应该考虑到人类意识的变化。如果不将其与当代的语汇问题和意义探寻联系起来，形式探索的意义将难以被理解。视觉形式和语言的研究如果忽视了文化生产的力量，就会受到限制，因为文化生产涉及生产者和观众之间复杂的社会关系。

我们的活动及其产品是否具有开放性、是否能实现赋权，并有助于促进民主文化建设，不仅取决于我们的工作内容，还取决于我们所能构建的对话性质以及相关的社会生产关系。例如，托斯卡尼的彩色针织衫大幅广告海报，如果真的算是一种对话的话，也不是平等的对话。它旨在以我们无法忽视的方式对我们的意识进行干预，它冲我们喊话，让我们记住那个品牌的名字，从而影响我们的购买行为。这种形式是在观众无法掌控的社会语境中发展起来的，因此显得具有压迫性。无论如何调整视觉形式、如何修改所传递的信息，都无法将其转变为一种开放的产品。

但消费主义的意识形态并不仅限于商业世界。我们的意识也被割裂成碎片，这样我们才能更好地消费一切：电影、音乐、时尚、饮食、医疗、教育、信息，甚至是我们自己的历史。这个问题不能简单地通过选择"好"或"坏"的产品，或者商业和非商业工作来避免，因为问题的本质不仅在于消费本身，更在于我们的意识最初是如何被引导，使我们将自身角色定位为消费者。

平面设计在塑造具有赋权和启迪性质的视觉文化方面可以发挥重

要的作用,使思想和信息更易于理解和记忆。许多设计师可能会辩称他们的工作与政治无关,他们确实是对的。但这并不妨碍我们发展关于文化与民主关系的观念。我们不能把我们的工作与所处的社会环境及其所服务的目的分割开来。如果我们关注设计决策的完整性,就应该考虑我们传达中隐含的关系是否能促进文化的积极参与。如果我们追求的是意义和重要性,那么第一步就是要问是谁掌控着这份工作,而它又为谁服务。

计算机革命给我们带来了新的审美可能,也极大地拓宽了创造与表达的边界。生产过程的技术浓缩可能会改变我们对创作者身份的认知,并随之改变我们的愿望。计算机技术的自主进化,使我们能够在更广泛的概念空间中思考,重新审视我们的工作与其接受方式和服务目的之间的关系。计算机技术的发展可能会鼓励设计师更主动地投身于创意的浪潮,积极发起跨学科合作。在这个过程中,原本被视为销售和说服手段的设计更将成为一种组织思想、寻找适合的特定形式以表达受众利益的方式。

这种实践所产生的作品是无法被预先定义的,可能表现出复杂性、技术性,也可能不然。它绝不会排斥对语言形式的形式化表达的探索。作品的内容可能关注两个方面:我们能思考什么(主题)以及我们如何思考(形式)。通过这样的作品,我们得以洞悉某些事物在社会环境中的生产和流通机制,以及背后错综复杂的利益关系网,正是这些关系影响着作者和观众之间可能的对话,并限定了意义构建的边界与可能性。最重要的是,这一过程深刻体现了作为设计师的我们,在每一次选择中,与我们所归属并希望贡献的文化土壤之间的联系。

© 1994 Andrew Howard。本文首发于 *Eye* 杂志,第 4 卷,第 13 期,1994 年。经作者许可重新发布。

17. 设计与自反性

扬·范·托恩
JAN VAN TOORN

痛苦和自由

175

所有的专业实践都面临着一种根深蒂固且无法完全避免的矛盾状态,像"精神分裂"一样。传达设计也是如此,一方面被赋予了为公众利益而服务的使命,另一方面又必须满足客户和媒体的商业需求。为了维持和保障自身的生存和发展,设计行业必须像其他智识性实践专业一样,努力去发展一种调解性的概念,来中和这些内在的利益冲突与矛盾,以达成共识。然而,无论设计师在调解冲突的过程中如何努力,最终他们都需要面对一个现实,即需要与现有的社会关系达成和解。换言之,设计师必须接受既定秩序的世界观,并将其作为自己工作和行动的背景。

通过不断调和生产关系中的冲突,并通过与其他学科的合作,在设计行业中逐渐形成了一种实践性和概念上的一致性,这种一致性使得设计在大众媒体中确立了自身的代表性和制度性权力。设计通过这种方式在既定的社会秩序中为自己赋予合法性,而这种社会秩序反过来也通过设计在符号生产中的贡献得到了确认和合法化。正是在这种现实,特别是社会现实的图景中,由于市场经济的压力,已经没有空间让设计等领域以解放性的方式参与社会事务,作为批判性实践的基础了。

设计被困在一种脱离实际的虚构世界中,只能作为文化产业及其传播垄断的附和。从原则上讲,这种"智识上的无力"仍然表现为一种二元对立的、以产品为中心的思维和行动模式:一方面是设计师个人试图通过更新设计语言的方式来抵抗设计行业被社会同化;另一方面,又希望顺应现有的符号和制度框架,以追求一种普遍适用的实用性表达方式。虽然这两种极端倾向之间的界限正变得越来越模糊(这是后现代主义思潮和持续的市场分化的结果),但主流设计实践仍然被两大特征所主导:一是对美学表现的过度执着,二是父权制对再生产秩序的固守。

作为设计师,我们行动的社会导向已经不再像过去那样简单。我们似乎乐得在盲目自由中谋生,这导致我们的反思和批判传统变得庸俗化和简单化。所以,现在是时候运用我们的想象力去重新关注如何应对传达现实的问题了。

符号形式就是社会形式

符号生产反映了创造和传播这些符号的精英的社会地位和心态。作为意识形态工具,符号生产服务于私人利益,而这些私人利益往往被呈现为普遍利益。然而,主导文化不仅仅服务于统治阶级的整合,正如皮埃尔·布迪厄(Pierre Bourdieu)所言,它还**制造了一种虚假的社会整合,从而导致了被统治阶层的麻木(虚假意识);最后,通过建立区隔(distinctions)(等级制度)并使其合法化,以促进既定秩序的合法化。**[1]因此,主导文化迫使所有其他文化在其符号体系中进行自我定义,以此作为知识和沟通的工具。这种沟通依赖性在那些主导文化为所谓的"边缘"——不(或尚未)属于主导文化的——社会、经济和政治问题提出的"解决方案"中尤为明显。

从定义上看,现实与符号表征之间的对抗本质上具有不确定性。这种不确定性现在无疑代表着一种痛苦。正如让·鲍德里亚(Jean Baudrillard)所说,我们对现实的体验已经在**"拟像(simulacrum)的'超真实'(hyperreality)的调解之后"**消失了。与现实相关的道德意图及既定文化生产的普遍原则和区隔(distinctions)之间的不协调,日常生活的渐进式呈现导致了伦理与象征之间的巨大冲突。

对于独立且对立的文化生产来说,我们必须创造另一种新的概念空间,以超越制度文化的拟像所造成的对直接经验的破坏。问题的关键在于,相对于体制的精神空间,我们并不是要以一种新的教条形式来创造一种特定的替代方案。相反,重点在于实现一种**"心智生态"**(mental ecology)[2],使得从事调解工作的知识分子(如设计师)能够摆脱常规路径,有组织地提出并践行其反对意见。只有针对生产关系采取完全不同的激进立场,才有可能揭示信息中各种复杂的利益关系与学科体系,然后通过调解者的**"一致性平面"**(plane of consistency)[3]进行评论和维系。

平庸

我们必须在那些企图创造新的公共对立或两极分化的倡议中,探寻重新参与的机会,按照费利克斯·瓜塔里(Félix Guattari)的说法就是,必须**"解开语言的束缚"**,并**"开放新的社会、分析和审美实践"**[4]。只有在一种不同于当前主导的新自由主义资本主义形式的政治方法的背景下,才有可能实现这种面向真实社会问题的实践。如果我们要打破现有的沟通秩序,那么这种**"来自外部的思考"**(outside thought)[5]也应该融入设计师的实际工作中。换句话说,设计师必须采取对立的立场,脱离常识性文化表征的范围。这种观念非常重要,因为实践的重点已经发生转移:不再单纯质疑信息的真实性,而是关注信息在与生产和传播条件相关联时,作为或明显或隐晦的论证表达的有效性。

这种实践往往基于多维度、互补性的思维方式,对观众和读者有着本质上的不同态度,它也为作品带来了一种补充性的结构,在作品的内容和形式上都有所体现。然而,这种方法的本质在于通过产品的批判性定位和自反性的思维方式向公众提问,激发他们以更积极的方式来回应现实。这样一来,设计实践可能有助于我们清晰地表达自身的需求、兴趣和欲望,抵制商业、国家、媒体的企业文化及其"附属"学科所推动的碎片化和审美化变化的无休止迷恋。

颠覆性愉悦

尽管传达设计的文化具有象征性的不确定性本质,但作为一种反思性实践,在社会抱负方面必须立足于现实。影响产品的因素有很多,设计实践无法全面覆盖所有,但我们的目标是制定一种能够促进评论生产的工作方法,而不是确认自我指涉的虚构形式。设计必须认识到,作品所需要呈现的不仅仅是表面的形式,其实质、程序和风格都是意识形态的建构事物,它们只是对有限选择的表达,在调解过程中只展示了现实的一小部分。其必然的结果是,信息的制定与传达始终指向符号的无限性世界与现实世界之间根本性的不安和冲突。

这是一种基于大量实践性话语的思维方式,要求设计师深耕于那些能够获得经验和洞察的领域和情境。这一点很重要,不仅因为必须以设计的形式与设计本身进行斗争,这呼应了雷姆·库哈斯(Rem Koolhaas)关于建筑的观点,还因为我们需要在实践方法上找到志同道合的合作伙伴[6]。此外,让更多的人了解那些有助于塑造更独立、更激进的民主舆论的传达形式,也符合公众利益。

在从再现秩序转向评论秩序的过程中,操作性的批评可以依托于长期的反思性实践。所有文化的沟通形式都有虚构性的一面,在抵抗既定的符号秩序时,最终也会回指向自身的虚构性。**"为此"**,罗伯特·斯塔姆(Robert Stam)写道:**"它们运用了无数的策略——不连续性叙**

事、作者介入、散文式的离题、精湛的风格技巧;对既有的规范和传统进行戏谑、戏仿和颠覆;最终揭开了虚构的神秘面纱,摧毁了我们对虚构的天真信仰,并让这种揭秘成为新的虚构之源!"[7] 这种行为本身便构成了一种能够在社会和自然现实中实现质性生存(qualitative survival)的持续的"生态"过程。

© 1994 Jan van Toorn。之前发表于期刊《视觉语言》(*Visible Language Journal*),1994 年秋季刊,第 28 卷,第 4 期,第 316—325 页。经作者许可重新发布。

18. 黑色设计

安东尼·邓恩
ANTHONY DUNNE

索尼随身听在20世纪80年代初被推出时,为人们提供了一种新的与城市空间互动的方式。随身听让人们可以随时随地在城市中创造一个属于自己的微环境,为其在城市穿行过程中提供背景音乐,这也鼓励人们以不同的视角去重新审视和解读他们早已熟悉的城市环境。随身听因此成为一种"城市界面"。

15年过去了,索尼随身听的外观已千变万化,但其所创造的城市关系却始终如一。这种现象反映了产品设计师在面对电子科技的美学挑战时的应对方式。他们接受了自己作为一个符号学家的角色,成为包装设计师和市场营销人员的同伴,旨在为那些难以理解的技术创造符号化的"外壳"。在这个意义上,电子产品在物质文化世界中的定位变得很奇怪,更接近洗衣粉和止咳药,而不是家具和建筑。

但这只是产品设计的一种方式,或者也可以理解成一种类型,只提供一种非常有限的体验。就像好莱坞电影一样,强调简单的快感和保守的价值观。这类设计旨在强化现状,而不是挑战现状。电子技术的独特功能和美学潜力可以通过更多的设计"类型"去探索,比如艺术的(arthouse)、色情的(porn)、恐怖的(horror),甚至是黑色的(noir)。

设计类型

随意翻阅一下几乎任何一家小报,你都能看到这样一种日常生活景象:复杂的情感、欲望和需求通过电子产品和系统的误用与滥用而得以表现。一位母亲因与儿子争论要观看哪个电视频道,情绪失控,最终开枪打死了自己的孩子;警方设局捉拿非法监听应急无线电频率的窃听者(警方通过广播发布了一条消息称有不明飞行物(UFO)在当地森林降落,几分钟内就有几辆车赶到事发地,然后警方便没收了他们的监听设备);一个家长对一款中国制造的会说话的玩偶提出了强烈的投诉,因为这款玩偶发出的声音听起来像是在骂人。然而,尽管工业设计在武器和情趣用品等极端情境中能够引发强烈的情感体验,但大多数普通电子产品设计却没有提供相应的情感深度。通过探索"极凡"(infra-ordinary)世界的奇特现象,可以创造出更多样化的设计风格,以提供更为复杂和富有挑战性的审美体验,因为我们的日常现实远比虚构的故事更为真实和不可思议,而当前通过传统电子产品体验的日常生活在审美上也相对贫乏。

反间谍商店(Counter Spy Shop)的"真相电话"(Truth Phone)是一个真实存在的产品,我们也可以将其作为一个黑色设计的案例进行解读。该产品将语音压力分析仪和电话结合在一起,展示了电子产品引发一系列相互关联事件的潜力,而这些事件最终可以构成一个连贯的故事。如果从这一角度考虑产品设计,焦点就从物理交互(被动按下按钮)转移到了产品所固有的潜在心理体验上。用户变成了体验中的主角,而设计师则成了这一体验的共同作者。试想一下,当你与母亲或恋人通话时,"真相电话"却暗示对方可能在撒谎:这款产品只是制造出新的道德和心理困境,而不是解决问题。通过使用它,用户实际上是在探索自己与他人、自己与潜在偏执状态之间的界限,从而进入一场心理冒险。

我的建议是，产品设计师可以变得更像作家，从电子产品的误用和滥用中挖掘叙事潜能，创造出另类的（alternative）技术使用方式和需求观念，而不是延续人们该如何与技术共存的传统设计考量。不再只考虑外观、用户友好性或企业形象，而是提出更具挑战性的产品。"真相电话"看起来与其他光滑的哑光黑色手机它核心的美学体验价值在于使用、在于与偏执的逻辑进行互动。使用它不会让你变得偏执，但它能够让你从偏执者的视角来体验一次普通的电话通话。

误用的美学

1994年，英国移动电话公司"蜂窝网络"（Cellnet）出版的一本小册子——《移动时刻：90年代故事集》（*Mobile Moments：A Collection of Tales for the '90s*）——收集了一系列故事，以展示手机在当时社会中的重要性。故事类别包括"手机约会""手机英雄""手机奇迹"等。最有趣的是"手机失误"，展示了人们因误用或意外使用手机而产生的叙事空间，表现了电子技术如何通过使我们的情感和思维状态"短路"而创造丰富体验，进而挑战日常生活中的循规蹈矩。我建议的并不是让设计师去预测电子产品的误用，而是在设计中参考作为更广泛的使用背景中非主流的、出乎意料的可能性，而不是标准的行为模式。

我们被各种产品包围，这给我们一种可以选择的错觉，并且这些产品倾向于让人们变得被动，但实际上我们可以有更多的选择。不同类型的电子产品可以丰富并扩展我们对日常生活体验，而不是让生活变得单调或受限。工业设计作为消费文化的核心（毕竟是由资本主义系统所推动的），可以通过丰富我们的体验来颠覆现状，以实现对社会更有益的目的。它可以提供一种独特的美学语言，以类似电影的方式吸引观众，而不是理想化或规定事物应当如何。

概念性设计

开发另类的电子产品所面临的困难在于，工业设计师认为其工作的社会价值与市场密不可分，而任何在市场之外进行的设计都被视为逃避现实或不切实际的。目前，唯一可以作为"好莱坞式"设计（即主流的、面向大众市场的设计）的替代性选择，就是那些来自认真但经验不足的学生或为了向企业客户推销自己的设计咨询公司的"概念设计"（concept designs）。

真正激进的替代性方案实际上只能存在于市场之外，作为一种"概念性设计"（conceptual design）的形式——不是指设计项目的概念阶段，而是一种旨在挑战关于电子产品如何塑造我们生活的先入之见的产品。设计师们需要探索的是，这种设计思维如何以一种既保持设计提案批判性的完整性和有效性，又能面对逃避现实、乌托邦主义或幻想的批评的方式重新进入日常生活。挑战在于要能够模糊现实与虚构之间的界限，使概念变得更加真实，同时也要认识到现实只是众多有限的可能性之一。

那么，如何才能开发出挑战好莱坞大公司愿景的另类产品呢？

其中一种方式是，设计发展出自己的独立愿景，并与公众合作，向行业提出更多的要求。但是，这不仅需要设计师转变对自身定位的看法，还需要设计组织重新审视自己的角色。它们需要像伦敦建筑基金会（The Architecture Foundation）或荷兰设计学院（Netherlands Design Institute）那样，通过举办针对职业设计师的竞赛和研讨会来鼓励多样化的愿景，以及通过更具挑战性的展览和出版物来吸引公众的参与。建筑领域一贯具有探索和传达关于未来生活的另类愿景的传统，因此也有潜力在这一讨论中发挥重要作用。然而，尽管在20世纪60年代像建筑电讯派（Archigram）这样的团体已经进行了一系列的研究，但对于如何理解和应对现代电子技术（如手机和GPS等大规模生产的电子产品)对传统建筑空间和城市体验的影响,建筑领域还在努力摸索中。但新一代建筑师开始构建包含电子产品的新愿景只是时间问题。

或许,这个角色是否应该留给"搞学术"的设计师?因为他们不受商业限制,又身处教育环境中。比起撰写论文寻求传统的学术认可,他们是否可以利用自己在学术环境的特权,去探索设计作为一种社会批判工具的潜力,通过发展具有挑衅性的设计流派,来挑战消费电子行业中那种过分简单化的"好莱坞式"愿景?

© 1998 Anthony Dunne。之前发表于期刊《蓝图》(*Blueprint*),第155期,1998年11月刊,第24—25页。经作者许可重新发布。

第三部分　设计巨变：从物到系统的范式转变（2000—2020）

设计正在经历一场重大的变革。设计师曾经以创造产品的视觉外观而闻名,无论是咖啡壶还是海报,而今天,他们在服务、组织(包括政府机构),甚至是社交网络的设计方面的工作已经得到了认可。几年前,交互设计、体验设计、社会设计和可持续发展设计等专业还不存在。传统的人造物的设计并没有消失,但人们越来越认识到设计可以有更多的意义。

　　——维克多·马格林(Victor Margolin),"美好城市:为可持续发展而设计"(The Good City:Design for Sustaintability,2015)

19. 前言

伊丽莎白·雷斯尼克

ELIZABETH RESNICK

社会设计的一个重要方面是专注于设计系统和框架,将传达、产品和服务的发展与自然环境可持续地连接起来。随着21世纪社会的日益复杂,我们必须明白,所有的设计决策都会带来环境、道德、社会和政治方面的影响。可以说,单凭任何一个设计领域本身,都不足以推动整个社会的可持续发展。第三部分的各章节将试图论证,随着设计自身作为一个研究领域和专业学科的逐步确立,尤其当设计师的使命是应对复杂的社会挑战以及对我们的后代有重大影响的**抗解问题**时,越来越需要结合战略思维、系统性思维和批判性思维,同时接纳定量和定性相结合的研究方法。

当务之急宣言 2000

"当务之急宣言2000"是英国设计师肯·加兰于1964年撰写的"当务之急宣言"(见58页)的更新版。《广告克星》(*Adbusters*)杂志的编辑卡勒·拉森(Kalle Lasn)在《眼》(*Eye*)杂志的一篇文章[1]中看到了作为插图的1964年版"宣言",认为它所传达的信息仍然具有现实意义,甚至在35年后的今天可能更加重要。随后,他把这篇文章发给了设计挑衅者蒂博尔·卡尔曼（Tibor Kalman），两人一拍即合，决定立刻采取行动。在征求了肯·加兰的意见后，拉森让《广告克星》组织了新的签名者，经修改后重新发布了千禧年版的"当务之急宣言"。该宣言随后又被北美的《流亡》（*Émigré*）杂志和专业平面设计协会出版的期刊（*AIGA Journal*）、英国的《眼》和《蓝图》（*Blueprint*）杂志、荷兰的《物件》（*Items*）以及德国的《形式》（*Form*）接连转载。该宣言旨在激发一场新的国际对话，讨论广告、平面设计等所有视觉传达领域与商业和文化之间不断变化的关系，重点不再是消费主义，而是更多地关注有意义的社会公益性传达形式。

设计的"社会模式"：实践与研究问题

《设计的"社会模式"》一文，由维克多·马格林和西尔维娅·马格林共同撰写，发表于2002年。当时，在公众眼里，设计"通常就是一种生产令人眼花缭乱的灯具、家具和汽车的艺术实践"。在这篇具有开创性的论文中，作者概述了他们受社会工作理论启发的"社会设计"愿景，旨在超越"市场模式"（服务行业），践行设计实践的"社会模式"（解决人类基本需求）。他们提出，"市场模式"和"社会模式"不应被视为二元对立，而应理解为"一个连续谱系的两极"，以促进社会设计向更可持续的思考和实践方向发展。他们还讨论了社会工作方法论中固有的一个方面——聚集不同专业人员组成"团队"工作，因此作者鼓励设计师与设计领域内外的其他专业人员合作，协助进行社会干预。

为了发展设计的"社会模式"愿景，他们提出了一个广泛的研究议程，以解决以下问题："设计师在社会干预的协作过程中可以扮演什么角色？目前在这方面已经做了哪些工作？未来又可以做些什么？如果想向公众呈现出一个有社会责任感的设计师形象，该如何改变公众的看法？如何让社会福利项目和研究资助机构更好地认识到设计作为一种具有社会责任感的活动？什么样的产品可以满足弱势群体的需求？"

设计的非物质化

以物为中心向**以人为中心的设计**方法论的转向,具体体现为从关注物品本身的设计,逐步转向设计情境和体验,同时,设计的关注点从以产品为核心的物质现实,转向了围绕服务而展开的非物质性体验。设计教育家、理论家乔治·弗拉斯卡拉(Jorge Frascara)将这一趋势称为"设计的非物质化",在这种背景下,设计变得"更加关注人们使用被设计出来的产品和视觉传达的语境,以及这些设计的存在对人们的一般影响"。在文中,作者认为,设计师必须了解物对社会的文化影响,设计师"需要发展一种更具当责性的设计实践……以实现兼顾伦理和有效性的视觉传达设计和产品设计"。最后,弗拉斯卡拉指出,在努力改善我们整体生活质量方面,设计实践可以划分为三个领域:"设计使生活成为可能,设计使生活更加便利,以及设计使生活更为美好"。

为什么"不那么糟糕"并不好

可持续性指的是通过协调资源开发、投资方向、技术发展和制度变革,实现一个平衡的过程,既能满足当前需求,又能增强未来满足人类需求和愿望的潜力。简而言之,实现可持续性意味着地球可以持续支持人类的生活[1]。

《从摇篮到摇篮:重塑我们的造物之道》(*Cradle to Cradle*: *Rethinking the Way We Make Things*)由美国建筑师威廉·麦克唐纳(William McDonough)和德国化学家迈克尔·布朗格(Michael Braungart)合著,2002年出版。从各种意义上来说,这本书都是一份强有力的书面宣言,呼吁通过重新思考和设计产品制造方式,发展一个更加可持续社会——转变"从摇篮到坟墓"的线性思维为更可持续的"从摇篮到摇篮"的闭环模式,并提倡"生态效益"策略。在第二章"为什

'不那么糟糕'是不好的"中,作者回顾了减少工业破坏性的早期尝试,讨论了早期环保主义者,如托马斯·马尔萨斯(Thomas Malthus)、亨利·戴维·梭罗和蕾切尔·卡森所作出的重要理论贡献,以使人们意识到"环境问题不仅仅是自然景观的破坏和资源的枯竭,还包括污染和有毒废物对生态系统和人类健康的影响"。他们还探讨了"生态效益"的概念,即尊重自然生态系统与高效制造相结合,但也承认,"生态效益"的尝试只是一种"不那么糟糕"的方法,对人类长期生存来说远远不够。文章最后,作者呼吁:"我们必须减少我们的存在、我们的系统、我们的活动,甚至我们的人口……人类的目标应该是零:零废弃、零排放、零'生态足迹'。"

当服装产生连接

可持续设计是一种遵循社会、经济和生态可持续性原则,通过设计实物、建筑环境和服务来实现的哲学理念。可持续设计的目标是通过精巧且富有敏感性的设计,完全消除环境的负面影响。可持续设计要求使用可再生资源,尽量减少对环境的影响,同时将人类与自然环境紧密连接起来[2]。

凯特·弗莱彻(Kate Fletcher)是一位研究者、作家兼设计活动家,她在过去15年中的工作塑造了可持续时尚设计这一领域。在她的文章《当服装产生连接》①中,弗莱彻旨在设想一种全新的、更是可持续性的时尚思维方式,"直击时尚'问题'的核心——我们的消费成瘾"。她建议采用"从全球化转向本地化,从消费转向制造,从空想回归想象力的发挥,以及从消耗自然资源转变为欣赏自然世界"的理念,来应对全球化对"快"时尚(低成本和大批量影响)的主导。弗莱彻认为,自然界固

---

① 《设计师、远见者和其他故事:可持续设计论文集》(Designers, Visionaries and Other Stories: A Collection of Sustainable Design Essays)中的第6章。

有的可观察到的原则和动力,例如"效率、合作和共生"的可持续模式,均可供人类研究学习,"期望社会可以像生态系统一样可持续发展"。作为未来思维的探索之一,弗莱彻介绍了她的"5 种方式"(5 Ways)合作项目,该项目由五种相互关联的时尚纺织品设计方法组成,鼓励在创造服装形式的过程中融入创造力和生态思维。

设计在可持续消费中的角色

188 协作设计战略家安·索普(Ann Thorpe)在其 2010 年的论文《设计在可持续消费中的角色》中,在设计的视角下探讨了消费的环境、心理和社会学问题。她首先以时间为线索,简要梳理了"消费"作为一个研究领域的发展历程,概述了其从绿色设计到生态设计,再到可持续设计领域的转变,以了解随着设计师对环境问题意识的增强,以及应对这些问题的能力不断提升,消费观念在理论和实践上的广泛发展对设计师的影响。索普研究了三个主要领域,她主张设计师可以在这些领域中做出关键性、实质性且高标准的贡献——环境政策(如何制造出更环保的产品,并说服人们购买它们?)、心理学(物质能让我们快乐吗?)和社会学(消费在构建意义和身份方面意味着什么?)。在这三个领域中,她还探讨了一个当代悖论,即我们在很大程度上依赖消费主义来维护我们的心理和身体健康,但"心理需求并不容易通过物质消费来满足,甚至在某些情况下,物质消费可能反而会妨碍心理需求的满足"。她提出"生活方式和行为改变……表明消费主义不仅在环境方面代价高昂,可能在其他方面也是如此",且消费主义可能是导致抑郁症、个人债务以及商品与服务过度消费水平上升的因素之一。最后,她"通过回应现有主流研究所隐含的问题",以充满希望的口吻总结道:"设计能否摆脱作为消费主义车轮上齿轮的命运,而转变为支持可持续消费的一个重要角色?"

转型性服务与转型设计

服务设计是"规划和组织服务中的人员、基础设施、传达和物等各个组件,以提高服务质量、改善服务提供者和顾客之间的互动的活动。服务设计方法论的目标是根据顾客或参与者的需求进行设计,使服务更加用户友好、具有竞争力和相关性"[3]。作为一门发展中的设计学科,"服务设计在近十年来逐渐形成了一个跨学科的研究领域,并且服务设计师这一职业也应运而生。关于服务设计的讨论各不相同,有人认为它是一个新的设计领域,有人则强调服务设计起源于其他学科,并借鉴了设计、管理和社会科学中的现有方法。"[4]

服务设计研究者兼教育家丹妮拉·桑乔基(Daniela Sangiorgi)在其2011年的论文《转型性服务与转型设计》中讨论了服务设计最近的转型发展。正如她在引言中所述,她旨在为澄清"转型性变革"的概念提供基础,同时探索组织发展和社区行动研究的原则和实践,作为研究设计和服务的转型性作用之间潜在有用桥梁。桑乔基指出,服务设计已经发生了转型,从对设计物的关注转向了更广泛的设计变革,强调服务应服务于"一种更具协作性、可持续性和创造性的社会和经济"[5]。伴随着这一概念而来的,是与转型性实践相关的重大责任问题。桑乔基呼吁设计师在工作中保留更多的反思性空间,以应对每次设计参与中潜在的偏见问题。

设计思维再思考(上)

设计思维是设计师在设计过程中使用的一种创造性的问题解决方法,能够在不同情境下反复应用,不仅局限于设计领域,还可以有效应对商业战略和社会系统问题。设计思维流程通常包括多个阶段:定义问题、研究、形成想法、原型设计和测试。但需要注意的是,"设计思维"

一词有着多种定义和用法。对于设计思维在设计以外的领域也是成功的灵丹妙药的观点,许多人表示怀疑[6],设计咨询公司IDEO的首席执行官蒂姆·布朗(Tim Brown)将设计思维定义为"一种以人为中心的创新方法,可从设计师的工具包中汲取灵感,将人的需求、技术的可能性和商业成功的要求整合在一起"[7]。

"'设计思维'这一术语在一些学者、管理者、设计师和教育者中获得了广泛关注,成为区分设计师工艺技能的一种方式,同时,也作为一种方法,适用于设计师常常面临的问题,且可能被管理者应用于组织问题的解决。"[8]设计师、研究者兼教育者露西·金贝尔(Lucy Kimbell)提供了两篇关于设计思维和实践理论的优秀论文。第一篇《设计思维再思考(上)》发于2011年,概述了设计思维的历史,其在管理领域和社会创新中的适应,以及在当代全球经济中的地位。她将设计思维置于更广泛的社会、经济和文化背景下,提出了一个有力的论点,主张对设计实践在商业和政策中的表现进行深入审视:"尽管'设计思维'这个术语起源于设计学科内部,但现今这一术语更多与组织尤其是企业所面临的挑战联系在一起。在管理框架下,设计更广泛的社会或政治意义会被淡化。"

在构建设计思维**再思考**的概念时,金贝尔确定并总结了三个可能的方面来定位设计思维:"作为一种认知方式,作为设计领域的一般理论,以及作为一种组织资源。"鉴于上述方面本身就具有多样性,所以作者其实是在暗示,目前尚无法形成对设计思维的明确定义。她接着指出了三个值得关注的关键问题:首先,这些关于设计思维的定义在很大程度上都建立在二元论基础上,即我们在头脑中的思维与认知和我们在现实中的行动之间的二元对立;其次,泛化的设计思维忽略了设计内部的多样性;第三,设计思维的基础设计理论偏向于将设计师视为设计过程中的主要能动者。金贝尔最后强调,我们需要对"设计思维"这一术语进行批判性地再思考,正如她所说,设计思维的"相关理论与研究依然有所欠缺"。

设计思维再思考（下）

在 2012 年发表的续篇论文《设计思维再思考（下）》中，金贝尔指出，人类学、科学与技术研究等不同学科的视角已经开始影响设计研究的方法和理论，使人们开始关注设计师工作和用户反应的更广泛背景，超越了传统的设计范围。她引入了一对新概念——"作为实践的设计"和"实践中的设计"，旨在加深对设计活动及设计师专业知识的理解，并借此对概念来"描述和分析设计活动，同时承认多方实践参与者在构成设计中的努力"。金贝尔认为，这对概念有助于重新思考设计思维，同时作为工具，帮助研究者识别专业设计师和参与设计的其他最终用户/利益相关者的活动及其知识基础，以及与这些活动相关的材料和事物，进而指导不同行、知、言方式的话语性实践。简而言之，相信"利益相关者也是共同设计者，而设计师则是另一个类型的利益相关者"，这便解构了以设计师为设计过程中主要能动者的中心论观点。

设计与设计思维：当代参与式设计挑战

参与式设计是一种强调流程和程序，让所有利益相关者（如雇员、合作伙伴、客户、公民、最终用户）都作为协作设计者参与设计过程的方法。参与式设计曾经被称为"协作设计"（cooperative design，现在多为 codesign），兴起于 20 世纪 70 年代初，是一套植根于斯堪的纳维亚的系统性设计方法下的设计和研究实践，重点在于设计师和用户为改善工作和生活的质量而共同合作（最初是与工会合作）。这个术语被广泛应用在各种设计领域中，作为创建更能响应和适应公民文化、情感、精神和实际需求的环境的一种方式。该方法还涉及一种政治维度，鼓励用户赋权和民主化[9]。

在《设计与设计思维：当代参与式设计挑战》一文中，资深研究者埃林·比约格文森(Erling Bjögvinsson)、佩尔·艾恩(Pelle Ehn)和佩尔·安德斯·希尔格伦(Per-Anders Hillgren)提出,在参与式设计领域,有必要将关注点从设计"物"(有形物)的概念转向设计"事"(社会物质组合)。他们认为,这种设计专业的新范式"不仅具体项目的设计过程面临挑战——像'传统'的参与式设计一样,即让利益相关者参与设计过程,更重要的是考虑到设计之后的未来,即设计如何能够超越具体项目,促进利益相关者作为设计师",实际上就是支持"设计后的再设计"。本书将设计定位为一个持续的过程,而不是一种已完成的状态,邀请并纳入用户参与到一个开放的过程中。从这个角度来看,参与式设计延长了设计过程,可能还包括在参与式相遇之后的设计阶段,即"设计之后的再设计"环节。因此,设计作为一个持续而非完成态的过程,同时涉及"设计前的预设计"和"设计后的再设计",从而形成了一种"基础构建化"的设计方法(以建立并支持长期关系),将设计之"事"的概念(即社会物质组合作为设计对象)同样落实在传统设计周期的前后阶段。为了进一步说明他们正在进行的研究,作者讨论了他们在马尔默生活实验室的"基础设施化"参与项目,作为社会创新设计之"事"的一个例子。

从设计文化到设计行动主义

设计行动主义的定义往往会突出设计在以下方面的核心作用:促进社会变革,强化价值观和信仰(如气候变化、可持续性等),或质疑大规模生产和消费主义对人们日常生活的影响。在这种情况下,设计行动主义并不局限于单一的设计学科,而是涵盖产品设计、交互设计、新媒体、城市设计、建筑以及时尚和纺织等多个领域[10]。

在2013年发表的《从设计文化到设计行动主义》一文中,教育家盖伊·朱利耶(Guy Julier)将"设计文化"定义为由设计师、生产者和消费者之间相互关系所促成的主流商业设计文化,将"设计行动主义"定义为一种批判主流设计文化的经济实践和意识形态运动。文中集中探讨了新自由主义政治[11]如何作为设计行动主义和主流设计文化之间的关键联系——"必须理解设计文化、设计行动主义与新自由主义之间的关系。这意味着要探讨设计如何在新自由主义的结构、制度和资源内部运作,并利用这些机制"。从本质上讲,朱利耶所解释的设计行动主义是一场"对抗"不断发展的全球化带来的新自由主义变革进程的运动,它为那些希望自身专业实践远离商业化的人提供了发声的机会,同时"发展新的工作方式,正与当今地缘政治、经济和环境危机相吻合"。在论文的最后部分,朱利耶提出并阐述了一个涵盖社会、政治和环境领域的概念框架,包括同时存在于主流设计文化和设计行动主义中的四个主题:强化(intensification)、共同接合(co-circulation)、时间性(temporality)和领土化(territorialiation)。

去殖民化设计创新:设计人类学、批判性人类学和本土知识

设计人类学是一门新兴的学术学科与实践,它将设计思维和人类学研究的优势整合在一起形成了一种互惠互利的关系,"旨在理解设计过程与人造物如何帮助定义人类的意义,并关注设计如何将价值转化为有形的体验"[12]。在《去殖民化设计创新:设计人类学、批判性人类学和本土知识》一文中,伊丽莎白(多莉)·坦斯托尔[Elizabeth (Dori) Tunstall]提出应发展设计人类学的方法论,以建立去殖民化的设计人类学参与过程;通过设计将不同文化背景的人们连接起来,促进他们之间的沟通与理解,帮助彼此理解在世界中不同的存在方式。她批判西方世界盲目追随"创新霸权范式"的创新举措,认为"设计思维的价值源自一种关于全球救赎的进步叙事,但它忽略了非西方的思维方式"。她以自己参与的"土著智慧艺术项目"为例,进一步阐释了她所谓的去殖民化与人性化的设计人类学,强调其基于的价值观旨在为人类彼此之间以及与更广泛环境的和谐相处创造一种共情(compassion)条件。

社会设计与新殖民主义

在《社会设计与新殖民主义》一文中,作者辛纳蒙·詹泽和劳伦·温斯坦指出:"设计师应该对各种复杂的社会结构和文化线索保持敏感,否则他们就可能会助长或实践设计的新殖民主义"。作者暗示,当"设计师的议程及其创造自由"盖过了"最终用户的赋权和对最终用户世界观的深入理解"时,设计师自身的文化审美可能会在不知不觉中被加之于作品中,从而强加于用户,这其中包含着新殖民主义的暗流[13]。

2010年,布鲁斯·努斯鲍姆(Bruce Nussbaum)质疑:那些自诩人道主义设计师的高尚情操是否可能被误导了,进而引发了一场非常激烈的网络辩论——"美欧的新人道主义设计是否会被后殖民主义者视为一种殖民主义形成?美欧设计师在试图行善时,是否存在过于自以为是的情况?"[14]詹泽和温斯坦也提出,"如果社会设计师想要创造社会变革,解决社会问题,他们首先必须考虑那些会受到这些社会问题影响的人群,基于他们的信仰、知识和观点来提供设计方案"。为了支持这一论点,作者引入了一个"矩阵模型,作为早期版本的共享框架"。该模型将社会设计分为四个部分:以内部视角设计情境、以内部视角设计物、以外部视角设计物和以外部视角设计情境。同时,作者强烈建议不要采用最后一种方式,因为这种方式很有可能导致带来文化偏见和强加性的解决方案(即设计的新殖民主义)。

未来派的小发明,保守的理想:论不合时宜的思辨设计

思辨设计是一种批判性设计实践,与一系列类似实践相关:批判性设计(critical design)、设计虚构(design fiction)、未来设计(future design)、反设计(antidesign)、激进设计(radical design)、质询设计(interrogative design)、话语性设计(discursive design)、对抗性设计

(discursive design)、设计未来展望(futurescape)、设计艺术(design art)、过渡设计(transitional design)等。思辨设计是一种基于批判性思维和对话方式的话语性实践,旨在对现有设计实践(及其现代主义定义)质疑。思辨设计的独特之处在于,它不仅停留在批判层面,还进一步拓展,着眼于未来情境的想象与愿景,成为新兴跨学科互动重要范例[15]。

在2015年发表的《未来派的小发明,保守的理想:论不合时宜的思辨设计》一文中,设计研究者路易莎·普拉多(Luiza Prado)和佩德罗·奥利维拉(Luiza Prado & Pedro Oliveira)指出,"思辨设计正在经历麻烦的青春期",这正是他们批评的核心。他们认为,思辨和批判性设计(SCD)——作为一种针对产品和交互设计而开发的新兴策略,陷入了各种对立的意见和争议之中——未能实现其最初意在煽动辩论的政治野心。安东尼·邓恩(Anthony Dunne)和菲奥娜·雷比(Fiona Raby)是"批判性设计"(现在被称为SCD)一词的最初创造者,但作者认为,当前的SCD实践过于被"北欧和/或美国的知识分子中产阶级"关切所主导了,忽视了贫困、殖民主义和性别歧视等更为紧迫的现实问题。因此,这篇文章在挑战SCD局限的同时,也呼吁探索新的方法来"质疑特权等级制度",从而使SCD"摇身一变成为一个能够推动政治变革的强有力工具(agent)"。作者进一步指出,只有"当SCD的研究者和从业者开始重视这些问题,并承担起他们的政治责任的时候,这个领域才有可能真正实现其批判性的承诺"。

特权与压迫:走向女性主义思辨设计

在《特权与压迫:走向女性主义思辨设计》一文中,设计研究者路易莎·普拉多延续了她对思辨与批判性设计(SCD)内在特权根源的质疑(在前一章的基础上)。她认为,**设计**作为我们社会的一种反映,若不正视种族、阶级和性别等相关的社会正义问题,就有可能在不知不觉中参与或助长压迫的传播。因此,她提出应进行更广泛的讨论。为此,同时也为了挑战 SCD 中性别问题的框架,普拉多提出了"女性主义思辨设计"(feminist speculative design)的概念,作为一种方法,通过交叉性女性主义视角来质疑性别、技术、社会和文化压迫之间的复杂关系。

可持续创新是一个悖论吗?

"可持续创新是一个悖论吗?"[16]——这是伊丽莎白·桑德斯(Elizabeth Sanders)提出的问题。她认为,以消费者为中心的创新不可能实现可持续性,但从以人为中心的角度出发,创新是可以实现可持续的。桑德斯的观点是:在今天的现实中,设计师面临着巨大的经济、环境和社会挑战,只有通过集体合作才能更有效地应对这些挑战。她将"集体创造力"(collective creativity)描述为多人(有时甚至是一群人)采用以人为中心的视角共同参与的创造性行为。"未来用户"才是真正的专家,他们需要共享参与式思维,以"打破学科和/或文化边界"。桑德斯认为,"设计主导的创新需要**以协同设计为基础**",通过参与式原型设计方法,"并从设计开发过程便开始引入,以推动可持续创新的实现。

社会创新与设计:赋能、复制与协同

"社会创新"在定义上涉及一系列旨在满足工作条件、教育、社区发展和健康等社会需求的创新战略、概念、思想和组织,最终目的在于扩大或强化公民社会。社会创新既包括创新的社会**流程**,如开源的方法和技术,也包括一切以社会为导向的创新[17]。

"社会创新设计"(Design for Social Innovation)是一种为应对企业、政府、社会和人类面临的复杂社会和环境挑战而创造新模式、产品和服务的设计方法论,实际上是一种广义的交互设计,发生在人与人之间,旨在创造积极的系统性影响的互动。虽然结果可以表现为各种有形的设计物，但出发点往往都是人类行为背后的无形力量，发生在社区和系统内部，而非外部[18]。

"社会设计和社会创新设计正在趋同，并形成了客观（且卓有成效）的重叠领域：社会设计越来越倾向于关注社会创新，同时也逐渐意识到其传统的问题处理方式可能无法应对日益复杂的社会问题，必须寻求创新的方法；反过来，随着经济危机的加剧，社会创新设计也越来越多地参与到那些关注社会敏感问题的项目和活动中。"著名设计研究者兼教育家埃佐·曼奇尼在 2016 年的论文《社会创新与设计：赋能、复制与协同》中，概述了他所提出的"社会创新设计"[19]的概念。在引言中，曼奇尼提出要展开"一段社会创新之旅，从社会创新概念的介绍开始，聚焦于**赋能**（empower）、**复制**（replicate）和**协同**（synergize）的策略"，并"在此框架内概述**设计**可以采取哪些措施来构思或强化……新的可持续的生活方式和行为方式"。他还谈到了"创意社群"（creative communities）的潜力，即一群"合作创造、改进和管理创新性解决方案以实现新的生活方式"的人，经过整合就会变成"协作组织"（collaborative organizations），在实践中"可以充当社会服务机构、负责任的企业或用户协会"。他列举了人们在日常生活中为应对各种挑战而发挥创造性和创造力的实例。曼奇尼认为，这些实例是"可行解决方案"的"原型"，"它们经过传播后有潜力促使更多人支持可持续的生活方式"。

曼奇尼是公认的"社会创新设计"一词的创造者，在 2013 年的一次采访中，他阐述了这个概念的实际含义：

> 社会创新设计是一个"统领性概念"，包括"经由设计能够促发并支持社会创新的一切"（这里的"设计"涵盖整个设计行业，包括从专业设计师到研究人员、理论家，以及设计院校、设计期刊和出版社等各种运用设计知识的人或机构）。对于设计专家来说，主流的做法是从现有的社会创新案例入手，提升其效果，使之更易于理解、应用、愉悦，并具备可复制性。然而，设计师也可以充当活动

家,主动触发或发起新的协作组织(复制已有的构想或启用全新的想法)。设计专家还可以通过协同各种地方性举措、制定特定构思的框架项目来促发大规模的系统性变革。最后,他们可以通过提供多种情境和建议,丰富社会对话,从而共同构建一个共享的未来愿景。[20]

方法国际化,设计本土化

设计研究者艾哈迈德·安萨里(Ahmed Ansari)在他的批判性论文《方法国际化,设计本土化》中,对当今普遍存在的"设计方法"和"设计思维"这两个与社会设计密切相关的主要术语进行了历史性概述。他指出,这两个概念"似乎都经历了定义上的综合,在当代的专业实践中共享其全盛时期,尤其是随着设计实践已经走出了设计机构和咨询领域的范畴,成为人道主义组织在其自己的领域应用设计师式方法的主要工具"。通过对**方法工具包**——设计方法和设计思维的综合——进行批判性分析,安萨里挑战了工具包作为**通用**工具的普遍性观念,工具包的使用暗含的设计理念是:"设计可以被简化为一套工具,任何人都可以使用"。他认为,这些工具包的使用可能会无意中将殖民主义的理念输出到北半球(发展中)国家,"成为由不断崛起的技术官僚阶层所提倡的新自由主义发展模式的支持工具"。正如安萨里所明确指出的那样,在西方设计界(北半球发达国家),以社会参与为特征的设计话语与基于后殖民主义的理论话语之间,存在一种新兴的紧张关系,尤其是在后殖民理论强调批判性解构和揭示英欧中心主义的背景下[21]。因此,我们要保持质疑性的态度,深入审视设计中所嵌入的代理、策略和政治因素,以揭示其中的偏见和政治倾向。

新兴的过渡设计方法

过渡设计(Transition Design)是一个新兴的设计研究与实践领域,旨在促成社会过渡和系统级变革,并主张设计和设计师在这些过渡中发挥关键作用。过渡设计的目标是:开发新的工具和方法,供从事这项工作的跨学科团队使用;培养新一代设计师,使其具备参与这些团队的资格[22]。

为了解决我们在21世纪面临的问题,我们社会的各个层面都需要进行根本性变革。气候变化、生物多样性丧失、自然资源枯竭以及贫富差距扩大,这些都是需要新方法应对的"抗解问题"。过渡设计承认我们正处于一个"过渡时期",其核心前提是社会需要向更可持续的未来过渡,并相信设计在这些过渡中可以发挥关键作用。[23]

"过渡设计"是由美国卡内基梅隆大学设计学院于2012年提出的概念,提倡以设计为主导促进社会向更可持续的未来过渡。2013年,卡内基梅隆大学教师特里·欧文(Terry Irwin)、卡梅伦·汤金维斯和吉迪恩·科索夫(Gideon Kossoff)共同开发了"过渡设计框架"(Transition Design Framework),并将其作为2014年秋季新设计课程的重点内容。后来基于该项目,他们发表了一系列研究论文,参与了多个会议演讲和国际研讨会。在2018年的论文《新兴的过渡设计方法》中,特里·欧文对过渡设计进行了概述,称其为"一种新兴的、以设计为主导的方法,用以应对复杂的抗解问题,并促进社会向着更可持续的未来方向过渡"。欧文强调,要"让**所有**受问题影响的利益相关者共同参与,以在利益相关者之间生成关于问题的共同定义,并且使其能够理解彼此之间的对立与一致之处"。文中提出的过渡设计框架(指南),旨在"提供一种逻辑,将各种实践(设计学科之外的各种知识和技能)整合到四个与引发和推动系统级变革有关的互相巩固、协同发展的领域之内",同时提供一个"分阶段方法",将过渡设计框架划分为三个阶段,以"理解问题的根源和后果,明确施加干预措施的杠杆点,从而使系统能够沿着一条过渡路径向共同设想的未来迈进"。

20. 当务之急宣言 2000

下列签名者有平面设计师、艺术总监和视觉传达设计师。在我们的成长过程中，一直被灌输着这样一种观念：广告行业是获取财富的捷径，也是最令人向往的职业选择，广告技术和装备是展现我们才能的最佳工具。许多设计教育者都推崇这种信念，市场在奖励这种做法，大量的书籍和出版物也在不断强化这种观点。

在市场的鼓动下，设计师们将他们的设计技能应用于商品包装，发挥想象力来促进狗饼干、咖啡、钻石、洗涤剂、发胶、香烟、信用卡、运动鞋、臀部爽肤水、淡啤酒和重型休闲车的销售。虽然商业设计项目一直是设计师们谋生的途径，但如今许多平面设计师已经让商业性服务成为他们主要的工作。相应地，这也是世界对设计的认知。这个行业花费了太多的时间和精力来创造需求，尤其是那些对很多人来说无关紧要的需求。

我们中的很多人都对设计越来越反感。继续从事于广告、营销和品牌开发，实际上是在间接支持并默许这种我们的心理环境被大量商业信息所充斥的情况。这种商业影响正在改变公民—消费者的表达、思考、感受、反应和互动的方式。在某种程度上，我们这些设计师助长了这种还原论的且负面影响难以估量的公共话语准则的形成。

我们认为，设计师所特有的解决问题的能力应该用于关注更值得的领域，比如前所未有的环境、社会和文化危机。许多文化干预、社会活动、书籍、杂志、展览、教育工具、电视节目、电影、慈善事业等信息与文化设计项目亟需我们的专业知识和帮助。

因此，我们提议改变设计活动的优先顺序，采取更有用、持久、民主的设计传达形式——致力于实现思维转变，不再只关注产品营销，而是努力去探索和创造新意义。在设计圈，大家的关注范围正在缩小，我们必须将其扩大。虽然消费主义目前是不可撼动的，但我们应该（也必须）利用设计的视觉语言和资源去表达其他观点，从而对现行的消费主义模式发起挑战并试图寻求改变。

1964 年，22 名视觉传达设计师签署了最初的呼吁，他们要求设计师的技能得到更有价值的运用。随着全球商业文化的迅猛发展，当初他们所提出的呼吁在今天变得更加必要且重要了。今天，我们要重申他们的宣言，希望不要再等到几十年后人们才会真正重视这个呼吁。

签名者：乔纳森·巴恩布鲁克（Jonathan Barnbrook）、尼克·贝尔（Nick Bell）、安德鲁·布罗维特（Andrew Blauvelt）、汉斯·博克廷（Hans Bockting）、伊玛·布（Irma Boom）、希拉·莱夫兰特·布雷特维尔（Sheila Levrant de Bretteville）、麦克斯·布鲁因斯马（Max Bruinsma）、西恩·库克（Sian Cook）、琳达·范·德尔森（Linda van Deursen）、克里斯·狄克逊（Chris Dixon）、威廉·德伦特（William Drenttel）、格特·登贝（Gert Dumbar）、西蒙·艾斯特森（Simon Esterson）、文森·弗罗斯特（Vince Frost）、肯·加兰、米尔顿·格拉塞（Milton Glase）、杰西卡·赫尔法德（Jessica Helfand）、史蒂芬·海勒、安得烈·霍华德（Andrew Howard）、蒂博尔·卡尔曼、杰弗里·基迪、祖扎纳·理科（Zuzana Licko）、埃伦·勒普顿（Ellen Lupton）、凯瑟琳·麦考伊、阿曼德·梅维斯（Armand Mevis）、J. 阿伯特·米勒（J. Abbott Miller）、里克·波因纳（Rick Poynor）、鲁西安娜·罗伯茨（Lucienne Roberts）、艾瑞克·斯毕克曼（Erik Spiekermann）、扬·范·托恩、蒂

尔·特里格斯（Teal Triggs）、鲁迪·范德兰（Rudy VanderLans）、鲍勃·威尔金森（Bob Wilkinson）。

经《广告克星》（Adbusters）创始人卡勒·拉森许可重新发布。

21. 设计的"社会模式":实践与研究问题

维克多·马格林　西尔维娅·马格林

VICTOR MARGOLIN AND SYLVIA MARGOLIN

背景

当大众想到产品设计时,映入他们脑海的便是市场上销售的产品,由制造商生产,直接面向消费者。自工业革命以来,占据主导地位的设计范式始终是面向市场的设计,其他方案却很少受到关注。在1972年,工业设计师兼加州理工学院艺术设计学院院长维克多·帕帕奈克出版了《为真实的世界设计》(*Design for the Real World*)一书,在这本书中,他发表了著名的声明:"比工业设计危害更大的职业少之又少。"[1]这本书最初于两年前在瑞典出版,很快在全球范围内受到欢迎,因为它呼吁为设计师们制定一种新的社会议程。自《为真实的世界设计》问世以来,很多人响应了帕帕奈克的号召,试图开发能够满足社会需求的设计方案,从满足发展中国家的需求,到为老年人、贫困人口和残障人士等群体的特殊需求而设计[2]。

这些尝试表明,除了面向市场的产品设计,设计具有其他的可能性,只是还未能形成一种新的社会实践模式。与"市场模式"相比,针对社会需求的产品设计模式理论相对较少。面向市场的设计理论体系更为丰富,实现了从设计方法到管理研究以及营销符号学的跨领域发展。大量深入的文献在助力维系商业设计的地位屹立不倒的,同时,也增强了市场化设计对新的技术、政治和社会环境、组织结构以及设计流程的适应能力。相反,社会设计的结构、方法和目标很少受到重视。就发展设计(design for development)而言,一些思想和方法源自中间技术或替代技术运动,而后者倡导开发低成本的技术解决方案,以解决发展中国家面临的各种问题。但是对于设计活动如何指导、支持和执行社会需求,目前还缺乏更广泛的理解[3]。同时,对产品设计师教育的改变也需要更多的关注和努力,以培养他们为有需要的人群设计产品的能力,而不仅仅是追求市场的商业成功。

环境心理学领域也在尝试响应弱势群体的环境需求,工作人员采用跨学科的研究方法,实施解决方案,致力于为精神病患者、流浪汉和老年人等群体创造更好的生活空间[4]。建筑师、心理学家、社会工作者、专业治疗师等不同领域的专业人士联合起来,旨在共同探索研究人们的心理需求与景观、社区、邻里、住房和室内空间的关联,以增加用户的愉悦感、觉醒感、兴奋感和放松感,减少恐惧和压力[5]。而在产品设计领域,却还缺少类似的研究与成果。

设计实践的"社会模式"

在这篇文章中,我们希望通过提出一种产品设计实践的"社会模型"及相关研究议程,借鉴市场主导的设计和环境心理学的研究方法,展开为社会需求而设计的全新讨论。虽然许多设计活动都可以被认为是呼应社会责任的设计,比如可持续的产品设计、经济适用房、政府税收和入境表格的再设计等,但是本文所探讨的相关概念范围将限定在社会服务创新过程中所涉及的产品设计。虽然讨论的基础是社会工作者的工作模式,但类似的模式也有其他适用性,例如医院中医护人员与医疗机构的合作,院校中教师和教育行政人员的联合项目等。该模式也适用于参与发展中国家项目的专家团队。

面向市场的设计的首要目标就是促进销售。相反,社会设计的首要目的就是满足人类的社会需求。然而,我们并不认为"市场模型"和"社会模型"是二元对立的,相反,我们认为它们是一个连续谱系上的两极。这种差别是由设计委托的优先次序决定的,而不是由生产或分配方式所定义的。许多为市场设计的产品同时也能够满足社会需求,但是,我们认为市场没有、也不可能满足所有的社会需求,因为有些产品的用户并不构成市场意义上的消费者阶层,比如低收入群体或因年龄、健康、残疾等问题而具有特殊需求的群体。

社会工作的主要目标就是满足那些缺乏社会服务的被忽视或边缘化群体的需求,通过借鉴社会工作领域的研究成果和实践经验,我们可以更好地理解和解决社会问题,为发展设计的"社会模式"提供参考。社会工作理论的核心是从生态视角看待社会[6]。社工会通过评估服务对象系统与其周围环境之间的交互来了解客户的需求和问题。服务对象系统可以是个人、家庭、群体、组织或社区,而环境领域则涵盖了各种影响人类生活和社会互动的领域,如生物、心理、文化、社会、自然和物理/空间等[7]。本文所关注的是物理/空间领域,包括所有人造事物,如物品、建筑、街道、交通系统等。不适合或劣质的物理环境和产品会影响个人或群体在社区中的安全、社会机会、压力水平、归属感、自尊心,甚至身体健康。服务对象系统与一个或多个关键领域不协调可能是其产生问题的根源,从而导致了人类需求的产生。

举例来说,在面对学龄前儿童行为问题时,往往首先怀疑父母的教育方式是否有问题。因此,社工会介入组建学习小组去教育家长,以期望他们能够改进自己的育儿方法,从而改善孩子的行为。然而,当小组开会时,社工了解到,家长们其实承受着多重因素所导致的巨大压力:因为无法就业而经济困难,现有工作的工资无法满足生活需要,工作地点偏远故而通勤不便,生活环境安全性无法保证,水泥操场设备破损,公寓电梯数量不足且不够安全等。显然,家长们所面对的困境不仅仅是他们如何教育孩子的问题，还涉及包括物理/空间领域的因素在内的其他方面的挑战。

社工们往往会遵循一种"综合实践"（generalist practice）模式，在解决问题时主要分为六个步骤，包括参与、评估、规划、实施、评价和终止。整个流程与服务对象系统协作进行。其他领域的专业服务人员可能会根据需要介入到相应过程中。在参与阶段，社工会听取服务对象们的意见，初步了解当前面临的问题。在下一个评估阶段，社工会全面审视服务对象在各种环境领域中的互动情况，旨在透过问题表象，更深入、广泛地了解服务对象系统在总体环境中的情况，以找到问题的根源。而在该阶段结束时，抽象的问题就会被转化为不同的需求清单。在第三个阶段中，社工与服务对象系统协作进行规划，首先确定需求的优先级，明确最紧迫的问题；然后双方进行头脑风暴，设计不同的解决方案；接下来对各种各样的想法进行探讨，商议决定最有效的方案；最终服务对象系统和社工共同制定终极目标和阶段性目标清单，并明确各自的任务[8]。在实施阶段，以已商定的目标清单作为服务介入的指导。

在医院或学校这样的环境中，社工只是诸多专业人士组成的团队中的一员，其他成员还可能包括心理学家、语言治疗师、职业治疗师和缓刑监督员等。团队会协作对问题进行评估，并根据需要进行不同的干预。而产品设计师在服务团队中的角色和参与方式还有待进一步探索和研究，特别是在物理/空间领域。

美国行为心理学家鲍威尔·劳顿（Powell Lawton）描述过一个针对老年人的研究项目，旨在了解老年人家庭环境的缺陷及应对方式。一个由社工、建筑师、心理学家和职业治疗师组成的团队，拜访了50名问题较为突出的独居老人。经调查发现，许多老年人都在客厅中设置了一个"控制中心"，可以直接看到前门，并通过窗户看到街道。附近放置的电话、收音机和电视，也使他们能够与外界保持社交联系。此外，在触手可及的桌子上放着药品、食物、阅读材料和其他生活用品。如果在这个干预团队中有一个产品设计师，这样的场景无疑会激发他（她）

的设计灵感,去设计一款产品以满足这类行动不便的老年人的需求[9]。

对于产品设计师如何与干预团队合作,我们认为有几种可能。在评估阶段,设计师无论是作为团队成员还是作为团队顾问,都有助于探究问题产生的原因;在规划阶段,设计师可以帮助开发与物理环境相关的干预策略;在实施阶段,设计师可以帮助创建所需的产品,或与服务对象系统合作,根据他们的需求和反馈来设计产品。

以上策略与帕帕奈克在《为真实的世界设计》一书中的建议不同。帕帕奈克号召有社会责任感的设计师与依靠生产过剩和无用产品而繁荣的商业市场对立起来,同时对市场经济进行了严厉的批评,这也限制了社会设计师的职业选择。帕帕奈克认为,有社会责任感的设计师必须在主流市场之外组织社会干预,但对于如何实现,却几乎没有做出指导。我们相信,还有许多专业人士与那些想要从事社会责任工作的设计师有着共同的目标,因此我们建议设计师和其他领域的专业人士积极探索合作的方式。简言之,我们相信设计师们会在健康、教育、社会工作、老龄化和预防犯罪等领域找到更多的盟友,而不是像帕帕奈克分析的那样独自战斗。

不过,《为真实的世界设计》一书在描述设计师可能创造的社会产品类型方面还是非常值得借鉴的。帕帕奈克以社会导向的设计办公室为参考框架,列举了一系列满足社会需求的产品。其中包括各种教具,比如面向学习困难者和身体残障人士的教辅工具,为贫困人群提供工作技能培训的辅助工具,医疗诊断器械、医院设备和牙科工具,精神病院的设备和陈设,家庭和工作场所中的安全装置;以及解决污染问题的设备等[10]。其中一些产品——特别是医院和医疗设备——已经被投入市场了,但肯定还有很多产品由于无法确定市场需求而未被生产出来。

社会设计议程

在公众眼中,设计通常就是一种生产令人眼花缭乱的灯具、家具和汽车的艺术实践。媒体和博物馆所呈现的设计形象便是如此[11]。社会设计服务没有得到更多支持的一个重要原因,就是缺乏研究来证明设计师能为人类福利做出什么贡献。

　　一个广泛的社会设计研究议程,需要首先明确一系列问题:设计师在社会干预的协作过程中可以扮演什么角色?目前在这方面已经做了哪些工作?未来又可以做些什么?如果想向公众呈现出一个有社会责任感的设计师形象,该如何改变公众的看法?如何让社会福利项目和研究资助机构更好地认识到设计作为一种具有社会责任感的活动?什么样的产品可以满足弱势群体的需求?

　　对于以上问题及其他问题,我们可以采取多种方法进行探讨。可以对专业的服务人员、设计师和机构管理人员进行调查、访谈,感知他们的看法和态度,并征求改革建议。还可以对档案数据(如杂志、刊物和报纸)进行内容分析,以了解媒体如何报道社会设计问题[12]。

　　另一种研究方法是参与式观察。要求设计师进入到社会环境中,作为多学科团队中的一员,或者单独行动,去观察并记录可以通过设计干预满足的社会需求。上文所描述的由劳顿主持的研究项目就是这样做的,区别在于设计师在调查团队中所扮演的是架构师的角色,而不再是一个产品设计师。

　　对于社会责任产品的开发和评估的研究性工作也是十分重要的。产品开发即创造新产品,设计师须将其脑内的想法转化为设计成品,同时在实际使用的情况下对产品进行评估,以测试其有效性[13]。在社会责任产品设计的研究中,麻省理工学院(MIT)的老年实验室(AgeLab)是一个非常好的案例。工程学教授约瑟夫·考夫林(Joseph Coughlin)及其同事和研究生们正致力于测试和分析能够改善老年人生活的新技术。虽然有些调查内容指向的是如老年人安全驾驶等技术,但是大部分的研究还是关于家庭生活方式的,其中考虑到了一些产品,如家庭健康中心,以及一个可以让人们自由安排出行时间的交通系统。最后我想说的是,社会设计领域也应该有一个案例研究汇编,就像老年实验室一样，记录相关实践的案例。

本文所概述的综合研究方法旨在实现对社会设计的全面探讨，涵盖从设计师工作的广泛社会背景到为特定服务对象系统开发产品的具体细节等各种问题。社会设计的研究范围十分广泛，包括公众和机构对设计师的看法、社会的经济干预措施、设计在改善被忽视人群的生活方面的价值、新产品类型的分类学、制造社会责任产品的经济学，以及这些产品和服务满足需求的方式等。迄今为止，设计师进行的社会干预往往效果不一，成功案例较少，因此缺乏足够的经验来支持进一步开展类似的社会支持工作。

社会设计师的教育

设计师所掌握的设计技能可以处理各种情况，但是未来的社会设计师真正需要了解的不再是产品制造商，而应该是弱势群体或边缘人群。社会设计专业的学生必须习得更多社会需求的相关知识，同时学会如何协助专业人士满足用户需求。这些学生可能需要在精神病院的临床团队、社区机构或养老院等场所进行实习，同时还需要有社会学、心理学和公共政策方面的深厚背景。据我们所知，目前的大学中还没有专门培养社会设计师的课程。但是，我们可以把为期一年的"原型工程"（Archeworks）认证项目作为一个良好的开端。"原型工程"是芝加哥的一家私立教育机构，由斯坦利·泰格曼（Stanley Tigerman）和伊娃·L. 马多克斯（Eva L. Maddox）于1994年所创，致力于推进社会责任设计的发展。每年，"原型工程"都会介绍一个由不同学科背景的学生组成的跨学科小组参与到社会设计的过程中，到今天为止，已经产生了许多设计项目和研究成果。比如，便于阿尔茨海默病患者进入汽车的辅助装置，专为脑瘫患者设计的头戴式光标定位器，以及伊利诺伊州公共服务部的新型办公环境等。在大多数情况下，这些设计项目是与社会服务组织或机构合作进行的，由公共和私人的赠款所资助[14]。

总结

本文旨在描述一种新的"社会模式"的设计实践,并提出一个研究议程,以解决这种设计实践形成过程中所涉及的重要问题。现在,我们比以往任何时候都更需要设计实践的"社会模式",我们希望关心此事的设计师、设计研究人员、其他专业的协助人员以及设计教育者能够使之成为现实。

© 2002 MIT。之前发表于期刊《设计问题》(*Design Issues*),第 18 卷,第 4 期,2002 年秋季刊。

22. 设计的非物质化

乔治·弗拉斯卡拉
JORGE FRASCARA

摘要

如果设计以用户的使用为中心，那么设计任务所处的环境是动态的，设计流程必须为设计的自组织预留空间。如果设计的目标是支持人类活动、提高人体表现、协助人们追求目标，那么以下问题将不可避免：人类对好的表现的期望是什么？理想目标又是什么？在这个联系越来越密切的世界中，人类的表现及其目标应该以什么样的方式在现实中表达出来？虽然设计的作用就是满足人类的需求和欲望，这无可争议，但如今我们却发现，需求和欲望之间的界线很难界定，即使明确了这两个概念的定义也很难解决问题。我们需要将设计视为围绕问题而展开的跨学科性活动，将设计本身视为一个设计问题进行关注，并寻求跨学科的研究方法来定义设计能力和设计行动的范畴。我们应该审视设计，批判性地审视其所处的价值体系。

关键词：传达；文化；设计；以人为中心；跨学科

以人为本的设计：复杂性和不确定性

设计和社会科学之间的联系越来越密切，主要有两个原因：一是设计专业中设计目标和设计方法有所变化，二是这些变化要求社会科学家更多地关注消费产品和公共服务领域，并以某种社会学的方式促进其发展。对于设计本质和实践的理解有很多新的维度，为了进一步说明这些新维度，我将对一系列主题进行探讨和简要说明。

物和人

虽然在传统上，设计所关注的是物的设计和设计流程，但同样不可忽视的还有设计物对用户的影响。我们不能再把设计看作是图形、产品、服务、系统和环境的构建，而应该将其视为促成人类行动的手段，帮助人们实现愿望，满足需求。设计真正的服务对象应该是人类的需求和愿望，而实物产品只是实现手段。这需要我们以跨学科的方式深入理解人类、社会和生态系统。

功能影响与文化影响

每个设计项目都有功能性（operational）的设计目标：通过所赋予及所期待的方式影响人们的认知、态度或行为。但任何存在于公共空间中的物，无论是交互性的还是实体的，都会产生文化影响，会潜移默化地影响人与人及人与物之间的互动方式，并促成文化共识。我们必须做更多的工作来理解这种文化影响，这样设计师才能担负起更多的社会责任。

将传达视为伙伴关系和协商过程

如果说视觉传达设计的目的在于影响人们的认知、态度和行为方式,那么这种目的的实现方式应该是符合人性与伦理的,换言之,视觉传达设计的未来发展目标应该是构建与受众的伙伴关系,摒弃单纯的信息传递性。传达的过程同时也是一个协商的过程,信息的传达者和接收者通过沟通寻求共性。单向的信息输出是不合乎伦理的,同时缺乏效率,无法产生积极作用,长远来看甚至会削弱我们的文明。伦理性的传达过程是人与人就某事进行沟通,而不是一个人就某事对其他人的单向信息输出。在伦理性的传达中,将沟通链的两个端点定义为"发射器"和"接收器",这种借用电子学和信息科学的术语并不可行,也不合适。

在人类社会中沟通十分普遍,对此,将讨论对象定义为"生产者"和"阐释者"比"传达者"和"接收者"更为恰当,因为后者的概念过于狭隘,没有考虑语境、历史、人类期望、目标、价值观、优先级、情感、偏好、文化和智力差异等因素。在合乎伦理的传达中,信息生产者所使用的语言必须让观众能够理解。若想实现双向沟通,被理解而不仅是被倾听,那么信息生产者应该记住,人们所能理解的只是他们已知的事情。因此,如果不考虑观众的语言习惯及自身经验,要想实现沟通是不可能的。这就是为什么人类沟通的理想形式是对话,对话的互动方式允许信息交换和调整,以及构建或扩大共性。鉴于设计师的目标是为大众媒体塑造沟通方式,试图与成千上万的陌生人对话,因此设计过程需要社会科学的介入,以使设计师更好地理解受众,实现兼顾伦理和有效性的视觉传达设计和产品设计。对于这一观点,目前已经有越来越多的人达成共识。

设计当责性

发展一种更具当责性的(accountable)设计实践是十分有必要的,设计质量的判断不应该依赖于各种主观性意见的一致,而应该基于实际可衡量的利益:用户体验、经济效益或其他方式的设计投资回报。这并非意味着我们要试图为所有的设计项目增添可衡量与可计算的维度,只是说现在是时候将设计视为一种投资行为来认真对待,如此一来,设计便可以撕掉纯粹浪费钱和只是面子工程的外衣。

公共利益

从事公共服务的志愿工作已不胜枚举,但这不是本文所探讨的重点。设计须以满足公共利益作为最重要的目标,以最好的资源为其服务,我们应该将设计理解为一种影响隐形经济的高回报投资。例如,在加拿大,每年有2 000万人需要填写纳税申报单,根据澳大利亚通信研究所的一项统计,纳税申报单的一个小错误就会给行政机构造成14美元的损失。再如,一场车祸造成的脊髓损伤在我们的医疗保健制度下,第一年的治疗费用就高达30万美元,而每年有20万加拿大公民在交通事故中受伤,随之而来的便是每年因各种受伤情况而损失的5 100万个工作日。对此,我们并非束手无策,通过精心设计的宣传活动、信息传播、公共教育和协作项目便可改善这种情况。不过实现这一点需要各个领域的顶尖人才,当然,以设计和社会科学领域为中心。同时,这些项目也需要大量的资金投入。以上情况是有以往经验可以借鉴的:澳大利亚维多利亚州为开展交通安全宣传活动,投入了600万澳大利亚元用于媒体宣传,但在第一年,作为第三方责任保险人的政府机构就节省了1.18亿澳大利亚元的赔付费用。该项目启动至今已有九年,通过大范围的警察项目与传达活动相结合,交通事故所导致的人员伤亡情况已经降低到了 20 世纪 50 年代的水平，大约是 1989 年伤亡人数的一半。

相关性

设计必须提高与其他领域的相关性，这样才能超越时尚和流行，渗透到生活的方方面面，从而改善生活。固守当前的职业要求和设计环境会影响设计提升自身与其他领域的相关性。但是，如果我们想要提高设计在人类社会活动中的地位，就必须重新审视设计项目与其他领域的相关性问题，并在能够提升设计优势的领域推进设计工作。

设计人员作为问题解决者 VS 设计人员作为问题定义者

设计是一种围绕问题而展开的跨学科性活动。因此在设计过程中，明确所需要解决的问题是十分重要的，同时需要与多个学科合作共同处理问题。仅局限于回应客户对设计项目的需求是一种不可持续的做法。发现并定义物质问题和文化问题，必须作为设计活动的重要组成部分。通过明确问题的性质，设计师才可以确定其所涉及的学科范围。设计应当作为观察世界的一种工具，这套工具的开发必然是由热爱人类的人们在好奇心的驱使下，通过批判性思维，以跨学科的方式来实现的。

可持续性

环顾当前世界，无论是环境还是文化，没有可持续性的理念就不可能很好地完成设计。资源浪费愈演愈烈，毒害性的产品和工艺大肆泛滥，而工业生产和政府部门却在推卸责任，这种境况对物质环境的危害，就像娱乐产业提倡暴力和自私对文化环境的迫害一样。文化和物质的可持续性必须成为每个设计过程不可或缺的一部分,在此种情况下,学校将在新一代设计师的教育成长中扮演重要的角色。虽然在宏观国际环境中不平等的情况还很明显,但设计师在自己的能力范围之内,能为文化可持续性发展所做的事情还有很多。

效率和民主

效率和民主是产生集体决策的两种极端方法,而如何在这两个极端之间取得平衡是一种判断问题。如果设计决策和其他对人类产生影响的决策要成为集体决策,那么我们就应该更多地关心它们的本质,以及在效率和民主这两个极端之间实现适当平衡的标准。置身于行业前沿的设计师正在将设计理解为人与物之间的互动设计,但是现在,我们需要更好地理解人与人之间的互动。要把事情做好别无选择,很多时候优秀的设计理念不能落地是因为设计师与决策者之间互动的不顺。设计方案越新颖,实施过程越困难,尤其是在需要大量投资的情况下。

规划和自组织

对于所有的设计问题,我们不得不承认的是,无论是依靠规划还是自组织都不可能让我们高枕无忧。理解事物和人在特定情况下自组织的能力,这使得规划呈现出一种有趣的视角。俱乐部模式(the Sport Team Model)或装甲师模式(Panzer Division)在此并不适用,加尔各答模式(the Calcutta Model)也不可取。我们应该更多地关注设计过程中各个事物之间相互作用的方式,以及大型复杂系统(如城市、生态或股市)的动态性,并寻求更好的概念模型来取代旧的规划策略。

一组不同的"复杂"概念

为了更清楚地使用这一组概念,我们需要对这两个术语进行有效区分。我们可以说计算机网络很复杂,因为它由许多部分组成,但对每一部分进行解释却是可以实现的。相反,社会关系的复杂体现在各个方面相互作用,不断变化,以至于我们在对其细描述、下定义、作诠释的时候无法做到滴水不漏。我们与复杂(complex)事物的关系总是处于变化中。一旦我们在系统中考虑人的因素,问题就会变得复杂。

从形式、材料、自我表现到语境、内容

20世纪20年代的设计教育以先锋派或美术为基础,因此其主要的关注点是形式、材料和自我表现。先锋派艺术家侧重于自我表现和形式探索,而设计教育就是在此方法的基础上加入材料探索。在70年后的今天,平面设计教育主要关注的甚至还是同样的问题,这阻碍着正规设计教育的发展,设计教育真正应该关心的是设计语境和设计内容,这两个维度塑造沟通的方式,以及由此所决定的设计的作用。在形式和材料的运用上,设计师们的集体经验已然足够;而对于自我表现,应该将注意力转移到设计的策略和创造性上,以便更好地运用视觉语言表达公众话语。我们还需要将有关设计语境和设计内容的教学形式化、系统化,学习并教授如何将其转化为设计过程中的一部分。

思维对象和判断尺度

思维对象和判断尺度是公众意见和公众态度得以形成的基础,设计师为了实现说服性沟通的目标,必须对此加以区分。思维对象存在

于我们的头脑中，可以是具象的，如埃菲尔铁塔、母亲；也可以是抽象的，如"休闲"的概念。判断尺度则表现为价值数据轴：好—坏、有用—无用、危险—安全、吸引—排斥等概念在数据轴上成对存在。我们对某个思维对象的态度和转变取决于我们如何在各种价值轴上对其进行评价。

设计的非物质化

对上述问题的强调无一不昭示着身为设计师的我们已然有所改变，不再只痴迷于产品、材料和制造工艺，而更关注设计对象和用户交流方式的语境，思考设计对人们生活的影响。例如，我们已经从设计工作装备产品转变为设计工作方式。设计一款座椅，让用户一天八小时坐在上面却丝毫不感到疲惫，也不会对身体造成一点损伤，这种想法是异想天开。更明智的做法应该是设计一种工作模式，其中涵盖家具设计，但设计的核心是工作中的行为。我们也已经从设计教学辅助设备转向了设计教学情境。学生高效学习不能只依赖教辅工具。教学活动也必然需要设计，以便在学生的学习过程中最大限度地发挥教辅设备的作用。影响教学的因素有很多，但可以肯定的是，教师的教学方式、学生的学习方法以及教学设备的应用环境都会影响学习过程，这些也都必须被视为设计问题的一部分。以上所述都指向了设计和社会科学之间不可分割的联系，同样也正是这种联系有望为我们提供更加有效的工具去面对各种复杂的设计问题。

一点忠告

近几年来，设计——尤其是在与人的因素和社会科学的其他方面之间的关系中——总是与效率挂钩。效率是设计话语中的核心概念。如果不是为了提高事与物的效率，为何要进行设计呢？诚然，设计能够

215　为我们的生活带来效率，满足需求，提升力量，增加舒适度，扩展能力。然而，在我们的文化中，特别是在非洲大陆，效率被过分强调，缩减行政开支、提高业绩期望的现象比比皆是，曾经的公共服务变成了商业活动，这样的偏见正在破坏我们的生活。进而，人们在工作中也被要求提高效率，加倍努力，节假日拒绝加班、稍作放松便会产生愧疚之感，这些统统给当下的人们带来了巨大的压力。如今，我们有必要对我们所处的设计语境以及设计所推动的价值体系进行重新审视。

　　在我看来，设计实践可以分为三个领域：设计使生活成为可能，设计使生活更加便利，设计使生活更为美好。我的工作主要集中在第一个领域，即为交通安全传达服务，保障更多的人生命无虞，减少苦痛与折磨。和医学一样，我所关注的也是人们的生命健康。但我依然十分困惑，为什么医学在我们的文化中如此受重视，而设计并没有这样的地位。医生治疗伤患，这确实意义重大；但是转观设计，它让我们的生活更加美好。体味情绪，享受智慧，感受成熟，对生命和行为有更高阶的认识，利用文化上的敏感性建设文明，与他人建立情谊，正是这些使我们之所以为人，设计的意义难道不是更加重要吗？

　　我认为，关注设计与社会科学的关系，将会使设计更好地为提高人类活动效率服务。在此所指的效率，不仅可以促进消费品生产，而且有益于我们更好地利用时间，让我们能够反思当前的境遇，陪伴爱人，让我们能够更主动地为日常行为创造意义，享受生活。

　　我希望这个项目能够有助于跨学科的形式化发展及可能性连接，敦促设计师以批判的眼光审视当前的设计语境。本讲座的最终目的，是希望人类运用全部的智慧，以实现更加人道的生活。

　　© 2003 Jorge Frascara。摘自 2003 年伊利诺伊大学尚佩恩分校设计系的同名客座讲座。经作者许可重新发布。

23. 为什么"不那么糟糕"是不好的（《从摇篮到摇篮》）

威廉·麦克唐纳　迈克尔·布朗格
WILLIAM MCDONOVGH AND MICHAEL BRAVNGART

减少工业破坏性的努力可以追溯到工业革命的最早期阶段，当时工厂对环境的破坏和污染相当严重，以至于必须采取控制措施，以防止工人和周围社区的人们因直接暴露于工厂的有害影响而生病或死亡。从那时起，人们对工业破坏性的典型反应就是去探寻一种"不那么糟糕"（a less bad）的方法。描述这种方法的词汇，我们很多人都很熟悉，包括：**减少、避免、最小化、保持、限制**以及**暂停**。长期以来，这些词汇都占据着环境议程的核心位置，直至今天，依然如此。

托马斯·马尔萨斯作为 18 世纪末的早期"黑暗先知"，很早就发出过警告：人类数量将呈指数级增长，最终会造成毁灭性的后果。但是，在工业革命早期的蓬勃发展时期，马尔萨斯的观点并不受欢迎。人们更倾向于看到人类的进步和潜力，沉迷于自己对地球塑造能力的增强，甚至人口增长也被视为福音。然而，在马尔萨斯眼中，地球的未来并不是巨大而辉煌的进步，而是黑暗、匮乏、贫穷和饥荒。其著作《人口论》（Population：The First Essay），出版于 1798 年，被认为是对乌托邦主义散文家威廉·戈德温（William Godwin）的回应，后者闻名于对人性"完美性"（perfectibility）的拥趸和宣扬。"我曾读到过一些关于人性和社会的完美性的推测，对此，我非常高兴。"马尔萨斯写道，"他们所描绘的迷人画面让我感到温暖和愉悦。"但是,他最后总结道:"人口发展的力量远远超过了地球可以维持人类生存的力量,因此人类终将目睹自己的灭绝。"由于他的悲观主义(以及他暗示人们应该减少性行为),马尔萨斯在当时成了一个文化小丑。即使到现在,他的名字也经常与埃比尼泽·斯克鲁奇(Ebenezer Scrooge)式的人物形象(即吝啬、冷酷,并对他人缺乏同情和慷慨)画上等号[1]。

在马尔萨斯对人口和资源做出悲观预测的同时,其他人也开始注意到随着工业的扩张自然世界(和精神世界)发生的变化。英国浪漫主义作家如威廉·华兹华斯(William Wordsworth)和威廉·布莱克描述了大自然所能激发的精神和想象力的深度,同时他们也开始抨击日益机械化的城市社会,认为这种社会正在把人们更多的注意力导向索取和浪费。在美国,乔治·珀金斯·马什(George Perkins Marsh)、亨利·戴维·梭罗、约翰·缪尔(John Muir)、奥尔多·利奥波德(Aldo Leopold)等人将这一文学传统延续到了19世纪和20世纪,传扬到了美洲新大陆(the New World)上。从缅因州的森林、加拿大、阿拉斯加、中西部到西南地区,这些来自荒野的声音用语言保留了他们所热爱的景观,哀叹其毁坏,并一遍遍地重申着他们的信念,正如梭罗的名言那般:"在荒野中保留着一个世界。"[2]马什是最早意识到人类在对环境造成持续破坏的人之一,而利奥波德则预见到了一些当今许多环保主义所特有的负罪感:

"当我将思想付诸纸上印刷,我是在间接助长树木的砍伐。当我在咖啡中加奶时,我是在为湿地排干出力,以便为牛群提供放牧地,进而加速巴西鸟类的灭绝。当我开着福特车去观鸟或狩猎时,我是在耗费石油资源,并间接支持那些为我提供橡胶的帝国主义者的连任。不仅如此,当我生育超过两个孩子时,我就在创造对更多印刷机、更多奶牛、更多咖啡、更多石油的贪婪需求,这意味着更多的鸟儿、更多的树木、更多的花朵将被杀害,或……被迫离开它们原有的生态环境。"[3]

这些环保主义的先驱,帮助建立了如塞拉俱乐部(Sierra Club)和荒野保护协会(Wilderness Society)等环境保护组织,以保护荒野,使其免受工业增长的影响。他们的著作激励了新一代的环保主义者和大自然爱好者,直至今天。

但直到1962年蕾切尔·卡森的《寂静的春天》(Silent Spring)出版之后,这种浪漫主义的荒野欣赏与对环境问题的科学关切才真正融合在一起。在那之前,环保主义意味着抗议明显的环境破坏行为,如砍伐森林、破坏采矿、工厂污染等可见的环境变化。同时,保护一些备受欢迎的风景区,像新罕布什尔州的白山或加利福尼亚州的优胜美地。而卡森则指出了一些更加隐匿的问题,她设想了一个没有鸟儿唱歌的风景区,并进一步解释了人造化学品——特别是滴滴涕(DDT)等杀虫剂——对自然界的破坏。

尽管如此,还是花费了将近十年的时间,《寂静的春天》才促成了滴滴涕在美国和德国的禁用,并引发了关于工业化学品危害的持续争议。它影响了科学家和政治家,促使他们加入环境保护事业,进而成立了诸如美国环保协会(Environmental Defense Fund)、自然资源保护委员会(Natural Resources Defense Council)、世界野生动物联合会(World Wildlife Federation)、德国环境与自然保护联合会(the German Federation for Environmental and Nature Conservation,简称BUND)等环保组织。环保主义者不再只聚焦于自然保护,也开始关注监测和减少有毒物质的排放。他们意识到,环境问题不仅仅是自然景观的破坏和资源的枯竭,还包括污染和有毒废物对生态系统和人类健康的影响。这种新的关注将环保主义者的行动范围扩展到了更广泛的领域。

马尔萨斯的思想在后来的时代依然有着持久的影响力。在《寂静的春天》出版后不久,1968年,现代环保主义的先驱、斯坦福大学著名生物学家保罗·埃利希(Paul Ehrlich)出版了《人口炸弹》(The

Population Bomb)一书,提出了与马尔萨斯相似的警告。埃利希在书中宣称,20世纪70年代和80年代将是资源短缺和饥荒的黑暗时期,届时"数亿人将会被饿死"。他还指出,人类习惯"把大气当作垃圾场","我们想继续这样下去看看会发生什么吗?"他问道,"玩'环保俄罗斯转盘'我们能得到什么?"[4]

1984年,埃利希和他的妻子安妮(Anne)继第一本书之后,又出版了另一本书《人口爆炸》(The Population Explosion)。在对人类的第二次警告中,他们声称:"导火索已经点燃,现在人口炸弹要爆炸了。"两人认为,在"我们星球不安的根本原因"中,首要的就是"人口的过度增长及其对生态系统和人类社区的影响"。该书第一章的标题是"为什么不是每个人都像我们一样害怕?"。他们给人类提出了最后的离别建议,开始就是最紧急的两项:"尽可能快速地以人道的方式停止人口增长"和"将经济体制从增长主义模式转变为可持续发展模式,降低人均消费水平"[5]。

增长与其带来的消极后果之间的联系已成为现代环境保护主义者的一个主要话题。在埃利希夫妇的第一次和第二次警告之间,德内拉·梅多斯(Donella Meadows)和丹尼斯·梅多斯(Dennis Meadows)受罗马俱乐部(一个由著名商人、政治家和科学家组成的非正式的国际团体)委托发布了另一份严重警告,名为《增长的极限》(The Limits to Growth)。作者指出,由于人口增长和破坏性工业,资源正在急剧减少,并得出结论,"如果当前世界人口增长、工业化、污染、粮食生产和资源枯竭的增长趋势继续保持不变,那么地球将在未来的一百年触及增长的极限。最可能的结果将是人口和工业产能的突然和不可控制的下降"[6]。20年后,他们的后续报告《极限之上》(Beyond the Limit)发出了更多的警告:"尽量减少使用不可再生的资源。""防止对可再生资源的侵蚀。""以最高效率利用所有资源。""减缓并最终停止人口和实物资本的指数增长。"[7]

1973年,弗里茨·舒马赫(Fritz Schumacher)的《小的是美好的》

(*Small Is Beautiful：Economics as If People Mattered*)一书，从哲学角度探讨了增长问题。他写道："经济会无限增长，财富愈来愈多，直到每个人都达到财富饱和，我们应当严肃质疑这样的想法。"除了主张采用小规模、非暴力的技术来"扭转目前威胁我们所有人的破坏性趋势"，舒马赫还提出，人类必须对他们所认为的财富和进步进行观念的转变："越来越大的机器，导致经济权力越来越集中，对环境的破坏也越来越大，这并不代表进步，这些都不是智慧的表现。"舒马赫认为，真正的智慧"只能在个人内心找到"，最终人们会认识到，"追求物质目标只会使生活变得空洞，根本无法让人满足"[8]。

在环保主义者发出严重警告的同时，还有其他人提出了消费者如何减少对环境负面影响的建议，例如罗伯特·利林菲尔德（Robert Lilienfeld）和威廉·拉杰（William Rathje）1998年的著作《使用更少用品：追本溯源的环境解决方案》（*Use Less Stuff：Environmental Solutions for Who We Really Are*）。作者指出，消费者必须带头减少对环境的负面影响，"简单的事实是，我们所有主要的环境问题都是由不断增加的商品和服务消费引起或促成的。"他们认为，西方文化中的这种贪婪冲动可以和吸毒酗酒相提并论："回收循环利用对过度消费而言就像阿司匹林缓解宿醉一样。"作者再次强调："减少对环境影响的最佳方法不是增加回收，而是减少生产和丢弃。"[9]

向生产者和消费者发出紧迫且触动人心的呼吁的传统由来已久。但历经数十年，工业界才真正开始倾听这些呼声。事实上，直到20世纪90年代，一些领先的工业家才开始认识到令人担忧的原因。孟山都（Monsanto）公司董事长兼首席执行官罗伯特·沙皮罗（Robert Shapiro）在1997年的一次采访中说道："我们过去认为是无限的东西，实际上是有限的，而且我们已经开始触及这些限制。"[10]

1992年由莫里斯·斯特朗（Maurice Strong）等人共同发起的里约地球峰会（Rio Earth Summit）便是对这一关切的回应。来自世界各地的约30 000参会者、100多位世界领导人和167个国家的代表齐聚在里约热内卢,共同探讨环境恶化给人类带来的恶劣影响。令许多人大失所望的是,峰会没有达成任何具有约束力的协议(据报道,斯特朗曾打趣说:"这里有很多国家首脑,但没有真正的领导人。")但是工业界的参与者们提出了一项重要战略:生态效益(eco-efficiency)。工业机器将配备更洁净、快速、安静的发动机。工业界意图在不显著改变其结构或不损害其盈利来源的情况下挽回声誉。在生态效益战略的指导下,人类工业将从一个"取、造、废"的系统转变为一个整合经济、环境和伦理关切的系统。如今,全球工业都将生态效益视为战略转变的重要选项。

什么是生态效益? 主要是指"以更少的消耗带来更大的产出",这个概念源于早期工业化。亨利·福特(Henry Ford)作为工业效率的先驱,强调采用精益和清洁的运营政策来减少浪费,通过省时装配线彻底改变了制造过程,并为效率设定了新标准,为公司节省了百万美金。"你必须充分利用性能、材料和时间。"福特在1926年写的这句话成为大多数当代首席执行官自豪地挂在办公室墙上的信条[11]。将效率与环境可持续联系起来的最著名表述出现在《我们共同的未来》(*Our Common Future*)中,这是联合国世界环境与发展委员会在1987年发布的一项报告。《我们共同的未来》警告称,如果污染问题不能得到有效的控制,人类的健康、财产和生态系统都将会受到严重的威胁,城市生活将变得难以忍受。联合国世界环境与发展委员会在其变革议程中指出,"应该鼓励那些在资源利用方面更加高效,产生更少的污染和废物,基于可再生资源而非不可再生能源,并最小化对人类健康和环境造成不可逆转的不利影响的工业生产和工业运营方式"[12]。

五年后,世界企业永续发展委员会(World Business Council for Sustainable Development,简称WBCSD)正式提出了"生态效益"这一术语。该委员会由陶氏、杜邦、康纳格和雪佛龙等48家工业赞助商组成,它们被要求为地球峰会提供商业角度的意见。于是,委员会呼吁在实践中进行变革,重点放在企业将从新的生态意识中获益,而不是如果工业持续现有模式,环境会遭受的损失。该组织的报告《改变航线》

(Changing Course)与峰会同步发布,强调了生态效益对于所有希望在长期内保持竞争力、可持续发展和成功的公司的重要性。委员会创始人之一斯蒂芬·施密德涅(Stephan Schmidheiney)预测道:"在十年内,如果不采用'生态效益'战略,企业就不可能保持竞争力,所谓'生态效益'就是在为商品或服务增加更多价值的同时使用更少的资源并排放更少的污染。"[13]

比施密德涅预测得还要快,生态效率已经以非凡的成功之势深入到工业领域。采用生态效益战略的企业数量不断增加,其中包括孟山都、3M(其 3P 计划,即污染防治计划在 1986 年生效,那时生态效益还不是一个常用词)和强生等大公司。著名的 3R 运动——减少(reduce),再利用(reuse),再循环(recycle)——在家庭和工作场所都逐渐流行起来。这一趋势部分源于经济效益,这一方面的利益可能相当可观。例如,3M 公司宣布,截至 1997 年,其已经通过污染防治计划省下了超过 7.5 亿美元,其他公司也声称实现了大幅节省[14]。当然,减少资源消耗、能源使用、排放和废物对环境有益,对社会风气也有积极影响。当你听说像杜邦这样的公司自 1987 年以来已将致癌化学品的排放量减少了近 70%时,你也会感觉更加安心[15]。采用生态效率战略的工业可以对环境做出一些积极的贡献,人们也因此减少了对未来的恐惧。或许确实可以两全其美?

四R: 减少(reduce),再利用(reuse),回收(recycle)和监管(regulate)

无论是减少有毒废物的生产和排放,还是减少原材料的使用,或缩小产品尺寸(在商业中称为"减物质化"),"减少"都是生态效益的核心原则。但是在这些领域的任何减少都不能阻止资源的消耗和破坏,而只会减缓这些过程,使其在较长的时间内以较小的增量发生。

例如,减少工业释放的危险毒素和排放量是一项重要的生态效益目标。听起来似乎无懈可击,但目前的研究表明,随着时间的推移,即使是微量的危险排放物也会对生物系统产生灾难性影响。例如,存在于塑料及其他消费品中的内分泌干扰物,具有模拟激素的特性,它们能够与人类和其他生物体中的受体结合,影响内分泌系统的正常功能,这引发了人们的担忧。《失窃的未来:生命的隐形浩劫》(Our Stolen Future)是一份关于某些合成化学物质和环境的开创性报告,其中,西奥·科尔伯恩(Theo Colburn)、黛安·杜马诺斯基(Dianne Dumanoski)和约翰·彼得森·迈尔斯(John Peterson Myers)断言:"令人惊讶的是,微量的激素活性化合物便能造成各种生物学混乱,特别是对子宫内的胚胎。"此外,根据这些作者的说法,许多关于工业化学品危害的研究都集中在癌症上,而对由化学品暴露引起的其他类型的损害的研究才刚刚开始[16]。

另一方面,关于颗粒物(在燃烧过程中释放的微粒,比如在发电厂和汽车等燃烧过程中产生的微小颗粒)的新研究显示,它们可能会附着在肺部从而对肺部造成损害。哈佛大学在 1995 年的一项研究中发现,在美国每年多达 100 000 人死于这些颗粒物的影响。尽管已经制定了控制其释放的监管规定,但执行工作直到 2005 年才会开始(而且如果立法只能减少其数量,少量颗粒物的存在仍会是一个问题)[17]。

另一种减少废物的策略是焚烧,人们通常认为焚烧比填埋更环保,并被能源效率倡导者誉为"变废物为能源",但是,焚化炉中的废物之所以能燃烧,只是因为其中含有可燃的有价值的材料,如纸张和塑料。废物在焚烧时会释放出二噁英和其他毒素,是因为这些材料在设计时并未考虑过安全燃烧的问题。在德国汉堡,一些树木的叶子因焚烧炉排放而含有高浓度重金属,以至于叶子本身也必须被烧掉,这就形成了一种双重效应的恶性循环:有价值的材料(如金属)会在自然界中生物富集,可能对环境造成有害影响,而且永远失去了工业利用价值。

空气、水和土壤不会安全地吸收我们的废物,除非废物本身完全健康且可生物降解。还有一个始终被误解的事实是,即使是水生生态系统也无法将不安全的废物净化和提纯至安全水平。我们对工业污染物及其对自然系统的影响知之甚少，因此"减缓"策略在长期内可能不是一种健康的策略。

寻找循环利用市场以实现废物**再利用**可能会让工业界和消费者感到为环境做了一些好事，因为成堆的废物似乎"被处理掉"了。但是在很多情况下，这些废物及其包含的毒素和污染物只是被转移到了另一个地方。在一些发展中国家，污泥会被回收做成动物饲料，但现有的常规污水系统的设计和处理方式产生的污泥依然含有化学物质，对任何动物来说都不是健康的食物。污泥也会被用作肥料，这是一种善意的尝试，以利用其中的营养物质，但目前的处理过程可能会使其含有不适合作为肥料的有害物质（如二噁英、重金属、内分泌干扰物和抗生素）。即使是居民家庭污水形成的污泥，如果掺有由再生纸制成的卫生纸的话，也很可能会含有二噁英。除非材料被特意**设计**成最终会变成对自然安全的食物，否则堆肥也可能会出现问题。当所谓的可生物降解的城市废物（包括包装和纸张）被堆肥时，材料中的化学物质和毒素也可能会释放到环境中。即使这些毒素微量存在，这种做法也可能不安全。在某些情况下，将材料封存在垃圾填埋场中实际上反而不太危险。

那么**回收**呢？正如我们所注意到的，大多数回收实际上都是**降级回收**（Downcycling），随着时间的推移而降低材料的品质。当回收的塑料不仅仅来自汽水和矿泉水瓶，还有其他种类的塑料进行混合时，产生的混合物的品质会比较差，只能被模塑成一些不规则且廉价的物品，如公园长椅或减速带。金属材料也同样经常被降级使用。例如，汽车中使用的优质钢——高碳高强度钢——被"回收"时会与其他汽车零件（包括汽车电缆中的铜）以及涂漆和塑料涂层一起熔化。这些材料降低了回收钢材的品质。为了使混合材料达到下次使用的强度要求，可能会添加更多的优质钢，但其依然不再具备制造新汽车的材料属性。与此同时，稀有金属（如铜、锰和铬）以及在未混合、高品质状态下具有工业价值的油漆、塑料和其他组件的原始价值和功能在某些处理中都会被破坏。目前，尚无技术可以在处理之前将聚合物和油漆涂层与汽车金属分离，因此，即使汽车本身可以设计为可拆卸，也无法在技术上实现对其优质钢材的"闭环"循环利用。每生产一吨铜就会产生数百吨废料，但某些钢合金中的铜含量实际上高于开采矿石中的铜含量。此外，铜的存在削弱了钢铁的强度。想象一下，如果工业界有办法回收这些铜而不是不断流失，那将会是多么有用。

铝是另一种有价值但不断被降级回收利用的材料。典型的汽水罐由两种铝制成：罐身由铝锰合金和少量镁构成，外加一层涂层和漆；而较硬的顶部则是铝镁合金。在传统的回收中，这些材料被一起熔化，最终得到的是性能较弱且不太有用的产品。

价值和材料的流失不是唯一让人担心的。降级回收实际上还会增加对生物圈的污染。比如，再回收钢材中的涂料和塑料就含有有害化学物。用于建筑材料的次生钢的电弧炉现在已经是二噁英排放的主要来源，这对于所谓的环保处理来说是一种不易评估的副作用。由于各种材料被降级回收之后都不如之前耐用，因此通常会添加更多的化学物质以再次使材料变得有用。例如，当一些塑料熔化混合时，塑料中的聚合物（使其变得坚固且柔韧）的链会缩短。由于这种再生塑料的材料性能发生了改变（其弹性、透明度和拉伸强度降低），就可能需要添加化学或矿物添加剂以达到所需的性能品质。因此，降级回收塑料可能比"原生"塑料含有更多的添加剂。

纸张在设计时也并未考虑到回收利用的问题，所以需要大量漂白和其他化学过程才能使其再次变成白纸以供重复使用。结果得到的回收纸张只是化学物质、浆料，有时还含有有毒油墨的混合物，并不真正适合处理和使用。和原始纸相比，回收纸纤维较短，纸的表面也不那么平滑，更容易产生颗粒物悬浮在空气中，被人吸入并刺激鼻腔和肺部。有些人会对报纸过敏，而报纸通常就是用再生纸制成的。

尽管出发点是好的，但对于新产品而言，创新地使用降级材料可能会产生误导。例如，人们可能会觉得他们购买和穿着由回收塑料瓶纤维做成的衣服是对生态有益的选择。但塑料瓶纤维中含有毒素,如锑、化学残留物、紫外线稳定剂、增塑剂和抗氧化剂,并不适合与人体皮肤接触。将降级回收纸制成绝缘材料是当下的另一个趋势,但必须添加额外的化学物质(如防霉剂)才能使降级回收纸适合作为绝缘材料使用,这也会加剧有毒油墨和其他污染物引起的问题。然后,绝缘材料可能会向住宅内释放甲醛和其他化学物质。

在所有这些情况下,回收议程已经超越了其他设计考虑因素。材料仅仅被回收,并不意味着它就自动对生态有益了,尤其是如果它最初并没有专门为回收而设计。在没有充分了解其影响的情况下盲目采用肤浅的环保方法并不比什么都不做更好,甚至可能更糟。

224

降级回收还有一个缺点,对企业来说,它的成本可能更高,部分原因是回收试图通过重新利用材料以达到比原始设计目标更长的使用寿命,这种尝试需要进行复杂而混乱的转换过程,而且本身也消耗能源和资源。欧洲的立法要求,必须回收由铝和聚丙烯制成的包装材料。但由于这些盒子在设计时并未考虑回收再利用(也就是说,它们不适合被行业重新使用来制造同类产品),因此,遵守这项规定会导致额外的运营成本。旧包装的组件通常会被降级为低质量的产品,直到最终被焚烧或填埋。在这种情况下——与许多其他情况一样——生态议程变成了工业的负担而不是有益的选择。

在《生存系统》(Systems of Survival)一书中,城市主义和经济思想家简·雅各布斯(Jane Jacobs)描述了人类文明的两个基本综合体:她称之为**监护者**和**商业**。政府便是监护者——作为保护和维护公众利益的公共机构,这种综合体行动迟缓且严肃,并保留了使用武力的权利,如发动战争。它代表公共利益,这意味着它应当避免与商业混淆或受其影响(例如,政治竞选中政府会面临的来自各种利益集团的资金捐赠的冲突)[18]。

另一方面,商业是日常生活中价值的即时交换。它的主要工具是货币,而"货币"这个词也代表了商业的紧迫性。商业活动迅速、高度创造性、独出心裁,不断寻求短期和长期的优势。此外,商业本质上是诚实的:如果人们不值得信任,就不会与其做生意。雅各布斯认为,这两种模式无论以何种方式混合,都会出现各种问题,使得其混合体变得"荒谬"。金钱——商业的工具——会把监护者变得腐败。而作为监护者的工具,监管则会影响商业活动的发展。例如:制造商可能会花更多的钱来提供符合监管的改良产品,但是商业客户却不愿意承担额外的成本,他们只希望产品研发迅速且廉价。因此,他们可能会另寻他法,比如在监管相对宽松的海外购买产品。没有受到监管甚至存在潜在危险的产品却获得了竞争优势,这可真让人感到遗憾。

对于试图保护整个行业的监护者而言,能够大规模应用的方案才是最佳解决方案,例如所谓的"末端处理"方法,即在生产流程的末端处理污染问题,在废物或污染物排放方面采取监管措施。或者采取稀释污染的方式,要求企业增加通风或将更多新鲜空气泵入建筑,以解决因排放材料或工艺而导致的室内空气质量不佳的问题,从而将排放物稀释或蒸馏到可接受的水平。然而,这种稀释污染的"解决方案"早已过时且无效,因为它没有解决导致污染的根本原因,那就是为室内使用却设计得不够好、不合适的材料和系统。

雅各布斯认为这种"荒谬混合体"还存在其他问题。监管通常通过威胁惩罚来强迫公司遵守规定,却很少对商业的主动行动**给予奖励**。由于监管通常需要一刀切的末端解决方案而不关心更深层次的设计响应,因此它们并不会直接鼓励创造性的问题解决方案。监管也可能使环保主义者和工业界对立起来。由于监管看起来像一种惩罚,因此工业企业家们也会觉得它们很烦,累赘。加之环保目标往往是由监护者强加于商业的,或者仅仅被视为关键运营方法和目标之外的附加维度,因此企业家们会认为环境倡议本质上是违反商业规律的。

我们并不是要谴责那些出于善意和旨在保护公共利益而制定和执行法规的人。在一个设计并不智能且具有破坏性的世界中,监管可以减少直接的有害影响。但归根结底,监管的出现是设计失败的信号。

事实上，这就是我们所说的**伤害许可**：政府向工业界颁发许可，允许其以"可接受的"比例释放病原体，进而造成疾病、破坏甚至死亡。但是我们应该看到，真正好的设计根本不需要监管。

尽管生态效率表面上看起来是一个值得称赞甚至高尚的概念，但它并不能成为一项能取得长久成功的策略，因为它没有深入根本，没有试图根本性地改变产生环境问题的体系或结构，而只是试图在这一导致问题的体系内部进行调整，仅仅通过道德规范和惩罚性措施来减缓问题，提供的只是一种变革的幻象。依靠生态效益来拯救环境实际上只会适得其反，只会让工业悄然、持续且彻底地毁灭一切。

还记得我们在第一章中回顾的应用于工业革命的设计吗？如果我们以类似的方式来审视今天受到生态效率运动影响的工业，结果可能如下所示：

设计一个符合生态效益要求的工业系统意味着：
- 每年向空气、土壤和水中排放**更少的**有毒废物；
- 将繁荣定义为资源消耗和生产活动的**减少**；
- 遵守数千项复杂法规的规定，以防止人类和自然系统受到过快毒害；
- 生产**更少的**危险材料，避免后代时刻保持警惕，生活在恐惧之中；
- 产生**更少的**无用废弃物；
- 将**更少的**有价值材料填埋到垃圾场或其他地下场所，而使其无法被回收或再利用。

简单来说，生态效益只会使旧的、具有破坏性的系统稍稍改善。在某些情况下，反而可能更有害，因为其影响更加微妙和长期。如果一个生态系统经历了快速的崩溃，但其中的某些生态位仍然保留完好，那么这个生态系统在未来更有可能恢复到健康和完整的状态。相比之下，对生态系统的缓慢、有计划且高效的整体破坏，只会使其恢复的概率变得渺茫。

高效，在哪方面？

正如我们所见，即使在"生态效益"这个术语出现之前，工业界也普遍将效率视为一种美德。但是，一个本身就具有破坏性的系统，还以效率作为总体目标，有什么价值呢？

以能源高效建筑为例。20年前，在德国，房屋供暖和制冷的油耗标准为每年每平方米30升。如今，凭借能源高效住房，这个数字已经下降到每年每平方米1.5升。通常通过更好的隔热（例如在潜在的空气交换区域涂上塑料涂层，以减少从外部进入建筑物的空气）和更小的防漏窗户来实现能源效率的提高。这些策略旨在优化系统并减少能源浪费。但是，通过降低空气交换率，实际上增加了高效住房内的空气污染物（来自家中设计不良的材料和产品）浓度。如果粗制滥造的产品和建筑材料导致室内空气质量差，那么人们实际上需要更多的新鲜空气在整个建筑物内流通，而不是更少。

过于高效的建筑物也可能带来危险。几十年前，为了提供廉价住房，土耳其政府设计并建造了一批"高效"的公寓和房屋，尽量减少了钢铁和混凝土的使用。然而，在1999年的地震中，这些房屋更容易倒塌，而老旧的"低效"房屋则更为坚固。尽管在短期内，人们节省了住房开支，但从长远来看，这种高效策略却带来了危险。如果这种廉价、高效的住房方式使人们面临比传统住房更多的危险，那么它们能带来什么社会效益呢？

高效的农业可能会对当地的景观和野生动植物产生有害影响。前东德和西德之间的对比就是一个很好的例子。传统上，东德每英亩小麦的平均产量仅为西德的一半，因为西部地区的农业产业更加现代化且高效。但是东部地区"低效"、更老式的农业实际上更有利于环境健康：东部拥有更大面积的湿地，并且这些湿地尚未被人为干预（如排干或被单一种植的农作物所覆盖)过度破坏,因此包含更多的稀有物种——例如,3000 对繁殖的白鹳,相比之下,较发达的西部地区仅有 240 对。这些野生沼泽和湿地区域为野生动物的繁殖、土壤养分循环以及水吸收和净化提供了重要的中心作用。如今,整个德国的农业都在变得更加高效,结果就是破坏了湿地和其他栖息地,导致生物的灭绝率持续上升。

许多被标榜为现代制造典范的讲求生态效益的工厂,实际上只是在以不太明显的方式分散它们的污染。效率较低的工厂,通常不会像效率较高的工厂那样通过高烟囱将排放物排到远离工厂的其他区域(或从其他地方进口排放物),往往只在当地区域造成污染。不过,地方性的破坏至少更容易察觉和识别:如果你能看到问题,你可能会因为震惊或担忧而采取行动来应对或解决它。相比之下,高效工厂造成的破坏更难以察觉,因此更难以制止。

从哲学意义上讲,效率本身并没有独立的价值,取决于其所属的更大系统的价值。例如,高效率的纳粹只会加倍可怕。如果系统目标值得怀疑,高效率甚至意味着破坏更具隐蔽性[19]。

最后但同样重要的是,单纯强调效率只会变得无趣。在一个以效率为主导的世界中,每项发展都只能服务于狭隘而实用的目的。美丽、创造力、幻想、享受、灵感和诗歌都会被抛到一边,只会塑造出一个毫无吸引人的世界:意大利晚餐将会是一颗红色药丸和一杯带有人造香气的水,莫扎特将以二乘四的方式敲击钢琴,凡·高只会用一种颜色画画,像惠特曼的《自我之歌》(Song of Myself)这样的丰富而富有深度的长篇作品也会被压缩到一页纸上。高效的性爱又会是什么样子呢? 一个高效的世界并不如我们想象的那样令人愉悦。与大自然相比,这样的世界吝啬又无聊。

这并不是要谴责**一切**效率。当效率被当作一种工具用在一个更大、更有效的系统中,以期在广泛的问题上达到整体性的积极影响,而不仅是经济方面时,效率实际上会很有价值。同样,当效率被构想为一种过渡策略用以帮助当前系统减缓并扭转局面时,它也是有价值的。但只要现代工业继续以其现有的破坏性方式存在和运作,其努力只是在试图让这种破坏性不那么糟糕,这就是一个致命的有限目标。

对工业而言,"不那么糟糕"的环境保护策略对于传达其环保关切至关重要——这能持续引起公众注意,并推动重要研究。然而,这些方法的研究结果却不那么有用。传统的环保方法并未致力于发展鼓舞人心、令人激动的变革愿景,只是一直在告诉人们不应该做什么。这些禁止或限制的建议可以被视为对我们集体过错的一种"罪恶管理",这是一种在西方文化中常见的安慰剂效应。

在早期的社会中,人们对于复杂的系统(比如自然界)常常感到无法掌控,因此,他们的典型反应是忏悔、赎罪和牺牲。世界各地的社会都发展出了基于神话的信仰体系,其中恶劣天气、饥荒或疾病意味着有人触怒了神明,而牺牲则是一种平息神怒的方式。在某些文化中,甚至如今,人们依然相信通过牺牲有价值的东西,他们可以重新获得神(或上帝)的祝福,以重建稳定与和谐。

环境破坏本身就是一个复杂的系统,普遍存在,其深层原因难以察觉和理解。像我们的祖先一样,我们可能也会自然而然地感到恐惧与内疚,并试图寻找方式来净化自己的行为。"生态效益"运动便提供了各种方法,鼓励通过最小化、避免、减量和牺牲来减少消耗和生产。人类被谴责为地球上唯一一个给地球带来超出其承受能力的负担的物种。因此,我们必须减少我们的存在、我们的系统、我们的活动,甚至我们的人口,使其降至最低程度(还有人认为人口增长是导致环境问题的根本原因之一,因此他们主张限制生育)。人类的目标应该是零:零废弃、零排放、零"生态足迹"。

只要是人类被视为"糟糕的"存在,那么"零"就会是一个很好的目标。但是,"不那么糟糕"的方法导致人们接受了现状,认为人类所能做到的**最好**的事情就是创造出设计不佳、不道德、具有破坏性的系统。这种"不那么糟糕"的方法的最终失败在于想象力的匮乏。从我们的视角来看，这是对我们人类在地球上的角色和潜力的低估，实在令人沮丧。

那么一个完全不同的模式会是什么样呢？百分之百的好又会意味着什么呢？

© 2002 William McDonough 和 Michael Braungart。之前发表于其著作《从摇篮到摇篮：重塑我们的生产方式》(*Cradle to Cradle：Remaking the Way We Make Things*，North Point Press，New York) 第二章。经作者许可重新发布。

24. 当服装产生连接

凯特·弗莱彻

KATE FLETCHER

时尚产业正在自我毁灭,其关注点和表现内容已经与现实脱节,比如气候变化、消费和贫困等,高街时尚或时装秀很少涉及这些议题。服装产品在某些方面还加剧了不公平现象,例如,时尚产业中存在的剥削工人、资源过度使用、过多废弃物以及环境污染等问题。不仅如此,从设计师、生产商到消费者,这个行业给每个参与者都施加了越来越大的情感、身体和心理压力。诸如推动消费更快、更便宜,对新生事物的持续需求,以及对身份的不断重塑,这些压力对每个人以及整个社会都造成了伤害。这使得我们变得疏离、不满、沮丧、厌食,并且比以往任何时候都更加愤世嫉俗。

时尚产业也正在自我改变。小公司制造共享服饰,以迎合社会行动主义(social activism)和审美创新的替代模式[1];大公司宣布实行碳中和策略,推出公平贸易棉花和再生聚酯生产线[2];个体力量也在挑战大的服饰系统,制作DIY指导手册来帮助"改造"我们的衣服,并通过剪裁、缝纫和制作等服装领域的微观政治行为颠覆主流时尚[3]。

我们生活在一个不断变化的时代。引导这种变化走向可持续发展,并要求一种更多基于变革性行为而非消费性行为的新型时尚,是我们的责任。在可持续性发展的挑战下，消费者、设计师和行业领袖也在逐渐发生意识转变。越来越多的人意识到，我们不能再像以前那样继续下去了：常规时尚已经不再是我们的选择。然而，如果这种意识转变仅限于看到问题的症状而不是解决根本问题，就只是在做表面功夫。本文塑造了一种与过去决裂的新时尚愿景，直击时尚"问题"的核心——我们的消费成瘾，设想以质量取代数量的解决方案。这一方案意味着从全球化转向本地化，从消费转向制造，从空想回归想象力的发挥，以及从消耗自然资源转变为欣赏自然世界。这一愿景既着眼于宏观的整体变化，又关注微观的具体实践。这一宏大计划的每一步都迸发着一点点智慧的火花，为新的行事方式带来了思考和实践，展现了对当前模式的替代方案。希望这些小小的行动能够汇聚成一股强大的力量，推动深刻的变革。

时尚行业

服装的生产、销售、穿戴和回收废弃全流程都存在着严重的问题。现有证据表明，时尚和纺织业是最具环境破坏性的行业之一。它消耗大量资源（尤其是水和能源），同时产生了大量有毒化合品；在工人保护方面历史记录不佳；以消费诱导、快时尚趋势和低价格为主导，促使消费者购买超过实际需求的服装。最近的数据表明，英国人均每年消费超过 35 公斤的纺织品和服装，其中只有 13％ 被再利用或回收——无论是以何种形式，而大部分（74％）被送进了垃圾填埋场[4]。通过对普利马克（Primark）、沃尔玛（Walmart）和乐购（Tesco）等零售商的观察，我们发现，时尚商品销售的整体趋势是量增价跌，这意味着我们现在的时尚消费量比以往任何时候都多。近年来，服装支出增加的同时价格却在下降，因此四年间英国人均购买的服装数量增加了三分之一以上[5]。

这种消费增长在某种程度上与商品生产速度的提高有关，而后者又只能通过剥削人力和自然资源来实现。最近,国际扶贫慈善机构 War on Want 发布的一份报告显示,英国一些知名的高街品牌服装是由人力成本低廉的孟加拉国工人生产的,其时薪仅为 5 便士,尽管这些公司都承诺会保护基本人权[6]。时装换季也在提速,现在不仅每年有两次时装季,而且每次时装季都会包含三个系列,从而创造新的消费机会。高街连锁品牌通过优化 JIT 准时化生产(just-in-time manufacturing),现在将一个系列的周转时间缩短至三周。不仅如此,时尚趋势本身——消费升级——也在不停混淆可持续性问题,并导致了很多误解。例如,在 20 世纪 90 年代初,"生态时尚"趋势主要是指自然色和纤维材质,这一理念实际上并未真正反映对现实世界的生态关注,更多是一种对化学品和工业污染的简化认知的程式化反应,而非对可持续价值的真正转变。时尚行业利用表面的光鲜亮丽和精心包装的视觉语言与形象,使真实的辩论显得无关紧要,掠过了行业内在的更深层次的"丑陋",其典型的消费模式强化了该行业当前的权力结构,使掌握资源和市场的少数人——时尚界的统治阶层——继续受益。而无法参与其中的普通消费者只能被动消费,在没有个性化空间的预制商品之间进行选择,进而助长了"都市生活神庙的秀台祭坛上的精英神话的生产"[7],并默许了时尚系统对服装设计和制作实践的知识和信心的神秘化、控制化和"职业化"。

尽管如此,我们不能放弃时尚,时尚是我们文化的核心。时尚对我们的人际交往、审美欲望和身份认同都很重要,也有潜力为个体和群体赋权、促进交流和激发创造力。时尚可以是设计师在米兰秀台上展示新系列时所引发的潮流。但同样,青少年 DIY 改造牛仔裤、在旧运动衫上别上徽章、涂鸦匡威运动鞋,也是一种时尚。时尚是我们文化中迷人的一部分,也是对人与时间和地点完美契合的瞬间的庆祝。我们不能放弃时尚,它是人类本性的组成部分。我们需要做的是将时尚与可持续发展结合在一起。

这种结合需要我们承认时尚和服装的区别。时尚和服装是不同的概念和实体。服装是物质生产，时尚则是象征性生产。虽然二者的用途和外观有时是一致的，但时尚和服装却以不同的方式与我们产生联系。时尚将我们与时间和空间联系起来，并满足我们的情感需求，体现我们作为社会个体的存在。相比之下，服装主要与身体需求有关，包括遮蔽、防护和装饰。并非所有的服装都是时尚产品，也并非所有的时尚都以服装的形式表现出来。然而，当时尚界和服装业交汇时（时装），我们的情感需求便通过服装得以体现。当我们的目光在不同轮廓、裙摆和色调之间轮转时，我们的情感需求便与物质商品重叠在了一起，由此不仅加剧了资源消耗和浪费现象，还助长了短视思维。同时，这种快速变化的消费模式也让我们始终处于一种不满足的状态，因为无论我们消费多少物质商品，它们始终都无法满足我们深层的心理需求，我们会一直感到失落和无能为力。为了改变这一点，我们需要认识到时尚与服装的差异，并更加灵活、智能地进行设计。我们要像赞美美丽的蝴蝶一样赞美时尚，将其与泛滥的物质消费脱钩。我们的服装生产应该以价值驱动、重视技艺和手工艺、谨慎选择环保材料，以推动时尚行业向更有责任感和可持续的方向发展，同时不牺牲美观和设计感。

对许多人来说，"可持续"时尚意味着实用的功能性服装。这意味着尽可能少买衣服，买的时候也尽量去买二手、贸易公平或有机的产品。虽然这有助于降低消费速度、减少消费数量，但终究是一种对未来的消极愿景：以旧思维应对未来情形。可持续时尚的新愿景不仅仅是最低限度的消费驱动，而且要具有足够的吸引力，不再以冲动消费或时尚痴迷为目标，而是强调时尚对人类文化的重要性。新愿景将强调重新关注服装的设计理念、所用材料和制作过程；摆脱当前时尚体验中典型的依赖性和破坏性消费关系，转而建立一种更健康、更治愈的关系；强调时尚的文化重要性，并倡导选择、透明和自力更生；鼓励从数量向质量的术语和度量标准转变，最终迈向更积极、更具前瞻性和创造性的未来。

启发于自然

这种更健康、更令人满意、更诚实的时尚未来愿景的实现,需要新的设计工具,以及坚韧、可靠的理念和模型。最有用的方法往往源自大自然,我们应该遵循自然界中的效率、合作和共生等原则进行设计,以期待社会可以像生态系统一样可持续发展。正如在自然系统中,物种之间的相互依赖和相互联系占主导地位,我们也应该在人类系统和当前文化中寻找这些相同的特征。一方面,我们可以直接向大自然学习,倡导闭环循环,尽可能符合自然地回收所有能回收的材料,并专注于材料的高效利用。另一方面,以更隐喻的方式来诠释自然,追求能够促进灵活性、轻盈感或惊奇效果的设计,或者那些能够体现平衡、社区价值或参与感和趣味性的设计。

围绕自然原则和动态设计,多样性是核心。不存在一种万能解决方案,在不同规模、层级、时间框架内,以及和不同人一起工作的过程中,存在着多种多样的设计机会。在自然界中,多样性意味着强大、具有韧性的生态系统,能够承受冲击或危机。在时尚界,多样性意味着丰富的产品和制造商、不同类型的纤维材料以及本地化的分散生产方式。目前,时尚行业单一化而庞大,呈现为铁板一块,由大量同质化的服装和主题趋势所主导。尽管我们可能认为自己拥有无尽的选择,甚至有被宠坏的错觉,但实际上世界上大多数人都浸溺在同一片充满现成相似物的海洋中。缺乏差异化导致无聊,进而导致了更多的消费。所谓多样性,就是不把所有的鸡蛋都放在同一个篮子里。多样性设计也关涉到使用多种纤维材料进行设计,以避免农业(和制造业)的单一化,分散风险,分权生产,推崇传统方式,为人们提供创造性和生产性的就业机会。

多样性的要求意味着我们要改变今天服装制作的纤维材料选择取向,以各种更可持续的材料来替代具有社会和生态破坏性的棉花和涤纶等在今天占主导地位的纤维材料（占全球纤维市场的80%左右）。包括天然材料，如有机棉和羊毛、麻、野生丝和天然"亚麻"竹；可生物降解的合成材料，如玉米淀粉和大豆纤维，以及可持续采伐的桉树中提取的纤维素等。证据表明，这些纤维种类共同提供了比棉花和涤纶更具资源利用效率、更为自然友好的人性化解决方案，尽管它们成本更贵，我们的衣服也会变得更贵，这就带来了另一个风险问题，即大众市场是否准备好了为这种变化付出更多的经济成本。使用多种类纤维进行设计可以鼓励农民进行多样化作物种植。不同地区和国家可以种植和使用不同类型的纤维材料，一方面能够创造地域性地利用自身独特资源的机会，另一方面也为消费者提供了更多的服装面料选择。在创造本地工作机会的同时，也教会了人们尊重当地环境。

多样性的产品维持着我们作为人类的自我意识——异质的、用户特定的，并且对应着广泛的象征和物质需求。这与我们对未来的商业预测一致，即找到满足小市场精确需求的方法——与福特主义的经营方式完全相反，后者旨在开发一些通用产品，然后向所有人推销。拥有灵活生产系统的小型制造商可以生产个性化的定制产品，因此它们更符合我们的需要。应该避免同质化和自我封闭，转而追求表达和差异化。多样化的时尚源自特定的个体或地域。

生态系统的活力取决于系统内部的关系以及能源和资源的使用和交换。同样，时尚行业未来的活力也将在其所建构的关系中得到保障。真正有价值的时尚不仅在于其外在的美丽，更重要的是对过程、参与和社会融合的强调。通过这样的时尚，我们可以看到人与人、人与环境之间更深层次的联系和互动，这种关系本身就是一种美丽和伟大。与朋友一起编织、可堆肥的衣服，以及支持弱势社区的购买行为，都体现了由服装所搭建的关系的美好。服装设计有潜力去促进各种关系的形成与壮大，鼓励我们对自身在自然界中的存在进行深刻思考。这样的服装不仅可以在功能上支持环保行为，如鼓励我们骑自行车而不是开车，还可以通过共享等方式增强人与人之间的联系和互动。可持续时尚是消费者和生产者之间一种强有力的滋养型关系。这样的服装生产,能够引发争辩,唤起深刻意义,同样需要用户以自己的技能、想象力或创意来"完成"它们。这样的服装有助于提升设计信心和能力,鼓励多功能性、创造性、个性化和个人参与。只有这样,人们才会从盲目选择现成"封闭"商品的消费者,转变为在购买、使用和丢弃衣服时能够做出有意识选择的积极而有能力的公民。

  时尚行业中也出现过自然启发下的重构时尚运动——不是出于慈善冲动,而是以盈利为目的。有大量证据表明,以社会和环境议题为噱头可以增加股东价值,创造品牌资产,并使企业在招聘、吸引客户和合作伙伴方面更具竞争力。以美国地毯巨头英特飞(Interface)[8]为例,推动零废物目标为公司节省了 2.9 亿美元,不仅足以支付它们所采取的各种环境保护措施的成本,而且还有富余。当像英特飞这样的公司通过"绿色"举措获得合法回报时,它们就会成为时尚和纺织领域乃至整个社会的巨大变革引擎。耐克[9]等大型服装公司也在以特定方式推进其企业责任。比如为设计师制定了关于材料使用的指导方针,承诺到 2010 年在所有棉制品中使用 5%的有机棉,禁止使用聚氯乙烯(PVC),以及践行可持续产品创新战略。其他知名品牌,如 H&M[10],也承诺不再使用 PVC 和皮革,并与供应商达成行为准则协议,以保障低工资经济体国家工人的权益。美国最大的 T 恤制造商 AA 美国服饰(American Apparel)[11],通过在"自家后院"——位于洛杉矶市中心的垂直整合工厂内——生产制造所有衣服,而避开了其他服装品牌常常会招致的批评:对发展中国家工厂的劳工及其工作条件视而不见。

  尽管时尚行业在可持续性方面取得了显著进展,但这些大企业仍然可能被批评为仅在环境和社会问题的边缘进行"修修补补",因为它们只关注表面症状而不是解决根源问题,致力于使问题变得**不那么不可持续**,而不是**更可持续**。创造可持续时尚需要深刻变革和激进解决方案,而不仅仅是那些适应商业周期和利润需求的快速修补措施。当然,企业也可以参与这一激进议程,但这需要的是一种完全不同的商业模式，不仅要对消费行为及消费者个人满足等严肃问题进行深入审视，而且要以一种全然不同的个体和社会行动模式作为基础，以实现真正的可持续发展。这种"回归本源"的议程实质上意味着可持续时尚将**使我们与自然和彼此重新连接**，减少对环境的影响，提升我们对自然世界中自身位置的认知，同时培养一种向地球学习的新伦理观。可持续时尚能够强化我们作为人类的自我认知，帮助我们重新与他人建立联系；可持续时尚可以作为一种赋权和赋能过程，使我们摆脱被动接受状态，能够自主、创造性地参与并改造我们自己的衣物，使我们成为积极的行动者、熟练的生产者和消费者。由此，我们的行动必将打破时尚系统中的神秘性、排他性，瓦解其现有的权力结构，破除目前时尚和物质消费之间的传统联系，为时尚的未来提供另一种替代性愿景。

5种方式（5 Ways）

将未来愿景运用于今天的服装设计现实中，需要巨大的想象力和创造力。种种迹象表明，我们已经为此做好了准备，在各种博客、时尚杂志专栏、设计院校课程、股票市场的可持续发展报告和企业社会责任举措中，都可以看到人们对可持续时尚展现了前所未有的兴趣。其中的关键之一是创建关于可能未来的图像和前瞻项目，换句话说，提供对未来的一瞥，帮助我们在今天进行自我定位，以便朝着更可持续的时尚未来迈进。

考虑到这一目标，我们实施了一个小型合作研究项目，名为"5 种方式"[12]，以探索可持续性品质，如多样性、参与性和效率等对时尚纺织的意义。"5 种方式"可以说是一个概念性项目、制作原型或草图，但不是完全成熟的市场产品。其目的也不是为可持续性问题提供明确答案，而只是提供一些想法和有前景的起点，以探索这一复杂和不断变化的领域。"5 种方式"项目最初始于一个设计师团队的 5 个简单的设计任务，每项任务在工作坊环节都开发了一款原型产品，从皮包到连衣裙不等。当然，每款产品都可以单独使用，但其真正的价值更多在于它们所共同代表的设计背后的整体理念，即通过可持续性价值观和互联设计方法实现创新。

"5种方式"项目探索了：

- 在你家附近生产的物品；
- 你从来不想洗熨的衣物；
- 符合人类需求的事物；
- 预先设定了多种用途的物品；
- 需要你挽起袖子亲自参与的事物。

详细描述如下文所示。

项目1 当地

你住在哪里？你的根在哪里？"当地"项目要求你捕捉到你所在地区的精髓，并自豪地把它穿在身上；去探索你的社区，了解并支持你周围的事物。"当地"项目既能激发和挑战社区成员的自我发展和凝聚力，还能创造就业机会，充分利用当地资源。"最佳"产品是与当地有着人文和物质关联的产品，且能够在当地创造就业机会，从而为社区带来社会和经济上的双重好处。"当地"项目反映了一系列关切，有些关于当地的审美偏好，有些则关于如何开发产品以维持社区的活力。这些地方关切贯穿在"5种方式"的所有项目中：五个源自草根阶层的非正式小型项目，都遵循"不污染巢穴"的仿生原理；使用精心挑选的低影响材料和加工方法，以保持当地（以及全球）环境清洁。项目使用的材料包括有机棉、公平贸易羊毛、再生聚酯纤维和麻/棉牛仔布，加工工艺包括天然靛蓝染色、热转印和数码印刷。

接下来将以英国伦敦砖巷（Brick Lane）的产品设计和开发为例。作为孟加拉裔社区中心，砖巷也是著名的咖喱美食天堂，拥有热闹的街头市场，吸引着大量游客和当地居民；同时也是许多设计师和艺术家的聚集地，形成了浓厚的创意氛围；还是一个繁荣的纺织和皮革加工区。其独特的社区特点和多样化的文化、经济元素共同影响了我们项目的产品设计和开发。我们用在当地作坊收集的皮革废料手工编织了一个袋子。将皮革剪成条状,绑在一起形成长带,然后再用粗针编织成柔软、触感好、有弹性的袋子。可以作为购物袋,装本地市场摊位上购买的水果和蔬菜("本地购物!");还可以作为社区身份的象征,以展示居民与当地社区之间的联系("这就是我的家!");而且,这款产品是由本地废料制成,其制作过程也可雇用本地人完成("将废料作为资源使用")。

项目2 可更新

传统的时装捕捉的往往是某一个时间点的潮流,但潮流很快就会过去。如果时尚不仅仅是一个瞬间,而且是一个持续变化的过程,会怎样?如果这一过程意味着要你亲自动手,用缝纫工具改造自己的衣服呢?"更新"(Updatable)项目的关键便是这种转变:从一件衣服到多件衣服,从被动的消费者到主动的用户,从单一的时间快照到持续的影像过程。该项目不仅仅鼓励消费者改造自己的T恤,更希望通过这个过程,让人们掌握服装改造的技能和自信;使服装的设计和制作过程变得透明,从而打破专业精英设计师的垄断,从他们手中"夺回"设计和制作服装的权利和能力,让普通人也能参与其中;通过让人们了解和欣赏服装设计与制作的众多细节和步骤,鼓励他们"自己动手"(DIY)制作和改造自己的衣物;同时,鼓励通过重新裁剪、缝制和设计服装来减少物料消耗。

在具体实践中,设计团队进行了一系列的T恤改造设计。用户将其改造想法邮寄给设计师团队,同时提出一些时尚设计建议,以确保T恤经改造后能满足下一季的潮流要求,避免因过时而被丢掉。然后设计团队会根据所收集的建议重新设计并制作出一件独特的时尚单品,在接下来的几个月里都穿着并进行记录。在"更新"项目中,原本的设计师和用户之间的权力关系发生了变化,形成了一种基于变化的独特协作方式。

项目3 无需清洗

"无需清洗"(No Wash)项目的核心理念是设计并穿着永远无需清洗的衣物。洗衣服简直就是一件苦差事。我们在不经意间做着这件事，而它却与社会接受、个人和浪漫生活的成功紧密相关，因此也与我们的幸福感息息相关。保持清洁曾经是预防疾病的关键，但现在西方对卫生的痴迷导致了一个令人吃惊的事实，那就是在我们最喜欢的衣物的整个生命周期中，清洗所消耗的能量大约是制造的六倍。减少洗衣频率，就能显著降低能源消耗、空气污染和固体废物的产生。

"无需清洗"项目把这个想法发挥到了极致。例如，我们设计了一件"无需清洗"的细针织羊毛衫。这种无需清洗的理念，一方面体现在设计上应该做到抵御污垢，更重要的是促进用户思维方式的转变——将污垢视为一种荣誉徽章。这件衣服的开发依据一份为期六个月的洗衣日记，日记记录了常见的衣物污渍和气味位置：腋下通常会有异味，污垢则集中在袖口、肘部和前襟的位置。因此，我们将这件羊毛衫设计成表面可擦拭且腋下通风的样式，目前已有定期穿着三年而从未清洗的记录。其大胆的"装饰"——咖啡液和肥皂味，提醒着我们这件衣服的穿着历史以及我们的社会责任。

与"5种方式"项目中的其他原型产品一样，"无需清洗"的衣物从来都不是主流的设计解决方案，但它以一种新的方式参与了可持续性问题。设计与文化之间复杂、相互关联且不断变化的关系也意味着新的产品或工作方式不太可能来自主流。相反，我们需要这些探索边缘的临时项目或替代性的生活方式。我们大多数人的衣柜里都有一件耐穿、从未清洗过的衣服，但可能我们从未意识到这一点。因此，识别并用设计去增强这些衣服的特征可以成为一个起点。在设计新衣物的同时，我们还需要开发替代的洗涤和清新衣物的方法。有很多技巧，比如将衣物挂在蒸汽浴室中去除异味，还可以去了解和研究污渍和气味的变化规律，以找到更有效的处理方法，因为有些污渍和气味会随着时间的推移自然消失，而有些则可能变得更加顽固。这些替代方法可以减少我们日常对传统洗涤方式的依赖，改变我们的生活习惯，从而推动更环保、更可持续的生活方式。

项目4　九条命

"九条命"（Nine Lives）项目借用猫的九条命的比喻，就像猫"死"后能够再次活过来一样，我们认为衣服也有"复活"的潜力。旧衣服可以整体再利用，也可以只使用其关键部分，甚至还可以拆解后重新加工成新的纱线，或者作为其他用途的填充物。但是我们要怎样做，才能使赋予某物新化身的行为能向我们传达生命循环的概念呢？在生态系统和受其启发的设计方法（如永续农业和工业生态）中有一个核心概念——"无废物"，即所有的废物都能被循环再利用，系统中某一组成部分的废物可以成为另一组成部分的"养分"。在这种情况下，废物被视为资源，可以在系统内进行交换和再利用，而不是被丢弃。这里看起来是浪费的实际上是交换。这种交换的理念可以解放人们对废物和资源的传统看法，有助于唤起一种专注于最大限度地利用事物的思维方式，并强调连接、周期、循环和前瞻性规划。

循环将事物连接起来，并提供了检视、平衡和反馈的机会。在自然界中循环无处不在，确保了资源的高效利用和物种间的平衡。然而，要想开始一种"借鉴自然"的设计方式，必须进行一种根本性的变革：拒绝将工业、设计师和消费者视为与自然界分离的目前占主导地位的线性工业观点；也不再仅仅专注于快速、廉价地制造产品并将其交付给客户，而是要考虑更多因素。

"翻新"和定制二手服装和面料，将其改造成新产品或更新版产品，已经成为解决时尚设计中废物问题的最佳探索方案。重新设计、重塑、装饰和二次印刷等一系列方法，能够为废弃、破损和染色的"无用"衣物赋予新的价值和生命，延迟甚至避免其被送进垃圾填埋场的命运。例如,慈善组织 Traid 以"Traid Remade"为品牌[13],雇佣了一群富有创新精神的年轻设计师,将那些人们不再需要的旧衣服重新设计,改造成新的、独一无二的时尚产品,使其重拾商业价值。总部位于伦敦的 Junky Styling 公司[14]将从旧货拍卖和慈善商店中收到的二手传统男士西装解构,重新设计成个性化的、可定制的创意服装。使用复古服装和面料是再利用的一个重要方面。在某种程度上,复古面料和服装的数量有限确保了再创作服饰的独特性,这也与再利用中所强调的关怀伦理和精巧手作美学相契合;同时也因为复古面料是时间的幸存者——这些旧物历经岁月仍保持着它们的价值,因此,人们很容易将其与可持续发展的理念联系起来。

"九条命"项目旨在开发具有预先设定的"未来生命"的服装。下一步的发展在最初就已经被设想、计划并内置于设计之中,通过改造为旧衣赋予新的生命。在实践环节,我们准备了一件针织羊毛衫和一条简单印花的 A 字裙,并设想通过刺绣,将这两件原本独立的衣服在下一个生命周期中创意融合成一件新衣。具体而言,用户将针织衫上的纱线小心拆下,然后按照裙子上预先印制的缝纫指南用纱线进行刺绣,从而制作出一条独特的新裙子。拆解上衣和制作新裙子都是有意识的再创造过程,向我们展示了以一种新的方式与服装互动的可能性。

项目5　超级满意度

衣服可以遮羞、可以御寒,还具有重要的社交和心理功能,用以展示我们是谁以及我们的身份和个性,以吸引(或排斥)他人,并影响我们的情感状态。这些难以满足的情感需求会导致对自身和装扮的不满,进而促使我们去买更多、更贵的衣服。如果能减少服饰的购买和销售数量,将会显著且积极地影响时尚行业对环境和社会的影响。但是,为了避免剥夺人们表达身份和参与社交的需求,我们不能完全抛弃时尚,只保留衣橱里的基本款。没有提供替代性方式来表达身份、彰显个性,单纯阻止人们购买衣服是没有意义的。换句话说,在我们开始理解服装作为满足人类需求工具的重要性之前，我们无法从根本上削减服装消费。

人类拥有一些特定、可识别的基础性需求，这些需求不受地理、宗教或文化差异的影响。曼弗雷德·麦克斯尼夫（Manfred Max-Neef）[15]将人类的需求分为9类：生存、保护、情感、理解、参与、创造、休闲、身份认同和自由。尽管这些需求是恒定的，不会改变，但满足这些需求的方式会因时间变化和个体的不同而有所不同。不同的需求满足方式不仅对涉及其中的个人有不同的影响，也对环境等外部因素有不同的影响。如果这些需求由产品或服务来满足，那么它们就是传统的（尽管是无意识的）设计焦点。九项需求可分为两大类：生理（物质性）需求和心理（非物质性）需求。如前所述，我们不仅用物来满足我们的身体需求，也用它们来满足我们的心理和情感需求。这意味着，我们许多人会将个人身份与所消费的物及其数量联系起来。但这里存在一个悖论：心理需求并不容易通过物质消费来满足，甚至在某些情况下，物质消费可能反而会妨碍心理需求的满足。许多宗教团体早就认识到这一点，因此提倡物质俭朴但精神丰富的生活方式。然而，在市场营销、社会竞争以及人类天生的模仿和嫉妒内驱的共同推动下，物质消费的压力却在不断增加。

"超级满意度"（Super Satisfiers）项目探讨了当服装设计明确旨在满足人的身份认同、情感和休闲需求时，会发生什么。这种尝试是否会成为打破消费与欲求不满的恶性循环的开端？是会让人们更深刻地意识到通过外在衣物来满足情感需求终归是徒劳之举，还是通过让隐藏的需求外显，能够让我们更清楚地了解自己的真实需求，从而与自我建立更深的联系？"超级满意度"项目专注于人们对情感的需求，设计并开发了"爱抚裙"——来自设计师对如何通过服装吸引他人关注的非常个人化的诠释。这条裙子通过肩、腰和背部的开衩设计和精巧剪裁，使穿着者在不经意间露出一点点肌肤，不仅为了视觉上的吸引，更是希望通过这些露出的部分，邀请朋友进行触摸，从而让穿着者感受到来自他人的亲昵和温暖。

结论

  可持续时尚需要的不是单一的解决方案，而是多样化的可能性。虽然"5种方式"项目有很多局限性，但其关键在于试图窥见并展示这种多样性。这些想法的成功，以及更广泛意义上的可持续时尚的成功，其核心在于对自然界中的可持续性品质和价值保持开放的态度，因此强调关系、联系与合作的重要性。只有这样，我们才能真正认识到，可持续发展的理念需要的不仅仅是关注环境问题，还需要个人、社会和机构的转型。在这种转型中，将会产生一种新的穿衣方式，以体现时尚的新节奏和新角色：衣服不只是遮盖身体，还可作为促进用户参与的赋权工具，以此摆脱时尚产业可能走向的自毁之路以及越快越快的变化节奏，并预示着一种新的思维方式的开始，由此去倡导并推动每个人打造属于自己的环保且能满足需求的衣橱。

  可持续时尚的未来在于，设计师能够看到"整体"，并理解每一件衣服背后相互关联的资源流动之间的相互作用，同时仍然能够富有洞察力、务实且简单地采取行动。我们需要将知识与直觉结合起来，共同去创建我们的时尚行业，使其既能提供稳定就业，又能为设计师和消费者提供发挥创意的空间，还要走在环保前沿，成为展示最新环保实践的平台。以富有亲近感的连接作为行业的核心：不仅是包括制作者与穿着者在内的人与人之间的连接，还是我们与支持生产和消费的生态系统之间的连接，最重要的是，与产品本身深层次的连接。

[239]   © 2007 Jonathan Chapman 和 Nick Gant。之前发表于编著《设计师、前瞻者和其他故事：可持续设计论文集》(*Designers, Visionaries and Other Stories：A Collection of Sustainable Design Essays*, London：Earthscan Taylor & Francis/Routledge, 2007)，第六章。经作者许可重新发布。

25. 设计在可持续消费中的角色

安·索普
ANN THORPE

用户消费长期以来一直是可持续发展的重要问题，这源于这样的观念：全球的能源储备是"有限"的，而我们的消费却正在超出这些资源的可持续利用限度。然而，随着可持续消费领域的成熟，我们的关注点已经从如何在现有工业系统中高效利用资源和最小化废物的**技术**问题，转向如何改变人们的生活方式这一**社会**问题。对生活方式和行为改变的重视得到了研究的支持，研究表明，消费主义不仅在环境方面代价高昂，可能在其他方面也是如此。

尽管设计领域已经开始应对这一向生活方式的关注转变所带来的挑战，但在关于可持续消费的严肃讨论中，设计大多还处于缺席状态。在这篇文章中，我将详细分析最近在可持续消费领域的研究进展，并进一步探讨其如何与设计领域的研究和实际应用产生共鸣[1]。

简要回顾消费研究的历史发展时间线后，本文将聚焦于三个主要研究领域：环境政策、心理学和社会学。最后，回应现有主流研究所隐含的提问：设计能否摆脱作为消费主义车轮上齿轮的命运，而转变为支持可持续消费的重要角色？

时间线

消费本身是一个庞大的研究领域,本文在此只提供概述性的简要时间线。学术界和研究人员长期以来一直都在关注消费问题,其作为一个研究领域的历史十分悠久,蒂姆·杰克逊(Tim Jackson)认为,要理解关于可持续消费的新兴辩论,必须将其置于广阔的历史语境中[2]。他简明扼要地总结了消费行为和消费社会的相关研究历程,指出关于消费问题的早期辩论:

> "具有深厚而重要的历史渊源,可以追溯到古典哲学,涵盖了19世纪和20世纪早期的批判社会理论、战后初期的消费心理学和'动机研究'、20世纪60年代和70年代的'生态人文主义'、70年代和80年代的人类学和社会哲学,以及90年代流行的现代性社会学。"

当环境问题在20世纪60年代和70年代浮出水面时,伴随着诸如蕾切尔·卡森的《寂静的春天》(*Silent Spring*,1962年)或罗马俱乐部(Club of Rome)的《增长的极限》(*Limits to Growth*,1972年)等作品,以及1973年石油输出国组织(OPEC)的石油禁运等事件,消费和设计领域的研究学者们也开始将这些问题纳入他们的研究和实践中[3]。例如,在设计方面,我们很多人都很熟悉的理查德·巴克明斯特·富勒的《地球太空船操作手册》(*Operating Manual for Spaceship Earth*,1969年)、维克多·帕帕奈克的《为真实的世界设计》(*Design for the Real World*,1972年),以及建筑师西蒙·范·迪·瑞恩(Sim Van der Ryn)和杰伊·鲍德温(Jay Baldwin)等"设计不法之徒"(design outlaws)的作品[4]。

杰克逊指出,到20世纪80年代末,消费问题(作为"可持续生产和消费"的一部分)已成为可持续发展的关键组成部分。他认为,"可持续消费"这一术语的出现可追溯至《21世纪议程》(Agenda 21),即1992年在里约举行的第一次地球峰会的主要政策文件。从那时起,可持续消费就逐渐成为国际政策制定中的一个常见且重要的主题。

在设计方面,20世纪90年代人们更为关注回收材料,业界举办了"Re-Materialize"(1996年)和"Hello Again"(1997—1998年)等展览[5],也出现了对消费主义设计的批评,比较著名的是奈杰尔·怀特利的《为社会设计》(Design for Society)[6]。到20世纪90年代末,"生态设计"成了一个公认的设计领域,其典型代表是《生态设计》(Ecological Design)一书中的生态设计原则,以及在《生态再设计指南》(A Guide to EcoReDesign)和《生态设计:实现可持续生产和消费的有效途径》(Ecodesign: A Promising Approach to Sustainable Production and Consumption)等著作中详述的产品生命周期方法[7]。

在整个20世纪90年代,大多数情况下,政策制定者和设计师都没有要求人们的生活方式发生实质性改变,而是寻求资源密集度较低的生产和消费方法,以维持现有的生活方式,正如我即将在下文详述的那样。直到2003年,英国政府认识到,人们实质性的行为和生活方式改变对于实现可持续性而言至关重要,于是顶着巨大的政治和社会压力,成为最早采用这一战略的国家[8]。

在21世纪初,有一些设计师通过自己的作品开始明确关注和探索如何通过改变生活方式来实现可持续消费。例如,相对于节能消费(买两件衬衫而不是六件),一项设计提案考虑到清洗是衣物最大的生态影响之一的问题,而提出了一种"无需清洗"的衬衫(腋下通风,表面可擦拭,而且将污垢或污渍视为一种荣誉徽章)[9]。以及其他有趣的提案:不只是"绿化"房屋,还要大幅度减少房屋的面积,或者几户家庭共享一栋大房子[10];放弃私家车所有权的概念,转而使用"城市汽车"[11];或者重新安排现有空间或设施的使用模式,如将学校设施开放给周边社区,将储藏空间同时用于展示艺术作品,在停车场区域提供文化设施服务等[12]。

243　　所有这些提案都表明,现有的生活方式需要发生实质性的改变,不仅在技术效率方面,还在社会文化方面。可持续消费领域现在开始呼吁通过一系列多样化的生活方式改变,来全面应对实现可持续发展的各种挑战。

在下一节中,我将从环境政策开始,探讨更广泛的可持续消费研究及其所能引起的设计共鸣。

环境政策

环境政策的核心问题通常是:"如何制造出更环保的产品,并说服人们购买它们?"环境政策和管理方面的研究往往基于传统的经济学概念。例如,研究人员假设消费者的欲望基本上是无法满足的,并且消费者对购买行为拥有主权,即消费者通过在自由市场中分配他们的"货币选票"来实际控制供给。最重要的是,许多研究人员直到最近才接受这样一种观点:经济增长是福祉(well-being)增长的代名词,随着消费的不断增加,人们的福祉也会不断提高。

鉴于以上假设,环境政策面临的挑战就变成了如何以更环保的方式满足消费者的需求。这项任务涉及两个方面:

供应:生产对环境破坏性更小的产品。

需求:让消费者了解这些改良产品。这种方法有时被称为"知情选择",其关键在于说服消费者选择能够减少环境影响的智能/清洁/公平/绿色产品,以满足其无止境的需求[13]。由于消费者是理性的决策者,理论认为,当他们能够获得更多信息时,他们必会做出更好的选择。

近年来,知情选择受到越来越多的批评。批评人士称,认为消费者"欲望无止境"的经济观点是不准确的,因为大多数人实际上都会选择在自己的能力范围内生活[14]。同时,现代消费者越来越难以直接感受到他们的消费行为对环境、社会和其他方面的影响(因为他们不会目睹资源破坏或工人剥削的惨剧),因此尽管在抽象意义上"知情",但消费者在做出消费决策时实际上是缺乏直观反馈的[15]。还有批评称,即使生产效率不断提高,但是如果整体消费持续增加,前者所带来的环保收益也终将会被后者所抵消[16]。随着世界上越来越多的人口从贫困走向"中产"(例如在印度和中国)这一现实会变得更加严峻[17]。

消费者主权的假设也受到了批评。迈克尔·玛尼特斯(Michael Maniates)认为,企业和政府利用消费者主权的概念将问题"个人化"——让消费者个人用他们的钱包"投票",从而避免改变有利可图的企业商业行为或政府补贴的便利模式。换言之,企业和政府鼓励消费者通过购买环保商品来做出环保选择,而不是改变对他们有利的现有生产方式或政策(例如石油开采补贴)[18]。但是,消费者并不是自由市场中的个体主权者,他们深受营销和广告的影响。此外,鉴于财富的高度集中,少数非常富有的人在市场上拥有巨大的"投票权",而我们大多数人的投票权其实很少[19]。

我们普遍接受问题"个人化"的这一事实意味着,我们主要将自己视为消费者,而不是公民。我们是否只剩下"以购物作为政治行为"这一种选择,而我们的异议被商品化后又卖回给了我们自己[20]?一种更为积极的观点认为,伦理和绿色消费主义可以作为一种新兴的社会运动,以个人的环保消费行为作为推动更大政治行动的起点,各种组织可以通过协调这些个人行为,将其转化为更大规模的社会变革运动[21]。另一方面,一些评论者认为,许多消费者的"欲望"也许可以通过消费品以外的手段来满足,但我们的社会商品化程度实在是太高了,以至于"非购买"选项很少被探索或支持[22]。例如,我们不会投资于私家车的替代方案(如公交车、自行车等在环保和社会效益方面可能更好的出行工具),因为它们作为商品效果不好,无法像私家车那样带来高利润。

最近与"知情选择"相对应的是源自行为经济学领域颇具争议的

"编辑选择"。这种方法认为政府和其他组织可以在引导个人行为和生活方式改变方面发挥积极作用。行为经济学并没有假设人们总会理性地做出对自己最有利的选择,而是将心理学和社会学的研究结果结合起来,去解释看似不理性的行为。一份最近的报告《习惯性生物?行为改变的艺术》(Creatures of Habit? The Art of Behavioral Change)强调,人们常常会在明知对自己不利的情况下,继续进行某些行为,例如不为退休储蓄、不减肥、不减少碳排放[23]。

在这些领域,人们认为,我们需要外部干预来激励新行为,尽管我们已经知道这些行为对我们的长期利益有益。但这一点存在争议,因为公共干预(如禁止在公共场所吸烟)通常被认为只有当行为对他人造成直接伤害时才是必要的——因为公共干预是需要社会成本的。强迫人们做对他们自己有益的事情——比如强制储蓄退休金——在一些人看来有点家长式作风。《习惯性生物?行为改变的艺术》的作者指出,"当个人行为在未来对其自身产生影响,而他们自己也意识到了这些影响的时候",就到了一个需要外部干预的临界点(作者特意强调了这一点)[24]。换句话说,作者认为,这些是我们大多数人会承认自己需要外部帮助的情况。

在物质商品消费方面,"编辑选择"违背了消费者主权。"编辑选择"理论是让政府和企业删除那些不太可持续的选择,同时确保可持续的选择成为常态,即重设我们的"默认选项",而不是由消费者主权决定市场供应。通过"编辑选择"策略,欧洲政府成功淘汰了过去许多含有会破坏臭氧层的有害化学物质的气雾剂产品,还成功推广了高效能冰箱的使用。具体而言,政府在政策层面禁止低效能型号冰箱和冰柜的流通,零售商则配合政策,进一步移除"中"效能电器产品,以将不环保或效率低下的产品被逐步淘汰[25]。"编辑选择"理论认识到了这一事实:主流消费者是希望做出环境友好的选择的,只不过受限于习惯、规范以及其他限制其选择能力的因素。

环境政策——设计共鸣

在有关"知情选择"的讨论中,人们很少提及设计。与之形成有趣对比的是,从设计角度探讨环境政策的研究人员倾向于将设计视为问题的核心。这一观点常常由一项统计数据所支持,即一个产品90%的环境影响在其设计阶段就已经确定下来了[26]。

在设计中,应对消费问题的主要方式,基本上也遵循着"知情选择"的方法。也就是说,绿色和生态设计师的目标是将产品设计得更环保,希望通过环保信息呼吁消费者选择这些产品。对此,设计领域已经卓有成效,产生了一系列的原则、工具箱和指标。例如"生命周期"战略,可以评估产品从概念、生产、使用到报废全流程的影响;另外还有基于效率节约原则的可持续性商业案例研究;以及像美国绿色建筑委员会的"美国能源与环境设计先导评价标准"(LEED)或麦克唐纳(McDonough)和布朗格(Braungart)的"从摇篮到摇篮"这样的产品和建筑环境评级系统等。

生态设计很有帮助,但它也存在一些问题,类似于"知情选择"所受到的批评。生态设计通常接受"用钱包投票"的消费者个人选择方式,而忽视了公共政策和公司财务系统对个人选择的严重限制。虽然生态设计有时会让消费者了解到产品**下游**(使用过程)的环境影响(例如,使用可识别的再生材料),但很少有生态设计方法能让消费者了解产品**上游**(生产过程)对社会和环境造成的影响,也许是因为许多设计师和消费者一样,都对这些生产过程不太了解。

"行为改变设计"(design for behavior change)是一种与"编辑选择"策略相呼应的方法,最近逐渐流行起来。特蕾西·巴姆拉(Tracy Bhamra)等人描述了一系列行为改变设计方法,这些方法可以被视为一个"谱系",在谱系的一端,与"知情选择"相似[27]。一方面,它与知情选择相同,在产品设计中显示环境保护信息,例如普锐斯混合动力汽车上的每加仑英里数显示,从而促使消费者根据信息更好地采取行动;而在谱系的另一端,设计解决方案实际上可能采用的是技术控制或空间组织的方法来引导消费者行为,例如减少冰箱门的打开次数,或防止消费者灌满茶壶等[28]。不过,巴姆拉等人也暗示了这种方法存在争议,指出了在消费者和产品之间分配决策权的伦理意义。

"知情选择"模型所招致的批评以及"编辑选择"模型所获得的支持,其证据都来自其他学科领域的研究和观点。接下来我将转向心理学领域,心理学家们一直在研究追求物质财富和心理健康之间的联系。

心理学

基本来讲,消费心理学研究的核心问题是:"物质能让我们快乐吗?"显然,在现代生活中,物质商品有着重要的作用,但最近的研究表明,物质财富的增加并不会导致相应程度的幸福感的提升,最终甚至可能会对心理乃至身体健康产生不利影响。蒂姆·卡塞尔(Tim Kasser)发现,具有高度物质主义价值观的人通常表现出较低的心理和身体健康水平。他的这一发现也得到了许多其他研究人员的支持,这些研究人员在对不同年龄(青年和老年)、文化背景(东方和西方)和收入水平(富裕和贫穷)的被试群体进行研究时发现了类似的结果[29]。这一发现表明,消费的持续增长并不能代表福祉水平的提升。

这些发现的基础理论是,人类除了有一些普遍的生理需求(如食物和住所),还具有普遍的心理需求。所谓的需求理论,就是不同学者关于如何构建人类需求的理论贡献。一般来说,心理需求倾向于分为社会和个人需求两类。社会需求包括参与、归属感和情感,个人需求包括理解、创造力、真实性和自由[30]。

从社会的角度来看,消费品有其较为阴暗、引发焦虑的一面,即帮助我们避免羞耻感。新奇或昂贵的消费品为我们赢得了一定的社会地位,一种如果没有不断努力就会失去的地位。这就是所谓的"位置"

(positional)消费。这是消费主义推进个人主义的一种方式,也表明单纯呼吁"不消费"是行不通的[31]。

卡塞尔指出,那些主要通过拥有物质财富(如最新款的手机)或追求外表(如新潮发型)来获得满足感和社会地位的人,在满足心理需求方面,通常不如那些使用更广泛方式来发展人际关系或追求内在成长的人成功。也许,通过采用更广泛的多样化方式,人们可以找到替代性途径来获得或理解自己的社会地位。

关于消费如何满足心理需求的研究,主要着眼于两个方面:购买行为本身,以及与之相关的"幸福"状态。丹尼尔·米勒(Daniel Miller)认为,购买行为可以在人际关系中表达出关怀和真诚。在某种程度上,如果建立有意义的人际关系能够让我们感到幸福,那么有助于建立这种关系的消费行为就也能提高幸福感。他举例说,母亲在为孩子购买衣服时,不仅要考虑孩子的审美,还要考虑家庭的整体风格,这表明了她对孩子和家庭的关心和爱。同样地,一个男人可以通过为自己的爱人购买合适的衣服或鞋子来表达对她的爱和关心。这些例子强调了消费如何作为一种社交行为,以加强人际关系、增进彼此之间的情感联系,从而提升幸福感[32]。

米勒认为那些消费主义的批评者是在对消费者做道德评判,他认为,当我们对消费进行适当利用时,消费可以成为一种增强人文主义的方式。米勒赞扬消费,并指出消除全球贫困必须依赖更多的消费和大规模生产,而不是减少消费。虽然没有直接评论设计,但他驳斥了"手工艺",据推断应该是指"小规模的本地生产",米勒认为其仅适合作为爱好。

米哈里·切克森米哈赖(Mihaly Csikszentmihalyi)的研究不仅探讨了幸福感,还考察了购买的过程。他的研究表明,当我们的意识被"调谐"(tuned)时,即处于其所谓的"心流"(flow)状态,我们最为幸福。这种状态通常出现在个体积极参与并完全投入的活动(例如写作或演奏音乐)中,而不是被动的活动(如看电视)中。他发现,需要更高物质资源的活动(即高 BTU 活动,BTU 是英国通用的热量度量单位)通常只会指向较低的幸福水平[33]。他假设,低 BTU 活动之所以会带来更高的幸福感,是因为参与这类活动需要更多的**精神**(psychic)能量,所以更能调谐我们的意识。在这种观点下,"精神上"的主动参与便是实现幸福的关键。他认为,物质财富对幸福感(或"心流")的影响有两个关键阈值:在某个低阈值之前,物质财富的增加可以促进心流状态;超过之后,二者之间就不再相关。但更重要的是,还存在另一个高阈值,超过这个阈值,物质财富的增加甚至会开始剥夺我们的心流状态。

他指出,在当代生活中,购物是许多人体验意识"调谐"状态的主要方式之一,因为他们缺乏其他能够带来这种状态的机会或技能。相比之下,在过去,人们会通过自娱自乐、做手工(如缝纫或木工)或参与宗教等活动,体验到意识的"调谐"。还有研究表明,个人消费水平与工作质量有关。如果你的工作让你感到无力,你可能会通过购物来寻求一种心理补偿,这似乎能够让你重新获得一种掌控感[34]。

值得重申的是,消费和物质商品确实在心理和身体健康方面发挥着积极作用。我对心理学研究的解释不是在评判消费本身的好坏,而是关注如何在生活中找到一个合适的消费强度。

心理学——设计共鸣

近来的设计研究和实践也涉及对心理需求的关注,尤其是在调节人们的意识和人际关系方面。凯特·弗莱彻、艾玛·杜伯里(Emma Dewberry)和菲利普·戈金(Philip Goggin)在洗衣服这一日常活动的背景下探讨了通过设计满足心理需求的问题[35]。他们认为,有关清洁的社会和文化观念远远超出了对卫生的基本关注,更深层次上反映了幸福感、成功,甚至是情感联系。想想一件干净的白衬衫对一个成功的商人、学生或时尚的年轻女人的意义。研究人员建议,在设计衣物和洗衣机时，如果我们希望减少对物质商品的依赖，就必须将用户的心理需求与生产的"物质"需求一并考虑。

"慢设计"（Slow design）也旨在关注人的心理需求，其理念基础是：现代生活的快节奏往往减少了我们进行自省以及与他人建立联系的时间[36]。卡罗琳·施特劳斯（Carolyn Strauss）和阿拉斯泰尔·福阿德-卢克（Alastair Fuad-Luke）认为，通过物和建筑的设计，可以帮助人们放慢生活节奏，重新获得时间上的稳定性，在一定程度上还能改变我们的价值关注，从物质对象转移到有助于建构"调频"意识的体验上[37]。他们提出了"慢设计"的六个原则，从最终用户的协作参与（如基于场所的建筑）到揭示以前被忽略的生活元素等。"慢设计"的另一个核心原则是演进（evolution），已经成为设计界广泛关注的话题。

现已解散的"永远属于你基金会"（Eternally Yours Foundation）便倡导设计师去设计能够不断演进的产品，以加强并延长人与产品之间的关系[38]。在相关研究中，斯图尔特·沃克（Stuart Walker）建议，我们需要的是"足够好"的产品，而不是过于强调自身外观和不断更新的华丽且完美的产品，从而让用户将注意力转向内在的精神发展[39]。他提倡通过设计"足够好"的产品来减缓时尚和风格的快速变化，以减少对资源的浪费；使用本地或回收材料，并辅以有限的全球化组件，来设计持久耐用的产品。沃克通过持久产品的概念来解决可持续消费的问题，既涉及提供更好的产品供消费者选择（知情选择），也意在鼓励消费者关注内在的精神需求和成长，以减少对物质外在的依赖。

乔纳森·查普曼（Jonathan Chapman）的研究也探讨了如何延长我们与产品的关系[40]。他指出，当前用户与产品的关系之所以失败，是因为尽管用户在成长和演进，但产品却没有。他提供了一系列方法，以促进用户与产品之间的共情关系，比如赋予产品某种程度的不可预测性，让用户感到惊喜和喜悦，或者让产品表现出某种"自由意志"的特征。虽然查普曼认为这些方法只适用于小众市场，但他似乎还是鼓励使用物质商品来满足心理需求。他指出:"在过去的100年里,我们已经学会了在物种之外寻找心灵上的避难所,沉浸在人造物的无声拥抱中。"[41]查普曼似乎在表达,只要设计师能够创造出合适的、能够让用户共情的产品,物质商品也能够带给我们幸福,而并没有质疑人们对物质商品的依赖。

相比之下,埃佐·曼奇尼认为,设计必须挑战"基于产品"的幸福感,尤其应该关注人们生活环境的整体质量[42]。曼奇尼关注的是产品所提供的服务,以及如何以更少的物质资源提供这些服务。例如,人们需要的并不是钻头本身,而是由钻头钻出来的孔。曼奇尼将其描述为"从产品到结果"的转变,即所谓的"产品服务系统"方法[43]。除了有可能减少生活中的物质消耗外,这种方法还减少了对物品的所有权责任(如购买、维修和弃置等),从而腾出时间和精力,让人们有更多的自由去从事其他活动来满足心理需求。这种方法通常包含共享或集体主义的元素,这可能为改善人际关系提供机会。

曼奇尼认为,从历史上看,基于产品的幸福感主要源于节省劳动力的技术,这些技术通过将知识和技能嵌入设备中,简化了用户的操作,减少了用户的参与。他称之为"失能"(disabling)解决方案。也有人将此过程称为"去技能化"(de-skilling)[44]。从"心流"和其他心理福祉因素(如创造力、参与感、理解力)的角度来看,技能降低的技术方法在某种程度上确实剥夺了用户意识"调谐"的机会。因此,曼奇尼提倡"赋能"(enabling)解决方案,将用户从被动角色转变为主动的共同设计者。

协同设计(co-design)的概念建立在民主、代表性或用户赋能(user-enabled)的设计的趋势之上(不局限于可持续消费领域)[45]。在可持续时尚背景下,凯特·弗莱彻(在其他文献中)报告了一些项目,鼓励消费者通过合身剪裁、混搭或改造非标准尺码的衣物,以及用织物笔在内衣上绘画等方式[46],成为服装的共同设计者。英国设计委员会(Design Council)则在重新设计公共服务的背景下使用了"共创"这一概念[47]。该研究强调社交网络作为共创因素的重要性,并反复强调幸福感与一个人和他人关系质量之间的相关性。在共创的过程中,设计扮演了重要的角色,包括用户研究、促进沟通、可视化结构与系统,以及发明一种用于解决问题的共享语言等。

产品设计师克里斯蒂娜·尼德尔(Kristina Niedderer)探讨了产品作为关系调解者的作用,提出了"操演物"(performative objects)的概念,认为这种物可以在人与人之间创造"有意识的互动"[48]。她设计了一种名为"社交杯"的香槟酒杯,这种酒杯只有相互连接才能稳定立住。在更广泛地探讨物如何影响互动时,她观察到,"都旨在让人们变得更加独立,而不是让依赖和关心成为使用过程中不可或缺的一部分"[49]。在某种程度上,她的观察是正确的,消费品确实可能促进了个人主义倾向,而促使人际关系发生断裂。

总结来看,我们回顾的是关于消费主义的一个基本心理问题,即消费主义在满足心理需求方面到底能走多远。物能给我们带来幸福吗?还是说物质商品实际上剥夺了我们真正的人际关系,而使我们的意识无法"调谐"?如果物质商品在一定程度上确实能够让我们感到快乐,那这个度在哪?我们可以看到,设计师们正在探索如何通过设计支持行为和生活方式的改变进而促进心理健康,既包括通过设计促进积极的人际互动,也会考虑我们使用的物(或其缺失)对我们的意识"调谐"状态的影响。前文介绍了一些设计概念,包括慢设计、足够好的产品、共创、共情产品、产品服务系统和操演物等。

这些方法促使我们重新思考设计师的角色以及应采用的设计方法。例如,在曼奇尼所谓的"设计社群"中,设计师与用户共创产品或服务,这种情况下,设计师的角色是什么?而且,对于诸如此类的新的设计方法领域,目前也尚不清楚是否存在适用的设计方法论。例如,服务中的某些要素,例如热情好客和客户关怀,通常不在设计教育的范畴内。同样,也很少有设计师接受过如何为用户创造"心流"体验的培训。

社会学

在基本层面上,社会学关于消费的研究所提出的问题是:"消费意味着什么?"即探讨物质对象(商品)与消费行为在构建意义和身份方面的作用,也就是我们如何使用商品来理解我们的世界与我们自己。对于社会学家和其他文化理论家来说,商品具有象征意义,而这种意义是通过社会互动来协商的[50]。

在某种意义上,商品已经成为我们的主要"符号"来源,就像化石燃料已经成为我们的主要能源来源一样。商品是"象征资源",就像石油是能源资源一样。随着时间的推移,社会失去了许多旧有的符号来源,如通行仪式、季节和礼仪习俗,以及个人和社区的仪式和习惯等。这些传统符号和实践已经足够为人们提供指导和意义,帮助他们理解并找到自己在社会中的定位和身份,而不需要依赖消费和物质商品。但在快速变化的现代世界中,我们越来越依赖消费商品和消费过程来不断构建、重构和展示我们的身份和社会关系[51]。

关于社会关系和消费品如何让消费者进行自我建构,有多种模式。例如,米哈里·切克森米哈赖(在其他研究中)和尤金·罗奇伯格·哈尔顿(Eugene Rochberg-Halton)提出的三层自我模型(three-layered self),包括个人自我(个体)、社会自我(在社群和社会关系中的自我)和宇宙自我(在"更大和谐体系"中的自我)。他们将物品(material objects)视为理解和构建自我的模板:人们从周围的所有物品中挑选了某些,并赋予它们特殊的意义,这些物品既是映射其自我的模型,也为其未来的自我发展提供了模板。这些物质对象通过符号为人们的关系、经历和价值观提供了有形的表达,并通过象征的形式使这种表达得以持续存在[52]。

在这种模型中,物品可以表达用户的目标,甚至展示目标的实现,例如专业炊具可以证明用户想成为美食厨师的目标,或者表明其已经达到了这个成就。研究人员认为，当我们在物品上投入的精神能量（如时间、注意力、情感等）以享受、学习和创造的形式回报给我们时，这种投入就是有意义的——本质上，这是个人成长的形式。两位作者认为，在最近几十年里，个人自我支配着我们，使我们与更广泛的意义网络脱节，而把社会自我，特别是宇宙自我抛在了一边。没有后两种自我，物品及其意义很难成为个人成长的工具。

杰克逊提出了另一种关于我们如何构建身份的模型，即"社会符号性自我"[53]。各种物质和符号资源构成了我们的日常生活——我们依靠这些资源来生活和表达自我——但商品和符号的社会价值只能在社会环境中得到测试和验证。你觉得我的新车怎么样？我的衣服能帮我获得社会地位吗？我们必须了解我们的符号资源的社会价值，才能完成"社会符号性"自我的构建。从身份和意义的角度来看，消费社会和物质商品是对人类构建有意义世界的需求的当代回应——它们已经成为我们生活中占主导地位的意义结构。

虽然消费主义在环境保护方面可以说是失败的，并且某种程度上在心理满足方面可能也存在问题，但它在社会和文化层面具有重要意义，为现代社会提供了一种意义结构。因此，旨在改变消费行为和生活方式的任何举措都将涉及复杂的社会和文化因素，不是简单的事情。那么，可持续消费的挑战就远远超出了环保主义者所倾向的典型知情选择模型的范围。

杰克逊的结论是，要有效地应对消费主义，我们首先需要理解其运作机制，然后提出可行的替代方案，以取代消费主义在今天作为主导意义结构。他还提出了一个很少有文化理论家提到的问题，即是谁控制着无尽的符号资源——即消费品中所蕴含的各种象征意义与文化价值。他指出，尽管消费者在一定程度上能够实现对象征符号的"挪用"，但商品及其象征符号系统实际上不在任何形式的民主或社群的控制下。相反，符号资源的控制权主要掌握在追求利润的商业和企业手中。

最后，我们回到设计领域。他指出，"营销人员、广告商、设计师和零售商不仅在控制符号资源方面拥有既得利益,而且在实现这一控制以最大化自身利益方面也有着长期且相当成熟的经验[54]"。与提倡可持续消费的公共或社会部门相比,商业利益集团通常拥有更多的资金来操纵符号资源。或许,更令人担忧的是,他提到的"既得利益"无非是持续的经济增长,这同时也意味着消费的持续增长。

在消费和商品化稳步增长的时代,杰克逊的分析表明,在某种程度上,我们需要将构建社会意义的方式与商业脱钩。虽然并不是所有的社会关系和身份认同都被商品化了,但随着时间的推移,我们通过个人购买行为来满足的社会需求却越来越多。我们在多大程度上依赖衣服、工具、车辆或房屋作为我们构建和表达个人身份的重要方式?在食品和烹饪、托儿、医疗保健、老年护理、清洁、约会和娱乐等多个领域,商业服务现在已经取代了传统的社会关系与支持网络。因此,商业利益集团不断地去开发、完善并申请专利的往往是那些有利可图的服务,由此构成了市场上的主流解决方案——消费者需要花钱才能获得,而且显得比那些没有得到足够支持的替代性方案"更有效",后者包括自给自足、社会资本维持(例如社区支持和预防性护理)或发展合作社(例如汽车共享)等[55]。

社会学——设计共鸣

消费社会学似乎对设计提出了迄今为止最大的挑战。尽管毫无疑问,通过"知情选择""编辑选择"等方式可以并且应该使消费主义变得更好,但很明显,商业和消费主义依然在我们的社会生活中占据主导地位,这是有问题的。在其他方面,基于杰克逊的分析,我的观点是:文化上的可持续设计可以在个人和社群之间创造更多的本土化意义,而不是依赖于商业力量在全国或全球范围内传播[56]。这种方法表明,与"营利性"设计工作并行,我们还应该大力发展非营利性的、社会企业甚至公共部门内的设计工作。

从这个角度来看，通过非购买、共享、自给自足或社区提供等方式来满足人们需求（无论是对商品还是对意义的需求）的解决方案并不是**不需要设计的**。它们所呼吁的是在不同于传统商业模式的替代性经济框架下进行设计实践。例如，设计师可以选择加入公共部门或成立非营利性设计工作室，而不是直接奔向单纯以盈利为目的的咨询公司（设计师仍然可以通过受雇来获得报酬，我们不是在谈论志愿服务）。

然而，设计师往往自视为商业参与者，大众也是这么认为的。设计师接受的培训就是回应客户和消费者的需求，并为企业增值；政府政策也往往将设计定位为促进经济增长的工具；专业设计协会主要关注的也是商业实践和对客户的责任[57]。设计是消费主义车轮上的一个关键齿轮，因此大多数设计师都难以脱离商业和消费主义的框架来思考他们的工作。于是，许多设计师退而求其次，转而专注于如何使消费主义变得"更好"。

设计超越齿轮的角色

设计师正在探索主流"购买"方式以外的其他替代方案，但很少有人明确认识到设计的经济组织形式（即营利还是非营利）如何影响其角色和功能。前文提到的一些理念，例如"设计社群"或结合全球资源的本地方案，都强调从大规模生产转向区域化生产、自给自足或共享式交易模式——这些活动在作为盈利实体时可能会面临困境，但作为非营利企业或社会企业却可能蓬勃发展，甚至可以通过公共投资获得启动资金，以下是一些其他的例子：

产品服务系统：最近出现在汽车共享方面，通常是由非营利社区组织设立和运营。

为老年人设计：维克多·马格林和西尔维娅·马格林提供了一个来自公共部门的社会干预实例，在该实例中，社会工作者与建筑师结成团队,合作评估如何更好地满足人们的社会和物理需求[58]。

本地平面设计:通过了解本地的文化、视觉传统和民间传说,以应对西方平面设计主导的全球化设计挑战。这种意识最好通过学校和专业设计协会(通常是公共机构或非营利组织)来培养[59]。

社会自建:在 20 世纪 70 年代和 80 年代的英国,当地政府(公共部门)会雇用建筑师帮助住房轮候名单上的人们通过自建房屋来解决住房问题。政府捐赠的土地和简化的建筑技术使人们有能力可以自行设计和建造住房[60]。

我们应该多去开发一些购买之外满足需求的设计策略,从而实现更可持续的消费。尽管这种方法不能完全消除新产品和服务的开发——即消除商品品类,但可以减少商品的数量,并在某种程度上改变我们的生活方式,通过使物品更易于分享、本地生产、可自行维修或制作等,这也可能带来社会和心理上的积极影响。

即使设计师愿意朝着这些方向努力,有人可能会辩称消费者并不愿意。考虑到个人主义、消费主义和私有财产权的主导地位,我们有多大意愿去分享、被赋能或重新学习技能?有一种感觉是,随着社会的发展,我们失去了许多"公民领域",所以我们现在缺乏足够大的组织结构或平台来有效地吸引人们参与公共事务[61]。但也许设计"项目"可以帮助创建适合的组织形式以促进公共参与和合作,其"通用化"的视觉语言可以成为促进对话、构建新愿景的基础。这在方法上也给设计师提出了新的挑战。设计师是否懂得如何激励和构建社会资本?又是否了解如何运作一个非营利组织或公共机构?

随着开源方法在法律、生物学和新闻领域的最新应用的展开,在数字社会中通过技术和创新来为用户赋能并建立本地社区的可能性及其意义也在吸引着设计师们[62]。设计领域是否也可以采用类似的开源方法[63]?机会在哪里?

尽管这些问题超出了本文的讨论范围，但它们对于进一步研究如何通过设计支持可持续消费十分相关且重要。

结论

本文只涉及设计和可持续消费这两个巨大领域中的很小一部分内容。通过强调主流研究中的重要主题及其在设计中的共鸣，我试图勾勒出当前设计研究和实践所面临的一些关键问题及关注点。对这些关于设计实践方法和组织形式的问题的回答，可能有助于将设计从消费主义车轮上的一个齿轮转变为可持续消费的促进者。

© 2010 MIT。之前发表于《设计问题》(*Design Issues*)，2010年春季刊，第26卷，第2期，第3—16页。

26. 转型性服务与转型设计

丹妮拉·桑乔基

DANIELA SANGIORGI

摘要

服务设计近来正朝着转型性的方向发展。服务设计不再只是关于设计服务本身,而更多作为一种支持手段,面向新兴的更具协作性、可持续性和创造性的社会和经济。今天,设计的转型作用正在与服务的潜在转型作用相结合。科林·伯恩斯等人提出的"转型设计"一词,同时指涉社区内的社会进步性工作,以及组织内所引入的以人为本的设计文化。服务共同生产的内在要素使得在转型设计中,需要员工、公众和组织的同步发展。通过这种方式,服务设计就进入了组织发展和社会变革领域,但服务设计对其理论和原则的背景知识的了解却很欠缺。因此,本文建议将组织发展与社区行动研究的原则与实践纳入服务设计知识体系。此外,鉴于转型设计实践所涉及的重大责任,设计师需要在转型设计实践过程中保持自反性,以妥善处理设计过程中可能出现的权力和控制问题。

关键词:服务设计;转型性服务;转型设计;转型

与设计实践一样,服务设计也越来越关注转型性目标。虽然"转型设计"(transformation design)的概念已经存在,但关于其原则、方法和特质的研究却很少。本文旨在为阐明转型性变革(transformational change)的概念提供一些研究基础,并建议将其与组织发展和社区行动研究的原则和实践进行潜在的有益结合。

研究背景

最近,服务设计通过增强其在组织和社区中推动变革的能力而得到了进一步的发展。科林·伯恩斯等人将这一新的实践领域定义为"转型设计"(Burns,Cottam,Vanstone & Winhall,2006 年)。根据他们的定义,转型设计的概念表明:

> "今天,因为组织处于不断变化的社会环境中,因此其面临的挑战不再是如何设计出一个能够应对当前问题的方案,而是如何设计出一种能够持续响应、适应和创新的方法。转型设计的目标不仅是提供一个新的解决方案的雏形,还要保留实现持续变革所需的工具、技能和组织能力。"(第 21 页)

他们同时也强调了,转型设计的目标是实现根本性变革。他们认为,转型设计可以应用于公共和社区服务领域,带来根本性的改变,致力于社会进步的目标,也可以应用于私营公司,旨在引发公司内部的变革,特别是推行以人为中心的设计文化。

此外,服务设计最近已经不再只关注设计服务本身,而更多将其作为一种支持社会转型的手段。服务共同生产的内在要素使得在转型设计中,需要员工、公众和组织的同步发展。这在围绕公共服务改革的讨论中尤为明显,公共服务改革同时要求组织和公民改变他们的角色和互动模式,以实现同步发展,进而适应更具协作性的服务模式(Parker & Parker,2007 年)。这样,服务设计就进入了组织发展和社会变革领域,但现状是,服务设计领域对这些领域的理论和原则知之甚少。因此,问题出现了:与社区合作的设计师如何能够影响和改造组织? 或者,反过来,在组织内工作的设计师如何影响和积极改造用户社区? 还必须阐明的是:转型的实现形式是什么、为什么这些转型是可取的,以及谁将从中特别受益等。

本文旨在为转型设计提供一个初步框架,特别是在公共服务改革的具体背景下,建议采用数十年来专注于组织和社区内部转型性变革问题的研究领域中的关键概念和原则,如组织发展和社区行动研究。特别选择参与式行动研究作为一种可能的整合方法框架,因为它在组织发展和社区行动研究两个领域中都有应用,并且能够适应服务设计实践的需求。

接下来将对转型性服务、转型设计和转型性变革等概念进行解释,以提供本研究的相关背景知识。然后,本文将介绍实践性设计和社区行动研究相关领域的一些原则,并将其与指导公共服务转型和公共领域内参与式设计实践演变的原则进行比较。

转型性服务

服务设计从一开始就将服务视为不同于产品的设计对象,探索应对服务特性差异(最初被认为是缺陷)的模式,例如无形性、异质性、不可分割性和易逝性等(Zeitham, Parasuraman & Berry,1985 年)。

后来,设计领域的讨论和研究有了进一步的发展,认识到服务的本质是复杂的关系性实体,而且不能被完全设计和预先确定(Sangiorgi,2004 年)。随之,服务互动的关注逐渐扩大,开始考虑组织内部和组织之间的互动,致力于系统和网络的设计,同时设计师也越来越重视组织和行为的变革问题(Sangiorgi,2009 年)。在这一演变过程中,服务设计逐渐转变为设计服务(design for services),反映了该学科的跨学科和不断发展的特质(Kimbell,2009 年;Meroni & Sangiorgi,

2011年)。

在过去几年里,似乎出现了进一步的转变,服务不再被视为设计目的本身,而是越来越被看作推动更广泛社会转型的引擎。现在,服务设计不再只关注设计服务本身,而更多作为一种支持手段,面向新兴的更具协作性、可持续性和创造性的社会和经济,尤其强调协作服务模式和共创(Cottam & Leadbeater,2004年;Meroni,2007年)。

发达国家经济中对于服务角色的探讨便展现了这种演变。随着越来越多的人认识到服务在经济发展和就业增长中的作用,服务成为一种不同于传统制造业的创新模式。正如豪威尔斯(Howells)所评论的那样,这种模式很难通过线性实证的方式进行描述,"这样的创新过程往往是无形的,不依赖于具体技术,而更多涉及新的组织结构、管理方法和市场策略等"(Howells,2007年,第11页)。服务行业的创新主要来源于员工和客户(Miles,2001年),通过与用户互动(用户驱动的创新)以及应用隐性知识或培训,往往更容易产生新的构想,而不是显性的研发活动(Almega,2008年)。此外,服务创新越来越被视为"社会驱动创新"的推动力,国家和地区层面的政策也倾向于"利用服务创新来应对社会挑战,并将其作为社会和经济变革的催化剂"(European Commission,2009年,第70页)。芬兰国家技术创新局(Tekes)将服务创新定位为在健康与福祉、清洁能源、建筑环境和知识社会等领域转型性变革的核心杠杆(Ezell,Ogilvie & Rae,2008年)。

最后,在亚利桑那州立大学服务领导力中心(Center for Services Leadership)进行的一项研究中,研究人员集体确定了一组全球性的跨学科研究优先事项,重点关注服务科学领域(Ostrom等人,2010年)。在这些优先事项中,"通过转型性服务改善福祉"是当前备受关注的领域之一。亚利桑那州立大学该领域的领军人物劳雷尔·安德森(Laurel Anderson)将转型性服务研究这一新兴领域描述为"以创造积极的变化及提升个人和社区福祉为中心的服务研究"(Anderson等人,2002年第6页)。她认为,服务深深植根于社会生态之中,并在社会生态中广泛传播,可以通过提出新的行为和互动模式来影响个人、家庭和社区的生活。这一颇具当代意义的领域迄今为止却还没有得到足够的关注。

转型设计

此外,设计领域最近也越来越关注服务的转型作用,以此作为构建更可持续和公平社会的一种方式。目前,主要的热点研究领域集中在对创意社区和社会创新的作用与影响的探讨(Jegou & Manzini,2008 年;Meroni,2007 年;Thackara,2007 年),以及关于重新设计公共服务和福利国家的广泛讨论(Bradwell & Marr,2008 年;Cottam & Leadbeater,2004 年;Parker & Heapy,2006 年;Parker & Parker,2007 年;Thomas,2008 年)。

社会创新研究关注的是"普通人"如何通过创新和创意来解决住房、食品、老龄化、交通和工作等日常生活中的实际问题,并对其中的实例进行探讨。这种实例展示了一种"在减少资源消耗的同时过上更好生活并创造新的社会共居模式"的方式(Manzini,2008 年,第 13 页)。这些模式被定义为"协同服务",未来有潜力发展成为一种新型企业,即"分散型社会企业",其发展和成长需要支持性的外部环境。

关于重新设计公共服务的当代讨论同样强调了共同生产和协作式解决方案的作用。基于共创(co-creation)模式,科塔姆和里德比特(Cottam & Leadbeater,2004 年)建议将开源范式作为主要灵感来源,这意味着使用分布式资源(方法、工具、效能和专业知识)和协作交付模式,让用户参与"服务的设计和交付过程,与专业人员和一线员工合作制定有效的解决方案"(第 22 页)。反过来,这要求从根本上改变组织和公民个人的行为方式以及根深蒂固的文化模式。

同时,设计研究最近一直在探索设计在组织(Bate & Robert,2007 年 a,2007 年 b;Buchanan,2004 年;Junginger,2008 年;Junginger & Sangiorgi,2009 年)和社区(Thackara,2007 年)中的转型作用。服务设

计从业者已经从针对特定问题提供解决方案,转变为为组织提供以人为中心的服务创新工具和能力。例如:引擎服务设计小组(Engine Service Design)与肯特市议会合作开发的社会创新实验室(Kent County Council,2007年),以及与白金汉郡合作确定的地方组织和公民参与公共活动的方法等(Milton,2007年)。

英国国民医疗服务体系创新与改进研究所(NHS Institute for Innovation and Improvement)和伦敦的服务设计工作室"思考公共设计"(thinkpublic)合作开发了基于体验的设计(Experience Based-Design,简称EBD)的方法和工具包,以便为共同设计(co-design)流程提供更方便、可用和有效的服务。他们组织了一系列培训工作坊和试点项目,以支持工具包得到更广泛的采用。自2007年推出以来,EBD方法(以体验为中心的参与式设计方法)已在各医院试行,旨在激活NHS的大规模文化变革。

科林·伯恩斯等人直观地将设计的这一演变定义为转型设计(Burns等人,2006年)。他们总结了这种转型设计项目的主要特征:1)定义和重新定义设计任务,因为设计师在任务定义之前就参与进来,确保解决的是正确的问题;2)跨学科合作,因为当代挑战的复杂性要求多学科的共同努力;3)采用参与式设计技术,以便用户和一线员工可以引入他们的想法、专业技能和知识;4)增强能力而非依赖能力,因为转型项目旨在为持续变革保留能力和技能;5)设计超越传统的解决方案,使设计师专注于行为改变(而不仅仅是形式改变),以更整体的视角来解决问题;6)创造根本性变革,因为此类项目旨在启动一个持久的转型过程,通过制定长期愿景指导未来的行动和决策,也会培养一些推动者或领导者,以确保他们在项目结束后能够继续推动和实施该愿景。

这些新的特征带来了一些挑战,因为设计师未必接受过处理高度复杂的问题或将工作导向转型性目标的训练。传统的设计咨询公司可能需要改变其工作方式以及与客户的关系,并重新定位自己在设计干预中的角色和身份。此外,我们目前对适用于转型设计项目的方法论理解不足,也缺乏明确的设计原则来指导转型项目。当设计师参与转型项目时,他们肩负着巨大的责任,尤其是在与弱势群体接触时。而且,此类干预措施的质量和效果很难在短期内进行评估,而且传统的设计评估标准对此类干预项目也并不适用。为了更好地理解转型项目的模式和结果,一开始要问的(也是最基本的)问题就是:什么是转型性变革?

转型性变革

在组织发展中,变革是以程度或层次来讨论和评估的。沃兹拉维克、威克兰德和费希(Watzlawick, Weakland & fisch, 1974年)的早期研究将变革分为两个层级:一阶变革和二阶变革。一阶变革与给定系统内部的调整和波动有关,而二阶变革则意味着对系统本身的质变。类似地,戈伦别夫斯基、比林斯利和耶格尔(Golembiewski, Billingsley & Yeager, 1989年)在变革测量的背景下引入了三级变革模型:α变革,与给定范式内部变量感知水平的变化相关;β变革,与给定范式内部标准和价值观的变化相关;γ变革,与范式本身的变化有关。史密斯(Smith, 1982年)则从生物学的角度出发,建议比较**形态稳态**(morphostasis)和**形态发生**(morphogenesis)两个术语,前者表示有机体外观和成熟过程的变化,而后者则表示基因代码的变化,即核心和本质上的变化。20世纪60年代和70年代的组织发展研究侧重于一阶变革,重点是"通过使用角色澄清、改进沟通、团队建设、团队间建设等方式改善组织的内部运作"(French, Bell & Zawacki, 2005年,第7页)。20世纪80年代,企业发展的外部环境发生了变化,市场竞争日趋激烈,客户需求增加,经济不稳定。为了生存,企业必须快速变革。然而,其所需的变革并不是渐进式的,而是非常激进的。

组织转型作为一个特定的研究领域出现,旨在更好地理解计划中的二阶变革的驱动因素、过程和内容,即所谓的转型性变革。莱维(Levy,1986年)认为,二阶变革是一种"范式变革",为了支持这种转型性变革,必须改变系统的"元规则"(即规则的规则)。他构建了一个整合模型,以展示二阶变革所涉及的不同方面,包括核心流程、文化、使命和范式。范式变革是一种根本性的变化,涉及组织的核心理念和世界观的转变,为此,组织需要在多个层面进行调整,包括组织哲学、使命和宗旨、文化,以及核心流程。不过,组织使命或文化的变化并不一定意味着范式转型。从服务设计的角度来看,改进服务互动和触点(服务互动设计)或重新定义服务价值、规范或理念(服务干预)的项目,不一定会产生转型性影响。而通过设计调研,对组织核心理念和世界观进行探索和质疑,反而可以对组织发展产生深远的影响(Junginger & Sangiorgi,2009年)。

荣金格(Junginger,2006年)在研究设计对于组织变革的作用时,提出了以人为中心的设计和组织学习之间的联系:

> "对于一个组织来说,以人为中心的设计有两个关键好处:第一,产品开发集中在客户需求上;第二,用户研究方法可以揭示组织与不同客户和员工互动的优势和劣势。通过从用户视角理解组织内部网络关系的现状和未来,其洞察可以成为组织再设计的基础。"(第10页)

尽管如此,如前所述,研究服务组织内部的转型过程只是问题的一个方面。从外部看,共同提供服务活动的用户和社区可能需要经历类似的转型。特别是在倡导深度转型的公共服务领域,这一点尤为真实。此类变革倡导从一种与家长式、自上而下的福利范式相关的交付模式,转向以共创和积极公民身份为中心的赋能模式。设计师在公共服务领域主要采取两种转型策略(Freire & Sangiorgi,2010年):一种是从内部向外的变革,在组织内部推动变革,旨在引入以人为中心的设计文化并改善服务提供;另一种是从外部向内的变革,与社区和各种利益相关者合作，构想新的系统和服务模式。这两种变革策略都需要通过对变革和转型实践的理解来扎根。如果只关注一方面的工作，而没有考虑社区和组织中的潜在阻力，可能会导致变革失败或只能取得有限的影响。鉴于此，设计师应从组织发展和社区行动研究的科研和项目中学习，以奠定更坚实的基础来开展他们的活动。

转型性实践与原则

一个能够将组织和社区内的转型性干预统一起来的方法框架是参与式行动研究。行动研究通常与 20 世纪 40 年代库尔特·勒温（Kurt Lewin）在社会民主和组织变革方面的实验工作密切相关。勒温的名言是："如果你想理解一个现象，就尝试去改变它。"（French 等人，2005 年，第 106 页）。他的研究方法属于"规范性-再教育变革策略"，该策略将智识视为社会属性而不是狭隘的个体属性，并认为人们是由"规范性文化"所引导的（Chin & Benne，2001 年）。他们阐述道：

"因此，行动或实践模式的改变，不仅仅是人们做出理性判断和决策的信息和工具的改变，还包括个人层面上习惯和价值观的改变，以及社会文化层面上规范结构、制度化的角色和关系，以及认知和感知取向的改变。"（第 47 页）

行动研究被定义为：

"一种参与性、民主的过程，旨在通过发展实际的知识来追求有价值的人类目标……它试图将行动与反思、理论与实践结合起来，与他人一起参与，以切实解决人们迫切关注的问题，更普遍地说，追求个人及其社区的繁荣。"（Reason & Bradbury，2001 年，第 1 页）

行动研究旨在生成实际知识，以帮助改善个人和社区福祉。这种研究基于后现代的知识观念，认为知识是社会构建的，并认识到了知识与权力之间的紧密关系(Reason & Bradbury,2001年)。参与式行动研究提供了一个框架,允许采用异序的(heterarchical)而非层级的(hierarchical)方法进行研究。这样做,就允许了各种各样的观点和可能性的存在,而不是通过还原论方法强行达成共识。这产生了一种"赋权"(power to)效果,即赋予参与研究的人权力,而不是让知识渊博的研究者拥有随意支配被动对象的"控制权"(Hosking,1999年)。

行动研究已在多个领域和不同层次上得到了应用和发展,特别是在管理、教育和发展研究领域。与本文特别相关的是参与式行动研究在边缘群体和弱势社群中的应用。这种应用被称为社区行动研究,其认为传统科学方法中研究者的中立性立场在面对依赖关系和不公平现象时,是不够的。意识提升或者说"觉悟启蒙"是社区行动研究的中心概念,旨在通过一种自我反省和意识提升的过程,从将自己视为对给定系统做出响应的客体,转变为可以质疑和改造系统本身的主体(引自Ozanne & Saatcioglu,2008年)[1]。此外,社区行动研究特别关注健康和福祉问题,因此与公共健康研究领域和社区赋权等议题紧密相关。

转型设计亦强调参与和赋权,尽管并未特别关注知识生成、权力和变革等方面的反思,但我们还是可以将其与行动研究关联思考。作为转型设计实践的关键组成部分,参与式设计—从研究传统而言—更关注权力和控制问题,并且已经从主要作用于组织内部(如私人公司和公共服务组织)发展到支持社区和公共空间内的民主变革进程,旨在促进创新和社区赋权的平等实践(Ehn,2008年)。

基于对以上这些不同领域文献的类比与比较,本研究确定了七个关键原则,以试图统一设计、组织发展和社区行动研究中的转型性实践,并特别关注公共服务改革和福祉问题。这七个主要原则是:积极公民、社区规模的干预、能力建设和项目伙伴关系、重新分配权力、设计基础设施和赋能平台、增强想象力和希望、评估成功和影响。以下是原则内容的详细阐述,以便能够对转型性项目中服务设计实践的影响进行反思。

积极公民

转型设计实践的核心条件是将公民理解为"能动者"并认可其在创造福祉方面的积极作用。正如本特利和威尔逊(Bentley & Wilson, 2003年)所论述的那样,发掘提供更好、更个性化服务潜力的关键在于理解价值是被创造的,而不是被交付的。同时,参与被宣传为民主的基本权利,是一个培养更优秀公民的过程,也是制定更有效且高效的方案和政策的手段(Cornwall, 2008年)。

在关于公共服务转型的设计讨论中,参与被视为从根本上改变传统的层级服务模式和公民自身认知的关键资源。科塔姆和里德比特所提出的"开放福利"(Open Welfare)概念,是一种现行福利制度的替代性方法。这种开放式公共服务交付模式的基础是"大众参与模式,其中服务面向的'用户'也是设计师和生产者,与专业人士建立起了新型合作伙伴关系"(Cottam & Leadbeater, 2004年,第1页)。

与此类似,医疗服务系统改革呼吁"建立以患者为主导的国民健康服务体系"(Department of Health, 2005年),旨在改变整个系统,以便"有更多的选择和更个性化的护理,真正为人们的自我健康改善赋权",并"从单方面为患者提供服务转向以患者为主导的服务,让服务与患者合作,支持他们的健康需求"(第3页)。

然而,参与可以在不同层次上实施,并且其初始动机也有所不同。极致的参与可能会涉及社区或公民的"赋权"问题,指向更具"转型性"的目标(White, 1996年)。

最近的一项综述性研究(Marmot, 2010年),结合对健康不平等和社区参与的反思,指出了解决健康不平等问题的关键:必须高度重视个人和社区的赋权力,这将为人们掌控自己的生命健康创造条件。这就要求在本地服务交付方面增加人们参与社区解决方案定义的机会,从而实现真正的权力转移。正如马尔默(Marmot)所主张的那样,"如果缺乏公共服务组织的公民参与和社区参与，将很难提高干预措施的渗透率，也很难对健康不平等现状真正产生影响"（Marmot，2010年，第151页）。

基础保健服务必须"大力开发包容性实践，为患者赋权，以提高患者的健康素养为目标"（Marmot，2010年，第157页）。研究表明，从患者信息提供或咨询的方法转向更具包容性和参与性的方法（支持权力的真正转移和健康决策参与）可能会带来更好的健康结果（Attree & French, 2007年）。通过增加公民参与，可以改善服务的适用性和可获得性，同时撬动社会资本，提高民众信心，并促发健康积极的态度（Popay, 2006年）。

在组织发展研究中，参与式研究和学习过程被视为推动转型性变革的重要驱动因素，因而受到高度重视。深层次的转型需要从根本上"重构"现有的观点、结构和流程，这种重构离不开利益相关者的深层心理参与（Chapman, 2002年）。赋权（empowerment）的概念在转型性变革中至关重要，这意味着参与者的参与不只是在变革的不同阶段被咨询意见，更是作为共创者参与项目。为了实现赋权，参与需要成为一种"共同决策"形式（Elden & Levin, 2001年）。这种层次的员工参与被定义为"组织公民"行为，在组织的约束下，员工的"公民参与"既被视为一种义务，也被视为一种期望。从这个意义上讲，组织转型项目中的协作被视为一种自上而下的过程，虽然在这个过程中也会考虑和采纳员工的意见和建议，但这一切仍然发生在现有的组织结构和社会框架下。然而，在社区行动研究中，公民身份被描述为一种基本权利，参与的过程也是自我意识觉醒的过程，即质疑现有的权力和社会结构，往往会通过自下而上的冲突性变革运动来实现转型（Ozanne & Saatcioglu, 2008年）。

社区规模的干预

转型性实践的另一个前提条件是以社区作为干预的规模。社区被认为是激活大规模变革的最合适尺度。梅洛尼(Meroni,2008年)提出了"以社区为中心的方法"的概念,"其中关注的重点从个人'用户'转移到了社区,将社区作为新的设计热点,以强调对于当前社会动态的关注"(第13页)。社区(或者说"某群人")被视为一种集体性变革力量维度,而这种"(基于某种共同的兴趣、地理位置、职业或其他标准)自发形成的社区相对于个体而言,其规模足够大,能够对个体施加一定的道德约束,这些约束超越了个体的意愿或行为;但同时其规模又足够小,足以被承认为个体利益的代表"(第14页)。

在商业环境中,社区行动研究是一种协作的知识创造过程,能吸引更广泛的从业者、顾问和研究人员,以激活大规模的转型性变革(Senge & Scharmer,2001年)。其运作机制基于这样一种假设:工业时代的高度竞争如今需要通过合作来缓和。因此,社区行动研究干预实际上促进了个体组织之外的关系和协作,创建了跨组织的学习社区,从而促成和维持转型性变革(Senge & Scharmer,2001年)。而且,在公共卫生领域,要有效预防生活方式带来的疾病,也需要大规模的社区参与性措施(Blumenthal & Yancey,2004年)。同时,未来医疗保健服务的设计也越来越与综合的和基于社区的解决方案联系在一起(Department of Health,2008年b)。

能力建设和项目伙伴关系

如果能够得到实打实的支持,参与式和基于社区的干预措施本身就具有转型的潜力。然而,正如康沃尔(Cornwall,2008)所言,有效参与"需要组织文化以及国家官员和服务提供者的态度和行为发生改变。关键是建立相应的程序和结构,使公民能够发声,并获得行使民主公民权利的手段以及有效参与的技能"(第14页)。

在公共卫生研究中,"参与式"和"公众参与"这两个术语意味着"建立关系"(Anderson,Florin,Gillam & Mountford,2002年),或者是创建"参与的组织",以将患者的参与纳入决策过程(Department of Health,2008年a)。因此,重点不仅在于在外部建立"参与机制",还要在内部实施"变革机制"(Anderson等人,2002年)。因为人们已经认识到,为了实现长期可持续和有效的变革,必须通过建立信任和持续对话来改变组织的文化和态度。在不断变化的政治和社会技术环境中,一次性的干预措施无法在减少卫生不平等和改善服务方面产生显著效果(Bauld等人,2005年)。因此,建立一种能够超越政治目标和策略变化的参与文化至关重要。

社区行为研究具有三项指导原则:在研究过程中纳入来自社区的合作伙伴,与其建立研究合作伙伴关系;以社区本地定义的优先事项为指导,并致力于社会公正;鼓励人们学习新技能,对所处环境的社会和经济状况进行反思,根据自己的利益采取行动,致力于实现社区教育和社区赋权(Ozanne & Anderson,2010年)。

转型设计同样继承了参与式设计的原则(Shuler & Namioka,1991年),即学习与超越——通过强调设计过程中设计师和项目参与者之间的学习互动,从而促发转型性理解。不过,参与式设计专注于提供工具和方法,以确保参与者能够充分参与到设计过程中,从而保证包括设计师在内的所有参与者共享最终设计成果,而转型设计除此之外,还关注参与者对整个设计过程和方法的所有权和控制权。

不过,当设计介入组织变革和行为改变实践时,试点项目就在更长的变革过程中发挥作用。例如,"思考公共设计"工作室的DOTT07项目——"为时代而设计2007"(Design of the Time 2007)[2]开设了痴呆症设计专题。主办方举办了一个"技能分享日"活动,邀请了一位来自英国广播公司(BBC)的摄影师为一个用户小组提供拍摄和采访的培训。后来参与该项目的关键利益相关者发现,他们在项目中学到的沟通技能不仅仅在项目期间有用,而且在之后的职业生涯中也发挥了作用(Tan & Szebeko,2009年)。

正如本文在此讨论的那样,能力建设和信任关系的建立是实现具有长期影响的转型设计实践的重要基础。接下来要考虑的问题是，知识交流在何时有助于促成真正的转型。

重新分配权力

在设计过程中，参与不仅仅意味着使用参与式方法或传授相关技能，关键在于权力在设计决策过程中的实际再分配。阿恩施坦（Arnstein，1969 年）在他著名的关于公民参与的反思中，提出了"参与阶梯"的八个层级。最底层的是**非参与**，如"操纵"和"治疗"；往上是**象征性参与**（tokenism），如"告知""咨询"和"安抚"；顶层是**公民权力**，表现为"伙伴关系""授权"和"公民控制"。非参与实际上并不是真正的参与，而更多的是（决策者单向地）通过教育和说服公众，使其相信现有计划和方案的好处；而在象征性参与中，公民虽然可以发声，但其声音并不一定会被采纳或付诸行动；公民权力则意味着公民实际被赋予地位、技能和支持，能够真正参与决策过程。

与之类似，波佩（Popay，2006 年）提出了四种社区参与实践的方法，根据参与目标划分为：提供和/或交换信息、咨询、共同生产和社区控制。她强调："这些方法并不是独立、无序的，而是构成了一个参与式方法谱系；越靠近右侧的方法（社区控制），越强调社区的赋权和发展"（第6页至第7页）。

贝特和罗伯特（Bate & Robert，2009 年）则提出了一种理想的渐进式的患者参与模式：从简单的"抱怨"和"提供信息"，逐步转向更积极的参与形式，如"倾听和响应""咨询和建议"以及"基于经验的共同设计"。而在共同设计中，"更强调伙伴关系和共同领导，NHS 的专业人员与患者和用户一起结成伙伴关系，共同领导服务设计，共同发挥关键作用"（第10页）。在这种情境中，专业人员仍然在变革过程中保持领导地位，而患者则作为其自身经验的专家参与其中。

在这种连续性的参与式设计过程中，研究人员和专业人员的角色不是固定不变的，而是逐渐演变的。首先要考虑的是项目中的不同参与者为项目带来的不同贡献，研究人员主要提供方法和理论方面的专业知识；而社区成员则贡献了他们对"使用中的理论"的深刻见解、他们的能力和需求，以及他们对社区社会文化动态的内在理解（Ozanne & Anderson，2010年）。斯基德莫尔和克莱格（Skidmore & Craig，2005）指出，社区组织在激发公民参与方面非常重要，同时引入了"公民中介"（civic intermediaries）的概念，即那些在公民和社区之间起到中介作用的人或组织。虽然这些"公民中介"角色缺乏预设的工作目标，但其通过与"参与型社区"合作，提升社区成员的技能、意愿和能力，使其能够为所参与的任何公共或半公共空间作出贡献。在设计领域，设计师作为变革过程的促进者这一角色日益获得共识，但对于变革过程到底是由设计师主导（设计驱动）还是由使用者主导（使用驱动），仍存在意见分歧。

在参与式行动研究中，研究人员挑战了传统研究关系中的权力划分，即学术界和工业实验室中的少数人控制"科学知识"的生产过程。转型过程实际上被定义为一种"共生学习过程"，在这个过程中，研究人员（外部人员）和客户（内部人员）作为"共同学习者"（Elden & Levin，2001年），而不是"专家"或"被试"。这种协作学习过程可以促发"本土理论"（local theory）的重新构思，有助于内部人员重新思考他们的工作和世界观，并帮助外部人员生成更具普遍性的（科学）理论。这基于社会建构的知识概念（Berger & Luckmann，1966年），即无论是科学理论还是个人世界观，都是社会历史和文化条件的产物，可以被研究、测试以及在必要时发生改变。然而，与设计领域一样，参与式行动研究仍然存在"控制困境"，因为即使参与者应该负责研究过程，研究人员也不能完全放松控制（Elden & Levin，2005年）

构建基础设施和赋能平台

当最终目标是实现转型时,不仅要关注过程中人们的参与和投入,也需要考虑最终结果如何能够更好地体现人们的参加和投入。公共服务强调共同生产的概念,并将其作为实现更有效和个性化服务的关键策略(Horne & Shirley,2009 年)。在考虑用户在塑造和促进服务交付及持续重新设计过程中的作用时,我们需要同时思考用户在"使用前"的设计和"设计后"的设计中的角色和参与(Ehn,2010 年)。佩尔·艾恩在反思参与式设计实践的演变时,建议"与其专注于让用户参与设计过程,不如将用户的每一种使用情况都视为潜在的设计情境。因此,设计存在于项目阶段,同时也存在于使用阶段,即设计('在项目阶段')之后还有设计('在使用阶段')"(Ehn,2010 年,第 5 页)。

在项目阶段,应该允许在执行过程中出现的各种争议或需要多次重复调整和修改,以支持新产品和实践的产生。艾恩沿用了利·斯塔(Leigh Star)的概念来谈论"基础设施化"(infrastructing),他指出"基础设施(例如铁轨或互联网)不需要每次都重新发明,而是被'嵌入'在其他社会物质结构中,只有通过参与特定实践和活动才能真正访问和使用它们"。(Ehn,2010 年,第 5 页)

类似地,斯基德莫尔和克莱格在描述社区组织对支持人们参与和投入的重要性时,强调了这些组织的能力:

"(这些社区组织)就像是一个平台,能够容纳并支持各种各样甚至有时看起来互不相干的活动……如果我们认真对待这种'平台模型',就会发现组织的边界变得非常模糊,很难准确说出组织从哪里开始,到哪里结束。因为这些组织并不是孤立存在的,而是嵌入在各种不同类型的关系网络中,因此更合理的视角是将这些组织看作是通过这些复杂的网络来运作和发挥作用的。"

(Skidmore & Craig, 2005 年, 第 48 页)

服务平台设计的概念也是转型设计语言的一部分。当项目参与者成为服务的共创者时,设计过程就不再是僵化和不可改变的,也不存在任何固定的设计事物或操作步骤,因为这样的设计缺乏适应性和灵活性。由工具、角色和规则构成的平台提供了一些基本条件,允许不同的实践和行为在其中发展(Sangiorgi & Villari, 2005 年; Winhall, 2004 年)。同时,当设计师面临将创意社区中有前途的解决方案进一步推广和扩大时,他们的贡献形式就变成了"赋能解决方案",即"能够提高协作服务的可及性、有效性和可复制性的一套产品、服务、传达等必要设计事物组成的系统"(Manzini, 2008 年, 第 38 页)。

社区行动研究的重点是基于社区的优势和资源,以及社区成员对于参与和进一步发展的意愿,去共创可持续的本地化解决方案。如果不关注这些方面,社区行动研究将很难实现其终极目标,即通过研究和干预措施,为社区带来实实在在的好处(Ozanne & Saatcioglu, 2008 年)。

提高想象力和希望

在任何转型过程中,想象一个可能的更美好未来的能力是至关重要的。设计师通常因其能够跳出常规思维,提出新的未来愿景而备受认可和赞赏。谈及格雷戈里·贝特森(Gregory Bateso)的著作《心灵与自然》(*Mind and Nature*),正如梅洛尼提醒我们的那样,进化不同于"表观遗传",后者是"利用已有的能力基于先前条件发展系统"(Meroni, 2008 年, 第 5 页)。如果说"表观遗传"意味着从内部增长的可预测重复,那么进化则需要探索和改变。设计师的行动往往更类似于进化,因为他们可以从外部着手,在需要时引导更系统的干预。提升构建新的、共享的导向愿景的能力是转型设计过程中的基本素养(Manzini &

Jegou,2003 年)。

然而,除了发展愿景,社区还需要相信它们具有在未来实现该愿景的实际能力和权力。斯基德莫尔和克莱格声称,"没有激活社会网络的希望……社会资本可能会被浪费。人们拥有的网络只有在他们相信自己可以通过这些网络实现某些目标时才有价值"(Skidmore & Craig,2005 年)。这种社会网络和集体乐观主义的结合被美国社会学家罗伯特·桑普森(Robert Sampson)称为"集体效能"(引自 Skidmore & Craig,2005 年)。为了借助共享的导向愿景来激发这种集体乐观,需要创建适当的基础设施和有效的权力分配策略予以支持。

同样,组织变革基于个人思维和行为方式的根本转变。利维和梅里(Levy & Merry,1986 年)提到了两种主要策略:一种是"重构",旨在改变员工对现实的看法;另一种是"意识提升",旨在提高员工对变革过程和实现变革的创造性方法的理解。

评估成功与影响

在持久性转型设计过程中,最后一个关键问题是评估。如何衡量复杂系统中的成功与影响?成功的维度是什么?当转型涉及文化和世界观的变革时,该如何评估?或者当转型与社区赋权、福祉和社会资本有关时,又如何衡量?

行动研究的质量可以通过五种有效性来衡量(Reason & Bradbury,2001 年):结果有效性、民主有效性、过程有效性、催化有效性和对话有效性。结果有效性关注研究项目是否真正带来了人类福祉的实际改善,或者是否真正解决了相关问题;民主有效性关注的是项目中各利益相关者在问题定义和解决方案中的参与程度;过程有效性考察的是项目执行过程中是否为参与者的学习和改进提供了机会;催化有效性关注参与者是否通过研究过程真正增强了理解和改变现实的能力,以及是否了解了如何在更广泛的范围内应用本地知识;最后,对话有效性指的是研究者如何与项目参与者就研究发现进行批判性讨论。

如今,设计领域也意识到了在进行转型项目时评估其长期影响和遗留效应的重要性。例如,DOTT07 2项目在进行评估时,重点从社会、经济和教育层面切入,关注了其对特定地区的遗留影响(Wood Holmes Group, 2008年)。在社会方面,他们考察了该项目对当地居民生活质量的实际影响(结果有效性)、弱势社群的参与度、整体项目参与水平(民主和过程有效性)以及是否提高了公民参与服务创新过程的能力。在教育方面,关注项目是否提供了启发性的教育活动(特别是对年轻人),以及是否提高了他们对设计意识和技能(催化有效性)的认识。该项目没有特别关注对话有效性,因为设计师的数据解释方式和问题解决方案基本上没有招致质疑。

最终考虑

今天有越来越多的服务设计师在为组织和社区工作,以促进转型过程。他们为社会转型目标做出的贡献是极其宝贵的,但同时也肩负着巨大的责任。服务设计自兴起以来,一直吸引着热情的年轻一代从业者和研究人员,他们普遍认为设计服务——特别是公共部门的服务——是应用其技能和专业知识的更有意义的方式。随着这种社会转型目标的日益明确,设计师需要对自己的工作和干预方式更加自省。本文通过比较不同领域的文献和研究,包括公共服务改革、参与式设计、组织发展和社区行动研究,明确了七个关键的限定性原则,描述了转型性实践的特征和条件。服务设计师不仅需要更深刻地理解转型性变革的动态和特质,还需要反思自己在各种社区中的权力和影响。在设计领域的文献中,通常对设计在社会中的作用和影响持高度积极的态度,而一种更为批判性的视角(用以平衡这种乐观主义)正变得越来越必要。

在不同的背景下,消费者研究一直呼吁在他们的实践中做出类似的改变,因为从历史上看,他们的工作一直是由学术界的理论和实质利益所驱动的。他们对转型性消费者研究实践的新呼吁着眼于对消费者生活产生积极影响(Bettany & Woodruffe,2006年)。有学者建议,实现这一目标的一种方法是在他们的工作中引入反身性思考,以解决每次研究遇到的权力和控制问题,了解其对研究及其结果的影响(Bettany & Woodruffe,2006年)。反身性(reflexivity),即一种反思研究过程的方式,以支持理论和知识生成,这种方式触及了本体论和权力的问题。

在本文范围内,并未深入探讨反身性的意义和实践,显然,如果要进行此类探讨,需要在承载转型性目标的项目中引入新的技能和工具。这可能包括:对过程、冲突、角色、设计决策点的有意识的追踪与反思,映射多重视角,以及探索设计情境和结果的个人和协作式的解释与评估。这些反思性实践有助于更好地理解、定位、引导、证明和评估设计师在转型过程中的作用。因此,在"服务设计"前加上限定词"转型性",不仅意味着我们要深入思考设计师如何引导转型性过程,还意味着必须对一些更明确的意义问题进行反思:我们希望实现哪些转型?为什么要这样做?以及最重要的是,谁会从这些转型中受益?

致谢

感谢瓦莱丽·卡尔博士(Dr. Valerie Carr)和萨宾·容金格博士(Dr. Sabine Junginger)对本文撰写和编辑的重要支持。

© 2007 Daniela Sangior。之前发表于《国际设计杂志》(*International Journal of Design*),2010年,第5卷,第1期,第29—40页。经作者许可重新发布。

27. 设计思维再思考（上）

露西·金贝尔
LUCY KIMBELL

摘要

在过去十年中，"设计思维"一词已经不仅仅被设计师们奉为圭臬，而且在更广泛的领域被更多的人所关注。其核心思想是：无论是企业创新还是社会变革，专业设计师解决问题的思路和方法都是值得参考的。本文回顾了"设计思维"一词在设计领域中的起源，以及在瞬息万变的全球媒介化经济背景下，管理教育工作者和咨询机构对它的运用过程。设计思维有三种解释：作为一种认知方式，作为设计领域的一般性理论，以及作为一种组织资源。本文认为，在关于"设计思维"概念的讨论实践中存在一些问题，使得其主张并不像有些人所宣称的那样可靠。首先，这些解释在很大程度上都建立在二元论的基础上，即我们头脑中的思维与认知和我们在现实中的行动之间的二元对立。其次，泛化的设计思维忽略了设计师实践的多样性及其在历史长河中建立起的制度与习俗。第三，设计思维的基础设计理论偏向于将设计师视为设计过程中的主要能动者。相反，本文认为，我们要反思设计思维，而关注设计师及其他参与设计过程的人在具体的设计情境中身体力行的行为惯例，是一种行之有效的方法。

关键词：设计思维；实践；设计师；创新；组织设计

引言

专业的设计领域在日益扩张，且趋于复杂化。一些专业设计师对解决复杂的社会问题势在必行，通常会与公共服务领域的专家合作（虽然这种合作并不总是非常紧密），从医疗保健到援助弱势家庭再到警务问题。还有一些设计师及其工作方式在商学院大受欢迎，他们的设计知识融入新一代管理者和领导者的教育中。曾经那些只与设计师息息相关的概念和专业用语，如今渗透到了其他专业领域中：政策的制定者了解到公共服务应该更多地以用户为中心（Parker 和 Heapy，2006 年），企业通过赋予其商品新的价值来吸引客户（Verganti，2009 年）；美国陆军也开始考虑设计在军事行动中的应用（School of Advanced Military Studies，日期不详）。专业设计，特别是许多以工作室传统为基础的艺术院校的实践中的设计，在世界舞台上的地位与过去已然不可同日而语。

对于那些为全球客户不懈追求新市场、新产品和新价值创造的设计公司来说，设计本身正在被重塑（Nussbaum，2010 年）。强调设计思维的设计，所能贡献的应该不仅仅是设计本身。然而，目前这种对专业设计师的一些方法、知识和实践的重新组合——首先是在学术设计研究领域，然后是在商学院和咨询公司中——并没有迸发出新的火花。事实上，行业观察人员开始质疑设计思维最基本的假设。设计思维被广泛应用在各种领域中，从进展缓慢的学术界到快节奏的咨询和博客行业，但一些最初的支持者却发现其效果并不总是十分理想，于是开始质疑设计思维，甚至称其为"失败的实验"（Nussbaum，2011 年）。

虽然许多诸如此类的批评讨论是在设计圈外开始形成的,但本文致力于从内部入手对设计思维进行审视。在设计行业和设计师面临新的挑战性环境的当下,我们必须讨论设计职业在世界中的地位和作用。从实践理论入手对设计思维进行探讨,可能有助于我们深切理解设计师在其所在的社会环境中的工作。我们必须明确设计思维的功能,而不是将其视为一种脱离具体情境、脱离历史和现实的认知方式。设计思维可能已经失败了;但反过来,我们也许应该将设计理解为由专业设计师及相关人员共同在具体情境和条件下进行的一系列实践活动。

以"如果……会……"的方式提问:设计师作为文化诠释者

十多年前,在全球化媒体化的符号经济和商品经济盛衰跌宕之际,设计思维应运而生。在此背景下,专业设计师扮演着日益重要的角色,不再仅仅是形式的创造者,而更多地承担起了文化中介的责任(Julier,2008 年),或作为多学科团队中的"黏合剂"(Kelley & VanPatter,2005 年)。他们阐释着文化更替,继而创造出新的文化形式。一些设计师始终相信设计在社会、政治和经济中不可或缺——例如工艺美术运动的代表人物威廉·莫里斯,以及意大利的"超级工作室"(Superstudio)和"阿基佐姆"(Archizoom)等设计团体。设计思维在过去十年的发展过程中有一个显著特点,即其被管理学话语所纳入,尤其是在商学院中。

在过去的五年中,"设计思维"这个词变得越来越普遍:出现在达沃斯论坛(Davos)——一个全球政界人士和公司高管的年度会议(IDEO,2006 年);在 TED 会议——一个吸引了商业、技术和娱乐领域领军人物的系列会议(TED,2009 年);还出现在《哈佛商业评论》(*Harvard Business Review*)——一本颇具影响力(尽管没有同行评议)的学术期刊(Brown,2008 年)。设计思维及其实践者更倾向于以人为中心来解决问题,而不是以技术或组织为中心。从目标用户的意见出发,生成设计构思,再进行测试,实施设计方案,然后对此流程不断迭代。可视化的产品和原型能够辅助多学科团队协同工作。设计师以"如果……会……"（what if）的方式提问，以想象未来情景，而非接受现有的行事方式。依据这种观点，凭借其创造性的解决问题的方式，设计师几乎可以将设计之手伸向任何领域。今天，设计是创新的核心，针对组织[1]所面临的维持或扩大市场份额的压力，或是公共部门想提高用户满意度、提升效率的需求，设计师及其设计思维都可以建言献策[2]。

创意阶层和资本主义的"新精神"

要想了解设计思维渗透企业的动向，需要关注其在过去几十年中更广泛的发展，这些发展塑造了社会、不同类型的组织以及政治机构的内部形态，促进了彼此之间的联系。在此不便全盘赘述，我仅强调一些特定的主题。

第一个主题是资本主义的不稳定、流动和动态（Lash & Urry，1994年；Thrift，2005年）。博尔坦斯基和恰佩罗（Boltanski & Chiapello，2005）对资本主义"新精神"的描述敏锐地捕捉到了资本主义在两个方面的转变：从层级结构到灵活网络化，从官僚纪律到团队合作和多技能。这是资本主义为了应对其所面临的批评而进行的自我重塑，以为管理者提供更多的自主权和职业安全感。第二个主题是符号经济的重要性。符号经济能够跨越国界，造就了产品饱和的发达世界。在这种经济环境下，商品的价值无法与其象征价值分离（Lash 和 Urry，1994年）。那些在某种程度上理解了这一点的商业公司不懈地进行着探索，致力于让不同的受众或利益相关者参与构建这些符号的意义（Verganti，2009年）。第三个主题是佛罗里达（Florida，2002年）所谓的创意阶层的崛起，即其工作内容和职业身份均与创造有意义的新形式密切相关。对佛罗里达而言，"创造性"这个词并不独属于设计师、音乐家和视觉艺术家，也适用于计算机程序员和专栏作家等意见领袖。这种类型的工作灵活、自主，且具有创造性，不受产业生产和消费模式约束,可以跨越国家和地区的界限,赋予了创意阶层工作的意义,同时也模糊了他们的职业和个人生活的边界。

第四个主题是对商学院的作用及其作为研究和教育中心在世界上的地位的质疑(Harvard Business Review,2009 年),这个主题经久不息,最近又被重新提起。2008 年的全球金融和经济危机表明,工商管理硕士甚至教授在面对危机时也会束手无策。相反,与高金融世界及其标志性产品、衍生品相关的一些实践带来了关于治理、问责和价值观的重要却尚未被解答的问题。商学院对于设计师如何解决问题的兴趣早在危机爆发之前就存在(例如 Boland & Collopy,2004 年),但其基础观点是:传统的管理和组织思维方式不足以应对变化莫测的商业环境(Tsoukas & Chia,2002 年),更不用说气候变化、资源不平等和石油峰值等全球性挑战。对于管理者和政策制定者来说,这意味着对创新和新颖事件的紧迫追求有了新的资源——在当代资本主义中享有特权地位的创意阶层。

理解设计思维

即使只是表面上的观察,也会发现无论是对公众而言还是那些声称自己在实践设计思维的人,设计思维并没有被很好地理解。正如瑞兰德(Rylander,2009 年)所指出的那样,单埋解设计和思维就已经很困难了,更不用说**设计思维**了。因此,那些支持将设计思维应用在商业中或更广泛地应用于公共服务或社会问题的人也很难解释清楚:什么是设计思维;是否所有设计师都具备设计思维;设计思维是否是一个全新的概念,还是只是优秀设计师工作习惯的别称;以及非设计专业人士学习并应用设计思维是有好处的——也许他们在自己的工作中已经无意识地应用了设计思维的某些原则。设计思维不局限于任何特定的领域或学科,而是试图涵盖所有与设计实践相关的优点和方法。鉴于设计思维的广泛影响力和吸引力,现在是时候研究其起源了。更重要的是,我们必须审视设计思维的本质,并了解它在当代关于变革和创新的讨论中是如何被使用的。

在本研究中,有三点需要说明。首先,设计思维的相关论述通常建立在二元论的基础上,即将思考和行动,以及设计师和他们身处的世界分隔开来,而不是承认设计思维在实际实践中是具体的、情境化的和具身的。其次,考虑到设计师实践及其工作机构的多样性,要概括出一种统一的设计思维是值得商榷的。第三,对设计思维的描述依赖于时而自相矛盾的设计本质观——比如,尽管声称"以用户为中心",却仍然强调设计师作为设计过程中的主要能动者。

设计及其存在的问题

毫无疑问,思考始终是设计师工作的一部分,但在过去的五年中,"设计思维"一词变得非常突出,格外强调设计师所做的无形工作。最近的几项研究(Bradke-Schaub 等人,2010 年;Cross,2010 年;Dorst,2010 年;Tonkinwise,2010 年)都指出了同一个问题,即最近关于设计思维的流行说法忽视了过去几十年来关于设计师工作方式的广泛研究,可以追溯到 1991 年首次举办的"设计思维研究研讨会"(Design Thinking Research Symposium,Cross 等人,1992 年),甚至更早的 1962 年的"设计方法会议"(Conference on Design Methods,Jones & Thornley,1963 年)。尽管最近很多关于设计思维的公开演讲都与设计咨询公司 IDEO 有关(Brown,2008 年;Brown,2009 年;Brown & Wyatt,2010 年),但其实设计思维本身的历史要复杂得多。在本节中,我将概述应用设计思维所取得的主要成就,然后将其总结为三种立场(见表 27.1)。虽然将多样化的研究进行简化归纳可能会损失一些复杂性,但这种综合可以帮助我们更好地理解和区分各种研究方法及其影响。

从 20 世纪 60 年代开始,出现了一系列关注设计师如何进行设计的研究。最初被称为"设计方法运动"(Jones,1970 年;Buchanan &

Margolin,1995 年),随着时间的推移,研究重点逐渐转向设计思维(Cross,1982 年),研究人员始终致力于了解(成功的)设计师从事设计活动的过程和方法。这一探索也引导他们更深入地研究设计问题的本质。但是要想理解设计思维是如何出现的,我们需要回到更早的时候,去追溯当时设计本身是如何被理解的。

表 27.1 描述设计思维的不同方式

	设计思维作为一种认知模式	设计思维作为设计领域的一般性理论	设计思维作为一种组织资源
关键文章	Cross,1982;Schön,1983;Rowe,(1987 年),1998;Lawson,1997;Cross,2006;Dorst,2006	Buchanan,1992 年	Dunne & Martin,2006;Bauer & Eagen,2008;Brown,2009;Martin,2009
关注点	个体设计师,尤其是设计专家	设计领域或设计学科	以创新为驱动力的企业或其他组织
设计目的	解决问题	优化抗解问题(wicked problems)	创新
关键概念	设计能力作为一种智识形式、反思性实践、溯因推理	设计本身并不局限于特定领域或主题	可视化、原型化、移情、整合思维、溯因推理
设计问题的本质	设计问题通常是结构不明确的,而且问题与解决方案会共同演化	设计问题实际上是抗解问题	组织的问题就是设计的问题
设计专家和设计活动的范围	传统的设计学科	设计四秩序	从医疗保健到清洁用水等任何语境(Brown & Wyatt,2010)

来源:作者绘制

设计分散的核心

直至今天,设计仍然是一个分散的学科。1971年,克里斯托弗·亚历山大提出,设计就是赋予物理事物以形式、组织和秩序的过程,其观点代表了一个完整的思想流派。对于亚历山大来说,"设计的终极目标就是形式"(Alexander,1971年,第15页)。"形式是一种物质安排"的观点仍然是我们对设计师工作的一种主流认知:他们制造东西。参观过专业设计工作室的人可能会注意到,那些工作台、墙壁和地板上都杂乱地摆放着各种物件。这样的杂乱提醒我们,即使是那些自认为从事设计无形服务或体验的设计师,他们的设计工作仍然是与物打交道。

与亚历山大同时代的赫伯特·西蒙也在尝试理解和描述设计。继经济学和组织理论的贡献之后,西蒙将注意力转向了人工领域中的人类行为——或者用他的术语来说——"设计"。在《人工科学》(*Sciences of the Artificial*,1969)一书中,西蒙将设计定义为诸如工程、管理或医学等专业领域的知识[3]。他认为这些领域都在关注"应该(ought to be)是什么"的问题,而与之相对的是关注"是(be)什么"的科学。他将设计视为一套对明确问题做出回应的理性过程,解决这个问题涉及对系统进行分解,寻找并选择替代方案。他认为这种方法也适用于定义不清的问题(Simon,1973年)。西蒙假设可以确定一种想望情形(desired state),因此,"要解决问题,就要使对同一复杂现实情形的状态描述与过程描述不断相互转化"(Simon,1969年,第112页)。虽然西蒙也关心"形式",即内部和外部世界之间的界限,但在他的观点中,人造物(artifact)本身并不是最重要的。

这两种设计概念之间的张力在今天依然很明显,并且影响到了关于设计思维的讨论。一方面,依照亚历山大的理论,设计师赋予事物以形式,因此他们是享有特权的物质世界的创造者,其工作也主要与实物性的产品有关。这是手工艺和专业设计领域的传统,从家具到建筑再到服装,通过设计创造特定类型的物。另一方面,西蒙认为设计师的工作是抽象的,他们的任务是创造一种关于事务(affairs)的想望情形。这种关于设计的思维方式是所有专业的核心,而非专属于工程师和物的设计师。

亚历山大和西蒙实际上都在关注描述什么是设计以及如何进行设计,而没有强调设计思维。同样,虽然琼斯(Jones,1970 年)在研究设计方法时强调了改变问题思考方式的重要性,以设想全新的解决方案,但"设计思维"这个术语是后来才出现的。彼得·罗(Peter Rowe)在 1987 年首次出版的《设计思维》(*Design Thinking*)一书是最早讨论"设计思维"这一概念的著作之一。该书基于罗在建筑和城市规划设计方面的教学工作,提供了关于"设计思维程序"的案例研究和讨论,包括对设计过程的描述,并引入了一些普遍原则。由此产生了两个主要观点。罗认为,专业设计师的设计方式是片段式的,不仅根据事实,同时还依赖直觉和假设。但他同时也主张,问题解决过程的本质(即在设计过程中,设计师如何理解和处理问题)本身会直接影响解决方案的塑造。对于罗来说,讨论设计师在实际中如何进行设计,必然会受到关于建筑本质的更广泛对话的影响。"我们需要直接进入关于建筑和城市设计构成的规范性话语领域,以明确建筑和城市设计的本质及其程序的倾向"(Rowe,1987 年,再版 1998 年,第 37 页)。虽然罗的观点很少在近期文献中被引用,但他讨论的这些话题仍频繁出现。

包括工程、建筑和产品设计在内的多个领域的研究人员,都在不断研究设计师在解决问题时的思维方式和认知方式。对此的关键贡献者之一是奈杰尔·克罗斯,他更倾向于使用"设计师式认知"(designerly ways of knowing)的表述方式[4]。克罗斯认为,设计师的问题解决模式以解决方案为中心,他们处理的问题也通常是定义不明确的。而这一观点的基础是另一个更为宏观的学科论断:设计是独立于科学和人文科学的另一个连贯学科(1982 年,2001 年,2006 年)。唐纳德·舍恩(Donald Schön)提出的观点是:专业人士在反思性实践(reflection-inaction)中通过构建框架并采取行动来解决问题(Schön,1983年)。另一方面,布莱恩·劳森(Bryan Lawson)研究了多重约束语境下的设计实践(Lawson,1997年)。奈杰尔·克罗斯和凯斯·多斯特(Kees Dorst)发展了问题和解决方案共同演化的观点(Dorst & Cross,2001年),克罗斯建议设计师将所有问题都视为定义不明确的问题,即使它们并非如此(Cross,2006年)。为了解释设计师生成新解决方案的倾向,许多研究人员都强调了溯因推理(Cross,1982年;Dorst,2010年)。多斯特指出,由于设计师对问题的理解在设计过程中可能会发生变化,因此需要灵活地采用不同的概念和方法,并且应该尝试构建能够解决或超越矛盾的设计方案(Dorst,2006年)。伯内特(Burnette,2009年)也对设计过程中设计师的不同思维方式进行了描述。在这些对设计师思维和行事方式的研究中,有一个焦点是识别设计师的不同专业水平,从设计新手到高瞻远瞩的资深设计师(Lawson & Dorst,2009年),不过这些研究很少参考关于职业和机构的社会学研究。简而言之,尽管研究人员一直在努力理解并描述专业设计师的工作过程,但尚未产生一种明确的或有历史依据的对于设计思维的解释,也未能解释为什么设计师可能具有一种独特的认知方式。

虽然已有的研究主要集中在设计师的思维和行为方式上,但也有一些研究在定义设计领域方面做出了贡献。布坎南(Buchanan,1992年)在《设计思维中的抗解问题》(Wicked Problems in Design Thinking)一文中,将设计理念从对传统的手工艺和工业生产的关注转向了更广泛的"设计思维"。布坎南认为,这一概念几乎可以应用于任何事物,无论是有形的物还是无形的系统。布坎南借鉴了实用主义哲学家约翰·杜威的观点,将设计视为一门通识学科,认为其在现代技术文化中具有独特的地位,能够通过满足设计需求来解决复杂的人类问题。对于布坎南而言,设计问题是极具不确定性的,或者说是抗解的(Rittel & Webber,1973年)。设计师带来了看待问题和寻找解决方案的独特方式。他提出了"设计四秩序"(Four Orders of Design)的概念,将设计对象分为四类：符号（signs）、事物（things）、行为（actions）和思想（thoughts）。这个版本的设计思维不太关注个体设计师及其设计方式，而旨在定义设计在世界中所扮演的角色。同样，瑞兰德（Rylander，2009年）也将设计思维与实用主义探究进行了比较，得出的结论是：杜威关于审美体验的研究为我们理解设计师的特殊技能提供了有益视角。

设计思维：管理实践去政治化

那些最为推广设计思维理念的书籍和论文大都忽略了组织管理方面的文献。尽管"设计思维"这个术语起源于设计学科内部，但现今这一术语更多与组织尤其是企业所面临的挑战联系在一起。在管理框架下，设计更广泛的社会或政治意义会被淡化。正如山姆·拉得纳（Sam Ladner，2009年）所言："设计对于管理层具有吸引力的原因在于，它是众所周知的管理实践的社会文化批判的去政治化版本。"

最近，设计思维的两位关键支持者都主张对其进行重新定义：蒂姆·布朗，领导着世界上最具影响力的设计咨询公司之一 IDEO，并著有《IDEO，设计改变一切》（*Change by Design：How Design Thinking Transforms Organizations and Inspires Innovation*，2009年）；罗杰·马丁（Roger Martin），多伦多罗特曼管理学院院长，具有管理咨询的学科背景，著有《商业设计：为什么设计思维是下一个竞争优势》（*The Design of Business：Why Design Thinking is the Next Competitive Advantage*，2009年）。尽管二人对于设计思维的描述有所不同，但都是在探讨设计思维在组织中所起的作用。布朗和马丁关于设计思维的研究工作，也反映了管理学术界对设计领域日益增长的兴趣。除此之外，相关印证还包括：多期期刊特刊（如 Bate，2007年；Jelinek等，2008年）、主要会议的专题讨论（例如 EURAM，2009年；Academy of Management，2010年；EGOS，2010年）、相关学术研讨会（如 Case Western Reserve，2010年）；以及针对工商管理硕士和高管的设计教育实验：包括天普大学福克斯商学院(Temple University,2011 年)、多伦多大学罗特曼管理学院(University of Toronto,2011 年)、牛津大学赛德商学院(Kimbell,2011 年),以及克利夫兰大学韦瑟海德管理学院(Case Western Reserve University,2011 年)。

这些关于设计思维的描述要么作为一种平衡组织中探索和开发之间剑拔弩张的紧张关系的方法(Martin,2009 年),要么是一种在松散的组织中促进创新的过程(Brown,2009 年),它们都并没有广泛借鉴设计研究或管理与组织研究中的相关内容。尽管缺乏更广泛的研究基础,但布朗和马丁的著作却让设计思维的理念声名远扬,使其在设计师、组织和政府机构中获得了认可。例如,在英国,由政府资助的国家设计委员会(Design Council)认为,设计思维在创新中发挥着关键作用(Design Council,2009 年)。在丹麦,一个名为心智实验室(MindLab)的跨部门创新组织便运用设计思维,将社会科学的方法融入设计实践中,为解决社会问题提供了新的选择(Mindlab,2009 年)。

布朗将设计思维描述为组织应对创新挑战以及社会处理复杂公共问题的良方。布朗对此文论颇丰。除了著作《IDEO,设计改变一切》,他还在《哈佛商业评论》(2008)、《斯坦福社会创新评论》(*Stanford Social Innovation Review*,Brown & Wyatt,2010 年)以及自己的博客上发表过相关文章(Brown,2011 年)。在某种程度上,这些文章呼应了早期 IDEO 设计师如大卫·凯利(David Kelley)的早期出版物(Kelley,2001 年)。虽然布朗从未声称自己所做的工作是严格的学术研究,但其文章还是引用了许多学术研究的结果,例如,将设计思维视为一种根本上的探索性过程(Brown,2009 年,第 17 页)。以设计思维进行思考的人都知道,问题是没有正确答案的。相反,布朗认为,通过遵循非线性、迭代的设计过程——他称之为灵感、构思和实施的过程,问题可以被转化为机会。

布朗特别强调设计思维以人为中心的特质(Brown,2009 年,第 115 页)。其基础是同理心:设计师愿意并能够理解和解释最终用户的想法及其面临的问题。布朗认为,设计师在这个过程中不是完全依靠逻辑和分析,而是依靠感觉和直觉,在不断尝试中摸索出解决问题的新方法。根据布朗的观点,成功的设计结果意味着以下三方面的成功:用户可取性、技术合理性和商业可行性(Brown,2009年)。不过,这样做也引入了一个关键却常被忽视的矛盾点:一方面,设计师被定位为最终用户"需求"的关键阐释者,他们被期望使用民族志相关方法来辅助理解用户的观点和处境;另一方面,在实践中,这一过程几乎没有体现社会科学传统中的反思性。与许多当代设计实践和设计教育不同,社会科学家所接受的训练要求他们具有批判精神,质疑其工作中所涉及的理论、政治或其他方面的既定立场,并探讨这些立场会如何影响他们的研究结果。这样看来,设计思维并未能参考更广泛的社会理论,也未能充分揭示设计师在进行设计干预时所处的具体社会语境。

在《商业设计》一书中,罗杰·马丁提出了对设计思维的另一种思考方式[5]。马丁认为,设计思维给企业带来了竞争优势。与布朗明确描述专业设计师在实践中的思维和行事方式以及注意事项不同,马丁聚焦于采访功成名就的经理人的成功秘诀,并研究公司如何发挥整体效能。他所阐述的设计思维较少涉及个人的认知方式,也不展示具体的物质实践;相反,他关注的是组织系统。这便呼应了其他在商学院背景下进行教学和研究的人所提出的论点(例如 Boland & Collopy,2004年)。马丁表示,优秀设计师所践行的设计思维,对于管理者来说有着重要的借鉴价值,能使他们摆脱既有选项的束缚,从而创造出全新的概念。马丁认为,设计思维结合了溯因推理、归纳推理和演绎推理。这对于那些面临着在开发现有资源(exploitation)和探索新机会(exploration)之间进行权衡这一广为人知的挑战的企业而言,价值尤为重要。因为有些企业通过生产和分销大批量相同产品而实现了规模化和程序化,对于它们来说,创新往往不太容易。在探索和开发之间,以及在溯因、归纳和演绎等不同类型的推理之间找到更好的平衡,就是马丁所谓的设计思维。

当然,也有其他学者在研究并试图扩展设计思维的概念。罗伯特·鲍尔(Robert Bauer)和沃德·伊根(Ward Eagan)将设计讨论置于更广泛的对组织内部活动的批判语境中(Bauer & Eagan,2008年)。对于鲍尔和伊根来说,分析性思维是设计思维的一部分,而不是与其对立的概念。在回顾并综合了许多关于设计思维的研究后,他们坚持认为:设计思维不能被简化为审美判断或认知推理;相反,在设计过程的不同阶段会涉及几种不同的认知模式。他们认为,尽管分析性思维提供了对于资本的认知基础,但设计思维却代表了创意工作的认识论。像马丁和布朗一样,鲍尔和伊根将设计思维视为一种组织资源,以缓解管理行业对分析性思维的过度依赖。

最近关于设计思维的讨论发展方向是,将设计师的知识和思维与其工作情境相结合。例如,罗宾·亚当斯(Robin Adams)等旨在探讨设计师专业身份的含义,以及他们是如何成为专业人士的(Adams等人,2010年)。其分析规避了将认知和行动分开的二元论观点;相反,他们提出了一个框架,将知识和技能嵌入在对实践的具体理解中。该研究结果否定了简化版的设计思维,而强调了不同设计师在认知、行为和存在上的差异。

比较设计思维的方法

总而言之,设计思维被用来描述个体设计师的认知和工作处理方式、他们对于自己工作的理解,以及他们的实际做法。除了描述设计师的实践外,这个术语还提供了一种对赫伯特·西蒙的思想进行拓展的设计理论。由此而论,设计不再只是赋予事物以形式;相反,它关注的是行动和人为创造过程。最近,一些设计咨询公司、管理教育者以及其他领域的学者针对设计思维的概念有了一些成功的运用。在这种情况下,出现了很多设计思维在商业环境以及社会创新领域的应用(见表27.1)。

由于其方法的多样性,目前仍未有一种明确、统一的描述来定义设计思维。设计思维基于什么原则?与其他专业知识有什么不同?所有设计师都展现出了设计思维吗?设计思维在实际设计实践中的影响是什么?又该如何教授?还有一些问题,需要专业研究人员和实际应用者(如管理者和教育者)共同解决。在下一节中,我将针对当前设计思维描述中存在的三个具体问题展开讨论,同时提出建议,以便重新审视和改进设计思维的概念与应用。

承认设计文化

许多设计思维研究都以二元论为基础,这反映了研究者在理解世界以及获取关于世界的知识方面的显著差异。专注于个体设计师及其认知风格的研究者很少探究设计师实际所处的工作环境(参见 Bourdieu,1977 年)。这些研究人员倾向于获取客观知识,而非主观洞察;此外,他们的研究还假设设计师与其所处的现实世界之间有着清晰的界限;研究人员则自视为外部观察者,认为自己独立于设计世界之外。其研究内容专注于对设计师在项目过程中的行为及思维发展的描述,却往往忽视了设计师世界中的关键。例如,一些将设计思维视为认知方式的研究,常依赖于原案分析法(protocol analysis),即根据记录去分析设计师的所言所行。其研究环境是人为设定的——设计师被要求解决所提供的问题。虽然此类研究可能也会产生有趣的发现,但这种方法有时会将设计思维呈现为一种简单的信息处理形式,就像一个系统有输入和输出一样(如 Badke-Schaub 等人,2010 年)。或者,将设计思维应用在组织环境中(如 Brown,2009 年),但同样没有明确说明如何轻松实现设计思维的语境转换。

相比之下,还有一些设计思维主题下的民族志研究,并没有区分设计师和客观世界,或者研究者和研究对象,只是"粗糙描述"了设计过程中发生的事情(Geertz,1973 年)。这些研究关注的是设计师情境化、具体化的工作方式,以及他们所接触和制作的物(例如 Bucciarelli,1994年;Henderson,1999 年)。在设计领域中,已经存在了广泛的研究(例如 Winograd & Flores, 1986 年;Suchman, 1987 年;Ehn, 1988 年;Ehn,2008 年),更不用提社会学、人类学和组织研究领域。这些研究普遍认为具身体验(embodiment)和真实世界(being in the world)是认知和行动的前提条件。因此,以这样的观念来指导对设计师的工作方式及设计思维本质的描述和解释,似乎是一条可行的研究路径。布坎南(1992年)和瑞兰德(2009 年)借用杜威的观点,不依赖于认知与世界的分离;相反,通过研究设计师在现实世界中的活动来理解设计行为。然而,与受人类学影响的物质文化研究方法对物的作用的密切关注不同,他们并没有重视设计中人工物的角色,也没有将设计描述置于更大的历史框架中。因此,未来对设计师思维和认知的研究方向可以从实践者在生活世界中的存在及其与其他社会行动者(包括人工物、其他社会实践和机构)的关系入手。同时,为了理解设计过程,探讨政治、社会文化和经济发展如何影响设计实践,也很重要。

  在缺乏充分的比较数据的情况下,我们可能会对在建筑和计算机科学等截然不同的设计领域之间得出普遍适用的结论表示怀疑。许多关于设计思维的研究都试图对设计师的所做、所想与所知进行概括,以揭示其与非设计从业者工作的区别(Cross,1982 年;Buchanan,1992年)。然而,近来管理领域对设计的关注可能会动摇设计师式认知方式(的权威)。例如,一些研究表明,医生也会展现与设计思维相关的特质。这样的研究无形中削弱了设计的独特性(Cross,2010 年)。虽然研究报告通常会详细说明所研究的设计人员类型及其专业水平,但在一些旨在普及设计思维的讨论中,学者们往往并未指明所讨论的是哪个具体的设计领域。此外,许多关于设计思维的学术研究忽视了知识密集型咨询机构的特定语境及其在变化莫测的经济环境中的角色,而正是这种环境要求设计师以特定的方式管理和解释他们的工作(如 Julier & Moor,2009 年)。但最近的设计研究中出现了一种转变,即开始承认设计领域的文化和社会学基础,并通过设计历史研究中从视觉到文化的转向(例如,Julier,2008年)以及设计领域对消费实践的日益关注(例如,Shove等人,2007年;Crewe等人,2009年)得以体现。

这种方法也可引入到设计思维的研究中。对设计思维的研究应该更关注设计文化,而不是个体设计师及其认知模式,或设计思维如何应用于组织。在其他一些专业和学科中,从业者也会自称为设计师,并将自己的工作视为设计。他们的设计方法植根于不同的教育传统,并能够以多种方式使学生和从业者获得合法认可。这些传统和方法随着时间的推移,也会受到不同国家和地区的影响。例如,在英国,建筑和工程行业的专业机构十分强大,授权程序完善,这些机构的权威性与艺术学院的设计专业不相上下。而且教授产品设计、传达设计和时装设计,在英国通常不需要综合专业认证,只需要掌握该领域特定的有限知识体系(Wang & Ilhan,2009年)。一些工程学领域的知识被视为正规的设计理论,但并没有涉及或解释创意思维生成的过程(Hatchuel & Weil,2009年)。尽管如此,工程设计师在实际工作中仍然展现出了一种独特且可识别的视觉和物质文化(Bucciarelli,1994年;Henderson,1999年)。新兴领域——如服务设计(如 Meroni & Sangiorgi,2011年)——往往在学术和专业之间的边界尴尬徘徊,因为它们不仅关注物的设计,还关注系统、流程和社会安排。在这种情况下,不仅仅是"设计师",还有许多不同类型的专业人士也在从事着设计工作。承认设计师的文化,理解在各种制度安排下发展起来的不同类型的实践,将有助于公众和学者更好地理解和运用设计思维。这种阐释也有助于研究人员判断,是否存在某种具有普适性的知识实践,能够跨足不同的设计领域。

正如罗(Rowe,1987年,再版1998年)指出的那样,对设计师的所言、所行、所思与所知进行描述,迫使我们重新审视对设计构成的假设,对设计本身进行定义。许多设计思维的相关描述都将设计师视为设计的主要能动者,这并不奇怪;这些方法虽然也探索了个体的认知风格,但某些版本同样反映了用户或客户以外的利益相关者的影响（例如，Bauer & Eagan，2008年）。即使设计思维强调设计师应通过设计促进用户的共鸣与理解，设计师（或实践设计思维的管理者）依然被视为推动组织或项目变革的主要能动者。这种看法与人类学、社会学和消费研究等领域的广泛研究形成了鲜明对比。在后者的语境中，设计活动的用户、利益相关者和消费者的行事方式都可能会挑战或破坏设计师的意图。例如，露西·萨奇曼（Lucy Suchman，1987年）展示了复印机的使用者如何忽视设计师的意图，他们并没有完全按照机器顶部显示的说明进行操作，因此无法使用复印机，而复印机也无法识别出他们的操作不当。伊丽莎白·肖夫等人（Shove等人，2007年）将消费理论与科学技术研究结合了起来，他们认为，产品创新需要的往往是实践创新。萨奇曼、肖夫及其他研究人员对设计进行了再思考，将其视为一种分布式的社会成就，其中，人工物和其他利益相关者发挥着关键作用——有助于设计的意义构建及其效果呈现。与此相反，设计思维的描述仍然倾向于将设计师（无论是否具备同理心）视为设计中的主要能动者。但这样的想法可能会限制设计研究、教育或实践的范围和发展。像其他人一样，设计师也可能只关注某些特定的事物。我们必须承认，设计实践是由设计师自身的理论和政治承诺所塑造的（Fry，2009年），在实践和研究分析中，这一部分也必须得到充分的考虑。

设计很特殊吗？

本文假设实践是设计、知识和研究的基础。随着对设计实践的相关研究不断深入（例如，Suchman，1987年；Ehn，1988年；Julier，2007年；Shove等人，2007年；Ehn，2008年；Fry，2009年；Tonkinwise，2010年），这一领域越来越被视为当代理论中更广泛转向的一部分（如Schatzki，2001年）。然而，许多领域的从业者和教育者已经开始利用设计思维充分发挥想象力。这样的广泛兴趣引发了不同行业对设计的讨论,但更多是基于趣闻轶事和设计主张,而非扎实的理论或经验论据。关于设计思维的叙述往往基于对设计师的言行、产出、认知和行为方式的描述。通过关注情境化、具体化的实践特质,而不是泛化的"设计思维",可以摆脱针对个体认知或组织创新等相关问题的讨论。相反,设计变成了一种在特定语境中的一套惯例。这样的探索有助于明晰设计师的物质性实践。我们也能在此过程中弄清楚设计是否是一种人类与世界互动并改变世界的特殊方式,是设计师的独门秘籍,还是管理者等其他人也可以共享的技能[6]。

尽管本研究主要是一系列理论探索,但还是提出了一些焦点问题。结论如下:首先,设计思维的相关描述通常将思维与行为、设计师与其设计语境二元对立起来;其次,尽管大家都承认不同领域的设计师存在相似之处,但不同设计专业及其机构的形成方式之间的差异却被忽视了;第三,过于强调设计师作为设计过程的主要能动者。相对而言,本文建议应通过广泛借鉴人类学、社会学、历史学和科学技术等领域的研究,提出一种替代性方法。此外,还应该密切关注设计过程中所涉及人员的日常实践,不仅包括设计师,还包括已知和未知的用户及其他利益相关者。设计思维并非如布鲁斯·努斯鲍姆等评论家所描述的那样"失败":无论"设计思维"这个术语是否恰当,设计师的实践活动在当代世界构建中依然扮演着重要的角色。不过,设计思维的相关理论与研究依然有所欠缺。事实上,对设计思维的批判性反思才刚刚开始。

致谢

本文的不同版本曾在 2009 年 5 月于利物浦举行的欧洲管理学会全球会议(European Academy of Management Conference)以及 2009 年 9 月于曼彻斯特举行的社会文化变革研究中心会议(Centre for Research on Socio-Cultural Change Conference)上进行过报告。在后者的会议上,我与劳伦·沃恩(Laurene Vaughan)以及尼娜·韦克福德(Nina

Wakeford)共同组织了一个专题讨论小组,对本文内容进行修订与完善。在此要感谢编辑和匿名审稿人的反馈,以及西蒙·布莱斯(Simon Blyth)、弗莱德·科洛比(Fred Collopy)、安妮·劳尔·法亚德(Anne Laure Fayard)、托尼·弗莱(Tony Fry)、阿曼德·哈切尔(Armand Hatchuel)、菲利普·希尔(Philip Hill)、盖伊·朱利耶、史蒂夫·纽(Steve New)、肯·斯塔基(Ken Starkey)和卡梅伦·汤金维斯等人与我进行的讨论。

© 2011 Berg。之前发表于《设计与文化》(*Design and Culture*),第3卷,第3期,第285—306页。经出版商 Taylor & Francis Ltd (http://www.tandfonline.com)与作者许可重新发布。

28. 设计思维再思考（下）

露西·金贝尔

LUCY KIMBELL

摘要

本文借鉴人类学和科学技术的研究资源，探讨了设计专业技能和设计活动在实践中的物质性和话语性构成。本文引入了一对概念——"作为实践的设计"和"实践中的设计"——作为讨论设计活动的分析工具，以应对设计研究人员面临的诸多问题。首先，有助于研究人员将设计视为一项涉及各行各业参与者的情境化的本土化成果。其次，承认物在塑造实践中的贡献。第三，挑战了传统上认为设计师是设计过程中的主要能动者的观念。这种方法使研究重点从脱离具体背景和历史的抽象设计思维，转向具体的因时制宜的、依赖于专业设计师及设计相关人员共同推动的系列实践，强调设计事物的物质性，同时承认赋予这些物以意义的实践在物质性和话语性上的构成。

关键词：设计思维；实践；设计师；创新；组织设计

引言

设计**思维**通常是基于对设计师行事方式的描述。研究人员无法直接洞悉设计师的想法,所以他们只能试图描述和解释设计师的行为,得出自己的推测和结论。管理领域的研究人员迪克·伯兰德(Dick Boland)和弗莱德·科洛比曾有过一次不同寻常的经历。在为商学院设计新建筑的项目中,他们与著名建筑师弗兰克·盖里(Frank Gehry)团队的建筑师合作,花了整整两天时间与建筑师一起精心调整建筑的空间布局。就在他们以为已经达成一致方案时,项目负责人马特·法恩奥特(Matt Fineout)却一举推翻了所有的努力,要求从头开始。他认为,只有通过重新思考和设计,才能找到更为理想的解决方案(Boland & Collopy,2004 年,第 5 页)。

这个案例简明扼要地揭示了伯兰德和科洛比所经历的,设计师在设计实践中展现的隐性知识、专业技能,以及他们身体力行的习惯和心理活动。这让我们思考:是什么构成了设计师的专业工作,使他们能够做出特定的决策和判断,并且带来独特的感知体验?这样的工作方式使管理学教授们感到震惊,因为在他们的工作文化中,几乎不会对所做的工作进行全盘否定。伯兰德和科洛比的经历叙述让我们意识到了一种具身化、协作式的工作模式:团队成员围坐在一起,在纸上勾勾画画,讨论建筑应该如何设计。读到这里,你应该能共情伯兰德和科洛比对建筑师破坏他们的共创成果的内心反应。对于这个建筑师来说,设计并非意味着简单地解决问题,因为在这个案例中,他推翻了一个可行的解决方案。对于伯兰德和科洛比来说,这样的经历让他们领略了一种独特的"设计态度",设计师不只是在可行的解决方案之间进行选择,更是追求创造全新的设计概念。不过,这段叙述实际上也反映了当代设计专业中的物质性和话语性实践。这也引发了我们对另一种"设计思维"的思考。但也许更有趣的是,我们应该关注设计师在特定类型的设计实践中如何通过物质性和话语性的方式行、知和言,而其他人为什么难以做到这一点。如此一来,我们或许会对专业设计及其影响有更深入的理解。

"设计思维"这个术语在专业设计领域之外,尤其是在管理领域,变得越来越流行(Brown,2009年;Martin,2009年;Kimbell,2011年)。在这样的背景下,本文旨在通过探讨实践理论,来研究哪些既有的理论可以帮助理解专业设计师及其专业文化。本文的主要贡献在于提出了一种基于实践理论的全新分析方法,用来讨论设计活动。该方法设想设计活动可以将设计师与最终用户和其他利益相关者的行、知、言联系起来,承认实践中所涉及的物质材料(materials)和物(objects),同时关注那些使特定行、知、言方式成为可能的话语性实践。早在十年前,维克多·马格林便呼吁"将设计研究视为一种文化实践",而本文的独特之处在于,建议将分析对象从个体层面转向实践层面,并将实践视为思想、身体、事物以及构成设计及其用户的制度安排的纽带(Reckwitz,2002年)。

首先,我回顾了那些受人类学、科技和哲学影响的倡导从实践角度看待世界研究。借鉴了旺达·奥利科夫斯基(Wanda Orlikowski,2000年)、西奥多·沙茨基(Theodore Schatzki 等人,2001年)、安德烈亚斯·雷克维茨(Andreas Reckwitz,2002年)、马克·哈茨伍德(Mark Hartswood 等人,2002年)、露西·萨奇曼(Lucy Suchman,2003年)、伊丽莎白·肖夫(Elizabeth Shove,2011年;Shove & Pantzar,2005年)、凯伦·巴拉德(Karen Barad,2007年)、托尼·弗莱(Tony Fry,2007年、2009年)等学者的研究成果。通过这些研究,本文明确了一些核心概念,有助于阐明构成专业设计的物质性和话语性实践。继而,我提出了一种新的设计活动构想方式,以强调设计、设计师的工作以及他们的专业知识是由哪些实践构成的。我引入一对概念来对设计活动(designing)进行描述:"作为实践的设计"(design-as-practice)"实践中的设计"(designs-in-practice)。

这对概念有助于研究人员更好地理解和分析设计活动中出现的各种复杂问题,例如:如何克服思维与行动的二元对立;如何认识设计实践中的特殊偶然性;以及如何看待设计实践中所涉及的非人类参与者,而不仅仅依赖于设计师的能动性(Barad,2007年;Harman,2009年)。接下来,通过专业设计师的民族志研究来简要说明这两个概念。最后,文章讨论了这种分析方法能够对设计及对设计师感兴趣的研究人员和教育工作者产生的启示,以及局限性。

尽管根据一些评论者(例如 Walters,2011年)的说法,"设计思维"这一术语可能已经不再是聚光灯下的焦点,但对我们这些研究者来说,目前仍然存在一项重要的任务:描述和解释设计师在设计过程中的所行和所知及其特定技能(例如 Cross,2004年、2006年;Lawson & Dorst,2009年)。我们需要了解设计师在不同项目、组织和团队中的工作如何产生影响。本文的贡献在于运用实践理论来帮助理解设计师的工作,从脱离具体背景和历史的抽象设计思维,转向具体的因时制宜的、依赖于专业设计师及设计相关人员共同推动的系列实践,通过这些实践我们可以更好地理解设计事物的重要性及其实现过程。

在实践中重新配置世界

实践理论(例如 Bourdieu,1977年;Giddens,1984年;Schatzki 等人,2001年;Reckwitz,2002年;Shove & Pantzar,2005年;Warde,2005年)借鉴了人类学和社会学领域的研究,特别是对人们的日常行为及其与他人和事物的互动观察。实践理论改变了我们分析社会行为和现象的视角,传统上微观的个体层面或宏观的组织或团体及其规范层面转变为一个更为复杂和模糊的层面,这个层面涉及多个要素的交互作用,包括思想、身体、物、话语、认知、结构/流程以及能动性(Reckwitz,2002年)。在人类学和社会学领域之外,这一理论还被用来研究技术应用(例如 Orlikowski,2000年;Barley & Kunda,2001年)、组织战略(例如

Whittington,1996年)、组织知识(例如 Brown & Duguid,2001年)、产品开发(例如 Carlile,2002年)、服务创新(例如 Dougherty,2004年),以及设计(例如 Du Gay 等人,1997年;Shove 等人,2007年;Balsamo,2011年)等领域。

实践理论的核心概念包括身体、思想、事物、知识、话语、结构/流程以及能动性(Reckwitz,2002年)。例如,伊丽莎白·肖夫和米卡·潘扎尔(Mika Pantzar)将北欧式健走(Nordic walking)的实践分解为三个部分:能力和技能(活动如何进行)、象征意义和前景(活动举办的意义)以及设备(构成活动的物质材料)(Shove & Pantzar,2005年)。虽然不同的实践理论有差异,但有两个共同点。首先,实践活动中的各个因素不能孤立地看待(Reckwitz,2002年;Shove,2011年)。第二,实践是这些因素相互作用的动态组合(Shove & Pantzar,2005年;Barad,2007年)。或者,正如卡斯滕·奥斯特伦德(Carsten østerlund)和保罗·卡莉(Paul Carlile)所说,"主体、社群、网络,甚至人工物,只有在与其他主体、社群或网络的关系中,才能发展其属性"(Østerlund & Carlile,2005年,第92页)。

这一理论涉及各种方法,这意味着实践观点未必相互一致(Reckwitz,2002年)。例如,奥斯特伦德和卡莉认为,实践理论中有7个明确的不同属性,如描绘研究实体之间的差异,或说明特定理论的经验性实践(Østerlund & Carlile,2005年)。本文讨论设计思维时,遵循的是雷克维茨所提出的理想类型的实践理论的定义,即实践是"一种由多个彼此相互关联的元素组成的常规化行为类型,包括行为方式、心理活动形式、'事物'及其应用、背景知识的理解形式、能力之知(know-how)、情感状态以及动机性知识"(Reckwitz,2002年,第249页)。本文将着重介绍实践理论的四个方面。

第一个方面,即强调如何将实践理解为"世界的(重新)配置,从而通过差异化的实践来明确不同的边界、属性和意义"(Barad,2007年,第148页)。实践是一种动态的本土化成果,形形色色的行动者渗透在实践的"巧妙整合"之中(Suchman,1994年)。用凯伦·巴拉德的话来说,"物质材料和话语在内部活动的动态中互相牵连"(Barad,2007年,第152页)。这种方法避免了主体/客体、自然/文化及身体/思想之间的二元对立。相反,巴拉德认为,本体论的基本单位是"现象",即"通过多重复杂的能动性相互作用,由身体进行的物质性—话语性实践或其产生的装置(apparatuses)"(Barad,2007年,第140页)。巴拉德等人以这种方式思考世界的构成(本体论)及人类认识世界的方式(认识论),出发点是:物质社会是**通过实践**构成的。实践理论为理解设计活动提供了新的视角。在设计过程中,多方利益相关者共同参与,多种人工物涉及其中,共同构成设计活动,完成设计过程。

第二个方面,结构(例如设计)在实践中是如何构成的,类似于很多技术设计与开发研究(如 Suchman,1987年;Hutchins,1995年;Barley & Kunda,2001年),以及媒体领域(如 Hall,1977年,再版1992年)所讨论的那样。例如,旺达·奥利科夫斯基在研究莲花笔记(Lotus Notes)软件的使用时,展示了技术如何在不同用户的实践中以不同方式呈现(Orlikowski,2000年)。她发现,当人们在实践中与一项技术持续进行交互时,他们会根据自己的实际行为和应用需求创造出一些新的结构(比如应用模式、规则或组织形式),这些结构反过来影响了技术发展的方向及其应用情境与定位。她发现"实践中的技术"在结构的常规编码方式上可能存在很大差异。"当人们接触一项技术时,他们所利用的不仅仅是技术人工物的(原始)属性,还有其构成材料的特性、设计师的设计意图所赋予的属性,以及其在前期交互中所积累的结构属性"。奥利科夫斯基的研究表明,结构并不是固有存在于组织和技术中,而是由用户在实践中定义的。

第三个方面,物(objects)在实践构成中的作用,这与近年来学者们对物质性(materiality)、关涉物(matter)以及其他学科中对于物的研究相呼应。主要贡献源自人类学(如 Appadurai,1986年;Gell,1998年;Miller,2010年)、科技研究(如 Latour,2005年;Barad,2007年)以及哲学(如 Harman,2009 年)等领域。正如雷克维茨所描述的那样:"在实践理论中,物是许多实践的必要组成部分——就像身体和精神活动一样不可或缺。实践通常意味着通过特定的方式使用某些事物"(Reckwitz,2002 年,第 252 页)。对卡琳·克诺尔·塞蒂娜(Karin Knorr Cetina)来说,通过强调物——无论是自然界的物、工具,还是在知识实践中的产物——的重要性,可以区分两种实践观:一种认为实践是按照固定规则或身体习得的技能进行的,另一种则将实践视为"更具动态、创造性和建设性的"的过程(Cetina,2001 年,第 187 页)。

第四个方面是知识。实践视角的独特贡献在于,它避免了那些只关注人们思想、社会规范或通过语言分析来理解世界的唯理论性的替代方案。在实践理论中,知识是一种社会成就,存在于持续进行的日常的身体和心智活动中。正如沙茨基所解释的:

"将实践优先于思想,会带来对知识观念的转变。如上所述,知识(和真理)不再被视为自动且透明地存在于个体心智中。相反,包括科学在内的知识和真理是由人与人之间的互动以及真实世界的运作来调解(mediated)的。因此,知识通常不再是个人财产,而是一种集体特征,是物质生活的表现形式。"(Schatzki,2001 年,第 12 页)

总的来说,我试图表明,实践理论可以为那些研究设计师及其工作——也就是所谓的"设计思维"——的人提供重要资源。将社会物质世界理解为动态的、在实践中构成的,可以帮助我们摆脱设计思维中的一些困境,并提供一种让我们更深层次地理解设计师的行、知、言,以及设计师和设计对世界的影响的方式。

作为实践的设计与实践中的设计

本文旨在提出一种替代性的方法来构思设计活动。随着越来越多的教育工作者、研究人员、管理及其他领域的专业人士将设计纳入他们的工作中,我认为此时亟须一种新的针对专业设计的思考方法(Kimbell,2011年)。我将以一对概念作为分析工具,灵感来自社会学、科学技术研究以及设计研究等相关领域的文献。读者可以将这两个设计术语看作是概念草图,仍处于启发性的初级阶段,但有潜力成为一种重要的新途径,以改变我们对专业设计的构想方式。

第一个概念相对容易理解,"**作为实践的设计**"(design-as-practice)。对于设计思维的描述,常常是通过描述设计师在特定场景下的行为来进行的,如果不探讨设计师所使用、制造或与之共事的人工物,以及这些人工物所共同构成的设计的本质,我们就无法完整理解设计思维的全貌。此时,实践理论提供了必要的资源。从"作为实践的设计"概念出发,有助于我们以一种不同的方式来理解设计工作:即承认设计实践具有惯性,可能受规则支配,通常是程序化的,可能是有意识的也可能是无意识的,会受到具体环境和情境的影响。设计师的所知、所行和所言是由他们在当下的可知、可行和可言(以及在特定地点和时间内的不可知、不可行和不可言)构成的,反之亦然。关注实践的研究者能够明确设计师的知、行和言是如何构成的,以及它们又是如何与实践中的其他要素相互关联的。此外,设计师的知、行、言会随时间而改变,具有偶然性,而通过实践构成的知、行、言也并非在任何地方都是一样的(Margolin,2002年)。"作为实践的设计"无法设想一种没有人工物的设计活动,因为人工物是凝结了设计师的汗水与思想的产物。这种设计思维方式将设计视为一种情境化的、分布式的展开过程,由多人及其知、行、言与各种事物相互交织而成。

这一方式将分析单元从个体的技能、知识(如Schön,1988年;Cross,2006年)或组织能力(如Bauer & Egan,2008年)之间的对立转向设计活动中的一系列物质性和话语性实践。"作为实践的设计"避免了将设计简化为理性的问题解决活动(如Simon,1996年),或仅与产生新想法(如Boland & Collopy,2004年)或创造意义(如Krippendorff,

2006年；Verganti,2009年）有关的狭隘理解。在承认专业设计师的实践工作的同时,也开放了设计的边界,使组织中的经理、员工,以及客户、最终用户等通过其实践也能参与设计。

第二个概念,"**实践中的设计**"(designs-in-practice)。设计已然成为一个彻底的社会建构过程(如Schön,1988年；Bucciarelli,1994年)。与奥利科夫斯基（Orlikowski,2000年）提出的"实践中的技术"(technologies-in-practice)概念一样,"实践中的设计"承认设计结果在实践中的新兴本质。使用"设计"词的复数形式,代表的是设计过程的多种产出,包括蓝图、模型、规格,以及最终的产品和服务组合（assembly）。"实践中的设计"一词能够让人们意识到,设计并不是一个单一、固定的过程。仅仅研究设计师和其他参与者的知、行、言是不够的。这一概念的提出借鉴了以实践为导向的消费理论（如Shove & Pantzar 2005年；Warde,2005年；Ingram等人,2007年；Shove等人,2007年),强调了设计过程和结果的未完成性(Garud等人,2008年)。当设计师、工程师和制造商、营销人员和零售商完成了他们的工作,客户或最终用户也已经购买产品开始享受服务时,设计活动仍然没有结束。用户或利益相关者在时间和空间上使用产品或享受服务也是其参与设计建构的过程。设计（作为名词）是通过专业设计师、客户、已知可识别的最终用户及其他未知参与者之间的互动关系中构建起来的,同时也包括实践中涉及的知识、情感和象征性结构等要素。

另外,还有一些关于设计概念的例子,主要是对专业设计师完成的设计和最终用户或客户完成的设计进行区分。例如,在参与式设计的研究中,佩尔·埃恩总结了项目阶段的"使用前的预设计"(design for use before use)与使用阶段的"设计后的再设计"(design after design)之间的区别(Ehn,2008年)。他建议创建作为基础设施（infrastructures）的设计之事(design Things),以便在设计之后的再设计以及其他可能出现的不可预测的挪用中保持灵活性和开放性。与此类似,波特罗(Botero)等人在数字设计的相关研究中阐述了创建（即设计的初始阶段)与"使用中的设计"(design-in-use)之间的连续性问题(Botero 等人，2010 年)。他们认为，设计师可以制定策略，以支持不同类型的使用中的设计活动，尤其是再解释、关注适应性和设计再创造等策略。

本文所述的概念化有几处不同之处：首先，主要关注点不在于设计师或其他人的所为、所思和所言，而是将设计及设计师的工作视为多个要素通过内部作用(intra-action)所构成的关系(Barad，2007 年)。其次，关注这种相互作用如何形成特定的配置，构建特定的设计、主体和知识，而排除其他的可能。第三，本文所述的概念可以用于探讨任何实体设计，不仅限于数字设计方案，只不过在数字设计方案中，概念挪用比较容易识别，比如数字代码的重复使用，或推特(Twitter)上的标签(hashtags)创建(参见 Botero 等人，2010 年)。

探索实践方法

本文接下来将通过一个简单的例子，来说明这个分析工具的运作原理。这例子源于我对专业服务设计师进行的一项民族志研究(Kimbell，2009 年)。研究目的是了解在工作室实践传统中接受教育的设计师如何开展服务设计。我的研究对象是参与一家科技公司短期服务设计项目的服务设计师，他们的任务是重新设计戒烟服务系统，以英国的药房作为试点，通过英国国家医疗服务体系(National Health Service，简称 NHS)为民众提供免费的戒烟服务。流程包括对戒烟人员进行的基因测试，因为研究表明，基因会影响尼古丁替代疗法对不同个体的有效性。我对这项研究中的两个场景进行了描述，对此，我既是参与者，也是观察者。这些活动也被拍成了视频。

实践中的设计

我与两位设计师一起参观了一家正在推行戒烟服务的试点药房，

同行的还有一位科技公司经理及一名摄影师。一位设计师负责记录、绘图和拍照,另一位不吸烟的设计师则与药剂师助理一起进行服务"演练",过程与用户注册类似。药剂师助理采集了设计师的血液和唾液样本,同时解释其必要性。而设计师想了解的是,助理在提供服务过程中的体验,以及服务过程中的潜在互动,例如如何为非吸烟者提供测试和注册服务。在这次模拟中,设计师重点关注了药剂师和助理认为与服务相关的人工物和活动,比如药房橱窗中的服务介绍海报、作为戒烟服务场所的小型咨询室的布局、协助用户注册和登录的网站、有关服务试用的大量信息文件,以及墙上贴着的手写感谢信等。

其中有一项关于采集唾液和血液样本的试剂套件设计的讨论。助理认为应该把套件里的工具按特定的顺序摆放在桌子上。因为从做唾液测试到出结果大约要 20 分钟,所以她决定在用户进入咨询室时首先进行此项测试。所以她会以一种特定的方式摆放套件,作为提示她完成这一流程的信号。经理也表示同意,因为缩短服务时间可以降低成本。经理和助理还提出,套件中缺少对这两个测试顺序的明确说明。不过助理在没有提示的情况下,通过实践发现了一种更高效的使用套件的方式。只讨论套件本身,很难评估其有效性,但在助理的实际操作中,其效率显而易见。对于这个套件本身而言,包装设计师的工作已经完成了,但在实际工作场所中,助理与套件的互动方式,以及她在特定奖励机制和专业知识评估体系中所扮演的角色,都对套件的设计效果和服务效率产生了潜在影响。对实践的关注使研究人员能够注意到助理的具身知识如何对原本由他人设计的套件进行再构建,从而促使服务提供者与潜在客户之间的价值关系得到重新配置。随后,设计师根据这些实践进行了调整,并就如何改进套件的包装和信息设计提出了具体建议。

作为实践的设计

参观完药房几天后,设计师们回到工作室一起工作了几个小时,整个过程也由摄影师记录了下来,我同样既是参与者,也是观察者。设计师们将照片、服务网站的打印件及其他相关材料贴在墙上,尝试站在用户的角度去叙述服务的体验流程,这是服务营销中发展起来的一种方法。两位曾经去过药房进行实地考察的设计师和另一位同事则在材料上用便利贴做注释,对这项服务进行测评。讨论内容从特定的"触点"——即服务中所涉及的人工物,如药房橱窗中的海报——到公司提供服务的目标和策略,再到药房如何落实服务及其资源,甚至还包括吸烟者如何戒烟的问题。虽然讨论范围广泛且结构松散,其中涉及了关于良好服务体验构成的隐性知识(Bate & Robert,2007年),同时借鉴了其他类型的消费和服务。这些设计师接受的都是以工作室为基础的教育,他们的合作方式和工作习惯也受到彼此之间长期建立的专业关系和共同学术背景的影响。咨询公司提供模板,设计师们围坐在一张桌子旁进行头脑风暴,每个人都会画上几页草图。他们各自安静地工作,偶尔相互评论,或给别人展示自己的作品。最后,大家互相展示草图。这样的工作流程下所产出的服务方案,与上述通过药房的实地考察以及跨研究的探索所得到的服务方案,当然是不同的。

  设计师们通过绘制草图,对现有的服务触点(如测试套件)进行了调整,并建议将新的人工物也视为服务的一部分,为了应对某些特殊情况,他们还构想全新的服务,如基因测试数据库。这三位设计师的工作既展现了他们具备的显性知识,也体现了隐性知识。他们在设计过程中,头脑和身体共同运作,有时各自埋头苦干,几乎不需要进行讨论,而是通过他们习惯性、身体化的工作流程,自然而然地从一个任务转向下一个任务。对实践的关注使研究人员能够理解这些工作方式如何在设计文化中得以确立,并成为一种常规惯例(Julier,2008年),而其他的工作方式却做不到这一点。

  以上两段叙述说明了"作为实践的设计"和"实践中的设计"这对概念如何在设计研究中被用作分析工具。虽然这一分析尚未完全展开,但它提供了一种富有成效的方法:通过研究实践来解释设计中发生的事情，涉及专业设计师及其他构成设计的要素。这对关联概念构成了设计师实践的基础，涵盖了他们的知识、思维和行为方式，以及他们共同的工作惯例，指导着他们进行工作、思考、制度安排，并塑造了象征性的结构，正是这些要素使一些活动成为可能，并成为设计中的惯例。

这两个概念之间并不存在时间上的先后关系，尽管在本文的叙述中，"实践中的设计"在"作为实践的设计"前面。此外，它们也不是一个连续体的两极。相反，"作为实践的设计"和"实践中的设计"最好被理解为相互构建的关系。

从实践的视角切入，能够将设计活动与工作生活中所涉及的物联系起来，更重要的是，与那些使设计结果在现实世界中得以实现的利益相关者及其他人的实践联系起来。作为设计思维的替代性选择，"实践中的设计"和"作为实践的设计"的结合，将分析单元从个体层面的设计师或用户，以及宏观层面的组织或团体及其规范，转变为一种关系性、具体化、结构化且成体系的思考方式。接下来，将讨论上述观点的潜在含义。

讨论

在早前的一篇文章中（Kimbell，2011 年），我探讨了管理行业在采用设计师的认知和工作方式时（如 Martin，2009 年）对"设计思维"这一术语的兴趣。我认为，其发展背景源自：在一种被媒介化（mediatized）的动态经济中，生产、消费和分配的方式都已经被重新配置（Lash & Urry，1994 年），而专业设计师作为创意阶层（Florida，2002 年），正逐渐成为特权文化的调解者（intermediaries）（Nixon & Du Gay，2002 年）。我回顾了几十年来关于设计思维的研究，尽管这些文献的研究目的、途径和方法存在很大的差异，但依然可以总结出三条主线：第一种观点认为，设计思维是一种认知方式，第二种观点将设计思维定义为设计的一般理论，而第三种观点则认为设计思维是一种组织资源。由此我明确了三个问题：首先，关于设计思维的诸多描述基本上都建立在个体的思维、认知与其在现实中行动的二元论基础之上，第二，理想化的设计思维忽略了设计师的知、行、言方式的多样性及其出现的具体语境，第三则是强调设计师是设计活动的主要能动者。

在本文中，我总结了一些实践理论，我认为这些理论有助于研究人员避免上述问题。我曾指出，实践理论将分析单元从个体行动者或社会及其规范，转变为思想、事物、身体、结构、流程和能动性之间复杂的、偶然的结合。对实践的关注为我们提供了一种理解设计活动的新方法，即不仅要关注专业设计师的所为、所思和所言，还将设计视为这些不同元素的内部作用（Barad，2007年）。因此，重新思考设计思维，应该将其视为一套偶然的、具身的惯例，正是这些惯例重新配置了社会物质世界，并以不同的方式实现制度化。这有助于我们思考，是什么让专业设计师，而非其他人，在特定的时间和地点形成了特定的行、知、言。通过这种方式，我们能够以更丰富的视角理解设计，也对那些试图将设计思维普遍化（通常是赞扬）的努力提出了挑战。

以实践为导向的研究还揭示了其他人和非人参与者在设计活动中所扮演的角色，包括经理、员工、消费者、最终用户等人，甚至胎儿，以及草图、椅子、网站、咨询公司和便利贴等物（参看 Ehn，2008年；Ravasi & Rindova，2008年；Verganti，2009年；Botero 等人，2010年）。通过突出客户、最终用户、利益相关者等参与者在设计实践中的参与，这种方法也暗示着，设计活动永远不会处于完成时。根据巴拉德对实践的特定可能性和排他性的强调（Barad，2007年），这一研究取向也将引发对设计师如何自我定位以及定位于何处的问题的思考，这便呼应到了露西·萨奇曼（Suchman，2003年）和托尼·弗莱（Fry，2007年；2009年）的研究。

接下来，我总结一下这种方法对现有文献的具体贡献。首先，以实践为导向将设计视为一种基于情境的本土化成果。不同于主体/客体、自然/文化和身体/思想之间的二元对立观念，实践被看作是思想、身体、客体、话语、知识、结构/流程和能动性的动态配置,从而能够实现程序化和制度化。这意味着,试图明确设计师的特定认知方式是没有意义的,因为这忽略了设计师的认知和思维方式是如何形成的,以及它们又如何构建了更广泛的社会物质环境。托尼·弗莱指出,在资本主义消费的背景下,许多设计师的教育和专业工作实际上进一步推动了一种促进不可持续消费的文化。以实践为导向有助于揭示设计师如何在特定文化和背景下运用他们的专业知识,创造出独特的设计方式,而这些方式又是如何随着时间和地点的不同而不断演变,从而丰富我们对设计师的思维方式和认知知识的理解。

　　第二个贡献是对构成实践的物的强调。在以实践为导向的研究中,构成实践的物不仅仅是指设计师的创造,或者人们购买使用的产品,相反,设计中的物与材料对实践的展开至关重要。直观上来说也是如此,如果不考虑那些对设计师工作具有象征意义的物(无论是插图、模型还是原型),就很难全面地对设计专业人员进行研究。通过对工程设计师(例如 Bucciarelli, 1994 年; Henderson, 1999 年)和建筑师(例如 Yaneva, 2005 年; Ewenstein & Whyte, 2009 年)的民族志研究,我们可以看到这些设计师在不同的设计传统中如何与物"纠缠"在一起——这些物可能是在工作过程中获得的、他们自己创造的,或者是在与利益相关者的合作中生成的。将视角从民族志转向设计文化,有助于我们更深入理解设计是如何构成的,以及不同元素是如何参与其中的。

　　在前两者的基础上,第三个贡献是,以实践为导向的研究不再将设计师作为设计活动的主要能动者。对于那些想要专攻设计师及其专业技能的研究人员来说,这可能显得不合常理。然而,实践导向的视角可以使我们对设计活动有更丰富、更细致的理解,并切实支持新型专业人才的培养。事实上,在广泛吸收社会科学养分的领域中,设计师去中心化的趋势已经持续了 20 年,如参与式设计和计算机支持的协同工作(例如 Ehn, 1988 年; Suchman, 1994 年; Hartswood 等人, 2002 年)。本文所叙述的内容是对这些设计研究文献的综合,可能会为重新思考产品、工业设计、视觉传达设计和工艺美术等领域,提供潜在的深层次资源,而不仅仅局限于数字设计。

一些启示

对于设计研究和实践而言,实践—理论化的方法带来了新的视角。这意味着设计师无需再去争论为什么设计应该以利益相关者或最终用户为中心,因为在这种方法中,这一点已经成为前提。在实践方法中,设计被理解为关系性的,它无法被单独思考或理解,因为设计是与构成设计和设计过程的实践紧密相连的。此外,利益相关者也是共同设计者,而设计师则是另一个类型的利益相关者。将实践的视野扩展为由思想、身体、物、结构、流程、能动性和知识联结而成的整体,挑战了某些设计师(如 Brown,2009 年)所提出的设计以人为中心的主张。舍恩(Schön,1983 年)对设计材料在设计过程中如何"回应"的描述,已经朝这个方向迈进了一步。巴拉德(Barad,2007 年)所提出的后人类主义(post-humanism)以及哈曼(Harman,2009 年)所提出的物导向(object-oriented)形而上学,则为设计研究者的进一步探索提供了替代路径。

在方法论上,实践导向引发了关于如何研究设计、设计方法和设计边界的问题。在研究设计过程时,如果不再以人类设计师为中心,那么采用什么样的方法才是合适的呢?社会科学家——特别是那些科技哲学领域的专家——已经开发了一系列强大的方法,例如"物的追踪"(following the objects)(如 Latour,1987 年)或研究基础设施等平凡事物(例如 Star,1999 年)。当然,也随之出现了一些新的问题。例如,研究设计成品时,应该何时开始和停止研究才能恰当地评估其在实践中的影响?为了理解特定的设计,应该研究哪些特定文化中的哪些当前或潜在的用户、消费者和其他利益相关者呢?

最后,对于在管理教育中引入设计的方法和工具的教育者而言,本文提出了适用性的问题,即设计师的专业知识是否能够轻松地转移到其他领域?将设计思维的工具和方法简单引入管理教育,而不考虑设计文化和实践的整体背景,可能会导致不尽如人意的结果。例如,专业设计师的视觉和表演方法,以及对组织生活美学维度的关注,都是设计教育传统的一部分,在这种传统中,挑战既定的分类通常会获得制度上的认可。相反,植根于社会科学和工程知识的管理教育可能并不欢迎这种方法,尽管其常常声称自己应当具有适应性(例如 Huff & Huff, 2001 年;Dunne & Martin, 2006 年)。

最后叙述一下本研究的一些局限性。首先,在此引入"实践中的设计"和"作为实践的设计"这对关联概念,更多是为了启发思考,但实际上它们尚未得到充分的阐述或验证。这两个概念在多大程度上可以作为讨论项目、组织、社区及其他环境中的设计活动的基础,还需要进一步研究。其次,这对概念建立在实验性的本体论和认识论基础上,其中,世界被理解为关系性、共同构成的,而不是基于现实主义或建构主义的方法(Schatzki 等人,2001 年;Latour, 2005 年;Barad, 2007 年;Harman, 2009 年;Latour 等人, 2011 年)。对于像本文这样带有探索性质的研究来说,这种方法是有益的,但对于其他研究目的,这样分析未必会奏效。

结论

本文重点研究实践理论,旨在探索其如何帮助我们更深入地理解设计活动及设计师相关的专业知识。实践理论认为,社会轨迹并非体现在个体及其思想层面,或群体及其规范之中,而是通过思想、身体、物、制度、知识与流程、结构和能动性之间的关联来体现。对于实践理论研究者来说,这些要素相互交织,形成惯例,并转化为结构,共同构建了社会物质世界。本文的贡献在于提出了一对新概念,用以描述和分析设计活动,同时承认多方实践参与者在构成设计中的努力。我认为,这有助于我们重新思考设计思维,避免以往文献中出现的一些问题。通过实践方法重新构想设计活动,将设计师与最终用户和其他利益相关者的知、行、言联系在一起,同时承认材料和物是实践的一部分,更重要的是,我们还应关注那些能够使特定的行、知、言成为可能而排除其他方式的话语性实践。

致谢

本文的不同版本曾在 2009 年 5 月于利物浦举行的欧洲管理学会全球会议(European Academy of Management Conference)以及 2009 年 9 月于曼彻斯特举行的社会文化变革研究中心会议(Centre for Research on Socio-Change Conference)上进行过报告。在后者的会议上,我与劳伦·沃恩以及尼娜·韦克福德共同组织了一个专题讨论小组。对本文内容进行修订与完善。在此要感谢编辑和匿名审稿人的反馈,以及西蒙·布莱斯、弗莱德·科洛比、安妮·劳尔、法亚德、托尼·弗莱、阿曼德·哈切尔、菲利普·希尔、盖伊、朱利耶、史蒂夫·纽、肯·斯塔基和卡耶梅伦·汤金维斯等人与我进行的讨论。

© 2011 Berg。之前发表于《设计与文化》(*Design and Culture*),第 4 卷,第 2 期,第 129—148 页。经出版商 Taylor & Francis Ltd. (http://www.tandfonline.com)与作者许可重新发布。

29. 设计与设计思维：当代参与式设计挑战[①]

埃林·比约格文森　佩尔·埃恩　佩尔-安德斯·希尔格伦
ERLING BJÖGVINSSON, PELLE EHN AND PER-ANDERS HILLGREN

引言

设计思维已然成为当代设计话语的中心，且理由充分。随着世界领先的设计创新公司 IDEO 的设计思维实践的推广，斯坦福大学设计学院对这些原则在设计教育中的成功应用，再加上《IDEO，设计改变一切》(Change by Design)的出版，IDEO 首席执行官蒂姆·布朗在书中详细阐述了该公司的设计思维理念[1]，整个设计界都在呼吁超越以往的狭隘观念："无所不能的设计师"（omnipotent designer），以及对产品（products）、有形物（objects）等一切物（things）的迷恋。相反，这些观点建议：(1) 设计师应该超越经济底线，更多考虑社会创新设计的大局；(2) 设计是一种协同工作，设计的过程是所有利益相关者共同参与、将其各自的能力相互融合的过程；(3) 设计的观念构想、原型制作与想法

[①] 本文涉及多个关于"物"的概念，为避免混淆，在此标注其翻译的对应关系（不区分单复数）：thing——物，Thing——事，object——有形物或对象，artifact——人工物，matter——关涉物，thinging——事化等。不过，某些特定情况会灵活翻译。——译者注

探索都必须以实践为原则（in a hands-on way），设计过程早期所采用的方法应该以人为中心、富有同理心，且秉持乐观态度。

对我们来说，这种观点听起来像老牌的参与式设计，不过我们也承认，这样的表述方式更清晰，且更有吸引力。作为活跃在参与式设计领域几十年的研究者，我们全力支持这种设计思维取向。然而，我们也认为，鉴于设计思维与参与式设计有许多相似之处，参与式设计自身所面临的一些挑战也可能是当代设计思维不得不考虑的。因此，在本文中，我们将基于自身在这一领域的独特经验，并通过回顾自20世纪70年代初以来参与式设计的发展和演变，阐述我们对其作为一种设计实践和理论领域的看法，进而提出参与"变革设计"（design for change）会面临的"实践—政治"挑战和"理论—概念"困境[2]。

本文认为，设计师与设计界所面临的根本挑战是从设计"物"（things）——即有形物（objects），转向设计"事"（Things）——即社会物质组合（socio-material assemblies）。在这一转向中，不仅具体项目的设计过程面临挑战——像"传统"的参与式设计一样，即让利益相关者参与设计过程（例如，通过设计原型来模拟"实际使用前的预使用"），更重要的是考虑到设计之后的未来，即设计如何能够超越具体项目，促进利益相关者作为设计师（例如，在特定项目中支持"设计后的再设计"的方法）。这一转向也可视为设计活动从"项目化"（projecting）到"基础设施化"（infrastructuring）的转变。为了进一步说明，我们讨论了我们在马尔默生活实验室（Malmö Living Labs）的"基础设施化"参与工作，该实验室以社会创新为目的践行"事"的设计。最后，回到设计思维层面，探索基础设施化和开放"事的设计"在未来会面临的更多挑战。

设计：从"物"到事

作为背景，我们建议重新审视并部分扭转"thing"的词源历史，以及参与式设计的政治历史和价值基础。英语单词"thing"，起初指代在特定时间和地点发生的社会政治集会，后来指涉有形物（object），关涉物实体（entity of matter）。而"Things"的最初含义可以追溯到古代北欧和日耳曼社会的执政议会。这些前基督教的"Things"是指集会和仪式，作为解决争端、做出政治决议的场所。为什么我们今天谈及设计对象，从作为物质有形物的"物"（things）回归到作为社会物质组合的"事"（Things）呢？理解这一转变的前提在于，如果我们生活在完全一致（agreement）的状态中，就不需要聚集起来解决争端，因为根本不存在争端。相反，正因为我们有着不同的观点、关切和利益需求，所以我们需要一个可以协商冲突的共同场所。

本文的出发点是在"事"中的参与——布鲁诺·拉图尔引人深思地将这种社会物质组合描述为"人与非人的集合"[3]。我们认为，在反思我们作为设计师，如何在设计公共空间中工作、生活和行动时，讨论"things"一词的含义转变是有意义的。设计公共空间，即一个允许观点各异的参与者们共存的空间，甚至彼此冲突的设计目标也能实现协调。**我们如何才能在设计事时，或在围绕事而进行设计中聚集不同力量，实现协作呢？**因为这些新的设计对象正在改变常规设计交互和设计表现的空间，并且可以作为争议话题的社会物质探索框架，开辟新的思维和行为方式，甚至开拓新的、意料之外的功能和用途[4]。

参与式设计可被视为事的设计，源于斯堪的纳维亚国家的工作场所民主化运动。在19世纪70年代，参与和共同决策成为与工作场所和新技术引进等话题相关的讨论焦点。早期的参与式设计项目从车间使用者的视角出发，关注新的生产工具、生产计划的变化、管理控制、工作组织和劳动分工等问题[5]。

参与式设计的出发点很简单，即受设计影响的人在设计过程中应该有发言权。这一观点反映了当时颇具争议的设计政治信念，即新兴设计对象应该旨在引发争议，而非谋求共识。在这种情况下，参与式设计站在了资源匮乏的利益相关者（通常是当地工会）一边，项目策略的制定主要旨在保障他们在设计过程中的有效且合法的参与。参与式设计的另一个不那么有争议的补充动机是，确保现有技能可以在设计过程中成为一种资源。因此，可以说，在参与式设计背后存在着两种战略性指导价值。一种是社会和理性的民主观念，用以指导探索使用户适当、合法地参与设计过程的实现条件——即本文所说的作为"平台"和"基础设施"的**设计之事**。另一种价值则强调参与者的**"隐性知识"**（tacit knowledge）在设计过程中的重要性——不仅是参与者正式明确的能力，还有那些对于设计物——**有形物**（objects）**或人工物**（artifacts）至关重要的实用且多样化的技能[6]。

因此，20世纪70年代出现的参与式设计，无论在理论还是实践上都可以被视为事的"现代"典范，这里的事即海德格尔所言之"物物着"（thinging）的状态。拉图尔所呼吁的是一种物的哲学，或者说是一种"物导向"（object-oriented）政治[7]。拉图尔对物导向编程（object-oriented programming）的明确引用很有意思，因为在斯堪的纳维亚早期的参与式设计中，其中的关键参与者克利斯登·奈加特（Kristen Nygaard）同时也是物导向编程的发明者之一。然而，我们更关注的是**设计事**时的参与性问题，以及如何实现"基础设施化"。其中包括对以"关涉物"（matters）为设计目标的关注。因此，在**设计事**中探讨能动性的问题，不仅涉及设计师和用户等人为能动者（agents），还要考虑非人"行动者"（actants），如有形物、人工物和设计装置。那么，这些人与非人事物如何以自己的方式发挥作用？设计和使用如何相关联？如何在设计项目和设计过程中统合人与非人资源，从而推动设计目标向前发展？设计师又该如何参与设计事的过程，如何在"人与非人的集合"中自我定位呢？

随着研究的深入，出现了两种"事化"（thinging）方法。第一种恰如参与式设计，让用户参与设计过程，同时就像约翰·雷德斯特伦（Johan Redström）所建议的那样，在设计过程中考虑"使用前的预使用"环节[8]。在这种"传统"的方法中，参与式设计可用于在实际使用前预想使用阶段可能会面临的挑战，因为真实的使用发生在人们的生活世界中。还有一种补充性立场,建议将部分设计和参与推迟到设计项目完成之后,即探索以使用作为设计或"设计后的再设计"的可能性[9]。这种方法意味着将设计作为"基础设施",着重强调设计是一个持续的过程,在特定项目中,即使在设计完成后依然存在潜在的关于使用的问题,设计师仍然需要对这一部分的设计进行预设或构想。

事化:从"项目化"到"基础设施化"

项目是社会性物质之事,是设计活动联合的主要形式。在大规模设计尝试中,项目是统合(人员和技术)资源的常见方式。一个项目往往涉及目标、时间表、可交付成果等各种事物。在实践中,设计项目必须统合的资源还可能包括项目概要、原型、草图、民族志及其他现场材料、建筑、设备和项目报告等,牵扯人员亦十分广泛:"用户"、工程师、建筑师、设计师、研究人员以及其他利益相关者。

项目通常被设计为一系列逐步完善的连续阶段,如"分析""设计""构建"和"实施"等。然而众所周知,这种方法存在很多缺陷:在自上而下的视角下,层级结构严明,规范制度生硬,讲求各部分参与者的"合法性",由此阻碍了设计对不断变化的环境的适应。因此,我们呼吁用户参与设计过程,并采用参与式设计方法。

与其把一个项目看作是由分析、设计、构建和实施四个阶段组成的设计之事,不如强调以事作为方法,将项目理解为涉及人与非人集合的事的"筹备"过程。受延斯·佩德森(Jens Pedersen)的启发,我们可以考虑以下问题[10]:**我们如何构建项目最初的设计目标?如何围绕一个共同的关注目标(尽管存在问题甚至争议)协调参与者?如何为设计之事提供平台?**在工作过程中,**如何使所涉及的实践过程**(如实地考察、民族志、直接参与等)**具有可报告性?如何使设计目标具有可操作性,使非人因素以可体验的形式**(例如草图、模型、原型和游戏)**表现出来?如何促使设计有形物和关涉物激发公共话题,同时在项目内外引起广泛

争论(如以谈判、研讨会、展览或公开辩论的方式)？

然而,恰如克劳斯·克里彭多夫(Klaus Krippendorff)所指出,项目只是装置生命周期的一环,或一种特定形式,每个设计对象最终都必然会成为现存装置生态系统的一部分,融入人们的生活世界[11]。因此,一个设计装置的开始和结束阶段其实都是开放的,几乎不受项目限制。这种开放性的意义在于,它强调了理解设计在项目中与用户/利益相关者之间关系的重要性,同时也能帮助我们理解用户如何将设计产品融入他们的生活世界中,以及设计物本身又如何被纳入不断演变的装置生态系统。因此,**为了使用**而设计的策略也必须对特定项目完成后**使用中**的挪用保持开放性,并接受这种挪用作为一种潜在的、特定类型的设计。

参与式设计活动与"使用前的预使用"

早期参与式设计的概念化尝试,借鉴了维特根斯坦的观点及其"语言游戏"的哲学观[12]。设计,被视为创建和使用(分别指向专业设计师和相应用户群体)相互交织的语言游戏中的有意义的参与,而表现性设计人工物(如模型、原型和设计游戏)则可以充当边界对象,起到连接不同语言游戏的作用[13]。

这种概念化意味着,我们的设计挑战变成了如何为特定的设计语言游戏创造条件,让不同的利益相关者——特别是用户(作为非专业设计师)和专业设计师——能够有效地沟通和协作。因此,在本文的语境中,这种创造条件即为针对社会物质进行组合的**设计之事**,其中可能涉及具有潜在争议的有形物和关涉物①。因此,焦点转移到了**作为组合的社会物质之事**,而不再是**作为有形物的物本身**。

---

① 换言之,事(Things)的设计中可能会涉及物(things)的设计。因此,后文有时会将"design Things"灵活翻译为"设计事物"。——译者注

这一转变促发了各种旨在促进资源薄弱的利益相关者（例如实际或潜在的"最终用户"）参与设计过程的倡议和实践。民族志及其他侧重于用户理解的方法成为核心。参与式设计活动亦如此，例如参与式未来研讨会[14]。不过，最重要的转变是参与式设计工具取代了系统描述，如实物模型、设计原型，以及设计游戏。这些都有助于设计活动与用户日常实践相关联，并在设计过程中支持用户创造性的熟练参与和表现。当设计师开始邀请用户在体验和游戏中参与设计过程，来演示产品的"预使用"时[15]，设计方法便已经发生了重大转变。在传统的设计方法中，设计师和用户（作为非专业设计师）之间的沟通是断裂的。因此，用户无法理解设计行为和设计过程。

在 20 世纪 80 年代早期，设计界就已经开始思考如何将参与者纳入设计过程，以体验和游戏的方式完善设计项目（例如，在报纸生产行业中支持平面工作者及其工会参与的新技术和新的工作组织方式），与之类似，我们今天也在探索如何让原型设计和角色扮演成为当代设计思维的创造性工具[16]。

值得注意的是，这种将事之设计视为交织的语言游戏的观点，以及对设计师和用户之间关系的关注，可追溯到 20 世纪 70 年代斯堪的纳维亚的工作场所民主化运动。在实践中，事的设计并不是孤立存在的，而是与其他各种事物交织在一起——尤其与一种"设计协商模式"相关联。该模式侧重于技能和工作组织，旨在放大工人和当地工会的声音，让他们能够更好地与管理层进行谈判，以及在面对工作场所中存在争议的设计或新技术引进时，可以发表自己的意见[17]。

那么，在事的设计中，非人"参与者"所扮演的角色是什么呢？比如原型、实物模型、设计游戏、模型和设计草图等设计工具。在设计项目中，设计目标的"表征"（representations）往往备受关注。传统上，这些表征是对设计目标逐渐完善的描述。但本文主张，它们应该被视为不断发展的设计目标的物质"表现者"（presenters），以支持设计过程中的沟通或参与。这种不断发展的设计目标潜在地将不同的利益相关者联系在了一起,而且显然具有一种表征维度。当然,设计目标的"表现者"必须由其他参与者来共同决定,但一旦被纳入设计过程之中,所有的"表现者"就会作为人与非人的集合共同作为事之设计中的积极参与者。

我们也可以将这些"表现者"视为参与式设计中的边界对象[18],它们使事物的设计得以稳定,在使语言游戏的边界保持共通性的同时,也开放了边界发生转移的可能性,还保留了对不同利益相关者可能高度差异化的观点和利益的接纳。因此,在任何设计过程中,当建立具有多个利益相关者的异质性设计事物时,思考如何识别和收编边界对象都是非常重要的一步,因为这些"表现者"可能对不同利益相关者而言有着不同的含义。

因此,在参与式设计中,各种设计事物相互渗透、纠缠,将语言游戏与异质关涉物结合起来,以设计对象和设计工具作为不断发展的设计目标的"表现者",以及将这些异质语言游戏连接起来的边界对象。在以上观点的基础上,现在让我们来看看这种参与式方法所面临的挑战。

事的基础设施化与"设计后的再设计"

本文所概念化的参与式设计之事实际上存在一个局限性,即只重点关注那些支持可识别用户的项目,其设计过程和最终产品或服务也基本上都是在维护这些可识别用户的利益。批评人士准确地指出,在设计中除了直接用户,还有许多其他的利益相关者;而且,人们往往会以不可预见的方式使用设计,无论有多少人参与设计过程,预想中的使用和实际使用情况都不会一模一样。

那么,参与式设计的理念和"使用前的预使用"策略是否必须完全放弃?设计师能做些什么?这些设计行动又会如何影响那些不可预见的用户将设计之物纳入他们的生活世界?如何将用户的日常活动理解为一种设计活动?他们又会如何受到专业设计师所设置的痕迹、障碍、产品和潜在的公共事物的启发，并将这些元素"实践"或"运用"在自己的生活中呢？以上问题或许不在设计师的项目工作考量范围之内，但无论如何，它们也是需要关注的设计之事（在使用阶段）。当然，我们并不是说所有使用阶段的挪用都可以或应该被理解为事的设计。然而，我们确实建议开放设计项目阶段的设计方法，以明确支持特定项目完成后使用阶段的设计的可适应性和实用性。

在这种方法中，专业设计师和潜在用户都可以被视为设计人员，就像"传统的"围绕项目而展开的参与式设计；但他们不一定同步参与设计活动，更可能是在不同的时间和地点参与不同的设计之事。就像菲舍尔（Fischer）和夏夫（Sharff）所建议的那样，与其专注于让用户参与设计过程，不如将用户的每一种使用情况都视为潜在的设计情境[19]。因此，设计存在于项目阶段，同时也存在于使用阶段，即设计（在项目阶段）之后还有设计（在使用阶段）。

因此，在项目阶段进行设计时，（专业）设计师必须认识到，事的设计可能会延续到使用阶段，最终也可能会产生新的利益相关者。因此，在事的设计中，项目阶段的关键视角就是对之后的使用阶段的新的事的设计保持开放性。所以，我们可以看到，设计焦点发生了转移，从旨在提供有用的产品和服务，转向了营造良好的使用环境；从传统的为使用而设计，转向为持续设计而设计。我们所面临的挑战不仅是如何进行事的设计——涉及多方利益相关者和表现者参与，更需要考虑如何处理接续设计之事之间复杂的链式反应。因此，我们的目标是（在项目阶段）设计潜在（作为基础设施的）边界对象的设计之事，以支持未来（在使用阶段）的设计之事。然而，这些设计事物之间的关系并非一成不变的，而是会随着时间的推移逐渐形成一张相互交织的语言游戏网。

斯塔尔（Star）和鲁勒德（Ruhleder）将这种调解（mediation）作用称为基础设施化，认为这更多关乎"何时"而不是"是什么"[20]。基础设施（例如铁路、电缆或互联网）超越了单一性事件（在时间上）和现场性事件(在空间上),不需要每次都重新发明;而且被嵌入在其他社会物质结构中。然而,基础设施虽然广泛存在,但人们只有通过参与特定实践和活动才能真正访问和使用它们。因此,基础设施(infrastructure),或者更确切地说,**基础设施化**(infrastructuring)意味着对社会物质性资源的公共之事进行统合;它是关系性的,是在项目阶段和使用阶段的(多个且可能存在争议的)设计之事的关联中形成的。这种基础设施的搭建往往需要耗费很长的时间,其中涉及的主体不只是专业设计师,还有作为调解者(mediators)和非专业设计师的用户,他们往往会以项目未曾设想过的方式为基础设施建设添砖加瓦。在基础设施化的视角下,项目阶段的活动(如选择、设计、开发、部署和实施)和使用阶段的日常专业活动(如调解、解释和表达),以及使用中的进一步设计(如调整、挪用、剪裁、再设计和维护)是交织在一起的[21]。

据建筑师斯坦·艾伦(Stan Allen)所言,基础设施化战略必须关注现有基础设施的使用条件,但同时,还必须有意在新的基础设施的建设过程中保留不确定性和不完整性,为未能预料到的事件和表征预留空间[22]。屈米(Tschumi)断言道,这种对争议之事保持开放性的策略可作为一种"事件架构"(event architecture),其重点在于设计"架构之事"而非"架构之物"[23]。因此,本文所说的基础设施化,旨在为多种、异质(而不是同质、单一的)且通常是有争议的使用阶段的设计之事提供支持。

在项目阶段采用基础设施化设计方法,也许应该尝试将设计之物发展成为公共之事,通过用户的挪用和行动,可能导致新的设计之物的产生,这些物反过来又会融入用户的生活世界以及已有的设计事物生态系统中。但这一愿景所依靠的方法不能凭空捏造。正如我们所提到的,参与式设计源于对信息技术引入工作场所时设计如何支持资源薄弱群体的关注。在这种情况下,很明显,设计师所面临的争议便是如何确保设计方案和产品在实际使用阶段依然能够有效运作。因此,本文将继续以参与式设计作为方法,探讨作为基础设施的设计、为设计而设计,以及为使用而设计等理念支配性、等级制度和形式主义常见于许多社会、技术和空间基础设施中,因此,历史上针对这些特征的对抗性设计过程的指导性价值,在今天可能依然有用,例如民主和合法参与的理性理念可能有助于支持设计之事作为"争辩公共空间"。正如莫菲(Mouffe)所言,民主政治的目标是在霸权斗争中为不同的声音赋权,并找到有助于将敌对性(antagonism)转化为争胜性(agonism)的"宪法"。将敌人(enemy)之间的冲突转化成"对手"(adversary)之间的建设性争论。"对手"意味着虽然关切点对立,但能接受其他"合法"观点[24]。这样的实践满含激情、想象力和参与性,更类似于创造性设计活动,而不是理性的决策过程。正如斯塔尔所指出的,我们还必须特别关注那些"被标准化网络或基础建设边缘化的人"[25]。这些"创造性设计活动"不能在任何普遍意义上被视为"凭空产生的设计",而是像哈拉维(Haraway)所描述的那样,必须成为"关于场所(location)、定位(positioning)和情境(situating)的政治和认识论",在用户提出"理性知识主张"时,侧重偏向性而非普遍性,才能使他们的声音被听到,被理解[26]。这便是萨奇曼(Suchman)所讲的研究人员和设计师的"地方责任"(local accountability)[27]。

从这个角度看,设计不再只是关于创新产品的问题,而是巴里(Barry)所说的,更多关注特定地点和场所的日常实践[28]。这是一种致力于设想新兴设计景观的实践,并由问题和可能性的开放性所塑造,旨在促进社会和物质资源转型。

据我们理解,这些挑战也与设计师运用设计思维并从更广泛的视角进行设计的愿景相关,例如 IDEO 关于设计对社会影响的项目。在欧洲的传统中,这些挑战被视为社会创新设计。社会创新可以是任何形式的创新,可能是产品或服务,也可能是原则、构想、立法、社会运动或干预措施,或其复合形式。关键在于它们能否满足社会需求,并创造新的社会关系。英国青年基金会(The Young Foundation in the United Kingdom)便始终致力于在理论和实践中发展社会创新[29]。以意大利设计师兼研究员埃佐·曼奇尼为核心的国际团体,也一直是此类设计实践的主要推动者[30]。在他们看来,新想法来自直接参与解决问题的多方行动者:最终用户、基层设计师、技术人员、企业家、地方机构和民间社会组织。从这个角度来看,设计不再是开发功能性、创新性消费产品的工具,而越来越成为一种促成根本性变革的过程——开发服务、系统和环境以支持更可持续的生活方式和消费习惯。曼奇尼及其同事提出了一个基本概念,"协作服务"——设计师的首要职责是协助开发新的概念或想法,并确保这些概念能够实施和具体化,最终创造出可持续的"社会"企业[31]。

社会创新的方法与参与式设计和基础设施化设计的理念相符,且与本文所提出的相应指导价值观相契合。社会创新为设计师提供了处理参与式设计和基础设施化设计事物的挑战性方法。

在下一节中,我们将根据自己的经验,详细阐述基础设施化设计事物所面临的挑战。

在实践中探索基础设施化设计事物

我们在社会创新基础设施化设计事物方面的经验来自马尔默生活实验室项目。该项目始于2007年,最初作为一个小型实验室,旨在探索如何利用新媒体促进亚文化的发展[32]。该项目实际上只是为实践提供了一个开放式、原型化的平台,或者说沟通与协商的场所[33]。在实践中,这种环境要求我们与不同的实验室合作伙伴建立长期信任关系,因此,我们会避免设定明确、具体且预先定义的项目目标和结构。相反,我们的目标是建立工作关系,探索各种组队合作的可能性。在这样一个开放的设计环境中,我们的角色是不断"撮合",即帮助实验室的不同合作伙伴发掘潜在的合作机会,共同探索各种未来的可能性,并在实际场景中进行尝试。鉴于基层组织和文化生产者较之设计、媒体和互联网技术公司往往资源更为匮乏,因此,我们更倾向于去凸显这些组织和个人所面临的问题及其关切，以及如何与其他企业的问题和关切相匹配或相协调。

实际上，真正谈到基础设施化设计，我们的起点是 INKONST 艺术表演中心，其目的是为非政府组织（NGOs）和利益相关者提供场地，开展与电影、表演、戏剧、音乐会和音乐俱乐部相关的各种活动和行动。尽管这个项目已经有了一些实验基础，但为了更清晰地阐述本文观点，在此将以草根嘻哈社区 RGRA［又名街头容音（The Face and Voice of the Street）］为例，其成员主要是马尔默郊区的第一和第二代移民。回顾起来可以发现，RGRA 参与了许多设计之事：最初广泛的开放式探索现在已经发展为各类项目。RGRA 中的年轻人和设计研究人员与媒体、手机软件开发人员、手机游戏开发人员、公共交通公司、瑞典公共电视和广播公司以及马尔默市政府部门都进行了不同程度的合作。这一系列的项目都始于日常问题：RGRA 社区作为草根媒体，如何与专业媒体进行合作，比如通过手机视频报道街头问题；以及如何促成一个跨文化区域的才艺比赛，让不同地区的人们欣赏并参与不同的音乐传统。还有一个关键问题，那就是 RGRA 如何在城市中成为一种更显眼、更合法的存在。

工作关系网初成：凝聚成"事"

在开放式的基础设施化过程中，不断涌现出新的设计之事。到目前为止，已有两个项目发展成了更具传统研究性质的项目，且具备了更加明确的目标。第一个与 RGRA 如何创建新渠道来推广其成员制作的音乐有关。这一想法源于实验室设计师在 RGRA 的一场早期研讨会上提出的建议：RGRA 可以在重要地段放置蓝牙杆，或者在巴士上安装蓝牙发射器，使巴士公司成为媒体提供商（因为在马尔默，有很多年轻人每天要花两个小时乘坐巴士往返于学校与家之间）。

专门开发蓝牙服务的交互设计公司 Do-Fi 看到了这个想法背后的

潜力，决定参与首轮实验，同时，来自我们大学的两位研究人员也加入了项目，他们在基于地点的计算领域才能出众。负责该地区公共交通的斯科讷交通（Skånetrafiken）公司以及负责运营马尔默多条巴士线路的威立雅（Veolia）公司也同意合作，提供巴士进行试验。实验表明，巴士完全可以成为 RGRA 推广音乐的新空间，如此一来，RGRA 的知名度便能有所提升。对于其他参与者而言，巴士公司看到了向青少年提供新的通勤服务的可能性，这可能有助于减少故意破坏行为；Do-Fi 看到了与伊普西隆嵌入式系统公司（Epsilon Embedded Systems）合作开发新产品和新服务的潜力；研究人员则看到了开发一个专注于特定地点媒体的新研究项目的机会。该项目的团队最终成功获得了研究资金，用于开发一种便携式、低成本的媒体中心。

在某种意义上，我们也可以从本文的"设计之事"的视角来解读蓝牙公交项目，虽然不一定完全准确。通过这个实验，我们看到了不同关切被统合在一起的可能性，尽管这些关切有时颇具争议甚至互相矛盾。项目中最大的争议之一是合作伙伴的选择。对于是否应该与威立雅合作，RGRA 成员的意见出现了分歧，因为威立雅的国际分公司负责了当时东耶路撒冷的交通基础设施建设，而东耶路撒冷在许多阿拉伯人眼中是被以色列占领的巴勒斯坦领土。但是同时，RGRA 也看到了与威立雅合作可以获得的经济利益，并可以就此进入更广泛的参与者网络。最终，RGRA 决定与威立雅合作，但条件是双方的商标不得同时出现在任何媒体材料上。最重要的是，RGRA 与研究人员和交互设计公司是平等的合作伙伴关系，而与威立雅只是间接的工作关系。这个项目还引发了关于非物质产权的争论：新的蓝牙推送技术应该由谁申请专利，谁应该获得经济收益？这同时也让我们思考，巴士的内部（媒体）空间还可以是什么样子，能被改造成更具包容性的公共空间吗，还是像现在这样，仅仅作为出租给商业合作方的专属空间？

工作关系网拓展：发展新"事"

RGRA 社区的居民普遍认为自己在城市环境中是"隐形的"，因为其他城区的人对他们及其社区知之甚少（人们普遍认为，他们的社区很危险）。

对于这种缺乏联系、缺少存在感的问题，他们想出了一个提案，即开发一条关于他们社区的"旅游"路线，引导人们进入这片地区。为了研究这一问题，一个新的设计之事诞生了。这次汇集了 RGRA、Do-Fi 公司、研究人员、奥兹玛游戏设计公司（Ozma Game Design）以及马尔默的市政人员。其策略是通过奥兹玛公司开发的手机游戏平台"城市之爱"（UrbLove）来创造 RGRA 社区的新体验。玩家可以通过与特定地点相关的"字谜"游戏来探索城市环境。Do-Fi 蓝牙技术则被用于在特定地点让玩家下载媒体文件。在初步实验中，RGRA 的年轻人参与了游戏路径的设计：他们选择特定地点，然后设置问题，同时提供与游戏内容相关的本地音乐文件，供玩家通过蓝牙下载。

游戏平台也邀请了 RGRA 的年轻人们参与试玩环节，结果显示：(1) 游戏为了解陌生城市环境提供了一种有趣的方式；(2) 游戏促成了玩家和当地人之间的自发互动；(3) 未来可以开发一个游戏引擎，让年轻人能够自行创建游戏路线。在这个设计之事中最重要的问题是，城市中有哪些地区值得民众去了解。最终，这个项目的参与者们成功获得了研究资金，以探索如何开发和利用一个开放式游戏引擎来打破城市之间的隔阂。这个例子展示了设计之事如何逐渐演变为具体项目（并有可能成为新的设计之事的一部分）。

总的来说，我们现有的经验再次强调了统一参与和基础建构这种具有挑战性但同时也极具建设性的方法，通过这种方法可以超越传统的设计项目，扩展到新型的设计之事中。当我们根据以往的实践经验反思从"项目化"到"基础设施化"的转向时，我们发现我们的策略在几个方面发生了变化,以应对不断发展的事化过程以及为"设计之后的再设计"搭建基础设施。首先,我们致力于建立持续的工作关系或新的基础设施化实践形式,让不同的合作伙伴都能畅所欲言,同时也能判断他们所提出的愿景或问题是否有意义,是否与其他合作伙伴的关注相符。这种方法意味着,在处理未知问题时,合作伙伴之间的合作原则和实践环境应该灵活自由。这点尤为重要,因为我们生活在一个强调人脉和资源的动态社会中,尤其是对于那些资源匮乏的群体而言。这也要求通过持续的基础设施化设计过程来应对特定的问题和可能性,而不是依赖预先确定的合作伙伴,这样一个过程重在激发设计之事延续,而不是寻求一个最终的解决方案。我们的目标是确保:(1) 为这些过程树立典范,确保参与者能够自主进行基础设施化设计和事的设计的开发;(2) 在设计对象的"设计后的再设计"环节,至少涉及事化元素。在 RGRA 的案例中,我们的目标是创造条件,让事的设计和基础设施化设计的延续得以实现。不过目前,RGRA 的居民们还未能自行构建任何对象,不过他们的目标是朝这个方向努力。在上述两个案例中,我们已经可以看到设计之事不再局限于具体项目,而是转向了如何构建更具持续性、长期合作的学习和工作关系。比如说,Do-Fi 公司和 RGRA 之间已经逐渐形成了一种能够自我维持的合作伙伴关系。在过去的两年中,他们在马尔默生活实验室的框架下合作开展了多项实验。他们彼此的互补能力也被相互认可为宝贵的资源。现在,他们正计划共同成立一家新的公司。

  生活实验室的经验揭示了设计思维的支持者需要面对的挑战。虽然我们也认同设计思维的基本原则,但是我们认为,设计思维若想实现可持续发展,就需要超越项目化思维,去创建可延续的基础设施化设计事物。我们的经验还表明,"为设计而设计"的设计需要超越产品制造,考虑"使用阶段的设计"环节。换句话说,设计师进行设计实践时需要考虑如何应对不断变化的环境,并为此早早地做好准备。在我们试图进一步发展我们的生活实验室基础设施化设计事物的经验时,这个挑战也是我们必须面对的。

事重要吗？

在过去的几年里，"设计之事"的理念在我们的生活实验室中愈加渗透。为了保持与合作伙伴之间的紧密工作关系和已建立的信任，我们决定将生活实验室划分成三个小型协作实验室。马尔默市以多元种族、文化生产、青年文化和新媒体产业为特色。基于此构成了三个协作生活实验室创新环境的内容定位和文化及地理位置选择："舞台""社区"和"工厂"。虽然定位不同，但共享相同的理念和价值观：基于用户驱动的设计和创新，源于社会运动；作为社会和技术的开放式创新平台，与城市地区更广泛的创新体系相融合。实验室广泛邀请个人、企业、公共机构、文化组织和非政府组织参与合作，旨在打破设计边界，协调用户驱动创新、企业孵化、新商业模式、研究和教育之间的潜在矛盾。尽管不完全依赖新媒体，但这些环境都探索了新媒体在共创和社会创新方面的潜力。因此，实验室支持业余爱好者和专业人员进行跨媒体协作，在共创项目中运用社交媒体的力量，开发新的服务和产品，并在适用的情况下，调用新媒体的共创战略，如开源、开放内容、DIY等。

近来，实验室催生了三项新的设计之事：一群多种族背景的女性利用广泛的语言优势共同组织了一项服务项目，为难民孤儿提供食物；一项公民城市规划倡议，倡导公民使用新工具和参与式程序参与城市规划；以及一种支持独立电影制作人集资和作品发行的创意共享商业模式。

此类设计之事的基础设施化，可能与20世纪70年代设计师与平面工作者和机械工人合作以努力实现工作场所民主化的做法相差甚远。不过，在我们看来，前者的基本设计方法和价值观是对后者的延续，并且发展出了能够帮助设计师严肃参与争议性设计之事的方法，这些方法似乎同样适用于当代设计思维，但也构成了对它的挑战。

最早在参与式设计的发展中，其支持者设想了设计师在项目阶段的新角色，即为协作设计之事提供一个平台，让不同的利益相关者共同参与设计。在本文中，我们进一步阐述了设计师的新角色，即在未来的使用阶段继续支持设计挪用，以及持续推动基础设计化的设计事物。

本文开篇提到了布鲁诺·拉图尔关于物作为人与非人的社会物质集合的观点及其对物的哲学追求。结尾，我们在此引入实用主义哲学家约翰·杜威（John Dewey）对于争议之事的立场及其对公众的看法：事实上，公众兼具异质性和冲突性[34]。在已有共识性、规范化或至少合理可行的社会目标的情况下，为（for）/由（by）/与（with）利益相关者的设计已然充满挑战，而且这些社会群体背后还有相对稳定的基础设施作为支撑。而在看似无共识可言，也无明确可识别的社会群体的环境中，设计只会更难。这种政治共同体的特点是异质性和差异性，无法整合形成共同的设计目标，他们需要的是一个平台，是基础设施，是一个"争胜性的"公共空间——不一定是为了解决冲突，而是为了建设性地应对分歧。在这样异质的设计事物中，当参与者共同对相互冲突的设计目标进行协调时，公共性的争议问题便会显现。当代设计思维的发展需要拥抱争议性的设计事物，积极迎接不断变化、愈加复杂的社会问题的挑战。

© 2007 MIT。之前发表于《设计问题》（*Design Issues*）2012年夏季刊，第28卷，第3期。

30. 从设计文化到设计行动主义

盖伊·朱利耶
GUY JULIER

摘要

设计文化这一术语在过去十年间广为流行。分析来看,我们可以认为它描述了设计、生产和消费领域的网络化现象,涉及价值、流通和实践等问题。在新自由主义的语境下,对设计文化的反思性推广,以及将主体和客体视角纳入其中做法,已成为当今至关重要的举措。由于设计文化呈现出高度网络化的特征,因此其密度、规模、交互强度和速度等问题尤为值得关注。设计行动主义运动的兴起,部分是对新自由主义近来危机的回应。然而,这种运动并不完全脱离主流的设计文化,而是在继承并发展其中的一些核心议题,包括强化(intensification)、共同接合(co-circulation)、时间性(temporality)和领土化(territorialization)。

关键词:新自由主义;关联性;价值;道德剩余;挪用

2012年1月28日,星期六,我漫步在伦敦克勒肯维尔,这里是英国设计和媒体公司最集中的区域。位于首都边缘地带，曾因时髦酒吧、咖啡馆、小型美术馆和阁楼式生活而闻名，如今已成为英国城镇中各种创意园区的聚集地。我的第一站是前往东伦敦大学的女性图书馆，参加设计史学会的会议，对汇报我们关于"设计行动主义与社会变革"(Design Activism and Social Change)会议的情况。20世纪70年代的激进设计运动，如今再度引发了热烈的关注和讨论。接着，我继续向东前往贝思纳格林——另一个逐渐变迁的地区，参加 Occupy Design 在英国的首次会议。这次会议通过社交媒体迅速召集了学生、学者和初级设计师，大家挤在一个寒冷的仓库里，如火如荼地召开了一场研讨会，讨论如何应对经济危机所暴露的社会不公问题。下次我再到贝思纳尔格林，将是为了参加一场关于社会设计和设计行动主义如何帮助公共部门改善服务的讲座。现在谈论这个还为时尚早。

欧洲债务危机、美国抵押品止赎和失业问题、银行的金融纾困、商品价格的急剧上涨、气候变化的加速、阿拉伯之春①、伊拉克和阿富汗的移民潮给城市基础设施带来的压力，以及墨西哥北部的贩毒集团……种种现象让我们感觉仿佛置身于一个动荡的世界。然而，在过去30年里，新自由主义的结构和进程已经主导了全世界大部分地区，似乎仍在继续扩张。主流商业设计文化在这一时期迅速发展壮大，以支持并推动新自由主义。但近年来，设计行动主义运动开始崛起，旨在与新自由主义相抗衡，并寻求替代性实践模式。这让我们不得不思考：尽管可能令人不安，但主流设计文化和设计行动主义如何共存？虽然各自的特征鲜明，差异较大，但二者之间是否可能存在一些共同之处？

本文标题中的"从"和"到"便暗示了：设计文化和设计行动主义实际上占据了不同的时间框架，且具有一定的接续关系。本文将从历史

---

① 西方主流媒体所称的阿拉伯世界的一次革命浪潮。——译者注

的角度切入，来论述对这两个概念的理解。暂且而言，我认为"（高）设计文化"时期与新自由主义的主导时代相吻合，大概是从 1980 年到 2008 年。虽然人们自然会提到其他历史时期的设计文化，但 1980 年到 2008 年这近 30 年时间里设计文化的发展表现更为具体和鲜明，体现了设计生产和消费之间动态的强化，这一点我将在下文进一步阐述。在新自由主义/设计文化的进程中，有两个阶段催生了激进设计行动主义的可能性，第一个是在 20 世纪 70 年代，第二个出现在 2005 年左右。不过两个阶段之间不是时间上的接续关系。相反，我称之为一种"影子时期"的表现，它贯穿于新自由主义的形成过程，反映了 20 世纪 70 年代政治经济的核心原则，同样也体现在 2008 年以来的新自由主义危机中，促成了激进设计行动主义的实践。

新自由主义作为西方资本主义的主导经济模式，从 20 世纪 70 年代初期（当时一些最激进的设计思想也在形成）起就一直处于发展之中，我们今天所理解的当代设计行动主义的大部分内容，也都是在新自由主义的最近背景下发展和形成的。本文聚焦于对这一历史时期的考察，更重要的是关注这些概念之间"来回摇摆"的关系。

新自由主义这个术语本身相对较新，不同于经典自由主义作为经济实践的概念可以追溯到 1920 年，直到 1970 年它才在国家政策中占据重要位置。然而，作为一个通俗用语，新自由主义在过去十年间广为流传（Peck 等人，2009 年）。简而言之，新自由主义具有以下特点：

- 市场去管制化，优先考虑市场力量，不受国家干预的影响；
- 国企私有化；
- 金融利益凌驾在其他利益之上（如社区、公民、社会和环境等）；
- 强调竞争力和个人、企业家实践的重要性。

因此，推而广之，我们必须理解设计文化、设计行动主义与新自由主义之间的关系。这意味着要探讨设计如何在新自由主义的结构、制度和资源内部运作,并利用这些机制。因此,揭示设计在这一体系中的意识形态和经济特征及活动就显得尤为重要。

迄今为止,设计领域的学术研究明显缺乏对政治经济学的思考,尤其是在理论化方面。但也有例外:赫斯克特提供了关于经济理论、设计和价值创造的一般性调查(Heskett,2008年),布赖森和鲁斯登则专注于通过设计提升竞争优势的公司、个人和国家政策(Bryson & Rusten,2011年)。不过,他们的目的并不是提供一种政治化的观点。人们普遍认为,设计与社会和经济结构密切相关,并受到权力和资本运作的影响。相反,弗赖从设计的角度对政治和不可持续性提出了尖锐的批评(Fly,2010年),但他并未详细阐述经济如何导致不可持续性,也未说明他的提案如何在更广泛意义上影响经济实践和政治经济。

这里的重点不是要指责过去的作者,只是想说明本文的背景领域仍处于定义不清、发展不足的阶段。不过,我们可以借鉴其相关领域的成果。毋庸置疑,拉图尔及其同事在"行动者网络理论"(actor-network theory,简称 ANT)和"科学技术研究"(science and technology studies,简称 STS)方面的工作,有助于巩固我们对设计文化概念的理解(如 Latour,2005年)。他们对涉及人与非人行为者网络的社会实践的理解是一个很好的起点,后来在谢尔提·法兰(Kjetil Fallan,2008年)、阿尔贝娜·雅奈娃(Yaneva,2009年)、露西·金贝尔(Kimbell,2011年;2012年)和亚历克斯·威尔基(Wilkie,2011年)等学者的努力下,拉图尔等人的理论与设计领域的联系逐渐被建立起来。此外,斯图尔特·霍尔(Hall,1985年)关于"接合"(articulations)的理论,也能够为发展设计文化的理论分析提供帮助。最近围绕"实践理论"开展的研究(例如 Shove 等人,2012年)则有助于进一步将设计纳入 STS 和 ANT 的框架中。话虽如此,我认为在上述领域的考察和探究中,还有一些需要考虑的问题,尤其是关于设计之物的特质和审美体验方面。

近年来,社会学领域逐渐出现了经济学转向,这在一定程度上是受到了行动者网络理论的影响。这一转向对于弥合设计文化和新自由主义两个复杂概念之间的关系很有帮助。人们开始重新审视乔治·西梅尔（Georg Simmel）1907 年的著作《货币哲学》（The Philosophy of Money），特别是他对于价值的讨论。西梅尔强调了价值的关系性——即价值取决于行动者之间的理解和互动（Canto Milà, 2005 年）。而在设计文化中，人们对设计的共同理解、知识和看法本身也会创造出价值，并且这种价值也会在社会中传播和流通。我们还可以借鉴与行为者网络理论相关的股票市场和金融化研究（例如 Knorr Cetina & Bruegger, 2000 年；Mackenzie, 2009 年），这些研究凸显了系统内人和物的偶然性。最后，对人类地理学中领土（territory）概念的修正（如 Massey, 2004 年；Painter, 2010 年）有助于我们从语义层面重新理解设计文化、设计行动主义和新自由主义。本文旨在填补设计学和政治经济学交叉研究的空白，借鉴行动者网络理论及现代经济社会学中的一些观点，提出一些核心议题，以帮助理解设计文化与设计行动主义之间的关系。

设计文化和设计行动主义之间存在着一种不对称性。"设计文化"暗示了一种存在状态（being）——某种行动的结果；而"设计行动主义"则意味着意图（intention）——对某种情境采取行动的动力。我曾区分过两种设计文化（Design Culture 和 design culture）：前者作为一个学术研究领域，旨在探索当代设计实践、生产和消费之间的关系；而后者则是本文所强调的使用方式，涵盖以上三个方面，但作为一种描述性术语，可应用于不同的背景，从设计工作室到地方社区再到国家，甚至是不同规模的商业设计实践。设计文化由各方积极参与并推动变化的能动者（agents）构成，而这些能动者的组合本身也具有某种能动性（agency），只不过这种能动性往往是隐含的，通常不会被明确表达出来。因此，设计文化在很大程度上是通过情境产生的，是一种被动状态。相比之下，设计行动主义是一种更有意识、更明确地对情境做出回应的运动，是一种政治化的行为。

"设计行动主义"（Design Activism）是一个相对较新的术语。但在本文的语境中，我主要关注的是"行动主义设计"（activist design），即既具有功用性又带有政治化意义的设计工作。不同于旨在改变用户态度的活动或人造物，诸如撰写宣言或设计政治海报，我认为设计行动主义开发的新流程和人造物，其出发点在于关注社会、环境和/或政治问题，并通过功能性活动或产品对这些问题作出回应和干预。设计师、专业人士、策展人、评论家和历史学家一直在不断探索各种替代性实践和表现形式，以对抗主流设计文化叙事。回到时期划分的问题，各种形式的设计行动主义可以说是自20世纪70年代激进设计时代以来首个可识别的国际设计运动。在此期间出现的一些团体[比如后朋克图像（post-punk graphics）]更多是风格上的倾向。

本文首先考察了设计文化和新自由主义之间的关系。我先描述了设计文化在新自由主义进程中的崛起，特别是其对放松管制、市场化、私有化和金融化的偏好。尤其令我感兴趣的一点是，新自由主义和设计文化如何依赖关系系统，同时又不断面向未来。在这个过程中，设计文化借鉴、利用甚至挪用其边缘的事物，这也是新自由主义常用的策略。随后，我指出，虽然设计行动主义的崛起合理地挑战了这种关系，但这并不意味着它会完全取代设计文化。新自由主义也不会让位于后新自由主义。新自由主义和设计文化的灵活性确保了它们的主导地位。尽管如此，新自由主义和设计文化本身也包含了一些策略和特点，这些都可以被设计行动主义所利用。因此，本文最终将重点放在设计文化和设计行动主义之间的交流，尽管二者之间也可能存在着一种新的依赖关系。

我所举的一些例子仅用来说明问题，当然并不详尽。在地缘政治学方面，我主要关注欧洲和北美的概念和实践。进一步的研究，特别是在这些地区之外，可能会对我的论述提出疑问、修正或提供其他解释。

设计文化和新自由主义

哈维指出,新自由主义更确切地说是"一种政治经济实践的理论",而不是一个完整的政治意识形态(Harvey,2005年)。的确,新自由主义已经在各种政治框架下得到了应用(例如,自1973年智利皮诺切特独裁统治时期起,新自由主义就被大力推行)。因此,新自由主义具有狡猾的一面。事实上,就像设计师通过"闪避和编织(事实)"的方法来找到新的技能市场、创造新的需求和欲望一样,新自由主义也在不断变身,以探寻新的领土和组合。新自由主义和设计一样,是一个不断变化的过程,而非静态的终点状态。

那么,在这种持续的动态和变化中,设计文化和新自由主义如何保持一致性呢?

首先,我们可以把过去30年来设计的崛起视为新自由主义的成果之一。市场的放松和国家管制的减少,最终导致了新的消费品及其再包装、新的购物中心和媒体产品的泛滥。福利供给的私有化催生出了一批有商标、传单和网站的服务供应商。对金融流动性的优先考虑,包括股票市场在内,使得企业愈加关注年度报告和新产品策略的设计。包括设计专利在内的知识产权,确保了企业在市场中的差异化和主导地位。个人和企业的创业活动依赖于设计和创新,即所谓的"创意阶层"(creative class),以确保在市场上的竞争优势。

因此,设计文化既是新自由主义推动设计转向更广泛社会和经济进程的结果,也是对这一进程的描述。一种公认的解释是:这一转向是从有组织资本主义向无组织资本主义、从福特主义(Fordist)向后福特主义(post-Fordist)体系,以及从古典自由主义向新自由主义演变的一部分。这使得文化产品的价值和影响力增加,生产者和消费者之间的互动和沟通也变得更加复杂和精细化(Offe,1985年;Lash & Urry,1987年;1994年)。随着越来越多的生产者自由进入市场,他们必须找到更多方式来自我区分,吸引人们的注意力。这就导致了设计在所谓的"日常生活美学化"中的作用,即在商品和服务的生产和消费过程中,越来越注重其形式表现(Featherstone,1991年)。

但让我们深入探讨一下设计文化所包含的特质。如果我们将设计文化的概念置于设计师、生产者和消费者之间的关系中,那么我们也应该分析并质疑其交流的强度、规模、速度和密度等问题。

识别一种设计文化,就是要强调其构成要素之间的契合度"(Bell & Jayne,2003年)。这取决于生产、消费和设计工作之间的交流是否畅通,以及对设计之物在其中承载价值或象征、促进或引导交流的方式是否存在默契或明确的理解(Julier,2006年)。这种交流的速度和频率也会影响设计文化的合法化及其价值认同。同样,在新自由主义时期,人们对交付速度有着极大的渴求,呼应了新经济"更好、更快、更便宜"的口号。因此,举例来说,依靠消费者反馈、再设计、大量生产并快速投放市场的产品,形成了一种特定的设计文化(如 Zara 或 Benetton 等品牌服饰)。设计师和生产者对消费者需求的高度敏感性,以及消费者对品牌的投入和参与,彰显了他们对设计文化理念及其运作方式的共同理解。

设计文化也绝对具有领土性,不仅是地理意义上的,更是智识上的。对于前者,例如,用设计师、工作室、设计商店和潮流餐厅的密集聚集来定义"创意街区",既满足了城市文化战略的需求,又标志着且推广了创新知识经济在全球市场的存在(例如 Koskinen,2005 年;Vickery,2011 年)。至于后者,例如,知识产权、外观设计注册、专利或商标等,通过法律界定并保护了商业领土。因此,这些领土可能分布于全球市场,也可能集中在城市复兴战略中,通过自身的强化来划定一片特定空间。正如新自由主义声称"释放"了经济边界的限制一样,设计文化也在不同的尺度上实现领土化。

设计文化还包括固定资产(如建筑物、设备、通信网络或原始物资资源),但这些也与人类实践紧密相连。人类实践可能涉及"身体活动形式、心理活动形式……以及理解、能力之知（know-how）、情感状态和动机知识等形式的背景知识"（Reckwitz，2002年，第249页）。描述这些人与非人特征的相互关系和组合，有助于实现设计文化的地域化。

对这种接合（articulation）的描述，或者说，**接合**不同资产，本身就成了一种推广手法。当两个事物共同运作时，就会发生接合。这种结合依赖于空间和时间条件——即在正确的时间处于正确的地点，因此，"这是一种不是必要的、确定的、绝对的且永恒的联系"（Hall，1996年，第141页；Featherstone，2011年）。因此，这种接合是动态的，可能会随着时间和空间的变化而改变，甚至只是短暂存在。但它同样十分有力，能够创造某种效果或结果，因为不同元素的汇聚或联合可能会产生新的理解和实践。因此，"articulation"一词具有双重含义，既可以表示"联系"，也可以表示"描述"。以国家或地方设计为主题的设计展览或杂志文章，不仅会展示具体的设计作品或空间，往往还会描述相关的政策、教育资源、消费实践和品位。例如，2012年维多利亚和阿尔伯特博物馆（Victoria & Albert Museum）关于英国设计的展览所附书籍的封面简介，称其为"英国丰富设计文化的惊人记录"（Breward & Wood，2012年）。然而，一种设计文化的接合或促进不仅仅依赖展览、出版物等代表性的展示工具，更需要实际的设计之物的流通以及人们的互动参与。只有在实践中得以展现、其各组成部分相互结合时，设计文化才能真正形成和发展。

特别是在政府政策和商业关切方面，对设计行业的衡量和评估已经发展起来，但也面临着如何测量和审计该行业的问题（Julier & Moor，2009年）。这种衡量通常依赖于"映射文档"，试图量化设计行业的各个方面，比如设计师的数量、设计行业对国内生产总值（GDP）的贡献、设计行业在创造额外就业岗位或营业额等方面的"附加值"属性。这些评估不仅限于经济方面的指标，还包括对更具体的物质资产的测量，如设计院校或设计文化中心的存在，作为构成设计文化固定基础设施的一部分（如British Council，2007年）。

调查发现,设计咨询公司在为客户评估和定价其服务时,面临着类似的挑战(Dorland,2009 年;Julier,2010 年)。例如,如何向客户收取创意服务费用,尤其是在不确定这些服务的效果如何的情况下？如何计算固定成本(如办公室租金、材料或设备)？对于那些热情、有才华并额外付出大量工作的初级设计师,应支付多少薪酬？

设计行业中的这些窘境,实际上反映了新自由主义体系更广泛的价值评估挑战。因为这不仅仅是物质和非物质资产的描述和量化问题。品牌和设计关注时间性,就像金融和股票市场一样,它们的价值评估也必须考虑未来的潜力和发展(Lash & Lury,转引自 Julie,2009 年)。创意工作对未来的关注,与新自由主义经济体系的总体特征相吻合,即面向未来,强调市场预期和未来收益。

设计文化所涉及的不仅仅是事物、环境、视觉传达和数字平台,还包括知识、技能、信息及其载体,无论是人类还是非人类,这些对象也都在不断演变和发展。因此,设计文化始终处于一种动态变化中。为了更好地理解设计文化中的这种时间维度,我们可以将其视为一个不断参与创造未来价值的过程。设计文化是面向未来的,处于不断发展的状态中,其价值是根据投入和产出的关系来衡量的(Thrift,2008 年)。因此,设计文化既是稳定的,为了能够持续发展和有效运作,其内部需要达成某种共识;但同时也是动态的,以具备创新和变革的能力(Slater,2002 年)。

这种**潜力感**(in potentia)与新自由主义的广泛条件相呼应。如果说,新自由主义时代的一个关键特征是金融机构的优先地位(包括商业银行、证券交易所、国际货币基金组织),那么这种主导地位的核心目标就是不断寻找未来价值的来源。银行、养老基金、股票经纪人和私人投资者都在评估能够带来最大收益的地方,将失败的风险与潜在的巨大收益进行权衡。同样,大部分设计工作也是为了展示或释放未来价值,因此不得不考虑设计过程中的投资和收益,比如是否能够带来新客户、品牌忠诚度、重复购买,或者——特别是在建筑环境中——土地价值的提升。

品牌评估通常依赖于对产品或服务的声誉资产进行的衡量，例如它们的知名度、受欢迎程度和忠诚度。将这些定性信息转化为定量数据便可以评估其价值（Lindemann，2010年；Moor & Lury，2011年）。这种方法揭示了一个事实，即品牌的价值更多依赖于顾客的热情，而非公司的固定资产（很明显，这就是为何品牌鼓励我们去"关注它们的facebook或Twitter"）。根据拉扎拉托（Lazzarato，1997年）的研究成果，阿维森（Arvidsson，2005年）将这种热情称为"道德剩余"（ethical surplus）。他认为，品牌的核心任务就是吸引公众的"剩余"兴趣，否则这些兴趣可能会流向其他地方，"道德剩余"根植于分享和尊重的价值观中，而这些价值观并不一定与经济实践紧密相连。你可以去上班，完成工作，却不一定非要和同事打成一片，或者成为所谓的"团队成员"。你也可以购买产品，而不必关心它们的品牌特点，更不必和朋友讨论它们。但这些社会实践却能丰富经济领域增强其活力。事物的价值在很大程度上往往依赖于它所吸引的外部兴趣。

这一现象在设计行业和设计文化本身的运作中也有所体现。毋庸置疑，设计师也参与了到设计策略中，以吸引消费者（对品牌）的热情和忠诚度。同样，这也是关于潜在价值的问题——如何将消费者的参与充分融入产品之中。此外，扩大消费者的反馈渠道（比如通过品牌网站和社交媒体），甚至让他们直接参与生产过程（比如通过开源系统），也对此有所贡献。阿维森（Arvidsson，2008年）认为，这是资本社会化发展的一部分（人们和群体被视为一种资源），通过文化实践来激发和动员资本。

那么，那些初入行，努力工作的设计师呢？他们的社会性是否成了资本的一部分？安吉拉·麦克罗比（Angela McRobbie，2002年）的观点是：他们的价值就像工人一样取决于长时间的工作文化、不稳定的就业模式，以及在"朝九晚五"之外积极参与"网络文化"的意愿（比如参与酒吧聚会、展览开幕式或设计活动来拓宽和巩固专业联络）。他们将"道德剩余"借用给与设计相关的商业。在灵活性方面，有创造性的工作者作为先锋,被动员起来成为新自由主义劳动条件的先驱者。

设计的异质性,源于缺乏统一的专业标准以及广泛的应用和接受度,但这也决定了它的灵活性。就像新自由主义战略性地利用灾难和危机一样(Klein,2007年),设计中的新专业也常因机会主义不断涌现。设计师们擅长为客户重新定位自己,通过创新的方式来吸引注意力并展示他们的服务。作为文化中介,设计师的工作在某种程度上可以被称为"需求生产"(Bourdieu,1984年)。此外,他们还可以重新扩大自己的业务规模。在新自由主义时代,设计师们的运作逐渐变得"轻巧"。自由职业者依然是行业的主力,资本投入仍然很低。这种灵活性与应对长时间工作文化的弹性相吻合,因为客户只会不断压低报价,同时期望设计师在更短的时间内完成更多项目(British Design Innovation,2007年)。

新自由主义总是"与其他自由主义一起运作",它"本质上以一种寄生关系依附于那些与之对抗的现存社会形态"(Peck等人,2009年,104页)。佩克及其同事认为,新自由主义并不是一个固定的状态,而是一个仍在持续进行的变革和重组过程(例如,国家福利私有化、取消贸易壁垒、解除劳动管制)。这一点在新自由主义的领土不断扩展至全球,尤其是远东和阿拉伯国家的过程中表现得尤为清楚。

我们也可以把新自由主义看作是一个不断自我更新的过程(或者说,重新设计)。这是通过将"他者"纳入自己的运作中来实现的。在这一范式下,同时参照创造性工作和设计文化,我们可以文化生产中的"边缘性"往往被主流所吸收或"挪用"。弗里斯和霍恩(Frith & Horne,1987年)精辟地描述了这一现象,即对饱受折磨的艺术家形象的市场化。但事实并非总是如此……

设计行动主义、新自由主义和后新自由主义

如果设计师已经达到了一个临界点呢?如果一些创新工作者不再

愿意把他们的"道德剩余"借出呢？

最近一项针对英国设计师的深入调查揭示了他们对工作状况的强烈不满。《设计工业之声2011》（Design Industry Voices 2011）报告通过对496名在设计和数字媒体机构工作的设计师进行调查，提供了统计数据，证明在设计行业工作并不一定是一个快乐的选择。据报道，设计行业中职业发展的机会在减少，客户的预算在降低，但期望却在不断提高，无薪实习生也变得越来越普遍。一位设计机构负责人的观点，是对这种不满情绪的最好总结：

"以前，求职者可能愿意加班到很晚，希望能因此获得奖金和假期，但是现在，他们会坚决避开那些以超时工作著称的公司，除非能得到书面保证，确保他们的努力会得到相应的回报。"（引用自Design Industry Voices，2011年，第2页）

在这个普遍受到经济衰退影响的行业中，设计类职位的求职者走上如此激进的道路似乎有些奇怪。从某种程度上讲，这个例子表明设计师的政治化程度有限。可能是世界上某些地区创意产业的低迷，引发了人们的重新思考，为设计师提供了机会来评估他们的工作条件和动机。

除了直接利用自己的"道德剩余"，设计师们还面临着西方社会一系列动荡的政治和经济环境，这些环境可能会激发他们的政治意识，并促使他们寻找日常实践的替代模式。具体情况包括：

• 一个超级大国及其盟友在远离本国领土的地方陷入了一场漫长且昂贵的冲突；
• 这场冲突以及先前的国家开支承诺造成了前所未有的高额国债；
• 经济衰退导致工资停发，特别是中产阶级的收入；
• 原油和其他商品价格的快速上涨引发了严重的通货膨胀，并因此造成了消费成果的巨大损失；

- 由此引发的政治动荡表现为，人们逐渐从传统的政党政治转向关注具体问题。
- 人们对日常问题与全球事务之间的关系，特别是与环境问题的关联，愈发敏感。

所有这些情况都可以追溯到20世纪70年代早期。正是在那个时期，出现了一连串激进的设计思想。意大利的激进设计潮流，代表团体包括"超级工作室"（Superstudio）、"阿基佐姆"（Archizoom）和UFO等，从理论上提出了可能的网络社会的概念。在这样的社会中，信息系统将为消费文化提供替代结构。20世纪70年代早期还引入了"社区建筑"的理念，强调规划和建筑的最终用户在指定形式方面能够发挥的积极作用，这本身就预示着共创和参与性设计的形式。1972年，学界出版了一系列影响设计思维的重要开创性著作，如维克多·帕帕奈克（Victor Papanek）的《为真实的世界设计》（Design for the Real World）。

生态文化作为20世纪70年代初的另一项创新，提出了低能耗食品和可持续食品生产的设计和规划模式。与此相关的技术也是在这个时代出现的。

虽然20世纪70年代和当代西方有着相似的地缘政治特征，但我们对这些特征的经验和反应却截然不同。世界已经发生了变化。相反，我想指明的一点是，设计行动者寻求发展新的工作方式的冲动，正与当今的地缘政治、经济和环境危机相吻合。

为了更好地理解当代设计行动主义，我们可以将其视为一种广泛的运动，与一系列实践有部分重叠，包括社会设计、社区设计、参与式设计和批判性设计等。因此，它涵盖了设计的各个领域，并超越了建筑、艺术、风景园林和规划等多个方面的实践。

正如人们所料，设计行动主义的实际发生与其在意识中的表达之间存在时间差。最近的一些出版物以不同的方式将其置于社会运动中的人工物生产框架下，作为设计目标和方法的转变，或者将其视为一套政治辩论的迭代(Thorpe,2008年；Fuad-Luke,2009年；DiSalvo,2012年)。但在这里,我希望把设计行动主义的重点放在它与**现实政治**的纠葛上。因此,我主要关心的并不是为设计行动者制定"愿望清单",也不是报告那些在学术工作室安全环境中开展的实验。更确切地说,我旨在通过对真实场所中真实人物的干预,来观察设计行动主义如何融入日常生活的努力。这部分内容源于我自己的实践(见 Julie,2011年；Unsworth 等人,2011年)。

马库森(Markussen)强调了设计行动主义的务实态度,而非仅停留在宣言和声明上,他认为,在设计行动主义中,"设计行为并非通过抵制、罢工、抗议、示威等传统的政治手段来进行,而是**以设计师的方式介入人们的生活,从而产生抵抗力**"(Markussen,2013年,第38页)。由于设计涉及在现实时间和空间中创建人工物的活动,因此它深嵌于社会和经济生活的日常环境和过程之中。作为一种干预措施,它在应对既有环境的挑战中前进,同时也试图重新定义这些挑战。设计行动主义因此在这一过程中发挥了作用。它在利用新自由主义的一些条件的同时,对这些条件进行重新利用和改造。

不过,与此同时,对于许多初级设计师而言,他们所经受的剥削仍将继续,而新自由主义也将继续存在。只需看看金砖四国(巴西、俄罗斯、印度和中国)的发展,就能知道新自由主义和 GDP 是如何继续快速增长的。在新自由主义蓬勃发展之地,设计文化也会随之兴盛。但即便是那些长期处于衰退或只是勉强维持的国家,再加上其他提到的全球性挑战,我认为我们还是不太可能进入一种后新自由主义的时代——在这样的时代中,权力关系、资本的运作方式以及对环境的关注会与过去截然不同。

新自由主义是非常灵活的,擅长通过调整政策来应对危机。例如在金融危机期间,国家对金融机构进行一系列救助,表明新自由主义体系愿意通过干预措施来重新安排现状,化解或转移危机。即使作为一个知识项目新自由主义已死,但它仍然可能进入"僵尸期"继续运作,其机构和权力仍然完好无损。经济增长模式全球范围内仍占主导地位（Peck等人，2009年）。然而，作为旁观者，我们必须考虑其地缘政治背景，比如南美部分地区，它们为新自由主义模式提供了替代方案（参见Kennedy & Tilly，2008年；Escobar，2010年）。

在其他地方，设计文化和设计行动主义之间可能会有更多交汇。设计行动主义可能会借鉴新自由主义的政治经济学运作方式，同时仍然是在新自由主义主导的体系内运行。新自由主义总会以某种形式继续存在。但是，由于设计文化在此可以被理解为新自由主义的一种表达，由主流和边缘实践的集合体构成，因此，设计行动主义可以与新自由主义的条件交织在一起，并对其加以利用。

从设计文化到设计行动主义

设计文化和设计行动主义彼此紧密相关。在最后一个章节，我将重拾在主流设计文化和设计行动主义中都反复出现的四个主题。这些主题在前文的"设计文化和新自由主义"章节中已经提到，但在此我想更明确地阐述它们的意义，这四个主题分别是：

- 强化（intensification）——用于描述设计干预的密集程度；
- 共同接合（co-articulation）——以加强两者的方式描述关注点或实践的融合；
- 时间性（temporality）——用于描述处理速度，有时可能是缓慢甚至无限制的；
- 领土化（territorialization）——用于描述责任划定的规模。

新自由主义的特征之一是垄断竞争。这种竞争不仅仅是产品或服务之间的市场份额之争，更是一种以知识产权为基础的品牌之间的竞争。品牌的竞争力体现在其知识的差异性，而知识是通过多个地点的协作而构建的（Lury，2004年）。不同品牌的提供的产品可能相差无几

（比如都是汽油），但品牌的独特性体现在其表现形式、运作方式以及与客户或消费者互动的方式上。换句话说，即使像汽油这样标准化的商品，通过"使用说明"仍能与竞争品牌区分开来。因此，设计师经常参与"元数据"的设计（Sutton，2009 年）。这意味着他们不一定总是设计最终产品，还可能创建规则或规范，由其他人应用。通常，设计师也负责塑造企业形象、品牌或特许经营手册，然后由其他人推广和实施。同样，设计师实际上一直在处理个别人工物（例如通过原型、图纸或规范），随后这些个别的人工物会通过量产被广泛复制和传播。因此，我们可以说，设计师所创造的是一种独特性，而商业则通过流通将这些独特性的强度（intensities）转化为广性（extensities）（Lash，2010 年）。

因此，知识产权成了核心问题，正是在这里，这些强度被严格定义并受到法律保护。例如，在 2012 年，苹果公司因多项专利侵权而判令三星赔偿 10 亿美元。三星对此的回应可总结为："不幸的是，专利法可以被操纵，使得某家公司对圆角矩形（的图标或产品）拥有垄断权。"（Arthur 引自 Samsung，2012 年）这反映了通过设计专利来追求知识产权以维持垄断的评论。这个案例也展示了设计在这一过程中被调动和强化的方式。在这样做的过程中，设计师参与的是情感的工程（Thrift，2004 年）。

这种对情感设计的强调可以更进一步深化，将对材料的认知和参与具象化为一种观念转变的方式。有两个城市的设计行为主义案例可以证明这一点。Heads Together 在英国利兹的一条居民道路上铺满了草皮，以激发附近居民的想象力，并引发关于街道功能的辩论（Julier，2009 年）。同样，圣地亚哥·奇鲁格达（Santiago Cirugeda）在塞维利亚的街道上放置垃圾桶，将其转为游戏道具，通过其实际使用来质疑公共空间和街道的概念（Markussen，2013 年）。

因此，在情感领域，设计行动主义者正在恢复并重新使用主流设计文化中的**强化**策略。以形式创造政治声明，同时也能激发身体倾向和人类情感。然而，不同的是，在各种形式的设计文化中，这一过程旨在激发人们的热情,并为自身目的利用"道德剩余"(例如保持品牌忠诚度或创造力)。在马库森的引领下,设计行动主义的希望是,这种强化能够直接产生新的认知和实践形式,并使之政治化。

上述项目略早于我所认定的我们当前的设计行动主义时代。这样的时代的特点是试图打破"上方"和"下方"设计之间的分界。通过情感领域,能够同时吸引最终用户和决策者;尽管略显奇异,但其理念和应用可能会得到进一步推广。这些项目还试图通过挖掘现有但尚未开发的利益、政治问题、日常事务和"道德剩余,"来创造新的关系和嫁接利益。它们寻求更广泛、系统性的干预,而不仅仅是提供谨慎的公共服务。在这里,设计——其物质成果——使人们关注更广泛的议题,并通过修辞将这种关注转变为一些常见的表达方式:"我担心私家车造成的污染和全球变暖""社区应该有更多的见面机会",等等。同时,这些设计也提供了可以通过这些关注采取行动和深入思考的东西。

这是设计在**共同接合**过程中发挥作用的地方。在这一过程中,物的作用体现为"参与的物质化"(Marres,2011 年,第 516 页);能够促进公共生活中的表演性参与,而没有脱离日常活动。用户不必"出门"就可以表达自己的担忧。取而代之的是,物成为这些关注在日常实践中循环使用的载体。同样,在设计文化中,物可以作为特定创意区域的标志(如 Clerkenwell 等创意区的时尚吧台),能够反映这一区域特有的设计文化氛围,其使用者也成为这一设计文化的一部分。使用苹果手机(iPhone),用户就能体验到与苹果(APPLE)品牌相关的文化。这些物通过它们自身的存在和使用,为用户提供了某种形式的自我服务。设计行动者所关注的对象也被纳入考虑,但其目的在于超越自身,例如对环境的公共关注。我们已经看到,设计文化内部的交流(exchange)速度如何使这些关注得以价值化和合法化。这里的速度或快或慢,在行动主义者的方法和实践中都能找到。例如慢城运动(Citta Slow)或过渡城镇运动(TransitionTowns)(Parkins & Craig,2006 年;Hopkins,2008

年)。不过,我们还可以看到**时间性**在其他方面起作用。

在上述两个城市设计行动主义的示例中,行动主义者并没有将项目的生命周期看作是由客户委托决定的,从开发到交付,而是采取了一种更加开放的工作方式,超越了传统的设计物质化阶段。在这种情况下,设计师与用户及其他兴趣方共同合作。实施过程中还涉及一系列再设计,但这不一定意味着设计达到了最佳状态。这种理念从哲学上与"抗解问题"(wicked problems)的观念产生了共鸣(Rittel & Webber,1973年)。设计师始终与公众联系在一起,责任被视为共同的,这为设计师提供了空间,使他们能够有效贡献自己的专业知识,同时吸引用户参与并持续开发成果。

主流设计文化中的时间管理体制实际上并不谨慎,也不是封闭的,它们不一定是在追求最终的解决方案。这一特点首先隐含在克诺尔·塞蒂纳(Knorr Cetina,2001年)提出的"未完成的物"(unfinished objects)的概念中。在设计文化中,物并非单一指向的。相反,它有多种存在形式,例如在设计人员的工作中以草图、原型和其他新形式展现,或在更广泛的公共领域中以升级、重新包装等各种媒体形式存在。这样,设计之物在不同的环境和情境下,不断地被重新定位和应用,并在各个层次的学习过程中,不断发生变化。此外,由于我们讨论的是复杂的行为者网络,这些行为者是通过关系性设定的,并且其自身也在不断变化,因此物无论在字面上还是其含义上都经历着持续的转变。设计人员正是在这种不稳定的情况下在不断适应的同时进行创作。设计行动主义者同样如此,但他们的目标是重新引导这种变化。

我们已经看到新自由主义如何鼓励释放未来的价值资源,设计文化又是如何在其中发挥作用。同样地,类似的动力也存在于设计行动主义中。设计和社会创新领域的许多论述都旨在挖掘未被充分利用的资源,并释放其潜能(Manzini & Jégou,2005年;Unsworth等人,2011年)。因此,在设计行动主义中同样存在一种未来导向的趋势。

新自由主义的整体意识形态和话语充斥着促进全球资本和商品自由流动的目标,致力于消除一切障碍、加速这一进程。新自由主义将世界神话化为一个无摩擦、无边界的空间。但实际上,新自由主义在某种程度上是严酷的、领土化的。尽管资本本身没有固定的地域归属感,但它可以在不同地区之间流动,然后受到不同领土本身具有的特定物质特征和文化习俗的影响(Escobar,2001年;Mackenzie,2009年)。

事实上,我们可以从全球金融主义的宏观视角稍微退一步,就如梅西(Massey,2004年)所说,将这种领土化视为一种从家庭这样的微观单位开始的"俄罗斯套娃效应"。家庭作为财务决策的核心场所,与物质环境深度交织,其本身就是一种设计文化。家庭的建筑、装饰和内部陈设,都是其行动者——即居住者——所选择和制定的,这些物与居民的生活方式共同构成了价值体系。家庭做出的每一个决策,都与现有的财务状况、个人品位以及未来的价值预期密不可分。

但这仅仅是新自由主义和设计文化影响的一个起点。社区规划和设计指南、城市总体规划和经济战略、国家财政政策以及跨国贸易协定等,都为资本和资源的流动建立了明确的边界,资本和资源只能在这些层级内部或者在层级之间进行交换。设计用来作为工具,帮助划定这些边界并标识身份认同,例如通过地方品牌和标志性建筑。在政策和规划中,资本的语言设计之间的联系是相对松散的,主要用于强调和提升设计的经济价值,例如通过"文化资本"或"创意集群"这样的概念。设计既被视为某个地方的资产,同时也是促进贸易和资本在不同地方之间流动的机制的一部分。因此,设计文化的功能与各种领土规模相关。

设计行动主义可以借鉴这种**领土化**的"俄罗斯套娃效应",在这些"责任地理"中坚持自我,尽管各方的责任感有所不同。例如,罗森伯格(Rosenberg,2011年)展示了房屋装修如何将设计文化与新自由主义的资产创造理想结合起来。回到共同接合的概念,设计行动主义者可能会找到方法重新建构客体与主体的关系,以使房屋与气候变化等其他问题相协调(参见 Marres,2012 年)。同样,过渡城镇运动及对其重新定位的关注(参见 www. transitionnetwork. org),也旨在强化地方交换体系,从而巩固社区的凝聚力、适应力以及对气候变化的响应能力,以应对后碳经济的挑战。

总结

本文所涉及的范围非常广泛,探讨了新自由主义在过去 40 年间的进展,涵盖了世界大部分地区。本文试图详细阐述"设计文化"(一个被广泛使用的术语)和设计行动主义(一个仍在兴起的运动),这对于更深入地概念性理解设计文化和设计行动主义来说是必需的,尽管我的论述可能只是初步的。由于文章的篇幅限制,我无法对所引用的例子进行更深入的讨论,也无法扩展到其他示例或通过其他示例进行验证。

当代的新自由主义危机并不意味着一种彻底的断裂或立刻转向后新自由主义。人们常常将其与 1989 后柏林墙的倒塌相提并论(Peck 等人,2009 年)。但 1989 年的事件在很大程度上是外界无法预料的。相比之下,甚至在新自由主义诞生之初,或者在 2008 年金融危机爆发之前,就已经出现了许多后来被视为新自由主义危机的迹象(例如 Meadows 等人,1972 年;2004 年)。就像新自由主义始终在对其所拥有的定量和定性的机制和资产进行评估和计算一样,这种计算也暴露了它的局限、贪婪、谎言和暴力(例如 Dorlin 等人,2008 年)。

在设计行动主义对这些知识做出反应的同时,它也受到了那些希望以不同方式与主流商业合作的个人和团体的推动。这必然使它们也卷入新自由主义的影响之中,例如在公共部门提供的零散和私有化的要素之内和之间开展工作。因此,设计行动主义采纳并重用了主流设计文化中的许多套路。

作为一个连接而成的网络,或者说一种接合形成的系统,设计文化由一系列人类和非人类特征构成。其密度和作用规模决定了它们的特性,其关系之间的速度和强度决定了它们的品质。设计文化**就是这样**在新自由主义的框架中产生和形成的,今天的设计行动主义也对它们产生着影响。设计行动主义进入到设计文化(和新自由主义)的网络中,并期待创造出其他的未来(可能性)。

新自由主义和设计文化都在不断利用自身以外的资源和资产,其目标都是进行转型。同样,设计行动主义也希望调动未被充分利用的资产,激发人们的热情去寻找未来的价值源头。这既需要通过说服[①]来实现,更需要通过日常实践(来完成)。设计文化和设计行动主义的对象是情感化的,设计师的任务只是为此提供赋予物质性的强化手段。通过这些方式,设计师能够引导人们的生活朝不同的方向发展,而这一切归根结底取决于我们希望实现的愿景。

© 2013 Berg。此前发表于期刊《设计与文化》(Design and Culture),第 5 卷,第 2 期,第 215—236 页。经出版商 Taylor & Francis Ltd (http://www.tandfonline.com)与作者许可重新发布。

[①] 例如通过宣传、倡导等方式来引导公众参与、支持和讨论。——译者注

31. 去殖民化设计创新:设计人类学、批判性人类学和本土知识

伊丽莎白(多莉)・坦斯托尔
ELIZABETH(DORI) TUNSTALL

本章提出了一种设计人类学的方法论,旨在作为对如何建立去殖民化的设计和人类学参与过程的回应。首先阐述了去殖民化的人类学和设计创新发展所需的语境(例如,应用设计原则或在设计框架内产生新的或改进的商业成果)。然后探讨了设计人类学的含义及其知识基础和原理,并以第一阶段的"土著智慧艺术项目"(Aboriginal Smart Art project)作为研究案例,以展示本章所提出的方法论与原则在实践中的应用。

去殖民化语境

1991年,费・哈莉森(Faye Harrison)出版了编著《去殖民化人类学》(Decolonizing Anthropology),书中她与一群来自"第三世界的人民及其盟友",探讨了一个重要问题:如何"鼓励更多的人类学家接受挑战,即努力将人类研究从全球范围内的社会不平等和非人化的主导力量中解放出来,并将其牢牢定位在争取真正转型的复杂斗争中。"(Harrison,2010年,第10页)。

同样在1991年,我在美国布林莫尔学院(Bryn Mawr College)第一

次接触到了人类学课程。在这门课上,我发现在体质人类学(physical anthropology)的奠基人看来,作为非裔美国人的我在智力上不足以学习这门课程。尽管第一次接触人类学,我还是坚持了下来,因为这个领域在研究人类意义的拓展方面展现了某种强大的力量。但我的民族——非裔和美籍非裔,在经典的人类学框架中,是作为人类学的研究对象而存在的,这让我不得不严肃对待人类学在殖民主义项目,以及设计创新在新殖民主义和帝国主义项目中所发挥的作用。

人类学家克劳德·列维-斯特劳斯(Claude Lévi-Strauss)曾将人类学描述为"殖民主义的仆人"(Asad,1973年)。《斯坦福哲学百科全书》(*Stanford Encyclopedia of Philosophy*)对"**殖民主义**"(colonialism)的定义是:"广义来讲,(殖民主义)是指从16世纪到20世纪欧洲的政治统治计划,结束于20世纪60年代的民族解放运动"(Kohn,2011年)。同时,书中对殖民主义和帝国主义的概念进行了区分:在理论上,殖民主义与定居和直接控制相关,而帝国主义则与经济剥削和间接控制相关。20世纪60年代至70年代,许多人类学家开始正视并探讨人类学在殖民主义和帝国主义中的牵连。尽管本章无法详尽回顾这一方面的文献(详细论述可参见Uddin,2005年;Restrepo & Escobar,2005年),但总结来看,人类学所招致的批评主要集中在以下几点:

• 对人进行分类,过度强调其特性,削弱了其自我定义的能力(Deloria Jr.,1969年,再版1988年;Hall,1992年;Said,1978年;Smith,1999年);

• 在时间、文明和理性的范畴之外对人进行构架或表征,将其简括为"他者"(Fabian,1983年;Smith,1999年;Wolf,1982年);

• 对人进行等级划分,欧洲白人处在全人类的顶端,其他种族则被排在不同程度的亚人类的层次中(Blakey,2010年;Smith,1999年);

• 研究成果缺乏实用性,以文本为基础的民族志或影像作品,并未能显著改善作为人类学研究客体/主体的人民的生活质量(Deloria Jr.，1969 年，再版 1988 年；Smith，1999 年；Tax，1975 年)。

对于许多被"编码在西方知识体系"中的原住民、少数民族、移民和其他边缘群体而言,这四种批评便代表了殖民主义、帝国主义和新殖民主义人类学的特征(Smith,1999 年,第 43 页)。不过,这与设计创新和设计人类学有什么关联呢? 恰如前言,我投身于人类学领域的动机和目标,是在考虑到该学科的历史背景的情况下,试图去创造一个支持去殖民化的人类学的空间。如今,我们同样需要为去殖民化的设计创新实践开辟空间。

《奥斯陆手册》(*The Oslo Manual*)将**创新**定义为在"商业实践、企业组织或外部关系中开发或显著改进新的产品(商品或服务)或流程、营销或组织方法(OECD,2005 年,第 6 页)。我认为,在这一创新定义中蕴含了三种与文化相关的主流假设性范式。第一,个体精英或公司可以作为创新的主体(Brown & Ulijn,2004 年；Jostingmeier & Boeddrich,2005 年；Light,2008 年)。目前,关于将可持续消费与社区行动联系起来的草根创新的讨论越来越多(Seyfang & Smith,2007 年),但这仍然只是创新话语中的新兴分支。第二,创新弘扬了现代主义价值观。正如西班牙哲学家罗莎·玛丽亚·罗德里格斯·马格达(Rosa Maria Rodriguez Magda,2004)所言,创新是"现代性的驱动力",是在试图取代旧的认知方式。第三,创新使个体企业、企业家个人和发明家均受益,或者说创新能够使整个社会大众受益。而设计创新(即使是在社会部门中)也反映了经济合作与发展组织(OECD)对创新定义中的现代主义议程。

2010 年,布鲁斯·努斯鲍姆(Bruce Nussbaum)在其"快公司"(Fast Company)博客上直截了当地向设计界提出了一个尖锐的问题:"人道主义设计是新的帝国主义吗?"在这篇文章中,布鲁斯针对一些人道主义设计项目——例如"H 项目"(Project H)、美国睿智基金(Acumen Fund)在印度的"水项目"(Water Project),以及"一个孩子一台笔记本电脑"(One Laptop Per Child)项目——提出了伦理相关挑衅性问题:"设计师是新的人类学家或传教士吗? 他们来到乡村,**了解乡村生活**,然后再用他们**现代的方式**使乡村生活变得更好?"(Nussbaum,2010年a,第1页)。设计界对此迅速回应,像"H 计划"的发起人艾米利·皮罗顿(Emily Pilloton)等人认为,努斯鲍姆的文章过度简化他们在当地社区的实地工作。妮提·班(Niti Bhan)是唯一一位在辩论中发表非西方观点的评论者,她的意见在"设计观察者"(Design Observer)中得到了推广(Editors,2010年)。她提醒那些**来自经合组织(OECD)世界**的人,在这些争议中,相互尊重、互惠互助的原则,以及政治历史和现实问题,从未被充分承认过。那么,我们如何才能有所不同?应该由谁来推动创新?基于什么样的价值观? 谁又是受益者?这些仍然是设计创新作为创新话语的分支不可被忽视的问题。努斯鲍姆后续的两篇文章在一定程度上揭示了这些问题。第一篇文章通过探究社会领域的设计创新的基本价值和真正受益者,指出了人道主义设计的"意外后果"可能引起的担忧和关切(Nussbaum,2010年b)。第二篇文章则通过展示人道主义设计师如何与当地精英建立关系,以一种挑衅的方式大胆探讨了创新的起源问题(Nussbaum,2010年c)。这些当地精英的观点至关重要,因为决定设计创新在今天是否会成为殖民主义或帝国主义的帮凶的,不是那些来自经合组织国家的人,而是他们。那么,这些本地精英是如何看待这些设计创新的呢?他们有何批评?

令人惊讶的是,在主流设计学术期刊[比如《设计问题》(*Design Issues*)和《设计研究》(*Design Studies*)]中,来自亚洲、非洲、中东或拉丁美洲的设计学者对帝国主义或殖民主义的讨论非常有限。关于帝国主义和殖民主义的批评声音,主要来自澳大利亚(Fry,1989年)和南非(Van Eaden,2004年)的白人学者,而这两个国家在殖民体系中的位置相对边缘化。1989年,《设计问题》策划的"亚洲和澳大利亚设计"专刊是个例外，其中包括王受之对中国现代设计的梳理（Wang，1989年）以及拉杰什瓦里·格斯（Rajeshwari Ghose）对亚洲设计（以印度为重点）发展的阐述（Ghose，1989年）。格斯的文章尤其批判了在设计领域内和发展过程中存在的一些意识形态偏见，主要体现在对印度国家和人民进行分类、描绘、模式化和评估的方式上。她写道：

> "难怪'设计'和'发展'这两个术语在大多数亚洲语言传统中没有天然的对应词，因为它们所承载的一切意识形态基础，源自第一世界的关联、愿望和争论。这一认识以及最近随之而来的深深不满，无论是从意识形态、文化还是实用主义的角度来看，都在近年来引发了具有深刻思考和意识的亚洲设计师进行了非常严肃的自我反省"（1989：39）。

除了学术期刊，我们还可以在一些学者和设计师的博客以及会议报告中，看到对设计和发展的强烈批评，比如印度的阿尔温德·洛达雅（Arvind Lodaya）、兰詹（M. P. Ranjan）和妮提·班，南非的拉维·耐杜（Ravi Naidoo），巴西的阿德利亚·博尔赫斯（Adelia Borges）以及中国的梁町（Benny Ding Leong）。在设计和创新的霸权话语方面，他们的批评观点与人类学所招致的反对声音类似：

- 将传统工艺与现代设计区分开来，忽视了第三世界人民（及其盟友，尤其是他们对殖民主义、帝国主义和新殖民主义的反应方面）的设计创新历史与实践（Borges，2007年；Ghose，1989年；Lodaya，2003年；Ranjan & Ranjan，2005年）；
- 将设计思维框定为一种关于全球救赎的进步叙事，忽略了第三世界人民及其盟友的替代性（alternative）思维和认识方式（Leong & Clark，2003年；Lodaya，2007年）；
- 将欧美和日本的设计和创新，评估为设计创新中的顶尖水平（Jepchumba，2009年；Leong & Clark，2003年；Lodaya，2006年；Ranjan，2006年）；

- 缺乏实用性产出,因为许多设计创新都停留在尚未充分实施的原型阶段,因此对社群的积极影响有限。

IDEO 设计公司与洛克菲勒基金会(Rockefeller Foundation)合作推进的"为社会影响而设计"(Design for Social Impact)倡议,便是设计创新以帝国主义方式运作的一个显著案例。下一节将简要介绍这一项目,并阐述它与上述批评的关联。

设计的帝国主义

2008 年,洛克菲勒基金会邀请国际设计咨询公司 IDEO 共同探讨"设计及设计产业如何在社会领域发挥更大的作用"(IDEO & Rockefeller Foundation,2008 年,第 5 页)。这一研究的初步成果是《为社会影响而设计指南》(*Design for Social Impact How-to Guide*,2008 年 a)和《为社会影响而设计工作手册》(*Design for Social Impact Workbook*,2008 年 b)。这两个文件都在试图说明,设计思维作为一种以人为中心的设计程序,如何能够推动"社群的转型性变革"(IDEO & Rockefeller Foundation,2008 年,第 2 页)。虽然这项倡议着眼于社区,但其基本框架——谁是创新的推动者,基于什么样的价值观,谁是受益者——依然遵循的是创新的霸权性范式。

在"为社会影响而设计"的倡议中,创新的推动者是西方设计公司,这使其得以身处设计创新过程的顶端。这些文件声称"适用于任何规模或类型的设计公司",为其提供指导,帮助他们向位于印度和南非的社会创新领域的非政府组织(NGOs)和初创企业兜售服务(IDEO & Rockefeller Foundation,2008 年 a,第 4 页)。通过对《为社会影响而设计指南》中的摄影、插图、文本等内容进行分析,我发现,西方设计公司被描绘为发挥能动性的主动方,承担引导、服务、融入、建设、支付并提供人员(构建设计过程)等角色。而印度和非洲的组织和机构则被描绘为被动方,扮演接待方、能力建设场所、慈善旅游目的地以及项目支持人员等角色(IDEO & Rockefeller Foundation,2008 年 a)。值得注意的是,印度和非洲(更不用说中国、巴西、墨西哥及其他非经合组织国家)的设计公司其实并不是《指南》的目标受众。为什么这点如此重要?格斯分析了亚洲设计与"第一世界的技术或设计转移"的直接关联,并探讨了"在面对不同的经济、社会、文化和政治条件时,亚洲设计在适应新技术或技术变革中遇到的问题"(Ghose,1989 年,第 32 页)。IDEO 的文件通过将非西方设计公司排除在**"为社会影响而设计"**的话语体系之外,而将西方设计公司置于独特的位置,使其成为非西方机构的引导者,赋予了他们解决非西方世界问题的能力。这便忽略了非西方国家设计创新的历史,尤其是印度和非洲的设计师如何创造性地应对帝国主义、殖民主义和新殖民主义进程对其社群带来的挑战。

在"为社会影响而设计"的倡议中,设计思维的价值源自一种关于全球救赎的进步叙事,但它忽略了根植于工艺实践的非西方思维方式,后者远远早于现代制造技术,却在现代制造技术的冲击下与之并存。在《指南》的参考书目及网络资源中,尽管有 20 多条引用,但除了普拉哈拉德(C. K. Prahalad),普遍缺乏来自印度、非洲、亚洲、中东及其他非西方地区的知识。这反映了他们对本土知识的漠视,以及以西方设计思维作为主导方法的意图(IDEO & Rockefeller Foundation,2008 年 a)。在世界银行研究所(World Bank Institute)一篇题为"社会创新设计思维"(Design Thinking for Social Innovation:IDE)的文章中,蒂姆·布朗(Tim Brown)和乔思林·怀亚特(Jocelyn Wyatt)描述了设计思维对社会挑战的具体贡献。他们认为,"设计思维是一种独特的问题解决方法,它所利用的是我们每个人都具备的能力,而这些能力在传统的问题解决方法中常常被忽视……(它)依赖于我们的直觉能力、识别模式的能力,以及构建兼具情感意义和功能性的观念的能力,并能够以非语言或符号的媒介形式来表达我们自己"(Brown & Wyatt,2010 年,第 30

页)。布朗和怀亚特将设计思维视为线性、理性的传统问题解决方法的替代性方案,认为在其以人为本的方法中,通过收集用户需求、迭代原型设计和协同设计的形式,可以做到尊重本土知识。然而,自20世纪60年代以来,后殖民主义和女性主义对西方线性和理性思维模式的批评就已经相当成熟了,这远远早于IDEO的设计思维。事实上,设计思维与拉杰什瓦里·格斯在20世纪80年代末所说的亚洲设计师的任务相似:"这里(亚洲)的设计师也肩负着记录和理解民族和地域文化的双重任务,因为在一个传统机构迅速瓦解、工业化的益处尚未渗透到基层的时代,发展一种视觉传达媒体、重建当地信心的关键便在于理解民族和本土的文化"(Ghose,1989年,第40—41页)。

尽管设计思维代表着西方商业思维的进步,但将西方世界的设计思维引入到那些已有自己固有的独特设计思维并且同样对线性和理性模式持批判态度的地区,又有什么意义呢?萨基·麦凡迪克瓦(Saki Mafundikwa)在描述启发他创建津巴布韦视觉艺术学院(Zimbabwe Institute for Vigital Arts,简称ZIVA)的顿悟时,提出了以下问题:

> "这里都是在非洲接受设计训练的设计师,而我不一样,我是在西方接受设计训练的非洲人。我很快意识到,我被强行灌输的那么作为欧洲经验产物的设计原则,在这里根本行不通……非洲人有他们自己的调色板,与诸如包豪斯等西方学派所倡导的色彩理论和原则毫无相似之处。为什么我们要忽视这些?世界上有很多人渴望了解非洲的颜色感觉!那些'未接受过正规设计教育'的工匠所编织的挂毯在全球许多主流博物馆和私人收藏中都占有一席之地——这就是非洲人令人惊叹的创造天赋的最好证明。"(Jepchumba,2009年,第1部分,第10段)

麦凡迪克瓦最后选择在非洲学生中推广非洲的知识方式。这也在告诉我们,即使IDEO的初衷是好的,但将设计思维或其他非本土的设计原则引入印度、非洲或中国等地时，还是有可能会成为另一种形式的文化帝国主义，进而动摇甚至破坏其他传统创造性的本土方法。最后，拉杰什瓦里·格斯以一项重要的声明作为结尾："如果将设计看作是一项持续了几个世纪的古老活动，而不是一种全新的职业，那么我们对亚洲设计的整体看法就会有所改变，在改变之后，关于亚洲设计的问题也将会呈现出不同的面貌"(Ghose, 1989 年, 第 36 页)。

在上文所介绍的"为社会影响而设计"倡议中，创新预想的主要受益者是参与的企业和个人乃至社会整体。然而，由于在社群层面上可持续实施的不足，社群的实际受益受到了限制。正如《指南》中所述，每一种战略方法都是根据其对"企业利益"和"社会影响"的双重标准进行评估的(IDEO & Rockefeller Foundation, 2008 年 a, 第 41 页)。该指南详细列出了每种战略起作用时（对公司而言）的影响和结果，包括各种优势和劣势。尽管他们将**社会影响**定义为"在社群和个人层面上创造积极社会变革的能力"，但这仅以圆圈图形的形式呈现，并没有具体描述可能产生的社会影响(IDEO & Rockefeller Foundation, 2008 年 a, 第 41 页)。更重要的是，"为社会影响而设计"倡议的明确努力方向就是将慈善基金会和当地非政府组织的资源转移给西方设计公司。这一倡议最终导致了西方设计公司与当地设计公司之间激烈的直接竞争，尽管前者的意图可能是友善的，但其结果在某种程度上很可能体现出一种帝国主义的特征。这类似于琳达·史密斯(Linda Smith)所提到的新一轮帝国主义进程，即"前兜揣着善意，后兜揣着专利"(Smith, 1999 年, 第 24 页)。因此，IDEO 的"为社会影响而设计"倡议表明，即使是意图友善的设计创新项目，也可能被卷入持续的帝国主义实践中。虽然 IDEO 作为一家优秀的设计公司，代表着**友善的**以人为中心的设计过程，但在与社群互动和实施设计方案时，却未能充分尊重这些社群的独特价值体系。本文所提出的设计人类学的方法论，旨在重构人类学和设计创新，使其成为去殖民化的文化参与实践。

设计人类学：一种去殖民化的方法论

在过去的七年里，我始终致力于设计人类学（design anthropology）的定义、推广和教学工作，将其视为一个研究领域，关注设计过程和人造物如何帮助定义人类本质，以及设计如何将价值转化为有形体验（Tunstall，2006年，2007年，2008年a，b）。我建议将设计人类学视为一种方法论，而不仅仅是一种方法，因为最重要的是规范设计和人类学学科的原则和规则，以避免新殖民主义和帝国主义的倾向。**去殖民化**（decolonized）指的是一种"自治或独立"的状态（Dictionary.com，2011年）。因此，所谓的**"去殖民化的方法论"**指的是，旨在摆脱过去五个世纪的殖民和帝国主义偏见、帮助前殖民国家和地区自主定义其身份并做出独立决策的一套方法、原则和规则体系。我认为，设计人类学具有很大的潜力能够成为一种处理社会问题的去殖民化方法论。

当然，这并不是设计人类学的唯一定义。施佩尔施耐德（Sperschneider）、魁基耶斯卡德（Kjaersgaard）和彼得森（Peterson）将其定义为"通过将现有事物重塑为全新事物以实现对现有事物的理解"的修补术（Sperschneider等人，2001年，第1页）。阿伯丁大学的设计人类学硕士课程则将其定义为"一种新的、令人兴奋的、旨在融合对未来可能性的思辨想象与人类生活方式和认知方式的比较研究的互动空间"（Leach，2011年，第一部分）。乔西姆·哈尔斯（Joachim Halse）认为设计人类学是一种"从设计文化的角度来描绘使用文化"的挑衅（Halse，2008年，第31页）。宝拉·格雷（Paula Gray）则将其定义为"基于民族志为消费者和企业提供新的产品、服务和系统"的设计方式（Gray，2010年，第1页）。我对设计人类学的定义与其他学者的定义的区别主要体现在两方面。首先，在我的定义中，设计人类学不仅仅意味着将人类学的理论和方法更好地应用于产品、服务和系统设计。正如我之前所言，当参与过程中出现伦理问题时，"它（设计人类学）允许叫停设计过程"

(Tunstall,2008年a,第20页)。第二,"设计人类学的成果不仅限于具体的设计产品、传达方式和体验,还包括对人类本性更深入的理解与阐述"(Tunstall,2008年b,第1部分,第2段)。我对设计人类学的定义源于一系列核心理论——关于"第三世界人民及其盟友"的批判性人类学、以斯堪的纳维亚为代表的本土协同设计或参与式设计传统,以及其他本土、批判性、女性主义、本体论和现象学的知识传统。在接下来的章节中,我将详细阐述这种独特的方法定位如何影响设计人类学的原则。

去殖民化的价值体系与文化理解原则

在为《奥多比智库》(Adobe Think Tank)撰写的一篇文章中,我指出:"设计人类学并不单独强调价值、设计或经验,它们分属于哲学、学术设计研究和心理学领域。相反,设计人类学关注的是三者之间相互关联的线索,只有通过将它们结合起来实践,才能真正理解其作用"(Tunstall,2008年b,第5部分,第2段)。我提出的设计人类学作为一种方法论,遵循七个原则,主要涉及对以下方面的理解和积极影响:人类的价值观体系,使价值体系具象化的设计过程和人造物,以及个人经历与其价值观之间的一致性。这一切都发生在不平等的权力关系之中。弗雷德里克·巴斯(Fredrik Barth)一直在批评人类学家在没有创建"明确的价值理论和价值分析"的情况下使用"**价值**"这个术语(Barth,1993年,第31页)。我在解释设计人类学时也使用了"**价值**"这个词,旨在突出人类学家接触设计行业时与众不同的视角(Tunstall,2006年),并阐明去殖民化过程中所面临的风险(Smith,1999年,第74页)。在已出版的编著《设计人类学:21世纪的物文化》(Design Anthropology: Object Culture in the 21st Century)一书中,沙宾特咨询公司(Sapient)电子实验室(E-Lab)的玛莉亚·柏赞提斯(Maria Bezaitis)和里奇·罗宾逊(Rick Robinson)提出,用户研究需要回归到对(用户)价值的强调,而不仅仅是产业利益(Bezaitis & Robinson,2011年)。因此,他们在对大卫·格雷伯(David Graeber)所提出的三种价值讨论方式的对比中,所提倡的是社会学意义上的价值——即"在人类生活中,那些被视为最美好、最恰当或最值得追求的事物"(Graeber,2001年,第2页),而不是经济学意义上的价值衡量标准。我发现,人类学在设计中的最大作用在于揭示人们如何在生活中争取和维护自己的价值体系:既追求自我生活中的意义,又努力将这些价值观传递给后代。在这一点上,我赞同巴斯的观点,即研究价值本身并不是"一种富有成效的策略……而要(将其作为社会行动的一部分)将我们的注意力集中在集体能动性、社会表征与个体行为的关联上"(Barth,1993年,第44页)。在这方面,顿·奥托(Ton Otto,2006年)关于价值和规范的研究也很有启发。价值之争影响着人们的身份认同,也直接影响他们能否成功将这些价值观传递给后代。所谓文化,就是对意义的集体性创造,并通过代际传承不断延续。作为一种去殖民化方法论,设计人类学借鉴了价值体系的概念。价值体系通过共识形成并在未来传播,最终成为文化,这一点在古巴人类学家费尔南多·奥尔蒂斯(Fernando Ortiz)的跨文化(transculturation)理论中得到了充分体现:

> "我认为,'跨文化'一词更好地表达了从一种文化过渡到另一种文化的演变过程及其经历的不同阶段,因为这个词不仅涉及'文化涵化'(acculturation),即从一种文化逐渐变成另一种文化……还包括'文化萎化'(deculturation),即原有文化的丧失或消退……同时也蕴含着'文化更新'(neoculturation)的概念,即一种新文化的产生"(Ortiz,1945年,再版1995年,第102—103页)。

谈及对价值体系的理解和积极影响,跨文化理论有助于明确三个关键原则,以指导设计人类学的实践:

• 将价值体系和文化视为动态的,而非静态的。每一代人都会经历对其价值体系和文化的构成要素的协商和调整过程;

・认识到不同价值体系和文化之间的相互借用,并致力于减少或消除这种借用过程中发生的不平等情况;

・在群体的价值体系和文化重组中,综合考虑所表达的内容以及潜在的得失与创新。

遵循这三个原则即是在回应费·哈莉森所描述的去殖民化人类学的任务:通过"揭示霸权意识形态的神秘面纱,生产或共同生产对全球被剥夺和受压迫群体有益且可能具有解放作用的知识形式"(Harrison,2010年,第8页)。我自己参与的"土著智慧艺术项目"正是这三个原则的一个实例。

土著智慧艺术项目

2011年,澳大利亚的"亚马吉"(Yamatji)土著文化小组的科林·麦金农·多德(Colin McKinnon Dodd)与土著艺术家发展基金(Aboriginal Artists Development Fund,简称AADF)的创始人联系,邀请我策划一个项目,利用技术支持澳大利亚的土著艺术。库里遗产信托(Koorie Heritage Trust)作为维多利亚州发展势头最好的土著机构,愿意与AADF及斯威本科技大学共创合作开展一个项目,致力于探索如何将澳大利亚土著义化的本土知识应用于维多利亚的土著艺术市场,以促进社会、技术和商业创新,提升澳大利亚土著艺术创作社群的整体可持续性。该项目于2012年5月完成了第一阶段,重点研究文化价值和协同设计的创新情境。接下来是实施,然后是推广及评估。项目的主要目标体现了设计人类学的第一个原则,即承认澳大利亚土著文化的动态性。林内特·拉塞尔(Lynnette Russell,2001年)在其著作《野蛮的想象》(*Savage Imaginings*)中探讨了澳大利亚主流社会对土著文化的构建方式,即倾向于将土著文化简化为单一的、古老的存在,并因此认为在与现代社会互动时,土著文化会失去其真实性。相反"土著智慧艺术"(Aboriginal Smart Art,简称 ASA)项目将文化的多样性和混杂性视为土著文化动态性本质的一部分。澳大利亚土著的讲故事(storytelling)的传统以及他们的**"梦世纪"**(Dreamtime)——作为一种传统的指导力量,引导着过去与现在万物之间的联系——所传达的价值观,在当代社会中仍然具有重要意义。ASA 项目参考了大量关于土著社群和数字技术的文献,这些文献展现了土著文化在不同代际之间对技术的显著反应差异(McCallum & Papandrea,2009 年;Samaras,2005年;Verran & Christie,2007 年)。正如 2010 年澳大利亚土著居民及托雷斯海峡岛民研究所(AIATSIS)举办的"信息技术与土著社群"(Information Technologies and Indigenous Communities)研讨会所展示的,土著社群越来越多地使用信息和通信技术来支持文化测绘、管理和归档,文化创新、传播与交流,以及语言振兴(AIATSIS,2010 年)。ASA项目将这些数字实践扩展到了土著艺术市场中,因此也体现了设计人类学的第二个原则。

在澳大利亚土著艺术市场中,土著社群借用了数字技术,而经销商、购买者和观众也借用了土著社群的视觉表达,这代表了在不平等情况下文化和价值之间的相互借用。ASA 项目面临的主要挑战是土著艺术品的商品化以及市场对土著艺术家的剥削。套用人类学家阿尔君·阿帕杜莱(Arjun Appadurai)的说法,商品化实际上是一个强调物品交换的经济价值的过程,而相对减少了社会联系和群体形成(Appadurai,2005 年,第 34 页)。不道德的经纪人、经销商和画廊老板肆无忌惮地剥削着土著艺术家,媒体对此的广泛报道引起了公众和文化界对这一问题的关注,于是 2007 年官方制定出台了"土著艺术准则"(Indigenous Art Code)。然而,土著艺术市场上的剥削从未停止,艺术品常常仅被视为可售商品,而与艺术家及其家庭、社群和土地之间的联系割裂开来。ASA 项目旨在通过协同设计创新的技术、商业和服务模式,将故事嵌入到土著艺术作品中,以确保土著艺术家的文化和艺术不被剥削和过度商业化。当人们了解到艺术作品对艺术家及其社群的深层意义,便会与土著艺术家建立深厚的人际关系，从而降低剥削的可能性。对于艺术家而言，如果一幅画承载着故事和仪式，对他们的后代具有重要意义，他们也不太可能在路边就把画轻易卖掉。该项目旨在利用土著讲故事的传统所关联的价值观，通过将这些价值观纳入主流，改变市场的商业模式，从而减少土著艺术家在西方艺术市场中面临的不平等情况。

ASA项目还体现了设计人类学的第三个原则，通过将故事嵌入土著艺术中来检视得失与创新。通过对艺术家、艺术协调员、画廊老板、批发商和技术专家进行采访，由研究人员、学生及客户伙伴组成的ASA项目团队了解到，土著艺术家及其社群因受到剥削而面临多方面的损失，包括收入减少、文化实践（比如故事讲述的传统）的丧失以及身份认同的削弱，这些现象显示了帝国主义的延续。团队还了解到了社群对于使用技术记录艺术创作的态度，尤其是在城市和农村艺术家社群之间的差异。团队发现，将土著文化中的故事价值与西方的技术价值结合在一起，可以创造出新的可能性。具体表现为三层设计概念及其相应的商业模型和技术要求。第一层，社群的认可和验证可以确保土著艺术家在艺术和故事中使用特定主题的真实性；第二层，学生们研究如何利用土著社群中现有的技术（例如智能手机）来捕捉艺术和故事创作的过程，并将其存储在通用数据库中，然后通过射频识别（RFID）芯片和全球定位系统（GPS）图像跟踪嵌入到艺术品中；第三层，在销售阶段，观众和买家通过智能手机应用程序了解相关故事。

去殖民化的设计创新原则

设计人类学的**设计**理念理论上受到了两个领域的设计理论和实践的影响。第一个领域是土著或第三世界学者或实践者的作品中体现出的设计思维，包括印度的兰詹、津巴布韦的萨基·麦凡迪克瓦，以及夏威夷土著艺术家赫尔曼·皮伊凯·克拉克（Herman Pi'ikea Clark）等人。兰詹清晰地表达了设计人类学的核心观点：

"我们提议，设计行动应以社会结构、社会整体的宏观愿望，以及其历史和文化偏好为出发点，构建富有想象力的产品、服务和系统的设计方法。这些方法（除涉及具体的产品或服务以外）应该同时面向元系统、基础设施、硬件、软件和各种过程工具（processware），以确保设计完全符合特定的情境和要求"（Ranjan，2011年，第1部分，第4段）。

第三世界的学者们所倡导的设计方法为传统的设计分类和表征提供了替代性方案。在传统观点中，设计主要被视为现代西方文化的产物。而这些学者通过展示其社群中悠久的关于"创制"（或制造，making）的历史来论证他们的观点。这也为设计人类学提供了另一个原则：

我们应该努力消除艺术、工艺和设计之间的虚假界限，以更好地认识文化中所有具有重要意义的创制形式。因为这些创制形式体现了人们将抽象价值观具象化的方式，使这些价值观在日常生活中变得更加真实、可见，从而帮助自己和他人更清晰地理解和共享这些价值观。

第二个影响设计人类学的设计思维与实践领域是斯堪的纳维亚的协作式或参与式设计（Bødker等人，2000年；Buur & Bagger，1999年）。20世纪80年代的"乌托邦项目"（Utopia project）所取得的成果，正如博德克（Bødker）等人所描述的那样，启发了设计人类学的关注点，即更加注重"通过积极筹备设计练习活动，比如组织工具箱、使用实物模型和原型，以便让最终用户参与设计过程"（Bodker等人，2000年，第3页）。而雅各布·布尔（Jacob Buur）在南丹麦大学马斯·克劳森研究所的"桑德堡参与式创新研究中心"（SPIRE）的工作，通过对参与式创新实践进行定义，进一步推动了这些理念的发展。由此衍生出的设计人类学原则是：

研究人员和设计师应该创建能够促进相互尊重的对话和关系互动的过程，让每个人都能平等地为设计过程贡献自己的专业知识，同时获得适当的认可和报酬。

以上两个原则是为了确保将包容性流程贯彻于设计的概念、原型和实施的整个过程中，确保设计收益的考量始终以相关群体的利益为出发点，并最终切实为这些群体带来好处，尤其是弱势群体。ASA 项目亦是这一观点的有力证明。

通过将土著视觉文化的故事价值嵌入到设计项目中，ASA 项目模糊了艺术、设计和工艺之间的区分（设计人类学的第四个原则）。正如赫尔曼·皮伊凯·克拉克指出，通过创造"艺术"的概念，"西欧社会给审美对象建立了一个独立的范畴，而在其他未经工业化的社会或文化中并没有这种划分"（Clark，2006 年，第 3 页）。虽然仍然沿用了**"艺术"**一词，但 ASA 项目旨在试图将审美对象的定义拉回到克拉克所描述的前工业时代的背景中，即艺术作为探索和建构知识的过程中的智库、传播者和载体而存在（Clark，2006 年，第 4 页）。与设计人类学的第五个原则相符合的是，项目的两次报告展示和情景协同设计工作坊便是作为包容性的互动平台而存在的，土著艺术家、艺术协调员、艺术收藏家、商业人士、技术专家和设计人员等各方人士，能够共同参与，分享知识，协作探讨并设想项目实施过程中可能出现的情境或情况。在二手资料研究学习的中期报告展示中，有一个环节是团队成员凑在一起，在展示横幅上用便利贴或直接书写自己的观点与看法，以促进后续研究方向的深入讨论，更直观地支持情景规划的制定。而通过场景映射图和评估工作坊，学生团队、参与客户和技术专家能够清晰地看到应对项目挑战的可能解决方案的复杂性和多样性。在第一阶段的最终报告展示中，团队提出了三个可能在第二阶段继续发展的概念选项，并邀请包括土著艺术家在内的参与者共同做出最终的选择。这种包容性流程将会持续贯穿在项目的第二阶段和第三阶段中。

去殖民化的尊重经历原则

我对设计人类学的定义，直接来源于我作为一名非裔美籍女性的个人经历，我接受过批判性人类学的训练，并将这些知识应用到了专业设计和设计教育中。这一理论直指西方殖民主义和帝国主义暴行的核心——主要表现为对他人经历的不尊重和漠视。设计人类学在实践中吸收了第三世界学者、土著学者、第二波和第三波女性主义者关于位置性（positionality）和权力的批判思想，这种批判的核心在于重新思考社会影响的问题领域，将其视为帝国主义价值体系所带来的挑战。基于这一视角，能够得到的设计人类学原则是：

> 项目应当利用设计过程和人造物，与各类群体合作，以改变那些对脆弱群体、主流群体及其相关环境整体福祉造成危害的霸权价值体系为目标。

最后，设计人类学要求个体和群体超越移情（empathy），以共情（compassion）为行动准则。在为国际平面设计师协会联合会（ICOGRADE）的"设计教育宣言"（Design Education Manifesto）十周年纪念而撰写的一篇文章中，我将理查德·桑尼特（Richard Sennett，2003）对"尊重"的定义与赫伯特·西蒙（Herbert Simon，1969 年）对"设计"的定义结合起来，提出了"尊重性设计"（respectful design）的概念，"建立在对所有人类、动物、矿物、动植物群的内在价值的认可、对其尊严的尊重以及对其权益和生存的关切之上，形成的一套优先选择的行动方针"（Tunstall，2011 年，第 133 页）。接受一切事物的内在价值，以尊重的态度对待，这便是共情，这是一种与设计思维所提倡的移情共享相比感觉层次更高的美德。设计人类学的最后一个原则是鼓励学生、学者和设计师对共情的承诺：

> 任何设计人类学参与项目的最终成功标准都在于，是否能够在项目参与者之间培养出共情能力，并促使他们与更广泛的环境保持和谐关系。

这或许看起来有些乌托邦，但这确保了设计人类学的目的被视为精神系统的一部分，而不仅仅局限于经济和社会系统。关于最后两个原则的案例研究验证，可能需要更长的时间以及更深入且广泛的实践。然而，我注意到，人们对设计创新和人类学的终极目标的看法已然发生了转变（至少在我世界各地演讲期间），已经与我的观点紧密相关。因此，我预计在未来五年内，我们就能够进行明确的案例研究。

总结

将设计人类学作为一种去殖民化的方法论，我回到了与费·哈莉森共同倡导设计人类学的初心，即将设计人类学的两个源头领域"从全球范围内的社会不平等和非人化的主导力量中解放出来，并将其牢牢定位在争取真正转型的复杂斗争中"。设计创新和人类学可以为对抗全球不公做出很多贡献，但是首先应该明确遵循的原则就是，尊重实践参与中的人们的价值观，并将这种尊重融入包容性的协同设计过程中，在评估设计和人类学实践效果时，从最弱势群体的角度出发。设计人类学的七项原则有助于更好地评估和调整人们的文化互动方式，以确保在人类学与设计创新的理论与实践中不会产生那四种被批评的帝国主义结果。确立这些原则之后，接下来我将集中关注如何将设计人类学作为一种去殖民化的方法论来指导同事和学生的项目实施。目前迫切需要的是明确的案例研究，以证明任何设计人类学参与实践的真正目标都是为共情创造条件。

© 2013 Wendy Gunn、Ton Otto & Rachel Charlotte Smith。之前发表于编著《设计人类学：理论与实践》(*Design Anthropology：Theory and Practice*,*Bloomsbury Academic*)，由温迪·冈恩（Wendy Gunn）、顿·奥托和雷切尔·夏洛特·史密斯（Rachel Charlotte Smith）主编。

32. 社会设计与新殖民主义

辛纳蒙·詹泽和劳伦·温斯坦

CINNAMON JANZER AND LAVREN WEINSTEIN

摘要

本文考察了当下社会设计领域内的主张、实践和方法论。采用定性研究的方法阐明当前社会设计的实践状况,并围绕其在社会领域的应用提出批评。本文认为,设计师应该对各种复杂的社会结构和文化线索保持敏感,否则他们就可能会助长或实践设计的新殖民主义。本文提出了两个关键性理论建议,以推动这一新兴领域的进展。首先,社会设计必须将其焦点从以人为中心转向以情境为中心。其次,社会设计必须构建一个共享框架,以理解、执行、评估其举措并施加干预。此外,本文还引入了一个矩阵,作为早期版本的共享框架。

关键词:社会设计;设计殖民主义;以人为中心的设计;设计思维;设计方法论;框架;矩阵

重构新兴设计实践

广义来讲,社会设计是指运用设计来处理并最终解决社会问题。目前,社会设计的实践涵盖了从政策制定到信息通信技术(ICT)系统设计等各种领域。除了"社会设计"这一表述,还有许多不同的术语同样可以指代此类工作,包括但不限于:社会创新设计(design for social innovation)、社会变革设计(design for social change)、创意变革制造(creative change-making)、协同设计(co-design)、参与式设计(participatory design)、交互设计(interaction design)、服务设计(service design)、移情设计(empathetic design)以及以人为中心的设计(human-centered design)。由于"社会设计"这一概念本身及其含义尚未被明确理解,也未被集体接受(Kimbell,2011年,第288页),因此,本文将"社会设计"一词用来描绘所有应用于社会领域、旨在解决社会问题的设计。

在设计社会情境时,恰如社会设计的目的所指,必须应用一套与设计"物"(objects)时不同的设计流程和研究方法。如果社会设计师想要创造社会变革,解决社会问题,他们首先必须考虑那些会受到这些社会问题影响的人群,基于他们的信仰、知识和观点来提供设计方案。

当设计师进入社会领域,设计对象从物变成了社会变革,因此必须承认和发展具有能力和道德的社会实践需求。社会设计领域必须采用新的、更恰当的做法,修改——甚至必要时摒弃——那些不适合于设计情境的方法。社会设计必须重新定位其理论哲学,从传统的以人为中心(以物为中心)的优先级转向新的以情境为中心(以社会为中心)[1]。

以情境为中心(situation-centered)的实践,其关键在于理解人及其所处环境的复杂性和多维性。正如巴西教育家保罗·弗莱雷(Paulo Freire)在《受压迫者教育学》(*Pedagogy of the Oppressed*)中所言：

> 一项不尊重人们特定世界观的教育或政治行动计划，往往难以取得积极结果。即使其本意是好的，这样的计划也有可能构成文化入侵。（Freire，2005年，第95页）

整体性理解对于社会设计举措的可持续性和有效性而言至关重要[2]。设计必须优先考虑社群所有权的问题，构建包容性参与过程，以确保项目的未来可持续性能够被最终用户所接受。社会领域中的设计实践应该遵循协作性、文化相关性、社会适用性和赋权性原则，避免强加的方式，也不能脱离实际情况。应该对利益相关者及其社群的声音予以高度的重视和考量，否则设计师及其项目将面临重大风险——轻则毫无成果，重则可能造成社会负面影响。

爱德华·萨义德（Edward Said）在《东方学》（*Orientalism*）中曾提及，"观念、文化和历史不能孤立于其力量（force）——或者更确切地说，其权力结构——而被透彻地研究或理解。"（Said，1979年，第5页）。若想改变情境要素甚至整个情境，就必须对情境中各种潜在的社会因素形成深入理解，包括经济、社会政治背景、社会各种组成部分的观点及其历史，也就是萨义德所说的"力量"（Said，1979年）。就目前的社会设计领域而言，其理论和实践中都缺乏类似于萨义德的深入理解。

以情境为中心的设计必须与以人为中心的设计一样，坚持以用户和最终用户为优先的原则。然而，在以情境为中心的设计中，"最终用户"指的是一种社会环境：由许多（通常不同的）"最终用户"及其相互作用所构成的复杂系统和结构。这种思维方式的转变使人们意识到社会空间的复杂性，而这正是以情境为中心的设计试图涵盖和解决的。不容忽视的是，社会变革所涉及和影响的不仅仅是人与物之间的互动。

我们必须考虑整个系统所面临的挑战及其产生的根源，并最终对其进行重新设计，以产生积极的影响。正如社会学家艾伦·约翰逊（Allan Johnson）所指出的那样：

尽管个体的改变对于系统的变革至关重要,但最重要的一点是,仅仅改变人是不够的,解决方案还必须涉及整个系统。比如资本主义,其结构和运作方式潜移默化地塑造着我们作为个体的感受、思考和行为,以及我们如何看待自己和他人。(Johnson,2005年,第38页)

许多社会设计干预都在积极参与这种重新设计过程。如果社会设计致力于积极重塑社会领域,那么其研究、实践和从业者就必须考虑并且要具备能力去理解,其试图应对和改变的问题和弊病所源自的宏观和微观的政治、经济和文化体系。

社会设计:方法论与实践

在社会设计中,有两个主要被普遍运用的方法论工具:设计思维(design thinking)和以人为中心的设计(简称HCD)。设计思维的概念源自20世纪中叶的几位设计理论家,相关著作包括彼得·罗(Peter Rowe)的《设计思维》(*Design Thinking*)以及奈杰尔·克罗斯(Nigel Cross)的《设计师式认知》(*Designerly Ways of Knowing*)。然而,最近IDEO的CEO蒂姆·布朗(Tim Brown)在《哈佛商业评论》(*Harvard Business Review*)上发表了一篇关于该主题的文章(Brown,2008年),自此之后,设计思维在社会设计领域便变得流行起来。随后,布朗于2009年就相同主题出版了《IDEO,设计改变一切》(*Change By Design*)一书。在社会设计中,设计思维被视为构思和生成创新性社会问题解决方案的有效方法(Kimbell,2011年,第292页)。设计思维被赋予了各种各样的功能,比如:一种认知风格、设计的一般理论与实践,以及作为组织管理方法等(Kimbell,2012年,第141页)。

同样,在社会设计领域,HCD被认为是将创新观念从脑内概念转化为"可行动"现实的过程,尤其是与社会变革相关的观念(IDEO,2009

年,第 4 页）。HCD 已经在多个出版物中被不断确立和推广,包括 IDEO 的"HCD 工具包"(HCD Toolkit)、青蛙设计公司(frog)的"集体行动工具包"(Collective Action Toolkit)、美国平面设计协会（AIGA）的"民族志入门手册"(Ethnography Primer),以及赫尔辛基设计实验室(Helsinki Design Lab)的"设计民族志实地指南"(Desing Ethnography Fieldguide)等。

社会设计实践的观念基础是：基于设计的创造性过程（如设计思维和 HCD）能够并且应该被用来为社会变革问题提供（大概有用的）解决方案,从而促进社会的自我变革。在社会设计领域,HCD 和设计思维都被给予了极大的信任和认可——人们始终认为它们能够"为世界带来新的解决方案"(IDEO,2009 年,第 6 页),并产出创新、富有同情心且以用户为中心的设计结果。然而,参与这些实践的设计师"并不总是与公共服务专家紧密合作"(Kimbell,2011 年,第 286 页),也未必与那些他们旨在服务的直接受益者始终保持紧密联系。

社会设计的"简化"

HCD 和设计思维确实是适用于设计供人们使用和消费的产品时的方法。然而,社会设计所面对的环境完全不同——复杂、多维且微妙,这使得"以人为中心"的视角不再足以覆盖社会设计所涉及的广泛和细微的特性。在社会工作中采用以物为中心的方法论的问题在于,社会仍是一种非物质空间,由无形事物组成,即米歇尔·福柯（Michel Foucaul）所谓的"总已"（always-already）普遍存在的权力结构(Foucault,1979 年,第 82 页)。以物为中心的实践适用于创建有形对象,但从逻辑上讲,不太适合创造社会变革,因为社会变革往往是无形的[3]。

HCD 和设计思维的实践和材料确实暗含了一些潜在的社会设计相关方法,但它们在进入社会设计领域时已经被不良地稀释或"简化"

了。这些修改使其丧失了能够发挥作用的关键部分，导致这些方法在社会领域中应用时显得不够有效。

设计思维和 HCD 在社会领域的应用在很大程度上缺乏可信、无偏见的定性和定量支持，无法支撑其在有效性方面声称的大胆主张[4]。例如，民族志作为人类学和社会学研究的基本工具之一，依赖于民族志学者与一个或多个社群之间的深度介入关系，而且这种关系会持续很长时间——几年，甚至几十年。像民族志这样的严格形式却被 HCD 和设计思维的材料和流程排除在外。而在社会设计中，设计思维和 HCD 的价值虽然被普遍认可和接受，其方法也被广泛使用，但这实际上是有问题的。由于缺少社会科学实践中最关键且最强健的组成部分，设计思维和 HCD 从根本上来说仍然羽翼未丰，不足以应用在社会领域中。

设计思维和 HCD 的缺陷，特别是其作为解决社会变革问题方法的有效性不足，可以总结为以下三点：

- 研究被弱化、贬低或者说简化了。忽略了必要的语境信息，导致问题定义及相关概念的有效性受到影响；
- 没有确保或检查解决方案是否合适、是否根据当下的语境而得，以及在设计和实施解决方案之前是否彻底理解问题；
- 设计师的议程及其创造自由盖过了其他更重要的部分，比如最终用户的赋权和对最终用户世界观的深入理解。

基于设计的社会变革要想有效且持久，就不能仅依赖于设计师，相反，必须植根于赋权。要想解决社会问题，设计实践就必须以对语境的深入研究为基础，以相关社会科学领域（如人类学和社会学）中的实践为榜样。

社会科学对新兴设计实践的贡献

按照社会科学的思路，随着社会设计的发展，必须制定和实施一个共享的理论和实践框架。其关键在于理解以情境为中心和以物为中心的设计工作之间的差异。并不存在什么放之四海而皆准的解决方案——对设计物有用的方法不一定对创造社会变革也有用。因此，设计师需要辨别并选择适合特定项目的最佳实践方法，这种能力至关重要，不过，大多实践活动通常涉及多种相关方法的混合应用。

选择合适的方法或方法组合的过程，首先需要做到的一定是理解不同方法在特定社会设计项目中的适用性和能力差异。如果不去理解在特定情况下为什么某些方法更加适用，就很可能造成方法的误用和失效——设计思维和HCD即是这样的例子。在设计社会变革时，为了更恰当地融合和区分必要的社会科学的不同视角和方法，我们开发了一个坐标矩阵图，作为早期版本的教学框架，用以理解社会设计中广泛且不同的受众、属性和研究需求，而这些往往被传统设计教育和实践所遗漏。社会设计项目的焦点各不相同，这种多样性致使（并要求）我们根据项目语境使用不同的方法。矩阵区分了不同的设计操作领域，指导人们选择符合具体语境的、相关且适当的研究方法。设计师可以将此矩阵作为相关执行方法的指南，根据特定项目的类型、语境和范围对研究需求加以区分。

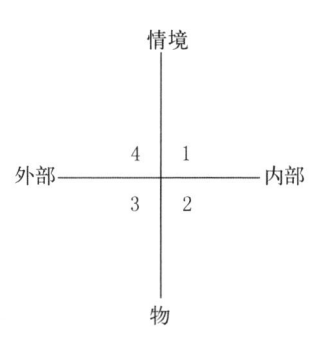

图32.1 社会设计行动矩阵。©作者绘制，2014年。

如图32.1所示,社会设计矩阵有两个坐标轴。y轴代表设计干预的范围,从情境到物,即从无形到有形。这一组二元概念强调了当前社会设计的变化趋势,即从以物为中心的设计转向以情境为中心的设计。x轴代表设计师与其所服务社群之间的团结程度。为清晰表达x轴的二元关系,在此使用了**外部**和**内部**的概念[5]。外部视角是指设计师并未深入社群内部,而是从外部为其设计解决方案,这种方法有时被称为"空降"设计,即设计师作为局外人,所提议甚至最终会在社群内部实施的解决方案与其所服务的社群之间存在重大的割裂,甚至可能完全脱离实际需求。相对而言,内部视角则指设计师与目标社群之间凝结了强烈的团结感,展示了设计师在社群中获得的高度信任。

社会设计师可以借此矩阵通过案例研究更好地理解不同形式的实践,为了说明这些研究案例的不同特征,即其参数、特定功能和目的,这些案例被分置在矩阵中的不同象限。表32.1提供了适用于每个象限的研究方法,以指导设计师在不同的设计环境中有效工作[6]。

表32.1　矩阵中不同象限所适用的研究方法

象限	1	2	3	4
方法目标	了解多种不同情境,获得广泛的社会认识。发展真诚的人际关系。	对最终用户、受益人及其使用经验进行广泛研究。	生成富有创意的创新观念。	没有建议的研究方法,不推荐此象限内的工作。
可能的研究方式和方法	民族志研究,参与者观察,文献综述,个案研究,访谈,问题驱动的迭代适应,初步桌面研究,调研,社会工作干预过程,集体组织干预过程,实践模型,参与式行动研究。	以人为中心的设计,设计思维,探针,日记,设计民族志,案例研究,构建用户模型,用户测试,合意性测试,经验抽样法,生成性研究,参与式设计研究,访谈,图片卡,调查及问卷。	设计思维,创意过程拼贴,错误思考,设计研讨会,图像板,角色扮演。	第4象限的项目主要依赖于基于设计师个体经验的个人信念,他们很少会基于研究展开设计工作。因此不建议按照象限4运行项目。不推荐任何方法。

象限1,转型性社会变革:以内部视角设计情境

转型性社会变革(transformative social change)需要重视整体性,考虑在特定情境中发挥作用的多重系统,包括但不限于人、文化、价值观、环境、历史、权力机制、社会经济学和未来影响(Nelson & Prilleltensky, 2010年)。转型性社会变革也通常在多个层面上展开,干预的预期结果包括:提升竞争力、实现独立性和自给自足,以及资源的获取(Nelson&Prilleltensky,2010年)。象限1是设计师以内部视角进行的项目,特点是:设计师长期与目标社会群体一起工作和生活,长期浸润在相关的社会环境中,获取的是第一手经验。这一象限的工作要求设计师获得社群的高度信任,并对相关项目进行深入研究,充分理解相关的复杂社会问题和系统,无论是依靠设计师个人还是借助团队的力量。在这一领域内工作的设计师往往会为(通常是长期的)项目的创建、实施和评估倾注大量的时间和心血。

案例研究:自行车对抗贫困

"自行车对抗贫困"(Bicycles Against Poverty,简称BAP)起初是一群爱思考的年轻人发起的跨学科学生项目,带头人是穆扬比(Muyambi Muyambi),一位在美国接受大学教育的乌干达土木工程师("Muyambi Muyambi '12",2009年)。后来这一项目发展成了一个非营利组织,依然由初创团队成员担任核心职位,持续推动项目的发展,这也展示了他们对该事业的长期投入。BAP通过当地社群伙伴合作,成为官方认证的社区组织,由此赢得了当地社群的信任和支持。本地社群的热情参与和通力合作反过来也进一步推动了组织的发展和成果取得。

BAP的目标是通过为本地社群提供更多的资源获取途径,而不仅仅是提供资源本身,来促进社群内部的自给自足,从而减轻贫困。BAP了解到,自行车不仅可以用来取水、作为运输工具,还能够支持医疗工作,最终帮助当地居民实现自我赋权。于是,他们设计了一个系统,提

供小额贷款使乌干达村民能够买得起自行车,让自行车成为人们的可选项("Muyambi Muyambi'12",2009年)。不过,该组织的工作不仅限于为乌干达北部居民提供自行车。BAP认为,为使系统有效运作,必须配套设计完整的战略,包括自行车维修讲座、创业技能培训、理财工作坊以及社区反馈机制等("Muyambi Muyambi'12",2009年)。BAP对文化细节的深刻理解、对项目的长期投入,以及设计整体性、多维度社会变革系统的努力,正是象限1的典范做法。

象限2,以人为中心的设计:以内部视角设计物

象限2内的项目和设计干预均以"物"为设计对象,重点关注最终用户。设计师从内部视角出发,采用传统的以人为中心的设计流程和方法,将最终用户的需求作为设计依据,甚至在整个设计过程中邀请用户参与,旨在深入理解他们的需求与意图。在这个象限中的工作通过物的设计进而积极促进社会变革。

案例研究:NeoNurture——汽车零件恒温育儿箱

在发展中国家,每年有180万婴儿因缺乏新生儿医疗条件而不幸夭折。为了解决这个问题,非营利组织DTM(Design That Matters)设计开发了NeoNurture,一种由汽车零件改造的恒温育儿箱,用于减少新生儿因低体温而夭折的情况。设计团队以可持续性、便于使用和维修作为关键目标,并确保其能够适应当地的文化环境。通过一系列研究,他们决定使用在发展中国家普遍存在的废弃汽车零件设计这款恒温育儿箱。于是,他们成功开发出了一款价格低廉、易于获取、可持续且卫生的恒温育儿箱,特别适合农村地区使用,且任何会修车的人都能维修它。这款育婴器与传统的恒温育儿箱形成了鲜明对比,后者往往价格昂贵,且不支持自行维修,尤其是对于那些最需要它的群体而言(即因贫困而导致医疗条件落后的地区)。

NeoNurture项目通过以人为中心的设计方法,创造了一款与文化相关且切实可行的产品,堪称象限 2 中内部视角的典范。该项目的设计和研究建立在扎实的依据之上,这些依据来源于访谈、定性数据和定量数据的收集,以及第一手文化经验与观察(同上)等一系列的方法。

象限 3,传统设计:以外部角度设计物

象限 3 同样指向以物为设计目标的项目,但这些项目的设计师多从外部视角出发。这些工作也可能涉及社会关切,但设计师通常没有深入研究相关的社会群体,也未将其纳入设计过程或在结果中充分体现。由于设计师未能融入目标社群,因此社群对他们的信任较低,双方之间的互动也较为有限。

这一象限内的社会设计工作通常表现为两种方式。第一种是组织为了提升某个问题的认知而雇用设计师,并向他们提供相关内容;第二种是灵感突出的设计师自发关注社会问题,希望通过他们的设计贡献力量。这类项目的思路与战略顾问戴维·伯曼(David Berman)在《做好设计:设计师可以改变世界》(*Do Good Design: How Designers Can Change the World*)中的观点一致:

> 但是,设计师可以运用他们的专业力量、劝说技巧和智慧来帮助传播这个世界真正需要的理念:健康信息、冲突化解、宽容、技术、新闻自由、言论自由、人权、民主等,而不只是关注流行趋势、消费和化学成瘾(Berman,2009 年,第 39 页)。

案例研究:战争儿童运动

"战争儿童"(War Child)项目通过宣传活动,以及已经成型的九个国际项目,致力于"与世界各地的儿童合作,以减少贫困,提供教育机会,捍卫并推广儿童权利"(War Child,日期不详)。这是一个非营利项目,多伦多的设计公司 John St. 为其设计了各种印刷品、影像资料以及社交媒体内容,旨在提升公众对童兵问题的关注,并为其募捐。这场运动备受关注,饱受赞扬,特别是在北美举办的模拟童兵营活动。John

St. 运用自己作为设计机构的专业能力与说服技巧，成功吸引了公众对这一重要问题的关注，进而帮助慈善组织更好地了解和引导公众舆论。

由于 John St. 并未深入接触童兵群体（该运动意在宣传的目标），相关信息来源于合作的非营利组织而不是自己进行的调研，因此，这个案例代表的是一种以外部视角进行的设计。然而，值得注意的是，像这样的设计项目确实能够以有影响力的方式促进社会变革。对于那些想要在社会领域工作且有意促成积极社会变革的设计师而言，尽管这些项目缺乏象限 1 和象限 2 所需的承诺和专业知识它们依然是有价值且可行的途径[7]。

象限 4，设计新殖民主义：以外部视角设计情境

象限 4 指向的是与象限 1 相同的旨在为情境而设计的项目。但在这一空间中，设计师采取的却是外部视角。这种固有的矛盾使得象限 4 变成了一个极其不稳定的工作空间。这个象限所采用的外部视角，排除了有效设计所必需的关键元素（比如信任和深入理解）。这导致问题的定义及其解决方案往往与所面向的群体及其特定社会语境相脱节；因此，在这个象限中的介入，往往表现为参与者与实际的社会现象之间缺乏紧密联系。故而，该象限中存在高度的文化偏见（Lasky，2013 年，第 12 页）风险，以及本文所定义的设计新殖民主义的隐患。

新殖民主义的定义是"在非正式政治控制的情况下，对社会施加政治或经济影响"（Ritter，2007 年）。可以进一步概括为：在没有直接、明显或正式控制的情况下，对人口、社群或社会施加影响。历史表明，新殖民主义有时带来了间接的社会"福利"，例如创办学校。但是，我们必须质疑这种间接"福利"的代价。比如，如果学校是新殖民主义的产物，那么其课程安排很可能会部分甚至全部受到来自实施者的文化所强加的教育理念的影响，而不是基于"被服务"群体的教育需求。就算初衷良好，或看似结果有益，往往也会损害社群的切身利益，带来负面影响。提供不顾及社群本身的文化、规范或价值观的教育，实际上是在消解社群的文化,甚至抹除其存在,代之以"新殖民主义"者的主张。这些负面影响正是新殖民主义是一种强制性而非赋权性的变革力量的原因所在。

象限4中的项目便代表了设计的新殖民主义。不幸的是,当代的社会设计举措大多是在这个象限中进行的。虽然设计师可能不会主动将自己的价值观或想法强加于他人,但"影响是自然而然发生的"(Altbach,2013年)。在寻求社会变革时采用外部视角是很有问题的,甚至是不道德的,因为这种方法既不利于,也无法创造具备文化敏感性、赋权性或持久性的(因此也是成功的)社会变革。那些不去理解、考虑或尊重使用者的价值观及其所处的社会经济背景,或忽视用户对自身情况应有的固有能动性的项目,在本质上都属于新殖民主义,这便是象限4的典型特征。

案例研究:一个孩子一台笔记本

"一个孩子一台笔记本"(One Laptop Per Child,简称OLPC)是一个非营利组织,致力于为发展中国家的儿童提供耐用且低成本的笔记本电脑。OLPC计划的使命是,"通过教育为世界上最贫穷的孩子们赋权"(One Laptop Per Child,日期不详)。OLPC属于象限4项目,因为它是从外部视角出发的,旨在改变特定情境;同时OLPC也凸显了象限4项目所伴随的风险。虽然笔记本电脑作为设计载体是实体的形式,但项目的初衷是通过以情境为中心的设计来改善教育状况,提高信息获取的机会。而笔记本电脑的设计和开发是在与最终使用群体隔绝的情况下进行的,项目的实施方式也是"几乎完全传统的自上而下"的方法(Nussbaum,2007年)。这一项目便属于"空降"设计,因为"文化上的隔阂使孩子们无法从这些机器中受益"("Peru's One Laptop Per Child",2012年)。

通过教育和信息获取来"改造群体"的目标构成了一种特定情境,这种情境需要对现有的教育体系、信息获取环境、文化价值观以及政治景观有深入的理解（One Laptop Per Child，日期不详）。然而，这个项目并未考虑这些必要的元素，而这些元素本可以为 OLPC 的创造者提供使其产品与文化相关的洞察力，因此，这些笔记本电脑后来未能被其所服务的群体接受和有效使用。不幸的是，OLPC 体现了设计的新殖民主义，当设计师试图去改变他们未能充分理解，或无法确认自己是否充分理解的情境时，这种新殖民主义就很容易发生。

结论和局限性

社会设计已然有些混乱地进入了一个新的阶段，社会系统的设计成为各类设计学科平等关注的焦点。如果不首先考虑这一领域的程序、方法、框架、伦理和根基，那么目前在该领域展现的自由和活力，反而可能削弱其合法性和有效性。继续这种实践模式，不仅可能在直接上对社会造成伤害，还可能在间接上对那些努力推动社会变革的群体产生不利影响。

不过，为社会设计领域中需要改进的各个方面寻求解决办法（或对社会设计实践进行全面批判）超出了本文的讨论范围，本文的努力主要集中在研究层面，以预先设计为重点。我们并不是说前文所讨论的建议就是解决社会设计问题的万能药。相反，这些构想需要随着时间的推移，通过社会设计教育者、从业者和学生之间的合作对话，以及他们具有建设性的改进，逐步完善。

本文的观点根植于社会科学和基层发展视角——认为在社会科学中存在一些重要传统（如严谨的研究和全面的问题定义），这些传统是社会设计在继续融合社会与设计的过程中需要采纳和适应的。然而，社会设计作为一个正在发展的领域，深入思考的话就会发现，发展本身其实是一个潜在的优势。社会设计有机会从历史和人类学等领域的教训（比如人类学对殖民主义的反思）中吸取经验，避免重蹈覆辙。此外，社会设计也会极大地受益于越来越多心怀善念的从业者，他们对这个领域充满热情,富有奉献精神。日益壮大的社会设计社群,不仅展现了他们的雄心、才华和值得赞赏的抱负,还有着强烈的愿望和决心,致力于应对社会中日益严峻的问题和挑战。即便如此,推动社会变革依然是一项艰巨的任务。如果社会设计希望培养学生成为能够带来创造性变革的实践者,那它必须扎根于一种强大的、发展良好的且关注社会的基础。

ⓒ 2014 Berg。之前发表于期刊《设计与文化》(*Design and Culture*),第6卷,第3期,第327-344页。经出版商 Taylor & Francis Ltd(网址 http://www.tandfonline.com)与作者许可重新发布。

33. 未来派的小发明，保守的理想:论不合时宜的思辨设计

佩德罗·J.S.维埃拉·德·奥利维拉 路易莎·普拉多·德·奥·马丁斯

PEDRO J. S. VIEIRA DE OLIVEIRA AND LUIZA PRADO DE O. MARTINS

思辨设计（speculative design）正在经历麻烦的青春期。大约15年前，邓恩（Dunne）和雷比（Raby）这一对交互设计搭档，第一次提出了"批判性设计"（critical design）的概念，如今这个领域似乎已经发展得有些过于骄纵和以自我为中心。作为一种资历尚浅的产品和交互设计方法，批判性设计似乎已经到达了临界点：困惑、叛逆、分歧和对抗。目前，对于这个领域能够提供什么、是否毫无用处的疑问，从实践者到理论家，似乎都没有达成共识。在这篇文章中，我们希望找出导致这种困境的一些原因，同时提出在该领域中虽然并非可能（possible）、似乎可能（plausible）或很有可能（probable）却**合意的**（preferable）发展[1]。

在介绍（我们认为的）思辨和批判性设计（Speculative and Critical Design, 简称 SCD）**真正重要的内容**之前，首先谈论的应该是语境的问题。20世纪90年代末，SCD 以"批判性设计"的身份首次出现在伦敦皇家艺术学院（RCA）的走廊和工作室中。它将设计视为一种批判工具，旨在探索设计物形而上学的可能性，以便"为日常生活提供新的体验、新的诗意维度"（Dunne, 2005年，第20页）。尽管这一理念本身并不新鲜——已经有许多其他从业者做过类似的努力，也不一定要将其明确定义为"批判性设计"——这也许是第一次将批判性明确作为面向产品

和交互设计的一种故意态度而提出,"更多是一种立场而非方法"(Dunne & Raby,2008年,第265页;2013年,第34页)。在接下来的几年里,在皇家艺术学院的设计交互项目(在邓恩的指导下)以及北欧其他几所院校的类似项目中,思辨性提案(proposals)成为一种强大的推动力和特色标志。在大西洋彼岸,从业者和作家如朱利安·布里克(Julian Bleecker)和布鲁斯·斯特林(Bruce Sterling),以及策展人如纽约现代艺术博物馆(MoMA)的保拉·安东内利(Paola Antonelli),也开始对这种新的设计视角产生兴趣;在美国,该学科被重新命名为"设计虚构"(design fiction)——尽管它保留了批判性设计的大部分核心目标[2]。

尽管该学科自成立伊始,其外部兴趣和参与度就在不断扩大,但围绕这一领域的话语和理论发展却异常停滞了。在《赫兹故事》(*Hertzian Tales*,2005年)中,邓恩激动地提出要探索设计之物(designed object)形而上学的可能性,关注其作为体现批评、政治声明或者激进挑衅的潜力。他在提案中将设计仅仅视为服务于工业生产的学科,尽管同时,他也在小心翼翼地与马克思主义理想保持距离(同上,第83页)。以思辨性提案与"市场主导的议程"保持距离(Auger,2013年,第32页),成为RCA设计交互项目的座右铭,参与其中的诸多校友也成为思辨设计领域的主流参考人物。他们的项目清晰地描绘了对如生[3]、死和社会焦虑[4]等棘手主题不寻常影响的幻想。然而,这些作品主要是通过消费主义美学来表现的,仍然被囿于明显的新自由主义框架中。15年过去了,这个领域似乎真的对左翼理念抱有一种恐惧。

这种不愿与工业界切断联系的态度,可能是由对设计在日常生活中作用的狭隘看法所导致的。尽管邓恩和雷比在其著名的"A/B宣言"(A/B Manifesto)(Dunne & Raby,2013年,第7页)中明确将他们的方法定位于"公民"而非"消费者"之间,但在其最近的出版物《思辨一切》(*Speculative Everything*,2013)中却强调,未来的实现实际上是由人们**买什么**所决定的。换句话说,这是一个挤满了近未来的橱窗,等着被选择,等着被消费(Dunne & Raby,2013,第37页,第49页,第161页；Tonkinwise,2014年；Kiem,2014年)。此外,对邓恩和雷比而言,批判性设计的政治领域止于设计专业完成其职责之际,也就是消费品(即所谓的"批判性设计"的原型)产生之时(Dunne & Raby,2013年,第161页)。然而,与其断言相反,我们认为,设计师在其设计实践中与公民在其行动中一样,都身负政治责任。当考虑这一简单假设时,很明显,我们会发现美术馆并不是这些"挑衅"和讨论发生的最佳场所——它们需要超越"艺术和设计展览"的语境,渗透到公共话语,以成为政治工具(Fry,2011年；DiSalvo,2012年；Keshavarz & Mazé,2013年)。

正是因为SCD——及其意在煽动的辩论——很少离开这些特定环境,所以导致了其发展的停滞。该领域的关注点,主要指向的是我们与设计物的关系中所谓的"诗意维度的缺失"(Dunne,2005年,第20页)。SCD所处的特定环境便是在西方世界——通常是在北欧和/或美国的中产阶级知识分子之间,由其所塑造、又为其服务,且通过其视角进行审视；目前该领域的绝大多数工作都在致力于展望近未来,他们所关注的问题似乎更贴近于其特权观众而言。许多项目都明显地反映了实践者对在黯淡的反乌托邦未来中失去第一世界特权的恐惧,而他们似乎愉快地无视了(或者不愿意承认和接受)不同现实的存在[5]。这种世界观的短视导致该领域局限于表面问题,阻碍了其一度雄心勃勃的政治抱负的发展。

SCD的视觉语言便可作为对以上问题的明显例证:似乎在绝大多数SCD项目所设想的近未来中,都没有有色人种,就算有,他们也很少出现在干净、整洁、无菌的环境中。项目场景中所描绘的夫妻似乎一贯是异性恋,并受制于传统婚姻观念和一夫一妻制的束缚。在这些项目中,很少看到对富人与穷人之间的财富、社会地位、资源分配等方面的差距的揭示,以及对殖民者和被殖民地之间权力关系和不平等现象的展示。贫困似乎只发生在别的地方,而作为资产阶级的SCD主体却通过消费时尚、优雅、未来主义、白色立方体和盒子装置来应对灾难[6]。

性别似乎也被视为固化的、黑白分明的事实,只有男性和女性两种选择,且二者之间有着明确的区别,几乎没有为跨性别和酷儿身份保留任何的空间(更不用说跨性别和酷儿个体为自己发声了)[7]。在这些对现实的狭隘描述和对近未来场景的粉饰构想之间,尽管 SCD 的目标是提出对现有设计实践和观念——即设计是什么,设计应该做什么,设计又可以做什么——的批判性反思,但它却表现出了一种奇怪的冷漠和缺乏政治性。事实上,这种冷漠能传达出来的唯一信息就是,社会现在就很好,不需要改变。

接下来的问题是,是否有可能从现存的表面性问题中扩展出更有深度、有思想的对世界的认知和分析。尽管在该领域所招致的众多批评中,怀疑居多(或许有理由如此),但是我们仍然相信 SCD 可以摇身一变成为一个能够推动政治变革的强有力工具(agent)。然而,要想实现这一点,SCD 需要经过测试、拓展、修正、重新挪用,甚至推翻重新改造。在面对性别歧视、阶级主义或殖民主义等议题时,SCD 在承认自身立场有问题时所表现出来的犹豫和迟疑,需要受到批评和指正。我们不能再容忍那些促进和延续压迫的项目,而那些不愿意在事后反思自己的决策的人需要学会为他们的政治决定负责。假定白人、男性和欧洲人等群体的视角是"中性的"或"普遍的",不仅狭隘,而且极其反动。

我们所强调的 SCD 存在的许多问题,都源于该领域对人文和社会科学的一知半解。在追求展望技术如何反映社会变革的抱负时,它对这些社会变革的含义和意义所做出的假设观点非常肤浅,未能深入探讨核心道德、文化甚至宗教价值观可能或应该做出的改变。尽管 SCD 貌似在不遗余力地探索并试图揭露科学研究和未来技术的真面目,但似乎只有很小一部分努力旨在超越既定的权力结构和规范,对现有的文化和社会进行质疑。或许,这就是青少年领域最典型的特征:这种具有讽刺意味的不合时宜的实践,其本质却是为极度保守的道德价值观创造出未来主义小玩意。为了克服这一点,我们认为,设计师必须超越既有的社会经济和政治结构,探究我们的社会如何以及为何会走到今天的地步。对此，一种方法是去深入研究科学批判、女性主义、酷儿理论、听觉文化研究，以及其他敢于质疑构成当今世界特权等级制度的学术知识。更重要的是，SCD 应该帮助使这些棘手的问题在公众话语中变得可见和具体，而不是在学术界、博物馆和艺术馆等排他性空间中。不应该惧怕与所谓的"大众文化"或"主流文化"进行对话，同时要避免刻意使用晦涩难懂的语言。

　　本文所强调的问题并非该领域唯一值得关注的问题，但是，对于一个主要来自学术界或与学术界有联系的社群而言，要求其进行有意义的参与和深入的研究，这并不过分。这种态度不仅可以防止其项目重蹈本文所指之覆辙以致无法实现其愿景，还能在自我放纵、狭隘观点之外提供更多的选择。当 SCD 的研究者和从业者开始重视这些问题并承担起他们的政治责任的时候，这个领域才有可能真正实现其批判性的承诺。在此之前，它仍困于自我凝视和自我评价的恶性循环之中。

　　© Luiza Prado de O. Martins 和 Pedro J. S. Vieira de Oliveira。本文为"质疑思辨和批判性设计中的'批判性'"（Questioning the "critical" in speculative and critical design）与"非/少殖民主义思辨设计备忘录"（Cheat-sheet for a non-(or less-) colonialist speculative design）两篇文章的扩展和修订版本。之前发表于编著《批评模式 1——批判性、非批判性、后批判性》（*Modes of Criticism 1 - Critical, Uncritical, Post-critical*. London: Modes of Criticism, 2015），由弗朗西斯科·拉兰霍（Francisco Laranjo）主编。经作者许可重新发布。

34. 特权与压迫：走向女性主义思辨设计

路易莎·普拉多·德·奥·马丁斯
LUIZA PRADO DE O. MARTINS

摘要

尽管思辨和批判性设计在关于设计的社会和文化作用的讨论中所占的比重越来越大，但在质疑性别压迫方面，其理论和实践都明显不足。本文将借助"交叉女性主义"的概念，对思辨和批判性设计的影响和起源进行分析，旨在质疑在这一学科内部阻碍性别讨论的根本特权，并探讨这种特权在传播压迫方面的作用；接着，提出了"女性主义思辨设计"的概念，作为一种质疑性别、技术与社会文化压迫之间复杂关系的方法。

关键词：思辨设计；性别研究；女性主义；交叉性

在过去的几十年里，我们对设计及其文化相关性的理解发生了根本性的转变。从平板电脑到智能手机，从自动吸尘器到智能冰箱，人们生活中的方方面面都由愈加复杂的"物"所接管。在这个世界上，物便是我们获取大部分经验的中介，设计已然变得越来越重要——这凸显了研究设计之物在社会中所扮演角色的必要性。

这种对设计社会学和设计文化领域日益浓厚的兴趣，是推动设计研究及许多相关领域发展的基本催化剂之一——从"通过（through）/为了（for）/关于（about）设计的研究"（Frankel & Racine，2010 年）到建设性设计研究（constructive design research）（Koskinen 等人，2011 年）。在这些不断发展的领域中，最突出的就是思辨和批判性设计（Speculative and Critical Design），这是两种密切相关的设计实践方法（Auger，2013 年），从我们日常生活中与技术互动的简单观察出发，旨在激发更深入的分析，以揭示设计之物对我们生活的深远影响（Dunne，1999 年；Dunne & Raby，2001 年）。本文将专注于这两种方法，从交叉女性主义（intersectional feminist）的视角出发，质疑其不足之处，即在资本主义、异性恋规范、性别歧视、种族主义和阶级主义社会的多重压迫框架下，挑战思辨和批判性设计在更大范围内的社会学批判抱负。尽管对压迫政治如何影响人类与科技的关系有了深刻的理解——这对于一个旨在进行批判的领域至关重要，但实际涉及这些压迫的项目却少之又少。这可能是因为，到目前为止，思辨和批判性设计的实践和理论主要发生在发达国家中经济实力雄厚的大学的特权高墙内（Prado de O. Martins & Vieira de Oliveira，2014 年）。

本文的主要焦点是审视并探讨如何在思辨和批判性设计的实践中表现并处理性别问题——对此问题的分析不能脱离对其他形式的压迫的描述。因此，本文提倡交叉女性主义的方法，其源于两个关键信念：第一，采取无政治立场则意味着顺从和促就**现状**（status quo）；第二，（性别、种族或阶级等）压迫不能分开理解。因此，不仅要有女性主义视角，还得是深深扎根于交叉性理念的女性主义视角（Crenshaw，1989 年）：作为一种理解"压迫不能被简化为一种基本类型，而且，压迫之间的相互作用共同导致了不公正"的策略（Collins，2000 年，第 18 页）。因此，本文提出了"女性主义思辨设计"（feminist speculative design）的概念，将其作为一种战略性方法，以应对思辨和批判性设计实践中系统性的性别暴力与歧视问题。

论语义学和 SCD

设计作为一门同时受益于人文和科学的学科,其独特性和不定性始终是其最鲜明的特征之一。这种天然能够与不同领域的知识相结合的能力,最近越发地激起了人们发展支持设计本身作为一种研究方法的理论话语的兴趣。作为兴趣之一,SCD——本文最感兴趣的两种设计研究和实践方法——作为一种批判性思维战略,以帮助人们反思社会中物的基本作用,也已经越来越受到重视。安东尼·邓恩(Anthony Dunne)首创了"批判性设计"这一术语,将其定义为一种"使用思辨性的设计方案来挑战关于产品在日常生活中所扮演的角色的狭隘假设、先入为主的和固有的观念"的设计实践方法(Dunne & Raby,2008年,第265页)。通过挑战先入之见,批判性设计运作于不稳定的暧昧之域,即政治和文化的交叉地带;邓恩和雷比继续指出:"相关领域包括行动主义(activism)、警世寓言(cautionary tales)、概念设计(conceptual design)、可争议的未来(contestable futures)、设计虚构(design fictions)、质询设计(interrogative design)、激进设计(radical design)、讽刺(satire)、社会幻想(social fiction)和思辨设计(speculative design)等"(同上)。詹姆斯·奥格(James Auger)在讨论这些相关概念的语义时强调,"这些不同概念的实践之间有很多重叠之处,虽然基于地理或语境的用法有所不同,但它们之间存在着微妙的差异"(Auger,2013年,第11页)。他指出,这些术语大多是有害的,因为它们"将物从日常生活中抽离出来,而突出其虚构或学术地位"(同上,第12页)。因此,他认为"选择'思辨'(speculative)一词更为可取,因为它暗示了'此时此地'与设计概念的存在之间的直接关联"(同上)。尽管奥格的论点是合理的,但本文依然使用"思辨和批判性设计"这一术语,以在批判性理论和思辨设计之间建立一种明确的平行关系,并以此作为起点去讨论这一学科在批判中忽视了我们与设计物之间关系的基本方面。鉴于实用性和风格化的考量,下面将其统称为"SCD"。

批判理论和批判性设计

批判理论,作为一种起源于20世纪初的西方思想流派,对当代知识产生了深远的影响。最初,批判理论旨在"解放和启蒙,让能动者(agents)意识到隐形压迫的存在,从而摆脱压迫,并且有能力确定自己的真正利益所在"(Geuss,1981年,第55-56页);主张"应该通过个人推理去理解世界,而不是盲目接受教会等权威的教导"(Sengers等人)。批判理论认为,批判既是世界本身结构的一部分,也是能够改变世界结构的变革力量;因此,从酷儿理论(Turner,2000年)到建筑批评(Fraser,2005年),批判理论能对当代思想领域产生广泛影响就不足为奇了。SCD也不例外于批判理论的广泛影响:邓恩最初的构想似乎受到了法兰克福学派(批判理论的开端)的深刻影响,在《赫兹故事》(*Hertzian Tales*)中,也直接或间接地有所体现(通过引用其主要的理论家)(Dunne,1999年,再版2008年,第36页;第83页;第94页;第96页;第98页)。邓恩认为,设计之物是一种手段,以激发人们对人造世界的社会学、心理学、文化或其他方面的批判性认知。显而易见,批判理论与其相似之处在于:物经过设计成为能够承载批判性话语的实体——它们的存在本身就有可能改变所处的世界。有趣的是,邓恩和雷比(Dunne & Raby,2010年)在试图与法兰克福学派和批判理论保持距离;然而,正如巴德泽尔夫妇(Bardzell & Bardzell,2013年,第2页)所指出的那样:

> "他们对批判性设计的表述与批判理论有着不可置疑的亲缘性,前者语库中的'选择的错觉''被动性''强化现状''轻松的愉悦和顺从的价值观'以及'受资本主义制度推动'等措辞,都带有明显

的法兰克福学派意识形态的印记。"

巴德泽尔等人(Bardzell等人,2012年)与博文(Bowen,2010年)进一步探讨了批判理论与SCD的关系。然而,借用批判理论的方法来研究社会和文化变革,SCD有可能会重蹈批判理论的覆辙,即"倡导社会应该向往'更好的世界'的精英主义观点"(Bowen,2010年,第4页)。这种精英主义倾向,在诸如霍克海默(Horkheimer)和阿多诺(Adorno)[1]等批判理论家的著作中便有所体现,这似乎也影响了邓恩(Dunne,1999年,再版2008年,第94页的工作:

> "正如阿多诺对现代古典音乐和流行爵士乐的对比所证明的那样,这种方法与激进作品的核心矛盾相冲突。**因为,一部主流电影的目标是即刻被广大观众所理解和接受,而实现这一目标,必然会削弱其批评潜力。**"

诚然,任何试图对世界进行批判的作者,都有可能面临着这样一种风险:以一种高高在上、阶级主义的方式说话和行动。从特权视角出发会非常容易忽视种族、阶级和性别的问题,因为特权之所以是特权,恰恰是因为"赋予一个群体而不是另一个群体以特权的过程,对被赋予特权的人来说,往往是不可视的"(Kimmel,2003年,第4页)。对法兰克福学派的大多数批评都针对的是其所提出的社会批判视角,正如盖尔斯(Geuss)所述,(法兰克福学派对社会进行批判)"不是因为社会给一些受压迫群体带来了痛苦,而是因为它不能满足文化精英衰弱的神经"(Geuss,1981年,第82页)。博文(Bowen,2010年,第4页)同时也对SCD和批判理论直截了当地提问道:"一个'更好的世界'是按照谁的标准来定义的?"

恰如纽约现代艺术博物馆(MoMA)网站上"设计与暴力"(Design and Violence)展览的评论区所体现的,邓恩的精英主义观点似乎在其同行那里得到了认证[2]。这篇由约翰·沙克拉(John Thackara)撰写的博文,开篇讨论了伯顿·尼塔(Burton Nitta)的"流涎共和国"(Republic of

Salivation)项目[3]。评论区很快变成了针对SCD以自我为中心、从特权视角理解世界的批评阵地。设计师詹姆斯·奥格迅速回应了这种批评,并提出了一个问题:"这种对阶级制度的迷恋是什么?或许英国确实存在财政问题,但我们大多数人在很久以前就已经不再被这些分歧所困扰了。"[4] SCD内部这种高人一等、阶级主义和以自我为中心的态度,可以通过其作为一门学科的成立历史来解释:在欧洲发达国家相对安全和稳定的环境中实现理论化,并且主要由拥有特权的白人男性中产阶级进行实践。虽然SCD对特权政治的理解普遍狭隘,但是,由设计师安娜布·贾因(Anab Jain)创立的Superflux工作室就是一个例外,该工作室与印度本土合作进行的一系列项目十分令人钦佩[5]。这种自下而上的群体赋权,是Superflux项目的标志之一,这与SCD中常见的家长式说教立场形成了鲜明对比。皇家艺术学院(Royal College of Art)的博美尾崎(艺名为Sputniko)是少数公开探讨性别问题的SCD实践者之一,尽管其视角仍存在一些明显的问题。比如她的"月经机器"(Menstruation Machine)项目,视频所表现的是:"一个有异装癖的日本男孩隆(Takashi)穿上了'月经机器',试图在生理层面上将自己打扮成女性,而不只是在外表上看起来像女性"[6]。

尽管该项目对性别问题的讨论有一定的促进作用,但是,项目描述本身体现了博美尾崎对性别和酷儿理论基本认知的不足。比如,用含有贬义的"异装癖"来描述隆[7],[8];不加批判地使用"生理装扮"(biologically dressing up)的概念,将其作为一种性别特征——这一表述无意中暗示了长达数十年的女性主义运动中,关于生物本质论与反生物本质论之间的激烈讨论(Stone,2004年);或者是对跨性别群体的描述(而这还是由一个顺性别女性所呈现的),这些都凸显了该项目在性别认同上存在的问题。

虽然近年来出现了许多关于SCD未来的讨论,但似乎还是忽略了很多特权问题(Antonelli,2011年;Stevenson-Keating,2011年);不过,对SCD特权方式的抵制正处在酝酿之中:2014年2月,上文提到的

MoMA 网站上的"设计与暴力"展览评论区也引发几篇回应文章(Prado de O. Martins & Vieira de Oliveira，2014 年；Revell，2014 年；Kiem，2014 年)。尽管 SCD 的未来，似乎主要是白人、欧洲人、顺性别者、异性恋的未来，但这一现实可能正在迅速改变，这种态度的转变可能会有助于建立一个更平等的未来。

交叉女性主义和思辨设计

这一部分将引入一个核心概念：交叉女性主义（intersectional feminism）。"交叉性"（intersectionality）一词通常认为是由金伯利·克伦肖（Kimberlé Crenshaw）首创的（Crenshaw，1989 年），不过这个概念并不新鲜，之前也有人提过（McCall，2005 年）。交叉性指的是，不同类型的多种压迫如何交叉和相互作用决定了一个人的社会地位。例如，一位欧洲跨性别女性与一位拉丁美洲残疾女性相比，面临着不同类型的压迫。思考这些不同形式的压迫并不是为了进行比较；对比不同个体因压迫而遭受的苦痛既无用又无耻，因为我们经历压迫的方式，既可能是主观的，也可能是客观的。相反，为了更好地理解人们在这些压迫的相互作用下认识、理解和面对世界的方式，考虑压迫的交叉特征是很有必要的。

虽然关于交叉性的文章不少，但截至 2014 年，交叉性并没能发展成一门独立的学科，而是被视为一种理论立场，作为女性行动主义（feminist activism）的方法之一：大多数研究者"用'交叉性方法'（intersectional approach）这一术语来指代这些相关概念的研究应用"（Berger & Guidroz，2009 年，第 1 页）。对于在不平等分析的讨论中建立一种扎实且包容的学术话语而言，交叉性的重要性毋庸置疑；麦考尔声称，"我们甚至可以说，交叉性是女性研究及相关领域迄今为止最重要的理论贡献之一"（McCall，2005 年）。

正如前文所述，SCD 长期以来始终受困于对技术的盲目崇拜及其特权视角。但这种情况也不仅仅局限于 SCD：设计，作为父权制、阶级主义和种族主义社会的产物，在其整个历史长河中都鲜有女性的贡献得到认可。正如巴克利(Buckley)所述：

> ……受父权制体系的影响，在设计领域中很少有女性被记录在册，即使有：她们要么被定义为女性产品的设计师或使用者，要么被归入到丈夫、情人、父亲或兄弟的名下。(Buckley,1999 年,第 109 页)

女性在设计领域中的历史性沉默并不仅限于女性从业者：巴克利(同上)进一步指出，"女性作为消费者/用户的需求往往也被忽视了"。幸运的是，这种立场在过去几年中似乎正在发生改变，因为设计开始关注少数群体的需求。例如，布赫米勒(Buchmüller)在设计研究领域的工作(Buchmüller,2013 年)，巴德泽尔在人机交互(HCI)领域的贡献(Bardzell & Bardzell,2001 年；Bardzell,2010 年)，以及罗斯柴尔德(Rothschild)在设计与建筑史领域 (Rothschild,1999)所做的努力。此外，乌塔·布朗迪斯(Uta Brandes)和西蒙娜·道格拉斯(Simone Douglas)共同创立了"国际性别设计网络"(International Gender Design Network)[9]。而在新兴领域的发展中，如包容性设计(inclusive design)的理念与实践的兴起(Imrie & Hall, 2001 年；Clarkson 等人,2003 年)，项目包括设计研究实验室(Design Research Lab)的汤姆·比林(Tom Bieling)设计的"移动手语手套"(Mobile Lorm Glove)[10]，以及马塞洛·朱迪丝(Marcelo Júdice)和安德里亚·朱迪丝(Andréa Júdice)在维拉·罗萨里奥(Vila Rosario)的项目工作(Koskinen 等人,第 70－73 页)，这些都能够证明业界对设计在传播和对抗压迫方面的作用有了全新的认识。然而，在 SCD 领域中，类似的倡议似乎仍然很稀缺。

要真正构建一种能够消除不公正的理论话语而言，理解特权问题至关重要。但问题在于，特权者很难理解其自身所拥有的特权，特权之所以存在，恰恰是因为特权的受益者看不到其之所在。一个异性恋白人男性永远无法真正理解其他群体所面临的艰难处境。他永远不用担心晚上单独回家时会遭遇性侵；不必为自己的肤色而担忧工作不保，也不必承受将同性伴侣介绍给家人的焦虑。这种特权往往隐形存在，默默为那些符合排外性社会狭隘标准的群体带来好处，而不符合标准的群体则会陷入劣势。如果无视这些问题，SCD 就是在支持压迫，助力创造一个不平等的未来。

近来，不必要的性别化产品层出不穷——比如为"女士钢笔"（Bic for Her Pen）[11]，"男士酸奶"（Powerful Yogurt）[12]，以及新款性别区分的"健达惊喜蛋"（Kinder Surprise）[13]，也无益于设计文化的发展。这些产品背后误导性的营销策略，是由那些急于将性别与颜色、形状和刻板印象联系起来的包装和产品设计师所推动的。邓恩和雷比（Dunne & Raby，2001 年，第 58 页）认为，"……所有的设计都带有意识形态，设计过程是基于特定世界观看待和理解现实的方式所决定的"。既然所有设计都关涉意识形态，那么作为设计师，我们参与开发这类产品时，究竟是在向世界传递一种什么样的意识形态呢？通过设计一个充斥歧视的排他性世界，"科技所造就的系统和人工物"实际上提供了"促进性别不平等的物质基础"（Kirkup，2000 年，第 XIII 页）。

设计既可以充当压迫的帮凶，也可以成为推动社会变革的有效媒介。如前所述，SCD 试图通过人造物来激发批判性思维；然而，这一目标的充分实现似乎受到了前文所讨论的特权问题的阻碍。奇怪的是，虽然根植于批判理论，可能是 SCD 几乎不关注性别或阶级等问题的一种解释（Fraser，1985 年；Fleming，1989 年），但女性主义理论和交叉性却从批判理论中汲取灵感，并进一步发展出了自己的包容性范式，比如酷儿理论（queer theory）（Turner，2000 年）或批判种族理论（critical race theory）（Collins，2000 年）。

交叉女性主义旨在通过将压迫理解为一种高度个体化的独特经验，从而为那些遭受歧视的人赋权。类似地，SCD 质疑的是传统的"用户"观念，不再将用户视为处于明确权力等级之中的平均个体，或仅仅是设计师定义行动的容器。相反，SCD 提出，"……用户作为主角，体现了不寻常的心理需求和欲望……"。因此，以交叉性视角解决性别歧视问题，可以成为进一步发展 SCD 原初项目的基本策略。

女性主义思辨设计：方法论和讨论

本人正在进行的博士课题是"身体延展与设计人造物的政治"，本文作为该课题的一部分，旨在提出一种交叉性女性主义的 SCD 方法。本文认为 SCD 这一学科存在的问题是：虽然 SCD 拥有一个非常合理且正当的愿望——质疑我们与设计物之间的关系，但在学科实践中，其批判焦点往往停留在纯粹的审美层面。因此，本文提出"女性主义思辨设计"(feminist speculative design)的概念，作为应对这些问题的一种可能的策略。女性主义思辨设计，首先是面向 SCD 的一种方法，旨在激发人们从交叉性视角批判性地思考电子产品如何传播性别压迫。尽管"女性主义"这一概念一开始可能显得过于宽泛，但在本文中，它代表的是一种大胆的政治立场，自豪地去回应那些历史上被嘲笑、压制和忽视的边缘群体及其观点。女性主义思辨设计的方法将有助于我们更好地理解日常设计之物如何促进压迫结构的相互作用与交织，也正是这些设计之物塑造了我们所谓的"（男）人造的世界"(man-made world)——源于克罗斯(Cross, 1982 年)极具象征性的表达方式。

交叉女性主义视角对 SCD 的积极影响显而易见，但同时我们也需要讨论 SCD 对交叉女性主义话语的进一步发展有哪些可能的贡献。女性主义和女性研究，作为一种主要根植于人文学科的领域，与社会学、哲学和政治科学有着紧密的联系，长期以来主要依靠文本研究成果，如书籍、论文和学术期刊，这使得该领域的知识产出主要局限在学术界内部。然而，其所讨论的问题却是非常具体且现实的；压迫也是一种真实存在且每天都会发生的经历，会对受影响者的生活产生严重后果。这并非意味着学术知识的产生在该领域中不重要，但如果让交叉性和女性主义的观念变得难以触及或难以理解,就违背了这些方法的初衷。希尔·柯林斯(Hill Collins)在《黑人女性主义思想》(*Black Feminist Thought*)的引言中写道:

> 我不能写一本绝大多数非裔美国女性无法阅读和理解却是关于黑人女性思想的书。各种类型的理论通常都如此抽象,以至于只有少数精英才能欣赏(Collins,2000年,第 VII 页)。

一本通俗易懂、摆脱了不必要的学术主义或夸张辞藻的书,可能会是一个好的开始,但这对于发展交叉女性主义话语来说,肯定还不够。正如莱斯利·麦考尔(Leslie McCall)所声称的那样,"目前对于如何研究交叉性及其方法论,相关的讨论还很少"(McCall,2005年)。交叉性是一个复杂的主题,它通过考虑个体身份的多个方面来分析和理解压迫问题,而没有对其进行分组。换句话说,交叉性分析并没有把个体身份的各个维度分开单独看待,而是将它们视为相互关联和相互作用的整体。这就导致了一种复杂的研究路径网络,只能通过跨学科的方法来处理眼前的问题。麦考尔接着提出,"为了在研究交叉性时能够灵活运用多种方法,当务之急是打破因使用方法不同而形成的学科界限"。

因此,女性主义批判性设计可能成为交叉女性主义研究的一种非常有益的方法:毕竟,技术与人工物,以及充满设计痕迹的都是"支配矩阵"(matrixes of domination)的产物,并且是这种压迫体系的传播者(Collins,2000年,第18页)。针对系统性不平等的研究,不能忽视电子产品的广泛使用所塑造或改变的新的行为和仪式对性别身份的深刻影响。从泄露未经授权的裸照并附带受害者家庭地址的报复性色情网站[14],到黑客在女性电脑上安装恶意程序以通过网络摄像头监视她们[15],女性在使用科技产品时所面临的困境与男性完全不同[16]。虽然一些学者已经在研究技术与性别压迫之间的相互关系,即技术如何加剧性别压迫以及这种关系对社会的影响(Kirkup,2000年;Du Preez,2009年;Balsamo,1995年),但大多数成果都是纯文本性的:该领域明显缺乏实际的、非理论性的观点。

女性主义思辨设计,将关注人造物的使用,以激发人们去反思那些给予特定群体以过度优待而压迫其他人的特权。最近,瑞士的女性组织"苏黎世妇女中心"(Zurcher Frauenzentrale)开展了一项媒体宣传活动,呼吁人们关注工资差距问题。活动设计了一个情境:男性从自动取款机取款时只能拿到预期金额的 80%。这类设计灵感可以为女性主义思辨设计项目提供启发。探讨与性别相关的互联网隐私、质疑精英体制、解决性别暴力问题,或消解"男性凝视"等(Mulvey,1997 年),这些都可以成为女性主义思辨设计项目可能的探索方向。SCD 自带的反乌托邦特性特别适合处理此类议题:对于少数群体而言,当今社会或许本身就是一种反乌托邦,女性主义思辨设计可以关注并质疑这种现象的本质,探究他们未来可能会面临的社会境况挑战,以及他们所期待的未来图景。通过设计之物的诗意、主观和抽象维度,向观察者发起挑战,使其反思自身在袒护社会不公中所扮演的角色。

然而,我们也面临着如何克服女性主义理论过于学术性以及 SCD 的精英主义的问题:设计能否真正激起社会变革?从女性主义理论的角度出发,通过设计物承载批判性内容或许确实是一种有趣的策略,但是,如何去呈现这些物却是另一个棘手的问题。为了忠于女性主义思辨设计的初衷,必须避免仅在学术场所、画廊或博物馆中展示这些人造物,这一点至关重要。在理想情况下,女性主义思辨设计项目应该具有自己的生命力,不仅仅停留在设计师的创作过程中,而是具有文化相关性,能够被分享、评论、质疑和批评。在 SCD 中,另一个需要在交叉性视角下重新认真考虑的就是"代表性"(representation)的问题:如果一个关于未来情景的视频或照片系列只涉及白人、欧洲人和中产阶级,那么这对少数群体的未来有什么意义呢?

诚然,改变社会并非易事,因为压迫的结构已经深深扎根于我们周身的一切,从语言到建筑。指望一个设计之物在社会中产生引人注目且立竿见影的影响是天真的。不过,变革往往是渐进的,首先发生在我们个体的日常生活和思想中,然后才会在更广泛的层面上变得显著和可感知。单靠设计无法改变社会,尽管如此,设计作为社会价值的产物和推动者,当我们以跨学科和批判性的立场去引导它,还是可能会引发显著的文化转变。那些承载着压迫质疑的设计之物,或许会像蝴蝶效应中的翅膀一样,掀起微小却潜在深远的变革浪潮。女性主义思辨设计关注的正是这些可能带来社会变革的契机。

尽管女性主义思辨设计肯定不是发展设计领域真正批判性话语的唯一途径,但它具备成为有效工具的潜力。相比文字,刺激我们离开舒适区的体验通常是更强有力的媒介,通过亲身经历某种情境或事件,人们更容易感受到疏离和不适,从而引发反思。电子产品对我们与他人的日常互动的调解(mediation),是建立在复杂的权力等级结构之上的,女性主义思辨设计可以去揭露、反思并有望改变的正是这种技术迷人而光鲜的外表下的深层结构。

© 2014 Luiza Prado de O. Martins。之前发表于 2014 年 DRS 会议论文集《设计大辩论》(*Proceedings of DRS 2014：Design's Big Debates*. Umeå, Sweden：Umeå Institute of Design, Umeå University),由克里斯蒂娜·尼德尔、约翰·雷德斯特伦、埃里克·斯托尔特曼(Erik Stolterman)和安娜·瓦尔托宁(Anna Valtonen)主编。经作者许可重新发布。

35. 可持续创新是一个悖论吗?

伊丽莎白 B.-N. 桑德斯
ELIZABETH B.-N. SANDERS

摘要

今天,我们面临着来自经济、环境和社会的重大挑战。即使通过"革新式创新"(radical innovation),也不足以应对抗解问题(wicked problem)。利用设计创新应对这些挑战、确保未来可持续发展的前提就是,我们的设计过程要向所有人开放。单纯以设计为主导的创新可能无法实现可持续性未来,除非是由协同设计所驱动。协同设计(co-design)将创造和交流的工具交到了那些被设计所服务的人手中,这样,使我们所有人都能共同理解未来。可持续创新并不是一个悖论。

引言

在今天,尤其是在美国,我们可以清晰地看到在过去的 50 年里,设计是如何运作的。自 20 世纪 60 年代以来,消费主义增势迅猛,致使这片土地上遍布着不可持续的产品和实践。在今天,许多消费者还没有意识到这一点，对他们的行为产生的负面环境影响感到困惑。在消费主义的冲击下，商业部门不惜一切代价探索创新。为了保持竞争优势，各个公司都转向了"革新式创新"（Verganti，2009年）。

近来，一种与不断增长的消费模式相对的反向运动开始崭露头角。首先，经济衰退使人们突然意识到，不能再像以前那样不加节制地铺张消费了。同时，我们看到许多人——特别是年轻人——正在努力扛起经济、环境和社会责任的大旗。各种组织也在探索可持续性的思考和行动方式。

革新式创新能实现可持续吗？革新式创新能对社会负责吗？"可持续创新"是一个悖论吗？我认为，以消费者为中心的创新不可持续，但从以人为中心的角度来推动的创新却有可能可持续。从以人为中心的视角出发，需要以长远的眼光来看待设计开发过程，并利用集体创造力来探索未来可能性。集体创造力（collective creativity），是指多人（有时甚至是一群人）共同参与的创造性行为。

设计过程正在改变

设计应该如何定位？如图35.1所示，在过去的10年中，随着一个体量庞大的大前端的出现和发展，设计开发过程的结构也发生了变化。由于其模糊性和混乱性，这个大前端通常被称为"模糊前端"（fuzzy front end）。模糊前端会涉及各种各样的活动，旨在为探索开放式问题提供信息和灵感。在模糊前端，对于如何行动，并不存在一条明确的路径，在回答任何问题之前，都可能存在着许许多多不同的探索方向。通常来讲，这个过程最终交付的是一个产品、一项服务、一种界面还是其他的什么东西（比如说建筑）我们也不得而知。这一探索的目标在于：定义基本问题，识别设计机会，同时确定什么是**不应该被设计的**。那些愿意去探索并确定"**不应该设计什么"的设计团队,可以为实现可持续未来做出重要贡献。

今天,设计师的角色正在发生变化,不仅参与团队合作,有时还承担起领导角色,带领团队应对复杂且艰巨的挑战或问题,即所谓的"抗解问题"(wicked problems)。这意味着什么呢?1973年,里特尔(Rittel)和韦伯(Webber)对"抗解问题"与相对概念"驯服(tame)问题"(即可以被解决的问题)进行了比较。"抗解问题需求的不完整、矛盾或不断变化,以至难以对问题进行识别,因此难以或无法解决。此外,由于复杂的相互依赖性,为解决一个抗解问题的一个方面而做出的努力,可能会揭示或造成其他问题"(Rittel & Webber,1973年)。对于设计师和设计团队而言,在设计开发过程中的模糊前端处理抗解问题,是一个新兴且日益扩展的领域。

模糊前端　　鸿沟　　　　传统的设计开发过程

图 35.1　设计开发过程的结构随着前端体量的增大而不断变化

在设计开发过程中,随着前端的不断发展,前端和后端之间的鸿沟也在不断扩大。这个所谓的鸿沟,正是今天设计从业者和设计教育者关注和讨论的焦点。实际上存在两种鸿沟。首先是**设计师和用户之间的鸿沟**。当设计师设计出人们不需要、不想要、不喜欢或不知道该如何使用的产品时,这种鸿沟便会出现。设计师明白他们是在为他人做设计,但他们可能缺乏足够的信息或工具来确保设计符合用户的需求和期望。如今,大多数设计师都承认,他们无法确切了解"用户"到底会说什么或做什么。应用社会科学家及其他领域的研究人员已经介入设计过程,旨在为设计师们提供与人相关的信息及洞察。这些研究人员所充当的角色,通常是"用户"代表或倡导者。这在一定程度上有助于缩小鸿沟。例如,民族志(ethnography)作为一种研究方法,能够提供关于人、背景和经验的知识,这些知识在设计过程中非常有用。

但随着研究人员走进设计领域,现在更多人开始谈论**研究人员和设计师之间的鸿沟**。这种鸿沟可能会导致一系列的问题,比如,因理解不同而产生的冲突、因沟通不畅而产生的误解,以及因缺乏尊重而形成的不和谐氛围等。鸿沟存在的原因在于,不同学科背景的人之间存在着专业技能、语言和思维方式等方面的差异。因此,虽然模糊前端为设计团队提供了进行创新和探索的背景,但也带来了新的挑战:协作参与者之间的专业差异所导致的沟通障碍和合作困难。

当我们谈及为未来体验而设计和创新时,谁才是真正的专家?我想说的是,真正的专家是那些我们试图通过设计过程所服务的人,而不是设计师、研究人员、工程师或商业人士。有了这种思维方式的转变,我们可以邀请未来"用户"参与到设计过程的模糊前端,并**与**其合作进行设计,而不仅仅是**为**他们设计。共享的参与式思维可以打破学科和/或文化边界。当我们能够创造适当的环境、引入合适的材料,以保障并激发集体创造力时(Sanders,2013年),我们便拥有了支持探索新想法的设计空间,即使是面对抗解问题。

设计师及其所服务对象的新角色

从**为之设计**(design for)到**与之设计**(design with)的转变,也极大地改变了设计师及其所服务对象的角色定位。图35.2展示了这些角色和关系随时间变化的情况。

共同创造者	
共同设计师	
"脚手架"搭建者	适配人员
推动者	参与者
以用户为中心的设计师	用户
设计师	消费者
设计师	客户

图 35.2 设计师(左列)及其所服务对象(右列)所扮演的角色随时间推移的改变

图表的最下面两行反映的是前不久的情况,设计师为工业服务,而人们扮演着客户和消费者的角色。再往上一行,以用户为中心的设计是一个关键节点,它将设计的关注点转移到了未来用户身上,但思维方式却仍然是"为"他们而设计。第四行体现了协作设计的思维方式介入下设计角色和关系的特征。在此,我们可以看到设计师的角色发生了变化,变成了协作设计过程的推动者,而未来用户成为该过程的参与者。正是在这个阶段,设计师学会了如何激发非专业设计人员的创造力。随着时间轴继续往上走,设计师也开始探索如何搭建"脚手架"(提供一种工具或方法),以帮助支持或激发非专业设计人员自身的创造力(Sanders,2002 年)。在最上面的两行中,双方角色融合在了一起,往往难以区分开来。在这种情况下,设计师的主要任务是在被服务人群集体创造力的催化过程中发挥积极作用。

值得注意的是,图 35.2 中所示的所有角色定义关系,在今天都很重要,且具有相关性。设计需要同时服务于工业生产和人民生活。事实上,不同角色关系的涌现以及设计目标的差异,正在促使设计教育者们对高校设计课程进行根本性的重新思考和重塑。我们需要同时传授给学生为/与他人设计的经验,使其自行决定将来自己要成为什么样的设计师。

什么是共创空间？

设计目前所处的阶段已经与前不久有所不同了。设计，不再只关乎可视化或个人创造力的应用。

设计师被邀请去解决的问题已经超出了个人能力范围，无论他们是多么聪明或富有创造力。情况非常复杂。我们面临着重大挑战，因为问题呈现出抗解的姿态，而设计领域的新景观又很模糊。我们应对今天所面临的重要挑战的唯一途径，就是集体合作。集体创造力可以促成切题且可持续的创新。

在设计开发过程的模糊前端，面对抗解问题时，会呈现出怎样的情境？图35.3展示了一种嵌套性设计空间的概念表达，可以帮助理解和探索复杂的模糊前端（Lerdahl，2001年）。

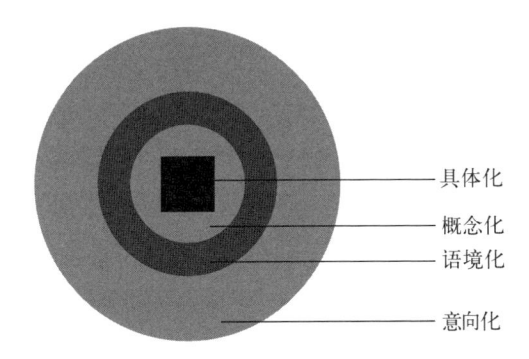

图35.3　模糊前端阶段的设计空间指导框架，该阶段的特征为：问题呈现抗解状态，所涉及场景亦十分笼统

观念的**具体**（embodiment）表现（例如最终人造物、活动或体验等）位于核心位置。这是设计的最终产物。具体表现有多种形式，取决于目标和挑战的处理方式，可能是某种传统设计类型（例如产品、传达、空间或系统等），也可能是新设计景观的衍生形式，例如服务设计（service design）、社会设计（social design）、设计虚构（design fiction）等。

概念设计空间（conceptual design space）围绕着作为具体产物的核

心,关涉所有在设计探索中起到或即将起到引领作用的领域。概念设计空间之外是"语境设计空间(contextual design space),后者会受到与设计开发相关的各种更广泛且不断变化的领域的影响,包括使用与所有权、使用环境、制造限制与机会、分销模式与流程、销售与市场营销等。

语境设计空间再往外是意图设计空间(intentional design space)。意图设计空间的背景是思辨性未来,旨在思考未来的意义或者发展方向。因此,在这一设计空间中进行探索有助于我们应对抗解问题,识别潜在机会。可能会涉及的探索主题例如:

我们如何改善人们的生活?

对人们来说什么是有意义的?

人们看重什么?

人们渴望什么?

在未来人们会认为什么是有用的?

意图设计空间直指未来,在此进行设计探索的具体产物往往是组织转型、行为改变和/或社会变革。如图 35.4 所示,设计开发过程的模糊前端主要位于意图设计空间中。

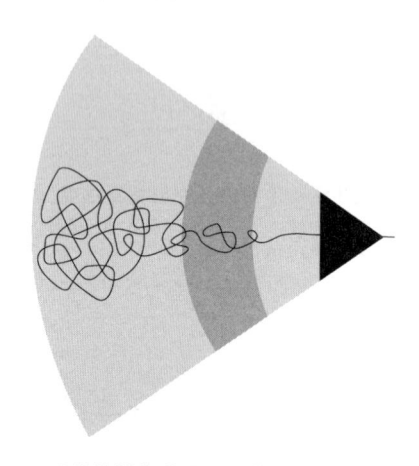

图 35.4　设计的模糊前端位于意图设计空间中

从具体产物到概念，到语境，再到意图的过程中，设计空间变得越来越模糊，也越来越复杂。因此，我们需要新的想象、可视化和沟通工具，以同时满足二维和三维的想象与表达。最好还能支持四维（即随时间变化的设计）的情况，用以创建与反思未来设计的使用情境。

在更大的设计空间中进行探索，设计师往往需要与来自不同学科背景的人进行合作。集体视角下的观察，有助于我们深入理解所见事物，并同时从多个角度采取行动。因此，如果在模糊前端进行集体协作，我们就能够获得更长远的视野，从而更有可能实现切题且可持续的创新。

如何进行共创实践？

我们该如何在模糊前端进行集体共创呢？参与式原型循环（participatory prototyping cycle，简称PPC）便是一种设计共创模型（Sanders，2013年），邀请所有的利益相关者参与设计过程，并为其提供工具和方法，推动活动的顺利举办，甚至参与者们无需设计背景及相关经验便能自主使用这些工具和方法举办活动。PPC将创建（make）、讲述（tell）和扮演（enact）相结合，并形成相互推动的循环关系（如图35.5所示）。例如，将想法转化为实物的创建过程，对很多成年人来说可能并不容易，但所有人都会讲述故事和角色扮演，尤其是在刻意营造的创造性氛围中。通过将创建、讲述和扮演结合起来，我们可以让那些不擅长创建的人能够将他们对未来的想法和感受外化。

PPC也是一种设计行动框架。在未来设计领域中，原型设计是通过创建、讲述和扮演的迭代循环进行的。PPC模式的独特之处便在于对创建、讲述和扮演之间的循环和迭代关系的强调。你可以从任何一个点切入——**创建**一些物品、**讲述**关于未来的故事，或者**扮演**可能的未来经历——继而转向其他环节。

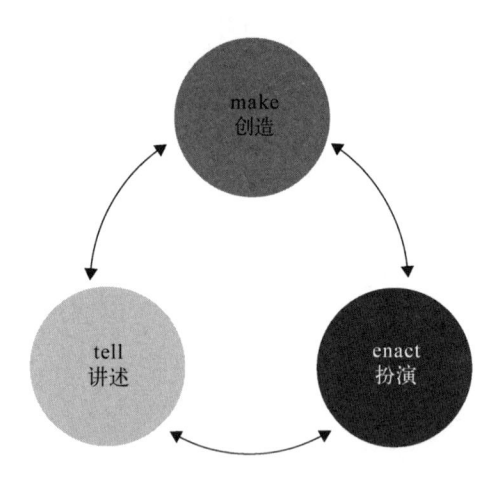

图 35.5　参与式原型循环(PPC)作为一种行动框架,也是一种设计共创模型

创建,即将想法具体化为人造物的形式。设计过程从早期发展到后期,所创建的人造物的形式和性质也会有所不同。在设计过程的早期,所创建的可能是一些对体验或经历的描述,而后期可能更类似于具体的物和/或空间。讲述,即对未来使用场景的口头描述。可能是对未来叙事的讲述,也可能是对某个未来场景中人造物的描摹。但这对于那些无法通过语言表达自己的隐性知识的人来说,可能有点困难。扮演,即在一定环境中使用身体来表达关于未来体验的构想。扮演也包括假扮(pretending)、表演(acting)和表现(performance),后两者在设计过程的后期尤其有用。近来,人们开始感兴趣于将各种各样的扮演形式当作一种设计工具(例如,Burns 等人,1995 年;Suri & Buchenau,2000 年;Oulasvirta 等人,2003 年;Buxton,2007 年;Simsarian,2003 年;Diaz 等人,2009 年),其中一些工作是设计师与最终用户和其他利益相关者合作完成的。

在设计开发过程中 PPC 如何运作

　　PPC 在设计开发过程中是如何运作的呢? 如果把 PPC 看作是

一颗生成性种子，那么随着时间的推移，它会在设计过程的各个阶段间移动和翻滚（如图 35.6 所示）。受团队构成和项目类型的影响，各个阶段的主导活动（即创建、讲述和扮演）也会有所不同。

模糊前端　　鸿沟　　　　传统设计开发过程

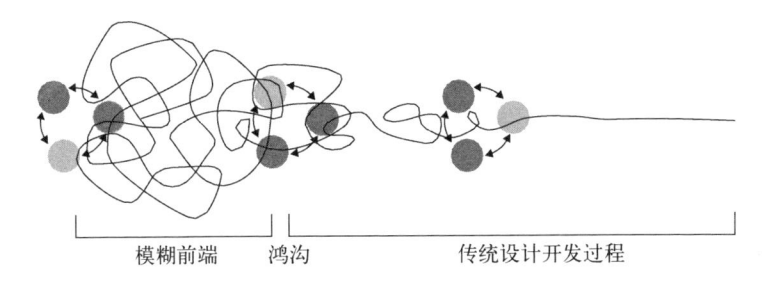

图 35.6　参与式原型循环的运作情况

在模糊前端阶段，扮演是主导活动，因为该阶段的重点在于探索和理解体验——过去、现在和未来的体验。扮演便是实现这一目标的最理想媒介。最早期时，扮演形式的最佳措辞应该是假扮。后续的扮演形式还可能包含即兴表演（improvisation）和表现。虽然扮演可以独自进行，但如果以协作的形式完成，则更具唤起性和挑衅性。扮演活动过后，创建和讲述活动也会进一步产生协同作用。

在鸿沟阶段，创建是主导活动，因为该阶段的重点在于探索想法并将其可视化，以明晰什么样的未来情境是有意义的。创建所形成的各种形式能够为未来赋形，扮演和讲述活动便可在此基础上对未来场景和叙事进行丰富和延伸。早期的创建形式包括映射图（maps）、时间线（timelines）和拼贴画（collages），后续还包括道具（props）、魔术贴模型（Velcro-models）和粗糙原型等。传统的原型设计形式（比如草图和模型制作）出现在设计开发过程的后期。

在设计开发阶段，讲述是主导活动，旨在保持想法的活跃和发展。各种讲述形式包括讲故事（最早期阶段）、描述所设想的人造物，以及演讲和销售活动（后期阶段）等。如果参与设计方法贯穿整个设计流程，那么主要的讲述形式就是告知或分享。因为未来用户和其他利益相关者很可能已经完全接受了这个设定。反言之，如果没有采用参与式方法,那么主要的讲述形式便是销售,因为设计师依然需要去说服那些将受到设计影响的人,使其相信设计结果对其有益。

随着时间的推移,参与式原型循环的运作模式及相应形式也会有所变化,如图35.7所示。在整个设计过程中反复使用PPC可以帮助弥合模糊前端与设计开发过程之间的鸿沟。

	模糊前端	鸿沟	设计开发过程
创建	映射图、拼贴画、时间线	粗糙原型、魔术贴模型、道具	草图、实体模型、模型、原型
讲述	分享梦想、讲故事	分享想法、展示构想	提出概念、售卖想法
扮演	假装、角色扮演	即兴表演、情境构建	表现、展示

图35.7 创建、讲述和扮演活动在模糊前端、鸿沟和设计开发过程中所呈现的不同形式

总结:我们要去哪里?

今天,我们面临着经济、环境和社会的重大挑战。设计创新可能有助于应对这些问题,但前提是,设计过程要向所有人开放。大多数人在参与设计过程时会运用自己所擅长的学科领域的工具、方法和思维方式。然而,要解决当今的复杂挑战,需要跨学科人员的共同参与。以个体设计师为中心的革新式创新,已经不足以应对抗解问题的挑战了。为了迎接可持续未来,设计主导的创新需要以**协同设计**为基础。因此,本文倡导参与式原型设计方法,并从设计开发过程的模糊前端便开始引入,以推动可持续创新的实现。

实际上,年轻人比老年人更易于接纳参与式实践,尤其是千禧一代,他们往往也非常擅长参与式的设计学习与实践,因为在他们的世界观中十分重视参与和合作。随着越来越多的年轻人在组织和群体

中担任更有影响力的职位,协作设计也将会在未来蓬勃发展。可持续创新也并不是一种悖论。

© 2015 Elizabeth B.-N. Sanders。之前发表于会议论文集《改变范式:为可持续未来而设计》(*Changing Paradigms: Designing for a Sustainable Future*. 1st Cumulus Think Tank Publication, December 2015. Aalto University School of Arts, Design and Architecture, Finland),第296-301页。经作者许可重新发布。

36. 社会创新与设计：赋能、复制与协同

埃佐·曼奇尼
EZIO MANZINI

> 授人以鱼，不如授之以渔，
>
> 授人以鱼只救一时之急，授人以渔则可解一生之需。
>
> ——《道德经》

引言

当代社会，人们在日常生活中普遍面临着新的挑战。越来越多的人正在利用自己的能力和现有资源创造新的可持续的生活和行为方式。尽管总体而言，这些创新还远远未能发展成为主流，但一个新的世界正在崛起：一个可持续发展的世界，作为当今主流世界的替代性选项。

这样的说法引起大家的广泛共鸣了吗？还是说所谓的新世界只是我们的一厢情愿？或者，恰恰相反，这种可能性有章可循：虽还未能成为现实，但是如果采取必要的措施，就有可能变成现实？

为了促进这一进程，本文将展开一段社会创新之旅，从社会创新概念的介绍开始，集中关注那些最有前景的案例，并探求一些策略，即**赋能**（empower）、**复制**（replicate）和**协同**（synergize），以推广其成功经验。最后

将在此框架内概述设计可以采取哪些措施来构思或强化此类案例。

社会创新

404

一旦我们开始观察社会，搜寻社会发明，便会发现各种各样的有趣案例：共享服务以降低经济和环境成本的家庭小组，创造了新形式的邻里关系（例如**合租**，以及社区和邻里之间的各种**共享**和**互助**形式）；新的交换和易物形式（例如**当地交换交易系统**和**时间银行**）；老年人和年轻人的互助服务（例如**协作社会服务**），也是在倡导新型福利理念；居民自建并自行管理的社区花园（例如**游击花园**、**社区花园**和**绿色屋顶**），对城市环境和社会结构都有所改善；替代私家车的交通系统（例如，**共享汽车**、**拼车和共享单车**），生产者和消费者之间的公平交易和直接贸易（例如，**公平贸易项目**）。诸如此类的项目可能会继续延伸到日常生活的各个领域，并出现在世界各地（若想了解更多关于社会创新案例的信息，请浏览 Young Foundation、Social Innovation Exchange、NESTA 和 DESIS 的相关网站）。

这些项目第一个也是最显著的共性在于，它们都是社会技术变革的产物，通过对现有资源（**从社会资本到历史遗产，从传统手工艺到可用的先进技术**）的创造性重组，旨在以新方式实现社会认可。第二个共性是，它们都是由社会需求而不是市场和/或自主技术科学研究所驱动的创新形式，并且其推动者更多是所涉及的参与者而不是专家。我们总体上可以将这些项目都称为"社会创新"（Mulgan，2006 年；Murray，CaulierGrice，Mulgan，2010 年）。更准确地说，是致力于可持续发展的底层社会创新（Jégou，Manzini，2008 年）。

有前景的案例

通过观察我们可以发现，大多数社会创新案例挑战了传统的做事方式，引入了不同的更可持续的新行为。当然，我们应该对每个案例都进行详细的分析(以更准确地评估其环境和社会可持续性)。不过,我们可以对这些案例所展现的可持续发展基本准则的特征进行研究。

首先,这些变革项目展现了前所未有的力量,可以将个人利益与社会和环境利益(例如巩固社会结构)相融合,并创造更具可持续性的新的福祉观念:更重视社会和物质环境质量,倡导关怀态度、慢生活节奏和协作行动,推崇新的社区形式和地方性观念(Manzini,Jégou,2003年)。

此外,这种福祉的实现似乎与环境可持续性的主要准则相一致,例如:对共享空间和共享物品的积极支持态度;对生物性、地域性和季节性食物的偏好;本地网络再生趋势;以及最后,也是最重要的,推崇一种更少依赖运输、更能整合可再生能源和生态效益系统的经济模式(Vezzoli,Manzini,2008年)。

正是因为这些案例所提出的解决方案能够将个人利益与社会和环境的利益相结合,所以它们才应该被视为有前景的案例。虽然这些倡议的践行方式和出发点各不相同,但都旨在引导人们的期望和个体行为朝着更加可持续的生活和生产方式发展(Jégou,Manzini,2008年)。

创意社群

每一个有前景的社会创新案例背后都有一群在构想、发展并管理它们的人。这些人大体上有一些共同的基本特征:由一群人组成团体,合作创造、改进和管理创新性解决方案。通过对已有资源、观念、方法和实践等进行重新组合来实现这一目标,而不是等待整个系统(如经济、机构、大型基础设施等)发生全面的变化。这就是所谓的**创意社群**(creative communities):一群合作创造、改进和管理创新性解决方案以实现新的生活方式的人(Meroni,2007年)。

第二个特征是,他们所关注的问题都来源于当代日常生活,例如:如何克服过度个人主义带来的孤独感?如果家庭和社区不再提供传统支持,我们该如何组织日常活动?生活在全球化大都市中,我们如何满足对天然食品和健康生活条件的需求?在全球贸易强大的体系下,我们如何支持本地生产,保护其不被碾压?

创意社群生成的解决方案能够回答以上问题。这些问题既是我们日常生活中经常遇到的,又涉及了深层次或根本性的挑战和变革。虽然占主导地位的生产和消费体系为我们的生活提供了大量的产品和服务,但它却无法回答这些问题,最重要的是,无法从可持续的角度给出充分的答案。因此,我们可以说,创意社群运用它们的创造力,能够站在与主流思维模式不同的视角上看待问题。这样一来,他们就在有意或无意之间推动了社会朝着可持续发展的方向迈进。

第三个共性是,创意社群均催生于**需求和机会**的原始结合。需求始终来自当代日常生活中的困扰,而机会则产生于两个基本要素的不同组合:**传统**的存在(至少是记忆的存在)以及(通过恰当的方式)利用现有技术集合的可能性(**以产品、服务和基础设施的形式**)(Rheingold,2002 年;Bauwens,2007 年;Leadbeater,2008 年)。

协作组织

创意社群是随着时间不断发展演变的活跃实体。经过仔细观察就会发现,他们所创造的那些有前景的案例,可以被视为不同阶段的组织发展的代表。实际上,当创意社群逐渐成熟并形成稳定的组织结构时,就会转变成一种新型组织,即**协作组织**(collaborative organizations),在实践中可以充当社会服务机构、负责任的企业或用户协会(Jégou,Manzini,2008 年)。

• **协作服务**(collaborative services)是一种特殊类型的服务,最终用户积极参与其中,并承担服务的共同设计者和共同生产者的角色。例如:可供不同年龄段的老年人居住的资源共享型社区,以满足他们多样化的需求和生活方式;促进老年人和年轻人共享住房的服务,学生可以找到便宜的家庭式住宿,同时给予独居的独立老人帮助、陪伴和经济支持;以及小规模的自助托儿所,最大限度地利用现有资源,如家长们的能力(社会资源)和房屋(物理资源)。

- **协作企业**(collaborative enterprises)是一种创新型企业生产和服务举措,通过鼓励与用户和消费者建立直接关系,支持基于本地活动的新模式。在这种情况下,用户与消费者也成了共同生产者。例如,使客户体验食物链生物多样性价值的农场、教人们如何重复利用旧材料的本地企业、用以交换二手运动器材的商店、为创造更适合协作的居住方式而翻新房屋的住房公司。

- **协作联盟**(collaborative associations)是一些通过合作去努力解决问题或寻找新的可能性的团体,在这个过程中,他们也成为成果的共同缔造者。例如:共同将废弃地段打造成共享社区花园的居民、利用自己的烹饪爱好进行社会服务的自组织团体、交换时间和技能的互助小组、组织小学生打理菜园的教师和老年人组成的团体。

创意社群及其可能产生的协作组织的重要性,不只体现在社会学意义上(尽管其确实反映了当代社会的一个重要方面),也不仅仅是因为其为初创企业创造了潜在的利益市场(虽然这样的机会非常值得探索),更在于它们是可持续生活方式的"原型",可以作为应对当今日常生活中的很多紧迫问题的有效解决方案。因此,它们经过传播后有潜力促使更多人支持可持续的生活方式。

规模化

本文所介绍的创意社群和协作组织其实是一种自下而上的举措:这些有前景的社会创新项目的产生,都得益于"底层"行动。但是,如果对其从最初的概念发展到更成熟的组织形式的演变过程进行更深入的现象就会发现,创意社群和协作组织的长期存在,甚至往往只是其创立,都取决于复杂的机制:相关人员自发采取行动(自下而上的互动)之后,还需要其他类似组织的信息交流支持(同层之间的互动),以及来自机构、公民组织或企业等不同层面的干预(自上而下的互动)。

例如,一个"小型自助托儿所"之所以能够存在,是因为家长们的积极参与。不过,这一构想很可能借鉴了其他类似团体组织的经验(最终也会与其中一些组织进行互动),也会得到自上而下的特定举措和赋能工具的支持(例如指南手册,以指导项目启动和管理程序)、地方政府在评估方面的支持(以确保符合既定标准),以及中央服务机构的支持(以应对托儿所自身无法解决的教育和医疗问题)。这些例子告诉我们,**创意社群和协作服务被视为自下而上的举措,不是因为一切都发生在基层,而是因为其存在的前提是直接利益相关者的积极参与。**

因此,这些社会创新举措的创立、日常运作以及可能的改良,通常都是在自下而上、自上而下以及同层之间这三种形式相互交织的复杂互动中进行的(视情况而定)。正是基于这一基础,我们可以假设,即使无法做到对每个创意社群和协作组织的必要组成部分的创造力和协作行动的面面俱到的规划,我们也还是可以采取一些措施来保障其运作,并提高其潜力。因此,目前所面临的挑战是:如何在保障原有举措的关系特质的同时,对这些有前景的社会创新案例进行巩固和联合(consolidate),使其形成规模化(scale-up)?换句话说,如何在不大幅扩张规模的情况下提升其社会和经济影响?仔细观察正在运作的项目就会发现,这种可能性确实存在。事实上,如果在20世纪,小型地方性举措的联合和规模化只能意味着规模扩张以及官僚结构的扩大。然而今天,在网络时代,存在着更多的可能性。本文将主要提出两种补充性设计策略:(1)通过联合多个有前景的案例,让更多的人**赋能**(从每一个"社会英雄"到每一群"积极分子"),以在其他语境中(从少数到多数)去传播和**复制**那些最佳想法;(2)将几种不同的小项目整合为一个更大的计划,使其产生**协同**效应(从本地到区域)。

赋能与复制

将原始创造和工作原型发展成为持久有效的协作组织,需要两方面的支持:一方面是**有利的环境**,能够为其创造包容的规范以及积极的经济及社会文化生态;另一方面是**赋能性解决方案**,能够使原始创造变得容易理解和使用（accessible）。

有利的环境

正如上文所述，创意社群和协作组织都是能够有机演变的活跃实体，其形成和发展依赖于环境的质量。与此同时，创意社区和协作组织作为新生事物，往往出现在复杂的甚至可能与之矛盾的环境中，换言之，环境可能为其提供支持和资源，也可能会为其带来困难和阻碍。

对创意社群和协作组织而言，最有利的是具有高度包容性的环境。由于本文所讨论的有前景的案例本质上是一种完全不同于现有规范的组织形式，因此，"培育它们"意味着要接受一些可能不符合现有规范和法规的事物。所以说，创意社区和协作组织的蓬勃发展需要社会、经济、政治和行政等各个层面上的包容。

但是，我们在这里所说的包容也并不是一种既定特质，它取决于不同社会参与者在不同时间、处理不同议题时所做出的广泛选择。换句话说，要提高创意社群所处环境的包容性，需要**新的治理工具**，以创造一种有利的社会、政治和行政环境，并因此促进特定语境化传统的再生，或者构建适当的技术基础设施，培养新的人才（技能和能力）。如何才能做到这一点？显然，答案不止一个，也并不简单。然而，一些特殊的机会正在出现。尤其是来自互联网的新组织模型的传播，可以作为一种赋能技术，促进从当前僵化的等级制治理模式向灵活、开放的横向治理模式的转变，而后者正是支持创意社群和协作服务所必需的。最后，能够认识到社会创新会带来商业潜力的企业家的存在，是另一个有利于社会创新的环境因素。当这样的企业家真的存在时，就很可能会出现一个非常有趣的良性循环：新的商业理念和新技术可以支持社会创新，反之亦然，社会创新也能够触发新的商业和技术机会，进而促进新的可持续性经济。

在我看来，这种良性循环最显著的案例就是过去 20 年中食品和农业领域所形成的基于本地和季节性食物的新食物网络，其新的价值和可行性已经得到了广泛认可。这种新模式挑战了全球范围内占据主导地位的不可持续的农业工业化模式。必须补充的是,这一革新性积极创新包含各种各样的运动和支持性活动,比如"慢食运动"(Slow Food),在实践层面上与农民和消费者/共同生产者进行参与合作,在文化和政治层面上与意见领袖和政策制定者进行交流(Petrini,2007年;2010年)。

赋能性解决方案

孕育新创意或对现有创意进行创造性调整和管理,甚至只是投身于正在运行的项目,通常都需要参与者投入大量时间,以及全身心奉献的承诺。虽然这种几近英雄主义的一面是这些举措最迷人的特征之一,但这同时也限制了其长期存在以及被更多人复制和采用的可能性。因此,这似乎是协作组织传播的主要限制:跨越承诺门槛成为他们的推动者,甚至只是积极参与其中的人数量有限。就其在实践中呈现出的实际效果和社交效应而言,这些举措对许多人来说还是很有吸引力的,但实际上,对其中的大多数人来说,实践事实上只意味着大量注意力和时间的投入,而注意力和时间在今天被认为是最稀缺的资源。为了克服这些问题,协作组织需要变得更容易参与和加入(降低上文所说的承诺门槛)、更**高效**(提高成果与所需个人和社会努力之间的比例),并且更具吸引力(提高人们的积极性)。为了促进原始创意的积极演进,需要构思和开发新一代的产品服务系统,即赋能性解决方案(enabling solutions)。

例如:一群家长打算发起一个小型自助托儿所,便可以通过一种赋能性解决方案来落实,不仅需要涉及分步引导程序,以指示必须做什么,还需要包括一套担保系统,以证明家长组织者和房屋的可信性和适用性,以及对无法在托儿所内解决的健康和教育问题提供支持。再比如:通过设计一个软件来落实团购小组的构想,以管理购物,并保证用户与生产商之间的联系;通过设计一套系统来确保合租的实现,为潜在参与者提供联络平台,帮助找到合适的建筑或地段,克服任何行政和财务困难。这一个又一个的案例都在告诉我们，针对不同的需求和情境，我们总能设计出新的产品服务系统，从组织者的能力入手，针对薄弱环节提供支持，然后整合那些在现有组织或项目中缺失的知识和能力。

鉴于组织的多样性，赋能性解决方案需要根据每个组织的特征满足特定的功能要求。但是，也存在一些通用的准则。例如：推广一些沟通策略来传达必要的知识；支持个人能力，使更多人有机会加入组织；开发符合潜在参与者的经济和/或文化利益的服务和商业模式；减少所需时间和空间，并增加灵活性；促进社区建设等（Cottam, Leadbeater, 2004年；Manzini, 2010年）。

在此基础之上，我们可以对新产品服务体系提出以下定义：**赋能性解决方案是提供认知、技术和组织工具的产品—服务系统**（Halen, Vezzoli, C., & Wimmer, 2005年），**旨在使个人和/或社群能够充分利用他们的技能和能力，实现目标，同时恢复其所在的生活环境的质量**（Jégou, Manzini, 2008年）。在实践中，赋能性解决方案可能是：

• **数字平台**：将人与人联系起来，保障协作组织顺利运作（例如可定制的智能预订和订购系统，线上与线下相结合的追踪技术，以及流动支付系统等）；

• **灵活空间**：可供社区实现公私混合功能的空间（还可以作为协作组织启动阶段的孵化器）；

• **物流服务**：用以支持新型生产者—消费者网络；

• **市民机构**：既能催生新的基层举措，也能促进现有项目的发展、扩张和繁荣；

• **信息服务**：例如，在整合新程序和/或新技术时提供有针对性的建议；

• **协同设计方法论**：用以指导上述各种工具和方法的协同运作。

复制策略

到目前为止，**协作组织**的传播都是自发的，而且速度相对较慢。在这里，我们将讨论通过采取适当的行动能否以及如何加速这一进程。也就是说，应用某些形式的复制（replication）策略。

通过观察不同领域的活动实践，我们可以归纳总结出几条复制策略，用于扩大服务、商业和社会企业的规模。尽管运作语境和动机不同，现有复制策略也呈现出了有趣的相似性，为我们提供了一些有用的经验。本文将特别关注其中的三种策略：**特许经营**（franchising），主要用于商业活动；**格式**（formats），参考娱乐行业；以及**工具包**（toolkits），主要适用于DIY方法的应用领域。

前两种复制策略（**特许经营**和**格式**）通常用于商业和企业主导的项目。但对于社会创新领域，它们同样可以提供一些思路，比如如何为小型企业赋能（特许经营），以及如何在不同语境下落实创意、构建组织（格式）。当然，电视节目的想法通常与协作组织没什么关系，大品牌旗下的商业业务与协作组织更是大相径庭。不过，在这些经验的帮助下，对于协作组织如何将解决方案的构思转化为运作计划的讨论肯定就不必从零开始了。

最后，让我们来看看基于工具包的复制策略。在关于如何复制有前景的协作组织的讨论中，工具包的概念显然会非常有趣。

工具包通常由一系列有形和无形的工具组成，旨在降低特定任务的难度（因此，非专业人士也能胜任）。

如今，工具和工具包（主要）被设计用来帮助个人的自助使用。为了支持协作组织的活动，这些传统的"面向个人"的工具包必须进一步延伸成为面向社群的工具包：一套旨在增强群体能力的工具集，也就是说，以一种更轻松、更有效的方式，帮助人们参与并构建一些普遍认可的价值观。如果这种延伸能够实现，或者说当这种延伸实现的时候，工具包的概念就会与赋能性解决方案融为一体。简言之：工具包可以作为一种让协作组织的理念在不同语境中能更容易被复制的赋能性解决方案。

协同

协同(synergizing)策略主要是指,开发地方性项目,并将其在更大的地域范围(社区、城市、地区)和/或更庞大的复杂系统(医疗、教育、行政等)中进行协调和系统化。

当涉及地域系统(例如城市更新计划、地区粮食网络推广或社区发展)时,通过协同策略,启动一系列能够协同作用的独立的地方性倡议以触发发展过程,可以提高该系统的社会、经济和环境的整体质量。同样,当面对复杂组织转型(例如公共行政管理、医疗保健或学校系统)时,通过协同策略,启动一系列有针对性的地方性倡议以准备、启动和指导这一过程,可以对整个组织起到动员作用,并促进其向更有效的组织方向发展。

为了更好地理解以上表述,可以以**"哺育米兰"**(Nutrire Milano)项目——一项由慢食运动、米兰理工大学(Politecnico di Milano)、食品科学学院(Facoltà di Scienze Gastronomiche)以及其他几个当地的合作伙伴共同倡导并发展的举措(Meroni, Someone, Trapani, 2009 年为例)。该项目旨在复兴米兰郊区农业(即城市附近的农业),同时为市民提供有机的当地食品。要做到这一点,就意味着要建立全新的城乡关系,即构建基于直接关联和相互支持的全新农民与市民关系网络。

这一过程始于对(在社会、文化和经济意义上)可用的本地资源及现有最佳实践的识别。继而,考虑到城乡之间可能会出现的新的协同效应趋势(例如零英里美食以及邻近旅游)去制定策略,以建立一种社会认可的共享愿景:开发一片农业繁荣的城乡结合地带,为城市提供食物的同时,也为市民提供从事多种农业和自然相关活动的机会。

为了强化这一愿景,整体举措被分解为一系列在地方层面独立运作的项目,各自以不同的方式支持农民活动、协助**架构**行动,包括深入的背景分析、情景共创、沟通、推广，以及对各个独立地方性项目的协调。值得注意的是，这样一个大型项目（为期5年，涉及区域十分广泛），得益于其适应性和可扩展性，在启动不到一年的时间里便取得了第一个实质性成果（一个非常成功的农贸市场计划）。可以补充的是，有两项新举措将在未来两年内实现，还有几个正在推进，并计划在未来实施（可借鉴前三项举措的具体经验）。

针灸性规划

前文所述的案例只是一些代表，诸如此类的大型项目正在日益增多[1]。尽管这些项目非常多样化，且具有自己特定的背景和环境，但它们展现了三点共性：（1）都旨在实现区域性的可持续社会变革；（2）都有一项共同的明确意图，即激发公民积极参与；（3）都由某些具体的**设计举措**启动和推动（也就是说，这些项目或隐或显都是由设计主导、由设计机构和/或设计院校所领导的）(Manzini, Rizzo, 2011年）。

这些大型项目也展现了类似的架构：在一个大的**框架**下推动并协同多个地方性项目。地方性项目作为独立的举措，扎根于地方特色，能够充分利用现有的物质和社会资源。而**框架项目**则表现为设计和沟通性举措，包括设定**场景**（赋予不同的地方性项目以共同的方向）、提供策略（指导情景落实），以及举办其他具体的支持性活动（使地方性项目系统化，实现赋权，并确保各个项目之间有效的信息交流与协作）(Manzini, Jégou, Meroni, 2009年）。

协同策略的特殊性使人们能够构思并开发大规模的项目或计划，而其一致性又使这些项目或计划兼具灵活性、可扩展性和适应性。这一策略非常适合于动荡时期（如我们目前所处的时代）以及**地域系统**或**庞大组织**。出于同样的原因，协同策略也可以被定义为"项目规划"（planning by projects），或"针灸性规划"（acupunctural planning）——就像传统中医的针灸一样，在某些"敏感节点"上施加明确的干预，以促发复杂的大型系统中的变化(Meroni, 2008年；Jégou, 2010年）。

社会创新设计

今天,虽然创意社群和协作组织起源于活跃的当地社群所推动的小型举措,但经过仔细观察就会发现,如果创造**有利的条件**,这些规模较小的地方性社会创造及其运作原型就能实现规模化、联合和复制,并被整合到更大的项目中,从而产生重大的可持续性变革。换句话说,**我们需要一种设计方法,来使那些基于纯粹直觉的原始社会创造变得更有效且可复制**(Brown, Wyatt, 2010年;Manzini, 2009年)。

由此可见,社会创新的规模化是一种特殊的设计过程:在这样的设计过程中,充当"设计师"的是各方社会参与者(包括"普通市民"),而对于"设计专家"而言,涌现出了一种新的活动领域。本文称之为"**社会创新设计**"(design for social innovation),指的是"**通过专家设计(expert design)能够触发并支持社会创新的一切活动**"(在此,"专家设计"指的是整个设计界,任何以专业方式运用设计知识的人或机构:从专业设计师到研究人员和理论家,从设计院校到设计期刊和出版社)。

创意人士与设计专家

鉴于前文的定义非常笼统,我们可以在实际应用中对上述观点的含义进行考察。以两个较为知名的方案构想为例:**合租**(几户人住在一起,共享某些住房服务,同时共同面对一些日常生活问题)和**拼车**(为了分担车费、减少交通拥堵选择同乘一辆车)。这两个是我们在世界各地都能看到的社会创新案例。当然也可以选择其他多样化的案例。但是这两个例子表述清晰,而且众所周知,故而更便于有效讨论。

合租和拼车的构想都来自"普通市民",正是他们想出了这种与主流思维和做法截然不同的新鲜事物。实际上,合租,是一种基于私人和社区空间和服务的混合而提出的原创性概念,而拼车则设想让私家车作为准公共服务的载体(车主作为像公交司机一样的准公共驾驶员)。

然后，在他们的努力之下，这些愿景变成了现实，通过建立适当的流程，形成了可交付的成果。既然根据定义，想象一种尚不存在的事物并使其成为现实是一种设计活动，那么现在我们也可以说，合租和拼车无疑是成功设计过程的结果。

具体观察可以概括为：正如预期所想，所有的社会创新过程都是一种设计过程。所有采用设计方法的参与者都是(有意识或无意识的)设计师。

那么问题来了：如果所有的社会创新参与者(包括"普通人")事实上都是设计师，那么设计专家及设计团队的作用是什么呢？简言之，我们可以说，设计专家的作用是利用其专业知识(即特定的设计知识和技能)来增强其他社会活动参与者的设计能力。

设计知识

前文的陈述需要一些解释，其出发点是使用设计方法是人类的一种基本能力(每个人都拥有这样的能力)。这种潜在的人类能力——就像创造力和音乐敏感性等其他能力一样——是可以被培养的。也就是说，人们可以在对设计一无所知的情况下(天真地)，也可以在具备专业知识和经验的情况下(专业地)应用这种能力。这就遇到了我们最初观察到的问题：对于这种人类基本能力的应用，既可以是从零开始去创造新的解决方案，也可以是建立在现有知识(以往经验、适当的方法和技能，以及培养获得的敏感性)的基础上的重新发明或改进。我们可以用**"设计知识"**一词来指称这种特定的知识，这也正是设计专家乃至整个设计界可以为社会创新提供的。

归根到底，设计专家在社会创新中的角色就是通过他们的专业知识和技能来帮助触发并支持更有效的协同设计过程。

回到合租的案例。几年前，米兰理工大学的社会创新与可持续设计联盟(Design for Social Innovation and Sustainability，简称 DESIS)和其他合作伙伴在米兰共同开发了一个赋能系统，专门为有合租意愿的群体提供支持。该系统依托于一个数字平台（以创建有关合租的大型兴趣社群），还包括合租实现过程中为潜在合租者提供的一系列具体的服务：从寻找合适的合租区域到合租人群筛选，再到房地产专业人士的服务，以及协作设计共享服务和空间时所需的特定技术专业知识。与此同时，他们还制定了传达策略，以宣传合租的优势，使其更有吸引力。项目落实过程中的首要成果是成立了一家专门的公司（Cohousing.it），致力于在米兰推广合租计划。也许更重要的是，在此经验的基础上生成了一种有价值的设计知识，后来被社会住房基金会（Fondazione Housing Sociale）——一家支持意大利社会住房的重要机构——采用并进一步发展。如今，意大利社会住房基金会已经将**协作住房**（collaborative housing）的概念纳入其社会住房项目中，并借鉴了许多以前合租项目中的设计思想和工具。

通过概括这些具体经验，我们可以说，诸如此类的案例在过去和现在往往都是由那些愿意高度投入的普通人所发起的。然而，要想长存并且广泛传扬，必须施加适当的自上而下的干预来巩固它们。在自下而上和自上而下两种举措的微妙相互作用中，社会创新设计发挥着重要的作用。

对于设计专家而言，主流的做法是从现有的社会创新案例入手，促进其变得更有效、更容易理解和应用、更令人愉悦，并且有可能被复制。但是，设计师也可以充当活动家，触发甚至发起新的协作组织（复制好的构想或启用全新的想法）。同时，正如前文所述，设计专家还可以通过协同各种地方性举措，针对特定需求和目标开发整体性的**框架项目**，来促发大规模的系统性变革。最后，通过提供各种**场景**（scenarios）和提案（proposals）来丰富社会对话，从而构建共享的未来愿景。

新的设计领域

传统上，设计师的任务是识别技术创新并将其转化为社会可接受的产品和服务。当然，这个任务仍然存在。但是，现在为了支持社会创新,还需要其他行动。技术与社会之间的桥梁也必须能够双向通行。事实上,为了推动社会创新,设计专家还必须运用其设计技能与能力去识别那些有前景的案例,明确其发生的时间和地点,并加以联合。也就是说,通过构思和开发一系列"适当的技术"(即设计专门的产品、服务和程序),让这些有潜力的案例更加显眼,并支持其规模化。于是,出现了一个新的设计活动领域——社会创新设计。

新的设计活动领域并不意味着要建立全新的设计学科,只是要求采用新的方法、敏感性和工具,可以贯穿并影响所有(传统的和新的)类型的设计文化和实践:从产品设计到服务设计,从传达设计到室内设计,从交互设计到战略设计。不过,有两个设计学科与社会创新设计尤其相关:服务设计(根据互动特质构思并开发解决方案)和战略设计(促进并支持不同参与者之间的伙伴关系)。由此可见,为了促进并支持社会创新,要充分利用所有的设计技能和能力,根据具体情况以不同的方式综合使用。但在所有的设计技能和能力的运用中,都会涉及战略设计和服务设计的层面。

最后,必须强调的是,需要(甚至最重要的就是)对设计师在社会创新中的角色和地位进行重新思考和理解,尤其是对于其他社会参与者而言。传统上,设计师一直被视为也自认为是跨学科设计过程中唯一的创意成员。但在社会创新中,这种明显的区分变得模糊,他们只是许多非专业设计师中的专业设计师。但是,正如先前所预期的那样,即使这种区别变得模糊,也不意味着设计专家的角色变得不那么重要。相反,在这种新的语境下,在将特定的设计能力引入到协同设计的过程中,设计专家可能还有很多工作要做。也就是说,他们是这一特殊过程的触发者和促进者——使用特定的设计技能为其他参与者赋能,使其也有能力成为优秀的设计师(Thackara,2005 年;Manzini,2009 年;Manzini,Rizzo,2011 年)。

为人们的能力赋能

如果设计师必须学习如何与其他非专业设计人员一起合作,那么非常重要的一步就是重新定义他们（设计专家）所面向以及合作的对象的特质：对于"最终用户"，设计专家所审视的应该是他们的能力，而不是他们的需求。也就是说，设计师应该将其视为主动的主体，而不是消费者或被动的使用者，要相信他们拥有资源，并且在条件允许的情况下愿意发挥作用。

这种方法被称为"**能力方法**"（capability approach），本质上并不是什么新鲜事物。早在2500多年前，老子就写道："**授人以鱼，不如授之以渔，授人以鱼只救一时之急，授人以渔则可解一生之需**"（《道德经》）。这意味着，要使人们长久地幸福，必须让他们有能力自己解决问题。为了做到这一点，他们可能需要获得适当的知识和工具。让我们把目光转向现代，根据阿玛蒂亚·森（Amartya Sen）的观点，决定幸福的既不是商品，也不是其特性，而是"利用商品及其特性做事的可能性……"（Nussbaum，Sen，1993年）。实际上，正是这种可能性，使人们能够去追求自己所认为的幸福，"成为"自己想要成为的人，"做"自己想要做的事。这便是设计所能做的：专注于人们的能力，去构思并开发能够增强这些能力的解决方案。

回到我们的主题，我们可以说，森的能力方法可以（并且应该）为社会创新设计提供坚实的理论基础。基于此，关于"设计什么"以及"如何设计"的基本问题，便可以得到一个非常简单同时也极具挑战性的回答："设计是为了扩展人们的能力，使其过上他们所珍视的生活，并以一种可持续的方式来做到这一点。"

© Ezio Manzini 2015。之前发表于会议论文集《改变范式：为可持续未来而设计》（*Changing Paradigms: Designing for a Sustainable Future*，1st Cumulus Think Tank Publication，December 2015，Aalto University School of Arts，Design and Architecture，Finland），第336—345页。经作者许可重新发布。

37. 方法国际化，设计本土化

艾哈迈德·安萨里
AHMED ANSARI

1. 认识，方法，工具包

对于当前设计领域中一些具有相关性的设计类型，包括社会创新设计（design for social innovation）、社会影响设计（design for social impact）、人本设计（humanitarian design）、设计人文主义（design humanism）等，本文选择用"社会设计"（social design）一词来一以概之。而在社会设计领域所涵盖的各种资源和活动（工具、理论框架、相关文献以及举办的各种会议）中，社会设计的迅速走红和成功可归功于以下两个概念："设计方法"和"设计思维"。任何工具包的创建、书籍的撰写、讲座或工作坊的开办通常都会以对两个关键术语的定义更新或经典定义致敬作为起点。想必，**如果不**对"社会设计"进行定义，我们就无法开展社会设计实践。

如此强调这两个术语似乎有点奇怪：缺乏设计思维或某种方法论的实践难道不是无稽之谈吗？然而，这正是第一代"设计方法运动"（Design Methods movement）所提出的批评。该运动发展于20世纪60年代和70年代，其明确的目标在于，实现设计过程的外化和形式化。约翰·克里斯·琼斯（John Chris Jones）在其基础性著作《设计方法》（Design Methods）一书中，用了三分之一的篇幅来分析为什么"传统的"或以手工艺为中心的设计方法不足以应对现代设计问题的复杂性：

> 工匠通常不会也没有能力绘制作品，而且无法给予自己的决定以充分的理由……工艺产品的形式是在几个世纪以来的反复试验过程中经过无数次失败和成功才确定下来的。(Jones，1970年，第19页)

面对这种缺乏深思熟虑，也缺少规划和复杂性的传统设计框架，琼斯提出，设计师需要用明确的方法论结构将"设计过程外化"，从而揭开迄今为止一直被视为黑箱的设计过程的神秘面纱，如此一来，设计过程变得更加透明和可理解，其他利益相关者——尽管只是作为观察员和评论员——也能参与到设计过程中。有趣的是，在设计领域发生这种变化的同时，管理科学领域也出现了类似的转变，比如概念化"知识工作者"以及组织和过程管理的观念(Drucker，1959年)。

设计方法的发展历程亦充满曲折：设计方法领域内的关键人物——诸如克里斯托弗·亚历山大和约翰·克里斯·琼斯——后来都与该领域划清了界限。这主要是因为他们担心设计师会教条地依赖方法，从而在工作中丧失了灵活性和敏感度，尤其是在应对越来越复杂的项目时。特别是，他们意识到，不加批判地将方法和方法论形式化，实际上并没有为设计师传统的设计方式带来任何增益。在1971年的一次访谈中，克里斯托弗·亚历山大痛斥设计行业将方法变成了刻板的流程，机械化地用以解决各种问题：

> 每当某个方法或工具无法帮我更好地进行设计时，我就会迅速将其舍弃。我最急于向你，向读到这篇报道的人传达的就是，如果你的动机是创造更好的设计，那么你所做的一切都会有意义，并且会在实践中不断进步。然而，如果动机变质，只是为了方法而方法，那么设计过程就会失去意义，变得枯燥乏味。(Cross，1984年，

第 316 页）

为了提出更好、更灵活的设计师式活动模型，随后的几代设计思想家们开始转向分析专业从业者的创造性问题解决过程中的特定方面。这促成了"设计思维"的诞生与发展：从奈杰尔·克罗斯基于设计编码（design codes）和造物语言（object languages）的设计师式认知方式（Cross，1982 年），到唐纳德·舍恩提出的设计作为反思性实践的观察，构成了设计师与其材料之间的辩证关系（Schön，1983 年），再到赫斯特·里特尔将设计视为论证过程的观点（Rittel，1988 年）。克罗斯追溯了设计方法运动的历史，以及设计作为科学的实践；直到舍恩，开始主张将设计作为一种跨学科的实践，以独特的视角关注人造世界。舍恩得出的结论是，为了将设计实践确立为体现其自身认识论的实践，"我们必须避免让我们的设计研究被外来文化所淹没，无论是科学还是艺术"（Cross，2001 年，第 55 页）。

因此，值得注意的是，"设计方法"和"设计思维"最初是作为截然相反的概念出现的：前者沿袭了科学中以形式化、规则和程序为基础的认识论结构来塑造自己；而后者试图寻求一种设计和艺术所特有的方法，根植于模式感知、反思性、直觉和经验判断、修辞和话语等。同样值得指出的是，设计实践的思维或认知方式在一定程度上可以通过方法和流程得到表达，但**无法被还原为**方法论或流程这二者之间存在着的微妙但关键的区别。然而，如今看来，设计方法和设计思维似乎经历了定义上的综合，在当代的专业实践中共享全盛时期，尤其是随着设计实践已经走出了设计机构和咨询领域的范畴，成为人道主义组织在其自己的领域应用设计师式方法的主要工具。社会设计实践的典范——**方法工具包**最能体现这种设计方法和设计思维的综合或协同。

如果我们对社会设计工具包进行剖析，就会发现其基本结构的形成规律：

1. 在某种程度上是为了能够从主要利益相关者的视角出发构

建问题,通过工具包为其赋能;

2. 提出特定于工具包的设计思维定义——通常会提出一个命题(可能基于伦理或逻辑呼吁),说明为什么需要采用设计方法而不是工程或社会学方法;描述设计过程以及采用的具体方法;然后是方法细节,包括何时、何地以及如何使用。通过描述设计思维的定义、过程和所采用的方法,工具包提供了一种认识论框架,解释了为什么设计思维过程能够解决问题、推动创新。

让我们以两个流行的工具包为例,IDEO 推出的《教育者设计思维》(DesignThinking for Educators)工具包,以及内斯塔(Nesta)提出的《发展影响与您》(Development Impact and You)工具包。对工具包的基本结构进行细分,我们会发现,这两个工具包都用了好几页的篇幅来阐述其利益相关者想要实现的目标:IDEO 的工具包抛出了一些他们假定教师会经常自问的问题,例如,"我的课堂应该怎样重新设计才能更好地满足学生需求"(IDEO,2011 年,第 2 页);内斯塔则提出了一些陈述,将行动计划映射到特定的目标上,例如,"我想制定一个清晰的计划,来说明我的想法将发展成为一个更大的项目"(Nesta,2014 年,第 5 页)。

此外,还会有一两页是在明确概述什么是设计思维。以 IDEO 的工具包为例,"设计思维是一种思维模式。设计思维是相信我们可以有所作为,并通过一个有意识的过程来获得新的、相关的解决方案,从而产生积极的影响"(IDEO,2011 年,第 11 页)。该工具包强调将以人为本、协作、乐观以及精益求精的思维模式内化到个体的思维和行动中,强调"设计过程就是将设计思维付诸实践的过程。这是一种引导创意生成和发展的结构化方法。有五个阶段,引导参与人员从识别设计挑战一直到探寻并构建解决方案"(IDEO, 2011 年,第 14 页)。在内斯塔的工具包中,方法论性质的方法本身就是证明:"这些工具不是凭空而来的。其中许多都有详细的文档记载,并且已在其他领域广泛应用。从这个意义上来讲,这个工具包站在巨人的肩膀上"(IDEO,2014 年,第 11

页)。然后紧跟着一页矩阵图,将每种情况下所需的特定方法与利益相关者的计划和目标相映射匹配。

从以上案例可以明显看出,当设计思维和设计方法被引入社会领域时,它们的本来意义和用法都发生了变化,这不禁令人好奇:最初,设计思维和设计方法只是为了让设计师的自我设计过程兼容自反性、保持严谨性,然而现在,它们作为预先打包的公式化的、自包含的工具包的一部分,更多地面向的是那些作为"更接近"问题中心的利益相关者的预期受众,而不是设计师本身。正如我们看到的那样,这种认为设计可以被简化为一套工具、任何人都可以使用的想法,与那些最初倡导这些方法的人对方法驱动的设计所提出的批评背道而驰。因此,工具包的存在对"设计是什么"提出了一种有趣的本体论挑战:设计是一种结构化的实践形式吗,拥有自己的工具和框架,但**依赖于**其自身的敏感性与协调性,拥有着一种丰富的、但在某种程度上又是不可言传的、偶然的、建立在经验之上的知识形式,独立于科学和人文的知识之外?还是说,即便被简化为纯粹的方法和工具,设计仍能保持其适应性和对细节的关注,并且不需要设计师独有的培训、眼光和动手能力吗?

此外,就所采用的特殊修辞策略及结构而言,工具包似乎不只是在试图为利益相关者赋权,更重要的是积极说服他们相信工具包拥有为其赋权的能力,相信他们自己通过使用工具包能够更主动地应对和掌控其所面临的各种情境。然而,这种说服是通过建构一个循环论证来实现的:设计思维会给你带来成果,因为它已经在专业设计实践中一次又一次地被证明是一种创新举措,不过,想要运用设计思维获得成果,你必须相信它,也要相信它所倡导的价值观。另外,正如娜奥米·克莱因(Naomi Klein)所指出的那样,这些价值观正是新自由主义的"灾难资本主义"所推崇的:以结果为中心、以行动为导向的态度,主张在企业机构、援助机构和地方政治之间建立更紧密的联系;比起减少贫困或系统改革,更关注鼓励工业发展、技术创新、进入并参与全球市场;等等(Klein,2007年)。此外,工具包要求其用户——就像设计机构要求设计一样——相信现代性的承诺,即相信现代技术和技术创新能够为复杂的社会、政治、经济、环境和文化历史中根深蒂固的地方问题提供普遍性的解决方案。总而言之,以拉图尔的观点来看,以工具包形式展现出来的设计思维,形成了一种奇怪的科学化:就像科学主义一样,要求对其内在的逻辑和权威有着近乎绝对的信仰(Latour,2013年)。

工具包提出的主张还有第三个维度,也是本文批评的核心:工具包宣称针对知识和行事方式的特定主张具有**普适性**,任何人在任何地方都可以使用。其所彰显的是一种基于两种附加逻辑的修辞战略:**兼具包容性和排斥性**。工具包试图通过将自身扩展到英欧范围之外的文化领域来实现普遍化。例如,青蛙设计(Frog Design)的《集体活动工具包》(Collective Action Toolkit)就明确提道:

> 青蛙设计公司的目标是通过创建《集体行动工具包》来证明(设计)实践具有普适性,工具包内包含一系列资源和活动,旨在通过引导性和非线性的集体活动,帮助人们实现切实可行的成果……目前提供英语、汉语和西班牙语版本,未来还会有更多语言版本。这套工具包展示了青蛙设计公司对社会行动的承诺,我们的目标是实现设计思维的普及。(Frog,2013年)

然而,这种包容性仅限于将其内容译为英语以外的其他语言——而没有尝试涉及或参与其他地域、文化和社群的知识。事实上,这套工具包甚至不曾提及社会的文化差异,而是倾向于倡导看似具有普遍性的单一逻辑,凭这一点就可以认定,它采用的是一种抹除性或排斥性的战略。

我们认为,这些关于普适性的主张可以而且需要受到质疑。值得一问的是:当具有普遍适用性的通用工具包及其知识形式被翻译并出口到其他国家时会发生什么?最终会落到谁的手里?会被如何使用?会如何造就创意经济转型?如何改变设计实践和设计教学的性质?又会如何改变当地实践在社会和政治层面上的意义?哪些言论会被放大?哪些提倡这些言论的人的地位会有所提高?又有哪些言论和政策会被压制?

随着社会设计运动的兴起,早期围绕社会设计的政治性辩论中也曾出现过这样的问题。也许其中最引人注目的是布鲁斯·努斯鲍姆对"H 计划"(Project H)及其他类似项目所进行的激烈批评,这些设计公司试图将全球人道主义工作作为一种新的新自由主义帝国主义形成[①]。在辩论接近尾声时,努斯鲍姆提出,社会设计以一种特权视角,强行将其自身的价值观和行事方式赋予他人,而忽略了当地专家社群的声音及其本地知识:

> 如果当地精英并非恶人,他们只是出于历史原因不希望你在他们国家做好事,你会怎么办?如果他们受过高等教育、会说你的语言,跟你参加同样的会议,像你一样隶属于"全球精英文化",但仍然不希望你为他们国家的问题提出解决方案,你又会怎么办?你会忽视他们的意见吗,会绕过他们吗,还是会辩称你的使命比民族主义更重要?你会问问他们为了帮助本国脱贫而做了些什么吗?最后,当那些质疑你存在的当地精英是像你一样的设计精英时,你会怎么办?我不确定,但我相信我在亚洲看到的对人道主义设计的反应正是来自这群当地的设计精英。印度、中国、巴西等地方的本地精英是一股正在不断成长的强大力量,我们需要知道他们是怎么想的,他们的真实想法是什么。(Nussbaum,2010 年 7 月 30 日)

所以,他们的真实想法是什么呢?

2. 到来的方法,退缩的政治

在美国待了两年之后,我在 2013 年回到了卡拉奇,回来以后我发现

---

① 对努斯鲍姆的反驳及后续的辩论均可参见"设计观察者"(Design Observer)网站

这里的设计实践格局正在飞速改变。在这两年的时间里,在当地政府和私人投资者双方的孵化和加速推动下,初创企业文化开始形成。第一个项目是拉合尔的"9号计划"(Plan 9),由乌马尔·赛义夫(Umar Saif)领导的旁遮普省信息技术委员会(Punjab Information Technology Board)于2012年建立。昔日传统的工程学院、计算机科学院和商学院如今也都投资创立了社会创新空间,例如哥本哈根信息技术大学(IT University)新成立的创新扶贫实验室(IPAL),以及兰卡斯特大学管理学院(LUMS)创立的社会创新实验室(SIL),尽管它们在角色上存在差异,IPAL作为信息技术部的延伸部门,而SIL则作为商学院的孵化器。而且,当地和国际非政府组织——如巴基斯坦创新基金会(Pakistan Innovation Foundation)、英国文化委员会(British Council)和聪明人基金会(Acumen Fund)——都推出了鼓励当地创业的年度项目,并得到了英国国际发展部(Department for international Development)等机构的资金支持。"设计思维"概念在2011年还鲜为人知,但是如今却主导着围绕社会创新的话语,被人道主义企业所吸收,作为承诺解决长期存在的基础设施问题的基础。

诸如此类的新的话语、实践、倡议和机构,大多数都不是根据实践者或学者的反思性关注而有机演化形成的,也没有经受来自外部的宏观压力。因此,当我说它们"到来"的时候,它们确实是**从头出现的**(de novo),就像古希腊神话中雅典娜从宙斯的头上跳下来一样,完全成形,并脱身于其在英欧文化中的起源、历史以及争论。它们的到来——无论是在巴基斯坦还是在世界其他地方——都成为支持和推动特定发展模式的工具,这一模式与巴基斯坦政府的经济发展议程完全吻合——即塑造一个繁荣、发展的经济体形象,以促进贸易和外国投资,同时也迎合了当地人道主义部门渴望在全球范围内被视为有效的倾向。

自巴基斯坦分治以来,卡拉奇的创意产业和设计教育的政治经济都保持着相对稳定。主要城市中的几所设计院校都只有几个设计学科方向,最普遍的是传达、纺织和服装设计。工业设计课程则发展较晚,也相对较少,交互设计或服务设计课程几乎不存在。设计方向的研究生课程也很少见——在卡拉奇过去和现在都没有,拉合尔只有少数几个。当地本科课程的制度结构和课程设置会受到多方因素的影响:首先,作为英国殖民统治的遗留,受到19世纪后期英国商业艺术教育的影响,其本身也有借鉴德国哲学,强调美学高于实用(Khan,2015年);其次,受到印度设计教育、德国包豪斯及其基础课程(Bilgrami,2016年)的影响;第三,在教学资源上,与职业部门、工艺和手工艺产业联系密切,甚至设计学院的教师都是从职业部门招聘而来的(Bilgrami,1990年)。值得注意的是,设计研究在当地学术界完全缺席,取而代之的是设计专业学生的艺术史课程,尽管在某些教育计划中已经开始增设通识教育课程作为补充。直到最近,研究的概念在设计教育的规划中仍处于边缘位置——最多是仓促地出现在学生的最后一个学年,以文献综述或实地调查的形式作为毕业论文的一部分。

当时的学术界主要是为实践服务的,而设计实践的出路又局限于争夺本地和跨国客户的广告代理机构和本地设计公司。尤其是时尚领域和纺织行业,是极其活跃的主要经济收入来源,为国家的国内生产总值贡献了约8.5%。而娱乐行业是设计实践的另一个重要方向。即使2000年末的智能手机革命也没能使实践的本质发生实质性的变化:虽然广告公司设有专门的团队负责网页和移动内容的设计,但其主要的收入来源和关注点仍然是设计咨询和电视广告,专注于开发数字内容的小型数字广告热点才刚刚开始出现。再次强调,如果设计思维和设计研究沦落到学术界的边缘地位,就会几乎完全缺位于主流行业——占据其位置的将是品牌与媒体策略,通常由企业高管制定,基于对市场趋势的分析,由设计机构创造并作为其知识资本的一部分为客户带来价值。这就是当时新形式的设计实践和设计话语井喷式发展时卡拉奇的设计大环境。

在卡拉奇的两年里,我强烈主张引入设计研究,让研究在本地的设计课程中扮演更加重要的角色。后来我发现,设计界普遍对设计领域里正在发生的变化持批判且谨慎的态度，这自然也事出有因。巴基斯坦的艺术和设计项目通常旨在保护传统习俗，继承传统文化和工艺，因此设计实践和当地工艺始终保持着密切的关系。大部分设计院校的教师都会在副业中与手工艺人合作，将设计过程中的相当一部分工作委托给他们，特别是在将设计草图转化为材料和可操作形式方面。在巴基斯坦，没接受过正规教育但技艺精湛的技术人员和手工艺人，作为某个特定秩序中的知识工作者，在社会中占据了一种特殊而不可替代的地位——他们清楚地知道如何将印刷设计转化成完美的印刷品，他们了解金属加工、木工等技术过程，能够将蓝图转化为高质量的产品。这也是为什么产品和工业设计迟迟不肯接受CAD软件的原因之一——缺乏精密的自动化生产设备和优秀的技术专家。这意味着在很长一段时间里，人们都可以通过雇佣人力来完成机器无法实现的事情。

同样，直至最近，人们还是不认为设计实践可以应对并解决社会技术问题，更不用说问题的框架构建了。从历史上看，设计作为文化生产的一种形式，一直在强调意义和意义建构。这反映了一个事实，在国立艺术大学（NCA）等老牌院校中，美术系和设计系之间的界限并非泾渭分明，教职员工通常在两个部门同时任教——例如，画家扎胡尔·乌尔·伊赫拉克（Zahoor ul Ikhlaq）同时以标志性品牌形象设计师而闻名，而广告商伊姆兰·米尔（Imran Mir）也是一位多产的雕塑家兼画家。此外，这也源于某种既得利益阶级动态：设计界到目前为止依然规模很小，而且主要由受过良好教育、见多识广的现代中上层阶级人士组成，他们具备了必要的感知能力、品位和向上流动的愿望。此外，在巴基斯坦，创意学科与其他学科之间在历史上也几乎不存在合作关系，艺术、科学和人文学科是完全独立的领域。直到过去的半个世纪，除了一些大型省属公立大学，设计教育在高等教育中最常见的模式还是专业化的职业学院。独立的商学院、艺术学院、理工学院等职业技术院校在学术领域占据着主导地位，事实上，最成功、最负盛名的院校都属于这一模式。因此，设计行业如今在与曾经在国际上更为广受认可、财富更为丰厚的美术界分享社会和文化资本。由于设计领域中的创意社群总体上规模较小，且关系紧密，因此设计职业中一直以来都存在着等级制度，职业晋升在很大程度上依赖于资深赞助。换句话说，巴基斯坦设计界对设计领域的民主化趋势持警惕态度，认为隶属于外来学科的外来群体现在正在入侵曾经被认为是专属领域的社会、文化和职业空间。

在这个国家的历史中，创新学科也发挥过政治作用。画家、雕刻家、平面设计师，还有作家、诗人和表演艺术家，往往能够对政府和社会进行严厉的批评，而其他学科是没有这种特权的。这是因为，像卡拉奇这样的城市确实缺乏表达公众批评意见的空间。尤其是近年来，艺术家或设计师与保守的公众之间存在一定的社会和文化距离，同时艺术家被剥夺了参与公共艺术项目的机会，这使得诸如初步集体（Tentative Collective）或人民艺术集体（Awami Art Collective）等团体将其进行的公共项目视为对公共空间的重新占领，在这样的项目中，他们可以对全球化、市场新自由主义和国家支持下的暴力行为进行批判。非常重要的一点是，这种感知力可以呼应到创意实践定义中固有的社会维度。我们可以将这一点与阶级动态联系起来，由此形成一种以阶级为基础的人道主义观点，这种观点的基础是创意精英对社会结构及其自身地位的认识：一方面他们在社会和文化资本方面享有阶级特权，而另一方面他们的创作实践在很大程度上依赖于技艺精湛的工人阶级手工艺人。我参与过的许多课程，无论是作为学生还是讲师，从一开始，就与一些当地社区有所关联，这也是大多数设计院校所主张的一种设计文化。在课上，老师会告诉学生们，除了作为收入来源的本职工作，他们还应该花一些时间专门去做社会项目。因此，作为社会实践与作为职业实践的设计之间并不存在明确的分隔。在这样一个只有几十年历史，凭借艰苦奋斗的工人阶级或中产阶级活动家的努力才取得零星进步，然后被误入歧途的政治议程、政权更迭甚至暗杀［2013年5月，奥兰奇试点项目（OPP）的负责人、社会活动家帕尔文·拉赫曼（Parveen Rehman）遇害就是一个十分悲惨的例子］所耽误的国家中，即便产出范围有限，即便未能真正将自身定位于解决大规模、系统性的基础设施问题，即便缺乏创造系统性变革所必需的阶级利益，对于许多从业者来说，作为社会实践和专业实践的设计还是可以相辅相成、互相支持的。例如，建筑师阿里夫·哈桑（Arif Hasan）领导"城市资源中心"（Urban Resource Centre）项目，积极参与OPP，投身于土地权利斗争，数十年来始终致力于研究卡拉奇和其他城市中心的发展。

设计思维和方法的到来和普及，打破了卡拉奇设计领域中传统的经济模式，成为由不断崛起的技术官僚阶层所提倡的新自由主义发展模式的支持工具。当地艺术家和设计师对诸如旁遮普安全帕尼公司（Punjab Safe Pani Company）、橙色地铁（the Orange Metro）（Yushf，2015年）及其他重大开发项目（Chaudhri，2016年）持强烈的批判态度，他们认为这些项目的引入主要是出于政治动机：政客们通过资助大型发展项目以获得连任，并吸引外国投资，利用社会设计作为"正当程序"来安抚国内外投资人，并且在这个过程中，经常诉诸武力以排除不受欢迎的参与者。因此，设计思维在社会领域的引入和传播已然成为国家维持现状的工具，而非作为实现根本性结构改革的手段。在这些变化中，最引人注目的就是阶级权力的转移：原本属于相对精英主义的小众群体的权力，转移到了企业、官僚和专业人士手中，而后者根本不属于创意阶层。

3. 认识论的窒息和反窒息

通过对上述情况的分析，我们现在可以看到，以具象化方法工具包为例的设计思维在与各地从业者接触时，实际情况并不符合其所宣称的那样：他们取代了劳动力经济，挑战了设计从业者和手工艺人的技能；伴随其而来的一套会破坏本地经济和环境的价值体系和发展议程；还改变了社会设计实践的定义和范围，将原本倡导并参与社会设计实践的人排除在外。

最后一个洞察,也是我想着重强调的问题就是,在迅速成为社会设计实践的默认方式的过程中,设计思维通过疏远和排挤设计实践中现有的声音,实际上阻碍了作为新自由主义发展替代的其他可能选择的有机发展,进而影响了人们看待和解读世界的不同方式。换句话说,设计思维变成了一种推动政治经济霸权的工具,尤其是学术和知识霸权,正如拉蒙·格罗弗格尔(Ramon Grosfoguel)等学者所说的"现代世界体系"(Walerstein,1974年)的概念:

> 按照秘鲁社会学家阿尼巴尔·奎杰罗(Aníbal Quijano)的观点,我们可以将当前的世界体系概念化,将其视为一个具有特定权力矩阵的历史结构性的异质整体,他称之为"殖民权力矩阵"(patrón de poder colonial)。这个矩阵影响着社会存在的方方面面,比如性别、权威、主体性和劳动。(Grosfoguel,2015年)

根据诸如拉蒙·格罗弗格尔、瓦尔特·米尼奥罗(Walter Mignolo)、阿尼巴尔·奎杰罗等去殖民主义理论家的说法,殖民主义是隐藏在全球西方霸权背后的逻辑,并没有随着殖民势力在20世纪上半叶的撤离而结束。相反,一种新的全球秩序在二战后确立了起来,巩固了英欧霸权,加剧了国家之间的贫富差距,创建了资源和劳动力流动和分配的新方式,并为那些新解放的前殖民地国家制定了新的政治和经济准则使其遵守(如果他们想在全球市场中分一杯羹的话)。然而,英欧霸权远不止体现在政治和经济上的胁迫和控制,更为微妙和棘手的是西方知识及其生产和传播体系的侵袭,发展中国家几乎毫无招架之力。知识及其生产被视为地缘政治的一部分:

> 通过以地缘政治和身体政治为语境,我对早已熟悉的"情境化知识"(situated knowledges)有了更深刻的思考和理解。当然,所有的知识都是情境化的(situated),都是被构建的。但对这一事实的承认只是个开始。问题在于:是谁、在何时以及为何构建知识?(Mignolo,2009年)

因此，殖民性是认识论上的——我们可能会问：为什么巴基斯坦的设计学术界和设计产业要依赖于源自西方的知识，无论是作为内容，还是作为对世界解释的框架，即使巴基斯坦有着自己独特的文化和社会历史处境，与西方有着明显的区别，为什么它必须依赖于以模仿英欧社会制度为目标的发展、增长和进步的定义？为什么南半球的社会设计师必须在北半球预先设定的话语框架内认识、理解并应对本地的问题和挑战？

认识论上的殖民主义还有另一个层面——殖民主义的扩张是通过边缘化现有的专业实践社群而实现的，通过预先规定实践和思维的特定形式，从而限制了本土学科的成长空间，阻碍了其适应新实践领域的变通能力。由于标准化的方法和方法论已然完全成为设计和制造的实际方式，因此那些呼吁替代性实践形式或试图从旧实践中衍生出新实践形式的声音便一直在被排挤。这正是我所观察到的，同时也是巴基斯坦的当地批评家多年来针对发展一直强调的情况：

> 由于全球化文化和结构调整条件的影响，有人提议将公共事业与土地资产私有化。这一私有化进程在一些城市中已经开始落实。有迹象表明，这一进程会损害贫困和弱势群体的利益，民间社会正在施压，要求阻止和逆转私有化进程。（Hasan，于2017年访问）

此外，认识论上的殖民主义还导致了一种对西方工具和技术不加批判的接受态度，不去细致了解这些工具和技术的创建背景，或者它们最初旨在解决什么问题。这导致方法和方法论被应用于具体语境中应对特定的问题、挑战和机会时缺乏适应性。诸如阿米努尔·拉赫曼（Aminur Rahman）等发展理论家指出，即使是那些在其他地方已经取得成功的国际赞誉计划，比如格莱珉银行（Grameen Bank）的小额信贷计划，我们经过分析后也会发现，如果直接践行拿来主义，它们要么会忽视并延续现有的文化和社会问题，要么会在新的语境中制造出新的问题(Rahman,2008年)。与设计工具包、方法论及其框架的假设相反,发展的形态在不同地方并非千篇一律——两年来,在我与企业孵化器、初创企业和非政府组织合作举办的所有研讨会中,无论是捐助机构还是孵化企业,都始终倾向于将这些方法视为正当程序来执行,而不是至关重要的真正理解和建模系统的方式。因为他们在选择投资方向时,更倾向于将资源和资金集中用于开发那些已经在其他地方取得成功的产品或服务。

总结而言,设计思维变成了延续"殖民权力矩阵"的一种手段。所谓的"殖民权利矩阵",即去殖民主义思想家米尼奥罗和阿尼巴尔·奎杰罗所确定的全球西方霸权,涵盖经济、主权权威、主体性和知识的系统,以增长和发展为核心,成为一种压制和边缘化本土知识、思想及专业知识的思维方式。

面对这种知识和实践的全球化扁平化,我们该怎么办?一种路径是强调地方性实践的落实,专注于"差异生态"政策(Escobar,2008年)。这种去殖民化的设计实践应该根植于想象替代性制度安排的需求,旨在解决系统性的不平等和偏见,在政治上保持活跃和批判性,并关注于对传统的生活形式的保护,将其作为殖民主义全球化的替代方案加以扩展。迄今为止,在现有的设计文献中很少提到这种做法,除了托尼·弗赖提出的本体论设计实践,在其最近与埃莱尼·卡兰迪图(Eleni Kalantidou)合著的《边界之地的设计》(*Design in the Borderlands*,2014年)中有所概述。这本书是为数不多关注到在北半球发展起来的设计实践是如何输出到南半球的作品之一,承认这种输出延续了英欧的思维和生活方式,并且证实了政治和经济上的权力关系。

本地设计界开始对新兴并行的设计实践进行溯源。本地设计师和设计院校正致力于恢复源自穆斯林和印度次大陆的设计传统,通过将如今常与设计思维相关的实践定位于更大范围的人造物和环境制作历史中,并尝试将本土形式、哲学和理解与新材料和新方法相结合进行实验①。当地的设计和文化出版物,如选集《马扎尔集市》(*Mazaar Bazaar*),专注于探索设计与精神和信仰之间的深层联系,而理性主义、世俗化的英欧传统倾向于淡化这一点(Zaidi,2009年)。随着政治参与空间在后9·11时代逐渐收缩,最近的一些倡议和举措[比如反艺术大学(Anti-Art University)所积极追求的去殖民化议程],其目标往往是向那些选择转向内部和去政治化的学术机构发起质疑和挑战:

> 今天,在警卫的监管和障碍物的包围下,我们的艺术机构显露出了它们将学生置于日常屈辱和纪律规训之中的倾向,这反映出它们在维护现有的权力结构中的角色……我们在卡拉奇反艺术大学所做出的努力,不是为了建立固定的结构或墙壁,只是临时搭建一个避难所。去构建弗雷德·莫顿(Fred Moten)和斯特凡诺·哈尼(Stefano Harney)所说的"逃亡的公众"(fugitive public)——逃离制度化教育的大厅和走廊,转而占领城市街道和公共空间作为学习场所。(Tentative Collective,2015年)

最后,我们还是采取了一些谨慎的举措,将"通过设计的研究"(research through design)的方法整合到几个本地项目的结构中,使其不必遵循外来社会设计实践所规定的方法论,同时开发更多的研究生项目。

所以,回到原点,我们可以得出以下结论:我们所需要的并不是工具包,也不是那些"普适"的设计思维的定义或流程,而是与本地知识和实践相结合的、基于本地政治和伦理的新的、多样化的理念和框架——也许我们需要的是本地开发的方法,并借鉴本地解释世界的方式和当地设计师的行事方法。我们也依然面临着巨大的挑战:政府对艺术和人文学科的支持不足;官僚结构使教育工具化;社会工作者、艺术家和设计师的地位岌岌可危,因为在一个暴力现象日益严重的国家中,表达观点以及从事违背根深蒂固的政治利益的工作会变得越来越困难。还

---

① 例如,在去年的迪拜设计周(Dubai Design Week)上设计工作室"联合"(Coalesce)的作品。

有一个问题是,如何摆脱设计的历史轨迹——作为一种与阶级和社会等级政治深深交织在一起的精英主义实践。随着设计课程的增多,也为了服务于来自不同社会经济背景的学生,设计领域正慢慢变得越来越民主化。然而,要发展一种真正的去殖民主义设计实践,还有很长的路要走,即不完全依赖于外来的普适知识和价值主张,能够处理南半球所特有的问题——比如北半球无法想象的设计规模、普遍的文盲现象以及口头的传统文化,甚至是在最大城市中也普遍存在的基础设施问题。

然而,随着国家局势愈加紧迫与严峻,新老学者和实践者们早就开始寻找新的设计方法了。虽然目前还处于起步阶段,但这门学科还是有望变得成熟,如此一来,本地设计师就可以不必再依赖外来的知识输出,社会部门也能依靠本地培训的设计师的专业知识,实现更为自主和可持续的发展。也许有一天,当现代发展范式不足以应对气候变化、人口流动、宗教极端主义抬头和政治不稳定等日益严重的危机时,这些在逆境和韧性中发展起来的方法和框架,这些汲取了南半球丰富本土知识的内容,将会传播到北半球,以供其学习和借鉴。

© 2017 Ahmed Ansari。最初发表于编著《批评模式2—方法批判》(*Modes of Criticism 2 - Critique of Method*,2016,London:Modes of Criticism),由弗朗西斯科·拉兰霍主编。本文有改动,经作者许可重新发布。

38. 新兴的过渡设计方法

特里·欧文

TERRY IRWIN

摘要

  本文概述了一种新兴的"过渡设计"(Transition Design)方法,用于应对"抗解"问题(wicked problems),比如气候变化、生物多样性丧失、犯罪、贫困、污染等,并促进社会朝着更可持续、更理想的(desired)未来转型。抗解问题是一种"系统问题",此类问题存在于大型的社会技术系统中,因此需要新的解决方法。本文所提出的"过渡设计框架"汇集了一系列不断发展的实践,该框架的作用在于:(1)使复杂问题及其之间相互联系和相互依赖的关系可视化,并将其绘成"映射图";(2)将其置于庞大的时空语境中;(3)识别并弥合利益相关者之间的冲突,调整协作策略;(4)促进利益相关者共创理想未来愿景;(5)在庞大的问题系统中,明确施加设计干预的关键点。需要注意的是,转型设计框架并不是一套固定且模板化的流程,而旨在提供一种逻辑,帮助设计师整合和运用与"为系统级变革而设计"相关的不断发展的实践方法。本文还借助一个课程作业拓展的社区项目对此方法框架进行了测试。本文基于一个以课程作业的形式而进行的社区项目,记述了此方法被测试的过程。

关键词：过渡设计；抗解问题；社会技术过渡；可持续设计

对于一种新的以设计为主导方法的需求

我们需要一种新兴的、以设计为主导的方法，用以应对21世纪的社会中各种复杂的抗解问题（Hughes & Steffen，2013年；Jensen，2017年），孕育并催化社会转型，使其朝着更可持续、更理想的（desired）长期未来的方向过渡（Porritt，2013年，第274-276页）。气候变化、饮水安全、贫困、犯罪、强制移民和生物多样性丧失等具有挑战性的问题，均属于"系统问题"。原因如下：(1)此类问题涉及多方利益相关者，他们所提出的需求彼此冲突（Dentoni & Bitzer，2015年，第68页）；(2)跨越了学科界限；(3)定义不明确，缺乏利益相关者们对于问题的共同理解；(4)问题在不断变化和发展；(5)问题的规模是多层级的，不同问题之间相互依存、相互关联；(6)任何针对系统某一部分的干预（尝试性的解决方案），都会以无法预测的方式在其他地方产生影响；(7)干预的评估以及问题的解决都耗时较长（Rittel & Webber，1973年；Buchanan，1995年；Coyne，2005年；Irwin，2011年a，2011年b，2015年）。

传统的设计方法——以线性流程、脱离语境的问题框架为特征，其目标是快速形成可预测且有收益的解决方案——不足以解决此类问题（Irwin，2011年b，第235页；Sanders & Stappers，2008年，第10页；Norman & Stappers，2016年）。诸如服务设计、体验设计、社会创新设计、深层设计（deep design）、元设计（metadesign）等领域，以及各种生态和可持续设计程序，在应对复杂问题时都选择了更具系统性的方法。然而，它们仍倾向于将问题框定限定在相对狭窄的时空语境中，而未能提供一种全面的方法，来识别出**所有的**利益相关者，并对其彼此之间的冲突进行协调。我们需要一种更全面的方法来应对需要数年甚至数十年才能解决的问题。

一种新的以设计为主导的方法应该做到：

• 在利益相关者之间生成对问题的共同定义，并使其能够理解问题的复杂性和相互依赖性；

• 识别利益相关者的关切、关系、期待和信念，并将其纳入问题框架和干预措施中，以便发挥利益相关者的集体智慧（Forrester, Swartling & Lonsdale, 2008 年；GPPAC, 2015 年，第4 页）；

• 为利益相关者提供一个流程框架，使其能够共创一个共享且理想的长期未来愿景，以超越当下的分歧；

• 将抗解问题置于更广泛的时空语境中加以界定；

• 为利益相关者和跨学科团队提供一套有助于应对抗解问题、促进系统级变革的工具和方法；

• 相比于制定短期、一次性的解决方案，致力于为复杂系统提供长期"干预"和持续性的（数年甚至数十年）"问题解决方案"，并解释其合理性。

利益相关者的重要性
参与应对抗解问题和系统过渡

抗解问题和社会技术系统过渡之所以具有挑战性，是因为在这两个过程中都渗透着高度的社会复杂性。社会问题是许多抗解问题的根源，但仅凭传统的问题解决方案往往无法将其识别出来，何谈将其解决。明确这些问题的社会根源，并让**所有**受到影响的利益相关者参与进来（CarlssonKanyama, Drebord, Moll, & Padovan, 2008 年；Baur, Elteren,

Nierse & Abma,2010 年;Simon & Rychard,2005 年)是应对抗解问题、为系统级变革而设计的关键。以用户为中心和以人为中心的设计方法很少试图识别出**所有**受到影响的利益相关者群体,并表达他们的关切。相反,传统的设计过程旨在识别"关键"人群,优先考虑某些人的关切(例如,项目委托团队、所谓的目标受众,或是那些社会经济地位较高的群体)。

因为利益相关者之间的权力分配几乎总是不平等的(Bauer 等人,2010 年,第 233 页;Lawhon & Murphy,2011 年),所以,如果问题是由一个或两个群体所架构(定义)的,那么他们的需求和关切就会优先于其他人。尽管传统的以设计为主导的方法会考虑到用户的偏好和动机,但其实很少去检视造成这些问题背后的利益相关者个体与集体的信念、假设和文化规范。而社会因素(比如实践和行为)恰恰是由信念、假设(Niedderer,Cain,Lockton,Ludden,Marckrill & Morris,2014 年;Ajzen,1985 年;1991 年)和文化规范所支撑的,因此,框定问题和设计以提供"系统干预"(解决方案)时,也**必须**对其加以考虑(Incropera,2016 年,第 15 页)。

过渡设计借鉴了社会科学的方法,以了解抗解问题的社会根源,并在问题解决过程中将利益相关者的关切以及协同设计/协作置于核心位置。我们用"利益相关者"(stakeholder)这一术语,来指代任何与特定问题有利害关系或利益关切的人。众所周知,让利益相关者参与问题的解决过程非常重要,特别是在政策和治理、环境问题、逆向预测和冲突化解方面(Grimble & Wellard,1997 年,第 173 页;Bohling,2011 年,第 4 页;Quist & Vergragt,2006 年,第 1028 页;Carlsson-Kanyama 等人,2008 年,第 34–35 页;GPPAC,2015 年,第 4 页)。但是,这种利益相关者的参与尚未被融入大多数传统的以设计为主导的方法中。

澳大利亚公共服务(Australian Public Service)政策报告指出,"关于抗解政策问题的大量文献都会得出一个相同的关键结论,即在寻找解决方案的过程中有效吸引利益相关者全方位参与至关重要"(APS,

2007年，第27页）。目前已有许多成熟的方法可以让利益相关者参与解决复杂问题，例如：多方参与治理（Multi-stakeholder Governance）（Helmerich & Malets, 2011年）、多方参与流程（Multi-Stakeholder Processes，简称MSPs）（GPPAC, 2015年）以及利益相关者分析（Stakeholder Analysis，简称SA）（Grimble & Wellard, 1997年）。

参与式行为研究（Participatory Action Research，简称PAR）（Cornwall & Jewkes, 1995年；Chatterton, Fuller & Routledge, 2007年）侧重于研究关于行动的知识（Cornwall & Jewkes, 1995年，第1667页），"旨在促进社会转型，而不是作为一套'知识生产'和'解决''本土'问题的工具"（Chatterton, Fuller & Routledge, 2007年，第218页）。全球预防武装冲突伙伴关系（The Global Partnership for the Prevention of Armed Conflict，简称GPPAC）列出了多项多方利益相关者参与（MSP）的好处（GPPAC, 2015年，第23页）：

1. 让更多的行动者参与进来，可以带来更广泛的专业知识和观点。这意味着可以根据多个不同的观点**更好地分析**问题。

2. 通过这样的分析可以生成**更全面的策略**来处理复杂的冲突情况。

3. MSPs为人们提供了进一步了解不同利益相关者的能力、角色和局限的机会，从而有助于**更好地协调**干预措施。

4. MSPs可以帮助组织**集中和共享资源**，包括技能、资金、工作时间以及后勤或行政资源。

5. 多方利益相关者的参与有助于扩大公共宣传和意识提高活动的覆盖范围，从基层到政策制定层面都会有所影响。如此一来，当相关过程的关键信息传达给参与者时，参与者会继续将其传达给各自的群体，由此就产生了潜在的**乘数效应**。

6. MSP有助于在不同的利益相关者之间建立**信任**关系，这种关系在设计过程结束后会继续存在，并能持续产生积极的影响。

7. 多方利益相关者的参与可以作为一种针对从业者的必要的**能力建设**平台,促进其在不同层次上的技能和知识的提升。

8. 技能和知识的共享可以让参与者以新的方式看待问题,这也有利于**创新**。

在过渡设计的观点中,与利益相关者的关系就像抗解问题中的"结缔组织",如果这些关切和复杂关系没有得到很好的处理,它们就会变成问题解决过程中的障碍。相反,由于与利益相关者的关系是渗透在问题(系统)中的,因此它们也有潜力在干预措施的设计和制定过程中发挥作用(Reed 等人,2009 年)。

过渡设计框架和分阶段方法

人们正在开始探索一种新的过渡设计方法,来应对抗解问题,同时催化系统级变革。我们称之为"取经"(approach)而不是"流程"(process),是因为其涉及各种各样以不同方式使用的工具和方法论——没有任何一种单一的既定流程能适用于所有情况。本文所描述的这种方法主要来自加利福尼亚州奥海市的一个工作坊,其中所讨论的水资源短缺的问题就可以被视为过渡设计问题(Irwin,2017 年),同时也受到卡内基梅隆大学(Carnegie Mellon University)的课程设计作业,以及我于 2016、2017 年在英国和西班牙进行的短期课程的启发。过渡设计方法由两个关键部分组成:一个框架——为整合设计学科以外的知识和实践提供逻辑,以及一种分为三个阶段的方法——用于将以上知识和实践应用到设计干预中。需要强调的是,本文所提出的这种方法仍处于起步阶段,在此是作为邀请,希望其他研究人员和从业者能够参与讨论,给予反馈和批评,以共同构建一个旨在引发系统级变革的新的设计关注领域(图38.1)。

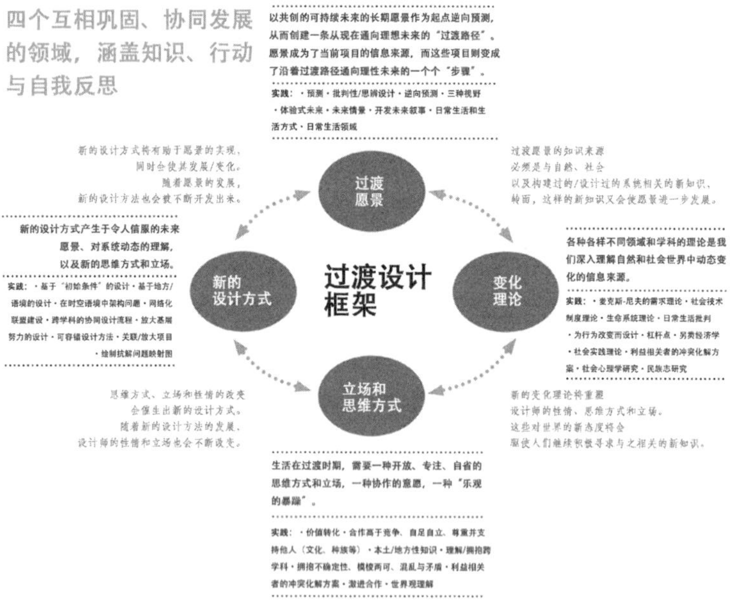

图 38.1　过渡设计框架汇集了有助于为系统级变革而设计的四个关键领域的相关实践。
来源：作者绘制。

过渡设计框架

过渡设计框架提供了一种逻辑，将各种实践（设计学科之外的各种知识和技能）整合到四个与引发和推动系统级变革有关的互相巩固、协同发展的领域之内，即过渡愿景（因为我们需要对我们想要过渡的目标方向有清晰的愿景）、变化理论（因为我们需要各种理论和方法论来解释复杂系统中所发生的动态变化）、立场和思维方式（因为我们需要以一种开放、专注、自省的立场来进行这项工作），以及新的设计方式（产生于前三个领域）。在这四个领域中，每一个都包含各种能够促进发展和变化的实践，它们共同组成了一个"调色板"，从业者和研究人员可以从中"调配"出与所面对的情境适配的设计干预措施。

过渡设计的分阶段方法

过渡设计框架中的实践可以应用于三个阶段:重构现在与未来,设计干预措施,等待并观察。这些阶段不是代表流程,而是作为一种指导,指示在为系统级变革而设计的过程中应该采取(或不采取)的行动类型。

1. 重构:现在与未来

在这个阶段,利益相关者会对当前的问题进行"重构",并设想一个长期未来,在那个未来中,当前面临的问题已经得到解决。无论承认与否,每一个受抗解问题影响的利益相关者都会有一个与问题相关的或明确或隐含的未来愿景(Rawolle 等人,2016 年,第 1 页)。社会学家乔治·雷考夫(George Lakoff)将框架描述为"塑造我们看待世界方式的精神结构"(Lakoff,2004 年,第 xi - xii 页)。这些结构和认知模型受到了多种因素的影响,如隐喻、规范、大众传媒、政治运动、个人经历等。每个利益相关者都会根据自己的背景和经历形成对问题(问题框架)的有限理解,以及恐惧、期望和信念,而所有的这些都是在个体或集体的自身"框架"影响下产生的。

绘制当前问题映射图

在这个步骤中,利益相关者团体将绘制抗解问题映射图,尽可能识别出问题之间的关联。这一过程的目的是:(1) 在利益相关者之间生成对问题的共同定义;(2) 使利益相关者理解并关注问题的复杂性;(3) 帮助各利益相关方团体意识到其各自视角和知识的局限性(即没有一个利益相关者群体能够独自解决问题);(4) 使利益相关者采取协作(而非对抗)的立场,这有助于超越分歧;(5) 将利益相关者工作坊的参与者们视为不同的代表,即他们分别代表着其更广泛的利益相关方群体的观点和利益;(6) 创建一个可以通过定性研究和非正式反馈不断更

图 38.2 新兴的过渡设计方法建议实践应用分为三个阶段,包括重构现在与未来的问题及其语境、设计干预措施,然后观察系统如何响应。这些阶段提供了一个灵活的框架,可以根据具体情况选择和应用不同的实践和过程
来源:作者绘制。

新和验证的视觉化问题映射图,作为社群教育、行动和意识的集结点。

澳大利亚公共服务委员会(Australian Public Service Commission)2007 年的报告强调了利益相关者对问题达成共同理解的重要性:"如果利益相关者不能就问题是什么达成共识,那么就很难找到一个可接受的解决方案。针对问题的各个方面以及在外部利益相关者的不同观点之间达成共识都至关重要,他们的参与也有助于促成对问题的全面理解并提出综合性的应对措施"(Australian Public Service Commission,2007 年,第 27 页)。问题的构建方式就决定了人们的理解方式及其所采取的行动。巴德韦尔认为,人们会基于其在生活中已经建立起的心智模型(认知映射图)去解决问题,在遇到新情况时也会下意识地调用这些模型(Bardwell,1991 年,第 604 - 605 页)。因此,以反映现有价值和假设的旧方式去构建新问题会"深刻影响解决方案的质量"。而应对抗解问题对大多数人来说都是一种新的体验,所以,为了能够利用利益相关者的群体智慧来重构问题,我们必须放下旧有的框架和认知模型。

在奥海市工作坊绘制问题映射图的过程中,有一个很重要的部分是让实践者尽可能多地去识别因素/原因之间的相互联系和关系线。在诸如水资源短缺这样的抗解问题中,所涉及的关系类型包括:**相互依赖关系**(居民对水资源短缺缺乏认识/意识的社会问题,与制定限制用水的新政策缺乏支持的政治问题之间是相互依赖关系)、**因果关系**(企业推动旅游业及其自身发展的经济问题,与当地水资源枯竭以及随着水的需求增加而导致的生态系统健康下降的环境问题之间是因果关系)、**冲突关系**(旅游业扩张的经济问题,与居民面临水资源短缺但游客在酒店却没有义务节约用水的社会问题之间是冲突关系)或**一致关系**(需要制定限制用水的法律新条文的政治问题,与自然资源保护主义者希望保护当地水源完整性的环境问题之间是一致关系),以及**互馈关系**(为旅游业扩张而进行市场营销提高了奥海市的知名度,于是更多的人来此观光,更多的水被消耗。前者的经济问题与水资源短缺的问题就形成了一个正反馈循环)。正是**抗解问题中的这些动态关系**,使得传统设计方法在处理抗解问题时常常束手无策。

让利益相关者参与者们共同绘制问题映射图,有利于以下几个目标的实现:(1)使参与者发现他们之前未曾意识到的问题的其他方面,这挑战了他们所认为的"真相";(2)培养人们对水资源短缺如何影响其他利益相关者的同理心;(3)将不同利益相关者之间原本可能的"对抗性"碰撞转变成了一个充斥着发现和"游戏"元素的共创过程。同时,这也为下一步的群体间关系的研究做好了准备。

绘制利益相关者的关切与关系映射图

对与问题相关的利益相关者的关切、恐惧、希望和愿望置之不理可能会阻碍问题的解决过程。迄今为止,还没有一种以设计为主导的流程旨在明确利益相关者的关切,并将其整合到问题架构和设计干预中。然而,在其他领域中有许多经过充分记录的方法,例如需求—恐惧映射图(Needs-Fears Mapping)(Wageningen University,2017年)、冲突分析工具(Conflict Analysis Tools)(Mason & Rychard,2005年),以及前文提到的 MSPs(Hemmati,2002年)。与传统的设计过程相比(比如行动者与利益相关者映射图,往往会优先考虑顾问/设计师专家或客户的观点),这些方法能够更深入地了解利益相关者的思维方式及其彼此之间的差异和关系，以提供协作过程，化解冲突，促进更有意义的合作和理解。

这些方法所欠缺的是一个以设计为主导的组成部分，从而带来切实行动和实质性结果。例如，经过设计的交互、视觉传达、产品可以起到教育、阐明和促进的作用，对人们的认知产生影响，进而促使其采取新的行为方式，促成新的结果，最终，进而渗透进社会技术系统中。过渡设计旨在整合这些利益相关方冲突化解的方法，将其作为应对抗解问题的策略。

在奥海市的工作坊中，不同利益相关者群体同时列出了他们对当地水资源短缺的担忧/关切和希望/愿望，并在工作坊的要求下识别并标记了彼此之间的关系。用红色胶带表示对立关系，用绿色胶带表示相近或一致关系，同时补充文字说明。在这个相当"喧闹"的非正式设计过程中，不同的利益相关者群体就如何解决问题展开了相当激烈的争论，但这种随时可能爆发的氛围中却存在着另一条充满发现、惊喜和"游戏"的主线。讨论过后，出现了几条非常醒目的红色对立线（其中，一方利益相关者最大的恐惧恰恰是另一个利益相关方的最大愿望），但这些红线的确定是基于发现和友好竞争的精神，旨在识别不同的利益相关者群体之间的关联。对立群体之间的对话非常友善，甚至轻松愉悦。利益相关者们也惊讶于不同群体之间的一致线的数量，这成为积极思辨与讨论的焦点。

最后的讨论便围绕着这张涵盖了各种担忧、恐惧、希望和欲望的庞大映射图进行，聚焦于如何化解红线所示的对立关系，以及如何利用绿线所示的亲缘关系。这就把讨论的焦点从对分歧的争论转移到如何化解分歧。工作坊为了验证这一方法制定了更多的研究计划。不过，其早期迹象已然表明，它有潜力在持对立议程的利益相关者之间激发对话，并推动其在利益和目标相同的领域中进行合作。在最后的自我反思练习中，参与者们检视了可能导致水资源短缺的（各自利益相关者群体的）文化规范、信仰和假设。这是一项极具挑战性的工作,因为很少有人能深入审视自己的世界观和思维方式(Lent,2017年;Clarke,2002年;Woodhouse,1996年;Kearney,1984年;Kuhn,1962年),尤其是将其视为抗解问题的根源。一旦利益相关者群体确定了可能作为该问题根源的文化规范、信仰和假设,他们就需要回答:"如果到2050年,这个问题被解决了,那么彼时的文化规范、信仰和假设会发生怎样的变化?"

练习结束时,每一方利益相关者都会形成两套截然不同的信念、假设和规范:一套是2017年的(导致了问题的出现),另一套是2050年"未来"的(通过对生活方式的重构,同时基于地方的原则而产生,这一套信念、假设和规范便成为解决方案中的"已知"信息)。例如,一个群体2017年的信念是:"水可以被买卖,因为水总是取之不尽,用之不竭。"这就会与他们在2050年的信念形成鲜明对比:"水是宝贵和神圣的——是'公共资源'的一部分,每个人都有获得足够的水的权利。浪费水是一种犯罪行为。"这样的练习虽然具有挑战性,但标志着工作坊的调性发生了明显改变。参与者似乎放慢了脚步,变得更加思辨,甚至开始沉思。鼓励参与者采用这样的新立场(与过渡设计框架中的"立场和思维方式"相关)是下一阶段的准备工作。

未来愿景

过渡设计希望利用一系列前瞻性技术,使利益相关者能够共创令人信服的基于生活方式的长期未来愿景,在这样的愿景中,问题已被解决,多方利益相关者的担忧/关切都已被化解,其希望/愿望也已被满足。这些愿景有助于不同的利益相关者群体跨越当下的差异与分歧,既像"磁石",吸引群体走向共同设想的理想未来,又像指南针,对当前系统干预的设计进行指导。

预测研究与设计的交汇催生出了几个新的理论、研究和实践领域,包括设计虚构(Design Fiction)(Lindley & Coulton,2016年;Sterling,2005年)、思辨/批判性设计(Speculative/Critical Design)(Dunne &

Raby,2013年）和体验式未来（Experiential Futures）（Candy & Dunagan,2017年；Candy & Kornet,2017年），这些领域都关注着**可能的**(possible)和**合意的**(preferable)未来,对其进行设想,并开展原型设计工作。坎迪和杜纳甘指出,"体验式未来（能够）通过催化高质量的参与、洞察和行动来塑造变革,而且（能够）根据情境选择最合适的手段"(Candy & Dunagan,2017年,第3页),进而为个人和团体提供比其他方式更深刻、更能引起共鸣的未来视野。

为了使利益相关者能够共创令人信服的理想长期未来愿景,需要新的工具和方法。奥海市工作坊的利益相关者群体开展了一项名为"来自2050年的快照"(Snapshots from 2050)的活动,以形成基于生活方式的未来叙事,即设想在2050年的奥海市,水资源短缺的问题已得到解决。工作坊为利益相关者群体提供了"一天生活"叙事的相关案例,以确保他们能够专注于整体过程,基于生活方式去设想/重新构想日常生活的方方面面而不是采用主导性的、还原论的方法去考虑基于学科的解决方案。他们需要根据叙事性的文字/图像"模板"回答问题,如:"对你们这个利益相关者群体而言,问题的解决会带来哪些可能的好处或者变化？""哪些事情是你现在做不到,但在未来可能能做到/完成的呢？""如果水资源短缺的问题被解决了,你的日常生活（实践、环境、职业、家庭生活）在哪些方面会有所不同,或者有所改善？"

在这个未来构想的练习中,利益相关者群体以他们所阐述的2050年的信念、假设和文化规范作为出发点。继而,参与者们需要思考:2050年的"世界观"将会如何影响彼时新的实践、行为和设计交互,在其叙事中又涉及哪些人造物？同时,他们还要根据他们所列出的恐惧/担忧和希望/愿望清单,去推测这些恐惧/担忧和希望/愿望在未来会如何解决或实现,可以此作为一种更为具体的发展一天生活叙事的方法。在最后的批判讨论阶段,参与者们针对不同的叙事重复之前的练习——用绿色胶带表示亲缘,用红色胶带表示对立。由于愿景之间存在着惊人的相似性,讨论结束后出现了许多绿色的线,几乎没有红色的反对线。我们的假设(只能通过对更多群体的进一步广泛研究来证实)是,当参与者在设想一种理想的共同未来时,便会进入到另一种"境界",使其能够超越当下的对立和冲突,在共同设想的假想未来中,专注于彼此之间的一致性和相似之处。

逆向预测

逆向预测(Robinson,1982 年;Dreborg,1996 年)已成功应用于解决涉及多方利益相关者的复杂、长期的社会问题(Carlsson Kanyama 等人,2008 年;Quist & Vergragt,2006 年)。以定义一种理想未来作为起点"逆向预测"现在,从而创建一条"过渡路径",项目、倡议和计划就变成了沿着过渡路径通向理想未来的初始"步骤"。与前瞻性方法不同,后者是从当前趋势(基于主流范式,这便是问题产生的根源)出发去推测未来,而逆向预测则试图定义合意未来,对其结果进行分析,并明确实现它们的必要条件。罗宾逊(Robinson)指出:"逆向预测分析最显著的特征在于,所关切的不是未来可能会发生什么,而是如何才能实现理想未来。因此,它是一种规范性方法,针对特定的理想未来,从其终点出发逆向预测现在,以便确定该未来的实际可行性,以及我们需要采取哪些政策措施才能实现它"(Robinson,1982 年,第 337 页)。在过渡设计框架中,逆向预测可作为一项协作活动,将利益相关者对理想未来的愿景转化为行动计划,以在当前阶段达成共识并采取具体行动。

由于时间限制,奥海市工作坊的参与者未能对此过程进行深入探讨。工作坊要求参与者们创建一条从现在至其 2050 年愿景的过渡路径,并借助便利贴去推测(从现在到 2050 年)实现愿景所需的项目、倡议和里程碑事件。这一技术路径借鉴了波利特(Porritt,2013 年)、卡尔森·卡尼亚马等人(Carlsson-Kanyama 等人,2008 年)及夏普(Sharpe,2013 年)为设想社会转型过程而使用的逆向预测的方法。

工作坊的组织者们观察到,要求参与者想象或预测未来较长时期内的情况对他们来说是很大的挑战,练习过程也十分困难。因此,需要进行进一步的研究来完善过渡设计中的反向预测过程。很可能需要以不同的方式结合应用多种方法,包括 STEEP 分析(即从社会、技术、经济、环境和政治等不同角度进行设计分析的方法)和三重视野工具(Three Horizons tools)。

欧文、汤金威斯和科索夫(Irwin, Tonkinwise & Kossoff, 2015 年)提出了一个迭代循环流程,如图 38.3 所示,用于在解决复杂问题和社会转型的缓慢过程中进行逆向预测和未来展望。借此流程可以确保参与者能够更加普遍地采用长远的思考方式,并且未来愿景不会变得"固化"或静态,而是基于当前和近期项目(过渡中的一系列步骤)的反馈和输出,处于一个持续发展和变化的过程中。

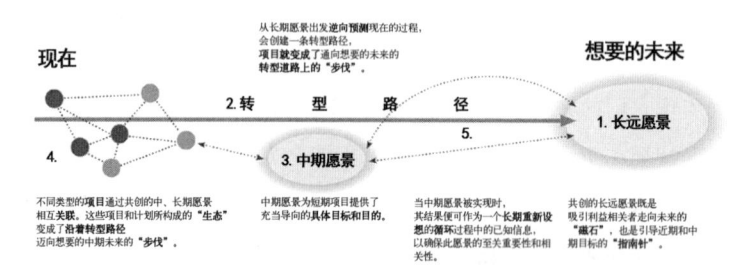

图 38.3 以共创的未来愿景作为起点,逆向预测现在,从而创建一条"过渡路径",沿着这条路径,新的和现有的项目将被关联起来,作为一系列"步骤",用以推动社会朝着理想长期未来的方向发展。
来源:T. Irwin, G. Kossoff, C. Tonkinwise。

2. 设计干预措施

第二阶段,将问题映射图和未来愿景置于一种庞大的时空语境中(图 38.4)。同样可以利用过渡设计框架中的工具和方法,来开发用于解决问题和系统转型的干预措施。大多数以设计为主导的方法都将问题定位在狭隘、可管理的问题框架和语境中,以便快速得到有收益的解决方案。我们认为,应对抗解问题需要在极其庞大的时空语境中

（历经长时间跨度）进行,需要在多个层级上施加多种干预。抗解问题的存在本身便跨越了多个层级,而且其根源**总是**可以追溯到过去,正是因为问题经历了数年、数十年甚至更长时间的积压和演变才会变得如此抗解。我们有必要同时从更高**和**更低的系统层级出发来了解问题在当下的影响和结果,同时回顾过去以了解问题的根源及其演变过程。

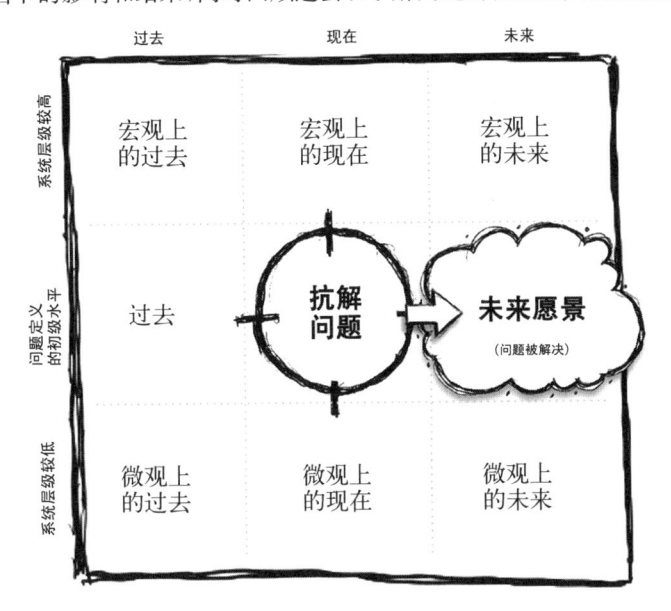

图 38.4　过渡设计借鉴了"多层级视角"（Multi-Level Perspective）的概念（吉尔斯,2006 年）,将抗解问题和基于生活方式的未来愿景置于一种庞大的时空语境中。对这一庞大语境进行探索是为了确定最有希望的"干预"施加点。
来源:作者绘制。

在过渡设计过程的第二阶段,重点在于将抗解问题置于具体语境中,会同时涉及空间和时间的双重维度:**在空间中观察高低不同的系统层级,在时间上回溯与展望交替**——这两个维度在制定设计干预措施时都会发挥作用（图 38.4 和 38.5）。对这样一种庞大的语境进行探索,有助于:（1）了解抗解问题在**当下**的影响和后果（通过从高低不同的系统层级切入）;（2）了解抗解问题的演变过程,并找出其（在**过去**的）根源;（3）明晰在何处施加干预,以促进系统（问题和语境）向更合意的**未**

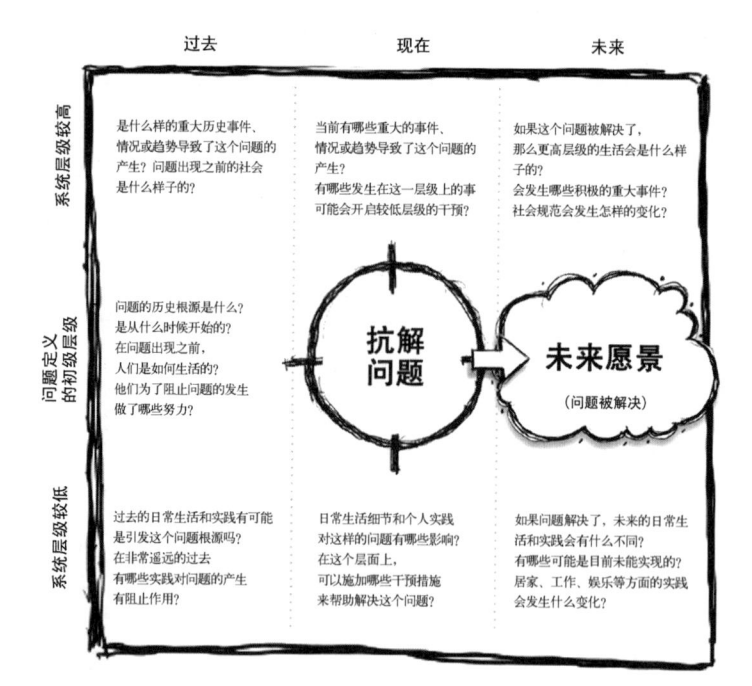

图 38.5 可以针对过去、现在和未来的不同时间层级提出具体的问题，以引导研究工作，并确保未来愿景能够更准确地反映现实情况。
来源：作者绘制。

来过渡。

过渡设计框架中列出了很多实践方法，都可用于系统干预的设计（无论是应对抗解问题，还是促进系统过渡）。但由于本文篇幅有限，图 38.6 中只列举了 6 种实践方法，包括实践概述、其与过渡设计的相关性以及相关参考文献。

关联和放大项目

针对诸如水资源短缺这样的抗解问题，经常有很多一次性的项目和倡议被制定出来。然而，在过渡设计的观点中，这样的项目和倡议不太可能解决问题，更不可能催化系统级变革。一种新的以设计为主导的方法必须提供一种逻辑，将各方努力关联在一起，使其随着时间

设计系统干预措施的工具和实践

实践	是什么	有什么用	参考文献
多层级视角 (The Muli-Level Perspective,简称 MLP)	用于调查**大型社会技术系统**如何在长时间跨度中进行**过渡**的概念框架。描述了3种不同的系统层级,涉及重大事件的开展、基础设施和人造物的创建,以及交互网络的问世。	有助于探索庞大的时空语境;明确复杂问题及大型社会"根深蒂固"/难以解决的部分的**历史根源**;揭示**可施加干预的机会点**(设计干预);提供足够庞大的语境来揭示抗解问题之间的联系。	Geels, 2006 Irwin, Tonkinwise & Kossoff, 2015 Gaziulusoy & Brezet, 2015 Grin, Rotmans & Schot, 2010 Rotmans & Kemp, 2003 Trist & Murray, 1993
麦克斯-尼夫需求理论 (Max-Neef's Theory of Needs)	提出:**需求是本体论层面上的概念,无等级之分、有限且普遍存在**;但根据不同的文化、地域、性别、年龄和时代,满足需求的方式是无限的。**需求得不到满足所导致的"贫困"是许多问题的根源。**	可整合到问题框架中,用以明确提议的解决方案是否(以可持续的方式)满足了真正的需求,或者是否可能破坏了满足其他需求的能力。可以用作**社会/环境责任性设计**的方法。对于中观和微观层级的系统干预设计尤为有效。	Max-Neef, 1991 Irwin, 2011 a, p 50 Kossoff, 2011, p 130
社会实践理论 (Social Practice Theory)	考查实践中所涉及的全部要素间构成的**生态系统**:材料、能力和意义。作为可持续发展策略,尤其关注实践如何产生以及如何形成惯性。	可以用于**微观系统层级**,用以理解人们的实践何导致了抗解问题的产生以及系统固化。由于**实践无处不在**,因此它们可被视为复杂系统(如抗解问题和社会技术系统)中能够促发**变革的杠杆点**。	Shove & Walker, 2010 Shove et al., 2012 Kossoff, Tonkinwise & Irwin, 2015 Scott et al., 2011 Kuijer & De Jong, 2011 Bourdieu, 1997 Giddens, 1984
为行为改变而设计 (Social Practice Theory)	关注人们的态度、行为、动机和理解方式,运用心理学原理设计能够**对用户行为产生影响**的产品和服务,从而对社会产生积极影响。	了解个体和群体的信仰、态度和行为如何促成抗解问题和系统惯性和固化,可以成为系统层级变革的一种策略,与社会实践理论结合使用,有助于研究大型社会技术系统与抗解问题中存在的社会互动和相互依存关系。	Lockton et al., 2013 Jana, 2010 Abraham & Michine, 2008
日常生活和生活方式领域 (Domains of Everyday Life & Lifestyles)	日常生活和生活方式涵盖了个人、群体和社会满足自我需求的方式。这一领域框架提出,日常生活由嵌套的系统层级所构成,每一层级的特定类型的需求都得到了最佳满足:家庭、社区、城市、地区和地球。	更适合作为一种语境,去构思可持续的解决方案、设计干预措施以及系统层级变革。有意识地将解决方案定位在特定的日常生活层级,有助于使其成为**更有效的系统干预措施**。在日常生活和生活方式的语境下发展起来的长期愿景更具影响力。	Lefebvre, 1991 Debord, 2002 SPREAD, 2016 a,b,c Kossoff, 2011 de Certeau, 1984
社会途径矩阵 (Social Pathways Matrix, The Winterhouse Institute)	由设计教育者所开发的模型,用以**描绘设计师目前的工作领域**。该矩阵显示了设计师的**参与规模、项目所需的专业知识范围**,及其可能造成的影响。	可以指导**大型时空语境中的系统干预措施的设计**,通过清点现有和**可设的**干预措施,确保不同的干预措施被位于多个系统层级(抗解问题)层级之上,分布于不同时空之中。	Winterhouse, 2017 Irwin, 2015 Amatullo, 2016

图 38.6 以上实践类型已在过渡设计框架中列出,这些方法对于庞大时空语境中的系统干预措施的设计尤为有效。

来源:作者绘制。

的推移,能够获得更大的牵引力和"杠杆效应"(Meadows,1999 年)。将各种新的**以及现有的**项目(来自多个领域,包括服务设计和社会创新)彼此关联起来,**并**将其整合到一个共创的理想未来的长期愿景中,是过渡设计的一个关键策略(图 38.3)。

放大项目(Manzini,2015 年,第 123-124 页;Penin,2010 年;Amplifying Creative Communities,2010 年)指的是:在设计实践的基层

去寻找已经取得成效的项目,并提供支持来增强或"放大"其影响。这种方法需要的是一种截然不同的思维方式和立场的介入——即非专家的心态,以"新兴解决方案"的同理心和敏感性来处理新情况。专家设计师的思维模式旨在运用卓越的专业知识来"纠正错误",而过渡设计师则致力于在当地已经进行的努力中去寻找"正确的事物"。

3. 等待并观察（思维方式和立场）

为了在复杂系统中孕育并催化变革,解决抗解问题,往往需要在多个时间跨度、多种规模层级上进行多重干预。对于大型、反应缓慢的系统而言,与其合作或**在其中**工作,实施行动或干预之后往往需要有一段观察和反思的时间,以分析和理解这些行动或干预对系统造成的影响和系统的响应。这是一个迭代的过程,通过不断调整和优化策略来适应系统的动态变化。这与传统的、以设计为主导的方法形成对比,后者通常追求快速、线性的过程,目标明确,希望得到能达到预期的具体结果(解决方案)。

复杂系统往往会显示出自组织(self-organization)的关键特性,其中包括"新的结构和行为形式的自发涌现"(Capra,1996 年,第 85 页),这源于众多系统组成部分(如人)之间的动态互动和协同作用。因为这些系统能够自组织,所以它们会根据内部逻辑和规则自主对环境中的干扰(设计干预)作出反应,也就是说,它们的反应无法预测。这一原则极其重要,如果对此理解得当,将会从根本上改变传统的设计过程。设计所施加干预的背景——社会技术系统和社会组织——很少会按照我们预想的方式响应干预,而且系统越复杂,其响应越不可预测。这种自组织的原则解释了为什么那么多精心设计的解决方案都会以失败告终。因此,过渡设计师不应该仅仅考虑"设计解决方案",而应该在多个层面和长期范围内进行"解决方案设计"。正如惠特利(Wheatley)和凯勒·罗杰斯(Kellner Rogers)所言,我们必须学会"修补"事物使之存在

(Wheatley & Rogers,1996 年,第10 页)。

  转型设计方法的这一极其重要的部分将会引起极大的争议,因为它挑战了社会技术、经济和政治的主导范式,而正是这些主导范式催生出了最抗解的问题。这些范式基于一种被广泛批评的所谓的"机械论""还原论"和"去语境化"的思维方式(Author 2011 年 b,第 254 页;Capra 1996 年;Capra & Luisi,2014 年;Scott,1998 年;Toulmin,1990 年;Mumford,1971 年;Berman,1981 年)。社会学家乔治·瑞泽尔(George Ritzer)认为,这种思维方式通过以效率、可计算性、可预测性和可控制性为特征的商业模式主导了 21 世纪的社会(Ritzer,2004 年,第 12-15 页)。过渡设计认为,以上特征也存在于传统的问题解决过程中,而且讽刺的是,它们正是抗解问题的根源之一(Irwin,2011 年 b,第 235 页)。

  为系统层级的改变而设计需要全然不同的思维模式和立场(Irwin 2015 年,第 236 页),可能会产生"新兴成果",对此我们要放慢脚步,充满耐心。这也将挑战那些追求快速、具体、可预测和收益成果的主导范式。奥尔(Orr,2002 年)对快知识和慢知识进行了重要区分,他认为,"20 世纪是由迅猛的技术变革和全球经济崛起所驱动的快知识时代。快知识的兴起破坏了曾经通过社群、文化和宗教来减缓变革速度并从新信息的混乱中过滤出合适知识的作用"(第 36 页)。慢知识所追求的是韧性、和谐以及保护连接模式(第 39 页),这也促使过渡设计师放慢节奏,考虑更长远的未来的影响和结果。恒今基金会(The Long Now Foundation)的斯图尔特·布兰德(Stewart Brand)提出了一个问题:"我们怎样做才能使长期思考变成一种自然而然的普遍想法,而非困难且罕见的?"(Brand,1999 年,第 2 页)同样,易洛魁联盟律法(Great Law of Iroquois Confederacy)的"第七代"原则要求,公民在做出关键决策时要保护后代,考虑到他们的福祉(Loew,2014 年)。过渡设计方法**必须**建立在这种长远考虑以及对更长、更慢的自然界周期的理解的基础之上。

第一阶段	奥海镇所用的的实践
重构：现在与未来 重构现在， 以达成对问题的共同理解。 重构未来， 通过共创我们想要实现的愿景。 **1**	**1.绘制问题映射图** 利益相关者合作创建其对问题及其复杂性、相互联系和相互依赖关系的共同理解。 **2.绘制利益相关者的关切与关系映射图** 利益相关者明确其内心的关切/恐惧、希望/愿望，同时明确那些促使问题产生的信仰、假设和文化规范。 **3.设想未来愿景** 利益相关者共创一种基于生活方式的共享的理想未来愿景。在这样的愿景中，问题已被解决，需求也已被满足。 **4.以逆向预测的方式开辟过渡路径** 利益相关者以其愿景作为起点，从未来逆向预测现在，从而开辟一条过渡路径，项目和计划就变成了沿着过渡路径通向理想未来的一个个步骤。

图 38.7　以框架中所包含的一些实践对这种新兴的过渡设计方法进行的概述。可以针对不同的问题和情境进行不同的适配调整。（A）

来源：作者绘制。

447

第二阶段	有用的方法
设计干预措施 将问题映射图和未来愿景置于一种庞大的时空语境中。在多层级中确定其后果与根本原因，以便设计出能够解决问题、促进系统过渡的的干预措施。	• **多层级视角** 将问题定位于社会技术语境下，以便在时空尺度的多个层级上明确其历史根源和干预机会。 • **日常生活和生活方式领域** 将重构的日常生活和生活方式作为一种语境去开发干预措施。 • **麦克斯-尼夫需求理论** 以满足真正的需要(相对于理想/欲望而言)为策略去设计更有效的干预措施。 • **社会实践理论与为行为改变而设计** 个体与集体的实践和行为被视为抗解问题产生的根源，也是能够促发变革的杠杆点。 • **社会途径矩阵** 这是一种在多个时间维度上、多种系统层级中规划干预措施的有效工具。 • **关联和放大** 为了催化系统级变革，将现有的和新的项目/计划（其中许多出现在基层）关联起来，并放大其影响。

图 38.7 （B）

来源：作者绘制。

第三阶段	有用的方法
等待并观察 活动和干预的周期需要与观察和反思的周期达成一种平衡状态，要实现这一点需要新的思维方式和立场。 **3**	• 耐心和克制 不要用明确、可衡量的成果匆忙收尾，而要以耐心观察和等待的姿态去完成任务。设计师需要顶住干预结果要迅速有所成果的压力。 • 慢知识/长远的眼光 设计师要了解生态系统的特征——慢循环，并在设计时考虑到此类慢循环。以长远的眼光制定干预措施，并且要知道可能要耗时数年甚至数十年才会有所结果。 • 根据生命系统原则进行设计 设计师要深入理解诸如自组织、涌现、对初始条件的敏感与反馈等生命系统的原理，并将这种理解融入到其实践过程中。 • 思辨性VS确定性 设计师要明白，干预的结果是无法预测的，因此必须用思辨性和自发性取代确定性的立场。

图 38.7 （C）

来源：作者绘制。

过渡设计的方法可以类比于中国的针灸。针灸师会先对病人仔细观察一段时间，了解其系统（身体）的失衡或阻塞之处后，再沿着特定的经脉施针，来调节能量（这一步类似于设计师针对系统设计并施加干预措施）。施针后，他/她会**一直**等待，同时观察身体（系统）的反应。有时可能会在几周之后才推荐下一次治疗。医生施针的位置是根据其自身经验和"疗效假设"而确定的，因此**很可能**会出现某种不确定的反应，而一个好的医生会在再次施加干预之前先等待并观察特定个体的反应（基于其生理、心理、生活方式等因素）。为社会技术系统设计干预措施所需要的方法与此类似，即在行动和干预之前先观察和反思，**以便了解系统会如何做出反应**。这样的过程与21世纪对快速、起决定性、有收益且可量化的结果的期望背道而驰。正因为如此，过渡设计师还需要以一种令人信服的方式对过程本身的（长期）价值和好处进行论证和说明。

结论

本文概述了一种新兴的、以设计为主导的方法，用以应对复杂的抗解问题，并促进社会向着更可持续的未来方向过渡（图38.7 A-C）。它强调要让**所有**受问题影响的利益相关者（人和非人）共同参与，以在利益相关者之间生成关于问题的共同定义，并且使其能够理解彼此之间的对立与一致之处。本文提出了一个框架，或者说一项"指南"，使问题置于庞大的时空语境中。该框架可用于理解问题的根源和后果，明确施加干预措施的杠杆点，从而使系统能够沿着一条过渡路径向共同设想的未来迈进。

过渡设计旨在成为一种灵活的、综合的方法，为从事与过渡相关项目和倡议的跨学科团队提供以设计为主导的工具和方法。这一概念发展目前仍处于初期阶段，还需要来自许多学科和不同文化视角的研究人员和从业者的共同努力，使其成为一套具有广泛适用性的跨学科流程。本文旨在作为一种邀请,同时也提供了未来研究的路线参考,以期激发对于本文内容的批判和思辨,以及更多的研究。

© Terry Irwin 2018。之前发表于 2018 年的 DRS（Design Research Society,设计研究协会）会议,会议主题为"设计作为变革的催化剂",于 2018 年 6 月 25 日—28 日在利默里克大学举办。本文的较长版本发表于 2017 年巴勒莫大学的期刊 *Journal of Cuadernos del Centro de Estudios en Diseño y Comunicación*。经作者许可重新发布。

注释和参考文献

前言

1. 选集(anthology)是指从众多的作品、文章中精选出的一部分集合,可以是文学形式相同,也可以是时期或主题相同。参见 https://www.dictionary.com/browse/anthology。
2. "在当前设计学术界中,非西方的设计认识论和实践并没有得到应有的重视,且这种现象由来已久,最早源于为了发展新的设计方法的需要,因为那时人们将传统的设计视为手工艺的产物——当时认为的手工艺设计与前工业化时代的非欧洲文化相关联。"Ahmed Ansari, *What a Decolonisation of Design Involves*:*TwoProgrammes for Emancipation*,April 12,2018。网址:http://www.decolonisingdesign.com/topics/actions-and-interventions/publications/(访问于 2018 年 8 月 28 日)。
3. 英式英语和美式英语在拼写和术语表述上略有不同。例如,"颜色"对应的英式英语是"colour",而美式英语则为"color"。同一概念的本土术语表达也可能并不一样。例如,"手机"对应的英式英语是"mobile phone",而美式英语则为"cell phone"。关于这些差异历史的延伸阅读可参见 http://www.bbc.com/culture/story/20150715-why-isnt-american-a-language(访问于 2018 年 8 月 28 日)。
4. 伊丽莎白·雷斯尼克于 2016 年出版的《培养公民设计师》(*Developing Citizen Designers*)一书,提供了高校环境中的实际课程案例和教学材料,旨在帮助学生、教育者和职业早期的设计师,以社会负责任的方式学习和实践设计。该书回应了社会设计、可持续设计、伦理设计和设计未来等领域内的学术辩论和教学兴起。

1. 前言

1. 名词是用以识别人、地方或事物的词语(除代词外)。名词又分为普通名词和专有名词,前者用以指代一般性的人、地方或事物,后者用以指代特定或独特的人、地方或事物。https://en. oxforddictionaries. com/definition/noun.

2. https://en. oxforddictionaries. com/definition/design.

3. https://en. oxforddictionaries. com/definition/social.

4. H. A. Simon, "The Science of Design: Creating the Artificial," *Design Issues* 4, nos. 1 and 2 (1988), pp. 67 – 82.

5. https://en. oxforddictionaries. com/definition/term.

6. Mapping Social Design Research & Practice, *Social Design Rant 4—Ezio Manzini*, 2014, https://mappingsocialdesign. wordpress. com/2014/06/16/social-design-rant – 4 – ezio-manzini/（访问于 2018 年 8 月 26 日）.

7. A. Fuad-Luke, *Design Activism Beautiful Strangeness for a Sustainable World* (London: Earthscan, 2009), 152.

8. *Wikipedia*, "Social Design," 2018, http://en. wikipedia. org/wiki/Social_design.

9. 同上。

10. 2006 年,平面设计师威廉·德伦特尔(William Drenttel)和杰西卡·赫尔法德(Jessica Helfand)共同成立了冬屋(Winterhouse Institute),旨在探索设计教育对社会影响的价值。(http://www. winterhouseinstitute. org/). William Drenttel and Julie Lasky, *Winterhouse Symposium on Design Education and Social Change: Final Reports*. https://designobserver. com/feature/winterhouse-first-symposium-on- designeducation-and-social-change-final-report/22578.

11. *Design and Social Impact*, 2013, 1st ed. (New York: The Smithsonian's Cooper-Hewitt, National Design Museum, 2014), 6.

12. 同上,第 8 页。

13. 同上,第 20 页。

14. Leah Armstrong, Jocelyn Bailey, Guy Julier, and Lucy Kimbell, *Social Design Futures: HEI Research and the AHRC. Project Report* (Brighton/London: University of Brighton/Victoria and Albert Museum, 2014).

15. Victor Margolin quoted in the interview with Don Ryun Chang in 2015, https://www. linkedin. com/pulse/special-interview – 5 – victor-margolin-idc-gwangju/（访问于 2018 年 8 月 28 日）.

16. "设计的使命在于为创建'美好社会'作出贡献,一个可以确保每个人都能获得必要的商品和服务以过上体面生活的社会。'美好社会'是一个梦想,一个公平正义的世界的乌托邦概念。我们可以把这样的社会作为一种向往和目标，让我们能够团结起来，为之共同奋斗。设计师凭借其想象力和专业知识，能够将'美好社会'的愿景生动地呈现出来，以有助于其成为现实。"摘录自 2015 年的《乌得勒支宣言》(Utrecht Manifesto)。http://www. utrechtmanifest. nl/files/doc/026/utrechtmanifesto. pdf（访问于 2018 年 8 月 28 日）。

2. 社会设计存在吗？

Boland，Richard，& Fred Collopy，eds. 2004. *Managing as Designing*. Stanford University Press.

Latour，Bruno. 1990. "Technology is society made durable." *The Sociological Review* 38. S1：103 - 131.

Latour，Bruno. 1992. "Where are the missing masses, the sociology of mundane artefacts." Bijerker, WE & Law,J. 1992. Eds. , *Shaping Technology/Building Society*：*Studies in Sociotechnical Change*. MIT Press：255 - 258.

Manzini，Ezio. 2015. *Design，When Everyone Designs*. MIT Press.

Papanek，Victor. 1971. *Design for the Real World*：*Human Ecology and Social Change*. Pantheon Books.

3. 社会设计：从乌托邦到美好社会

1. Victor Margolin and Sylvia Margolin, "A 'Social Model' of Design：Issues of Practice and Research," *Design Issues* 18 no. 4（Autumn 2002）：25.
2. 同上，第 25 页至 26 页。
3. 同上，第 26 页。
4. 之后的更多讨论请参见 Sir Geoffrey Vickers, *Human Systems Are Different* (London：Harper & Row, 1983).
5. Cinnamon L. Janzer and Lauren S. Weinstein, "Social Design and Neocolonialism," *Design and Culture* 6 no. 3（2014）：328.
6. Leah Armstrong, Jocelyn Bailey, Guy Julier, and Lucie Kimbell, *Social Design Futures*；*HEI Research and the AHRC* (n. p.：University of Brighton and the Victoria and Albert Museum, 2014). http://www. mappingsocialdesign. org/2014/10/09/social-design-futures-report（访问于 2014 年 12 月 18 日）。

7. 参见展览图录 *Massive Change*（London and New York：Phaidon，2004）。对于展览的批判性评论，请参见 Lauren Weinberg, "Massive Change: the Future of Global Design," *Design Issues* 23 no. 4 (Autumn 2007): 86 - 92。

8. 参见展览图录 *Design for the Other 90%*（New York：Cooper-Hewitt National Design Museum，Smithsonian Institution，2007）。另请参见我的文章 "Design for Development: Towards a History," *Design Studies* 28 no. 2 (March 2007)。涉及解决此问题的其他出版物包括 Tim Coward, James Fathers, and Angharad Thomas, eds. *Design & Development: Seminar Proceedings*, Cardiff 11 - 12 July 2001（Cardiff：UWIC Press, 2002），以及 Åse Kari Haugeto and Sarah Alice Knutslien, eds. *Design Without Borders: Experiences from Incorporating Industrial Design in to Projects for Development and Humanitarian Aid*（Oslo：Norsk Form，2004）。最近，国际设计艺术院校联盟（CUMULUS）出版了 2014 年会议论文集《与其他 90% 的人一起设计》(Design with the other 90%)。详情请浏览 http://www.cumulusjohannesburg.co.za/index.php/conference-theme - 2/（访问于 2014 年 12 月 18 日）。

9. 参见 http://www.demotech.org/d-design/presentation.php? p＝14. 访问于 2015 年 1 月 20 日。

10. Frank E. Manuel and Fritzie P. Manuel, *Utopian Thought in the Western World*（Cambridge，MA：The Belknap Press of Harvard University Press，1979），65.

11. William Morris, "The Society of the Future," in *Political Writings of William Morris*, edited and withan Introduction by A. L. Morton (New York: International Publishers, 1973), 189.

12. 对此以及其他乌托邦先锋运动的更多讨论，可参见我的另一篇文章 "The UtopianImpulse," in the exhibition catalogue edited by Vivien Greene, *Utopia：Matters：From Brotherhoods to Bauhaus*（New York：Guggenheim Museum Publications，2010），24 - 32.

13. "Walter Gropius, Programme of the Staatliches Bauhaus in Weimar," in Ulrich Conrads, ed. *Programs and Manifestoes on 20th-Century Architecture. Translated by Michael Bullock*（Cambridge，MA：The MIT Press，1975，c. 1970），49 - 53.

14. 原始宣言及其简要描述，可浏览 http://www.designishistory.com/1960/first-things-first. 访问于 2014 年 1 月 20 日。《当务之急宣言 2000》(First Things First 2000) 是"当务之急宣言"(First Things

First)的新版,起草于 1999 年,次年发表在《广告克星》(Adbusters)及其他杂志上。马特·索尔(Matt Soar)在其文章中讨论了两份宣言之间的联系和区别,具体参见"The First Things First Manifesto and the Politics of Culture Jamming: Towards a Cultural Economy of Graphic Design and Advertising," *Cultural Studies* 16 no. 4 (2002): 570–592.

15. 富勒的著作很多,其中包括 *Nine Chains to the Moon* (Garden City, N. Y.: Anchor Books, 1971, c. 1938, 1963), *Operating Manual for Spaceship Earth* (Carbondale: Southern Illinois University Press, 1969), *Utopia or Oblivion; The Prospects for Humanity* (Toronto, New York, London: Bantam Books, 1969), and *No More Secondhand God and Other Writings* (Garden City, N. Y.: Anchor Books, 1971, c. 1963).

16. 芭芭拉·沃德(Barbara Ward)很可能受到了瑞典经济学家冈纳·米尔达尔(Gunnar Myrdal)的影响,后者曾在 1956 年的著作中探讨了国家之间贫富差距鸿沟的应对之法,参见 *An International Economy: Problems and Prospects* (New York: Harper & Row, 1956)。

17. Barbara Ward, *Spaceship Earth* (New York: Columbia University Press, 1966).

18. "From One Earth to One World: An Overview by the World Commission on Environment and Development," in *Our Common Future: World Commission on Environment and Development* (Oxford and New York: Oxford University Press, 1987), 8.

19. Daniel Sitarz, ed, *Agenda 21: The Earth Summit Strategy to Save Our Planet*. Introduction by U. S. Senator Paul Simon (Boulder: Earth Press, 1993).

20. 《地球宪章》(*Earth Charter*)全文可在其官网以多种语言版本下载,请浏览 http://www.earthcharterinaction.org. 访问于 2014 年 5 月 29 日。

21. 关于 DESIS 的更多信息,可浏览 http://www.desis-network.org/. 访问于 2014 年 10 月 16 日。

22. Gar Alperovitz, *America Beyond Capitalism: Reclaiming Our Wealth, Our Liberty, & Our Democracy*, 2nd ed. Takoma Park MD: Democracy Collaborative Press and Boston: Dollars and Sense, 2011, c. 2005), 71.

23. 关于"新经济"的文献有很多,著作包括 James Robertson, *Future Wealth; A New Economics for the 21st Century* (London and New

York: Cassell Publishers, 1990), Lester R. Brown, *Eco-Economy: Building an Economy for the Earth* (New York: W. W. Norton, 2001), Peter G. Brown and Geoffrey Garver with Keith Helmuth, Robert Howell, and Steve Szeghi, *Right Relationship: Building a Whole Earth Economy*. Foreword by Thomas E. Lovejoy (San Francisco: Berrett-Koehler Publishers, 2009), David C. Korten, *Agenda for a New Economy: From Phantom Wealth to Real Wealth*, 2nd ed. (San Francisco: Berrett-Koehler Publishers, 2010), 以及 James Gustave Speth, *America the Possible: Manifesto for a New Economy* (New Haven and London: Yale University Press, 2012)。该领域的先驱是经济学家赫尔曼·E. 戴利 (Herman E. Daly),著述等身,如 *Beyond Growth: The Economics of Sustainable Development* (Boston: Beacon Press, 1996)。

24. 首次会议的摘要概述已上传至网上,可浏览 http://www.issuu.com/copenhagendesignweek/docs/howpublicdesign. 访问于 2014 年 11 月 7 日。关于第二次会议参会者乔里·范·丹·斯坦霍芬 (Joeri van den Steenhoven) 的详细评论,可浏览 http://www.marsdd.com/systems-change/mars-solutions-lab/news/design-innovation-government. 访问于 2014 年 1 月 11 日。

25. Geoffrey Vickers, *Human Systems Are Different*.

26. 学生们最终的设计项目皆有记录,不过,关于工作坊的相关报告并未发布。

27. 人们担心随着自动化的发展,在大量的工作岗位被取代的同时,却没有新的工作岗位相应产生。参见 Claire Cain Miller, "Rise of Robot Work Force Stokes Human Fears," *The New York Times* (December 16, 2014), A1, A3.

28. Jeremy Rifkin, *The Zero Marginal Cost Society; The Internet of Things, The Collaborative Commons*, and *The Eclipse of Capitalism* (New York: Palgrave Macmillan, 2014).

4. 移民文化与社会设计的起源

1. 值得注意的是,纽约市福特汉姆大学的积极营销中心 (Center for Positive Marketing) 承办了 2014 年的国际"民族志研究业界实践大会" (Ethnographic Praxis in Industry Conference,简称 EPIC),该会议是人类学领域的年度盛会,旨在探讨社会研究如何应用于商业发展。参见

epiconference. com/2014，访问于 2015 年 2 月。
2. 参见 http://maxbruinsma. nl/ftf1964. htm.
3. 关于嬉皮士现代主义（Hippie Modernism）的相关展览可参见 The Struggle for Utopia, *curated by Andrew Blauvelt, October*2015 - *February* 2016, *Walker Art Center, Minneapolis, USA*。
4. 引用自 Barbara Radice & Ettore Sottsass, *Design Metaphors*, 1988, 9.
5. Bessner, Daniel, 2012, '"Rather More than One-Third Had No Jewish Blood": *American Progressivism and German-Jewish Cosmopolitanism at the New School for Social Research*, 1933 - 1939.' Religions3: 99 - 129.
6. Victor J. Papanek 1967. "A Bridge in Time" in *Verbi-Voco-Visual Explorations* ed. McLuhan, M. (Something Else Press: New York).

5. 前言

1. This excerpt is from "First Things First, A Brief History" published in *Adbusters* No. 27 (Fall 1999). Reprinted with kind permission from Kalle Lasn/*Adbusters*.
2. Quoted from the preface of *Design for the Real World*: *Human Ecology and Social Change* by Victor Papanek, 1963 - 71.
3. 引自对撒切尔夫人的采访，参见 https://www. margaretthatcher. org/document/106689. 访问于 2018 年 6 月 28 日。
4. 引自 http://www. dunneandraby. co. uk/content/bydandr/13/0. %20. 访问于 2018 年 6 月 28 日。

7. 这是我们必做的事

1. Marx, Karl, *The German Ideology* (1846).
2. Kefauver, Estes, *In a Few Hands* (1965).
3. Mumford, Lewis, "Technics and the future of Western Civilization," *Perspectives* II, New York (1955).
4. *Report of the Tribunal Appointed to Inquire into the Disaster of Aberfan on October 21*, 1966 (1967).
5. Mills, C. Wright, *The Power Elite* (1956).
6. Fuller, R. Buckminster, Final summary at Vision 65 Congress on

"New challenges to humancommunications" (1966).
7. Marx, Karl, *The German Ideology* (1846).

9. 作为一项具有社会意义活动的设计

1. 本文作为 1982 年 7 月发表于《设计研究》(*Design Studies*)第 3 卷设计政策会议版中论文的延伸和发展。
2. 企鹅出版社(Penguin),哈蒙兹沃斯,1980 年。
3. "Vico and Herder. The origins of a methodological pluralism", in *Design*:*Science*:*Method*, Proceedings of 1980 Design Research Society Conference, Westbury House, Guildford, 1981.
4. 引自内克代特·泰穆尔(Necdet Teymur)的文章:"The Materiality of Design", in *Block* 5, 1981, p 19.
5. 关于此可参见 Bauman, Z. *Culture as Praxis*, Routledge, 1973。
6. 显然,这里只是概述。本文在此提出的问题(尽管过于抽象,但正如 J. C. Jones 所说,"抽象……可以帮助我们摆脱现状")需要进行更仔细的探讨。然而,提醒读者去理解和探索概念是非常值得的。正如罗伊·巴斯卡(Roy Bhaskar)所言:"解释某事,就是通过阐明、扩展、修改或替换主体现有的概念框架等,来解决某个主体对其的困惑,将无法理解的内容变得可理解。尤其,科学解释并不是通过将某个具体问题归纳为更普遍的问题来实现问题的解决的,而是通过将这些(通常已经被概括化的)问题置于新的认知环境中;在科学中,解决解释性问题的是(新的)概念,而不是(普遍的)量词。"(参见"Scientific explanation and human emancipation", in *Radical Philosophy*, 26, Autumn 1980, p16-28).
7. *Hegel Contra Sociology*, Athlone Press, London, 1981. 尤其参见最后一章 "With What Must the Science End?"
8. *Origins of Negative Dialectics*, Harvester, Brighton, 1977, p 124.

10. 设计师式认知

1. Royal College of Art. *Design in general education*, Royal College of Art, London (1979).
2. Archer, B. "The Three Rs" *Design Studies*, Vol. 1, No. 1 (July 1979) pp. 18-20.
3. Cross, N., Naughton, J. and Walker, D. "Design method and

scientific method", *Design Studies*, Vol. 2, No. 4 (October 1981) pp. 195-201.

4. Whitehead, A. N. "Technical education and its relation to science and literature" in Whitehead, A. N. *The aims of education*, Williams and Norgate, London (1932). Second edition: Ernest Benn, Ltd, London (1950).

5. Cross, N. "Design education for laypeople" in Evans, B. , Powell, J. and Talbot, R. (eds) *Changing Design*. Wiley, Chichester, UK (1982).

6. Simmonds, R. "Limitations in the decision strategies of design students". *Design Studies*, Vol. 1, No. 6 (October 1980) pp. 358-384.

7. Abel, C. "Function of tacit knowing in learning to design", *Design Studies*, Vol. 2, No. 4 (October 1981) pp. 209-214.

8. Cross, A. "Design and general education," *Design Studies*, Vol. 1, No. 4 (April 1980) pp. 202-206.

9. Peters, R. S. "Education as initiation", in Archambault, R. D. (ed) *Philosophical Analysis and Education*, Routledge and Kegan Paul, London (1965).

10. Ryle, G. *The Concept of Mind*, Hutchinson, London (1949).

11. Lawson, B. " Cognitive Strategies in Architectural Design," *Ergonomics* Vol. 22, No. 1 (1979) pp. 59-68.

12. Lawson, B. *How Designers Think*, Architectural Press, London (1980).

13. Simon, H. A. *The Sciences of the Artificial*, MIT Press, Cambridge, MA, USA (1969).

14. Eastman, C. M. 'On the analysis of intuitive design processes' in Moore, G. T. (ed),*Emerging Methods in Environmental Design and Planning*, MIT Press, Cambridge, MA, USA (1970).

15. Levin, P. H. 'Decision making in urban design' *Building Research Station Note EN51/66*, Building Research Station, Garston, Herts, UK (1966).

16. Marples, D. *The Decisions of Engineering Design*, Institute of Engineering Designers, London (1960).

17. Rittel, H. and Webber, M. 'Dilemmas in a General Theory of Planning' *Policy Science*, Vol. 4, (1973) pp. 155-169.

18. Hillier, B. and Leaman, A. 'How is design possible?'*J. Archit. Res*

Vol. 3, No. 1 (1974) pp. 4-11.
19. Darke, J. 'The primary generator and the design process' *Design Studies*, Vol. 1, No. 1 (July 1979) pp. 36-44.
20. Jones, J. C. *Design Methods*, Wiley, Chichester, UK (1970).
21. Gregory, S. A. 'Design and the design method' in Gregory, S. A. (ed) *The Design Method*, Butterworths, London (1966).
22. March, L. J. 'The logic of design and the question of value' in March, L. J. (ed) *The Architecture of Form*, Cambridge University Press, UK (1976).
23. Alexander, C. *Notes on the Synthesis of Form*, Harvard University Press, Cambridge, MA, USA (1964).
24. Alexander, C. et al. *A Pattern Language*, Oxford University Press, New York (1979).
25. Hillier, B. and Leaman, A. 'Architecture as a discipline' J. Archit. Res. Vol. 5, No. 1 (1976) 28-32.
26. Pye, D. *The Nature and Aesthetics of Design*, Barrie and Jenkins, London (1978).
27. Douglas, M. and Isherwood, B. *The World of Goods*, Allen Lane, London (1979).
28. Fox, R. 'Design-based studies: an action-based "form of knowledge" or thinking, reasoning, and operating', *Design Studies*, Vol. 2, No. 1 (January 1981) pp. 33-40.
29. McPeck, J. E. *Critical Thinking and Education*, Martin Robertson, Oxford, UK (1981).
30. Harrison, A. *Making and Thinking*, Harvester Press, Hassocks, Sussex, UK (1978).
31. Ferguson, E. S. 'The mind's eye: non-verbal thought in technology' *Science*, Vol. 197, No. 4306 (1977).
32. Archer, B. 'The mind's eye': not so much seeing as thinking', *Designer*(January 1980) pp. 8-9.
33. Cross, A. 'An introduction to non-verbal aspects of thought' *Design Educ. Res. Note* 5, Design Discipline, The Open University, Milton Keynes, Bucks, UK (1980)
34. Ornstein, R. E. *The Psychology of Consciousness*, Jonathan Cape, London; Penguin Books, Harmondsworth, Middx, UK (1975).
35. French, M. J. 'A justification for design teaching in schools' *Engineering*(design education supplement) (May 1979) p. 25.

36. Lakatos, I. 'Falsification and the methodology of scientific research programmes in Lakatos, I. and Musgrave, A. (eds) *Criticism and the Growth of Knowledge*, Cambridge University Press (1970).

11. 未来不再是过去

1. Robert Ornstein, *The Healing Brain* (New York: Simon & Schuster, 1987).
2. 关于福尔克博士的发现,相关材料的引用内容可参见托尼·希斯(Tony Hiss)的两篇文章: *The New Yorker*: "Reflections," Part I (June 22, 1987): 45-68, and Part II (June 29, 1987): 73-86.
3. Ornstein, *The Healing Brain*.
4. Stephen Kaplan and Rachel Kaplan, *Cognition and Environment: Functioning in an Uncertain World* (New York: Praeger, 1982).
5. Kaplan, *Cognition and Environment*.
6. 除了我自己的观察,我还建议读者参考 O. Michael Watson's *Proxemic Behavior*(The Hague: Mouton, 1970), 以及 Edward T. Hall's *The Silent Language* (Garden City, NY: Doubleday, 1959)和 *The Hidden Dimension* (Garden City, NY: Doubleday, 1966).
7. Abraham H. Maslow, *Toward a Psychology of Being* (Princeton: Van Nostrand Reinhold Company, 1968), 尤其参见第五部分: "Values"。
8. Hiss, *The New Yorker*.
9. 对于这一点和以下观察,另请参阅 Robert A. Levine, *Culture, Behaviour and Personality* (Chicago: Aldine Publishing Company, 1973), 以及 Irenäus Eibl-Eibesfelt, *Stadtund Lebensqualität* (Stuttgart: Deutsche Verlags-Anstalt, 1985), 尤其是第一部分和第二部分, 由哈里·格鲁克(Harry Glück)撰写。
10. Christopher Alexander, *A Timeless Way of Building* (New York: Oxford University Press, 1979).
11. 引自 Leopold Kohr in *The Overdeveloped Nations: The Diseconomies of Scale*(New York: Schocken Books, 1977)。
12. 关于前述材料的探讨,也可参见 Victor Papanek, *Design for Human Scale* (New York: Van Nostrand Reinhold Company, 1983), and in *Seeing the World Whole: Interaction Between Ecology and Design* (University of Kansas, Fifth Inaugural Lecture, 1982)。

13. 相关数据材料主要源自 H. Maertens, *Der Optische Maasstab oder die Theorie und Praxis des Aesthetischen Sehen* (Berlin: Ernst Wasmuth, 1884)。
14. 其中许多数字引用自 Kirkpatrick Sale's, *Human Scale* (New York: Coward, McCann & Geoghegan, 1980)。
15. 本节大部分内容基于 Konrad Lorenz, *Der Abbau des Menschlichen* (München: R. Piper, 1983), 以及 Leopold Kohr, *Die Kranken Riesen: Krise des Zentralismus* (Wien: F. Deuticke, 1981)。

本文的许多内容源自我在多个国家的亲身经历、与各地人士和研究人员的访谈、阅读和观察。除了文中引用到的文献资料外，还有以下参考文献：

Christopher Alexander, et al., *A Pattern Language: Towns, Buildings, Construction* (New York: Oxford University Press, 1977).

Christopher Alexander, et al. *The Production of Houses* (New York: Oxford University Press, 1985).

Kevin Lynch, *The Image of the City* (Cambridge: MIT Press, 1960).

Yi-Fu Tuan, *Landscapes of Fear* (New York: Pantheon Books, 1979).

William H. Whyte, *The Social Life of Small Urban Spaces* (Washington, DC: Conservation Foundation, 1980).

These writers are in no way responsible for any conclusions I have reached.

12. 商业还是文化：工业化和设计

1. 朱巴尔·默顿 (Jubal Merton) 引用自 Blythe, Ronald, *Akenfield*, Harmondsworth, Penguin, 1969, pp. 146-8. 乔治·斯特尔特的著名文本是指 *The Wheelwright's Shop* (Cambridge, Cambridge University, 1963).
2. Blythe, *Akenfield*, pp. 146-8.
3. Smith, Adam, *The Wealth of Nations*. 最初为 1776 年版本。此为：Edwin Canaan, New York, The Modern Library, 1937, p. 4.
4. Smith, *The Wealth of Nations*, p. 5.
5. Robinson E. "Eighteenth-Century Commerce and Fashion: Matthew Boulton's Marketing Techniques", *The Economic History Review*,

Vol. xvi, No. 1, 1963, p. 43.
6. Robinson, "Eighteenth-Century Commerce and Fashion," p. 46.
7. Robinson, "Eighteenth-Century Commerce and Fashion," p. 46.
8. Kelly, Alison, *The Story of Wedgwood*, London, Faber & Faber, 1930, revised 1975, p. 15.
9. Kelly, *The Story of Wedgwood*, p. 34.
10. Taylor, W. Cooke, "Art and Manufacture," *Art-Union*, 1 March, 1848, quoted in Harvie, C. et al, (eds.), *Industrialization & Culture* 1830 – 1914, London, Macmillan for the Open University Press, 1970.
11. Gibbs-Smith C. H., *The Great Exhibition of 1851*. London, HMSO, 1964.
12. Redgrave, Richard. *The Manual of Design*, London, Chapman & Hall, 1876, p. 7.
13. Cole, Henry, 引自 Naylor, Gillian, *The Arts and Crafts Movement*, Studio Vista, London, 1971, p. 17.
14. Redgrave, *The Manual of Design*, p. 35.
15. Saunders J. J., *The Age of Revolution*, London, Hutchison & Son, n. d. p. 73.
16. Ruskin, John. *Unto This Last*, 最初为1862年版本, 此为: London, Dent Everyman's Library, 1968, p. 115.
17. Ruskin, *Unto This Last*, p. 133.
18. Morris, William. "The Worker's Share of Art," in Briggs, Asa (ed.), *William Morris: Selected Writings and Designs*. Harmondsworth, Penguin, 1962, pp. 140 – 1.
19. Morris, William. "Art and Socialism: the Aims and Ideals of the English Socialists of Today," in Harvie, *Industrialization & Culture*, p. 341.
20. Morris, "Art and Socialism," p. 342.
21. Morris, William. "News from Nowhere," in Briggs, Asa (ed.), *William Morris: Selected Writings and Designs*. Harmondsworth, Penguin, 1962, p. 221.
22. Excerpted in Briggs, Asa (ed.), *William Morris: Selected Writings and Designs*. Harmondsworth, Penguin, 1962, p. 68.
23. See Kaplan, Wendy. *The Art that is Life: The Arts & Crafts Movement in America, 1875 – 1920*. Boston, Museum of Fine Arts, 1987.

24. Chandler, Alfred P., Jr. *The Visible Hand: The Managerial Revolution in American Business*. Cambridge, Mass.: The Belknapp Press, 1977, p. 17.
25. Chandler, *The Visible Hand*, p. 230.
26. Hirschhorn, Larry. *Beyond Mechanization: Work and Technology in a Postindustrial Age*. Cambridge, MA: MIT Press, 1986.
27. Trachtenberg, Alan. *The Incorporation of America: Culture and Society in the Gilded Age*. New York, McGraw Hill, 1982, p. 4.
28. Trachtenberg, *The Incorporation of America*, p. 138.
29. Sloan, Alfred, P. *My Years with General Motors*. New York, Doubleday. 最初为1963年版本。此为1990年版本，第265页。
30. Berry, Wendell. *Home Economics*. San Francisco, North Point Press, 1987, p. 74.
31. Berry, *Home Economics*, pp. 164-5.
32. Berry, Wendell. "Out of your Car, Off your Horse," *The Atlantic Monthly*, February, 1991, p. 63.

13. 设计思维中的抗解问题

1. 源自 Richard McKeon, "The Transformation of the Liberal Arts in the Renaissance," *Developments in the Early Renaissance*, ed. Bernard S. Levy (Albany: State University of New York Press, 1972), 168-69.
2. 在二十世纪，对设计教育和实践产生了重要影响的几种哲学流派包括：新实证主义、实用主义以及各种形式的现象学。如果说设计理论往往倾向于新实证主义，那么设计实践则更倾向于实用主义和多元主义，而同时，这两个领域都受到了现象学的影响。这种哲学差异在乌尔姆设计学院关闭前发展起来的理论课程和工作室课程之间的分裂中可见一斑。设计领域理论与实践之间的分裂，反映的是科学的新实证主义哲学与实践科学家的多元化哲学之间的分割。设计历史、理论和批评如果更加关注实际设计实践中所体现的多元化观点，将会受益匪浅。
3. 瓦尔特·格罗皮乌斯是最早认识到设计中新自由艺术开端的先锋之一。在其1937年的一篇文章中，他回顾了包豪斯的创立，认为其建立在建筑艺术理念上："因此，包豪斯于1919年成立，以实现现代建筑艺术为具体目标，这种艺术应该像人性一样包罗万象……我们的指导原则是，设计不仅关涉智识与物性，更是生活本质的一部分，是文明社会中每个人所必需的。"*Scope of Total Architecture*（New York：Collier Books, 1970), 19 - 20. "建筑学"(architectonic)一词,在此背景下超越了现代社会通常用的"建筑"(architecture)这一派生词。在整个西方文化中,前者通常用以描述自由艺术,因为其具有综合和整合的能力。格罗皮乌斯似乎认识到了,在古代世界中被视为独立自由艺术的建筑,其实只是二十世纪"建筑学"设计艺术的一种表现形式。

4. John Dewey, *The Quest for Certainty*：*A Study of the Relation of Knowledge and Action*（1929；rpt. New York：Capricorn Books, 1960), 290 - 91.

5. John Dewey, *Experience and Nature*（1929；rpt. New York：Dover Publications, Inc., 1958), 357.

6. Dewey, *Experience and Nature*, 357 - 58.

7. 新实证主义巨著《统一科学国际百科全书》(*International Encyclopedia of Unified Science*)收录了查尔斯·莫里斯(Charles Morris)的《符号理论的基础》(Foundations of the Theory of Signs)以及约翰·杜威 (John Dewey)的《价值理论》(Theory of Valuation)。尽管杜威的部分作品被认可并收录,但他的《逻辑》(Logic)却不被新实证主义的逻辑学家和语法学家重视,甚至遭到嘲笑。

8. John Dewey, "By Nature and By Art," *Philosophy of Education* (Problems of Men) (1946; rpt. Totowa, New Jersey: Littlefield, Adams, 1958), 288.

9. Dewey, "By Nature and By Art," 291 - 92.

10. 对于杜威来说,生产的艺术涵盖美术。他不认为美术与实用艺义之间有明显的界限,认为两者都是艺术的重要组成部分。

11. Herbert A. Simon, *The Sciences of the Artificial* (Cambridge: M. I. T. Press, 1968), 83.

12. 尽管西蒙的《人工科学》(*The Sciences of the Artificial*)因其对设计的定义而被设计文献广泛引用,但读者通常没有全面关注其完整的论点。建议从工业设计角度对这本书进行深入分析,以揭示西蒙方法中的实证主义特征,也能解释为什么许多设计师对这本书感到有些不满。尽管如此,这本书依然被认为是一本非常有用的著作。

13. 参见 Richard Buchanan, "Design and Technology in the Second Copernican Revolution" *Revue des sciences et techniques de la conception* (The Journal of Design Sciences and Technology), 1.1(January, 1992).

14. "书本文化"(bookish culture)这一概念源于文学评论家乔治·斯坦纳(George Steiner),而伊万·伊里奇 (Ivan Illich)在他即将出版的《文本的葡萄园》(*In the Vineyard of the Text*)一书中也以此为主题进行探讨。

15. 物质对象的设计当然涉及材料科学领域的新兴研究。同时,材料科学不仅关注材料的研究和开发,还强调在这些过程中运用专门的设计思维方法。

16. 该领域涉及的心理和社会维度的相关内容可参见：George A. Miller, Eugene Galanter, and Karl H. Pribram, *Plans and the Structure of Behavior*（New York：Holt, Rinehart and Winston, 1960）；Lucy Suchman, *Plans and Situated Actions：The Problem of HumanMachine Communication*（Cambridge：Cambridge University Press, 1987）；以及 Mihaly Csikszentmihalyi, *Flow：The Psychology of Optimal Experience*（New York：Harper & Row, 1990）。

17. 影响设计思维的系统工程早期作品是 Arthur D. Hall, *A Methodology for Systems Engineering*（Princeton, New Jersey：D. Van Nostrand Company, 1962）。关于系统思维的最新发展,请参见 Ron Levy, "Critical Systems Thinking：Edgar Morin and the French School of Thought," *Systems Practice*, vol. 4（1990）。关于"系统学"（systemics）的最新发展,请参见 Robert L. Flood and Wemer Ulrich, "Testament to Conversations on Critical Systems Thinking Between Two Systems Practitioners," *Systems Practice*, vol. 3（1990）, 以及 M. C. Jackson, "The Critical Kernel in Modern Systems Thinking," *Systems Practice*, vol. 3（1990）。关于系统的人类学方法,请参见 James Holston, *The Modernist City：An Anthropological Critique of Brasilia*（Chicago：University of Chicago Press, 1989）。

18. 通过比较柏拉图、亚里士多德和经典唯物主义对部分和整体的处理方式,可以发现这三种哲学思想在如何理解和组织经验方面有着不同的方法和观点。在二十世纪的设计思维中,这些哲学观念对设计理论和实践产生了深远的影响。例如,参见 Christopher Alexander, *Notes on the Synthesis of Form*（Cambridge：Harvard University Press, 1973）。

19. 这样的判断是当代设计思维中客观性的衡量标准。在设计过程中,如果没有客观性作为基础来验证和支持发现的可能性,设计思维可能会陷入纯粹的诡辩或虚无之中,而无法有效地解决实际问题。

20. 建筑师理查德·罗杰斯(Richard Rogers)认为,传统的"线性、静态、等级和机械秩序"的系统观念已然过时,他试图在对多个重叠系统的新认知中重新定位建筑问题。根据罗杰斯的说法："今天,我们知道,重叠系统的开放式建筑必须取代基于线性推理的设计。这种'系统'方法让我们能够将世界视为一个不可分割的整体。我们在建筑领域,正如在其他领域一样,需要采用一种整体生态观,以强调对全球及我们生活方式的全面理解。" *Architecture：A Modern View*（New York：

Thames and Hudson Inc., 1991), 58. 罗杰斯的"不确定形式"(indeterminate form)的概念,并非源自文学解构主义的思想,而是基于他对多重系统的独特视角。罗杰斯利用这一观点对后现代建筑提出了尖锐的批评。更多内容可参见 *Architecture: A Modern View*, 26。

21. 尽管这种方法仍然是研究视觉传播常见且有用的方法,但在实际设计实践中,其对个人独特性和设计新奇性的追求的转向,导致了有效传播这一核心任务的偏离。例如,一些平面设计师将其对解构主义文学理论的浅显理解作为设计工作的理论基础。视觉实验虽然的确是平面设计思维的重要组成部分,但其实际应用的衡量标准应该是在传播上的相关性和有效性。关于符号学与设计局限性的更多讨论,可参考 Seppo Vakeva, "What Do We Need Semiotics For?," *Semantic Visions in Design*, ed. Susann Vihma (Helsinki: University of Industrial Arts UIAH, 1990), g-2.

22. 瑞士平面设计师鲁迪·吕格(Ruedi Ruegg)最近谈到,在平面设计思维中需要更多的幻想和自由。然后,根据他的观点,将解构主义文学理论引入平面设计的尝试,实际上却往往导致了在有效传播中的自由和想象力的丧失,这与其支持者的主张恰恰相反。

23. 传统的推理训练通常教人们从类别(category)开始,然后通过演绎的命题链(即从一般到具体)来进行推理,这样就限制了人们对于置入(placements)概念的理解。而设计师的推理方式不同,他们不仅注重发明创造,还注重判断;他们的推理基于实际情况和多种观点,这种实用的推理方式有助于他们在复杂和动态的环境中做出有效的设计决策。

24. 有些置入在二十世纪的设计中已经非常普遍,几乎不再引人注目。但即便如此,这些位置依然是设计思维的经典元素,在熟练的设计师手中,他们仍然具有很大的创新潜力。在设计师杰伊·多布林(Jay Doblin)使用的是一种所谓的"内在/外在(intrinsic/extrinsic)"的基本置入方法,并由此延伸形成了一系列置入方法,以此作为启发式工具,帮助揭示设计思维和产品开发中的关键因素。相关描述可参见 *Innovation, A Cook Book Approach*, n. d. (typewritten.)。埃佐·曼奇尼(Ezio Manzini)最近提出,设计师需要使用两种具有相反特质的心理工具来审视设计情境:显微镜和宏观镜。前者用以探究"事物的运作方式,深入到最小的细节",特别是材料科学方面的细节,进而通过一系列进一步深入的置入手段来填充显微镜,以提高其效能。参见 Ezio Manzini, *The Materials of Invention: Materials and Design* (Cambridge: M. I. T. Press, 1989), 58.

25. 置入是一种灵活的、情境化的概念工具,容易被误解或简化为固定的类别。设计师和设计教育者在分享其概念工具时,需要意识到这种转换的风险,以避免这些工具被僵化或误用。那些由设计思维研究领域的先锋们所开创的置入方法,在向后辈传递的过程中,往往容易被固化为"真理"类别,从而失去了原本的创新性和灵活性。

26. 托马斯·库恩(Thomas Kuhn)研究了科学理论中的"范式转变"(paradigm shifts),即科学理论革命中标志性的重新定位(repositionings)。他的研究有助于改变新实证主义对科学史的解释,尽管这可能与他最初的预期不同。但他并未充分发展"范式转变"概念在基于论题理论(theory of topics)的修辞和辩证发明方面的最深层次理论基础。与此相关,查伊姆·佩雷尔曼(Chaim Perelman)提出了一种重要的当代方法,称为"置入学说"(doctrine of placements)。参见 Chaim Perelman and L. Olbrechts-Tyteca, *The New Rhetoric*: *A Treatise on Argumentation* (Notre Dame: University of Notre Dame Press, 1969)。关于辩证主题的现代发现,也可参见 Stephen E. Toulmin, The Uses of Argument (Cambridge: Cambridge University Press, 1958)。虽然这些作品看似与设计师的直接兴趣无关,不过,在此引用是为了探讨其在实用推理以及设计理论某些方面的重要影响,包括西蒙在《人工科学》中谈到的决策逻辑。

27. 为了解决这些问题,应该更关注过去设计师所持有的各种设计观念,将设计史的研究重点从物质对象或"事物"转向设计师的思想和行动。换言之,关注设计师的言行,能够揭示设计作为一种哲学和实践的历史。关于设计史主题的讨论,可参见 Victor Margolin's "Design History or Design Studies: Subject Matter and Methods," *Design Studies*, vol. 13, no. 2 (April 1992): 104-16.

28. "非维度图像"(non-dimensional images)是指设计师在设计思维过程中在头脑中创建的图像,尤其是各种概念置入的图示化方式(如层级结构、水平结构、矩阵或表格形式等),这些图像可以使复杂的概念更易于理解和操作,从而促进创新。Seppo Vakeva, "What Do We Need Semiotics For?," Semantic Visions in Design, ed. Susann Vihma (Helsinki: University of lndustrial Arts UIAH, 1990), g-2.

29. 这个列表也可以包括人文学科和美术,因为设计师不仅与科学家之间存在沟通障碍,与一些传统人文主义者之间也存在同样程度的沟通困难。许多人文学者都始终认为,设计只是一种装饰艺术,即将美术的原则应用于实用目的。

30. William R. Spillers, ed., *Basic Questions of Design Theory* (Amsterdam: North Holland Publishing Company, 1974). 此次会议由美国国家科学基金会资助,在哥伦比亚大学举行。

31. Vladimer Bazjanac, "Architectural Design Theory: Models of the Design Process," *Basic Questions of Design Theory*, 3–20.

32. 图论(graph theory)由数学家弗兰克·哈拉里(Frank Harary)发展而来，也连接了多个学科研究领域的工作。据组织者报告，哈拉里参加了此次会议并发表了论文《图形作为设计》(*Graphs as Designs*)，他提出，数学方法中的结构模型可以帮助理解和构建设计理论的核心概念与框架。即使没有哈拉里的明确建议，通过研究图论——特别是有向图理论(theory of directed graphs)，也能找到一种置入学说的数学表达方式。通过对不同学科进行对比分析，我们可能会发现词语艺术与事物的数学艺术之间惊人的关联性，这意味着设计不仅仅是一种应用艺术，更有可能被视为一种新的自由艺术。"图式"(Schemata)是连接图论与置入学说的纽带，因为置入可以被图示化为思维图式，而无论是有向图还是其他形式，图式本质上都是图形的形式。关于图论的更多内容，可参见 F. Harary, R. Norman, and D. Cartwright, *Structural Models: An Introduction to the Theory of Directed Graphs* (New York: Wiley, 1965)。

33. 1962年、1965年和1967年在英国举行的系列设计方法会议，促成了设计研究学会(Design Research Society)于1967年的成立，该学会至今仍在出版《设计研究》(*Design Studies*)期刊。与此同时，美国在1966年也出现了类似的兴趣，成立了设计方法小组(Design Methods Group)，出版期刊《DMG通讯》(*DMG Newsletter*, 1966—1971)，后更名为《DMG-DRS期刊：设计研究与方法》(*DMG-DRS Journal: Design Research and Methods*)，又于1976年再次更名为《设计方法与理论》(*Design Methods and Theories*)，并出版至今。更多关于设计思维所涉及的方法论的描述和整合，可参见 J. Christopher Jones, *Design Methods: Seeds of Human Futures* (1970; rpt New York: John Wiley & Sons, 1981)。琼斯提出的许多设计方法并不是原创的，而是有意识地从其他学科中借鉴而来的。这些方法的核心在于重新定位设计问题，通过置入来发现新的可能。

34. 里特尔(Horst Rittel)于1990年去世，在其职业生涯的后期，他在加利福尼亚大学伯克利分校和斯图加特大学任教。其简要传记可参见 Herbert Lindinger, *Ulm Design: The Morality of Objects* (Cambridge: M.I.T. Press, 1990), 274。

35. 巴赞纳克(Bazjanac)对线性模型和抗解问题方法进行了有趣的比较。

36. 抗解问题的概念最初来自哲学家卡尔·波普尔(Karl Popper)，但里特尔将其发展到一个新的方向。里特尔最初受到新实证主义思想的影响，但在具体实践中，他发现新实证主义的局限性，在面对具体情况进行实际推理的过程中,他试图发展出了一种与修辞相关的新方法。

37. 里特尔关于抗解问题概念的首次公开报告来自 C. West Churchman, "Wicked Problems," *Management Science*,(December 1967), vol. 4, no. 14, B‑141‑42。该社论特别有趣,因为其对设计和规划中的道德问题进行了讨论,尤其是当设计师误以为自己已经有效消除了设计问题的"抗解性"时可能引发的道德困境。

38. 参见 Horst W. J. Rittel and Melvin M. Webber, "Dilemmas in a General Theory of Planning,"其于 1972 年 11 月在加州大学伯克利分校城市与区域发展研究所提交的工作文件。同时也可参见访谈 Rittel, "Son of Rittelthink," *Design Methods Group 5th Anniversary Report* (January 1972), 5‑10; and Horst Rittel, "On the Planning Crisis: Systems Analysis of the First and Second Generations," *Bedriftsokonomen*, no. 8: 390‑96。随着时间的推移,里特尔在抗解问题初始定义的基础上逐渐增加了其他新的属性。

39. 设计师的世界观(Weltanschauung),或者说其智识视角,是设计过程中不可或缺的一部分。

40. 这个属性暗示了里特尔方法中的系统方面。

41. 里特尔用建筑领域的例子来说明问题,他指出,在建筑领域重建一个有缺陷的建筑是不现实的。这种现象被描述为设计思维中的"陷阱",即设计师及其客户或团队可能会在新产品的开发阶段陷入某种困境,尽管意识到设计的缺陷,但由于各种原因(无论好坏)无法终止该设计。关于中西部某设计公司在产品开发过程中陷入困境的案例说明,可参见 Richard Buchanan, "Wicked Problems: Managing the Entrapment Trap," *Innovation*, 10.3(Summer, 1991)。

42. 在某些情况下,科学的研究对象本身也会存在不确定性。科学家的工作假设无一例外地反映了他们对什么是自然和自然过程的独特哲学视角和解释。不同科学家在实际工作中会持有不同的哲学观,这种多样性部分源于他们对研究对象的不同理解和假设。科学研究也受到设计思维应用的影响,尤其是杜威的"有意操作"(intentional operations)理念。因此,可以发现,科学家主要关注理解事物的普遍属性,而设计师则专注于构思和规划新的、尚不存在的事物。对于科学家来说,不确定性更多地体现在第二意图(推理和假设)层面上,而研究对象在第一意图(直接观察和实验)层面上仍然是确定的。相反,对于设计师来说,不确定性既存在于第一意图(直接的设计和构思)层面,也存在于第二意图(设计的推理和理论)层面。

43. 关于三位当代设计师埃佐·曼奇尼(Ezio Manzini)、盖塔诺·佩谢(Gaetano Pesce)和埃米利奥·安巴斯(Emilio Ambaz)在这一层面对主题不同概念的简要讨论，可参见 Richard Buchanan,"Metaphors, Narratives, and Fables in New Design Thinking," *Design Issues*, vol. 8, no. 1 (Fall,1990): 78–84. 每个设计师都有其对设计对象的整体观念和理解，缺乏这种理解，设计师的领域转变（比如从设计家居产品转向平面设计或建筑设计）会显得混乱和难以理解。这些领域转变通常被简单地归因于设计师的个人特质（如个性）或外部因素（如环境），而不是设计师对人工制品的知识体系和视角在不断发展。

44. 未能早期引入设计师，可能导致企业在产品开发中陷入困境。我们应当认识到，专业设计师不仅有规划产品的能力，还具备构思产品的能力。

45. 被认为关于"人工科学"的最早作品是亚里士多德的《诗学》（*Poetics*）。虽然这部作品主要是针对文学创作，特别是悲剧的分析，但亚里士多德经常用诗学分析的原则来讨论实用物品。"诗学"（poetics）一词源于希腊语中的"创制"（making），亚里士多德用其来指代生产科学或人工科学，并与理论科学和实践科学区分开来。不过，这种方法很少被其他研究者延伸到实用物品的研究中。设计师、建筑师埃米利奥·安巴斯（Emilio Ambaz）便是其中一位，他所提出的"实用的诗学"（poetics of the pragmatic）的概念，不仅指日常物品的美学或优雅特征，还关涉一种可能促进设计思维发展的方法或分析学科。

46. Simon, *The Sciences of the Artificial*, 52–53.

47. 对于西蒙来说，"人工"（artificial）是一个在物质现实中创造的"界面"（interface）："如我所示，人工现象的科学总是处于消解和消失的迫在眉睫的危险之中。人工制品的特殊属性在于，其受内部和外部自然规律的共同影响，位于两者之间的薄薄界面上。Simon, *The Sciences of the Artificial*, 57. 这是指导西蒙设计理论的实证主义或经验主义哲学的一种表现。

48. 西蒙将"结构不良的问题"视为抗解问题的同意概念，关于西蒙对如何解决结构不良问题的看法，可参见"The Structure of IllStructured Problems,"*Models of Discovery* (Boston: D. Reidel, 1977), 305–25. 这篇论文与置入学说具有一定的关联性，因为置入可以用来组织和存储记忆，而西蒙也特别关注长期记忆在解决结构不良问题中的作用。不过，西蒙的方法侧重于分析性，旨在发现某种意义上已经存在的解决方案，而不是创造全新的解决方案。

49. 尽管西蒙的著作《人工科学》（*The Sciences of the Artificial*）在西方世界的翻译中，与亚里士多德的《诗学》有一定的对应关系，但西蒙似乎并未意识到从亚里士多德延续下来的修辞分析和诗学传统对人工作品的影响。这不仅仅是一个关于古代文献研究的问题，因为对文学创作（即以文字形式呈现的人工作品）的研究，预示了在研究其他类型的有用物品时可能会面临的类似问题。亚里士多德仔细区分了人工科学与修辞艺术。当亚里士多德讨论如悲剧这类人工作品中所呈现的思想时，他明确引导读者参阅他关于发明艺术的修辞著作，以便全面阐述这一问题。然而，在忽略人工科学与修辞艺术二者之间联系的问题上，相比于那些对20世纪设计和技术的兴起极度忽视甚至轻蔑的人文学者，西蒙不应该是我们批评的矛头所在。

50. 对此有反思性案例，即1990年在芝加哥伊利诺伊大学举办的"发现设计"（Discovering Design）跨学科会议，由理查德·布坎南（Richard Buchanan）和维克多·马格林（Victor Margolin）组织。该会议的论文集已出版 *Discovering Design: Explorations in Design Studies* (Chicago: University of Chicago Press, 1995).

51. Richard McKeon, "Logos: Technology, Philology, and History," *Proceedings of the XVth World Congress of Philosophy: Varna, Bulgaria, September 17–22*, 1973 (Sofia: Sofia Press Production Center, 1974), 3: 481–84.

52. 关于里特尔对设计论证的看法，可参见 Rittel and Webber, *Dilemmas*, 19。相关讨论也可参见 Bazjanac, "Architectural Design Theory: Models of the Design Process," *Basic Questions of Design Theory*。学生们指出，里特尔在其职业生涯的后期，也意识到了其方法与修辞学之间的相似之处。

53. 在工程学中，"必要性"（necessary）有时被称为"容量"（capacity）或"能力"（capability）。关于工程设计的相关入门读物，可参见 M. J. French, *Invention and Evolution: Design in Nature and Engineering* (Cambridge: Cambridge University Press, 1988)。

54. 现代营销学之父菲利普·科特勒（Philip Kotler）认为，许多工业设计师反对的其实是糟糕的营销，而不是营销本身。关于营销的新发展，可参见 Philip Kotler, "Humanistic Marketing: Beyond the Marketing Concept," *Philosophical and Radical Thought in Marketing*, eds. A. Fuat Firat, N. Dholakia, and R. P. Bagozzi (Lexington, Massachusetts: Lexington Books, 1987)。

55. "新式"（neoteric）一词在西方文化中常用来指代新兴自由艺术的出现。新式艺术代表的是"新学问"（new learning）的艺术。对此内容的更多谈论，可参见 Richard Buchanan, "Design as a Liberal Art," *Papers: The 1990 Conference on Design Education*, Education Committee of the Industrial Designers Society of America (Pasadena, CA, 1990)。

15. 女性主义观点(为社会设计)

1. 关于与设计相关的父权制定义,可参见 Cheryl Buckley, "Made in Patriarchy: Toward a Feminist Analysis of Women and Design", *Design Issues*, Vo. 3, no. 2 (1987), pp. 3-14.
2. Phil Goodall and Erica Matlow, editorial, *Feminist Arts News* (December 1985), p. 3.
3. 同1,第10页。
4. 同上,第13页。
5. 同上,第6页。
6. 同上,第6页。
7. 同上,第9页。
8. Rosy Martin, "Feminist Design: A Contradiction," *Feminist Arts News* (December 1985), p. 25.
9. Margaret Bruce and Jenny Lewis, "Divided By Design?: Gender and the Labour Process in the Design Industry," paper presented at the conference on "The Organisation and Control of the Labour Process", held at UMIST, Manchester, March 1989, p. 14. 感谢作者的论文副本。
10. Phil Goodall, "Design and Gender", *Block*, no. 9 (1983), p. 54.
11. Cynthia Cockburn, "The Material of Male Power" in Donald MacKenzie and Judy Wajcman, eds, *The Social Shaping of Technology* (Milton Keynes, 1985), p. 139.
12. 同上,第129页。
13. 参见 Ruth Schwartz Cowan, *More Work for Mother: The Ironies of Household Technology from the Open Hearth to the Microwave* (London, 1983), 以及 Caroline Davidson, *A Women's Work is Never Done: A History of Housework in the British Isles, 1650 - 1950* (London, 1982).
14. 参见 Ann Oakley, *Housework* (London, 1974), p. 7.
15. 同上,第6页。
16. Ruth Schwartz Cowan, "The Industrial Revolution in the Home" in MacKenzie and Wajcman, op. cit., p. 194.
17. 同10,第53页。
18. Judy Attfield, "Feminist Designs on Design History", *Feminist Arts News* (December 1985), p. 23.

19. Karen Lyons in notes to the author, May 1988.
20. 参见 Ettore Sottsass, *A Sensorial Technology*, Pidgeon slide-tape lecture, series 11, no. 8401(London, 1984).
21. 参见 Julian Gibb, "Soft: An Appeal to Common Senses", *Design* (January 1985), pp. 27-29.
22. 同8,第24页。
23. Margaret Bruce, "The Forgotten Dimension: Women, Design and Manufacture", *Feminist Arts News* (December 1985), p. 7.
24. Margaret Bruce, "A Missing Link: Women and Industrial Design", *Design Studies* (July 1985), p. 155.
25. 同9,第29页。
26. 同上,第30至31页。
27. 同上,第35页。
28. 同24,第150页。
29. Jos Boys and Rodney Fitch, "Face to Face", *Creative Review* (July 1986), p. 28.
30. 同上,第28页。
31. 同上,第29页。
32. 同上,第29页。
33. 同上,第29页。
34. 同上,第29页。
35. 同上,第29页。
36. 同上,第29页。
37. 同上,第29页。
38. 同24,第154页。
39. 同上,第154页。
40. 同2,第3页。
41. 同上,第3页。
42. 同8,第26页。
43. Sue Cavanagh, *Shoppers' Crèches: Guidelines for Childcare in Public Places*, Women's Design Service (London, 1988), p. 5.
44. Julie Jaspert, Sue Cavanagh and June Debono, *Thinking of Small Children: Access, Provision and Play*, Women's Design Service et al. (London 1988), p. 24.
45. 参考文献同上。三位作者指出,"照护者"(carer)一词极具包容性,可以指代多种角色,包括亲属、家庭朋友、保姆、奶妈以及互惠生等。
46. Cavanagh, op. cit., p. 26.

47. 同上,第 3 页。
48. 例如,参见,"Women and the Built Environment",*WEB*,issue Ⅱ,n. d.,p. 3.
49. 同上,第 60 页。
50. Matrix, *Making Space: Women and the Man Made Environment* (London, 1984), p. 55.
51. 同上,第 135 页。
52. 同上,第 123 页。
53. Vron Ware, *Women's Safety on Housing Estates*, Women's Design Service (London, 1988), p. 24.
54. 同 8,第 26 页。
55. 同上,第 26 页。

17. 设计和自反性

1. Bourdieu, Pierre. 1991. *Language and Symbolic Power* (Cambridge, Massachusetts: Harvard University Press, 1991), 163 - 170.
2. Guattari, Félix. 1993. "Postmodernism & Ethical Abdications," in *Profile*, 39. Australia Council for the Arts, 11 - 13.
3. Gilles Deleuze and Félix Guattari. 1987. *A Thousand Plateaus* (Minneapolis: University of Minnesota Press, 1987), 506 - 508.
4. Guattari, Félix. 1993. "Postmodernisme & Ethical Abdications," in *Profile*, 39. Australia Council for the Arts, 11 - 13.
5. Michel Foucault. 1987. "Maurice Blanchot: The Thought from Outside," in *Foucault/Blanchot*, trans. Jeffrey Mehiman and Brian Massumi. New York: Zone Books.
6. Koolhaas, Rem. 1994. "De ontplooiing van de architectuur," in *De Architect*, 25. The Hague: ten Haagen en Stam, 16 - 25.
7. Stam, Robert. 1992. *Reflexivity in Film and Literature: From Don Quixote to Jean-Luc Godard*. New York: Columbia University Press, xi.

19. 前言

1. 关于"可持续性"(sustainability)的定义可参见 https://en.wikipedia.org/wiki/Sustainability。于 2018 年 8 月 26 日访问。

2. 关于"可持续性设计"(sustainable design)的定义可参见 https://en.wikipedia.org/wiki/Sustainable_design. 于 2018 年 8 月 26 日访问。

3. 关于"服务设计"(service design)的定义可参见 https://en.wikipedia.org/wiki/Service_design. 于 2018 年 8 月 26 日访问。

4. L. Kimbell, "Designing for Service as One Way of Designing Services," *International Journal of Design 5*, no. 2 (2011): 41-52.

5. 广义而言,转型设计(transformation design)是一种强调以人为本的设计方法,通过跨学科的合作,旨在为个人、系统和组织带来积极的、可持续的行为和形式的改变,通常是为了实现社会进步的目标。与以用户为中心的设计类似,转型设计也强调从最终用户的角度出发,设计师不仅需要了解用户当前的体验和期望,还要与其共同创造设计解决方案。https://en.wikipedia.org/wiki/Transformation_design.

6. 关于"设计思维"(design thinking)的定义可参见 https://en.wikipedia.org/wiki/Design_thinking. 于 2018 年 8 月 26 日访问。

7. 引用自蒂姆·布朗(Tim Brown) https://www.ideou.com/pages/design-thinking. 于 2018 年 8 月 26 日访问。

8. L. Kimbell, *Design Practices in Design Thinking* (European Academy of Management, Liverpool, UK, 2009).

9. 关于"参与式设计"(participatory design)的定义可参见 https://en.wikipedia.org/wiki/Participatory_design. 于 2018 年 8 月 26 日访问。

10. T. Markussen, "The Disruptive Aesthetics of Design Activism: Enacting Design between Art and Politics," *Design Issues 29*, no. 1 (2013): 38-50.

11. 新自由主义是一种经济意识形态,主张通过全球化实现经济自由化;强调自由市场和自由贸易,支持资本的自由流动。新自由主义者认为,政府应尽量减少在经济中的干预,包括减少政府支出、减少税收、减少监管,以及减少政府对经济活动的直接干预。https://www.urbandictionary.com/define.php?term=neoliberal.

12. 伊丽莎白(多莉)·坦斯托尔博士强调,她对设计人类学的理解源自她自身的经历,特别是作为一名受过批判性人类学训练的非裔美国女性。她将这些学术知识应用到专业设计和设计教育中,从而形成了她对设计人类学的独特定义。

13. 新殖民主义被定义为一种通过非直接方式(如经济、文化和政治政策),使得强权国家能够维持或扩大其对其他地区或人民影响力的方式。https://www.merriamwebster.com/dictionary/neocolonialism.

14. https://www.fastcompany.com/1691553/humanitarian-design-or-neocolonialism.

15. T. Mitrović, M. Golub, and O. Šuran, eds., "Introduction to Speculative Design Practice," *Introduction to Speculative Design Practice——Eutropia, a Case Study*（booklet）（Croatian Designers Association, Arts Academy / University of Split, 2015）.
16. 矛盾修饰法（oxymoron）是一种把两个相互矛盾的词语组合在一起，从而创造出一种新表达方式的修辞手法。该词源自希腊语，由"oxy"（锋利的）和"moron"（钝的）组合而成，因此这一词语本身便是一个关于矛盾修饰法的很好的例子。这种表达方式不仅可以用来增加语言的表现力，产生特殊的修辞效果，比如"工作假日"（working vacation）和"不速之客"（uninvited guest）；还可以揭示概念中的混乱，比如"极其普通"（extremely average）、"原创副本"（original copy）以及"相同差异"（same difference）。Klaus Krippendorff, "Design Research, an Oxymoron?" in *Design Research Now: Essays and Selected Projects*, ed. R. Michel（Zürich: Birkhäuser Verlag, 2007）, 67–80.
17. 关于"社会创新"（social innovation）的定义可参见 https://en.wikipedia.org/wiki/Social_innovation. 于 2018 年 8 月 26 日访问。
18. 引用自谢丽尔·海勒（Cheryl Heller），纽约视觉艺术学院（SVA）设计社会创新硕士课程创始主席，可参见网址 http://www.sva.edu/graduate/mfa-design-for-social-innovation。
19. 关于"社会创新设计"（design for social）概念的阐述可参见 https://www.desisnetwork.org/2014/07/25/design-for-social-innovation-vs-social-design/。
20. 引用自 http://www.biourbanism.org/interview-with-ezio-manzini/. 于 2018 年 8 月 26 日访问。
21. 迄今为止，主流设计话语一直被以英美为中心的视角、知识和行动所主导，对非英欧范围内其他视角和被边缘化话语以及当今设计作为政治的本质和后果关注甚少。这种视野的狭隘和批判性的不足反映了设计研究和实践所面临的机构局限，以及设计被整合进入更大社会政治体系的限制。http://www.decolonisingdesign.com/statements/2016/editorial/.
22. T. Irwin, "Transition Together Symposium Position Papers", June 2018, page 41. Accessed at https://www.academia.edu/37093556/Transition_Together_Symposium_Proceedings_2018.
23. 引用自 http://transitiondesign.net/about-transition-design. 于 2018 年 8 月 26 日访问。

21. 设计的"社会模式":实践与研究问题

1. Victor Papanek, *Design for the Real World: Human Ecology and Social Change*, 2nd ed. (Chicago: Academy Chicago, 1985), ix. 我们选择的是 1985 年修订版,而不是 1972 年的原版,因为两个版本之间有很多修改部分,我们希望可以借鉴帕帕奈克的最新思想。对于帕帕奈克的社会责任设计(socially responsible design)概念的讨论,可参见 Nigel Whiteley, *Design for Society* (London: Reaktion Books, 1993), 103-115。

2. 例如,可参见 Julian Bicknell and Liz McQuiston, eds., *Design for Need: The Social Contribution of Design* (Oxford: Pergamon Press, 1977)。此为于 1976 年 4 月在皇家艺术学院(Royal College of Art)举行的同名会议的论文集。

3. 关于适当技术(appropriate technology)的相关内容,已经存在大量文献。对于该主题的批判性介绍,可参见 Witold Rybczynski, *Paper Heroes: A Review of Appropriate Technology* (Garden City, NY: Anchor Press/Doubleday, 1980)。

4. 环境与行为研究领域的十三位第一代思想家的学术历程,参见 *Environment and Behavior Studies: Emergence of Intellectual Traditions*, Irwin Altman and Kathleen Christensen, eds. (New York and London: Plenum Press, 1990)。

5. 参见 Jack L. Nasar, "The Evaluative Image of Places," in *Person-Environment Psychology: New Directions and Perspectives*, 2nd ed., W. Bruce Walsh, Kenneth H. Crain, and Richard H. Price, eds. (Mahwah, NJ: Lawrence Erlbaum Associates, 2000)。

6. 环境心理学的理念也是如此。

7. 参见 L. Allen Furr, *Exploring Human Behavior and the Social Environment* (Boston: Allyn and Bacon, 1997), 3-12 以及 C. B. Germain and A. Gitterman, "The Life Model Approach to Social Work Practice Revisited," in *Social Work Treatment: Interlocking Theoretical Approaches*, Francis J. Turner, ed. (New York: The Free Press, 1986), 618-643.

8. 在参与式设计中也可以看到这种类似于社工与服务对象系统之间的关系。设计师会被赋予更多的权威,因为设计师所掌握的专业知识使其有别于用户或客户,而能够主导设计项目的进行,无论后者在规划过程中的参与度如何。

9. M. Powell Lawton, "An Environmental Psychologist Ages," in *Environment and Behavior Studies*: *Emergence of Intellectual Traditions*, 357 - 358. 香港理工大学设计学院的城市空间与文化研究小组,与圣雅各福群会(St James Settlement)合作进行了一项关于香港老年人空间需求的研究。团队成员主要是设计师而不是建筑师,以香港湾仔区为研究地点,针对老年人如何更好地在拥挤公寓中生活提出了一些新的空间布局方案。Kwok Yan-chi Jackie, ed. , *Ageing in the Community*: *A Research on the Designing of Everyday Life Environment for the Elderly* (Hong Kong: Hong Kong Polytechnic University and St. James Settlement, 1999).
10. Papanek, *Design for the Real World*, 63 - 68.
11. 也有一些例外情况,例如库珀休伊特国家设计博物馆(Cooper-Hewitt National Design Museum)于1998年11月至1999年3月期间举办的通用设计展览"设计无界限"(Unlimited by Design)。
12. 以《I. D. 》杂志为例,主编克里斯托弗·蒙特(Christopher Mount)在2001年2月出了一版专刊,介绍了40位具有社会责任感的设计师和建筑师。
13. 在《为真实的世界设计》一书中,帕帕奈克提供了许多学生在他的指导下进行的社会责任设计项目的案例。
14. 关于"原形工程"(Archeworks)的概述,可参见官网 www.archeworks.org。

23. 为什么"不那么糟糕"是不好的(《从摇篮到摇篮》)

1. Thomas Malthus, *Population*: *The First Essay* (1798). Ann Arbor: University of Michigan Press,1959; 3, 49.
2. Henry David Thoreau, "Walking" (1863), in *Walden and Other Writings*, edited by William Howarth, New York: Random House, 1981; 613.
3. Max Oelshaeger, *The Idea of Wilderness*: *From Prehistory to the Age of Ecology*, New Haven: Yale University Press, 1992; 217.
4. Paul R. Erlich, *The Population Bomb*, New York: Ballantine Books, 1968; xi, 39.
5. Paul R. Erlich and Anne H. Erlich, *The Population Explosion*, New York: Simon & Schuster, 1984;9, 11, 180 - 81.
6. Donella H. Meadows, Dennis L. Meadows, and Jorgan Sanders,

Beyond the Limits: Confronting Global Collapse, Envisioning a Sustainable Future, Post Mills, VT: Chelsea Green, 1992; xviii.

7. 同上，214。
8. Fritz Schumacher, *Small Is Beautiful: Economics as if People Mattered*, 1973; rpt. New York: Harper and Row, 1989; 31, 34, 35, 39.
9. R. Lilienfield and W. Rathje, *Use Less Stuff: Environmental Solutions for Who We Really Are*, New York: Ballantine Books, 1998; 26, 74.
10. Joan Magretta, "Growth Through Sustainability: An Interview with Monsanto's CEO, Robert B. Shapiro," *Harvard Business Review* (January-February 1997); 82.
11. Joseph J. Romm, *Lean and Clean Management: How to Boost Profits and Productivity by Reducing Pollution*, New York: Kodansha America, 1994; 21.
12. World Commission on Environment and Development, *Our Common Future*, Oxford and New York: Oxford University Press, 1987; 213.
13. Stephen Schmidheiney, "Eco-Efficiency and Sustainable Development," *Risk Management* 43:7(1996); 51.
14. 3M, "Pollution Prevention Pays," http://www.3m.com/about3m/environment/policies_about3P.jhtml.
15. Gary Lee, "The Three R's of Manufacturing: Recycle, Reuse, Reduce Waste," *Washington Post*, February 5, 1996; A3.
16. Theo Colborn, Dianne Dumanoski, and John Peterson Myers, *Our Stolen Future*, New York: Penguin Group, 1997; xvi.
17. Mary Beth Regan, "The Dustup Over Dust," *Business Week*, December 2, 1996; 119.
18. Jane Jacobs, *Systems of Survival: A Dialogue on the Moral Foundations of Commerce and Politics*, New York: Vintage Books, 1992.
19. 更多关于效率的"价值"的有趣探讨，请参见 James Hillman, *Kinds of Power: A Guide to Its Intelligent Uses*, New York: Doubleday, 1995; 33-44.

24. 当服装产生连接

1. 更多关于展览另类奢侈针织品展览"Keep and Share"的内容可参见网

址 www. keepandshare. co. uk。

2. 更多关于玛莎百货（Marks & Spencer）新的可持续发展战略的内容可参见网址 www. marksandspencer. com/thecompany/plana/index. shtml。

3. 关于奥托·冯·布希（Otto von Busch）的作品可参见网址 www. selfpassage. org

4. Allwood, J. M., Laursen, S. E., Malvido de Rodriguez, C. and Bocken, N. M. P. (2006) *Well Dressed?*, University of Cambridge Institute of Manufacturing, Cambridge, p2

5. Allwood, J. M., Laursen, S. E., Malvido de Rodriguez, C. and Bocken, N. M. P. (2006) *Well Dressed?*, University of Cambridge Institute of Manufacturing, Cambridge, p12

6. War on Want (2006),'Fashion victims: The true cost of cheap clothes at Primark, Asda and Tesco', www. waronwant. org/Fashion + Victims+13593. twl

7. von Busch, O. (2005),'Re-forming appearance: Subversive strategies in the fashion system—reflections on complementary modes of production', Research Paper, www. selfpassage. org

8. www. interfaceinc. com

9. www. nike. com/nikebiz

10. www. hm. com/us/corporateresponsibility/csrreporting__csrreporting. nhtm

11. www. americanapparel. net。

12. "5种方式"（5 Ways）项目由凯特·弗莱彻（Kate Fletcher）和贝基·厄利（Becky Earley）合作主持,项目运行时间为2002年6月至2003年5月,由艺术人文研究委员会（AHRB）和切尔西艺术与设计学院（Chelsea College of Art & Design）资助。更多相关信息,可参见网址 www. 5ways. info。

13. www. traid. org. uk/custom. html

14. www. junkystyling. co. uk

15. Ekins, P. and Max-Neef, M. (eds) (1992) *Real-Life Economics*, Routledge, London

25. 设计在可持续消费中的角色

1. 在本文中,我主要从产品角度来讨论"消费品",但我们也有理由相信,建筑在某些层面上正成为一种消费品,因此本文所提出的许多观点在某种程度上也适用于建筑领域。

2. Tim Jackson, "Readings in Sustainable Consumption," in *The Earthscan Reader in Sustainable Consumption*, ed. Tim Jackson (London: Earthscan, 2006). 该书可作为了解可持续消费领域的入门读物（本文也引用了其中的大量内容）。作为一本编著，书中收纳了来自多学科、多时代的知名消费学者的作品。在此也推荐另一部编著，可以作为研究环保运动批判领域的入门读物：*Confronting Consumption*, ed. Thomas Princen, Michael Maniate, and Ken Conca (Cambridge, MA: The MIT Press, 2002).

3. Rachel Carson, Silent Spring (New York: Houghton Mifflin, 1962); Donella H. Meadows and Club of Rome, *The Limits to Growth: A Report for the Club of Rome's Project on the Predicament of Mankind* (London: Earth Island, 1972).

4. R. Buckminster Fuller, *Operating Manual for Spaceship Earth* (Carbondale: Southern Illinois University Press, 1969); Victor J. Papanek, *Design for the Real World: Human Ecology and Social Change* (New York: Pantheon Books, 1972); Chris Zelov and Phil Cousineau, *Design Outlaws on the Ecological Frontier* (Philadelphia: Knossus, 1997).

5. Jakki Dehn, "Re-Materialize Exhibition: Materials Made from Waste" (Kingston University, 1996); Susan Subtle Dintenfass, "Hello Again: A New Wave of Recycled Art and Design" (Oakland: Oakland Museum of California, 1997–98).

6. Nigel Whiteley, *Design for Society* (London: Reaktion Books, 1993).

7. Sim Van der Ryn and Stuart Cowan, *Ecological Design*. (Washington D. C.: Island Press, 1996); H. Brezet and C. van Hemel, "Ecodesign: A Promising Approach to Sustainable Production and Consumption" (Paris: United Nations Environment Programme, 1997); J. H. Gertsakis, H. Lewis, and C. Ryan, *A Guide to EcoRedesign* (Melbourne: Centre for Design, Royal Melbourne Institute of Technology, 1997).

8. Jackson, Readings in Sustainable Consumption.

9. Kate Fletcher, "Use Matters" Chapter 3 in *Sustainable Fashion & Textiles: Design Journeys* (London: Earthscan, 2008).

10. 例如，参见 Karrie Jacobs, "Revenge of the Small," *Metropolis*, December 2006, and Ingrid Spencer, "The Acceleration of Single Speed Design," *Architectural Record*, September 2006.

11. William J. Mitchell, "Going the Extra Mile to Make Mass Transit More Personal," *Architectural Record*, August 2007.
12. 例如,参见 Thomas de Monchaux "A is for Adaptable" I. D., May 2007, William Weathersby,"Derek Porter Studio elevates the image of FLEX self storage center," Architectural Record, November 2006, and Alec Applebaum "Parking Garages Driven to Good Design," *Architectural Record*, August 2007.
13. Jackson, "Readings in Sustainable Consumption" and Anja Schaefer and Andrew Crane, "Addressing Sustainability and Consumption," *Journal of Macromarketing* 25:1(2005), 76 - 92.
14. Karl Dake and Michael Thompson, "Making Ends Meet—in the Household and on the Planet," *The Earthscan Reader in Sustainable Consumption* (London: Earthscan, 2006).
15. Ken Conca, "Consumption and Environment in a Global Economy," *Confronting Consumption*, ed. Thomas Princen, Michael Maniates, and Ken Conca (Cambridge, MA: The MIT Press, 2002).
16. Jackson, Readings in Sustainable Consumption.
17. Conca, Consumption and Environment in a Global Economy.
18. Michael Maniates, "Individualization: Plant a Tree, Buy a Bike, Save the World?" in *Confronting Consumption*, ed. Thomas Princen, Michael Maniates, and Ken Conca (Cambridge, MA: The MIT Press, 2002).
19. Jeff Gates, *Democracy at Risk* (Cambridge, MA: Perseus Publishing, 2000).
20. 例如,参见 Kersty Hobson, "Competing Discourses of Sustainable Consumption: Does the 'Rationalization of Lifestyles,' Make Sense?," in *The Earthscan Reader in Sustainable Consumption* (London: Earthscan, 2006); Maniates, "Individualization: Plant a Tree, Buy a Bike, Save the World?"; Derrick Jensen, "Forget Shorter Showers: Why Personal Change Does Not Equal Political Change" *Orion July*/August (2009).
21. Nick Clarke et al., "Globalising the Consumer: Doing Politics in an Ethical Register," *Political Geography* 26:3 (2007).
22. Jack Manno, "Consumption and Environment in a Global Economy," in *Confronting Consumption*, ed. Thomas Princen, Michael Maniates, and Ken Conca (Cambridge, MA: The MIT Press, 2002).
23. Jessica Prendergrast, Beth Foley, Verena Menne, and Alex Karalis

Isaac, "Creatures of Habit? The Art of Behavioural Change" (London: The Social Market Foundation, 2008).
24. 同上,第 8 页。
25. Sustainable Consumption Roundtable, "I Will If You Will: Towards Sustainable Consumption" (London: National Consumer Council and Sustainable Development Commission, 2006).
26. Paul Hawken, Amory Lovins, and L. Hunter Lovins, *Natural Capitalism* (New York: Little, Brown and Company, 1999); Helen Lewis and John Gertsakis, *Design + Environment: A Global Guide to Designing Greener Goods* (Sheffield: Greenleaf, 2001).
27. T. A. Bhamra, D. Lilley, and T. Tang, "Sustainable Use: Changing Consumer Behavior through Product Design," in *Changing the Change Conference Proceedings* (Turin, Italy: Allemandi Conference Press, 2008).
28. 与此相关的历史和案例可参见 Dan Lockton, Professor David Harrison and Professor Neville Stanton, "Making the User More Efficient: Design for Sustainable Behaviour," *International Journal of Sustainable Engineering*, preprint (2008). available from http://hdl.handle.net/2438/2137 (accessed 9/23/2008).
29. Tim Kasser, *The High Price of Materialism* (Cambridge, MA: The MIT Press, 2002).
30. Tim Jackson, "Consuming Paradise? Towards a Social and Cultural Psychology of Sustainable Consumption," in *The Earthscan Reader in Sustainable Consumption*, ed. Tim Jackson (London: Earthscan, 2006); Kasser, *The High Price of Materialism*.
31. Tim Jackson, "Prosperity Without Growth: The Transition to a Sustainable Economy" (London: Sustainable Development Commission, 2009), 39, 63–65.
32. Daniel Miller, "The Poverty of Morality," *The Earthscan Reader in Sustainable Consumption*, ed. Tim Jackson (London: Earthscan, 2006).
33. Mihaly Csikszentmihalyi, "The Costs and Benefits of Consuming," *The Earthscan Reader in Sustainable Consumption*, ed. Tim Jackson (London: Earthscan, 2006).
34. Maniates, Individualization: Plant a Tree, Buy a Bike, Save the World?
35. Kate Fletcher, Emma Dewberry, and Phillip Goggin, "Sustainable

Consumption by Design," *Exploring Sustainable Consumption: Environmental Policy and the Social Sciences*, ed. Maurie J. Cohen and Joseph Murphy (London: Pergamon, 2001).
36. Ann Thorpe. *The Designer's Atlas of Sustainability* (Washington DC: Island Press, 2007).
37. Carolyn F. Strauss and Alastair Fuad-Luke, "The Slow Design Principles: A New Interrogative and Reflexive Tool for Design Research and Practice," *Changing the Change Conference Proceedings* (Turin, Italy: Allemandi Conference Press, 2008).
38. Ed Van Hinte and Liesbeth Bonekamp, *Eternally Yours* (Rotterdam: 010 Publishers, 1997).
39. Stewart Walker, *Sustainable by Design* (London: Earthscan, 2006).
40. Jonathan Chapman, *Emotionally Durable Design: Objects, Experiences & Empathy* (London: Earthscan, 2005).
41. 同上，第 61 页。
42. 例如，参见 Eva Heiskanen and Mikko Jalas, "Dematerialization through Services—A Review and Evaluation of the Debate" (Helsinki: Ministry of the Environment, 2000); A. S. Bijma, Brezet, and S. Silvester, "The Design of Eco-Efficient Services: Methods, Tools and Review of the Case Study Based 'Designing Eco-Efficient Services' Project" (Delft: Design for Sustainability Program, Delft University of Technology, 2001); 以及 Ezio Manzini, "Design, Ethics and Sustainability: Guidelines for a Transition Phase" (Milan: Politecnico di Milano, 2006)。
43. Ezio Manzini, "Design for Sustainability: How to Design Sustainable Solutions" (Milan: Politecnico di Milano, 2006).
44. Albert Borgmann, "The Depth of Design," in *Discovering Design: Explorations in Design Studies*, ed. Richard Buchanan and Victor Margolin (Chicago: University of Chicago Press, 1995).
45. 例如，参见 Gui Bonsiepe, "Design and Democracy," Design Issues 22: 2 (Spring 2006), 56 – 63; Jeff Howard, "Toward Participatory Ecological Design of Technological Systems," *Design Issues* 20: 3 (Summer 2004), 40 – 53; 以及 Peter Blundell Jones, Doina Petrescu, and Jeremy Till, eds., *Architecture and Participation* (New York: Spon Press, 2005)。
46. Kate Fletcher, "User Maker," Chapter 8 in *Sustainable Fashion & Textiles: Design Journeys*.

47. Hilary Cottam and Charles Leadbeater, "Health: Co-Creating Services," *Red Papers* (London: Design Council, 2004).
48. Kristina Niedderer, "Designing Mindful Interaction: The Category of Performative Object," *Design Issues* 23:1 (Winter 2007), 3–17.
49. 同上,第7页。
50. Mary Douglas, "Relative Poverty, Relative Communication," *The Earthscan Reader in Sustainable Consumption*, ed. Tim Jackson (London: Earthscan, 2006).
51. 例如,参见 John Connolly and Andrea Prothero, "Sustainable Consumption: Consumption, Consumers and the Commodity Discourse," *Consumption, Markets and Culture* 6:4 (2003), 275–91; Mary Douglas and Baron Isherwood, The World of Goods (London: Routledge, 1979); Tim Jackson, Wander Jager, and Sigrid Stagl, "Beyond Insatiability: Needs Theory, Consumption and Sustainability," *ESRC Sustainable Technologies Programme Working Papers* (Guildford: Centre for Environmental Strategy, University of Surrey, 2004)。
52. Mihaly Csikszentmihalyi and Eugene Rochberg-Halton, *The Meaning of Things: Domestic Symbols and the Self* (Cambridge, UK: Cambridge University Press, 1981), 188.
53. Jackson, Consuming Paradise? Towards a Social and Cultural Psychology of Sustainable Consumption.
54. 同上,第389页。
55. Manno, Consumption and Environment in a Global Economy.
56. Thorpe, *The Designer's Atlas of Sustainability*.
57. 例如,参见 Peter Dormer, *Design since* 1945 (London: Thames and Hudson, 1993); John Heskett, *Toothpicks and Logos: Design in Everyday Life* (Oxford: Oxford University Press, 2002); Thorpe, *The Designer's Atlas of Sustainability*。
58. Victor Margolin and Sylvia Margolin, "A 'Social Model' of Design: Issues of Practice and Research," *Design Issues* 18:4 (Autumn 2002), 24–30.
59. Sherry Blankenship, "Outside the Center: Defining Who We Are," *Design Issues* 21:1 (Winter 2005), 24–31.
60. Jon Broome, "Technology and Participation Towards Sustainability," *Architecture as Initiative* (London: Architecture Association, 2007).
61. Hobson, Competing Discourses of Sustainable Consumption: Does the

'Rationalization of Lifestyles' Make Sense?
62. Geoff Mulgan, Tom Steinberg, and Omar Salem, *Wide Open: Open Source Methods and Their Future Potential* (London: Demos, 2005).
63. 例如，参见 Bruce Sterling, Shaping Things (Cambridge, MA: The MIT Press, 2005); C. Leadbeater, *We Think: Mass Innovation Not Mass Production* (London: Profile Books, 2008); 以及 Alastair Fuad-Luke, *Design Activism: Beautiful Strangeness for a Sustainable World* (London: Earthscan, 2009)。

26. 服务转型和设计转型

1. 行动研究也是上述转型服务研究或转型消费者研究的基础，这代表了消费者研究领域最近的努力，即致力于提升消费者福祉。消费者研究协会主席戴维·格伦·米克(David Glen Mick)将转型消费者研究定义为"围绕一个基本问题或机遇展开的调查，力求在消费的多种条件、需求、潜力和影响下尊重、维护和改善生活"(2006年，第2页)。尽管研究主题围绕消费，转型消费者研究强调研究消费者权力的增强，因此需要采用不同的方法和原则。
2. DOTT07项目是英国设计委员会和区域发展机构英格兰东北经济发展署(One NorthEast)的全国性提案。该项目是设计委员会开发的一个为期10年的双年活动计划的第一个项目，基地设在英格兰东北部，计划在英国各地接连举行。项目围绕社区项目、活动和展览，旨在探索可持续区域生活的可能性，以及设计如何帮助我们实现这一目标。(www.dott07.com)。

参考文献：

Almega. (2008). *Innovativa tjänsteföretag oc forskarsamhället: Omaka par eller perfect match*. Retrieved July 5, 2011, from http://www.s-m-i.net/pdf/Innovativa%20tjansteforetag.

Anderson, W., Florin, D., Gillam, S., & Mountford, L. (2002). *Every voice counts. Involving patients and the public in primary care*. London: Kings Fund.

Arnstein, S. R. (1969). A ladder of citizen participation. *Journal of the American Planning Association*, 35(4), 216–224.

Attree, P., & French, B. (2007). *Testing theories of change associated with community engagement in health improvement and health inequalities reduction*. Retrieved October 10, 2010, from p.attree@

lancaster. ac. uk

Bate, P. , & Robert, G. (2007a). Toward more user-centric OD: Lessons from the field of experience-based design and a case study. *The Journal of Applied Behavioral Science*, 43(42), 41–66.

Bate, P. , & Robert, G. (2007b). *Bringing user experience to health care improvement: The concepts, methods and practices of experience-based design*. Oxford: Radcliffe.

Bauld, L. , Judge, K. , Barnes, M. , Benzeval, M. , & Sullivan, H. (2005). Promoting social change: The experience of health action zones in England. *Journal of Social Policy*, 34(3), 427–445.

Bentley, T. , & Wilsdon, J. (2003). *The adaptive state*, London: Demos.

Berger, P. L. , & Luckmann, T. (1966). *The social construction of reality: A treatise in the sociology of knowledge*. New York: Anchor Books.

Bettany, S. M. , & Woodruffe-Burton, H. W. , (2006). Steps towards transformative consumer research practice: A taxonomy of possible reflexivities. *Advances in Consumer Research*, 33(1), 227–234.

Blumenthal, D. S. , & Yancey, E. (2004). Community-based research: An introduction. In D. S. Blumenthal & R. J. DiClemente (Eds.), *Community-based health research* (pp. 3–24). New York: Springer.

Bradwell, P. , & Marr, S. (2008). *Making the most of collaboration: An international survey of public service co-design*. London: Demos.

Buchanan, R. (2004). Management and design. Interaction pathways in organizational life. In R. J. Boland & F. Collopy (Eds.), *Managing as designing* (Chap. 4). Stanford, CA: Stanford Business Books.

Burns, C. , Cottam, H. , Vanstone, C. , & Winhall, J. (2006). *RED paper 02: Transformation design*. London: Design Council.

Chapman, J. (2002). A framework for transformational change in organisations. *Leadership & Organisation Development Journal*, 23(1), 16–25.

Chin, R. , & Benne, K. D. (2005). General strategies for effecting changes in human systems. In W. L. French, C. Bell, & R. A. Zawacki (Eds.), *Organization development and transformation* (6th ed. , pp. 40–62). New York: McGraw-Hill.

Cornwall, A. (2008). *Democratising engagement what the UK can learn from international experience*. London: Demos.

Cottam, H. , & Leadbeater, C. (2004). *RED paper 01: Health: Co-*

creating services. London: Design Council.

Department of Health. (2005). *Creating a patient-led NHS— Delivering NHS improvement plan*. London: Department of Health.

Department of Health. (2008a). *Real involvement. Working with people to improve health services*. London: Department of Health.

Department of Health. (2008b). *High quality care for all. NHS next stage review final report*. London: Department of Health.

Ehn, P. (2008). Participation in design things. In *Proceedings of the 10th Anniversary Conference on Participatory Design* (pp. 92-101). New York: ACM.

Elden, M., & Levin, M. (2001). Cogenerative learning: Bringing participation into action research. In W. F. White (Ed.), *Participatory action research* (pp. 127-142). London: SAGE.

European Commission. (2009). *Challenges for EU support to innovation in services—Fostering new markets and jobs through innovation* (SEC-1195). Luxembourg: Publications Office of the European Union.

Freire, K., & Sangiorgi, D. (2010, December 3). *Service design and healthcare innovation: From consumption to coproduction and co-creation*. Paper presented at the 2nd Nordic Conference on Service Design and Service Innovation, Linköping, Sweden. Retrieved July 5, 2011, from http://www.servdes.org/pdf/freire-sangiorgi.pdf

French, W. L., Bell, C. H., & Zawacki, R. A. (Eds.). (2005). *Organization development and transformation* (6th ed.). New York: McGraw-Hill.

Golembiewsky, R. T., Billingsley, K., & Yeager, S. (1976). Measuring change and persistence in human affairs: Types of change generated by OD designs. *Journal of Applied Behavioral Science*, 12(2), 133-157.

Horne, M., & Shirley, T. (2009). *Co-production in public services: A new partnership with citizens*. London: Cabinet Office.

Hosking, D. M. (1999). Social construction as process: Some new possibilities for research and development. *Concepts & Transformations*, 4(2), 117-132.

Howells, J. (2007). *Fostering innovation in services*. Manchester, UK: Manchester Institute of InnovationResearch.

Kent County Council. (2007). *The social innovation lab for Kent— Starting with people*. Retrieved June 20, 2010, from http://

socialinnovation.typepad.com

Kimbell, L. (2009). The turn to service design. In J. Gulier & L. Moor (Eds.). *Design and creativity: Policy, management and practice* (pp. 157–173). Oxford: Berg.

Jégou, F., & Manzini, E. (Eds.). (2008). *Collaborative services. Social innovation and design for sustainability*. Milano: Edizioni Polidesign.

Junginger, S. (2006). *Organizational change through human-centered product development*. Pittsburgh, PA: Carnegie Mellon University.

Junginger, S. (2008). Product development as a vehicle for organizational change. *Design Issues*, 24(1), 26–35.

Junginger, S., & Sangiorgi, D. (2009). Service design and organisational change. Bridging the gap between rigour and relevance. In *Proceedings of the 3rd IASDR Conference on Design Research* (pp. 4339–4348), Seoul, South Korea: Korean Society of Design Science.

Levy, A. (1986). Second-order planned change: Definition and conceptualisation. *Organizational dynamics*, 15(1), 5–20.

Manzini, E. (2008). Collaborative organisations and enabling solutions. Social innovation and design for sustainability. In F. Jegou & E. Manzini (Eds.), *Collaborative services. Social innovation and design for sustainability* (pp. 29–41). Milano: Edizioni Polidesign.

Manzini, E., & Jegou F. (2003). *Sustainable everyday: Scenarios of urban life*. Milano: Edizioni Ambiente.

Marmot, M. G. (2004). Tackling health inequalities since the Acheson inquiry. *Journal of Epidemiology and Health*, 58(4), 262–263.

Meroni, A. (Ed.). (2007). *Creative communities. People inventing sustainable ways of living*. Milano: Edizioni Polidesign.

Meroni, A. (2008). *Strategic design to take care of the territory. Networking creative communities to link people and places in a scenario of sustainable development*. Keynote presented at the P&D Design 2008—8° Congresso Brasileiro de Pesquisa e Desenvolvimento em Design, Campus Santo Amaro, San Paolo, Brazil.

Meroni, A., & Sangiorgi, D. (2011). *Design for services*. Aldershot, UK: Gower

Mick, D. G. (2006). Meaning and mattering through transformative consumer research. *Advances in Consumer Research*, 33(1), 1–4.

Miles, I. (2001). *Services innovation: A reconfiguration of innovation*

studies. Manchester, UK: University of Manchester.
Milton, K. (2007). *Shape: Services having all people engaged—A methodology for people-centred service innovation*. London: Engine Service Design.
Ostrom, A. L. , Bitner, M. J. , Brown, S. W. , Burkhard, K. A. , Goul, M. , Smith-Daniels, V. , Demirkan, H. , & Rabinovich, E. (2010). Moving forward and making a difference: Research priorities for the science of service. *Journal of Service Research*, 13(1), 4 - 36.
Ozanne, J. L. , & Saatcioglu, B. (2008). Participatory action research. *Journal of Consumer Research*, 35(3), 423 - 439.
Ozanne, J. L. , & Anderson, L. (2010). Community action research. *Journal of Public Policy & Marketing*, 29(1), 123 - 137.
Parker, S. , & Heapy, J. (2006). *The journey to the interface. How public service design can connect users to reform*. London: Demos.
Parker, S. , & Parker S. (2007). *Unlocking innovation. Why citizens hold the key to public service reform*. London: Demos.
Popay, J. (2006) *Community engagement and community development and health improvement: A background paper for NICE*. London: National Institute for Health and Clinical Excellence.
Reason, P. E. , & Bradbury, H. (Eds.). (2001). *Handbook of action research: Participative inquiry and practice*. London: Sage.
Sangiorgi, D. (2004). *Il Design dei servizi come Design dei Sistemi di Attività. La Teoria dell'Attività applicata alla progettazione dei servizi* [Service design as the design of activity systems. Activity theory applied to the design for services]. Milano: Politecnico di Milano.
Sangiorgi, D. (2009). Building a framework for service design research. In *Proceedings of the 8th European Academy of Design International Conference* (pp. 415 - 420), Aberdeen, Scotland: Robert Gordon University.
Sangiorgi, D. , & Villari B. (2006). *Community based services for elderly people. Designing platforms for action and socialisation*. Paper presented at the International Congress on Gerontology, Live Forever, Lisbon, Portugal.
Senge, P. , & Schamer, O. (2001). Community action research: Learning as a community of practitioners, consultants and researchers. In P. E. Reason & H. Bradbury (Eds.), *Handbook of action research* (pp.

238-249). London: Sage.

Shuler, D., & Namioka, A. (Eds.). (1993). *Participatory design: Principles and practices*. Hillsdale, NJ: L. Erlbaum Associates.

Skidmore, P., & Craig, J. (2005). *Start with people: How community organisations put citizens in the driving seat*. London: Demos.

Smith, K. K. (1982). Philosophical problems in thinking about organisational change. In P. S. Goodman (Ed.), *Change in organizations*. San Francisco: Jossey-Bass.

Tan, L., & Szebeko, D. (2009). Co-designing for dementia: The Alzheimer 100 project. *Australasian Medical Journal*, 1(12), 185-198.

Ezell, S., Ogilvie, T., & Rae, J. (2007). *Seizing the white space: Innovative service concepts in the United States*. Helsinki: Tekes.

Thackara, J. (2007). *Wouldn't be great if ...* London: Design Council.

Thomas, E. (Ed.). (2008). *Innovation by design in public services*. London: Solace Foundation Imprint.

Watzlawick, P., Weakland, J. H., & Fisch, R. (1974). *Change: Principles of problem formation and problem resolution*. New York: Norton.

White, S. (1996). Depoliticising development: The uses and abuses of participation. *Development in Practice*, 6(1), 6-15.

Winhall, J. (2004). *Design notes on open health*. London: Design Council.

Wood Holmes Group. (2008). *Evaluation of design of the times* (Dott 07 Report). London: Design Council.

Zeithamal, A., Parasuraman, A., & Berry, L. (1985). Problems and strategies in services marketing. *Journal of Marketing*, 49(2), 33-46.

27. 设计思维再思考(上)

1. 这里使用的"组织"一词指的不仅仅是企业或公司,而是泛指所有为了共同目标而合作的正式和非正式的团体。
2. 本文不会深入探讨设计师是否有不同于其他专业人士的独特工作方式,也不会评估应用设计方法是否真的能带来更高的效率、效能和创新,以为组织带来价值。提出这种问题本身就已经带有对"价值"如何被思考和评估的假设。

3. 赫伯特·西蒙的《人工科学》一书在三个不同版本中展示了他不断发展的观点，而且，我们仍然可以多角度去解读他的工作。比如，近期在管理领域的一篇论文（Pandza & Thorpe,2010 年）指出了西蒙作品中三种主要的设计方法，而在哈彻尔（Hatchuel）看来，西蒙的设计理念主要是关于解决问题的（Hatchuel,2001 年）。
4. 可参见最近贝格出版社出版的新书，《设计思维：理解设计师如何思考和工作》(Design Thinking: *Understanding How Designers Think and Work*）。
5. 尽管邓恩和马丁在关于商业教育的研究（Dunne & Martin,2006 年）中讨论了布朗版本的设计思维，并且该研究与布朗的设计思维有更紧密的联系。
6. 在此应该介绍一下我的背景：我任教于一所历史悠久的大学下于 1996 年新成立的商学院，尽管资历尚浅，但它一直在努力开辟一条道路，提供一种管理教育的愿景。这种愿景涉及多个学科的融合，以及批判性讨论，特别是涉及科学和技术研究的专业领域。我自己拥有艺术和设计的实践背景，自 2005 年以来始终教授 MBA 学生设计和设计管理的课程。我所开设的选修课每年都能吸引 50 多名学生参加，该课程使学生能够简要了解设计的物质实践，提供与设计师合作的机会，并引导他们将组织中的文物和安排视为进行设计探究、思想生成和干预的场所。在课程安排上，我试图帮助学生自行理解设计思维所提出的观点和主张，同时鼓励他们探索设计的物质实践和文化在他们所参与的项目、组织和企业中的可能性和局限性。更多内容可参见我的教学博客档案（Kimbell,2011 年）。

参考文献：

Academy of Management. 2010. Annual Meeting Program. Available online: http://program.aomonline.org/2010/pdf/AOM_2010_Annual_Meeting_Program.pdf (accessed May 24, 2011).

Adams, R., S. Daly, L. Mann, and G. Dall'Alba. 2010. "Being a Professional: Three Perspectives on Design Thinking, Acting and Being." *Proceedings of the 8th Design Thinking Research Symposium* (DTRS8) Sydney, October 19 - 20: 11 - 24.

Alexander, C. 1971. *Notes on the Synthesis of Form*. Cambridge, MA: Harvard University Press.

Badke-Schaub, P., N. Roozenburg, and C. Cardoso. 2010. "Design Thinking: A Paradigm on Its Way from Dilution to Meaninglessness?" *Proceedings of the 8th Design Thinking Research Symposium* (DTRS8) Sydney, October 19 - 20: 39 - 49.

Bate, R. 2007. "Bringing the Design Sciences toOrganization Development and Change." *Journal of Applied Behaviorial Science*, 43(8): 8–11.

Bauer, R. and W. Eagan. 2008. "Design Thinking: Epistemic Plurality in Management and Organization."*Aesthesis* 2(3): 64–74.

Boland, R. and F. Collopy. 2004. "Design Matters for Management." In R. Boland and F. Collopy (eds),*Managing as Designing*, pp. 3–18. Stanford, CA: Stanford University Press.

Boltanski, L. and È. Chiapello. [1999] 2005. *The New Spirit of Capitalism*. London: Verso.

Bourdieu, P. 1977. *Outline of a Theory of Practice*. Translated by Richard Nice. Cambridge: Cambridge University Press.

Brown, T. 2008. "Design Thinking." *Harvard Business Review*, June: 84–92.

Brown. T. 2009. *Change by Design: How Design Thinking Transforms Organization and Inspires Innovation*. New York: Harper Collins.

Brown, T. 2011. "Design Thinking." Blog, available online http://designthinking.ideo.com/, (accessed April 13, 2011).

Brown, T. and J. Wyatt. 2010. "Design Thinking and Social Innovation." *Stanford Social Innovation Review*. Winter: 30–35.

Bucciarelli, L. 1994. *Designing Engineers*. Cambridge, MA: MIT Press.

Buchanan, R. 1992. "Wicked Problems in Design Thinking."*Design Issues* 8(2): 5–21.

Buchanan, R. and V. Margolin (eds). 1995. *Discovering Design: Explorations in Design Studies*. Chicago: Chicago University Press.

Burnette, C. 2009. "A Theory of Design Thinking." Paper prepared in response to the Torquay Conference on Design Thinking, Swinburne University of Technology, Melbourne. November 1, 2009. Available online: http://independent.academia.edu/CharlesBurnette/Papers/136254/A_Theory_of_Design_Thinking(accessed March 6, 2011).

Case Western Reserve University. 2010. "Convergence. Managing + Designing," Weatherhead School of Management. June 18 & 19. Available online: http://design.case.edu/convergence/ (accessed April 14, 2011).

Case Western Reserve University. 2011. "Manage byDesigning." Available online: http://design.case.edu/ (accessed April 17, 2011).

Crewe, L., N. Gregson and A. Metcalfe. 2009. "The Screen and the Drum: On Form, Function, Fit and Failure in Contemporary Home

Consumption."*Design and Culture* 1(3): 307–328.

Cross, N. 1982. "Designerly Ways of Knowing." *Design Studies* 3(4): 221–227.

Cross, N. 2001. "Designerly Ways of Knowing: Design Discipline Versus Design Science." *Design Issues* 17(3): 49–55.

Cross, N. 2006. *Designerly Ways of Knowing*. Berlin: Springer.

Cross, N. 2010. "Design Thinking as a Form of Intelligence."*Proceedings of the 8th Design Thinking Research Symposium* (DTRS8) Sydney, October 19–20, 99–105.

Cross N., K. Dorst and N. Roozenburg (eds). 1992. *Research in Design Thinking*. Delft: Delft University Press.

Design Council. 2009. "Innovation: The Essentials of Innovation." Available online: http://www.designcouncil.org.uk/en/About-Design/Business-Essentials/Innovation/ (accessed August 18, 2009).

Dorst, K. 2006. "Design Problems and Design Paradoxes". *Design Issues* 22(3): 4–14.

Dorst, K. 2010. "The Nature of Design Thinking."*Proceedings of the 8th Design Thinking Research Symposium* (DTRS8) Sydney, October 19–20, 131–139.

Dorst, K. and N. Cross. 2001. "Creativity in the Design Process: Co-evolution of Problem-Solution."*Design Studies* 22(5): 425–437.

Dunne, D. and R. Martin. 2006. "Design Thinking and How It Will Change Management Education: An Interview and Discussion." *Academy of Management Learning & Education* 5(4): 512–523.

EGOS. 2010. Conference of the European Group for Organization Studies. June 28 – July 3, Faculdade de Economia, Universidade Nova de Lisboa. Lisbon, Portugal. Sub-theme 32: "Design-Driven Innovation: Linguistic, Semantic and Symbolic Innovations vs. Technological and Functional Innovations." Available online: http://www.egosnet.org (accessed February 18, 2010).

Ehn, P. 1988. *Work-Oriented Design of Computer Artifacts*. Hillsdale, NJ: Lawrence Erlbaum Associates.

Ehn, P. 2008. "Participation in Design Things."*PDC '08 Proceedings of the Tenth Anniversary Conference on Participatory Design*, Bloomington, Indiana, USA, October 1–4. EURAM. 2009. European Academy of Management annual conference. Available online: http://www.euram2009.org/r/default.asp?iId = MKEFI (accessed March 26, 2009).

Florida, R. 2002. *The Rise of the Creative Class: And How It's Transforming Work, Leisure, Community and Everyday Life*. New York: Basic Books.

Fry, T. 2009. *Design Futuring: Sustainability, Ethics and New Practice*. Oxford: Berg.

Geertz, C. 1973. "Thick Description: Toward an Interpretive Theory of Culture." In C. Geertz *The Interpretation of Cultures: Selected Essays*. New York: Basic Books: 3–30.

Harvard Business Review. 2009. "How to Fix Business Schools." Available online: http://blogs.hbr.org/how-to-fix-business-schools/ (accessed April 13, 2011).

Hatchuel, A. 2001. "Towards Design Theory and Expandable Rationality: The Unfinished Programme of Herbert Simon." *Journal of Management and Governance* 5(3–4): 260–273.

Hatchuel, A. and B. Weil. 2009. "C-K Theory: An Advanced Formulation." *Research in Engineering Design*, 19(4): 181–192.

Henderson, K. 1999. *Online and On paper: Visual Representations, Visual Culture, and Computer Graphics in Design Engineering*. Cambridge, MA: MIT Press.

IDEO. 2006. "Tim Brown and IDEO Visit the Annual Meeting of the World Economic Forum." Available online: http://www.ideo.com/news/archive/2006/01/ (accessed April 13, 2011).

Jelinek, M., G. Romme and R. Boland. 2008. "Introduction to the Special Issue: Organization Studies as a Science for Design: Creating Collaborative Artifacts and Research." *Organization Studies* 29(3): 317–329.

Jones, J. C. 1970. *Design Methods*. Chichester: Wiley.

Jones, J. C. and D. G. Thornley (eds). 1963. *Conference on Design Methods*. Volume 1. Oxford: Pergamon.

Julier, G. 2007. "Design Practice Within a Theory of Practice." *Design Principles and Practices: An International Journal* 1(2): 43–50.

Julier, G. 2008. *The Culture of Design*. 2nd edition. London: Sage.

Julier, G. 2011. "Political Economies of Design Activism and the Public Sector." Paper presented at Nordic Design Research Conference, Helsinki.

Julier, G. and L. Moor (eds). 2009. *Design and Creativity: Policy,*

Management and Practice. Oxford: Berg.
Kelley, D. and G. VanPatter. 2005. *Design as Glue: Understanding the Stanford d-school*. NextDesign Leadership Institute.
Kelley, T. 2001. *The Art of Innovation*. London: Profile.
Kimbell, L. 2011. MBA Elective in Designing Better Futures. Available online: http://wwww.designingbetterfutures.wordpress.com/ (accessed April 16, 2011).
Ladner, S. 2009. "Design Thinking's Big Problem." Blog post. Available online: http://copernicusconsulting.net/design-thinkings-big-problem/ (accessed April 13, 2011).
Lash, S. and J. Urry. 1994. *Economies of Signs and Space*. London: Sage.
Lawson, B. 1997. *How Designers Think: The Design Process Demystified*. 3rd edition. London: Architectural Press.
Lawson, B. and K. Dorst. 2009. *Design Expertise*. Oxford: Architectural Press.
March, J. 1991. "Exploration and Exploitation in Organizational Learning." *Organization Science* 2(1): 71–87.
Martin, R. 2009. *The Design of Business: Why Design Thinking is the Next Competitive Advantage*. Cambridge MA: Harvard Business Press.
Meroni, A. and D. Sangiorgi. 2011. *Design for Services*. Aldershot: Gower Publishing.
MindLab. 2009. *About MindLab*. Available online: http://www.mindlab.dk/assets/116/ml_folder_eng.pdf (accessed April 15, 2011).
Nussbaum, B. 2011. "Design Thinking is a Failed Experiment: So What's Next?." Fast Company blog. Available online: http://www.fastcodesign.com/1663558/beyond-design-thinking (accessed April 13, 2011).
Pandza, K. and R. Thorpe. 2010. "Management as Design, but What Kind of Design? An Appraisal of the Design Science Analogy for Management." *British Journal of Management* 21(1): 171–186.
Parker, S. and J. Heapy. 2006. *The Journey to the Interface: How Public Service Design Can Connect Users to Reform*. London: Demos.
Rittel. H. and M. Webber. 1973. "Dilemmas in a General Theory of Planning." *Policy Sciences* 4: 155–169.

Rowe, P. 1998. *Design Thinking*. Cambridge: MIT Press.

Rylander, A. 2009. "Exploring Design Thinking as Pragmatist Inquiry." Paper presented at the 25th EGOS Colloquium, Barcelona, Spain, July 2 - 4.

Schatzki, T. R. 2001. "Practice Theory." In T. R. Schatzki, K. Knorr Cetina and E. von Savigny (eds), *The Practice Turn in Contemporary Theory*. London: Routledge.

Schön, D. A. 1983. *The Reflective Practitioner*. New York: Basic Books.

School of Advanced Military Studies. n. d. *Art of Design. Student Text. Version 2. 0*. Available online: http://usacac. army. mil/cac2/CGSC/events/sams/ArtofDesig n_v2. pdf (accessed November 11, 2010).

Shove, E. , M. Watson, M. Hand, and J. Ingram. 2007. *The Design of Everyday Life*. Oxford: Berg.

Simon, H. A. 1969. *The Sciences of the Artificial*. Cambridge, MA: MIT Press.

Simon, H. A. 1973. "The Structure of Ill Structured Problems." *Artificial Intelligence*, 4: 181 - 201.

Suchman, L. 1987. *Plans and Situated Actions*. Cambridge, MA: MIT Press.

TED. 2009. Tim Brown Urges Designers to Think Big. Talk at TED Conference, Oxford, July. Available online http://www. ted. com/talks/tim_brown_urges_designers_to_t hink_big. html (accessed April 13, 2011).

Temple University. 2011. Center for Design and Innovation. Available online:http://design. temple. edu/ (accessed April 16, 2011).

Thrift, N. 2005. *Knowing Capitalism*. London: Sage.

Tonkinwise, C. 2010. "A Taste for Practices: Unrepressing Style in Design Thinking." *Proceedings of the 8th Design Thinking Research Symposium* (DTRS8) Sydney, October 19 - 20: 381 - 388.

Tsoukas, H. and R. Chia. 2002. "On Organizational Becoming: Rethinking Organizational Change." *Organization Science* 13 (5): 567 - 582.

University of Toronto. 2011. "Business Design." Availableonline: http://www. rotman. utoronto. ca/businessdesign/default. as px (accessed April 16, 2011).

Verganti. R. 2009. *Design-driven Innovation: Changing the Rules by Radically Innovating What Things Mean*. Cambridge: Harvard

Business Press.

Wang, D. and A. Ilhan. 2009. "Holding Creativity Together: A Sociological Theory of the Design Professions." *Design Issues* 25(1): 5 - 21.

Winograd, T. and F. Flores. 1986. *Understanding Computers and Cognition: A New Foundation for Design*. Norwood, NJ: Ablex.

28. 设计思维再思考(下)

1. 当然,保罗·迪·盖(Paul du Gay,1997 年)等人对索尼随身听的描述,斯图尔特·霍尔(Stuart Hall,1977 年,1992 年)对媒体的生产、流通、分发、消费和再生产的讨论,以及阿帕杜莱(Appadurai,1986 年)的物传记,都存在相似之处。但在此,我想试图综合这些学者对媒体、物体和文化制品的研究,尤其是设计师的工作、设计物与其实现的实践之间的关系,从而深入探讨设计实践的本质及其在社会文化中的作用。
2. 本研究得到了英国艺术与人文研究理事会(UK Arts and Humanities Research Council)和工程与物理科学研究理事会(Engineering and Physical Sciences Research Council)的"21 世纪设计"(Designing for the 21st Century)计划的资助。

参考文献:

Appadurai, A. (ed.). 1986. *The Social Life of Things: Commodities in Cultural Perspective*. Cambridge, UK: Cambridge University Press.

Balsamo, A. 2011. *Designing Culture: The Technological Imagination at Work*. Durham, NC: Duke University Press.

Barad, K. 2007. *Meeting the Universe Halfway: Quantum Physics and the Entanglement of Matter and Meaning*. Durham, NC: Duke University Press.

Barley, S. R. and G. Kunda. 2001. "Bringing Work Back In." *Organization Science*, 12(1): 76 - 95.

Bate, P. and G. Robert. 2007. *Bringing User Experience to Healthcare Improvement: The Concepts, Methods and Practices of Experience Based Design*. Oxford: Radcliffe.

Bauer, R. and W. Eagan. 2008. "Design Thinking: Epistemic Plurality in Management and Organization." *Aesthesis*, 2(3): 64 - 74.

Boland, R. and F. Collopy. 2004. "Design Matters for Management." In R. Boland and F. Collopy (eds), *Managing as Designing*, pp. 3 - 18.

Stanford, CA: Stanford University Press.

Botero, A., K.-H. Kommonen, and S. Marttila. 2010. "Expanding Design Space: Design-in-use Activities and Strategies." Paper presented at the Design Research Society, Montreal. Available online: http://www.designresearchsociety.org/docs-procs/DRS2010/PDF/018.pdf (accessed November 16, 2011).

Bourdieu, P. 1977. *Outline of a Theory of Practice*. Translated by Richard Nice. Cambridge, UK: Cambridge University Press.

Brown, J. S. and P. Duguid. 2001. "Knowledge and Organization: A Social Practice Perspective." *Organization Science*, 12(2): 198–213.

Brown. T. 2009. *Change by Design: How Design Thinking Transforms Organizations and Inspires Innovation*. New York: Harper Collins.

Bucciarelli, L. 1994. *Designing Engineers*. Cambridge, MA: MIT Press.

Carlile, P. 2002. "A Pragmatic View of Knowledge and Boundaries: Boundary Objects in New Product Development." *Organization Science*, 13(4): 442–55.

Cross, N. 2004. "Expertise in Design: An Overview."*Design Studies*, 25(5): 427–41.

Cross, N. 2006. *Designerly Ways of Knowing*. Berlin: Springer.

Dougherty, D. 2004. "Organizing Practices in Services: Capturing Practice Based Knowledge for Innovation."*Strategic Organization*, 2(1): 35–64.

Du Gay, P., S. Hall, L. Janes, H. Mackay, and K. Negus. 1997. *Doing Cultural Studies: The Story of the Sony Walkman*. Thousand Oaks, CA: Sage.

Dunne, D. and R. Martin. 2006. "Design Thinking and How It Will Change Management Education: An Interview and Discussion." *Academy of Management Learning and Education*, 5(4): 512–23.

Ehn, P. 1988. *Work-oriented Design of Computer Artifacts*. Hillsdale, NJ: Lawrence Erlbaum Associates.

Ehn, P. 2008. "Participation in Design Things." In *Proceedings of the Tenth Anniversary Conference on Participatory Design 2008 (PDC '08)*. Indiana University, Indianapolis, IN, USA, pp. 92–101.

Ewenstein, B. and J. Whyte. 2009. "Knowledge Practices in Design: The Role of Visual Representations as 'Epistemic Objects.'" *Organization Studies*, 30(7): 7–30.

Florida, R. 2002. *The Rise of the Creative Class: And How It's Transforming Work, Leisure, Community and Everyday Life*. New York: Basic Books.

Fry, T. 2007. "Redirective Practice: An Elaboration." *Design Philosophy Papers*, 1.

Fry, T. 2009. *Design Futuring: Sustainability, Ethics and New Practice*. Oxford: Berg.

Garud, R. , S. Jain, and P. Tuertscher. 2008. "Incomplete by Design and Designing for Incompleteness." *Organization Studies*, 29（3）: 351 - 71.

Gell, A. 1998. *Art and Agency: An Anthropological Theory*. Oxford: Oxford University Press.

Giddens, A. 1984. *The Constitution of Society*. Cambridge, UK: Polity.

Hall, S. [1977] 1992. "Encoding/decoding." In S. Hall, D. Hobson, A. Lowe, and P. Willis (eds), *Culture, Media, Language: Working Papers in Cultural Studies*, 1972 - 79, pp. 117 - 27. London: Taylor and Francis.

Harman, G. 2009. *Prince of Networks: Bruno Latour and Metaphysics*. Melbourne: Repress.

Harman, G. 2010. *Towards Speculative Realism: Essays and Lectures*. London: Zero Books.

Hartswood, M. , R. Procter, R. Slack, A. Voss, M. Büscher, and M. Rouncefield. 2002. "Co-realisation: Towards a Principled Synthesis of Ethnomethodology and Participatory Design." *Scandinavian Journal of Information Systems*, 14(2): 9 - 30.

Henderson, K. 1999. *Online and on Paper: Visual Representations, Visual Culture, and Computer Graphics in Design Engineering*. Cambridge, MA: MIT Press.

Huff, A. and J. O. Huff. 2001. "Re-focusing the Business School Agenda." *British Journal of Management*, 12, S49 - S54.

Hutchins, E. 1995. *Cognition in the Wild*. Cambridge, MA: MIT Press.

Ingram, J. , E. Shove, and M. Watson. 2007. "Products and Practices: Selected Concepts from Science and Technology Studies and from Social Theories of Consumption and Practice." *Design Issues*, 23(2): 3 - 16.

Julier, G. 2008. *The Culture of Design*. 2nd edition. London: Sage.

Kimbell, L. 2009. "The Turn to Service Design." In G. Julier and L.

Moor (eds), *Design and Creativity: Policy, Management and Practice*, pp. 157–73. Oxford: Berg.

Kimbell, L. 2011. "Rethinking Design Thinking."*Design and Culture*, 3(3): 285–306.

Knorr Cetina, K. 2001. "Objectual Practice." In T. R. Schatzki, K. Knorr Cetina, and E. von Savigny (eds), *The Practice Turn in Contemporary Theory*, pp. 175–88. London: Routledge.

Krippendorff, K. 2006. *The Semantic Turn: A New Foundation for Design*. Boca Raton, FL: CRC Press.

Lash, S. and J. Urry. 1994. *Economies of Signs and Space*. London: Sage.

Latour, B. 1987. *Science in Action*. Cambridge, MA: Harvard University Press.

Latour, B. 2005. *Reassembling the Social: An Introduction to Actor-network-theory*. Oxford: Oxford University Press.

Latour, B., G. Harman, and P. Erdelyi. 2011. *The Prince and the Wolf: Latour and Harman at the LSE*. London: Zero Books.

Lawson, B. and K. Dorst. 2009. *Design Expertise*. Oxford: Architectural Press.

Margolin, V. 2002. *The Politics of the Artificial*. Chicago, IL: The University of Chicago Press.

Martin, R. 2009. *The Design of Business: Why Design Thinking Is the Next Competitive Advantage*. Cambridge, MA: Harvard Business Press.

Miller, D. 2010. *Stuff*. Cambridge, UK: Polity Press.

Nixon, S. and P. Du Gay. 2002. "Who Needs Cultural Intermediaries?" *Cultural Studies*, 16(4): 495–500.

Orlikowski, W. 2000. "Using Technology and Constituting Structures: A Practice Lens for Studying Technology in Organizations." *Organization Science*, 11(4): 404–42.

Østerlund, C. and P. Carlile. 2005. "Relations in Practice: Sorting Through Practice Theories on Knowledge Sharing in Complex Organizations." *The Information Society*, 21(2): 91–107.

Ravasi, D. and V. Rindova. 2008. "Symbolic Value Creation." In D. Barry and H. Hansen (eds), *The Sage Handbook of New Approaches in Management and Organization*, pp. 270–84. London: Sage.

Reckwitz, A. 2002. "Towards a Theory of Social Practices: A

Development in Culturalist Theorizing. " *European Journal of Social Theory*, 5(2): 243 - 63.

Schatzki, T. R. 2001. "Practice Theory." In T. R. Schatzki, K. Knorr Cetina, and E. von Savigny (eds), *The Practice Turn in Contemporary Theory*, pp. 10 - 23. London: Routledge.

Schatzki, T. R., K. Knorr Cetina, and E. von Savigny (eds). 2001. *The Practice Turn in Contemporary Theory*. London: Routledge.

Schön, D. 1983. *The Reflective Practitioner*. New York: Basic Books.

Schön, D. 1988. "Designing: Rules, Types and Worlds. "*Design Studies*, 9(3): 181 - 90.

Shove, E. and M. Pantzar. 2005. "Consumers, Producers and Practices: Understanding the Invention and Reinvention of Nordic Walking. " *Journal of Consumer Culture*, 5(1): 43 - 64.

Shove, E. 2011. "How the Social Sciences Can Help Climate Change Policy. An Extraordinary Lecture and Accompanying Exhibition. " Performed by members of the social change climate change working party at the British Library, London, January 17, 2011. Available online: http://www.lancs.ac.uk/staff/shove/lecture/filmedlecture.htm (accessed January 15, 2011).

Shove, E., M. Watson, M. Hand, and J. Ingram. 2007. *The Design of Everyday Life*. Oxford: Berg.

Simon, H. 1996. *The Sciences of the Artificial*. 3rd edition. Cambridge, MA: MIT Press.

Star, S. L. 1999. "The Ethnography of Infrastructure. " *American Behavioral Scientist*, 43(3): 377 - 91.

Suchman, L. 1987. *Plans and Situated Actions*. Cambridge, UK: Cambridge University Press.

Suchman, L. 1994. "Working Relations of Technology Production and Use. " *Computer Supported Cooperative Work*, 2(1): 21 - 39.

Suchman, L. 2003. "Located Accountabilities in Technology Production. " Centre for Science Studies, Lancaster University, UK. Available online: http://www.comp.lancs.ac.uk/sociology/papers/Suchman-Located-Accountabilities.pdf (accessed June 16, 2011).

Verganti. R. 2009. *Design-driven Innovation: Changing the Rules by Radically Innovating What Things Mean*. Cambridge, MA: Harvard Business Press.

Walters, H. 2011. "Design Thinking Won't Save You. " Blog post.

Available online: http://helenwalters.wordpress.com/2011/03/21/design-thinking-wont-save-you/ (accessed July 19, 2011).

Warde, A. 2005. "Consumption and Theories of Practice." *Journal of Consumer Culture*, 5(2): 131–53.

Whittington, R. 1996. "Strategy as Practice." *Long Range Planning*, 29(5): 731–5.

Yaneva, A. 2005. "Scaling Up and Down: Extraction Trials in Architectural Design." *Social Studies of Science*, 35(6): 867–94.

29. 设计和设计思维：当代参与式设计的挑战

1. Tim Brown, *Change by Design: How Design Thinking Transforms Organizations and Inspires Innovation* (New York: Harper Collins Press, 2009).

2. 例如，参见 Erling Björgvinsson, *Socio-Material Mediations: Learning, Knowing, and Self-Produced Media Within Healthcare*, PhD Dissertation Series 2007–03 (Karlskrona: Blekinge Institute of Technology, 2007); Pelle Ehn, *Work-Oriented Design of Computer Artifacts: Arbetslivscentrum* (Hillsdale, NJ: Lawrence Erlbaum Associates, 1988); 以及 Per-Anders Hillgren, *Ready-Made-Media-Actions: Lokal Produktion och Användning av Audiovisuella Medier inom Hälso-och Sjukvården* (*Ready-Made-Media-Actions: Local Production and Use of Audiovisual Media within Healthcare*) (Karlskrona: Blekinge Institute of Technology, 2006).

3. Bruno Latour, *Pandora's Hope: Essays on the Reality of Science Studies* (Cambridge, MA: Harvard University Press, 1999).

4. 关于该框架或结构也可参见 *Design Things* by Thomas Binder, Pelle Ehn, Giorgio de Michelis, Per Linde, Giulio Jacucci, and Ina Wagner (Cambridge, MA: MIT Press, 2011), 我们从务实的视角详细探讨了当代设计的社会物质基础。本文中的观点在书中有更深入的阐述。

5. Ehn, *Work-Oriented Design of Computer Artifacts*.

6. 同上。

7. Bruno Latour, "From Realpolitik to Dingpolitik or How to Make Things Public'" in Bruno Latour and Peter Weibel, eds., "Making Things Public: Atmospheres of Democracy," in *Catalogue of the Exhibition at ZKM—Center for Art and Media—Karlsruhe, 20/03-*

30/10 2005 (Cambridge, MA: The MIT Press, 2005), 4–31.
8. Johan Redström, "Re:definitions of Use," *Design Studies 29*, no. 4 (2008): 410–23.
9. 同上。
10. Jens Pedersen, "Protocols of Research and Design" (PhD thesis, Copenhagen IT University, 2007).
11. 参见 Klaus Krippendorf, *The Semantic Turn: A New Foundation for Design* (Boca Raton, FL: Taylor & Francis Group, 2006).
12. Ludwig Wittgenstein, *Philosophical Investigations* (Oxford: Basil Blackwell, 1953).
13. 参见 Ehn, *Work-Oriented Design of Computer Artifacts*; see also Susan L. Star, "The Structure of Ill-Structured Solutions: Boundary Objects and Heterogeneous Distributed Problem Solving," in *Distributed Artificial Intelligence 2*, Les Gasser and Michael Huhns, eds. (San Francisco: Morgan Kaufman, 1989), 37–54.
14. Robert Junk and Norbert R. Müllert, *Zukunftswerkstätten: Wege zur Wiederbelebung der Demokratie* (Future workshops: How to Create Desirable Futures) (Hamburg: Hoffmann und Campe, 1981).
15. 参见 Pelle Ehn and Morten Kyng, "Cardboard Computers," in *Design at Work: Cooperative Design of Computer Systems*, Joan Greenbaum and Morten Kyng, eds. (Hillsdale, NJ: Lawrence Erlbaum Associates, 1991), 169–96, and Pelle Ehn and Dan Sjögren, "From System Description to Script for Action in Design at Work: Cooperative Design of Computer Systems," in *Design at Work: Cooperative Design of Computer Systems*, 241–68.
16. Ehn, *Work-Oriented Design of Computer Artifacts*.
17. Pelle Ehn and Åke Sandberg, *Företagstyrning och Löntagarmakt* (Management Control and Labor Power) (Falköping: Prisma, 1978).
18. Star, "The Structure of Ill-Structured Solutions," 37–54.
19. Gerhard Fischer and Eric Scharff, "Meta-Design—Design for Designers," in *Proceedings of the 3rd Conference on Designing Interactive Systems* (DIS 2000), D. Boyarski and W. Kellogg, eds. (New York: ACM, 2000), 396–405.
20. 参见 Susan L. Star and Karen Ruhleder, "Steps Toward an Ecology of Infrastructure: Design and Access for Large Information Spaces," *Information System Research 7*, no. 1 (1996): 111–34; 也可参见 Susan L. Star and Geoffrey C. Bowker, "How to Infrastructure," in

The Handbook of New Media, Leah A. Lievrouw and Sonia M. Livingstone, eds. (London: Sage Publications, 2002), 151–62。

21. 参见 Helen Karasti, Karen S. Baker and Florence Millerand, "Infrastructure Time: Long-term Matters in Collaborative Development" *Computer Supported Cooperative Work*, 19 (Berlin: SpringerLink, 2010), 377–405; Michael Twidale and Ingbert Floyd, "Infrastructures from the Bottom-Up and the Top-Down: Can They Meet in the Middle?" in Proceedings of the Tenth Anniversary Conference on Participatory Design (2008) (Bloomington: Indiana University Press, 2008), 238–24; 以及 Volkmar Pipek and Volker Wulf, "Infrastructuring: Toward an Integrated Perspective on the Design and Use of Information Technology," *Journal of the Association for Information Systems 10*, no. 5(2009): 447–73。

22. Stan Allen, Diana Agrest, and Saul Ostrow, *Practice: Architecture, Technology and Representation* (London: Routledge, 2000).

23. Bernard Tschumi, *Event Cities (Praxis)* (Cambridge, MA: MIT Press, 1994).

24. Chantal Mouffe, *The Democratic Paradox* (London: Verso, 2000).

25. Susan Star, "Power, Technology and the Phenomenology of Conventions: On Being Allergic to Onions," in *A Sociology of Monsters: Essays on Power, Technology and Domination*, John Law, ed. (London: Routledge, 1991).

26. Donna Haraway, "Situated Knowledges: The Science Question in Feminism and the Privilege of Partial Perspective," *Feminist Studies* 14, no. 2 (1988): 589.

27. Lucy Suchman, "Located Accountabilities in Technology Production," *Scandinavian Journal of Information Systems 14*, no. 2 (2002): 91–105.

28. Andrew Barry, *Political Machines: Governing a Technological Society* (London: Athlone, 2001).

29. 参见 Robin Murray, Julie Caulier-Grice, and Geoff Mulgan, *The Open Book of Social Innovation* (London: The Young Foundation, 2010).

30. 参见 François Jégou and Ezio Manzini, *Collaborative Services: Social Innovation and Design for Sustainability* (Milan: PoliDesign, 2008)。

31. 同上。

32. 马尔默生活实验室是瑞典马尔默大学 Medea 举措中的一个项目,该举措旨在促进共同制作和协作媒体的活动。更多相关内容可参见官网

(www. medea. se)。马尔默生活实验室由 Vinnova(瑞典知识基金会)和欧盟区域发展基金赞助。
33. 参见 Björgvinsson, *Socio-Material Mediations*; Hillgren, *Ready-Made-Media-Actions*; Malmö New Media Living Lab, www. malmolivinglab. se(于 2012 年 2 月 23 日访问)以及 Erling Björgvinsson, "Open-Ended Participatory Design as Prototypical Practice," *CoDesign* 4, no. 2 (June 2008): 85–99。
34. John Dewey, *The Public and Its Problems* (New York: Henry Holt and Company, 1927); Noortje Marres, "Issues Spark a Public into Being," in *Making Things Public: Atmospheres of Democracy*, Bruno Latour and Peter Weibel, eds. (Cambridge, MA: The MIT Press, 2005), 208–17.

30. 从设计文化到设计行动主义

Arthur, Charles. 2012. "Apple Awarded More Than $1bn in Samsung Patent Infringement Trial." *The Guardian* (August 25). Available online: www. guardian. co. uk (accessed August 30, 2012).

Arvidsson, Adam. 2005. "Brands: A Critical Perspective." *Journal of Consumer Culture*, 5(2): 235–58.

Arvidsson, Adam. 2008. "The Ethical Economy of Customer Coproduction." *Journal of Macromarketing*, 28(4): 326–38.

Bell, David and Mark Jayne. 2003. "'Design-led' Urban Regeneration: A Critical Perspective." *Local Economy*, 18(2): 121–34.

Bourdieu, Pierre. 1984. *Distinction: A Social Critique of the Judgement of Taste*. Trans. Richard Nice. Cambridge, MA: Harvard University Press.

Breward, Christopher and Ghislaine Wood. 2012. *British Design from 1948: Innovation in the Modern Age*. London: V&A Publications.

British Council. 2007. *Mapping of Creative Industries in Albania*. Albania: British Council.

British Design Innovation. 2007. *The British Design Industry Valuation Survey* 2006 to 2007. Brighton: BDI.

Bryson, John and Grete Rusten. 2011. *Design Economies and the Changing World Economy: Innovation, Production and Competitiveness*. Abingdon: Routledge.

Canto Milà, Natália. 2005. *A Sociological Theory of Value: Georg Simmel's Sociological Relationism*. New Jersey: Transaction Publishers.

Design Industry Voices. 2011. "Design Industry Voices 2011: How It Feels to Work in British Digital and Design Agencies Right Now." Available online: www.designindustryvoices.com (accessed August 27, 2012).

DiSalvo, Carl. 2012. *Adversarial Design*. Massachusetts: MIT Press.

Dorland, AnneMarie. 2009. "Routinized Labour in the Design Studio." In G. Julier and L. Moor (eds), *Design and Creativity: Policy, Management and Practice*. Oxford: Berg.

Dorling, D., M. Newman, and A. Barford. A. 2008. *The Atlas of the Real World: Mapping the Way We Live*. London: Thames & Hudson.

Escobar, Arturo. 2001. "Culture Sits in Places: Reflections on Globalism and Subaltern Strategies of Localization." *Political Geography*, 20 (2): 139–74.

Escobar, Arturo. 2010. "Latin America at a Crossroads: Alternative Modernizations, Post-liberalism, or Post-development?" *Cultural Studies*, 24(1): 1–65.

Fallan, Kjetil. 2008. "Architecture in Action - Traveling with Actor-Network Theory in the Land of Architectural Research." *Architectural Theory Review*, 13(1): 80–96.

Featherstone, David. 2011. "On Assemblage and Articulation." *Area*, 43 (2): 139–42.

Featherstone, Mike. 1991. *Consumer Culture and Postmodernism*. London: Sage.

Frith, Simon and Howard Horne. 1987. *Art into Pop*. London: Routledge.

Fry, Tony. 2010. *Design as Politics*. Oxford: Berg.

Fuad-Luke, Alastair. 2009. *Design Activism: Beautiful Strangeness for a Sustainable World*. London: Earthscan.

Hall, Stuart. 1985. "Signification, Representation, Ideology: Althusser and the Post-Structuralist Debates." *Critical Studies in Mass Communication*, 2(2): 91–114.

Hall, Stuart. 1996. "On Postmodernism and Articulation." In D. Morley and K.-H. Chen (eds), *Stuart Hall: Critical Dialogues in Cultural

Studies, pp. 131 - 50. London: Routledge.

Harvey, David. 2005. *A Brief History of Neoliberalism*. Oxford: Oxford University Press.

Heskett, John. 2008. "Creating Economic Value by Design."*International Journal of Design*, 3(1): 71 - 84.

Hopkins, Rob. 2008. *The Transition Handbook: From Oil Dependency to Local Resilience*. Totnes: Green Books.

Julier, Guy. 2006. "From Visual Culture to Design Culture." *Design Issues*, 22(1): 64 - 76.

Julier, Guy. 2009. "Value, Relationality and Unfinished Objects: Guy Julier Interview with Scott Lash and Celia Lury." *Design and Culture*, 1(1): 93 - 113.

Julier, Guy. 2010. "Playing the System: Design Consultancies, Professionalisation and Value." In B. Townley and N. Beech (eds), *Managing Creativity: Exploring the Paradox*, pp. 237 - 59. Cambridge: Cambridge University Press.

Julier, Guy. 2011. "Political Economies of Design Activism and the Public Sector." Paper presented at NORDES 2011: Making Design Matter conference, Aalto University, Helsinki, Finland. Available online: http://ocs.sfu.ca/nordes.

Julier, Guy and Liz Moor (eds). 2009. *Design and Creativity: Policy, Management and Practice*. Oxford: Berg.

Kennedy, Marie and Chris Tilly. 2008. "Making Sense of Latin America's 'Third Left.' " *New Politics*, 11(4): 11 - 16.

Kimbell, Lucy. 2011. "Rethinking Design Thinking: Part 1."*Design and Culture*, 3(3): 285 - 306.

Kimbell, Lucy. 2012. "Rethinking Design Thinking: Part 2."*Design and Culture*, 4(2): 129 - 48.

Klein, Naomi. 2007. *Shock Doctrine: The Rise of Disaster Capitalism*. New York: Metropolitan Books.

Knorr Cetina, Karin. 2001. "Objectual Practice." In T. R. Schatzki, K. Knorr Cetina, and E. von Savigny (eds), *The Practice Turn in Contemporary Theory*. London and New York: Routledge.

Knorr Cetina, Karin and Urs Bruegger. 2000. "The Market as an Object of Attachment: Exploring Postsocial Relations in Financial Markets." *Canadian Journal of Sociology*, 25(2): 141 - 68.

Koskinen, Ilpo. 2005. "Semiotic Neighborhoods."*Design Issues*, 21(2):

13-27.

Lash, Scott. 2010. *Intensive Culture: Social Theory, Religion and Contemporary Capitalism*. London: Sage.

Lash, Scott and John Urry. 1987. *The End of Organized Capitalism*. London: Polity. London: Sage.

Lash, Scott and John Urry. 1994. *Economies of Signs and Spaces*. London: Sage.

Latour, Bruno. 2005. *Reassembling the Social: An Introduction to Actor-Network Theory*. Oxford: Oxford University Press.

Lazzarato, Maurizio. 1997. *Lavoro immateriale*. Verona: Ombre Corte.

Lindemann, Jan. 2010. *The Economy of Brands*. London: Palgrave Macmillan.

Lury, Celia. 2004. *Brands: The Logos of a Global Economy*. Abingdon: Routledge.

Mackenzie, Don. 2009. *Material Markets: How Economic Agents are Constructed*. Oxford: Oxford University Press.

Manzini, Ezio and François Jégou. 2005. *Sustainable Everyday: Scenarios of Urban Life*. Milan: Edizione Ambiente.

Markussen, Thomas. 2013. "The Disruptive Aesthetics of Design Activism: Enacting Design between Art and Politics." *Design Issues*, 29(1): 38-50.

Marres, Noortje. 2011. "The Costs of Public Involvement: Everyday Devices of Carbon Accounting and the Materialization of Participation." *Economy and Society*, 40(4): 510-33.

Marres, Noortje. 2012. *Material Participation: Technology, the Environment and Everyday Publics*. Basingstoke: Palgrave Macmillan.

Massey, Doreen. 2004. "Geographies of Responsibility." *Geografiska Annaler*, 86(1): 5-18.

McRobbie, Angela. 2002. "Clubs to Companies: Notes on the Decline of Political Culture in Speeded Up Creative Worlds." *Cultural Studies*, 16(4): 516-31.

Meadows, D. H., D. L. Meadows, and J. Randers. 2004. *Limits to Growth: The 30-year Update*. London: Earthscan.

Meadows, D. H., D. L. Meadows, J. Randers, and W. W. Behrens. 1972. *The Limits to Growth: A Report for the Club of Rome's Project on the Predicament of Mankind*. New York: Universe Books.

Moor, Liz and Celia Lury. 2011. "Making and Measuring Value: Comparison, Singularity and Agency in BrandValuation Practice." *Journal of Cultural Economy*, 4(4): 439 - 54.

Offe, Claus. 1985. *Disorganized Capitalism*. Oxford: Polity.

Painter, Joe. 2010. "Rethinking Territory." *Antipode: A Radical Journal of Geography*, 42(5): 1090 - 1118.

Parkins, Wendy and Geoffrey Craig. 2006. *Slow Living*. Oxford: Berg.

Peck, J., N. Theodore, and N. Brenner. 2009. "Postneoliberalism and Its Malcontents. "*Antipode: A Radical Journal of Geography*, 41(6): 94 - 116.

Reckwitz, Andreas. 2002. "Toward a Theory of Social Practices: A Development in Culturalist Theorizing." *European Journal of Social Theory*, 5(2): 243 - 63.

Rittel, Horst and Martin Webber. 1973. "Dilemmas in a General Theory of Planning. "*Policy Sciences*, 4(2): 155 - 69.

Rosenberg, Buck. 2011. "Home Improvement: Domestic Taste, DIY, and the Property Market." *Home Cultures*, 8(1): 5 - 24.

Shove, E., M. Pantzar, and M. Watson. 2012. *The Dynamics of Social Practice: Everyday Life and How It Changes*. London: Sage.

Slater, Don. 2002. "Markets, Materiality and the 'New Economy.'" In J. S. Metcalfe and A. Warde (eds), *Market Relations and the Competitive Process*. Manchester: Manchester University Press.

Sutton, Damian. 2009. "Cinema by Design: Hollywood as Network Neighbourhood." In G. Julier and L. Moor (eds), *Design and Creativity: Policy, Management and Practice*, pp. 174 - 90. Oxford: Berg.

Thorpe, Ann. 2008. "Design as Activism: A Conceptual Tool." Conference paper presented at Changing the Change, Turin.

Thrift, Nigel. 2004. "Intensities of Feeling: Towards a Spatial Politics of Affect." *Geografiska Annaler*, 86B(1): 57 - 78.

Thrift, Nigel. 2008. *Non-representational Theory*. Abingdon: Routledge.

Unsworth, R., I. Bauman, S. Ball, P. Chatterton, A. Goldring, K. Hill, and G. Julier. 2011. "Building Resilience and Wellbeing in the Margins within the City: Changing Perceptions, Making Connections, Realising Potential, Plugging Resources Leaks. "*City*, 15(2): 181 - 203.

Vickery, Jonathan. 2011. "Beyond the Creative City: Cultural Policy in an

Age of Scarcity." Available online: www. made. org. uk (accessed August 26, 2012).

Wilkie, Alex. 2011. "Regimes of Design, Logics of Users." *Athenea Digital*, 11(1): 317 – 34.

Yaneva, Albena. 2009. "Making the Social Hold: Towards an Actor-Network Theory of Design."*Design and Culture*, 1(3): 273 – 88.

31. 去殖民化设计创新:设计人类学、批判性人类学和本土知识

IATSIS (2010), *Program of 2010 Information Technologies and Indigenous Communities Research Symposium*, AIATSIS, Canberra, July 13 – 16. Available at: www. aiatsis. gov. au/research/docs/iticPrelimProg. pdf. Accessed June 10, 2012.

Appadurai, A. (2005), "Commodities and the Politics of Value," in M. M. Ertman and J. C. Williams (eds.), *Rethinking Commodification: Cases and Readings in Law and Culture*, New York: New York University Press, 34 – 44.

Asad, T. (ed.) (1973), *Anthropology and the Colonial Encounter*, Ithaca, NY: Ithaca Press.

Barth, F. (1993), "Are Values Real? The Enigma of Naturalism in the Anthropological Imputation of Values," in M. Hechter, L. Nadel, and R. Michod (eds.), *The Origin of Values*, Hawthorn, NY: Aldine de Gruyter, 31 – 46.

Bezaitis, M. and Robinson, R. (2011), "Valuable to Values: How 'User Research' ought to Change," in A. Clarke (ed.), *Design Anthropology: Object Culture in the 21st Century*, New York: Springer Wien, 184 – 201.

Blakey, M. (2010), "Man, Nature, White and Other," in F. Harrison (ed.), *Decolonizing Anthropology*, 3rd ed., Arlington, VA: Association for Black Anthropologists, American Anthropological Association, 16 – 24.

Bødker, S., Ehn, P., Sjögren, D., and Sundblad, Y. (2000), "Co-operative Design: Perspectives on 20 Years with 'the Scandinavian Design Model,'" Stockholm, Sweden: Centre for User Oriented IT Design (CID), CID – 104, 1 – 9. Available at: http://cid. nada. kth. se/pdf/cid_104. pdf. Accessed May 6, 2012.

Borges, A. (2007), *Design for a World of Solidarity*. Available at: www.adeliaborges.com/wp-content/uploads/2011/02/12-17-2007-forming-ideas-design-solidario1.pdf. Accessed May 10, 2012.

Brown, T. and Ulijn, J. (2004), *Innovation, Entrepreneurship and Culture: The Interaction between Technology, Progress, and Economic Growth*, Cheltenham, UK: Edward Elgar Publishing.

Brown, T. and Wyatt, J. (2010), "Design Thinking for Social Innovation: IDE," *World Bank Institute*, beta, July 12. Available at: http://wbi.worldbank.org/wbi/devoutreach/article/366/desi gn-thinking-social-innovation-ideo. Accessed March 27, 2011.

Buur, J. and Bagger, K. (1999), "Replacing Usability with User Dialogue," *Communications of the ACM*, 42(5): 63-66.

Clark, H. P. (2006), "E Kûkulu Kauhale O Limaloa: Kanaka Maoli Education through Visual Studies," Paper presented at the (2006) Imaginative Education Research Symposium, Vancouver, B. C., Canada: Imaginative Education Research Group. Available at: www.ierg.net/confs/viewabstract.php?id=254&cf=3. Accessed October 6, 2012.

Deloria Jr., V. (1988 [1969]), *Custer Died for Your Sins: An Indian Manifesto*, Oklahoma City: University of Oklahoma Press.

Dictionary.com Unabridged (2011), "Decolonised." Availableat: http://dictionary.reference.com/browse/decolonised. Accessed November 14, 2011.

Dictionary.com Unabridged (2011), "Methodology." Availableat: http://dictionary.reference.com/browse/methodology. Accessed November 14, 2011.

Editors (2010), "Humanitarian Design vs. Design Imperialism: Debate Summary," *Design Observer/Change Observer*, July 16. Available at: http://changeobserver.designobserver.com/feature/human itarian-design-vs-design-imperialism-debate-summary/14498/. Accessed March 15, 2011.

Fabian, J. (1983), *Time and the Other: How Anthropology Makes Its Object*, New York: Columbia University Press.

Fry, T. (1989), "A Geography of Power: Design History and Marginality," *Design Issues*, 6(1): 15-30.

Ghose, R. (1989), "Design, Development, Culture, and Cultural Legacies in Asia," *Design Issues*, 6(1): 31-48.

Graeber, D. (2001), *Toward an Anthropological Theory of Value*, New York: Palgrave.

Gray, P. (2010), "Business Anthropology and the Culture of Product Managers," *AIPMM Product Management Library of Knowledge*, August 8. Available at: www.aipmm.com/html/newsletter/archives/000437.php. Accessed May 6, 2012.

Hall, S. (1992), "The West and the Rest," in S. Hall and B. Gielben (eds.), *Formations of Modernity*, Cambridge, UK: Polity Press and Open University, 276–320.

Halse, J. (2008), *Design Anthropology: Borderland Experiments with Participation, Performance and Situated Intervention*, Doctoral dissertation, IT University, Copenhagen.

Harrison, F. (2010), "Anthropology as an Agent of Transformation," in F. Harrison (ed.), *Decolonizing Anthropology: Moving Further toward an Anthropology for Liberation*, third edition, Arlington, VA: Association of Black Anthropologists, American Anthropological Association, 1–14.

IDEO and Rockefeller Foundation (2008a), *Design for Social Impact How-to Guide*. New York, NY: IDEO and Rockefeller Foundation.

IDEO and Rockefeller Foundation (2008b), *Design for Social Impact: Workbook*. New York, NY: IDEO and Rockefeller Foundation.

Jepchumba (2009), "Saki Mafundikwa,"*African Digital Art*, September. Available at: www.africandigitalart.com/2009/09/saki-mafundikwa/. Accessed October 6, 2012.

Jostingmeier, B. and Boeddrich, H. J. (eds.) (2005), *Cross-Cultural Innovation: Results of the 8th European Conference on Creativity and Innovation*, Wiesbaden, Germany: DUV.

Kohn, M. (2011), "Colonialism," *The Stanford Encyclopedia of Philosophy*, Fall. Available at: http://plato.stanford.edu/archives/fall2011/entries/colonialism/. Accessed October 6, 2012.

Leach, J. (2011), "MSc Design Anthropology," Department of Anthropology, University of Aberdeen. Available at: www.abdn.ac.uk/anthropology/postgrad/MScdesignanthropology.php. Accessed October 6, 2012.

Leong, B. D. and Clark, H. (2003), "Culture-based Knowledge towards New Design Thinking and Practice—A Dialogue,"*Design Issues*, 19(3): 48–58.

Light, P. (2008), *The Search for Social Entrepreneurship*, Washington, DC: Brookings Institute Press.

Lodaya, A. (2002), "Reality Check,"*Lodaya. Webs. Com*. Available at: http://lodaya. webs. com/paper _ rchk. htm. Accessed March 29, 2011.

Lodaya, A. (2003), "The Crisis of Traditional Craft in India," *Lodaya. Webs. Com*. Available at: http://lodaya. webs. com/paper_craft. htm. Accessed May 10, 2012.

Lodaya, A. (2006), "Conserving Culture as a Strategy for Sustainability," *Lodaya. Webs. Com*. Available at: http://lodaya. webs. com/paper_ ccss. htm. Accessed May 10, 2012.

Lodaya, A. (2007), "Catching up; Letting go," *Lodaya. Webs. Com*. Available at: http://lodaya. webs. com/paper _ culg. htm. Accessed May 10, 2012.

Magda, R. M. R. (2004), "Transmodernidad," Barcelona: Anthropos. Available at: http://transmoderntheory. blogspot. com/2008/12/globalization-as-transmodern-totality. html. Accessed October 15, 2010.

McCallum, K. and Papandrea, F. (2009), "Community Business: The Internet in Remote Australian Indigenous Communities,"*New Media & Society*, 11(7): 1230 – 1251.

Nussbaum, B. (2010a), "Is Humanitarian Design the New Imperialism?" *Co. Design*, July 7. Available at: www. fastcodesign. com/1661859/is-humanitarian-design-the-new-imperialism. Accessed March 27, 2011.

Nussbaum, B. (2010b), "Do-gooder Design and Imperialism, Round 3: Nussbaum Responds," *Co. Design*, July 13. Available at: www. fastcodesign. com/1661894/do-gooder-design-and-imperialism-round-3-nussbaum-responds. Accessed March 27, 2011.

Nussbaum, B. (2010c), "Should Humanitarians Press on, if Locals Resist?"*Co. Design*, August 3. Available at: www. fastcodesign. com/1662021/nussbaum-should-humanitarians-press-on-if-locals-resist. Accessed March 27, 2011.

OECD and Eurostat (2005), *Oslo Manual: Guidelines for Collected and Interpreting Innovation Data*, third edition, Oslo: OECD.

Ortiz, F. (1995 [1945]), *Cuban Counterpoint: Tobacco and Sugar*, Durham, NC: Duke University Press.

Otto, T. (2006), "Concerns, Norms and Social Action," *Folk*, 46/47:

143-157.

Pilloton, E. (2010), "Are Humanitarian Designers Imperialists? Project H Responds,"*Co. Design*, July 12. Available at: www. fastcodesign. com/1661885/are-humanitarian-designers-imperialists-project- h-responds. Accessed March 27, 2011.

Ranjan, A. and Ranjan, M. P. (eds.) (2005), *Handmade in India*, New Delhi: National Institute of Design (NID), Ahmedabad, Council of Handicraft Development Corporations (COHANDS), New Delhi Development Commissioner (Handicrafts), New Delhi, and Mapin Publishing Pvt. Ltd.

Ranjan, M. P. (ed.) (2006),"Giving Back to Society: Towards a Post-mining Era," *IDSA Annual Conference*, September 17 – 20, Austin, TX.

Ranjan, M. P. (2011), "Design for Good Governance: A Call for Change", *Design for India Blog*, August 11. Available at: http://design-for-india. blogspot. com/2011/08/design-for-good-governance-call-for. html. Accessed November 14, 2011.

Restrepo, E. and Escobar, A. (2005), "Other Anthropologies and Anthropology Otherwise: Steps to a World Anthropologies Framework," *Critique of Anthropology*, 25(2): 99 – 129.

Russell, L. (2001),*Savage Imaginings*, Melbourne: Australian Scholarly Publishing.

Said, E. (1978),*Orientalism*, New York: Vintage Books.

Samaras, K. (2005), "Indigenous Australians and the 'Digital Divide,'" *Libri*, 55: 84 – 95.

Sennett, R. (2003),*Respect: The Formation of Character in an Age of Inequality*, New York: Norton.

Seyfang, G. and Smith, A. (2007), "Grassroots Innovation for Sustainable Development," *Environmental Politics*, 16(4): 584 – 603.

Simon, H. (1969),*The Sciences of the Artificial*, Cambridge, MA: MIT Press.

Smith, L. T. (1999), *Decolonizing Methodologies: Research and Indigenous Peoples*, London/Dunedin: Zed Books and University of Otago Press.

Sperschnieder, W., Kjaersgaard, M., and Petersen, G. (2001), "Design Anthropology—When Opposites Attract," First Danish HCI Research Symposium, PB – 555, University of Aarhus: SIGCHI Denmark and

Human Machine Interaction. Available at: www. daimi. au. dk/PB/555/PB-555. pdf. Accessed October 6, 2012.

Tax, S. (1975), "Action Anthropology," *Current Anthropology*, 16(4): 514-517.

Tunstall, E. (2006), "The Yin Yang of Ethnographic Praxis in Industry," in Ethnographic Praxis in Industry Conference Proceedings, Portland, OR, Berkeley: National Association for the Practice of Anthropology/ University of California Press, 125-137.

Tunstall, E. (2007), "Yin Yang of Design and Anthropology," Unpublished paper presented at NEXT: *AIGA 2007 Annual Conference*. Denver, Colorado.

Tunstall, E. (2008a), "Design and Anthropological Theory: Transdisciplinary Intersections in Ethical Design Praxis," in *Proceedings of the 96th Annual Conference of the College Arts Association* [CD], Dallas, TX: College Arts Association.

Tunstall, E. (2008b) "Design Anthropology: What Does It Mean to Your Design Practice?" *Adobe Design Center Think Tank*, May 13. Available at: www. adobe. com/designcenter/thinktank/tt_tunstall. html. Accessed August 5, 2008.

Tunstall, E. (2011), "Respectful Design: a Proposed Journey of Design Education" in Bennett, A. and Vulpinari, O. (eds.) ICOGRADA Education Manifesto 2011, Montreal: ICOGRADA.

Uddin, N. (2005), "Facts and Fantasy of Knowledge Retrospective of Ethnography for the Future of Anthropology," *Pakistan Journal of Social Science*, 3(7): 978-985.

Van Eeden, J. (2004), "The Colonial Gaze: Imperialism, Myths, and South African Popular Culture," *Design Issues*, 20(2): 18-33.

Verran, H. and Christie, M. (2007), "Using/designing Digital Technologies of Representation in Aboriginal Australian Knowledge Practices,"*Human Technology*, 3(2): 214-227.

Wang, S. Z. (1989), "Chinese Modern Design: A Retrospective,"*Design Issues*, 6(1): 49-78.

Wolf, E. (1982), *Europe and the People without History*, Berkeley: University of California Press.

32. 社会设计和新殖民主义

1. "情境中心"(situation-centered)这个术语是由作者和维克多·马戈林

(Victor Margolin)在一次电话交流中共同构思出来的。
2. 尽管并非所有的设计干预都应该持续下去。
3. 虽然作者并不否认物的设计可以在情境设计中提供有用的工具和实物指示器，但还是认为以物为中心的哲学不适用于设计和理解复杂的情境。
4. 在 HCD 工具包或 HCD Connect 网站上（访问于 2014 年 1 月 4 日），没有找到任何文献引用来支持作者在该工具包或网站上所提出的声明。
5. 引自社区心理学家玛拉·马戈林（Myra Margolin）于 2014 年 4 月 1 日与作者的讨论。
6. 作者认为，第一象限的研究方法对大多数社会设计项目都有帮助，而不仅仅局限于第一象限内的举措。换言之，第一象限的方法具有广泛的适用性和益处，可以在各种类型的设计项目中提供支持，提升其研究的严谨性和效果。
7. John St. 虽然对目标观众比较熟悉，但他们在开展活动时也并没有与儿童兵社群直接接触。项目和设计师都与目标群体之间存在很大的距离，而他们的目标确实是改善这些儿童兵的生活。因此，由于缺乏与目标群体的直接联系和互动，这个项目被归类为第三象限。

参考文献：

Altbach, Philip G. 2013. "MOOCs as Neocolonialism: Who Controls Knowledge?" *The Chronicle of Higher Education*. Posted December 4, 2013. Available online: http://chronicle.com/blogs/worldwise/moocs-sneocolonialism-who-controls-knowledge/33431 (accessed March 29, 2014).

Berman, David B. 2009. *Do good design*. Berkeley, CA: New Riders in Association with AIGA Press.

Bicycles Against Poverty. n.d. Available online: http://www.bicyclesagainstpoverty.org (accessed April 9, 2013).

Brown, Tim. 2008. "Design Thinking." *Harvard Business Review*. Last modified June 2008. Available online: http://hbr.org/2008/06/design-thinking/ar/1 (accessed February 23, 2013).

Brown, Tim. 2009. *Change by Design*. New York: Harper Collins Publishers.

"Colonialism." *Stanford Encyclopedia of Philosophy*. First published May 9, 2006, revised April 10, 2012. Available online: http://plato.stanford.edu/entries/colonialism/ (accessed April 12, 2013).

Foucault, Michel. 1979. *The History of Sexuality, Volume 1: An Introduction*. London: Pantheon Allen Lane.

Freire, Paulo. 2005. *The Pedagogy of the Oppressed*. New York: Continuum International Publishing Group.

IDEO. 2009. "Human-Centered Design Toolkit." San Francisco, CA. Available online: http://www.ideo.com/work/human-centered-design-toolkit (accessed March 5, 2013).

Johnson, Allan G. 2005. "What Can We Do? Becoming Part of the Solution." In SusanJ. Ferguson (ed.), *Mapping the Social Landscape: Readings in Sociology* [1988]. Boston, MA: McGraw Hill.

John St. n.d. Available online: http://www.johnst.com (accessed April 10, 2013).

Kimbell, Lucy. 2011. "Design Thinking Part I" *Design and Culture*, 3 (3): 285–306.

Kimbell, Lucy. 2012. "Design Thinking Part II" *Design and Culture*, 4 (2): 129–148.

Lasky, Julie. 2013. "Design and Social Impact". White Paper. The Smithsonian's Cooper-Hewitt, National Design Museum, the National Endowment for the Arts, and the Lemelson Foundation, New York.

Margolin, Myra. 2013. Community Psychologist, in discussion with authors, April 1.

Margolin, Victor. 2013. Design Historian, phone conversation with authors, March 14.

"Muyambi Muyambi'12." 2009. Bucknell University. Posted January 15. Available online: http://www.bucknell.edu/x47404.xml (accessed April 9, 2013).

Nelson, Geoffrey and Isaac Prilleltensky. 2010. *Community Psychology: In Pursuit of Liberation and Well Being*, 2nd ed. New York: Palgrave Macmillan.

"NeoNurture: The 'Car Parts' Incubator." n.d. Design that Matters. Available online: http://designthatmatters.org/portfolio/projects/incubator/ (accessed April 9, 2013).

Nussbaum, Bruce. 2007. "It's Time to Call One Laptop Per Child a Failure."*Bloomberg Businessweek*. Posted September 24. Available online: http://www.businessweek.com/innovate/NussbaumOnDesign/archives/2007/09/its_time_to_cal.html (accessed April 13, 2013).

One Laptop Per Child. n.d. Available online: http://one.laptop.org (accessed April 13, 2013).

"Peru's One Laptop Per Child Policy Comes with a Big Cost." 2012. News. com. au. Posted July 4. Available online：http://www. news. com. au/world-news/free-laptops-came-with-big-cost/story-fndir2ev-12 26416238064 (accessed April 12，2013).

Ritzer，George（ed.）. 2007. "Blackwell Reference Online." *Blackwell Encyclopedia of Sociology*. Oxford：Blackwell Publishing. Available online：http://blackwellreference. com/public/book. html？id＝g9781405124331_yr2013_9781405124331 (accessed March 29，2014).

Said，Edward. 1979. *Orientalism*. New York：Vintage.

"Social Design." 2014. MICA MA Social Design. Last modified 2014. Available online：http://www. mica. edu/programs_of_study/graduate_progra ms/social_design_(ma). html (accessed March 29，2014).

War Child. n. d. Available online：http://old. warchild. canst. com/work (accessed April 10，2013).

33. 未来派的小发明，保守的理想：论不分时宜的思辨设计

1. 我们引用了物理学家约瑟夫·沃罗斯（Joseph Voros）在 2003 年提出的"未来圆锥"（Futures Cone）的概念，这一概念常被思辨和批判性设计师用来定位他们的项目。例如，邓恩和雷比在他们的著作《思辨一切》中也引用了这个概念（Dunne & Raby，2013 年，第 5 页）。

2. "设计虚构"（design fiction）一词的起源尚不明确，尽管科幻作家布鲁斯·斯特林（Bruce Sterling）通常被认为是这一概念的提出者。邓恩和雷比指出，虽然设计虚构与某些概念本质上相似，但前者"很少对技术进步提出批评，更接近庆祝而非质疑"（Dunne & Raby，2013 年）。关于设计虚构的全面论述，可参见布利克尔（Bleecker，2009 年）和斯特林（Sterling，2009 年）的作品。

3. 长谷川爱（Ai Hasegawa）的项目《我想生一只海豚》（I Wanna Deliver a Dolphin）探索了人类生育其他动物的可能性，可参见网址 http://aihasegawa. info/？works＝i-wanna-deliver-a-dolphin（于 2014 年 10 月 14 日访问）。

4. 奥格 & 鲁瓦佐（Auger & Loizeau）在其项目《来世》（Afterlife）中探索了"通过应用微生物燃料电池来利用我们生物死亡后的化学潜力，将其转化为电能，并存储在干电池中"。可参见网址 http://www. auger-loizeau. com/index. php？id＝9（Accessed October 14，2014）。尾崎优美（Sputniko）的项目《乌鸦机器人珍妮》（Crowbot Jenny）梦想将跨物

种交流作为孤独女孩与其他生物联系的方式，可参见网址：http://sputniko.com/2011/08/crowbot-jenny-2011/(Accessed October 14, 2014)。奥格 & 鲁瓦佐还在他们的项目《社交遥现》(Social Telepresence)中探讨了社交焦虑的问题，可参见网址：http://www.auger-loizeau.com/index.php?id=11 (Accessed October 14, 2014)。

5. 麦可·伯顿(Michael Burton)和新田智子(Michiko Nitta)的项目《唾液共和国》(Republic of Salivation)提出了一个反乌托邦未来，在这个未来中，政府向公民配给口粮。不过设计师们似乎没有意识到，这已经是许多发展中国家的现实。该项目被纳入纽约现代艺术博物馆(MoMA)的"设计与暴力"(Design and Violence)在线策展平台，激发了关于 SCD(思辨和批判性设计)有效性的一场长时间的辩论，也因此催生出了本文。更多相关内容可参见网址：http://designandviolence.moma.org/republic-of-salivation-michael-burton-and-michiko-nitta/ （于 2014 年 10 月 10 日访问）。

6. 正如托尼·弗赖所言，"对于特权阶层而言，去未来化通常在优雅的氛围中发生"(2011，第 27 页)。

7. 相比之下，尾崎优美的《月经机器》(Menstruation Machine)项目，虽然在试探讨变性和酷儿身份的主题，但其在术语和对这些身份的表现上仍然存在问题(参见 Prado de O. Martins, 2014 年)。

参考文献：

Bleecker, J., 2009. "Design Fiction: A Short Essay on Design, Science, Fact and Fiction". *Near Future Laboratory*. Available at: http://nearfuturelaboratory.com/2009/03/17/design-fiction-a-short-essay-on-design-science-fact-and-fiction/ [Accessed October 10, 2014].

DiSalvo, C., 2012. "Spectacles and Tropes: Speculative Design and Contemporary Food Cultures". *The Fibreculture Journal*, (20), pp. 109–122.

Dunne, A., 2005. *Hertzian Tales: Electronic Products, Aesthetic Experience, and Critical Design*, The MIT Press.

Dunne, A. & Raby, F., 2008. "Fictional Functions and Functional Fictions". In C. Freyer, S. Noel, & E. Rucki, eds. *Digital by Design: Crafting Technology for Products and Environments*. Thames & Hudson, pp. 264–267.

Dunne, A. & Raby, F., 2013. *Speculative Everything: Design, Fiction, and Social Dreaming*, Cambridge, Massachusetts; London: The MIT Press.

Fry, T., 2011. *Design as Politics*, New York: Bloomsbury Academic.

Keshavarz, M. & Mazé, R., 2013. "Design and dissensus: framing and staging participation in design research". *DPP: Design Philosophy Papers*, (1). Available at: http://desphilosophy.com/dpp_journal/paper1/dpp_pa per1.html [Accessed October 10, 2014].

Kiem, M., 2014. "When the most radical thing you could do is just stop". *Medium*. Available at: https://medium.com/@mattkiem/when-the-most-radical-thing-you-could-do-is-just-stop-1be32db783c5 [Accessed October 10, 2014].

Prado de O. Martins, L., 2014. "Privilege and Oppression: Towards a Feminist Speculative Design". In Design Research Society Conference. Umeå Institute of Design. Available at: http://www.academia.edu/7778734/Privilege_and_Oppression_Towards_a_Feminist_Speculative_Design [Accessed October 14, 2014].

Sterling, B., 2009. "Design fiction". *Interactions*, 16(3), pp.20–24.

Tonkinwise, C., 2014. How We Future—Review of Dunne & Raby "Speculative Everything" (Unpublished Draft). Available at: https://www.academia.edu/7710031/DRAFT_-_How_We_Future_-_Review_of_Dunne_and_Raby_Speculative_Everything_ [Accessed October 10, 2014].

Voros, J., 2003. "A generic foresight process framework". *Foresight*, 5(3), pp.10–21.

34. 特权与压迫：走向女性主义思辨设计

1. "……在后资本主义社会中，工人在威权国家压迫机构面前的无力之下，真理只能在一些令人钦佩的小团体中寻求庇护。"(Horkheimer[1937]1972, pp.237-238)."消费者(包括工人、雇员、农民和下层中产阶级)在资本主义生产的束缚下无法自拔，以至于无力抵抗所提供给他们的一切。"(Adorno and Horkheimer 1997, p.133)"广大群众的总体智识水平正在迅速下降。"(Horkheimer[1937]1972, p.238)

2. http://designandviolence.moma.org/republic-of-salivation-michael-burton-and-michiko-nitta/(Accessed March 10, 2014).

3. http://www.burtonnitta.co.uk/repubicofsalivation.html (Accessed March 10, 2014).

4. http://designandviolence.moma.org/republic-of-salivation-michael-burton-and-michiko-nitta/(Accessed March 10, 2014).

5. http://superflux.in/work/lilorann (Accessed March 11, 2014).
6. http://sputniko.com/2011/08/menstruation-machine-takashis-take-2010/ (Accessed March11, 2014).
7. https://www.glaad.org/reference/transgender (Accessed February 26, 2014).
8. http://www.nlgja.org/files/NLGJAStylebook0712.pdf (Accessed February 26, 2014).
9. http://igdn.blogspot.com/ (Accessed March 10, 2014).
10. http://www.design-research-lab.org/? projects = mobile-lorm-glove (Accessed March 10, 2014).
11. http://www.bicworld.com/us/products/details/420/ (Accessed November 5, 2013).
12. http://powerful.yt/ (Accessed November 5, 2013).
13. http://www.independent.co.uk/news/uk/home-news/kinder-surprise-in-stereotyping-row-overpink-and-blue-eggs – 8747331.html (Accessed November 5, 2013).
14. http://gawker.com/5961208/revenge ＋ porn-troll-hunter-moore-wants-to-publish-your-nudesalongside-directions-to-your-house (Accessed November 5, 2013).
15. http://arstechnica.com/tech-policy/2013/03/rat-breeders-meet-the-men-who-spy-on-womenthrough-their-webcams/ (Accessed November 5, 2013).
16. http://www.theguardian.com/lifeandstyle/womens-blog/2013/nov/08/online-abuse-women-freespeech(Accessed November 8, 2013).
17. http://www.huffingtonpost.com/2013/04/11/equal-pay-day-commercial-prank-from-zurichwomens-center_n_3060740.html (Accessed November 5, 2013).

参考文献：

Adorno, T. W. & Horkheimer, M., 1997. *Dialectic of Enlightenment*, Verso.

Antonelli, P., 2011. States of Design 04: Critical Design. *Domus*, 949 (July/August 2011). Available at: https://www.domusweb.it/en/design/2011/08/31/states-of-design-04-critical-design.html [Accessed November 8, 2013].

Antonelli, P. & Museum of Modern Art, eds., 2005. *Safe design takes on risk*; [on the occasion of the exhibition "SAFE: Design Takes On Risk", The Museum of Modern Art, New York, October 16, 2005 –

January 2, 2006, New York, NY: Museum of Modern Art.

Auger, J., 2013. Speculative design: crafting the speculation. *Digital Creativity*, 24(1), pp. 11-35.

Bardzell, J. & Bardzell, S., 2013. What is "Critical" About Critical Design? In *Proceedings of the SIGCHI Conference on Human Factors in Computing Systems*. CHI'13. New York, NY, USA: ACM, pp. 3297-3306. Available at: http://doi.acm.org/10.1145/2470654.2466451 [Accessed March 9, 2014].

Bardzell, S. et al., 2012. Critical Design and Critical Theory: The Challenge of Designing for Provocation. In *Proceedings of the Designing Interactive Systems Conference*. DIS'12. New York, NY, USA: ACM, pp. 288-297. Available at: http://doi.acm.org/10.1145/2317956.2318001 [Accessed March 10, 2014].

Bardzell, S., 2010. Feminist HCI: Taking Stock and Outlining an Agenda for Design. In *Proceedings of the SIGCHI Conference on Human Factors in Computing Systems*. CHI'10. New York, NY, USA: ACM, pp. 1301-1310. Available at: http://doi.acm.org/10.1145/1753326.1753521 [Accessed March 17, 2014].

Bardzell, S. & Bardzell, J., 2011. Towards a Feminist HCI Methodology: Social Science, Feminism, and HCI. In *Proceedings of the SIGCHI Conference on Human Factors in Computing Systems*. CHI'11. New York, NY, USA: ACM, pp. 675-684. Available at: http://doi.acm.org/10.1145/1978942.1979041 [Accessed March 17, 2014].

Berger, M. T. & Guidroz, K., 2009. *The intersectional approach transforming the academy through race, class, and gender*, Chapel Hill: University of North Carolina Press.

Bowen, S., 2010. Critical Theory and Participatory Design. In *Proceedings of the SIGCHI Conference on Human Factors in Computing Systems*. CHI'10. Atlanta, Georgia, USA: ACM.

Buckley, C., 1999. Made in Patriarchy: Theories of Women and Design—A Reworking. In J. Rothschild & A. Cheng, eds. *Design and feminism: re-visioning spaces, places, and everyday things*. New Brunswick, N. J.: Rutgers University Press.

Clarkson, J. et al., 2003. *Inclusive Design: Design for the Whole Population*, Springer.

Collins, P., 2000. *Black Feminist Thought: Knowledge, Consciousness, and the Politics of Empowerment* Rev. 10th anniversary ed. ; 2nd ed. , New York: Routledge.

Crenshaw, K. , 1991. Demarginalizing the Intersection of Race and Sex: A Black Feminist Critique of Antidiscrimination Doctrine, Feminist Theory, and Antiracist Politics. In K. Bartlett & R. Kennedy, eds. *Feminist legal theory: readings in law and gender.* Boulder: Westview Press.

Cross, N. , 2006. Designerly Ways of Knowing. In *Designerly Ways of Knowing.* Springer London, pp. 1 – 13. Available at: http://link. springer. com/chapter/10. 1007/1 – 84628 – 301 – 9 _ 1 [Accessed November 8, 2013].

Dunne, A. , 2008. *Hertzian tales: electronic products, aesthetic experience, and critical design*, Cambridge, Mass. ; London: MIT.

Dunne, A. & Raby, F. , 2001. *Design Noir: The Secret Life of Electronic Objects*, first edition, Birkhäuser.

Dunne, A. & Raby, F. , 2008. Fictional Functions and Functional Fictions. In C. Freyer, S. Noel, & E. Rucki, eds. *Digital by Design: Crafting Technology for Products and Environments.* Thames & Hudson, pp. 264 – 267.

Dunne, A. and Raby, F. , 2010. Dreaming objects. *Science Poems— Foundations.* Available at: http://files. ok-do. eu/Science-Poems. pdf [Accessed February 26, 2014].

Fleming, M. , 1989. The Gender of Critical Theory. *Cultural Critique*, (13), p. 119.

Fraser, M. , 2005. The cultural context of critical architecture. *The Journal of Architecture*, 10(3), pp. 317 – 322.

Fraser, N. , 1985. What's Critical about Critical Theory? The Case of Habermas and Gender. *New German Critique*, (35), p. 97.

Gaver, W. , 2012. What Should We Expect from Research Through Design? In *Proceedings of the SIGCHI Conference on Human Factors in Computing Systems.* CHI'12. New York, NY, USA: ACM, pp. 937 – 946.

Geuss, R. , 1981. *The Idea of a Critical Theory: Habermas and the Frankfurt School*, Cambridge University Press.

Held, D. , 1980. *Introduction to Critical Theory: Horkheimer to Habermas*, University of California Press.

Horkheimer, M. , 1972. Traditional and Critical Theory. In *Critical*

Theory: Selected Essays. Continuum.

Imrie, R. & Hall, P., 2001. *Inclusive design: designing and developing accessible environments*, New York: Spon Press.

Kiem, M., When the most radical thing you could do is just stop. *Medium*. Available at: https://medium.com/@mattkiem [Accessed March 17, 2014].

Kimmel, M. S., 2003. Towards a Pedagogy of the Oppressor. In M. S. Kimmel & A. L. Ferber, eds. *Privilege: A Reader*. Westview Press.

Kirkup, G., 2000. *The gendered cyborg: a reader*, London; New York: Routledge in association with the Open University.

Koskinen, I. K. et al., 2011. *Design research through practice from the lab, field, and showroom*, Waltham, MA: Morgan Kaufmann.

McCall, L., 2005. The Complexity of Intersectionality. *Signs*, 30(3), pp. 1771–1800.

Mulvey, L., 1997. Visual Pleasure and Narrative Cinema. In *Feminisms: An Anthology of Literary Theory and Criticism*. Rutgers University Press.

Oudshoorn, N., Rommes, E. & Stienstra, M., 2004. Configuring the User as Everybody: Gender and Design Cultures in Information and Communication Technologies. *Science, Technology & Human Values*, 29(1), pp. 30–63.

Prado de O. Martins, L. & Vieira de Oliveira, P. J. S., Questioning the "critical" in Speculative & Critical Design. *Medium*. Available at: https://medium.com/designing-the-future/5a355cac2ca4 [Accessed March 8, 2014].

Du Preez, A., 2009. *Gendered bodies and new technologies: rethinking embodiment in a cyber-era*, Newcastle upon Tyne: Cambridge Scholars.

Revell, T., Designed conflict territories. *openDemocracy*. Available at: http://www.opendemocracy.net/opensecurity/tobias-revell/designed-conflict-territories [Accessed March 17, 2014].

Rothschild, J. & Cheng, A., 1999. *Design and feminism: re-visioning spaces, places, and everyday things*, New Brunswick, N. J.: Rutgers University Press.

Serano, J., 2007. *Whipping girl: a transsexual woman on sexism and the scapegoating of femininity*, Emeryville, CA: Seal Press.

Stevenson-Keating, P., 2011. A Critique on the Critical | Studio PSK. Available at: http://pstevensonkeating. co. uk/a-critique-on-the-critical [Accessed November 8, 2013].

Stone, A., 2004. Essentialism and Anti-Essentialism in Feminist Philosophy. *Journal of Moral Philosophy*, 1(2), pp. 135–153.

Thackara, J., Republic of Salivation (Michael Burton and Michiko Nitta). *Design and Violence*. Available at: http://designandviolence. moma. org/republic-of-salivation-michael-burton-and-michiko-nitta/[Accessed March 10, 2014].

Turner, W. B., 2000. *A Genealogy of Queer Theory*, Temple University Press.

35. 可持续创新是一种悖论吗？

Burns, C., Dishman, E., Johnson, B. and Verplank, B. (1995) '"Informance': Min (d) ing future contexts for scenario-based interaction design', *BayCHI*, Palo Alto.

Buxton, B. (2007) *Sketching User Experiences: Getting the Design Right and the Right Design*, Morgan Kaufmann Publishers, San Francisco.

Diaz, L., Reunanen, M. and Salmi, A. (2009) 'Role playing and collaborative scenario design development'. *International Conference on Engineering Design*, ICED '09, Stanford University.

Lerdahl, E. (2001) *Staging for Creative Collaboration in Design Teams: Models, Tools And Methods*. PhD Dissertation. Norwegian University of Science and Technology, Department of Product Design Engineering, Trondheim, Norway.

Ouslasvirta, A., Kurvinen, E. and Kankainen, T. (2003) 'Understanding contexts by being there: Case studies in bodystorming'. *Personal Ubiquitous Computing*. Springer-Verlag, London.

Rittel, H. and Webber, M. (1973) Dilemmas in a general theory of planning, pp. 155–169, *Policy Sciences*, Vol. 4, Elsevier Scientific Publishing Company, Inc., Amsterdam.

Sanders, E. B.-N. (2002) Scaffolds for experiencing in the new design space. In *Information Design*, Institute for Information Design Japan (Editors), IID. J, Graphic-Sha Publishing Co., Ltd. (In Japanese).

Sanders, E. B.-N. (2013) Prototyping for the design spaces of the future. In Valentine, L. (Editor) *Prototype: Design and Craft in the 21st Century*, Bloomsbury.

Sanders, L. (2013) New spaces, places and materials for co-designing sustainable futures. *Emily Carr University of Art + Design, Design Research Journal*, Issue 04, Spring.

Simsarian, K. T. (2003) 'Take it to the next stage: The roles of role playing in the design process'. *CHI 2003: New Horizons*.

Suri, J. F. and Buchenau, M. (2000) 'Experience prototyping', *Symposium on Designing Interactive Systems, Proceedings of the Conference on Designing Interactive Systems: Processes, Practices, Methods, and Techniques*, pp. 424–433.

Verganti, R. (2009) *Design-Driven Innovation: Changing the Rules of Competition by Radically Innovating what Things Mean*, Harvard Business School Publishing Corp.

36. 社会创新与设计：赋能、复制与协同

1. 例如，我们可以引用一些在国际研究项目中收集和分析的项目，重点是设计在定义、塑造和实施社会创新倡议中的作用：PERL欧洲项目下的SEE-可持续日常探索研究（SEE-Sustainable Everyday Explorations research）；包括意大利的"哺育米兰"（Nutrire Milano）、英国的"为时代而设计2007"（Dott 07）、中国的"崇明区可持续社区"（Chongming Sustainable Community）、美国的"放大"（Amplify）以及瑞典的"马尔默生活实验室"（Malmo Living Lab）。

参考文献：

Bauwens, M. (2007). *Peer to Peer and Human Evolution*. Foundation for P2P Alternatives, p2pfoundation.net.

Brown, T. & Wyatt, J. (2010). "Design Thinking for Social Innovation." *Stanford Social Innovation Review*, Winter 2010.

Cottam, H. & Leadbeater, C. (2004). "Health. Co-creating Services." Design Council—RED unit, London, UK.

Halen, C., Vezzoli, C., & Wimmer, R. (2005). *Methodology for Product Service System Innovation*. The Netherlands: Koninklijke Van Gorcum.

Jégou, F. (2010). "Social innovations and regional acupuncture towards sustainability" in Zhuangshi, Beijing.

Jégou, F. & Manzini, E. (2003). *Sustainable Everyday*, Edizioni Ambiente, Milano.

Jégou, F. & Manzini, E. (2008). "Collaborative services social innovation and design for sustainability." Polidesign. Milano.

Leadbeater, C. (2008). *We-Think*. Profile Books, London.

Manzini, E. (2009). "New Design Knowledge." *Design Studies*, 301.

Manzini, E. (2010). "Small, Local, Open and Connected: Design Research Topics in the Age of Networks and Sustainability" in *Journal of Design Strategies*, Volume 4, No. 1, Spring.

Manzini, E. (2011). SLOC, The Emerging Scenario of Small, Local, Open and Connected, in Stephan Harding, ed., *Grow Small Think Beautiful* (Edinburgh, Floris Books).

Manzini, E., Jégou, F. & Meroni, A. (2009). *Design orienting scenarios: Generating new shared visions of sustainable product service systems*. UNEP in Design for Sustainability.

Manzini E. & Rizzo F. (2011). "Small Projects/Large Changes: Participatory Design as an Open Participated Process", *CoDesign*, Vol. 7, No 3-4, 199-215.

Meroni A. (2007). *Creative communities: People inventing sustainable ways of living*. Polidesign, Milano.

Meroni, A., Simeone, G. & Trapani, P. (2009). "Envisioning sustainable urban countryside: Service Design as Contribute to the Rururban Planning" in *Cumulus Working Papers—St. Etienne*, edited by Justyna Maciak, Camille Vilain and Josyane Franc, University of Art and Design Helsinki.

Mulgan, J. (2006). *Social innovation. What it is, Why it Matters, How it Can Be Accelerated*. Basingstoke Press, London.

Murray, R., Caulier-Grice, J. & Mulgan, G. (2010). *The Open Book of Social Innovation*. NESTA Innovating Public Services, London.

Nussbaum, M. & Sen, A. (1993) *The Quality of Life*. Clarendon Press, Oxford.

Petrini, C. (2007). *Slow Food Nation. Why Our Food Should Be Good, Clean and Fair*. Rizzoli, Milano.

Petrini, C. (2010). *Terra Madre. Forging a New Network of Sustainable Food Communities*. Chelsea Green Publishing Company, London, UK.

Rheingold, H. (2002). *Smart Mobs: The Next Social Revolution*. Basic Books, New York.

Rifkin, J. (2010). *The Age of Empathy*. Penguin Group Inc., USA.

Thackara, J. (2005). *In the Bubble: Designing in a Complex World*. The MIT Press, London, UK.

Vezzoli, C., Manzini, E. (2008). *Design for Environmental Sustainability*. Springer-Verlag, London.

37. 方法国际化,设计本土化

Bilgrami, N. (1990), *Sindh jo ajrak*, Department of Culture and Tourism, Government of Sindh.

Bilgrami, N. (2016), "The History of IVS," IVS website. http://indusvalley.edu.pk/web/about-ivs/our-history/history-of-ivs/.

Chaudhri, Y. (2016), "Anxious Public Space (A Preface)," *The Herald*. https://herald.dawn.com/news/1153271/anxious-public-space-a-preface.

Cross, N. (1982), "Designerly Ways of Knowing," *Design Studies*, 3 (4): 221-7.

Cross, N. (1984), *Developments in Design Methodology*. New York: John Wiley & Sons.

Cross, N. (2001), "Designerly Ways of Knowing: Design Discipline versus Design Science." *Design Issues* 17 (3): 49-55.

Drucker, P. F. (2011), *Landmarks of Tomorrow: A Report on the New*, New York: Harper & Sons.

Escobar, Arturo. (2008), Territories of Difference: Place, Movements, Life, Redes. Durham, NC: Duke University Press.

Frog Design (2013), "Frog Collective Action Toolkit." http://www.frogdesign.com/work/frog-collective-action-toolkit.html.

Grosfoguel, R. (2015), "Transmodernity, Border Thinking, and Global Coloniality," *Nous* 13, (9).

Hasan, A. (n.d.), "How Can This Be Changed?" http://arifhasan.org/articles/how-this-can-be-changed.

IDEO, "Design Thinking for Educators Toolkit," https://www.ideo.com/news/second-edition-of-the-design-thinking-for-educators-toolkit.

Jones, J. C. (1970), *Design Methods*, New York: John Wiley & Sons.

Kalantidou, E., and T. Fry (eds.) (2014), *Design in the Borderlands*, London: Routledge.

Khan, Hussain Ahmad. (2015), "Tracing the Genealogy of Art Instruction in Colonial Lahore: German Philosophy, Design Pedagogy and Nineteenth-Century England,"*Journal of the Research Society of Pakistan*, 52 (2).

Klein, Naomi (2007), The Shock Doctrine: The Rise of Disaster Capitalism, New York: Macmillan.

LaPiere, R. T. (1965),*Social Change*, New York: McGraw-Hill.

Latour, B. (2013), *An Inquiry into Modes of Existence*,Cambridge, MA: Harvard University Press.

Mignolo, Walter D. (2009), "Epistemic Disobedience, Independent Thought and Decolonial Freedom." *Theory, Culture & Society*, 26 (7 – 8): 159 – 81.

Nesta, "Development Impact & You Toolkit," https://diytoolkit.org/download-diy-toolkit/.

Nussbaum, B. (2010), "Should Humanitarians Press on, if Locals Resist?" *Fast Company*, http://www.fastcodesign.com/1662021/nussbaum-should-humanitarians-press-on-if-locals-resist.

Rahman, A. (2008),*Women and Microcredit in Rural Bangladesh: An Anthropological Study of Grameen Bank Lending*, Boulder, CO: Westview Press.

Rittel, H. W. (1988), *The Reasoning of Designers*, delivered at the International Congress on Planning and Design Theory, Boston, IGP: Stuttgart.

Schön, D. A. (1983), *The Reflective Practitioner: How Professionals Think in Action*, New York: Basic Books.

Tentative Collective (2015), "Pedagogy of the City," *Dawn* Sunday Magazine. http://www.dawn.com/news/1197318.

Wallerstein, I. (1974), *The Modern World-System 1: Capitalist Agriculture and the Origins of the European World-Economy in the Sixteenth Century*, US: Academic Press.

Yusuf, A. (2015), "Development: Inanimate Faces," *Dawn*, Dawn.com. https://www.dawn.com/news/1219398.

Zaidi, Saima. (2009),*Mazaar, Bazaar: Design and Visual Culture in Pakistan*, Oxford, UK: Oxford University Press [in cooperation with] Prince Claus Fund Library.

38. 新兴的过渡设计方法

Abraham, C., & Michie, S. (2008). A taxonomy of behavior change techniques used in interventions. In *Health Psychology*, 27 (3), 379–387. doi.org/10.1037/0278–6133.27.3.379

Ajzen I. (1985). From intentions to actions: A theory of planned behaviour. In Kuhl J. & Beckman, J. (Eds.) *Actioncontrol: From Cognition to Behaviour*. Heidelberg, Germany: Springer.

Ajzen I. (1991). The theory of planned behaviour. In *Organizational Behaviour and Human Decision Processes*, 50, 179–211.

Amatullo, M. (Ed.). (2016). *LEAP Dialogues: Career Pathways in Design for Social Innovation*. Pasadena, CA: Designmatters at Art Center College of Design.

Amplifying Creative Communities (2010). Retrieved from Parsons DESIS Lab website: http://www.amplifyingcreativecommunities.org/#p1b

Australian Public Service Commission. (2007). *Tackling Wicked Problems: A Public Policy Perspective*. Commonwealth of Australia.

Bardwell, L. (1991). Problem-Framing: A Perspective on Environmental Problem-Solving. In *Environmental Management*, 15, 603–612.

Baur, V., Elteren, A., Nierse, C. & Abma, T. (2010). Dealing with Distrust and Power Dynamics: Asymmetric Relations Among Stakeholders in Responsive Evaluation. In *Evaluation*, 16, 233–248.

Berman, M. (1981). *The Reenchantment of the World*. Ithaca, NY: Cornell University Press.

Bohling, K. (2011). *The Multi-Stakeholder Approach in the United Nations: Unprecedented Perhaps, but not Unexpected*. Presented at Transnational Private Regulation in the Areas of Health, Environment, Social and Labor Rights. Retrieved from Technische Universitat Munchen, Lehrstuhl fur Wald-und Umweltpolitik website: https://www.wup.wi.tum.de/fileadmin/w00beh/www/Files/Boehling_TransReg_2011.pdf

Bourdieu, P. (1997). *Outline of a Theory of Practice*. Cambridge: Cambridge University Press.

Brand, S. (1999). *The Clock of the Long Now: Time and Responsibility*. New York: Basic.

Buchanan, R. (1995). Wicked problems in design thinking. In Margolin,

V. and Buchanan, R. (Eds.) *The Idea of Design*. Cambridge, MA: MIT Press.

Candy, S., & Dunagan, J. (2017). Designing an Experiential Scenario: The People Who Vanished. In *Futures*, 86, 136–153. doi:10.1016/j.futures.2016.05.006.

Candy, S. & Kornet, K. (2017). A Field Guide to Ethnographic Experiential Futures. In *Journal of Futures Studies*, June issue. DOI: 10.13140/RG.2.2.30623.97448.

Capra, F. (1996). *The Web of Life: A New Scientific Understanding of Living Systems*. New York, NY: Anchor Books.

Capra, F. & Luisi, L. (2014). *The Systems View of Life: A Unifying Vision*. Cambridge, UK: Cambridge University Press.

Carlsson-Kanyama, A., Dreborg, K., Moll, H., & Padovan, D. (2008). Participative Backcasting: A Tool for Involving Stakeholders in Local Sustainability Planning. In *Futures*, 40, pp 34–46.

Chatterton, P., Fuller, D., & Routledge, P. (2007). Relating Action to Activism: Theoretical and Methodological Reflections. In Kindon, S., Pain, R. & Kesby, M. (Eds.), *Participatory Action Research Approaches and Methods: Connecting People, Participation and Place*. London: Routledge.

Clarke, M. (2002). *In Search of Human Nature*. New York: Routledge.

Cornwall, A. & Jewkes, R. (1995). What is Participatory Research? In *Social Science & Medicine*, 41, pp 1667–1676.

Coyne, R. (2005). Wicked Problems Revisited. In *Design Studies*, 26, pp 5–17.

Debord, G. (2002). Perspectives for Alterations in Everyday Life. In Highmore, B. (Ed.), *The Everyday Life Reader*. London: Routledge.

Dentoni, D. & Bitzer, V. (2015). The Role of Universities in Dealing with Global Wicked Problems Through Multi-Stakeholder Initiatives. *Journal of Cleaner Production*, 106, pp 68–78.

de Certeau, M. (1984). *The Practice of Everyday Life*. Berkeley: University of California Press.

Dreborg, K. (1996). Essence of Backcasting. *Futures*, 28, pp 813–828. Great Britain: Elsevier Science Ltd.

Dunne, A. & Raby, F. (2013). *Speculative Everything: Design Fiction and Social Dreaming*. Cambridge MA: MIT Press.

Forrester, J., Swartling, A. & Lonsdale, K. (2008). *Stakeholder Engagement and the Work of SEI: An Empirical Study*. Stockholm, Sweden: Stockholm Environment Institute.

Gaziulusoy, I. & Brezet, H. (2015). Design for System Innovations and Transitions: A Conceptual Framework Integrating Insights from Sustainability Science and Theories of System Innovations and Transitions. In *Journal of Cleaner Production*, 108, pp 558-568.

Geels, F. (2006). Major System Change Through Stepwise Reconfiguration: A Multi-Level Analysis of the Transformation of American Factory Production. In *Technology in Society*, 28, pp 445-476.

Giddens, A. (1984). *The Constitution of Society*. Cambridge, UK: Polity Press.

Global Partnership for the Prevention of Armed Conflict (GPPAC). (2015). *Multi-Stakeholder Processes for Conflict Prevention & Peacebuilding: A Manual*. GPPAC.

Grimble, R. & Wellard, K. (1997). Stakeholder Methodologies in Natural Resource Management: A Review of Principles, Contexts, Experiences and Opportunities. In *Agricultural Systems*, 55, pp 173-193.

Grin, J., Rotmans, J. & Schot, J. (2010). Conceptual Framework for Analysing Transitions. In *Transition to Sustainable Development: New Directions in the Study of Long Term Transformative Change*. New York: Routledge.

Helmerich, N. & Malets, O. (2011). *The Multi-Stakeholder Approach in the United Nations: Unprecedented Perhaps, But not Unexpected*. Presented at Transnational Private Regulation in the Areas of Health, Environment, Social and Labor Rights conference. Retrieved from the Technische Universitat Munchen website: https://www.wup.wi.tum.de/fileadmin/w00beh/www/Files/Boehling_TransReg_2011.pdf

Hemmati, M. (2002). *Multi-stakeholder Processes for Governance and Sustainability: Beyond Deadlock and Conflict*. Earthscan Publications, London.

Hughes, L. & Steffen, W. (2013). *The Critical Decade: Climate Change Science, Risks and Responses*. Australia: Climate Commission Secretariat.

Incropera, F. (2016). *Climate change: a wicked problem: complexity and* uncertainty at the intersection of science, economic, politics and human behaviour. New York, US: Cambridge University Press.

Irwin, T. (2011a). Design for a Sustainable Future. In Hershauer, J., Basile, G. & McNall, S. (Eds.), *The Business of Sustainability: Trends, Policies, Practices and Stories of Success*, pp 41 – 60. Santa Barbara, CA: Praeger.

Irwin, T. (2011b). Wicked Problems and the Relationship Triad. In Harding, S. (Ed.), *Grow Small, Think Beautiful*. Edinburgh: Floris Books.

Irwin, T. (2015). Transition Design: A Proposal for a New Area of Design Practice, Study and Research. In *Design and Culture Journal*, 7, 229 – 246.

Irwin, T. Tonkinwise, C. & Kossoff, G. (2015). *Transition Design: An Educational Framework for Advancing the Study and Design of Sustainable Transitions*. Presented at the STRN Conference, University of Sussex. Available on Academia. edu: https://www. academia. edu/15283122/Transition _ Design _ An _ Educational _ Framework_for_Advancing_the_Study_and_ Design_of_Sustainable_ Transitions_presented_at_the_STRN_conference_2015_Sussex_

Irwin, T. (2017). *Mapping Ojai's Water Shortage: A Workshop*. Unpublished report, retrieved from Academia. edu website: https:// www. academia. edu/30968737/Mapping_Ojais_Wate r_Shortage_The_ First_Workshop_January_2017

Jana, R. (2010, March). IDEO's Tim Brown on Using Design to Change Behavior. *The Harvard Business Review*. Retrieved from https:// hbr. org/2010/03/design-to-change-behavior-tips

Jensen, L (Ed.). (2017). The Sustainable Development Goals Report 2017. New York, NY: United Nations.

Kearney, M. (1984). *Worldview*. Novator: Chandler & Sharp.

Kossoff, G. (2011). Holism and the Reconstruction of Everyday Life: A Framework for Transition to a Sustainable Society. In Harding, S. (Ed.), *Grow Small, Think Beautiful*. Edinburgh: Floris Books.

Kossoff, G., Tonkinwise, C. & Irwin, T. (2015). *The Importance of Everyday Life and Lifestyles as a Leverage Point for Sustainability Transitions*. Presented at the STRN Conference, University of Sussex. Available on Academia. edu: https://www. academia. edu/ 15403946/Transition_Design_The_Importance_of_Everyday_Life_and_

Lifestyles_ as_ a _ Leverage _ Point _ for _ Sustainability _ Transitions _ presented_at_the_STRN_Conference_2015_Sussex_

Kuhn, T. (1962). *The Structure of Scientific Revolutions*. Chicago: University of Chicago Press.

Kuijer, L. & De Jong, A. (2011). Practice Theory and Human-Centered Design: A Sustainable Bathing Example. In *Proceedings Nordic Design Research Conference* (NORDES). Helsinki: Aalto University.

Lakoff, G. (2004). *Don't Think of an Elephant! Know your Values and Frame the Debate*. White River Junction, VT: Chelsea Green.

Lawhon, M. & Murphy, T. (2011). Socio-technical regimes and sustainability transitions: Insights from political ecology. In *Progress in Human Geography*, 36, 354 - 378.

Lent, J. (2017, May). *A House on Shaky Ground: Eight Structural Flaws of the Western Worldview*. Retrieved from Tikkun website: http://www. tikkun. org/nextgen/a-house-on-shaky-ground-eight-structural-flaws-of-the-western-worldview.

Lefebvre, H. (1991). *Critique of Everyday Life: Foundations for a Sociology of the Everyday, Vol. 1*. London: Verso.

Lindley, J. & Coulton, P. (2016). *Pushing the Limits of Design Fiction: The Case For Fictional Research Papers*. Proceedings of the 2016 CHI Conference on Human Factors in Computing Systems. CHI'16. New York, NY, USA: ACM: 4032 - 4043. doi: 10. 1145/ 2858036. 2858446

Loew, P. (2014). *Seventh Generation Earth Ethics*. Madison, WI: Wisconsin Historical Society Press.

Lockton, D. , Harrison, D. , Cain, R. , Stanton, N. , & Jennings, P. (2013). Exploring Problem-Framing Through Behavioral Heuristics. In *International Journal of Design*, 7, 37 - 53.

Manzini, E. (2015). *Design, When Everybody Designs: An Introduction to Design for Social Innovation*. Cambridge, MA: MIT Press.

Mason, S. & Rychard, S. (2005). *Conflict Analysis Tools*. Swiss Agency for Development and Cooperation, SDC. Retrieved from the SDC website: http://www. css. ethz. ch/content/dam/ethz/special-interest/gess/cis/center-for-securities-studies/pdfs/Conflict-Analysis-Tools. pdf

Max-Neef, M. (1991). *Human Scale Development: Conception, Application and Further Reflections*. New York, NY: Apex.

Retrieved from http://www.wtf.tw/ref/max-neef.pdf.

Meadows, D. (1999). *Leverage Points: Places to Intervene in a System*. Hartland, VT: The Sustainability Institute.

Mumford, L. (1971). *The Myth of the Machine: Pentagon of Power*. London: Secker & Warburg.

Niedderer, K., Cain, R., Lockton, D., Ludden, G., Mackrill, J., & Morris, A. (2014). *Creating Sustainable Innovation through Design for Behaviour Change: A Full Report*. London, UK: The Arts & Humanities Research Council.

Norman, D. & Stappers, P. (2016). DesignX: Complex Sociotechnical Systems. In *She Ji: The Journal of Design, Economics and Innovation*, 1, pp 83 – 106. https://doi.org/10.1016/j.sheji.2016.01.002

Orr, D. (2002). *The Nature of Design: Ecology, Culture and Human Intension*. New York, NY: Oxford University Press.

Penin, L. (2010). *Amplifying Creative Communities in New York City*. Cumulus Proceedings, Cumulus Shanghai Conference. Retrieved from: https://s3.amazonaws.com/academia.edu.documents/3085 7482/Cumulus _ Proceedings _ Shanghai.pdf? AWSAccessKeyId = AKIAIWOWYYGZ2Y53UL3A&Expires = 1503862148&Signature = q4nPD9Alh53zTYwlpwyIKq3rRIc％ 3D&response-contentdisposition = inline％3B％20filename％3D2010_Desi gning_sustainable_sanitation _th.pdf♯page=447

Porritt, J. (2013). *The World We Made: Alex McKay's Story from 2050*. New York: Phaidon.

Quist, J. & Vergragt, P. (2006). Past and Future of Backcasting: The Shift to Stakeholder Participation and a Proposal for a Methodological Framework. In *Futures*, 38, pp 1027 – 1045.

Rawolle, M., Schultheiss, O., Strasser, A. & Kehr, H. 2016. The Motivating Power of Visionary Images: Effects on Motivation, Affect and Behavior. In *Journal of Personality*, December.

Reed, M., Graves, A., Dandy, N.,... Stringer, C. (2009). Who's in and Why? A Typology of Stakeholder Analysis Methods for Natural Resource Management. In *Journal of Environmental Management*, 90, pp 1933 – 1949.

Rittel, H. & Webber, M. (1973). Dilemmas in a General Theory of Planning. In *Policy Sciences*, 4, 155 – 169.

Ritzer, G. (2004). *The McDonaldization of Society*. Thousand Oaks, CA: Pine Forge Press.

Robinson, J. (1982). Energy Backcasting: A Proposed Method of Policy Analysis. In *Energy Policy*, 10, 337-344.

Rotmans, J. & Kemp, R. (2003). *Managing Societal Transitions: Dilemmas and Uncertainties: The Dutch Energy Case Study*. Report from an OECD Workshop on the Benefits of Climate Policy: Improving Information for Policy Makers. Retrieved from http://www.oecd.org/netherlands/2483769.pdf

Sanders, E. & Stappers, P. (2008). Co-Creation and the New Landscapes of Design. In *Co. Design*, 4, pp 5-18. DOI: 10.1080/15710880701875068.

Scott, K., Bakker, C., & Quist, J. (2011). Designing Change by Living Change. In *Design Studies Journal*, 33, 279-297.

Scott, J. (1998). *Seeing Like a State*. New Haven, CT: Yale University Press.

Sharpe, B. (2013). *Three Horizons: The Patterning of Hope*. Axminster, UK: Triarchy Press.

Shove, E., Walker, G. (2010). Governing Transitions in the Sustainability of Everyday Life. In *Research Policy*, 39, 471-476.

Shove, E., Pantzar, M., & Watson, M. (2012). *The Dynamics of Social Practice: Everyday Life and How it Changes*. London, UK: Sage Publications.

Simon M. & Rychard, S. (2005). *Conflict Analysis Tools*. Retrieved from the Swiss Agency for Development and Cooperation (SDC) website http://www.css.ethz.ch/content/dam/ethz/special-interest/gess/cis/center-for-securities-studies/pdfs/Conflict-Analysis-Tools.pdf

SPREAD. (2012a). *Sustainable Lifestyles: Today's Facts & Tomorrow's Trends*. Report funded by the European Union's Seventh Framework Programme. Retrieved from http://www.sustainable-lifestyles.eu/fileadmin/images/content/D1.1_Baseline_Repo rt.pdf

SPREAD. (2012b). *EU Sustainable Lifestyles Roadmap and Action Plan 2050*. Report funded by the European Union's Seventh Framework Programme. Retrieved from http://www.sustainable-lifestyles.eu/fileadmin/images/content/Roadmap.pdf

SPREAD. (2012c). *Scenarios for Sustainable Lifestyles 2050: From Global Champions to Local Loops*. Report funded by the European

Union's Seventh Framework Programme. Retrieved fromhttp://www. sustainable-lifestyles. eu/fileadmin/images/content/D4. 1 _ FourFutureScenarios. pdf

Sterling, B. (2005). *Shaping Things*. Cambridge, MA: The MIT Press.

Trist, E. & Murray, H. , (Eds.). (1993). *The Social Engagement of Social Science, Vol. 2, The Socio-Technical Perspective*. Philadelphia, PA: University of Pennsylvania Press.

Toulmin, S. (1990). *Cosmopolis*. New York: The Free Press.

Wageningen University. (2017). *Needs-Fears Mapping*. Retrieved 8. 26. 17 from Wageningen University website: http://www. managingforimpact. org/tool/needs-fears-mapping

Wheatley, M. & Kellner-Rogers, M. (1996). *A Simpler Way*. San Francisco, CA: Berrett-Koehler Publishers.

Winterhouse Institute. (2017). Social Design Pathways. Retrieved from http://winterhouseinstitute. squarespace. com/pathways/

Woodhouse, M. (1996). *Paradigm Wars: Worldviews for a New Age*. Berkeley: Frog.

凤凰文库 | 本社已出版书目

一、凤凰文库·艺术理论研究系列
1.《弗莱艺术批评文选》 [英]罗杰·弗莱 著　沈语冰 译
2.《另类准则:直面20世纪艺术》 [美]列奥·施坦伯格 著　沈语冰 刘凡 谷光曙 译
3.《当代艺术的主题:1980年以后的视觉艺术》 [美]简·罗伯森 克雷格·迈克丹尼尔 著　匡骁 译
4.《艺术与物性:论文与评论集》 [美]迈克尔·弗雷德 著　张晓剑 沈语冰 译
5.《现代生活的画像:马奈及其追随者艺术中的巴黎》 [英]T. J.克拉克 著　沈语冰 诸葛沂 译
6.《自我与图像》 [英]艾美利亚·琼斯 著　刘凡 谷光曙 译
7.《博物馆怀疑论:公共美术馆中的艺术展览史》 [美]大卫·卡里尔著　丁宁 译
8.《艺术社会学》 [英]维多利亚·D.亚历山大 著　章浩 沈杨 译
9.《云的理论:为了建立一种新的绘画史》 [法]于贝尔·达米施 著　董强 译
10.《杜尚之后的康德》 [比]蒂埃利·德·迪弗 著　沈语冰 张晓剑 陶铮 译
11.《蒂耶波洛的图画智力》 [美]斯维特拉娜·阿尔珀斯 [英]迈克尔·巴克森德尔 著　王玉冬 译
12.《伦勃朗的企业:工作室与艺术市场》 [美]斯维特拉娜·阿尔珀斯 著　冯白帆 译
13.《新前卫与文化工业》 [美]本雅明·布赫洛 著　何卫华 史岩林 桂宏军 钱纪芳 译
14.《现代艺术:19与20世纪》 [美]迈耶·夏皮罗 著　沈语冰 何海 译
15.《前卫的原创性及其他现代主义神话》 [美]罗莎琳·克劳斯 著　周文姬 路珏 译
16.《德国文艺复兴时期的椴木雕刻家》 [英]麦克尔·巴克桑德尔 著　殷树喜 译
17.《神经元艺术史》 [英]约翰·奥尼恩斯 著　梅娜芳 译
18.《实在的回归:世纪末的前卫艺术》 [美]哈尔·福斯特 著　杨娟娟 译
19.《大众文化中的现代艺术》 [美]托马斯·克洛 著　吴毅强 陶铮 译
20.《重构抽象表现主义:20世纪40年代的主体性与绘画》 [美]迈克尔·莱杰 著　毛秋月 译
21.《艺术的理论与哲学:风格、艺术家和社会》 [美]迈耶·夏皮罗 著　沈语冰 王玉冬 译
22.《分殊正典:女性主义欲望与艺术史写作》 [英]格丽塞尔达·波洛克 著　胡桥 金影村 译
23.《女性制作艺术:历史、主体、审美》 [英]玛莎·麦斯基蒙 著　李苏杭 译
24.《知觉的悬置:注意力、景观与现代文化》 [美]乔纳森·克拉里 著　沈语冰 贺玉高 译
25.《神龙:美学论文集》 [美]戴夫·希基 著　诸葛沂 译
26.《告别观念:现代主义历史中的若干片段》 [英]T. J.克拉克 著　徐建 等译
27.《专注性与剧场性:狄德罗时代的绘画与观众》 [美]迈克尔·弗雷德 著　张晓剑 译
28.《在博物馆的废墟上》 [美]道格拉斯·克林普 著　汤益明 译
29.《六十年代的兴起》 [美]托马斯·克洛 著　蒋苇 邓天媛 译
30.《短暂的博物馆:经典大师绘画与艺术展览的兴起》 [英]弗朗西斯·哈斯克尔 著　翟晶 译
31.《作为模型的绘画》 [美]伊夫-阿兰·博瓦 著　诸葛沂 译
32.《西方绘画中的视觉、反射与欲望》 [美]大卫·萨默斯 著　殷树喜 译
33.《18世纪巴黎的画家与公共生活》 [美]托马斯·克洛 著　刘超 毛秋月译
34.《共鸣:图像的认知功能》 [美]芭芭拉·玛丽亚·斯塔福德　梅娜芳 陈潇玉译
35.《毕加索艺术的统一性》 [美]迈耶·夏皮罗 著　王艺臻 译

二、设计理论研究系列
1.《设计教育·教育设计》 [德]克劳斯·雷曼 著　赵璐 杜海滨 译　柳冠中 审校
2.《对抗性设计》 [美]卡尔·迪赛欧 著　张黎 译

3.《设计史:理解理论与方法》 [挪威]谢尔提·法兰 著 张黎 译
4.《设计史与设计的历史》 [英]约翰·A.沃克 朱迪·阿特菲尔德 著 周丹丹 易菲 译
5.《思辨一切:设计、虚构与社会梦想》 [英]安东尼·邓恩 菲奥娜·雷比 著 张黎 译
6.《公民设计师:论设计的责任》 [美]史蒂芬·海勒 薇若妮卡·魏纳 编 滕晓铂 张明 译
7.《宜家的设计:一部文化史》 [瑞典]莎拉·克里斯托弗森 著 张黎 龚元 译
8.《设计的观念》 [美]维克多·马格林 [美]理查德·布坎南 编 张黎 译
9.《设计与价值创造》 [英]约翰·赫斯科特 著 尹航 张黎 译
10.《约翰·赫斯科特读本》 [英]克莱夫·迪诺特 编 吴中浩 译
11.《唯有粉红》 [英]彭妮·斯帕克 著 滕晓铂 刘禽然 译
12.《设计研究》 [美]布伦达·劳雷尔 编著 陈红玉 译
13.《批判性设计及其语境:历史、理论和实践》 [英]马特·马尔帕斯 著 张黎 译
14.《设计与历史的质疑》 [澳]托尼·弗赖 等著 赵泉ወ 张黎 译
15.《恋物:情感、设计与物质文化》 [英]安娜·莫兰 等著 赵成清 鲁凯 译
16.《世界设计史1》 [美]维克多·马格林 著 王树良 等译
17.《世界设计史2》 [美]维克多·马格林 著 王树良 等译
18.《设计的政治》 [荷兰]鲁本·佩特 编 朱怡芳 译
19.《数字设计理论》 [美]海伦·阿姆斯特朗 编 吴中浩 译
20.《平面设计理论》 [美]海伦·阿姆斯特朗 编 刘禽然 译
21.《泡沫之中:复杂世界的设计》 [英]约翰·萨卡拉 著 曾乙文 译
22.《设计、历史与时间》 [英]佐伊·亨顿 [英]安妮·梅西 著 梁海育 译
23.《为多元世界的设计》 [哥伦比亚]阿图罗·埃斯科瓦尔 著 张磊 武塑杰 译
24.《数字物质性:设计和人类学》 [澳]萨拉·平克 [西]埃丽森达·阿尔德沃尔 [西]黛博拉·兰泽尼 编著 张朵朵 译
25.《杜威与设计:实用主义的设计视角研究》 [英]布莱恩·S.迪克森 著 汪星宇 王成思 译
26.《人造物如何示能:日常事物的权力和政治》 [美]珍妮·L.戴维斯 著 萧嘉欣 译
27.《语境中的设计人类学:设计的物质性和协作性思维导论》 [英]亚当·德拉津 著 时典 郭建永 译
28.《话语性设计:批判、思辨与另类之物》 [美]布鲁斯·M.撒普 [美]斯蒂芬妮·M.撒普 著 张黎 译
29.《日常之物的权威:西德工业设计文化史》 [英]保罗·贝茨 著 赵成清 杨扬 译
30.《设计、共情与诠释:迈向诠释性设计研究》 [芬]伊尔波·科斯基宁 著 于清华 译
31.《社会设计》 [美]伊丽莎白·雷斯尼克 编 吴雪松 李洪海 刘宇佳 译

三、凤凰文库:视觉文化理论研究系列

1.《图像的领域》 [美]詹姆斯·埃尔金斯 著 [美]蒋奇谷 译
2.《视觉文化:从艺术史到当代艺术的符号学研究》 [加]段炼 著